高等学校应用型本科机械类专业系列教材
河南省应用型本科院校教材建设联盟认定教材
洛阳理工学院教材建设基金资助

机械工程材料

主　编　李妙玲　武亚平

副主编　陈智勇　李　豪　季　晔
　　　　梁　莉　任海军　祖大磊

参　编　刘振刚　张志勇　杨纪昌

西安电子科技大学出版社

内 容 简 介

本书系统地介绍了机械工程技术人员必备的工程材料基本理论知识，并以实例说明了工程材料的选用和热处理工艺规范等方面的内容。全书共 12 章，内容包括金属材料的力学性能、金属的晶体结构与结晶、合金的相结构与相图、铁碳合金相图、钢的热处理、金属的强韧化及塑性变形、钢的合金化及分类和编号、工业用钢、铸铁、有色金属及粉末冶金材料、其他工程材料、零件选材及工艺路线等。为丰富教学内容，本书增加了阅读材料，读者可扫描书中二维码阅读。

本书可作为高等学校机械设计制造及其自动化等机械类和近机械类各专业教材，也可作为相关工程技术人员的参考书或企业员工的培训教材。

图书在版编目(CIP)数据

机械工程材料 / 李妙玲，武亚平主编. —西安：西安电子科技大学出版社，2022.6
(2025.1 重印)
ISBN 978-7-5606-6339-5

Ⅰ. ①机… Ⅱ. ①李… ②武 … Ⅲ. ①机械制造材料—高等学校—教材 Ⅳ. ①TH14

中国版本图书馆 CIP 数据核字(2022)第 048774 号

策　　划　秦志峰
责任编辑　秦志峰
出版发行　西安电子科技大学出版社(西安市太白南路 2 号)
电　　话　(029)88202421　88201467　　邮　　编　710071
网　　址　www.xduph.com　　电子邮箱　xdupfxb001@163.com
经　　销　新华书店
印刷单位　广东虎彩云印刷有限公司
版　　次　2022 年 6 月第 1 版　2025 年 1 月第 2 次印刷
开　　本　787 毫米×1092 毫米　1/16　印　张　22.5
字　　数　535 千字
定　　价　59.00 元
ISBN 978-7-5606-6339-5
XDUP 6641001-2

前　言

“机械工程材料”是高等学校机械类和近机械类各专业的专业基础课。该课程的教学目的是从工程应用的角度出发，阐述机械工程材料的基本理论，使学生掌握材料的成分、结构、制备工艺、组织及性能之间的关系，从而能够正确选材、用材，合理安排热处理工艺。

当今世界经济全球化、产业结构调整、现代装备制造业转移升级等势头强劲，企业工程技术人员必须具备较为全面的机械、材料、控制等学科知识，其中工程材料知识已成为工程教育认证要求的必备知识。本书基于应用型本科院校转型发展和工程教育专业认证的背景，结合编者多年的企业工作和高校教学经验，并吸收了近年来本课程的教学改革成果编写而成。

本书是校企合作的成果，在编写过程中注重理论知识与工程背景、工程应用的有机联系，书中列举了有较大参考价值和借鉴意义的工程材料选用实例，特别是密切结合了我国历史上或近现代在材料制备和应用方面取得的成就，以帮助学生树立工程意识和可持续发展观，培养分析问题和解决问题的能力，从而实现高校培养与企业人才需求的无缝衔接。

本书致力于科学性、系统性和应用性的结合，力求体系完整、结构合理。书中各章均以“项目设计”(问题)为导向，有明确的“学习成果达成要求”，章节编排以“使用性能—结构与合成—组织与性能—强韧化工艺(塑性变形、热处理、合金化)—常用工程材料—选材用材”为主线，介绍了各类工程材料的成分、组织结构、加工工艺、性能特点和应用，突出两图(铁碳合金相图、C 曲线)在科学研究和指导生产中的重要地位，结合实例说明了选用材料的原则和方法，并以二维码的形式给出了部分扩展资料和各章的知识点总结。

本书编写按照现行国家标准，尽可能采用最新的数据和资料，适当增加新材料、新工艺、新技术，突出机械工程材料的应用。本书可作为高等学校机械类和近机械类各专业教材，也可供高职高专、中职和网络教育等学校有关专业选用，亦可作为有关工程技术人员的参考书或企业员工的培训教材。

本书的主要编写人员均来自洛阳理工学院，李妙玲、武亚平担任主编，陈智勇、李豪、季晔、梁莉、任海军、祖大磊担任副主编。全书由李妙玲统稿。具体编写分工为：李妙玲编写绪论和第一、二章，武亚平编写第五章，李豪编写二维码内容(如三元合金相图基础、扩散和各章小结等)，任海军编写第三、四、十二章，季晔编写第六、十章，梁莉编写第七、十一章，陈智勇和祖大磊编写第八、九章，目录、附录、参考文献等由武亚平整理。

本书在编写过程中得到了西北工业大学齐乐华教授、中北大学原美妮教授的指导，在此表示感谢。中信重工机械股份有限公司张志勇、洛阳矿山机械工程设计研究院有限责任公司杨纪昌、河南特种设备检测研究院洛阳分院刘振刚对本书的编写给予了极大的支持，并提出了宝贵意见。

与本书配套的《机械工程材料习题集》《机械工程材料实验教程》将陆续出版，欢迎选用。

在本书的编写过程中，作者参阅了有关教材、标准、资料，在此向相关作者表示衷心的感谢。

由于编者水平有限，书中难免存在不足之处，恳请广大读者批评指正。

编　者

2022 年 2 月

目　　录

绪　论

材料是人类赖以生存和发展的物质基础，材料发展水平制衡着整个社会科技发展的进步。用于机械制造的各种材料统称为机械工程材料。金属材料是非常重要的机械工程材料，它与非金属材料(高分子材料、陶瓷材料)、复合材料相互补充，为机械制造提供了完整的材料体系。“机械工程材料”课程的任务是探讨材料的化学成分、微观组织与性能之间的内在关系，制订经济合理的热处理工艺，力求提供满足使用功能、性能优良的机械产品用材。

学习成果达成要求

正确评价材料在人类发展、社会进步、科技创新等方面的作用。

1. 材料的作用和发展前景

材料是人们用来制造各种产品的物质，是人类赖以生存和发展的物质基础。随着社会文明和科学技术的进步，材料成为当今世界新技术革命的三大支柱(材料、信息、能源)之一，与信息技术、生物技术共同构成21世纪最具发展潜力的三大领域。

生产技术的进步和人们生活水平的提高与新材料的运用息息相关，材料的利用情况也标志着人类文明的发展水平。历史学家把人类的历史按人类所使用的材料种类划分为石器时代、青铜器时代、铁器时代。金属的使用，标志着社会生产力的发展，人类开始进入文明时代。18世纪，纯熟的冶炼技术标志着钢时代的到来，工业革命大发展产生了若干发达强国。1950年，硅材料的使用标志着信息时代的到来。钢和硅材料的应用对人类社会进步产生的深远影响，使人们强烈地意识到材料科学技术的重要性，不论是科技人员，还是经济学家、金融巨头，甚至国家领导阶层都在密切关注材料发展趋势。材料已经成为各国国民经济发展乃至国家安全保障的重要支柱，材料的发展水平影响着整个社会的科技发展和物质生活水平。

2. 机械工程材料的分类

机械工程材料主要是指机械、船舶、建筑、化工、交通运输、能源、仪器仪表、航空航天等行业的各项工程中经常使用的各类材料，也包括一些用于制造工具的材料和具有特殊性能(如耐腐蚀、耐高温等)的材料。按照使用性能，机械工程材料分为结构材料和功能材料两大类。结构材料以力学性能为主要使用性能，用于工程结构和机械零件等；功能材料以某些物理、化学或生物特性等为主要使用性能，用于特殊功能零件。按照材料的化学组成分类，机械工程材料有金属材料、高分子材料、陶瓷材料和复合材料四大类。

1) 金属材料

机械工业生产中，金属材料一直是最重要的工程材料，包括黑色金属和有色金属。黑色金属材料主要指各类碳钢、铸铁和以铁为基的合金(合金钢)；有色金属泛指黑色金属以外的所有金属及其合金，主要包括铝、铜、镁、钛以及它们的合金、滑动轴承合金等。

金属材料不仅来源丰富，而且具有优良的使用性能与工艺性能。使用性能包括力学性能和物理、化学性能。优良的使用性能可满足生产和生活上的各种需要，优良的工艺性能则易于采用各种加工方法，将金属材料制成各种形状、尺寸的零件和工具。金属材料还可通过控制成分、成形加工和热处理等来改变其组织和性能，从而进一步扩大其使用范围。其中，应用最广的是黑色金属，在机械产品中占整个用材的60%以上。

2) 高分子材料

高分子材料为有机合成材料，亦称聚合物。它的某些力学性能不如金属材料，但其具有金属材料不具备的某些特性，如耐腐蚀、电绝缘性、隔声、减振、重量轻、原料来源丰富、价廉以及容易加工成形等优点，因而近年来发展极快。目前，它不仅被用于人们的生活用品，而且在工业生产中已日益广泛地代替部分金属材料，未来会成为可与金属材料相匹敌的、具有强大生命力的材料。

3) 陶瓷材料

陶瓷材料是人类应用最早的材料，其性能稳定、质地坚硬。新型陶瓷材料的塑性与韧性虽低于金属材料，但其具有高熔点、高硬度、耐高温等优点以及特殊的物理性能，可以用来制造工具、用具以及功能元器件，是极具发展潜力的高温材料和功能材料。

4) 复合材料

复合材料由两种或两种以上不同材料复合组成，其性能优于它的组成材料。复合材料的结合键非常复杂，因此复合材料在强度、刚度和耐蚀性方面比单纯的金属、陶瓷和聚合物都优越，是一类特殊的工程材料，具有广阔的发展前景。目前，高比强度和比弹性模量的复合材料已广泛地应用于航空、建筑、机械、交通运输以及国防工业等领域。

3. 机械工程材料的发展

我国对金属材料发展的贡献可以追溯到史前。例如，1939 年在河南安阳市武官村出土的商代青铜器“后母戊鼎”(曾称“司母戊鼎”)，重达 832.84 kg，其体积庞大、花纹精巧、造型精美(如图 0-1 所示)。1978 年在湖北隋县(今随州市)出土的战国青铜编钟是我国古代文化艺术高度发达的见证(如图 0-2 所示)。这些都说明我国当时已具备高超的冶铸技术和艺术造诣。

图 0-1　后母戊鼎

图 0-2　战国青铜编钟

春秋时期，我国已能对金属材料的冶铸、热处理、成分、性能和用途间的关系作出规律性的总结。如《周礼·考工记》对青铜的成分和用途关系就有如下的"六齐"规律记载："金有六齐，六分其金而锡居一，谓之钟鼎之齐；五分其金而锡居一，谓之斧斤之齐；四分其金而锡居一，谓之戈戟之齐；三分其金而锡居一，谓之大刃之齐；五分其金而锡居二，谓之削杀矢之齐；金、锡半，谓之鉴燧之齐。"司马迁所著的《史记·天官书》中有"水与火合为焠"。东汉班固所著的《汉书·王褒传》中有"巧冶铸干将之朴，清水焠其锋"等有关热处理技术方面的记载。明代科学家宋应星在《天工开物》一书中对钢铁的退火、淬火、渗碳工艺作了详细的论述，是世界上有关金属加工工艺最早的科学著作之一。

人类虽早在公元前就已了解铜、铁、锡、铅、金、银等多种金属，但由于采矿和冶炼技术的限制，在相当长的历史时期内，钢铁材料一直是最主要的机械工程材料。20 世纪 30 年代，铝及铝合金、镁及镁合金等轻金属逐步得到应用。第二次世界大战后，科学技术的进步促进了新型材料的发展，球墨铸铁、合金铸铁、合金钢、耐热钢、不锈钢、镍合金、钛合金和硬质合金等相继形成系列并扩大应用。同时，随着石油化学工业的发展，合成材料兴起，工程塑料、合成橡胶和胶黏剂等在机械工程材料中的比重逐步提高。另外，宝石、玻璃和特种陶瓷材料等在机械工程中的应用也被逐步扩大。

4. 材料科学的形成和机械工程材料的发展

材料科学以材料为研究对象，是建立在物理、化学、晶体学等基础上的多科性科学。它结合冶金、机械、化工等领域的研究成果，探讨材料的化学成分、微观组织与性能之间的内在关系；同时，联系具体机器、器具、零部件或构件的使用功能要求，力求用经济合理的办法制备出性能优良的产品。

从简单地利用天然材料、冶铜炼铁到使用热处理工艺，人们对材料成分、性能和用途间关系的规律总结是一个逐步深入的过程。1863 年光学显微镜首次被用于金属研究，诞生了金相学，使人们对材料的认识不再局限于宏观领域，而是进入到材料的微观世界进行观察。能够将宏观性能和微观组织联系起来，标志着材料研究从经验走向科学。图 0-3 所示为在光学显微镜下观察到的灰铸铁显微组织。1912 年 X 射线衍射技术被应用于研究晶体微观结构，1932年电子显微镜的使用以及后来出现的各种谱分析仪，把人们带到了微观世界的更深层次，为材料的深入研究提供了技术手段和理论基础，材料的内部结构和性能间的关系不断被揭示。同时，与材料有关的一些基础学科(如物理、化学、量子力学等)的发展，有力地推动了材料研究的深化。

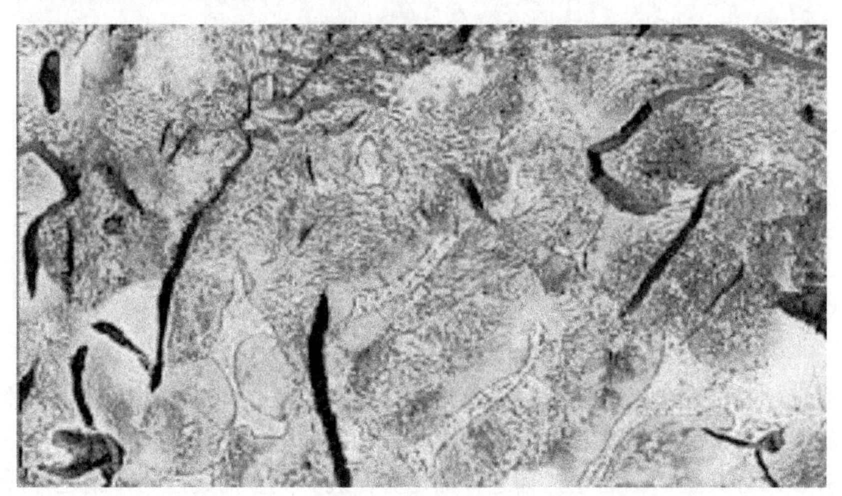

图0-3　光学显微镜下观察到的灰铸铁显微组织

随着科学技术的发展，在认识各种材料的共性基本规律的基础上，人们正在探索按指定性能来研发新材料的途径。目前，机械工业正朝着高速、自动、精密化的方向发展，在机械产品设计及其制造与维修过程中，所遇到的有关机械工程材料和热处理及材料选用方面的问题日趋增多，使机械工业的发展与工程材料学科之间的关系更加密切。机械产品的可靠性和先进性，除设计因素外，在很大程度上取决于所选用材料的质量和性能。如果选材不当，则会使设计制造的产品不能发挥最佳性能，并可能导致其使用寿命大大降低；或因选材不当，导致成本太高，失去其应有的市场竞争力。所以，从事机械设计与制造的各类工程技术人员，都必须对其经常使用的各类材料有一定的了解。

新型材料的发展是提高产品质量和开发新产品的物质基础。各种高强度材料为发展大型结构件和逐步提高材料的使用强度等级及减轻产品自重提供了条件。高性能的高温材料、耐腐蚀材料为开发和利用新能源开辟了新的途径。现代发展起来的新型材料，如新型纤维材料、功能性高分子材料、非晶质材料、单晶体材料、精细陶瓷和新合金材料等，对研制新一代的机械产品具有重要意义。如碳纤维比玻璃纤维强度和弹性更高，用于制造飞机和汽车等结构件，能显著减轻自重而节约能源；精细陶瓷材料如热压氮化硅和部分稳定结晶氧化锆，有足够的强度，比合金材料有更高的耐热性，能大幅度提高热机的效率，是绝热发动机的关键材料；还有不少与能源利用和转换密切相关的功能材料的突破，将会引起机电产品的巨大变革。

5. “机械工程材料”课程性质、教学目的、主要内容和学习方法

“机械工程材料”是高等学校机械类、近机械类工科专业必修的一门专业基础课。本课程的教学目的是从机械工程材料的应用角度出发，学习并掌握机械工程材料的基本知识；掌握常用机械工程材料的化学成分、组织结构、加工工艺与性能间的关系；熟悉常用机械工程材料的性能和应用，并初步具备合理选材、正确确定加工方法、妥善安排热处理工艺路线的能力；了解与本课程有关的新材料、新技术、新工艺及其发展概况，为学习其他有关课程和将来从事技术工作奠定必要的基础。

“机械工程材料”课程的主要内容包括以下四个部分：

(1) 机械工程材料的基本理论(本书第一章至第四章)，主要包括金属材料的力学性能、金属的晶体结构与结晶、合金的相结构与相图以及铁碳合金相图等，是本课程的基础内容；教学重点是铁碳合金相图，要求学生掌握材料的化学成分(组成)、组织(结构)与性能三者之间的相互关系与变化的基本规律，为合理选择、正确使用以及强化金属材料奠定坚实的理论基础。

(2) 机械工程材料的强韧化(本书第五章至第七章)，主要包括钢的热处理、金属的强韧化及塑性变形、钢的合金化及分类和编号，是将工程材料的基础理论和工业应用联系起来的重要环节；教学重点是钢的热处理，要求学生掌握钢在热处理后的各种主要组织形态和性能，为正确制订加工工艺、创造性运用热处理技术、发挥金属的性能潜力奠定基础，同时，掌握塑性变形和合金化的强化原理和应用。

(3) 常用机械工程材料(本书第八章至第十一章)，主要介绍各种材料的成分、组织、热处理工艺及其性能和应用，以常用工业用钢、铸铁为重点，包括有色金属及粉末冶金材料、高分子材料、陶瓷材料和复合材料等；要求学生掌握常用钢铁材料和铸铁的牌号、使用性能和热处理工艺。

(4) 机械工程材料的选用(本书第十二章)，主要介绍机械零件失效分析、典型机械零件和工模具材料的选材及工艺路线等；要求学生掌握材料选用原则和性能指标，能够根据零件的使用要求，合理选材，正确安排热处理工艺路线。典型机械零件选材举例中，齿轮、轴等可以作为通用零件来重点掌握，其他零件则根据各专业特点进行综合选材分析。

此外，三元合金相图基础和扩散的相关知识(可通过二维码进行了解)扩充和丰富了机械工程材料的知识体系结构。

“机械工程材料”课程理论性、实践性和实用性都很强，涉及大量的组织、结构及相图方面的知识，知识面较广，内容较丰富，具有概念多而抽象、微观描述多的特点。因此，在学习本课程之前，学生应具有必要的机械制造基础实践的感性认识和一定的专业基础知识，并具有一定的物理、化学、材料力学、机械制造基础知识；学习中应注重分析、理解与运用，要充分利用图表理解其含义，并注意前后知识的衔接与综合应用；为了提高独立分析问题、解决问题的能力，除理论学习外，还要注意密切联系实际，认真完成课程实验，从而达到较好的学习效果。

本书内容较多，可能与实际教学学时相差较大，因此在教学过程中教师应根据专业特点对各章节进行适当删减，也可采用专题讨论和课外阅读的方式，以保证学生能完整地学习本课程。

第一章　金属材料的力学性能

机械工程材料中，金属材料性能优良，是机械工程上最主要的材料。金属材料的机械性能包括工艺性能和使用性能两方面。工艺性能是指制造成形过程中材料适应加工的性能，包括铸造性能、锻压性能、焊接性能、切削加工性能和热处理性能等；使用性能是指材料在使用过程中所表现出来的性能，包括力学性能、物理和化学性能等。

金属材料的力学性能是指材料在外力(载荷)与环境因素(温度、介质和加载速度)的共同作用下表现出来的力学行为。力学性能表征了金属材料抵抗各种外力作用、承受损伤的能力，是机械设计时选材和进行安全性校核的主要依据。多数机械零件是在常温、常压、非强烈腐蚀性介质等环境中工作的，所以设计零(构)件时通常仅考虑材料在常温下的力学性能。本章主要介绍金属材料的强度、刚度、弹性、塑性、硬度、冲击韧性、疲劳强度和断裂韧度、耐磨性等力学性能，同时，也介绍材料的高温力学性能(蠕变强度)和高温应力松弛现象。

项目设计

内燃机曲轴形状复杂，工作时受到周期性变化的气体压力、曲柄连杆机构的惯性力、扭转和弯曲应力以及振动、冲击力等的作用，因此对材料的使用性能要求包括高的强度、一定的冲击韧性和弯曲、扭转疲劳强度，在轴颈处要求有高的硬度和耐磨性。一般选用优质碳素钢或合金钢，通过热处理(调质、局部表面淬火＋低温回火)工艺使其达到使用要求。项目要求写出设计图纸中技术要求部分有关材料力学性能指标的内容。

学习成果达成要求

(1) 能够准确提出在外力(载荷)和环境作用下，材料应具备的力学性能指标。

(2) 能够掌握工程材料常见力学性能指标的测试、实验方法，并能运用在安全性能评定中。

1.1　金属材料在静载荷下的力学性能

金属材料在加工及使用过程中所受的外力称为载荷。根据载荷的作用性质，一般分为静载荷、冲击载荷和交变载荷3种。若载荷缓慢地由零增加到某一定值以后，保持不变或变动很小，即为静载荷，如机器自重对地基的作用。若载荷随时间显著变化，则为动载荷，冲击载荷和交变载荷都属于动载荷。在设计机械产品时，必须分析主要零件所承受载荷的方式，定量计算并校核其力学性能指标，正确确定产品的结构和零件尺寸。

机器工作中常见的静载荷作用形式有拉伸、压缩、弯曲、剪切、扭转等，在这些载荷的作用下，材料会发生不同程度的变形。把材料在外力作用下发生形状和尺寸的变化称为变形。通常，材料的变形表现为弹性变形、塑性变形和断裂3个阶段。去除外力后能够恢复的变形称为弹性变形，去除外力后不能恢复的变形称为塑性变形。金属材料在静载荷下的力学性能指标主要有强度、塑性和硬度。

1.1.1　强度和塑性

材料的强度和塑性都用拉伸试验测定，试验方法根据现行国家标准GB/T 228.1—2010《金属材料　拉伸试验 第1部分：室温试验方法》的规定进行。如图1-1(a)所示，d_0为圆形试样的原始直径，L_0为试样的原始标距长度。用于拉伸试验的试样分为长试样和短试样，长试样$L_0=11.3\sqrt{S_0}$，短试样$L_0=5.65\sqrt{S_0}$[①]。

将试样装夹在拉伸试验机上，沿试样轴向缓慢施加载荷，使其发生变形直至断裂，拉断后的试样如图1-1(b)所示。试样承受轴向拉应力R的同时，产生轴向应变e(应力R为试验期间任一时刻的力F与试样的原始横截面积S_0之比，单位为MPa；应变e为试样原始标距的伸长量与原始标距L_0之比，无量纲)。

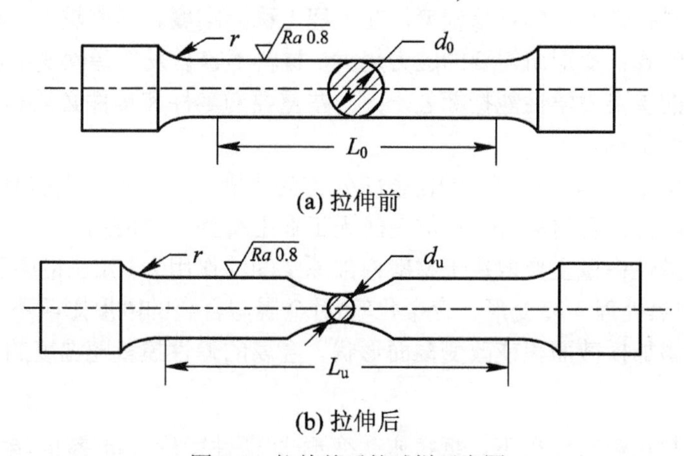

图1-1　拉伸前后的试样示意图

记录并绘制试样应变e随应力R变化的关系曲线，称为应力-应变(R-e)曲线。图1-2所示为退火低碳钢的拉伸R-e曲线。曲线上表现出了4个明显的阶段：弹性变形阶段(OA)、屈服阶段(BC)、塑性变形阶段(CD)和断裂阶段(DE)。不同材料的R-e曲线可能会有所不同，但都可以用于揭示材料在静载荷下的力学行为，由此可测定材料的一系列力学性能指标，如弹性和刚度、屈服强度和抗拉强度，也可测定材料的塑性指标，如断后伸长率、断面收缩率等，这些评价材料力学性能的指标具有工程实际意义。

① 以试样的长径比作标准：长试样，$L_0=11.3\sqrt{S_0}=10\sqrt{4S_0/\pi}=10d_0$；短试样，$L_0=5.65\sqrt{S_0}=5\sqrt{4S_0\pi}=5d_0$。

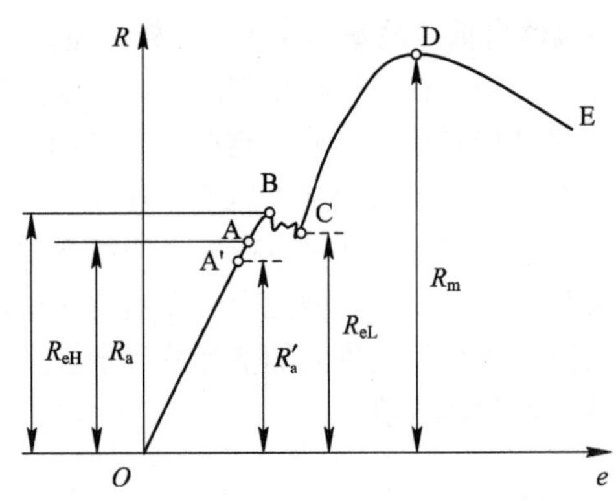

图 1-2　退火低碳钢的应力-应变曲线

1. 弹性和刚度

在图 1-2 所示的 R-e 曲线上，OA 段为弹性变形阶段。在此阶段，载荷增加，试样变形量随之增大，若除去外力，则变形完全恢复，试样尺寸又回到初始状态，这种变形称为弹性变形。A 点的应力称为弹性极限，用 R_a 表示，为材料不产生永久变形可承受的最大应力值，是设计弹性零件的选材依据。OA 线中 OA′段为一斜直线，在 OA′段应力与应变始终成比例，所以 A′点的应力 R_a' 为比例极限。由于 A 点和 A′点很接近，工程上一般不做区分。

材料在弹性范围内，应力与应变的比值(R/e)称为弹性模量，用 E 表示，单位为 MPa。弹性模量表征材料弹性变形的难易程度，在工程上称为刚度。其值越大，刚度越好，表明材料产生一定量的弹性变形所需要的应力越大，材料不容易发生弹性变形。工程上把 E 作为评价材料性能的重要力学性能指标之一；一些重要的零件和构件必须具有一定的刚度，不允许发生大弹性变形。

材料的弹性模量 E 与其密度 ρ 的比值(E/ρ)称为比刚度。比刚度大的材料，如铝合金、钛合金、碳纤维增强复合材料等，在航空航天工业上得到广泛应用。

金属材料的弹性模量主要取决于材料内部原子间的作用力，如晶格类型、原子间距等。各种强化手段(如热处理、冷变形、合金化等)对金属与合金的刚度影响不大。提高零件刚度的主要方法是增加横截面积或改变截面形状。金属的弹性模量随温度的升高逐渐降低。

2. 强度

强度是指材料在载荷作用下，抵抗永久变形(即塑性变形)和断裂的能力。用应力来度量，常用的强度指标有屈服强度和抗拉强度。

1) 屈服强度($R_{eL}/R_{p0.2}$)

屈服强度是材料屈服时的应力值。

在图 1-2 所示的拉伸 R-e 曲线上，当应力 R 超过 A 点时，试样除发生弹性变形外，还发生了部分塑性变形。BC 段的曲线几乎呈水平线段或锯齿形折线，说明外力不再增加(或波动不大)，而试样仍继续变形，这种现象称为屈服。它表明材料开始发生塑性变形。外力去除后，一部分变形恢复，还有一部分变形不能恢复，这部分不能恢复的变形即塑性变形(又称永久变形)。

在 GB/T 228.1—2010 中，将屈服强度分为上屈服强度和下屈服强度。如图 1-2 所示，上屈服强度是指试样发生屈服并且外力首次下降前的最大应力，用符号 R_{eH} 表示；下屈服强度是指不计初始瞬时效应时屈服阶段中的最小应力，用符号 R_{eL} 表示。由于材料的下屈服强度数值比较稳定，所以一般以 R_{eL} 作为屈服强度的指标(单位：MPa)，表示材料开始发生明显塑性变形的抗力，即

$$R_{eL}=\frac{F_{eL}}{S_0} \tag{1-1}$$

式中：F_{eL} 为试样的下屈服力(N)，S_0 为试样原始横截面积(mm^2)。

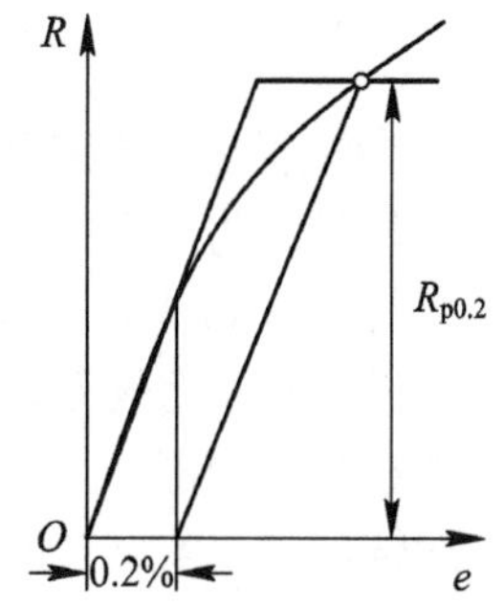

图 1-3　铸铁的应力–应变曲线

没有明显屈服现象的材料，很难测出屈服强度，如图 1-3 所示铸铁的拉伸试验曲线。工程上用规定塑性延伸强度 R_p 来表示屈服强度，即外力卸除后，塑性延伸率等于规定的原始标距或引伸计标距百分率时对应的应力，常用塑性延伸率为 0.2%时的应力值表示，记为 $R_{p0.2}$。

2) 抗拉强度(R_m)

抗拉强度表示材料在屈服阶段之后、断裂前所能承受的最大应力。

在图 1-2 中 R–e 曲线的 CD 段，应力增大，试样变形量增大。对于塑性材料，抗拉强度表示最大均匀变形抗力；对于脆性材料，一旦达到最大载荷，材料便发生断裂。抗拉强度用符号 R_m(单位：MPa)表示，即

$$R_m=\frac{F_m}{S_0} \tag{1-2}$$

式中：F_m 为试样在屈服阶段之后所能抵抗的最大力(N)；S_0 为试样原始横截面积(mm^2)。

在实际生产中，大部分零件都不允许发生明显的塑性变形，如紧固螺栓，因此，屈服强度 R_{eL} 是机器零件设计和选材的重要依据之一。$R_{p0.2}$ 则是不产生明显屈服现象零件的设计计算依据。由于抗拉强度 R_m 的测定比较方便，数据比较准确，所以有时可直接采用抗拉强度 R_m 加上较大的安全系数作为设计计算的依据。

工程上，把屈服强度与抗拉强度之比称为屈强比。其值越大，越能发挥材料的潜力，但可靠性降低；其值越小，表明采用该材料制作的构件可靠性越高，但材料强度的有效利用率降低。

合金化、热处理、冷热加工对材料的 R_{eL}、R_m 数值会产生很大的影响。

3. 塑性

塑性是指材料在断裂前发生不可逆的永久变形的能力。其常用的性能指标有断后伸长率和断面收缩率。

1) 断后伸长率(A)

断后伸长率是指试样拉断后标距长度的伸长量与原标距长度的百分比，用符号 A 表示，即

$$A=\frac{L_u-L_0}{L_0}\times 100\% \tag{1-3}$$

式中：L_0 为试样原始标距长度(mm)，L_u 为试样拉断后再对接的标距长度(mm)，如图 1-1 所示。

2) 断面收缩率(Z)

断面收缩率是指试样拉断后颈缩处横截面积的最大缩减量与原始横截面积的百分比，用符号 Z 表示，即

$$Z=\frac{S_0-S_u}{S_0}\times 100\% \tag{1-4}$$

式中：S_0 为试样原始横截面积(mm^2)；S_u 为试样拉断后颈缩处最小横截面积(mm^2)。

断后伸长率与试样的长径比有关。短试样的断后伸长率用符号 A 表示，长试样的断后伸长率用符号 $A_{11.3}$ 表示。同种材料的 $A>A_{11.3}$，所以用相同类型试样测得的断后伸长率才能进行比较。而断面收缩率不受试样尺寸的影响，用断面收缩率表示材料塑性比用断后伸长率更接近真实变形。

一般情况下，A 或 Z 值越大，材料塑性越好。塑性好的材料可用轧制、锻造和冲压等方法加工成型，而且在工作时若超载，可因其塑性变形而避免突然断裂，提高了工作安全性。但塑性指标一般不直接作为材料设计和零件校核的依据。一般认为零件在保证一定强度要求的前提下，塑性指标越高，材料的可靠性越好。

本节内容引用了与国际标准相对应的最新国家标准。但鉴于目前相关的产品标准、手册、书籍、期刊文章和有些单位所使用的金属力学性能试验数据还不能同步修订的状况，为了技术传承和阅读便利，下面列出了关于金属材料强度与塑性有关指标的名词术语及符号新、旧标准对照，见表 1-1。

表 1-1　金属材料强度与塑性有关指标的名词术语及符号新、旧标准对照

GB/T 228.1—2010		GB/T 228—1987	
性能名称	符号	性能名称	符号
屈服点	—	屈服点	σ_s
上屈服强度	R_{eH}	上屈服点	σ_{sU}
下屈服强度	R_{eL}	下屈服点	σ_{sL}
规定塑性延伸强度	R_p	规定非比例伸长应力	σ_p
抗拉强度	R_m	抗拉强度	σ_b
断后伸长率	A 和 $A_{11.3}$	断后伸长率	δ_5 和 δ_{10}
断面收缩率	Z	断面收缩率	ψ

1.1.2　硬度

固体材料抵抗另一硬物体压入其内的能力叫硬度，即固体材料表面受压时抵抗局部变形的能力，特别是抵抗塑性变形、压痕或划痕的能力。硬度值的大小不仅取决于材料的成分和组织结构，而且取决于测定方法和试验条件。静载荷压入法广泛应用于硬度测试，即在规定的静态试验载荷下将压头压入材料表层，然后根据载荷的大小、压痕表面积或深度来确定其硬度值的大小。

硬度试验设备简单，操作迅速方便，一般不需要破坏零件或构件，可以在成品或半成品上测试。对于大多数金属材料，其硬度与其他的力学性能(如强度、耐磨性)以及工艺性

能(如切削加工性、可焊性等)之间存在着一定的对应关系，因此，硬度被广泛用于检验原材料和热处理件的质量，鉴定热处理工艺的合理性，并作为机械制造中工艺性能评定的参考。一般除强韧性要求较高的材料外，均可按硬度值估算材料强度，从而避免做复杂的拉伸试验等。常将硬度作为技术条件标注在零件图样或写在工艺文件中。

金属材料的硬度检测指标常用的有布氏硬度(HB)、洛氏硬度(HR)和维氏硬度(HV)。

1. 布氏硬度

1) 测量原理

根据 GB/T 231.1—2018《金属材料　布氏硬度试验 第 1 部分：试验方法》的规定，布氏硬度符号为 HBW，测量布氏硬度允许采用碳化钨合金球压头。图 1-4 所示为布氏硬度计及布氏硬度测量原理，在规定载荷 F 的作用下，将直径为 D 的硬质合金球形压头压入试样的表面，达到规定保压时间后卸载，测量试样表面的压痕尺寸为 d、h。

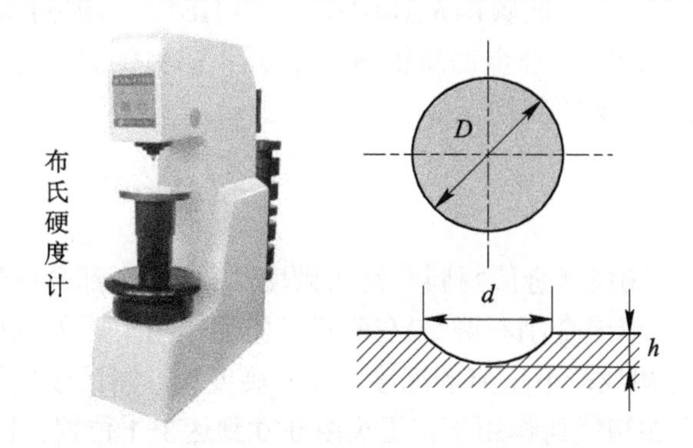

图 1-4　布氏硬度计及布氏硬度测量原理图

用载荷力 F 除以压痕表面积 S 所得的商作为布氏硬度值。布氏硬度计算式为

$$\mathrm{HBW} = 0.102 \times \frac{F}{S} = 0.102 \times \frac{2F}{\pi D\left(D - \sqrt{D^2 - d^2}\right)} \tag{1-5}$$

式中：F 为载荷(N)；S 为压痕面积(mm^2)；0.102≈1/9.806 65，为常数，9.806 65 是从 kgf 到 N 的转换因子($\mathrm{s/m}^2$)。因此，HBW 的值为有单位的量，单位为 MPa。

由式(1-5)可以看出，当 F、D 一定时，布氏硬度值仅与压痕平均直径 d 的大小有关。d 越小，布氏硬度值越大，材料硬度越高；反之，则说明材料较软。实际应用中，可查阅 GB/T 231.4—2009《金属材料　布氏硬度试验　第 4 部分：硬度值表》中 $0.102 \times F/D^2$ 的数值，根据测量压痕两个垂直方向的平均直径 d，即可得到布氏硬度值。

GB/T 231.1—2018 规定了不同条件下试验力和压头直径的选用系列，$0.102 \times F/D^2$ 的比值有 30、15、10、5、2.5 和 1 共 6 种，选用依据如表 1-2 所示。

表 1-2　布氏硬度测量 $0.102 \times F/D^2$ 值的选择

材料	铜、镍合金、钛合金	铸铁		铜及其合金			轻金属及合金						铅、锡
布氏硬度	<140	<140	≥140	<35	35～130	>120	<35	35～80			>80		—
$0.102 \times F/D^2$	30	10	30	5	10	30	2.5	5	10	15	10	15	1

2) 表示方法和应用

由于材料软硬程度不同，工件尺寸、壁厚大小不同，用一种标准的试验载荷 F 和压头球体直径 D，难以测量各种材料和工件，因此，在做布氏硬度试验时，应按一定的试验规范正确选择压头球体直径 D、试验载荷 F 和保持时间 t。例如：120 HBW10/1000/30 表示用直径 10 mm 的硬质合金球压头在 1000 kgf(9.8 kN)的试验载荷作用下，保持 30 s 所测得的布氏硬度值为 120。如果保持压力时间为 10～15 s，可以不标注。

布氏硬度试验的优点是测量误差小，数据稳定，适用于测量退火、正火、调质钢和铸铁、铸钢及有色金属或质地轻软的轴承合金的硬度。

布氏硬度试验的缺点是压痕面积较大，试验较费时，不宜用来测量有较高精度要求的配合面、小件及薄件，也不能用来测量太硬的材料。其测试范围上限为 650HBW。

硬度测量属于非破坏性测量方法，因此常用于成品检测。由于布氏硬度与抗拉强度之间存在一定的经验关系，如，低碳钢 R_m(MPa) ≈ 3.53 HBW，高碳钢 R_m(MPa) ≈ 3.33HBW，灰铸铁 R_m(MPa) ≈ 0.98HBW，合金调质钢 R_m(MPa) ≈ 3.19HBW，退火铝合金 R_m(MPa) ≈ 4.70HBW，因此得到了广泛的应用。

2. 洛氏硬度

1) 测量原理

根据 GB/T 230.1—2018《金属材料　洛氏硬度试验 第 1 部分：试验方法》的规定，将标准压头(碳化钨合金球或金刚石圆锥)在两级试验力作用下压入试样表面，保持一定时间后卸除主载荷，测量初载荷下压痕的深度，作为硬度值。洛氏硬度计及洛氏硬度测量原理如图 1-5 所示，在预加初载荷作用下，压头由 0-0 到达 1-1 位置；稳定后，施加主载荷，压头到达 2-2 位置；保压一段时间后，卸除主载荷，但保持初载荷；由于材料的弹性形变作用，压头恢复到 3-3 位置。因此，压头在主载荷的作用下，实际压入试样产生塑性变形的压痕深度为 b、d 间的距离 h。压痕深度 h 的大小反映着材料的软硬程度，h 越大，硬度越低，反之，硬度越高。

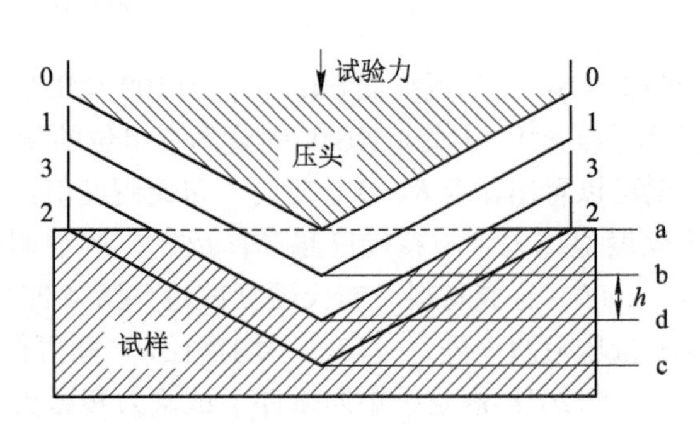

图 1-5　洛氏硬度计及洛氏硬度测量原理图

为表达洛氏硬度数值越大、硬度越高的特点，引入全量程常数 N 和标尺常数 S，通过式(1-6)进行换算：

$$\mathrm{HR} = N - \frac{h}{S} \tag{1-6}$$

实际测量时，可直接从硬度计表盘上读出洛氏硬度值。

2) 表示方法和应用

为便于测定从软到硬较大范围的材料硬度，洛氏硬度试验中可以选择不同的试验载荷和压头类型。根据 GB/T 230.1—2018 的规定，按压头和试验力不同，洛氏硬度有 A、B、C、D、E、F、G、H、K、N、T 共 11 种标尺，各标尺有对应的适用测量范围。

在式(1-6)中，选择金刚石圆锥压头时，$N = 100$；选择合金球压头时，$N = 130$。A～K 标尺的 $S = 0.002$ mm；N、T 标尺的 $S = 0.001$ mm。

常用标尺有 HRA、HRB、HRC 3 种，常用洛氏硬度的试验规范及应用举例见表 1-3，其中 HRC 应用最广；表示方法为洛氏硬度符号前加硬度值，如 55HRC 表示用 C 标尺测定的洛氏硬度值为 55。

洛氏硬度无单位，各标尺之间没有直接的对应关系。

表 1-3　常用洛氏硬度的试验规范及应用举例

硬度符号	压头类型	初试验力 F_0/N(kgf)	主试验力 F_1/N(kgf)	总试验力 F/N(kgf)	硬度值有效范围	适用材料特征	应用举例
HRA	120° 金刚石圆锥	98.07 (10)	490.3 (50)	588.4 (60)	20～95 HRA	高硬度较小较薄件或中硬度材料的表面硬度	硬质合金、表淬层和渗碳层
HRB	ϕ1.5875 mm 碳化钨球	98.07 (10)	882.6 (90)	980.7 (100)	20～100 HRBW	较低硬度	退火钢、正火钢及有色金属等
HRC	120° 金刚石圆锥	98.07 (10)	1373 (140)	1471.1 (150)	20～70 HRC	中等硬度	调质钢、淬火回火钢等

洛氏硬度的压头一般采用金刚石或碳化钨合金，如果标准或协议有规定，则可以使用钢球压头。使用碳化钨合金球压头的标尺，硬度符号后加“W”；使用钢球压头的标尺，硬度符号后加“S”。当产品标准规定加载时间超过 6 s 时，应在试验结果中注明，例如：65HRBW，10 s。

测量洛氏硬度试验操作迅速简便、压痕小，几乎不损伤表面，适用于成品检验，故应用最广；但测量结果分散度大，需要在不同部位多次测量，取平均值，故洛氏硬度试验不适合测量晶粒粗大且组织不均匀的零件。

3. 维氏硬度

根据 GB/T 4340.1—2009《金属材料　维氏硬度试验 第 1 部分：试验方法》的规定，维氏硬度试验是将相对面夹角为 136° 的正四棱锥体金刚石压头，以选定的试验载荷压入试样表面，经规定保持时间后，卸除试验载荷，再测量压痕投影的两对角线的平均长度，进而计算出压痕的表面积 S，求出压痕表面积上平均压力(F/S)，以此作为被测量金属的硬度值。维氏硬度计和维氏硬度测量原理如图 1-6 所示，试验时测量压痕两对角线长度 d_1、d_2，算出平均值，从 GB/T 4340.4—2009《金属材料　维氏硬度试验 第 4 部分：维氏硬度值表》查表，便可得到维氏硬度值。

维氏硬度测量原理、表示方法均与布氏硬度类似，区别在于其压头是两相对面夹角为 136° 的正四棱锥体金刚石。维氏硬度值用符号 HV 表示，单位为 MPa。如 640HV30/20，表示在 30 kgf 载荷下保持 20 s 测得的维氏硬度值为 640。保持压力时间为 10～15 s 时不标注。

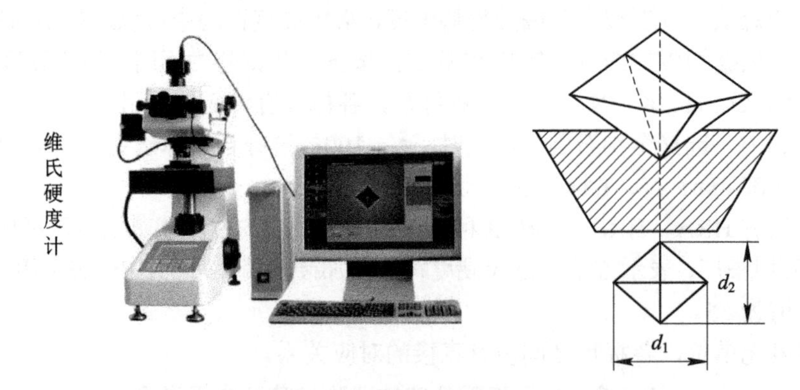

图 1-6　全自动图像测量维氏硬度计和维氏硬度测量原理图

维氏硬度试验保留了布氏硬度和洛氏硬度试验的优点，可测量从很软到很硬的材料。维氏硬度试验压痕浅，轮廓清晰，数值准确可靠，故适用于金属镀层、薄片材料和化学热处理后表面的低、中、高硬度测量。但维氏硬度试验对试样表面质量要求较高，测量较为麻烦，不如洛氏硬度测量简单，不适用于大批量生产。

GB/T 4340.1—2009 按 3 个试验力范围规定了测定金属维氏硬度的方法，分别为维氏硬度试验、小力值维氏硬度试验、显微维氏硬度试验，采用不同的维氏硬度试验应根据表 1-4 所示的维氏硬度测量试验力选择试验力。

表 1-4　维氏硬度测量试验力 F

F≥49.03		1.961≤F<49.03		0.098 07≤F<1.961	
维氏硬度试验 (≥HV5)		小力值维氏硬度试验 (HV0.2～<HV5)		显微维氏硬度试验 (HV0.01～<HV0.2)	
硬度符号	试验力 F 标称值/N	硬度符号	试验力 F 标称值/N	硬度符号	试验力 F 标称值/N
HV5	49.03	HV0.2	1.961	HV0.01	0.098 07
HV10	98.07	HV0.3	2.942	HV0.015	0.1471
HV20	196.1	HV0.5	4.903	HV0.02	0.1961
HV30	294.2	HV1	9.807	HV0.025	0.2452
HV50	490.3	HV2	19.61	HV0.05	0.4903
HV100	980.7	HV3	29.42	HV0.1	0.9807

注：维氏硬度试验可使用大于 980.7 N 的试验力；显微维氏硬度试验的试验力为推荐值。

4. 其他硬度

除上述硬度试验方法外，我们还可用显微硬度(HM)法测定一些极薄的镀层、渗层或显微组织中的不同相的硬度；用肖氏硬度(HS)法测定如机床床身等大型部件的硬度；用邵氏硬度法测定橡胶和塑料的硬度，HA 为较软橡胶类硬度参数，HD 为较硬橡胶或塑料硬度参数；莫氏硬度法用于测定陶瓷和矿物的硬度；普氏硬度用于岩石的坚固性评价等。

1.2　金属材料在动载荷下的力学性能

前节所述的强度、塑性、硬度都是在静载荷作用下测量的静态力学性能指标。在实际生产中，许多零件是在动载荷作用下工作的。按照载荷随时间变化的方式，可分为冲击载荷与变动载荷。冲击载荷是物体在运动瞬间发生变化引起的载荷，如冲床的冲头、活塞销、冲模、锻模、锻锤的锤杆和风动工具等。变动载荷的大小和方向随时间按一定的规律呈周期性变化或呈无规则随机变化。前者称为周期性变动(循环)载荷，后者称为随机载荷。周期性变动(循环)载荷又分为交变载荷和重复载荷。交变载荷指载荷大小和方向均随时间呈周期性变化的载荷，如曲轴轴径上一点在运动过程中所受的载荷就为交变载荷；重复载荷指载荷大小呈周期性变化，但方向不变的变动载荷，如齿轮转动时作用于每一个齿根受拉侧的载荷就是重复载荷。汽车、拖拉机行驶中，许多零件受到偶然冲击，所承受的就是随机载荷。

零件在冲击载荷作用下的失效形式一般表现为较大塑性变形，甚至断裂。在变动载荷作用下，主要的破坏形式是疲劳断裂。

在实际工程中，大多数设备或其主要零部件都工作在动载荷下，在机械设计中必须考虑到动载荷下的材料失效带来的灾难性后果。动载荷下的力学性能指标包括冲击韧性、疲劳强度、断裂韧性等。

1.2.1　冲击韧性

韧性是指材料在塑性变形和断裂过程中吸收能量的能力。韧性好的材料在使用过程中不至于发生突然的脆性断裂，从而保证零件的工作安全性。材料的韧性除取决于材料本身因素外，还和外界条件，特别是加载速率、应力状态、温度及介质的影响有很大的关系。

以较高的速度施加在工件上的载荷称为冲击载荷。机器启动、停止及其在工作中总是受到冲击载荷的作用时，外力瞬间增大产生的冲击作用远比正常工作下静载荷引起的应力大得多，因此在选材时还应考虑材料抵抗冲击载荷的能力，即要求材料具有足够的韧性。

金属材料在冲击载荷作用下抵抗破坏的能力称为冲击韧性。材料的冲击韧性值用试样断裂时的冲击吸收能量表示，通常通过摆锤式冲击试验法在专门的摆锤冲击试验机上测得。国家标准 GB/T 229—2020《金属材料 夏比摆锤冲击试验方法》中规定了评价金属材料韧性指标的动态试验方法。

1) 冲击试验原理

根据 GB/T 229—2020 的规定，利用能量守恒原理测量试样被冲断过程中吸收的能量。摆锤式冲击试验机及其试验原理如图 1-7 所示，将规定几何形状的缺口试样置于试验机两支座之间，缺口背向打击方向放置；摆锤举至 h_1 高度后使摆锤自由落下，冲断试样后，摆锤升至高度 h_2。摆锤冲断试样所消耗的能量，即试样在冲击力一次作用下折断时所吸收的能量称为冲击吸收能量(即冲击韧性值)，等于摆锤冲击试样前后的势能差，用符号 K 表示。K 值可由冲击试验机刻度盘上直接读出。

$$K = mgh_1 - mgh_2 = mg(h_1 - h_2) \tag{1-7}$$

按 GB/T 229—2020 的规定，标准冲击试样具有严格的尺寸、形状要求，缺口形式有 U 形或 V 形两种，以便于不同材料之间的比较，如图 1-7(b)所示。U 形缺口试样试验结果用 KU 表示，V 形缺口用 KV 表示，单位为 J；下标数字 2 或 8 表示摆锤刀刃半径，如 KU_8 表示 U 形缺口试样在 8 mm 摆锤刀刃下的冲击吸收能量。

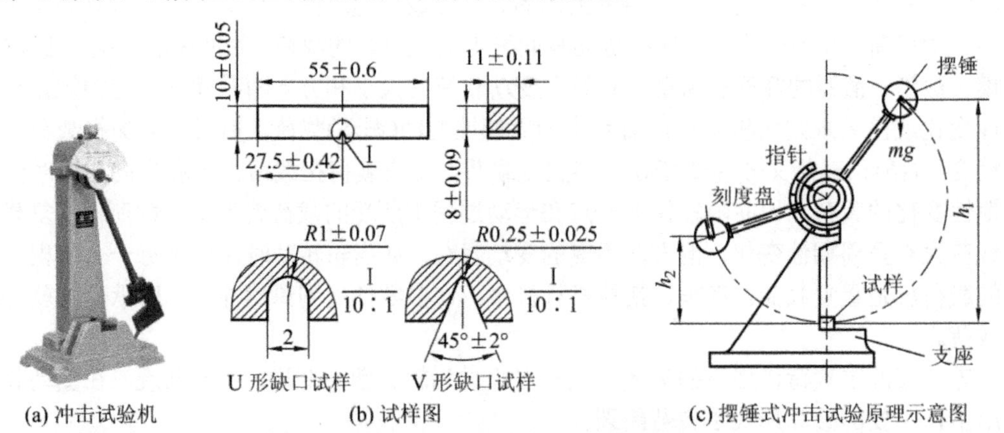

(a) 冲击试验机　　(b) 试样图　　(c) 摆锤式冲击试验原理示意图

图 1-7　摆锤式冲击试验机及其试验原理示意图

冲击吸收能量 K 值越大，材料韧性越好。一般把冲击韧性值高的材料称作韧性材料，冲击韧性值低的称为脆性材料。韧性材料在断裂前有明显的塑性变形，断口呈纤维状，无光泽；脆性材料则没有明显的塑性变形，断口较平整，呈晶状，有金属光泽。

2) 影响冲击吸收能量的因素

金属材料的韧性一般随加载速度的提高、温度的降低以及应力集中程度的加剧而下降，尤其是低温工况下，要注意材料的韧脆状态的转化现象。

由图 1-8 可知，K 值随温度降低而减小。对多数材料来说，当温度下降到某一温度时，其冲击吸收能量会急剧降低，使试样的断口由韧性断口过渡到脆性断口，这种现象称为韧脆转变。K 值急剧变化或断口韧性急剧转变的温度区域，称为韧脆转变温度。韧脆转变温度越低，材料的低温抗冲击性能越好。因此在低温条件下工作的零构件(如低温服役的船舶、桥梁等)，一定要测定其韧脆转变温度，进行工作温度的冲击试验。如果构件工作在韧脆转变温度以下，就可能产生低应力脆断。

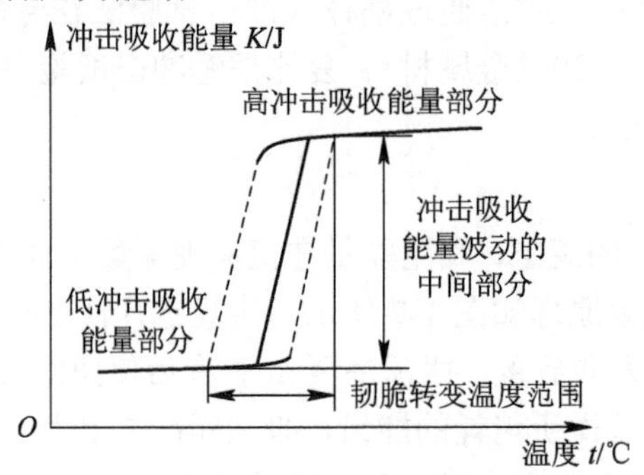

图 1-8　温度对冲击吸收能量的影响(韧脆转变现象)

冲击吸收能量还与试样形状、尺寸、表面粗糙度、内部组织和缺陷等有关。因此，冲击吸收能量不可直接用于零件的设计和计算，一般作为选材的参考，在判断材料冷脆倾向、比较不同材料之间的韧性以及评定材料在一定条件下的缺口敏感性方面作用显著。

应当指出的是，并非所有材料都有韧脆转变现象，具有面心立方晶格的金属及其合金(如铝、铜合金)即使在非常低的温度下也能保持韧性状态，而体心立方和密排六方晶格金属及其合金则有韧脆转变现象。

3) 小能量多次冲击试验

生产中有些承受冲击载荷的机械零件，很少因一次大能量冲击而遭破坏，绝大多数是在一次冲击不足以使零件破坏的小能量多次冲击作用下被破坏的，如凿岩机风镐上的活塞、冲模的冲头等，它们被破坏是由于多次冲击损伤的积累，导致裂纹的产生与扩展的结果，根本不同于一次冲击的破坏过程。对于这样的零件，用冲击韧度作为设计依据显然是不符合实际的，有人提出测定材料的多次冲击抗力。实践表明，一次冲击韧度高的材料，小能量多次冲击抗力不一定高，反过来也一样。如大功率柴油机曲轴是用孕育铸铁制成的，它的冲击韧度接近于零，而在长期使用中未发生断裂。 因此，需要采用小能量多次冲击试验来检验这类金属的抗冲击性能。

1.2.2　疲劳强度

在实际生产中，许多零件如轴、齿轮、轴承、叶片、连杆、弹簧等是在交变(动)载荷下工作并长期承受循环应力(包括交变应力和重复应力)的。虽然工作应力并不太高，一般都低于材料的屈服强度，按照静强度的观点设计应该是安全的；但是，零件在循环应力作用下，在一处或几处产生局部永久性累积损伤，经一定循环次数后会产生裂纹或突然发生完全断裂，这种现象就是疲劳。

疲劳强度是指材料经受规定的循环周次而不会产生破坏的最大应力，又称疲劳极限。测定材料的疲劳强度时，要用较多的试样，在不同循环应力的作用下进行试验。根据 GB/T 24176—2009《金属材料　疲劳试验数据统计方案与分析方法》的规定，材料承受的应力范围(S)与材料断裂前承受交变应力的循环次数(N)之间的关系可用应力寿命曲线 S-N 来表示，疲劳强度试验机和试验测试 S-N 曲线如图 1-9 所示。

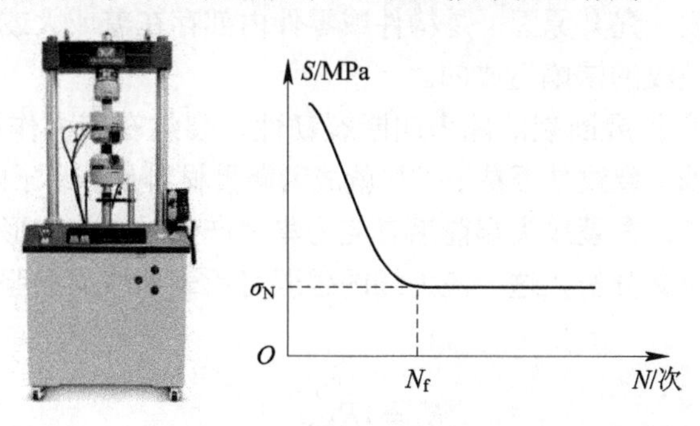

图 1-9　疲劳强度试验机和试验测试(S-N)曲线示意图

根据 GB/T 24176—2009 的规定，指定疲劳寿命下，试样发生失效时的应力水平值，称为疲劳强度。由图 1-9 所示曲线可以看出：应力值 S 越小，断裂前的循环次数 N 越多；当应力降低到某一值后，曲线近似水平直线，这表示当应力低于此值时，材料可经受无数次应力循环而不断裂，这种无限寿命下的疲劳强度称为疲劳极限或耐久极限。根据 GB/T 10623《金属材料 力学性能试验术语》的规定，N 次循环后的疲劳强度用 σ_N(单位：MPa)表示。这个规定的失效循环次数 N_f(即循环基数)称为疲劳寿命。通常规定结构钢的循环基数为 10^7，其他钢和非铁合金的循环基数为 10^8。

由于疲劳断裂前无明显塑性变形，而且往往是在工作应力低于其屈服强度(R_{eL})甚至是弹性极限的情况下发生的，因此危险性很高，常造成严重事故。据统计，约有 80%以上的零部件失效是由疲劳引起的，不管是脆性材料还是韧性材料，疲劳断裂都是突发的，事先均无明显的塑性变形，具有很高的危险性。这是因为，如果工件上的某一点有一小裂纹，在拉应力的作用下，裂纹扩展；在压应力的作用下，裂纹闭合。在交变载荷的作用下，裂纹不断被拉开和闭合，当裂纹扩展到一定程度时，工件的有效承载面积无法承受外加载荷的作用，发生突然断裂。可见，疲劳断裂是由疲劳裂纹产生—扩展—瞬时断裂 3 个阶段组成的，在断口处一般存在裂纹源、裂纹扩展区和最后断裂区 3 个典型区域。

影响疲劳强度的因素很多，如果材料存在气孔、微裂纹、夹渣物等缺陷，零件表面有划痕，局部用力集中等，均可加快疲劳断裂。为了提高零件的疲劳极限，在零件结构设计中应尽量避免尖角、缺口和截面突变，以免产生应力集中而因此产生疲劳裂纹；在生产过程中应提高零件表面加工质量，减少疲劳源，采用各种表面强化处理，如表面淬火、喷丸处理、表面滚压、化学热处理等方法。

当应力比(任一单循环的最小应力和最大应力比率)$R=-1$ 时，即在对称循环交变应力作用下，金属的弯曲疲劳强度(弯曲交变应力以正应力)σ_{-1} 与抗拉强度 R_m 之间存在近似的比例关系：

碳素钢：$\sigma_{-1}\approx(0.4\sim0.55)R_m$；铸铁：$\sigma_{-1}\approx0.4R_m$；有色金属：$\sigma_{-1}\approx(0.3\sim0.4)R_m$。

1.2.3 断裂韧性

通常，人们认为零件在许用应力下工作不会发生断裂事故。而在实际生产运行中，时常发生高压容器的爆炸和桥梁、船舶、大型轧辊、发电机转子等的低应力脆断，这种断裂的名义断裂应力甚至低于材料的屈服强度。而在设计这些构件或零件时已保证了足够的延伸率、韧性和屈服强度。究其原因，是构件或零件内部存在着或大或小、或多或少的裂纹和气孔、夹渣等类似裂纹的缺陷造成的。

材料抵抗裂纹失稳扩展断裂的能力叫断裂韧性。裂纹在应力作用下会发生失稳而扩展，导致机件破断。因此，裂纹是否易于扩展就成为衡量材料是否易于断裂的一个重要指标。

当材料中存在裂纹，在裂纹尖端前沿有应力集中产生时，就会形成一个裂纹尖端应力场。按断裂力学的观点来分析，这一应力场的强弱可用表示应力场强度的参数——应力场强度因子 K_I 来描述：

$$K_I = YR\sqrt{a} \tag{1-8}$$

式中：K_I 为应力场强度因子($MPa \cdot m^{1/2}$)，下脚标 I 表示张开型裂纹；Y 为与裂纹形状、加载方式、试样几何尺寸、试验类型有关的几何形状因子，无量纲系数，一般为 1～2；R 为外加应力(称为名义应力，MPa)；a 为裂纹半长(m)。

对于一个有裂纹的试样，在拉伸载荷作用下，Y 值是一定的；当外加力逐渐增大或裂纹长度逐渐扩展时，应力场强度因子 K_{I} 也不断增大，当应力场强度因子 K_{I} 增大到某一值时，就能使裂纹尖端附加的内应力达到材料的断裂强度，裂纹将发生突然的失稳扩展，导致构件脆断；这时所对应的应力场强度因子 K_{I} 达到临界值，称为材料的断裂韧度，用 K_{IC} 表示，即临界应力场强度因子，它表明了材料有裂纹存在时抵抗脆性断裂的能力。

当 $K_{\mathrm{I}} > K_{\mathrm{IC}}$ 时，裂纹失稳扩展，发生脆断；当 $K_{\mathrm{I}} = K_{\mathrm{IC}}$ 时，裂纹处于临界状态；当 $K_{\mathrm{I}} < K_{\mathrm{IC}}$ 时，裂纹扩展很慢或不扩展，不发生脆断。

GB/T 4161—2007《金属材料　平面应变断裂韧度 K_{IC} 试验方法》中，对 K_{IC} 的测试方法进行了规定。K_{IC} 是评价阻止裂纹失稳扩展能力的力学性能指标。断裂韧度是材料固有的力学性能指标，是强度和韧性的综合体现，与裂纹本身的大小、形状、外加应力等无关，而与材料本身的成分、热处理及加工工艺有关。

断裂韧度可为零(构)件的安全设计提供重要的力学性能指标。若材料的 K_{IC} 已知，我们可根据材料的工作应力，确定材料中允许存在的、不会失稳扩展的最大裂纹长度；也可根据材料已存在的裂纹长度，确定材料能够承受的不致脆断的最大应力。如果已知材料的工作应力和最大裂纹尺寸，还可以算出应力场强度因子 K_{I}；根据应力场强度因子和断裂韧度的相对大小，可判断材料在受力时，是否会因为裂纹失稳扩展而断裂。

常见工程材料的断裂韧度值 K_{IC} 见表 1-5。

表 1-5　常见工程材料的断裂韧度值 K_{IC}

材 料		$K_{\mathrm{IC}}/(\mathrm{MPa\cdot m^{1/2}})$	材 料		$K_{\mathrm{IC}}/(\mathrm{MPa\cdot m^{1/2}})$
金属材料	塑性纯金属(Cu、Ni、Al、Ag 等)	95～340	高分子材料	尼龙	3
	压力容器钢	～155		聚丙烯	3
	高强度钢	47～150		聚碳酸酯	0.9～2.8
	低碳钢	～140		聚苯乙烯	2
	钛合金	50～120		聚乙烯	0.9～1.9
	铝合金	22～43		有机玻璃	0.9～1.4
	铸铁	6～20		聚酯类	0.5
	高碳工具钢	～20		环氧树脂	0.3～0.5
复合材料	木材(裂纹平行纤维)	0.5～0.9	陶瓷材料	Co/WC 金属陶瓷	14～16
	木材(裂纹垂直纤维)	11～14		Al_2O_3 陶瓷	2.8～4.7
	碳纤维增强聚合物	30～43		SiC 陶瓷	～3
	玻璃纤维(环氧树脂基体)	20～56		钠玻璃	0.7～0.8

1.3　高温下材料的力学性能

温度对材料的力学性能影响很大，在高压蒸汽锅炉、汽轮机、柴油机、化工炼油设备、航空发动机等设备中，很多零部件都在高温环境下长期服役，若仅考虑常温短时静载下的力学性能，显然是不够的。试验表明，随着温度升高，金属材料一般是强度降低而塑性增加。如 30CrMnSiA 钢，常温强度下，$R_m = 1100$ MPa；在 550℃时，R_m只有 550 MPa。另外，在高温下，随着载荷增大或加载时间的延长，金属的强度还要进一步下降。试验表明，20 钢在 450℃时，短时抗拉强度为 320 MPa；当试样承受 225 MPa 的应力时，持续 300 h 便断裂了；如将应力降至 115 MPa 左右，持续 1000 h，试样也就断裂了。

高温强度是指金属材料在高温下对机械载荷作用的抗力，即抵抗塑性形变和破坏的能力，也称金属的热强度。金属在高温下表现出的力学性能与室温下有较大的区别，当工作温度高于再结晶温度时，金属除了受外力作用产生塑性变形和加工硬化外，还会发生再结晶和软化，因此在室温下能正常工作的零件就难以满足高温下的要求。金属在高温下的力学性能与温度、时间、组织变化等因素有关。

金属材料在一定温度下受到一定应力作用时，随着时间的增长而缓慢地产生塑性(非弹性)形变的现象称为“蠕变”。由于这种变形而最后导致材料的断裂称为蠕变断裂。温度越高，工作应力越大，蠕变发展得越快，产生断裂的时间就越短。所以，高温下材料的强度就不能完全用室温下的强度(R_{eL} 或 R_m)来代替，还要考虑温度和载荷持续时间的影响，根据 GB/T 2039—2012《金属材料　单轴拉伸蠕变试验方法》的规定，材料的高温强度要用蠕变强度(规定塑性应变强度)和蠕变断裂强度(持久强度)来表示。

1. 蠕变强度(规定塑性应变强度)

在给定温度下和规定时间内使金属产生一定应变量的应力值称为金属在该条件下的蠕变强度。蠕变强度实际是规定塑性应变强度，以符号 R_p 表示，并以最大塑性应变量 x(%)作为第二角标，到达应变量的时间 t_u(h)为第三角标，试验温度 T(℃)为第四角标。例如，某种合金在 700℃、经过 100 h 后产生 0.2%的最大塑性应变量时的应力为 350 MPa，则该合金的蠕变强度可表示为 $R_{p\,0.2/100/700} = 350$ MPa。

2. 蠕变断裂强度(持久强度)

在给定温度下，经过规定时间，使工件出现蠕变断裂的应力值，称为该条件下的蠕变断裂强度，用符号 R_u 表示，并以蠕变断裂时间 t_u(h)作为第二角标，试验温度 T(℃)作为第三角标。例如 $R_{u\,10000/800} = 186$ MPa，表示试样在试验温度为 800℃、经过 10000 h 后断裂时，可以承受 186 MPa 的应力作用，即持久强度为 186 MPa。规定持续时间以致工件出现蠕变断裂，是以机组的设计寿命为依据的。对于高温长期载荷作用下不允许产生过量蠕变变形的机件，要以此作为设计指标。

3. 高温应力松弛

与蠕变现象相伴随的还有高温应力松弛。由于金属在长时间高温载荷作用下会产生蠕变，因此，对于在高温下工作并依靠原始弹性变形获得工作应力的机件，就可能随时间的延长，在总变形量不变的情况下，弹性变形不断地转变为塑性变形，从而使工作应力逐渐降低，以致失效。这种在规定温度和初始应力条件下，金属材料中的应力随时间增加而减小的现象称为应力松弛。可以将应力松弛现象看作应力不断降低条件下的蠕变过程。

蠕变与应力松弛是既有区别又有联系的。应力松弛是在总变形量一定的条件下，一部分弹性变形转变为非弹性变形；蠕变则是在恒定应力长期作用下直接产生非弹性变形。

根据 GB/T 10102—2013《金属材料　拉伸应力松弛试验方法》的规定，将试样加热至规定温度，在此温度下保持恒定的拉伸应变，测试试样的剩余应力值 σ_{rt}，作为评定材料的一个高温性能指标。

需要指出的是，温度的高和低是相对的，可用约比温度 T/T_m(T 为试验温度，T_m 为材料熔点，都用热力学温度表示)来衡量。一般情况下，当 $T/T_m>0.5$ 时，为高温；反之，则为低温。通常认为，只有在一定温度下材料才发生蠕变：对于金属材料，$T>0.3\sim0.4T_m$；对于陶瓷材料，$T>0.4\sim0.5T_m$；对于高分子材料，$T>T_g$，T_g 为玻璃化转变温度。

其实，在较低温度下也会产生蠕变，不过高温时变形速度高，蠕变现象更明显。陶瓷材料在室温下一般不考虑蠕变；高分子材料在室温下就能发生蠕变；工程塑料在室温下受到应力作用就可能发生蠕变，因此采用塑料受力件时应予以注意。

1.4　耐　磨　性

耐磨性是在一定工作条件下材料抵抗机械磨损的能力。材料的耐磨性主要受成分、硬度、摩擦系数和弹性模量的影响，在大多数情况下，材料的硬度越大，耐磨性就越好。

耐磨性分为相对耐磨性和绝对耐磨性两种。相对耐磨性是试验试样磨损量除以参考试样磨损量的商，它仅表示试验材料与参考材料的耐磨性比。绝对耐磨性(简称耐磨性)通常用材料在规定摩擦条件下单位面积在单位时间的磨损量或磨损率的倒数表示，在试验研究中使用最多的是体积磨损量或体积磨损率的倒数。应指出，耐磨性、磨损量都是一定试验条件下的相对指标，不同试验条件下所得到的值不可直接比较。

根据 GB/T 12444—2006《金属材料　磨损试验方法　试环-试块滑动磨损试验》的规定，可以测量材料磨损的 3 个基本量是磨痕宽度、体积磨损量、重量磨损量。体积磨损量和重量磨损量是指磨损过程中由于磨损而造成的零件(或试样)体积或重量的改变量。在实验室研究中，往往首先测量试样的重量磨损量，然后再换算成体积磨损量进行比较或研究。磨痕宽度是测量磨痕两端和中间 3 个位置尺寸的平均值，多在实际设备的磨损监测中使用。

磨损是工业领域和日常生活中常见的现象，造成这一现象的原因很多，有物理、化学和机械等方面的，主要有磨粒磨损、黏着磨损(胶合)、疲劳磨损(点蚀)、腐蚀磨损等，它是造成材料和能源损失的一个重要原因。

磨损问题涉及的范围很广。研究材料耐磨性，其目的在于解决防止或减少产品使用和设备运行中的磨损问题，以及研究减少磨损的工艺措施和方法。

习题与思考题

本章小结

1-1　解释下列名词：

强度　塑性　硬度　冲击韧性　疲劳强度　断裂韧性　热强性　蠕变　蠕变强度　持久强度

1-2　概述金属材料常用力学性能评价指标及试验测量方法。

1-3　现测得长、短两根圆形截面标准试样的 $A_{11.3}$ 和 A 均为 25%，求两试样拉断后的标距长度。哪一根试样的塑性好？为什么？

1-4　标准规定，15 钢的力学性能指标不应低于下列数值：$R_m \geqslant 372$ MPa，$R_{eL} \geqslant 225$ MPa，$A \geqslant 27\%$，$Z \geqslant 55\%$。现将购进的 15 钢制成 $D_0 = 10$ mm 的圆形截面短试样，经拉伸试验后测得 $F_m = 34\ 500$ N，$F_{eL} = 21\ 100$ N，$L_u = 65$ mm，$D_u = 6$ mm。试问：这批 15 钢的力学性能是否合格？

1-5　如图 1-10 所示为 5 种材料经拉伸试验测得的应力-应变曲线：① 45 钢；② 铝青铜；③ 35 钢；④ 硬铝；⑤ 纯铜。试问：

(1) 当应力 $R = 300$ MPa 时，各种材料处于什么状态？

(2) 用 35 钢($w_C = 0.35\%$)制成的轴，在使用过程中发现有较大的弹性弯曲变形，若改用 45 钢($w_C = 0.45\%$)制作该轴，能否减少弹性变形？若弯曲变形中已有塑性变形，是否可以避免塑性变形？

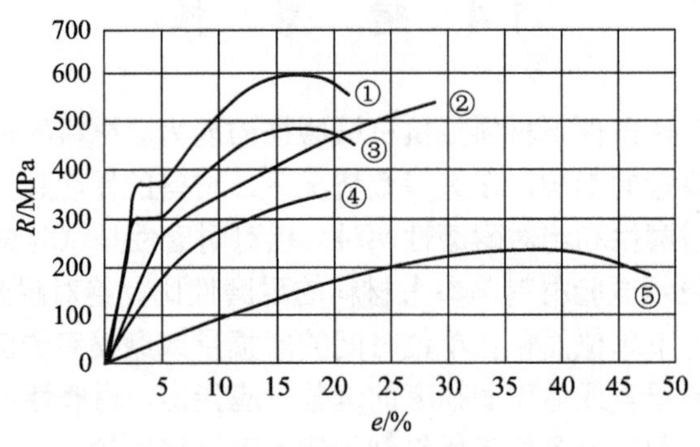

图 1-10　题 1-5 图

1-6　下列情况下，应采用什么方法测定硬度?写出硬度值符号。

(1) 锉刀；(2) 黄铜铜套；(3) 硬质合金刀片；(4) 供应状态的各种碳钢钢材；(5) 耐磨工件的表面硬化层。

1-7　冲击吸收能量能否作为选材时的计算依据？为什么？

1-8　何谓金属的疲劳现象与疲劳强度？提高金属材料疲劳强度的工艺措施有哪些？

1-9　压力容器钢的 $R_{eL} = 1000$ MPa，$K_{IC} = 170\ \text{MPa} \cdot \text{m}^{1/2}$；铝合金的 $R_{eL} = 400$ MPa，$K_{IC} = 25\ \text{MPa} \cdot \text{m}^{1/2}$。试问：用这两种材料制作压力容器，发生低应力脆断时裂纹的临界尺寸各是多少？哪一种更适合制作压力容器？(设 $Y = \pi^{1/2}$)

第二章　金属的晶体结构与结晶

在外界条件一定的情况下，材料的内部结构和组织状态是决定材料性能的重要因素。材料结构一般分为宏观结构、细观结构和微观结构3个层次。材料的微观结构是指物质组成粒子(原子、分子或离子)的种类以及它们的排列方式和空间分布，是决定材料的物理、化学和力学性能的主要因素之一。

本节主要学习金属材料的晶体结构和结晶过程规律。

项目设计

(1) 冬天，大家都会看到湖面结冰，结合这一常见现象引导学生认识过冷现象，直观解释材料结晶规律。

(2) 将定向凝固技术用于燃气涡轮发动机叶片的生产，所获得的柱状晶组织具有优良的抗热冲击性能、长的疲劳寿命、高的高温蠕变抗力和中温塑性，进而提高了叶片的使用寿命和使用温度。将普通电风扇叶片和燃气涡轮发动机叶片等高速旋转工作机器零部件进行转速、受力等比较，说明掌握结晶规律的重要性。

学习成果达成要求

(1) 了解常见金属的晶体结构和实际金属中存在的缺陷，并能够分析缺陷对材料性能的影响。

(2) 掌握金属结晶过程规律，能够利用结晶规律控制晶体结构和材料性能。

(3) 能够利用结晶过程规律解释一种新型材料制备工艺。

2.1　晶体与晶体结构

固态物质按其原子(或分子)的聚集状态，可分为晶体和非晶体两大类。工程材料分为金属材料和非金属材料。金属材料通常都是晶体，其性能取决于化学成分和其内部微观的组织结构。

1. 晶体与非晶体

由于原子是化学变化中的最小粒子，因此常把原子当作组成晶体的最稳定内部质点。

1) 晶体

内部质点在三维空间按一定规律周期性排列的固态物质称为晶体，如金刚石、石墨及固态金属及其合金等。晶体中原子排列模型如图 2-1 所示。晶体内部质点在空间有规则、周期性地重复排列，其特点是既短程有序、又长程有序。

图 2-1　晶体中原子排列模型

2) 非晶体

内部原子无规律堆积在一起的固态物质称为非晶体，如沥青、玻璃、松香等。非晶体中原子排列模型如图 2-2 所示。最典型的非晶体材料是玻璃，所以往往也把非晶态的固体称为玻璃体。自然界中，除少数物质(如普通玻璃、松香、石蜡等)是非晶体外，包括金属在内的绝大多数固态无机物都是晶体。

一般来说，晶体有 3 个特征：其一，晶体有固定的熔点，只有在温度达到熔点后才会发生熔化，如铁的熔点为 1538℃，铜的熔点为 1083℃，铝的熔点为 660℃；其二，晶体的物理性质会随着不同方向而有所差别，称为“各向异性”；而非晶体的物理性质没有方向上的区别，称为“各向同性”；其三，晶体都具有规则的几何形状，例如，食盐晶体是立方体，冰雪晶体为六角形等。

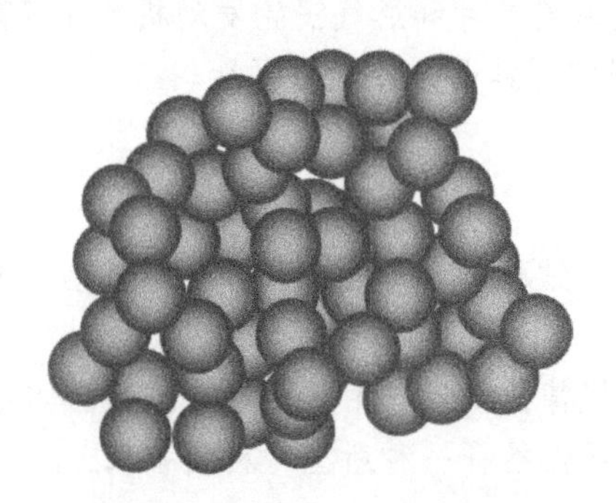

图 2-2　非晶体中原子排列模型

需要指出的是，大多数金属材料是由单晶体“微粒”聚合成的多晶体，大量晶粒的贡献此消彼长，整个晶体呈现各向同性状态，同时呈现不规则的外形。

晶体和非晶体在一定条件下可以互相转化。例如，玻璃经高温长时间加热能变为晶态玻璃；而通常是晶态的金属，如从液态急冷(冷却速度＞107℃/s)，也可获得非晶态金属。非晶态金属与晶态金属相比，具有高的强度与韧性等一系列突出性能，近年来已为人们所重视。

3) 准晶

准晶是一种介于晶体和非晶体之间的固体。准晶具有长程有序的结构，但不具有晶体应有的长程平移对称性。准晶可以在一些有色金属合金中快速冷却后见到。

新型纳米材料由纳米级尺寸(1～100 nm)的微粒组成。纳米微粒的结构有 3 种，即晶体、非晶体和准晶。由于其粒子极细小，界面原子所占比例大，如由 5 nm 的晶体粒子所组成的材料，晶界可占 50%以上。纳米材料具有独特的性能，如高强度、高硬度、高韧性等。

2. 晶体结构的表达方法

任何一种晶体都有自己特定的结构。为了方便研究，通常将组成晶体的原子视为刚性球体，各种晶体都是由这些小球按一定的规律在空间紧密排列而成的。把这些由刚性球体按一定的几何方式紧密排列堆积而成的、描述晶体内部原子排列规则的模型称为原子堆砌模型，如图 2-3(a)所示。

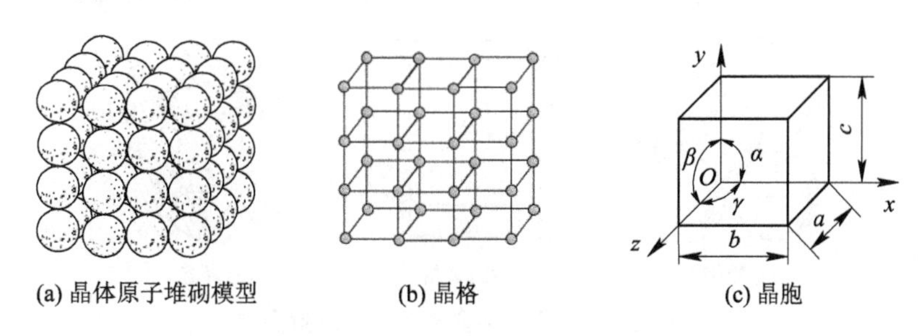

(a) 晶体原子堆砌模型　(b) 晶格　(c) 晶胞

图 2-3　晶体、晶格与晶胞示意图

1) 晶格

原子堆砌模型有时很难看到内部原子的排列状态。为了方便研究，现假定晶体中的刚性球体为没有大小的质点，质点位于球体的中心，称为节点；由节点形成的空间点的阵列称为空间点阵。用假想的直线将节点连接起来，便形成了一个空间三维格架，这种抽象的、用于描述原子在晶体中规则排列方式的三维空间格架称为晶格，如图 2-3(b)所示。晶格直观地表达了晶体中原子(或离子、分子)的排列规律。

2) 晶胞

晶体中原子的排列具有周期性的特点。通常只从晶格中选取一个能够完全反映晶格特征的、最小的几何单元来分析晶体中原子的排列规律，这个最小的几何单元称为晶胞，如图 2-3(c)所示。实际上整个晶格就是由许多大小、形状和位向相同的晶胞在三维空间重复堆积排列而成的。

3) 晶格常数

晶胞的大小和形状常以晶胞的棱边长度 a、b、c 及棱边夹角 α、β、γ 来表示，如图 2-3(c)所示。晶胞的棱边长度 a、b、c 称为晶格常数，以埃(Å)为单位来表示(1 Å = 10^{-7} mm)。当棱边长度 $a=b=c$，棱边夹角 $\alpha=\beta=\gamma=90°$ 时，这种晶胞称为简单立方晶胞；由简单立方晶胞组成的晶格称为简单立方晶格。

2.2　金属的晶体结构

原子的排列方式不同，组成的晶格类型也不同。根据晶胞参数特征，晶体的结构可分为 7 种晶系、14 种晶格。

2.2.1　常见金属的晶格类型

大多数金属晶体都具有排列紧密、对称性高、结构简单的特点。在纯金属中，最常见的是体心立方晶格、面心立方晶格、密排六方晶格3种典型的晶体结构。前两者属于立方晶系，后者属于六方晶系。

1. 体心立方晶格

体心立方晶格的晶胞如图2-4所示，是一个立方体，在立方体的8个角和立方体的中心各有一个原子。其晶格常数 $a=b=c$，所以只要用一个晶格常数 a 表示即可。

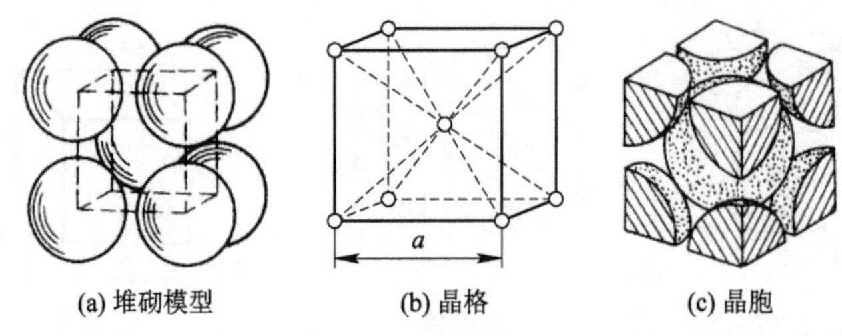

图2-4　体心立方晶格和晶胞示意图

晶胞原子数是指一个晶胞内所包含的原子数目。在体心立方晶格的晶胞中，立方体8个角上的原子为相邻的8个晶胞所共有，每个晶胞实际上只占有1/8个原子，只有中心的原子为该晶胞所独有，每个晶胞中实际含有的原子数为(1/8) × 8 + 1 = 2个。

原子半径指晶胞中原子密度最大方向上相邻两原子之间距离的一半。同种原子处于不同晶格中，其原子半径不一样。体心立方晶格中体对角线上原子排列最为紧密，原子半径 $r=\sqrt{3}a/4$。

致密度是金属晶胞中原子本身所占的体积的百分数，即晶胞中所包含的原子体积与晶胞体积的比值。体心立方晶格的致密度 K 为

$$K=\frac{2\text{个原子体积}}{\text{晶胞体积}}=\frac{2\times\left(\dfrac{4}{3}\right)\pi r^{3}}{a^{3}}=68\%$$

配位数是晶格中与任一原子处于相等距离并相距最近的原子数目。体心立方晶格中任一原子(以立方体中心的原子为例)与8个原子接触并距离相等，因而配位数为8。

具有体心立方晶格的金属有铬(Cr)、钨(W)、钼(Mo)、钒(V)、β钛(β-Ti)、α铁(α-Fe，温度在912℃以下时Fe原子排列状态)。

2. 面心立方晶格

如图2-5所示，面心立方晶格的晶胞也是一个立方体，在立方体的8个角和立方体的6个面的中心各有一个原子，其晶格常数 $a=b=c$。晶胞角上的原子为相邻的8个晶胞所共有，每个晶胞实际上只占有1/8个原子，每个面中心的原子为两个相邻晶胞所共有，因此，每个晶胞中实际含有的原子数为(1/8) × 8 + 6 × (1/2) = 4个。

面心立方晶格在面对角线上原子排列最为紧密，原子半径 $r=\sqrt{2}a/4$，致密度约为74%。

面心立方晶格中每个原子(以面的中心原子为例)在三维方向上各与4个原子接触，配

位数为 12。

具有面心立方晶格的金属有铝(Al)、铜(Cu)、镍(Ni)、金(Au)、银(Ag)、γ 铁(γ-Fe，温度为 912℃～1394℃时 Fe 原子排列状态为面心立方晶格结构)。

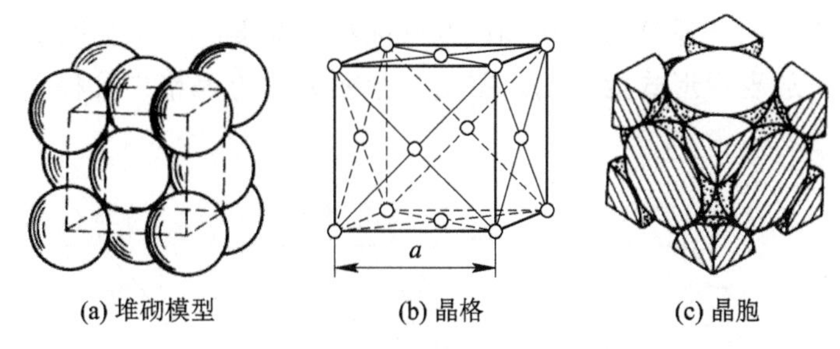

(a) 堆砌模型　(b) 晶格　(c) 晶胞

图 2-5　面心立方晶格和晶胞示意图

3. 密排六方晶格

如图 2-6 所示，密排六方晶格的晶胞是个正六方柱体，它是由 6 个呈长方形的侧面和 2 个呈正六边形的底面所组成的。该晶胞要用 2 个晶格常数表示，一个是六边形的边长 a，另一个是柱体高度 c。在密排六方晶胞的 12 个角上和上、下底面中心各有一个原子，另外在晶胞中间还有 3 个原子。密排六方晶胞每个角上的原子为相邻的 6 个晶胞所共有，上、下底面中心的原子为 2 个晶胞所共有，晶胞中 3 个原子为该晶胞独有，因此，每个晶胞中实际含有的原子数为$(1/6)\times 12+(1/2)\times 2+3=6$ 个。

密排六方晶格原子半径为$a/2$，致密度约为 74%。

密排六方晶格中每个原子与 12 个原子(同底面上周围有 6 个、上下各 3 个)接触且距离相等，配位数为 12。

具有密排六方晶格的金属有镁(Mg)、锌(Zn)、铍(Be)、α 钛(α-Ti)等。

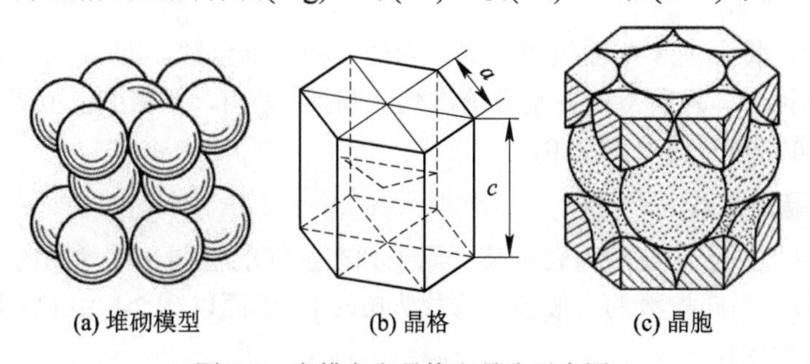

(a) 堆砌模型　(b) 晶格　(c) 晶胞

图 2-6　密排六方晶格和晶胞示意图

表 2-1 列出了 3 种常见金属晶格的常用参数。可以看出，在 3 种常见的晶体结构中，原子排列最致密的是面心立方晶格和密排六方晶格，其次是体心立方晶格。

表 2-1　3 种常见金属晶格的常用参数

晶格类型	晶胞中的原子数	原子半径	致密度	配位数
体心立方晶格	2	$\sqrt{3}a/4$	0.68	8
面心立方晶格	4	$\sqrt{2}a/4$	0.74	12
密排六方晶格	6	$a/2$	0.74	12

2.2.2 晶面与晶向的表示方法

1. 晶面及晶面指数

在金属晶体中，由一系列原子所构成的平面称为晶面。表示晶面的符号称为晶面指数，晶面指数的一般表示形式为(hkl)。图 2-7 所示为立方晶格中几种不同位向的晶面及晶面指数。

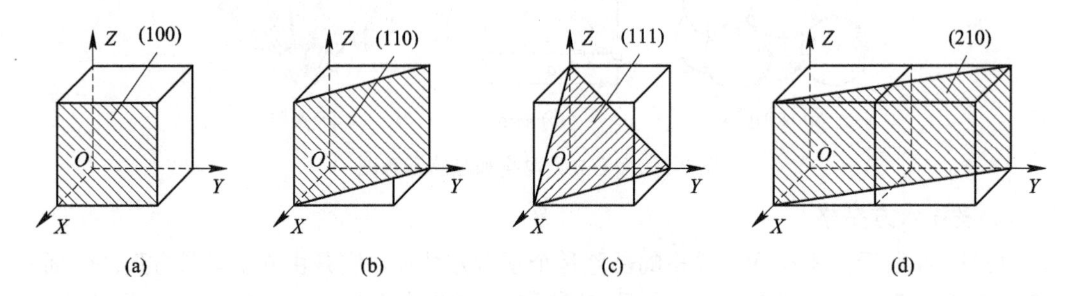

图 2-7 立方晶格中几种不同位向的晶面及晶面指数

现以图 2-7(d)中影线所示的晶面为例，说明确定晶面指数的方法。

(1) 设坐标。在晶格中，沿晶胞的互相垂直的 3 条棱边设坐标轴 X、Y、Z，坐标轴的原点 O 应位于该待定晶面的外面(某一原子)，以免出现零截距。

(2) 求截距。以晶胞的棱边长度(即晶格常数)为度量单位，确定晶面在各坐标轴上的截距。如图 2-7 中影线所示的晶面在 X、Y、Z 轴上的截距分别为 1、2、∞。

(3) 取倒数。将各截距值取倒数，分别为$\frac{1}{1}$、$\frac{1}{2}$、$\frac{1}{\infty}$，即 1、$\frac{1}{2}$、0。取倒数的目的是避免晶面指数出现 ∞。

(4) 化整数。将上述 3 个倒数按比例化为最小的简单整数，即 2、1、0。

(5) 列入圆括号。将所得的各整数依次列入圆括号()内，便得到晶面指数。故图 2-7(d)中影线所示晶面的晶面指数为(210)。

2. 晶向及晶向指数

通过两个以上原子的直线，表示某一原子列在空间的位向，称为晶向。表示晶向的符号称为晶向指数。晶向指数的一般表示形式为[uvw]。下面以图 2-8 中 OA 晶向为例，说明确定晶向指数的方法。

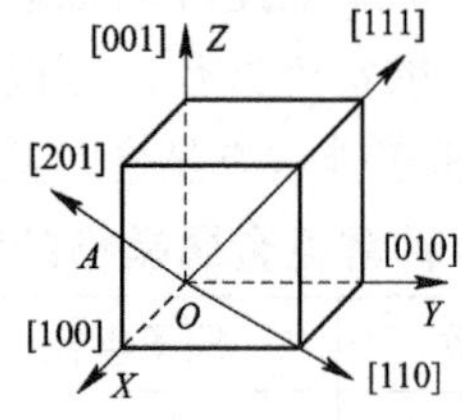

图 2-8 立方晶格中几个晶向及晶向指数

(1) 设坐标。在晶格中设坐标轴 X、Y、Z，但坐标轴的原点 O 应为待定晶向的矢量箭尾。

(2) 求坐标值。以晶格常数为度量单位，在待定晶向的矢量上任选一点，求出该点在

X、Y、Z 轴上的坐标值。如图 2-8 中 OA 晶向在 X、Y、Z 轴上的坐标值分别为 1、0、$\frac{1}{2}$。

(3) 化整数。将上述 3 个坐标值按比例化为最小的整数，即 2、0、1。

(4) 列入方括号。将上述所得的各整数依次列入方括号[ ]内，即得晶向指数，故[201]即为图 2-8 中 OA 晶向的晶向指数。

3. 晶面族和晶向族

晶面指数(hkl)或晶向指数[uvw]实际上代表了一系列互相平行的晶面或晶向。在立方晶格中，指数相同的晶面与晶向是互相垂直的。

晶体学中，把那些原子排列完全相同而位向不同(互不平行)的晶面称为晶面族，用符号{hkl}表示；把原子排列完全相同而位向不同(互不平行)的晶向称为晶向族，用符号<uvw>表示。例如，立方晶胞中的晶面(100)、(010)、(001)为同一个晶面族，可统一用符号{100}表示；而晶向[100]、[010]、[001]为同一个晶向族，可用符号<100>表示。

4. 晶面及晶向的原子密度

晶面的原子密度是指其单位面积中的原子数，而晶向的原子密度则指其单位长度上的原子数。在各种晶格中，不同晶面和晶向上的原子密度是不同的。体心立方晶格中主要晶面和晶向的原子密度如表 2-2 所示。

表 2-2　体心立方晶格中主要晶面和晶向的原子密度

晶面指数	晶面原子排列示意图	晶面密度(原子数/面积)	晶向指数	晶向原子排列示意图	晶向密度(原子数/长度)
{100}	a　a	$\frac{\frac{1}{4}\times 4}{a^2}=\frac{1}{a^2}$	<100>	a	$\frac{\frac{1}{2}\times 2}{a}=\frac{1}{a}$
{110}	a　$\sqrt{2}a$	$\frac{\frac{1}{4}\times 4+1}{\sqrt{2}a^2}=\frac{1.4}{a^2}$	<110>	$\sqrt{2}a$	$\frac{\frac{1}{2}\times 2}{\sqrt{2}a}=\frac{0.7}{a}$
{111}	$\sqrt{2}a$	$\frac{\frac{1}{6}\times 3}{\frac{\sqrt{3}}{2}a^2}=\frac{0.58}{a^2}$	<111>	$\sqrt{3}a$	$\frac{\frac{1}{2}\times 2+1}{\sqrt{3}a}=\frac{1.16}{a}$

比较所求数值得知，原子密度最大的晶面是{110}，称为最密排晶面；原子密度最大的晶向是<111>，称为最密排晶向。在晶体中原子最密排晶面之间的距离最大，原子最密排晶向之间的距离最大；这是晶体在外力作用时，总是首先沿着原子最密排晶面和原子最密排晶向发生相对位移的主要原因之一。

由于晶体中不同晶面和晶向上原子的密度不同，因此在晶体中不同晶面和晶向上的原子结合力也就不同，从而在不同晶面和晶向上显示出不同的性能，这就是晶体具有各向异性的原因。晶体的这种“各向异性”的特点是它区别于非晶体的重要标志之一。晶体的各向异性在其化学性能、物理性能和机械性能等方面都同样会表现出来，即在弹性模量、破断抗力、屈服强度、电阻率、磁导率、线膨胀系数以及在酸中的溶解速度等许多方面都会表现出来，并在工业上得到了应用，如变压器硅钢片利用了在不同晶向有不同磁化能力的特性。

2.3　实际金属中的晶体缺陷

实际金属材料中并非都是理想状态的晶体结构，而是与理想晶体中的原子排列相差很远。自然界中通常也见不到具有各向异性特征的金属晶体，而是表现出各向同性的性质特征，这是由于实际金属材料都是由位向不同的晶粒组成的多晶体。

1. 多晶体与亚组织

如果一块晶体内部的晶格位向完全一致，即由原子按一定几何规律呈周期性排列而成，我们称这块晶体为单晶体，如图 2-9 所示。在本节之前的研究内容中，指的都是这种单晶体。没有自然形成的单晶体，只有经过特殊制作才能获得单晶体。

实际使用的金属材料，即使体积很小，其内部仍包含了许多颗粒状的小晶体，每个小晶体内部的晶格位向是一致的，而各个小晶体彼此间位向都不同，这种外形不规则的小晶体通常称为晶粒，晶粒与晶粒之间的界面称为晶界。这种实际上由许多晶粒组成的晶体称为多晶体，如图 2-10 所示。一般金属材料都是多晶体。

晶粒尺寸是很小的，如钢铁材料的晶粒对一般在 10^{-1}～10^{-3} mm，故只有在金相显微镜下才能观察到。如图 2-11 所示为在金相显微镜下观察到的纯铁的晶粒和晶界。这种在金相显微镜下观察到的金属组织，称为显微组织或金相组织。

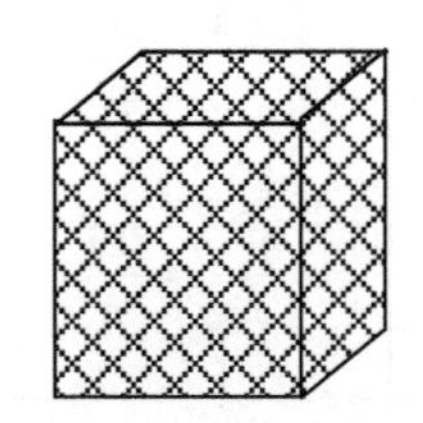

图 2-9　单晶体示意图

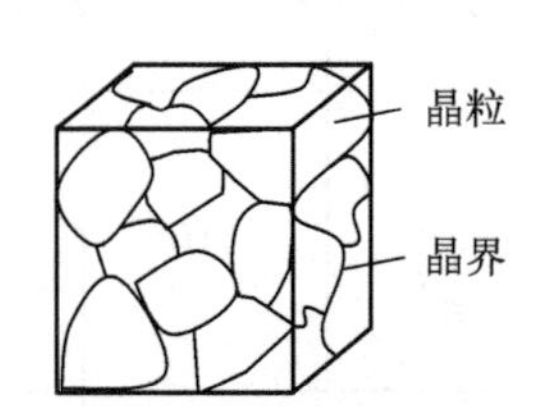

图 2-10　多晶体示意图

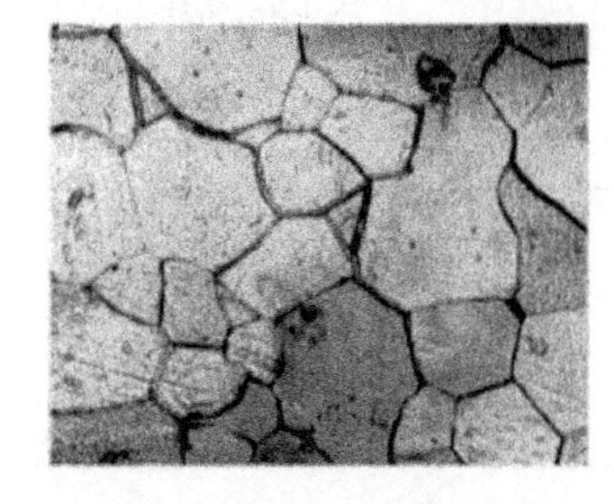

图 2-11　纯铁的显微组织

由于实际金属都是多晶体，其中每个晶粒都具有各向异性，但在不同方向测试其性能时，都是千千万万个位向不同的晶粒的平均性能，故实际金属就表现出各向同性。

实践证明，在实际金属晶体的一个晶粒内部，其晶格也并不像理想晶体那样完全一致，而是存在着许多尺寸更小、位向差也很小($<$(2°～3°))的小晶块，它们相互嵌镶成一颗晶粒，这些小晶块称为亚晶粒(或亚结构、亚组织)。在亚晶粒内部，晶格的位向是一致的。两相邻亚晶粒间的边界称为亚晶界。

2. 实际金属中的缺陷

实际金属具有多晶体结构。由于结晶条件等原因，会使晶体内部出现某些原子排列不规则的区域，这种在局部一定尺寸范围内原子排列不规则的现象称为晶体缺陷。根据晶体缺陷的几何特点，可将其分为以下 3 种类型：

1) 点缺陷

点缺陷是最简单的晶体缺陷，其特征是长、宽、高尺寸都很小，包括晶格空位、间隙原子和置换原子等，最常见的是晶格空位和间隙原子，如图2-12所示。在实际晶体结构中，晶格的某些节点往往未被原子占有，这种空着的节点位置称为晶格空位；处在晶格间隙中的原子称为间隙原子，占据晶格节点位置的原子称为置换原子。

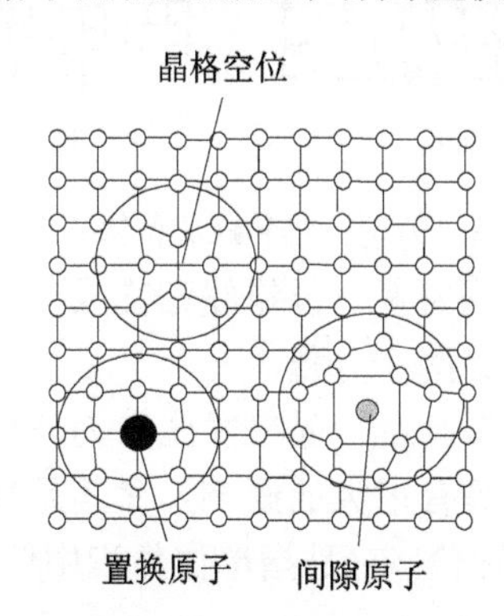

图2-12　晶格空位、间隙原子和置换原子示意图

在晶格空位、间隙原子或置换原子的附近，由于原子间作用力的平衡被破坏，其周围的原子向缺陷处靠拢或被撑开，引起晶格收缩或膨胀。这种由缺陷导致的晶格扭曲现象称为晶格畸变。晶格畸变将使晶体性能发生改变，如强度、硬度提高，电阻率增大，密度减小等。

应当指出，晶体中的晶格空位和间隙原子都处在不断的运动和变化之中。晶格空位和间隙原子的运动，是金属中原子扩散的主要方式之一，这对热处理和化学热处理过程都是极为重要的。

2) 线缺陷

线缺陷是指二维尺度很小而第三维尺度很大的缺陷，其特征是在一个方向上的尺寸很大，另两个方向上的尺寸很小，集中表现形式是各种类型的位错。所谓位错，是晶体中某处有一列或若干列原子发生了有规律的错排现象。位错的形式很多，最常见的是刃型位错和螺旋位错。

如图2-13(a)所示，在金属晶体中，在切应力τ的作用下，晶体的一部分沿另一部分晶面滑移，逐渐发生一个原子间距的错位。晶面ABCD(称为滑移面)的上半部多出一个原子面EFGH(称为半原子面)，它像刀刃一样切入晶体中，使上、下两部分晶体间产生了错排现象，因而称为刃型位错。EF线称为位错线，在位错线附近晶格发生了畸变。位错引起的晶格畸变方向和大小用位错的滑移矢量$\boldsymbol{b}$(柏氏矢量)表示。刃型位错的滑移矢量$\boldsymbol{b}$与位错线(EF)垂直；晶格畸变越大，柏氏矢量越大。半原子面位于滑移面上方时称为正刃型位错，用“⊥”表示；位于滑移面下方时，称为负刃型位错，用“⊤”表示。刃型位错中多余半原子面的存在，引起晶格畸变，导致晶体体积膨胀或收缩。

如图2-13(b)所示，在切应力τ的作用下扭转晶体，使左右两部分原子依次错排，产生螺旋状的原子错排通道(BCEF区域)，位错线BC附近的原子面呈螺旋形错排，称为螺旋位错。螺旋位错的滑移矢量$\boldsymbol{b}$与位错线(BC)平行。螺旋位错中无多余半原子面，在晶体中只引起剪切畸变，不会导致晶体体积膨胀或收缩。

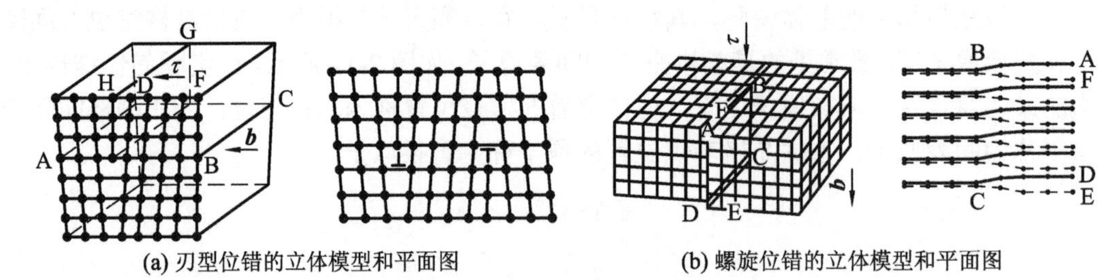

(a) 刃型位错的立体模型和平面图　　(b) 螺旋位错的立体模型和平面图

图 2-13　刃型位错和螺旋位错示意图

晶体滑移中，更普遍的是滑移矢量与位错线相交成一定角度，称为混合位错。混合位错可以分解为刃型位错和螺旋位错两个分量。

位错线周围的原子排列规律被打乱，晶格发生较为严重的畸变。位错的存在对金属的力学性能、物理性能、化学性能等有很大的影响，尤其是材料的塑性变形、原子扩散、相变。位错量的多少用位错密度来评价，它是指单位体积中位错线的总长度，可用下式表示：

$$\rho = \frac{\sum L}{V} \tag{2-1}$$

式中：ρ 为位错密度(cm/cm^3，即 cm^{-2})；$\sum L$ 为位错线总长度(cm)；V 为体积(cm^3)。

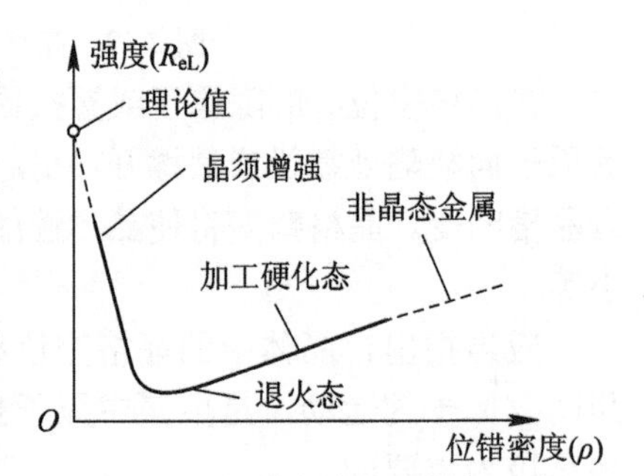

图 2-14　位错密度与金属的强度

位错的观察方法为浸蚀法/电镜法。如图 2-14 所示，增加或减少位错密度都能提高金属的强度。例如退火态金属中 $\rho \approx 10^6 \sim 10^8 \text{cm}^{-2}$；而经冷形变后 ρ 增加到 $10^{11} \sim 10^{12}$ cm^{-2}，位错密度增加，强度明显提高。

3) 面缺陷

面缺陷是指在两个方向上的尺寸很大，第三个方向上的尺寸很小而呈面状的缺陷。面缺陷的主要形式是各种类型的晶界、亚晶界和相界。由于各晶粒之间的位向不同，所以晶界实际上是原子排列从一种位向到另一种位向的过渡层，如图 2-15 所示。该过渡层有一定的厚度，为了同时适应两侧不同位向晶粒的过渡，以致过渡层处的原子总是不能规则排列，因此产生晶格畸变。

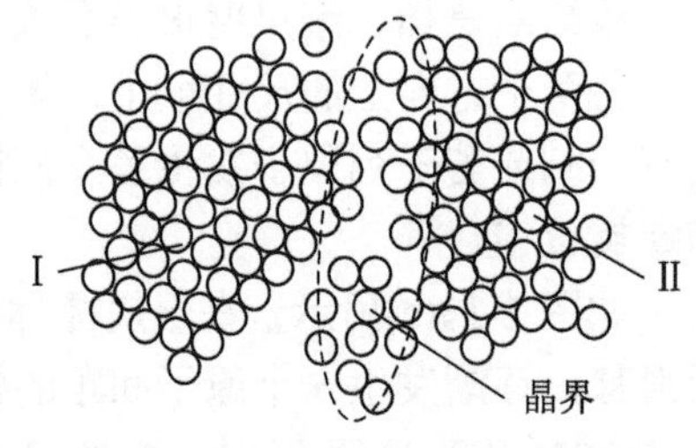

图 2-15　晶界过渡结构示意图

晶体中各晶粒之间的位向差 θ 不同，一般把晶粒位向差大于 10°～15° 的晶界称为大角度晶界，如图 2-16 所示，而晶粒位向差小于 10°～15° 的晶界称为小角度晶界。

即使同一个晶粒内部各处的位向差也有不同，因此晶粒也非严格意义的单晶，而是由许多位向差很小的称为镶嵌块的小晶块组成，称为亚晶粒。亚晶粒的尺寸一般为 $10^{-6} \sim 10^{-4}$ mm。亚晶粒之间的位向差很小，只有几秒或几分，最多不超过 1°～2°。亚晶粒之间的交界称为亚晶界。亚晶界实际上是由一系列刃型位错所形成的小角晶界，如图 2-17 所示。

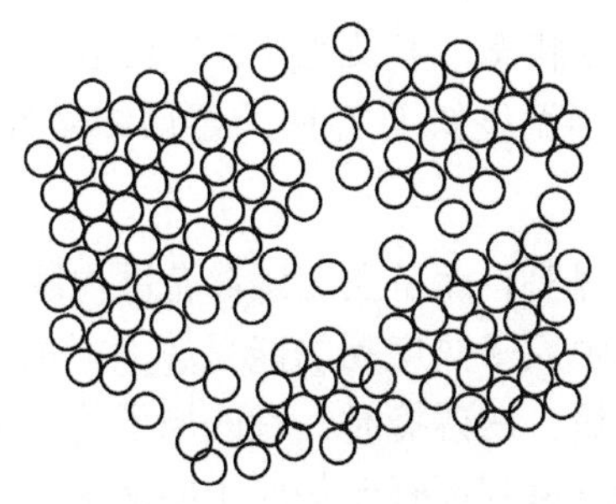
图 2-16 大角度晶界示意图

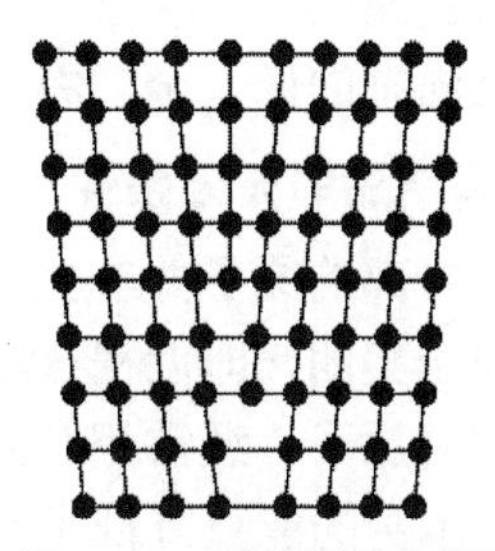
图 2-17 亚晶界示意图

晶界和亚晶界的存在，使晶格处于畸变状态，在常温下对金属塑性变形起阻碍作用。所以，金属的晶粒愈细，晶界就愈多，对塑性变形的阻碍作用也愈大，导致金属的强度、硬度变高，塑性降低。

实际金属中存在晶体缺陷是不可避免的，晶体缺陷破坏了晶体的完整性，对金属的力学性能、物理性能、化学性能以及许多变化过程都会产生影响，改变这些缺陷的数量和分布，已成为材料改性的重要途径。晶体缺陷在材料组织控制(如扩散、相变)和性能控制(如材料强化)中具有重要作用。但必须指出，晶体缺陷的存在并不改变金属的晶体特质。

2.4 金属的结晶

一切物质从液态到固态的转变过程称为凝固。若凝固后形成晶体结构，则称为结晶。金属在固态下通常都是晶体，所以金属自液态冷却转变为固态的过程，称为金属的结晶。通常把金属从液态转变为固体晶态的过程称为一次结晶，而把金属从一种固体晶态转变为另一种固体晶态的过程称为二次结晶或重结晶。

按目前的生产方法，工程应用中的绝大多数金属材料都是经过冶炼后浇铸成形的，即它的原始组织为铸态组织，然后经过轧制、锻造、机械加工和热处理等工艺成为满足使用要求的零部件。浇铸成形的过程就是金属结晶的过程，它决定着铸件组织的形成，并对锻造性能和零件的最终使用性能有非常重要的影响。

2.4.1 纯金属的结晶

1. 金属结晶时的能量条件

自由能 G 是物质中能够自动向外界释放出的多余的或能够对外做功的能量。热力学定律指出，在等压条件下，自然界的一切自发过程都朝着系统自由能降低的方向进行。金属在聚集状态时自由能与温度的关系曲线如图 2-18 所示。一般情况下，金属在聚集状态的自由能随温度的提高而降低，由于液态金属中原子排列的规则性比固态金属中的差，所以液态金属的自由能比固态金属的降低得更快，它们必然要相交，交点 T_0 即为理论结晶温度。从图 2-18 中可以看出，在交点所对应的温度 T_0 时，金属的液

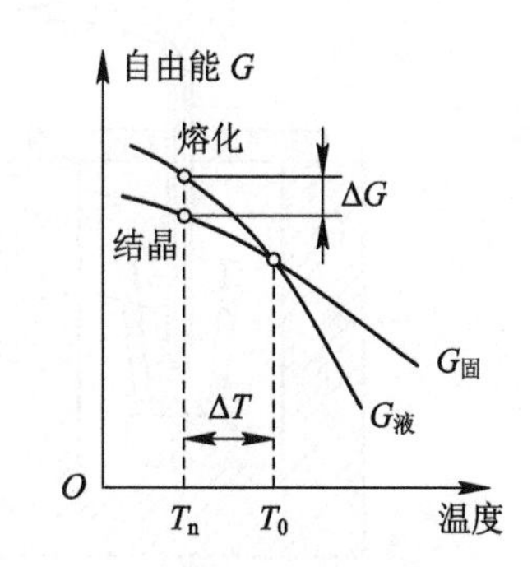

图 2-18 金属在聚集状态时自由能与温度的关系曲线

态和固态的自由能相等，液态和固态处于动平衡状态，可长期共存；当温度高于 T_0 时，液态的自由能比固态的低，金属将熔化为液态；当温度低于 T_0 时，金属结晶为固态。

2. 纯金属结晶的充分条件

液态金属内部的原子并非完全无规则混乱排列，而是在短距离范围内瞬时呈现出结构排列有序的原子集团，即近程有序。由于液体中原子热运动的能量较大，每个原子在三维方向都有相邻的原子，经常相互碰撞，交换能量。在碰撞时，有的原子将一部分能量传给别的原子，而本身的能量降低了，结果导致每时每刻都有一些原子的能量超过原子的平均能量，有些原子的能量则远小于平均能量。这种能量的不均匀性称为能量起伏。存在的能量起伏造成每个原子集团内具有较大动能的原子能克服邻近原子的束缚(原子间结合所造成的势垒)，除了在集团内产生很强的热运动(产生空位及扩散等)外，还能成簇地脱离原有集团而加入到别的原子集团中，或组成新的原子集团。因此所有原子集团都处于瞬息万变的状态，时而长大时而变小，时而产生时而消失，此起彼落，犹如在不停顿地游动。这种结构的瞬息变化称为结构起伏或相起伏，如图 2-19 所示。尤其在接近凝固点的时候，液态金属原子间距、原子间的作用力和原子的运动状态与固态金属比较接近，原子热运动逐渐减弱，原子集团逐渐长大，原子由近程有序状态过渡到长程有序状态，这就是金属的结晶。

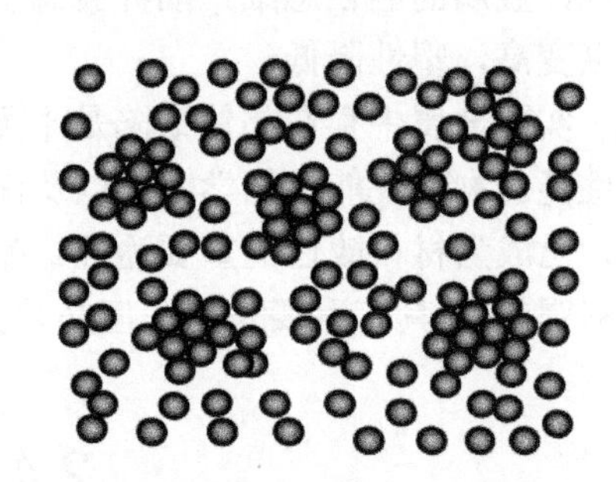

图 2-19　液态金属内的“结构起伏”或“相起伏”现象

液态金属存在的这种结构起伏是金属结晶的内因，即结晶的充分条件。

3. 纯金属结晶的必要条件

通常用热分析法测量金属的结晶过程，试验装置及其试验原理如图 2-20 所示。将少许试样金属放入小坩埚里，加热到熔化状态，然后使其非常缓慢或以一定的速度冷却。在冷却过程中，每隔一定时间测量一次温度，直至冷却到室温，然后将测量数据画在温度—时间坐标图上，便得到一条金属在冷却过程中温度与时间的关系曲线，这条曲线称为冷却曲线，如图 2-20(b)所示。这种测量方法称为热分析法。

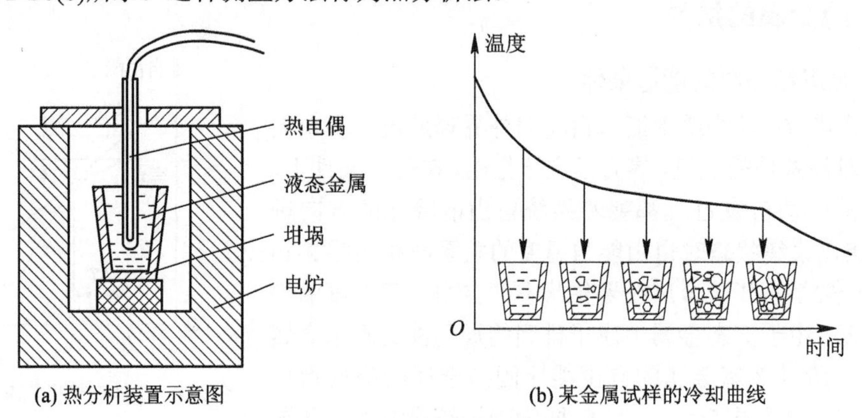

(a) 热分析装置示意图　(b) 某金属试样的冷却曲线

图 2-20　热分析法试验装置及试验原理

如图 2-21 所示，纯金属的冷却曲线具有一段水平线段，说明结晶是在恒温下进行的，即随时间的延长，结晶状态金属的温度不降低。这是因为在结晶时液态金属放出结晶潜热，补偿了其向外界散失的热量，从而维持在恒温下结晶。当结晶结束时，其温度随时间的延长继续降低。

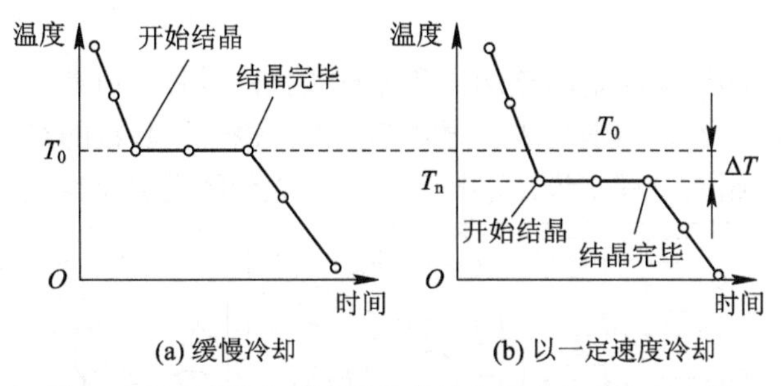

图 2-21 采用热分析法测绘的纯金属冷却曲线示意图

金属的液态和固态处于动平衡状态时的温度 T_0 称为理论结晶温度，用金属在非常缓慢的冷却速度下结晶所测得的结晶温度表示。但在实际生产中，液态金属结晶时，冷却速度都较大，金属总是在理论结晶温度以下某一温度开始结晶，这一温度 T_n 称为实际结晶温度。金属实际结晶温度低于理论结晶温度的现象称为过冷现象。理论结晶温度与实际结晶温度之差称为过冷度，用 ΔT 表示，即 $\Delta T = T_0 - T_n$。

结晶过程并不是在任何情况下都能自发进行的。实际上金属总是在过冷的情况下结晶的，所以，过冷度是金属结晶的必要条件。

过冷度不是恒定值。金属结晶时的过冷度与冷却速度有关，冷却速度越大，过冷度就越大，金属的实际结晶温度就越低。如图 2-22 所示，$v_1 < v_2 < v_3$，$\Delta T_1 < \Delta T_2 < \Delta T_3$。

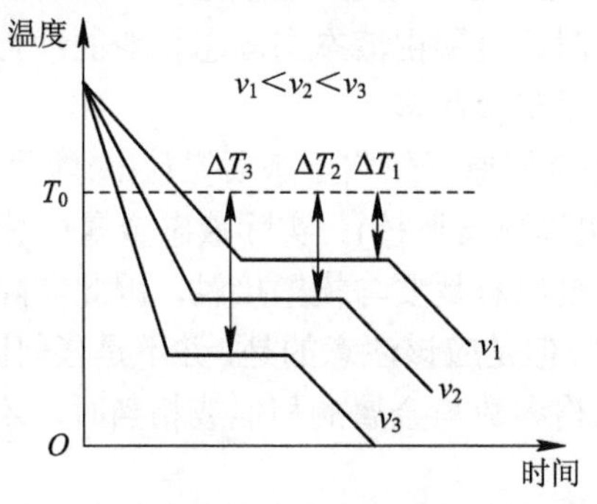

图 2-22 用热分析法测绘的液态金属不同冷却速度的过冷度

4. 纯金属的结晶过程

金属的结晶过程，实际上就是金属原子由不规则排列过渡到规则排列形成晶体的过程。因此，由液态金属向固态金属的转变是不可能瞬间完成的，必须经过一个由小到大、由局部到整体的发展过程。通常把结晶过程中密切联系、相互依赖的两个基本过程叫作晶核形成(形核)和晶核长大。

在一定的过冷度下，即当液态金属刚刚冷却到实际结晶温度时，其液体中还没有晶核形成和长大，只有一些近程有序的原子团，处于过冷的结晶孕育阶段，如图 2-23(a)所示；经过一段时间，开始在液体中形成一些尺寸极小的、原子呈规则排列的晶体——晶核，如

图 2-23(b)所示；这些晶核开始以一定的速度长大，同时又有新的晶核不断形成和长大，此阶段液体供应充分，晶核的长大速率和形成速率都很高，如图 2-23(c)所示；随着结晶部分的增加，未结晶的液体部分越来越少，部分区域开始有所接触，但结晶速度降了下来，如图 2-23(d)所示；经过一段时间，液体消失，结晶完成，生成多晶体结构的金属固体，如图 2-23(e)所示。

因此，金属的结晶过程就是晶核形成和晶核长大的过程。值得注意的是，晶核形成和晶核长大不是孤立的，而是相辅相成、同时存在的。每一个晶粒的结晶过程是先形核再长大，但就整个金属的结晶过程来说，形核和晶核长大伴随着整个结晶过程。

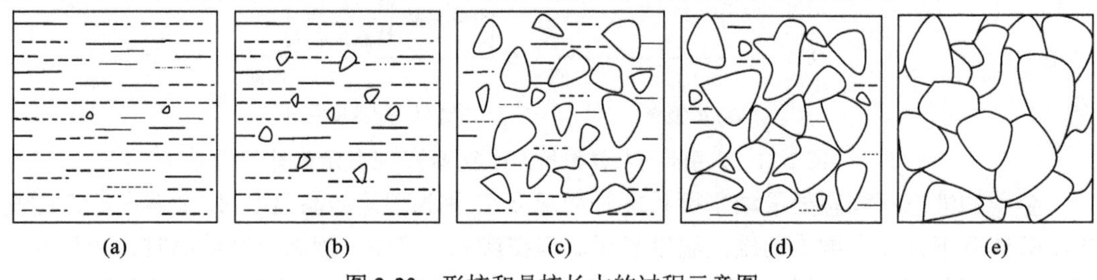

图 2-23　形核和晶核长大的过程示意图

1) 晶核的形成

晶核(结晶核心)的形成有两种方式：自发形核和非自发形核(外来生核)。

(1) 自发形核。从液体结构内部由金属本身原子自发长出的结晶核心称为自发形核。这是纯净的过冷液态金属依靠自身原子的规则排列形成晶核的过程。自发形核的具体过程是：液态金属过冷到某一温度时，其内部尺寸较大的近程有序原子集团达到某一临界尺寸后，开始变得稳定，不再消失，进而成为结晶核心。

温度越低即过冷度越大时，金属由液态向固态转变的动力越大，能稳定存在的近程有序原子团尺寸很小，因此自发形核越多。

(2) 非自发形核。把液态金属原子依附于杂质微粒(未熔固相质点)或模壁表面而生成晶核的过程称为非自发形核(也称异质形核)。实际液态金属中总是或多或少存在着未熔固体杂质，而且在浇注时，液态金属总是要与模壁接触，因此实际液态金属结晶时，一般条件下以异质形核方式形核为主。但是应该注意的是，并不是任何固体表面都能促进异质形核。只有当杂质的晶体结构和晶格参数与金属的相似或相当时，才能成为外来晶核的基底，促进异质形核。

通过实验发现，非自发形核所需的过冷度小，在实际金属中，非自发形核比自发形核来得容易，往往起主导作用。

2) 晶核的长大

结晶时，形成的晶核不断长大，晶核长大的实质就是液态金属原子向晶核表面堆砌的过程，也是固液界面向液体中迁移的过程。在晶核不断长大的同时，又会在液体中产生新的晶核并开始不断长大，直到液态金属全部消失，形成的晶体彼此接触为止。每个晶核长成一个晶粒，这样，结晶后的金属便是由许多晶粒所组成的多晶体结构。

晶体的长大有平面长大和树枝状长大两种方式。晶体的平面长大是在冷却速度较小的情况下进行的，较纯金属晶体主要以其表面向前平行推移的方式长大，晶体的长大服从表面能最小的原则，这种长大方式在实际金属的结晶中较为少见。树枝状长大是当冷却速度较大，特别是存在杂质时，晶体与液体界面的温度会高于近处液体的温度，形成负温度梯度，这时金属晶体往往以树枝状的方式长大。

多晶体金属的每个晶粒一般都是由一个晶核以树枝状长大的方式形成的，最终形成树枝晶结构。如图 2-24(a)所示，在晶核开始生长的初期，由于其原子排列规则，其外形也大多规则。但随着晶核的成长，晶体棱角出现。棱角处的散热条件好于其他部位，因而优先生长，如树枝一样，先长出枝干，再长出分枝，直至把晶间填满，这种生长方式称为"枝晶生长方式"。首先形成的枝干叫一次晶轴，在一次晶轴侧面长出二次晶轴，在二次晶轴上又会生长三次晶轴。整个过程就像先长出树干再长出分枝一样，故称为枝晶生长。结晶时各晶轴间不能及时得到液相的补充，最后在分枝间就会形成孔洞，结晶结束后就能观察到枝晶形态，液相中有杂质时，它们一般也在分枝间聚集，结晶后经浸蚀也能看出树枝晶形态，如图 2-24(b)所示。实际金属多为树枝晶结构，例如，在许多金属的铸锭表面常能见到树枝状的"浮雕"。

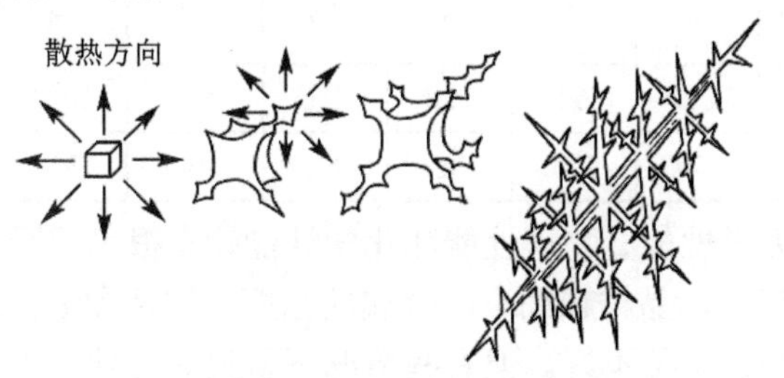

(a) 枝晶生长方式示意图

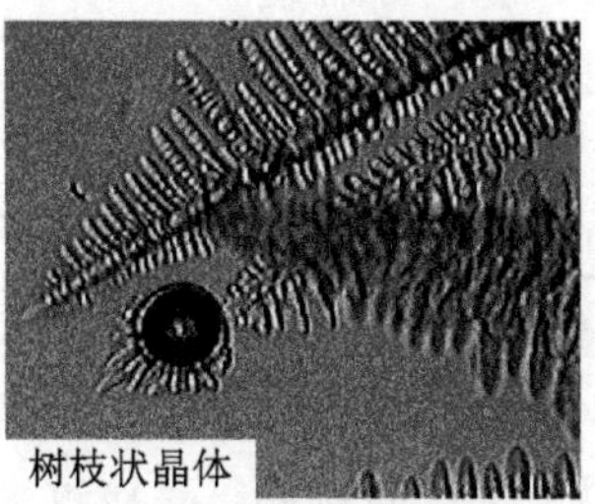

(b) 晶体中的树枝晶形态

图 2-24　枝晶生长方式示意图及树枝状晶体

晶体的结晶过程受到冷却速度、散热条件、杂质状况等因素的影响，控制这些因素，可以达到控制晶体结构和材料性能的目的。

5. 结晶后的晶粒大小与控制

金属结晶后的晶粒大小对金属的力学性能影响很大。通过实验发现，金属结晶后，在常温下晶粒越细小，其强度、硬度越高，塑性、韧性越好。如纯铁晶粒平均直径从 9.7 mm 减小到 2.5 mm，抗拉强度从 165 MPa 上升到 211 MPa，伸长率从 28.8%上升到 39.5%。

1) 晶粒度

金属结晶后，其晶粒大小用单位面积或单位体积内的晶粒数目或晶粒平均直径(即晶粒度)来定量表示。GB/T 6394—2017《金属平均晶粒度测定方法》中规定了金属组织平均晶粒度的表示及评定方法。评定方法有比较法、面积法和截点法。一般常用比较法，即在放大 100 倍的显微镜下与标准晶粒度等级图对照来评级，确定晶粒大小。钢的晶粒度分为铁素体晶粒度和奥氏体晶粒度，原奥氏体晶粒度共分 8 级，1 级最粗，8 级最细。可根据奥氏体晶粒度等级图，如图 2-25 所示，用比较的方法来确定钢的奥氏体晶粒度等级。

生产上用晶粒度级别 N 表示晶粒的大小，晶粒度级别与晶粒的大小有对应关系：① $n=2^{N-1}$，n 表示放大 100 倍时，1 平方英寸($645.16\ mm^2$)上的晶粒数；② $n_0=2^{N+3}$，n_0 表示放大 1 倍时，1 mm^2 上的晶粒数。表 2-3 所示为各种晶粒度对应的单位面积内的晶粒数目或晶粒的平均直径。晶粒度越大，晶粒越细小。

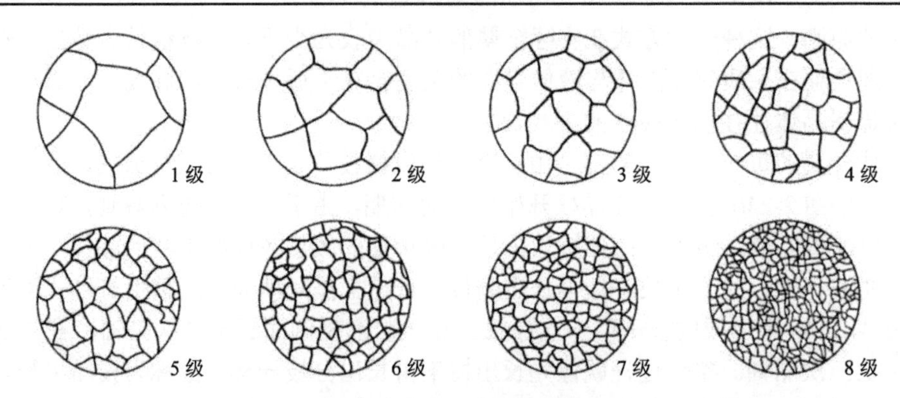

图 2-25　奥氏体晶粒度等级图

表 2-3　晶粒度对应的单位面积内的晶粒数目或晶粒的平均直径

晶 粒 度	1	2	3	4	5	6	7	8
每平方英寸晶粒数 n/(个/645.16 mm^2)	1	2	4	8	16	32	64	128
每平方毫米晶粒数 n_0/(个/ mm^2)	16	32	64	128	256	512	1024	2048
晶粒平均直径/μm	250	177	125	88	62	44	31	22

实验表明，晶粒大小对金属的力学性能、物理性能和化学性能均有很大的影响。一般情况下，金属结晶后金属晶粒数目越多，晶粒越细小，金属的强度、塑性和韧性越高。

高温下工作的材料，晶粒过大和过小都不好。但有些情况下希望晶粒越大越好，如制造电动机和变压器的硅钢片。

2) 影响晶粒大小的因素

影响晶粒大小的因素分为两个方面：形核率 N 和长大速率 G。金属结晶时，一个晶核长成一个晶粒，在一定体积内所形成的晶核数目愈多，则结晶后的晶粒就愈细小。由于过冷提供了结晶的驱动力，但晶核形成后会产生新的液固界面，使体系自由能升高，所以并不是一有过冷就能形核，而是要达到一定的过冷度后，才能形核。形核率表示形核速度的快慢，它是单位时间内单位体积中形成的晶核数目。长大速率表示晶粒长大速度的快慢。图 2-26 表示形核率和长大速率与过冷度的关系。当形核率 N 较大而长大速率 G 相对较小时，晶粒较细，即 N 与 G 的比值大，则晶粒细。

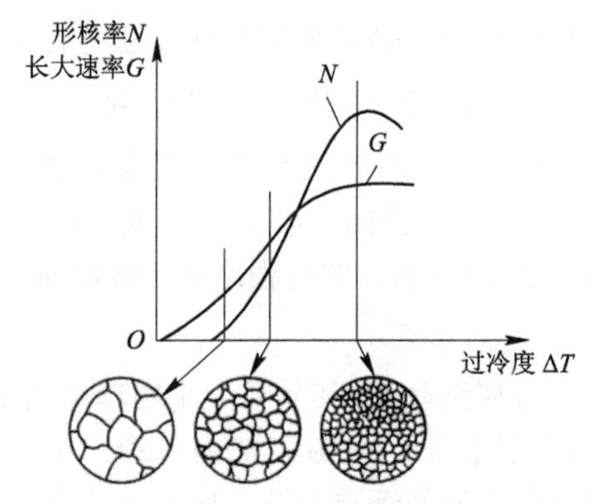

图 2-26　形核率和长大速率与过冷度的关系

2.4.2　金属结晶理论的应用

1. 细晶强化的措施

通过相应措施得到细小晶粒，从而使材料的强度、硬度、塑性、韧性都提高的方法称为细晶强化。它的最大优点是不以降低材料的塑性、韧性来换取强度、硬度的提高。而后面介绍的各种强化方法，都是通过牺牲材料的塑性、韧性来换取材料强度、硬度的提高。

研究发现，细化晶粒有两个途径：① 增加形核率 N；② 降低长大速率 G。在工业生产中，为了获得细晶粒组织，常采用以下方法：

1) 控制过冷度

从图 2-26 可知，增加过冷度，使金属结晶时形成的晶核数目增多，同时晶核长大速度也提高。当过冷度超过某一值时，形核速率大于长大速率，结晶后便可获得细晶粒组织。但过大的过冷度会导致形核率急剧下降。

实际生产中，经常采用对小型或薄壁铸件用加快冷却速度的方法，来增大过冷度。例如，用金属模替代砂模，在金属模外通循环水冷却，得到细化的晶粒组织。

2) 变质处理

变质处理是在浇注前向液态金属中人为加入少量被称为变质剂的物质，以起到非自发形核的作用，使结晶时晶核数目增多，从而使晶粒细化。例如，向铸铁中加入硅铁或硅钙合金，向铝硅合金中加入钠或钠盐等都是变质处理的典型实例。

3) 附加振动

附加振动是在金属结晶过程中，采用机械振动、超声波振动、电磁振动等方法，使正在长大的晶体折断、破碎，提供更多的结晶核心，从而细化晶粒。

2. 金属铸锭结晶组织分析

金属的结晶过程主要受过冷度和难熔杂质的影响，而过冷度又取决于结晶时的冷却速度。因此，凡影响冷却速度的因素，如浇注温度、浇注方式、铸型材料及铸件大小等均影响金属结晶后晶粒的大小、形态和分布。典型的铸锭结晶组织如图 2-27 所示，由外到内一般可以分为表层细晶粒区、柱状晶粒区、中心粗大等轴晶粒区等 3 层不同特征的晶区。

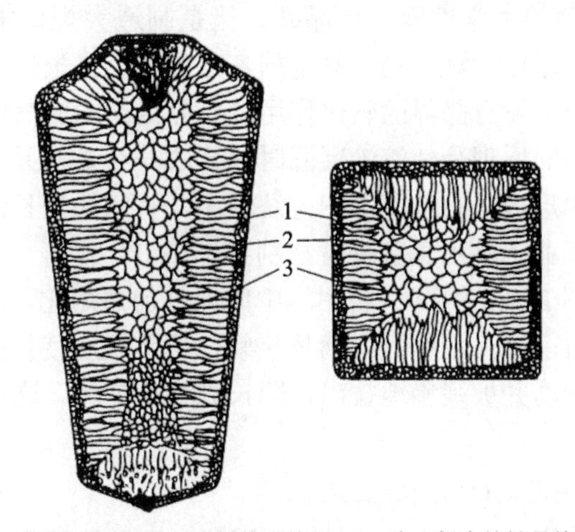

1—表层细晶粒区；2—柱状晶粒区；3—中心粗大等轴晶粒区

图 2-27　铸锭的结晶组织

1) 表层细晶粒区

当高温下的液态金属注入铸锭模时，由于铸锭模温度较低，靠近模壁的薄层金属液体便形成了极大的过冷度，加上模壁的自发形核作用，便形成了一层很细的晶粒层。

2) 柱状晶粒区

随着表面细晶粒层的形成，铸锭模的温度升高，液态金属的冷却速度减慢，过冷度减小，形核率下降；此时，沿垂直于模壁的方向散热最快，晶体沿散热的相反方向择优生长，而且在其他方向上晶粒间相互抵触，长大受限，从而形成柱状晶粒区。

3) 中心粗大等轴晶粒区

随着柱状晶粒区的结晶，铸锭模的模壁温度在不断升高，散热速度减慢，逐渐趋于均匀冷却状态。晶核在液态金属中可以自由生长，在各个不同的方向上其长大速率基本相当，结果形成了粗大的等轴晶粒。

由上述可知，金属铸锭中组织是不均匀的，从表层到心部依次由细小的等轴细晶粒、柱状晶粒和粗大的等轴晶粒所组成。在表层细晶粒区，显微组织比较致密，室温下力学性能最好，但该区很薄，故对铸锭性能影响不大。柱状晶粒区的组织较中心等轴晶粒区致密，不易产生疏松等铸造缺陷，但晶粒间常存有非金属夹杂物和低熔点杂质而形成脆弱面，在轧制或锻造时，易产生开裂。因此，对塑性差、熔点高的金属，不希望产生柱状晶粒区。中心粗大等轴晶粒区在结晶时没有择优取向，不存在脆弱的交界面，不同方向上的晶粒彼此交错，其力学性能比较均匀，虽然其强度和硬度低，但塑性和韧性良好。

改变凝固条件，可以改变这 3 层晶区的相对大小和晶粒的粗细，甚至获得只有两层或单独一个晶区所组成的铸锭。

在金属铸锭中，除了铸锭的组织不均匀以外，还经常存在各种铸造缺陷，如缩孔、疏松、气泡、裂纹、非金属夹杂物及化学成分偏析等，这都会降低工件的使用性能。

3. 单晶的制取和柱状晶的制取

1) 单晶的制取——垂直提拉法

单晶具有特殊的物理和力学性能。单晶硅、锗是制造大规模集成电路的基本材料；TiO_2、$LiTiO_3$、$KNbO_3$ 等近百种氧化物单晶是制备磁存储、光记忆、红外传感等元器件的重要材料。在高温下，由于没有晶界的软化作用，单晶组织的燃气轮机叶片比多晶体的具有更高的强度。制备单晶的原理是使溶液凝固时只形成一个晶核并长大成单晶。晶核可以是籽晶，也可以在溶液中形成。制备单晶的方法很多，有熔体生长法、固相生长法、气相生长法和溶液生长法。工业上常用垂直提拉法制备单晶。

垂直提拉法原理如图 2-28(a)所示，将坩埚中的原料加热熔化，将籽晶加在可以旋转和升降的引晶杆上，降低引晶杆，使籽晶与熔体接触，调节温度使籽晶生长，提升引晶杆，使晶体一面生长，一面转动并被缓慢地拉出，即长成一个单晶。这种方法被广泛用于制取电子工业应用的单晶硅。

2) 柱状晶的制取——定向(顺序)凝固法

由于柱状晶粒沿长度方向的力学性能较好，因此对塑性好的有色金属及其合金或承受单向载荷的零件，如汽轮机叶片等，常采用定向(顺序)凝固法获得柱状组织。定向凝固是指控制冷却方式，使铸件从一端开始凝固，按一定方向逐步向另一端发展的结晶过程。定向(顺序)凝固法原理如图 2-28(b)所示，将铸模放在水冷底盘上，材料熔化后注入铸模中，使铸模和水冷底盘一起以一定的速度从炉膛下部移出，结晶从下部开始向上进行，形成致密的柱状晶。

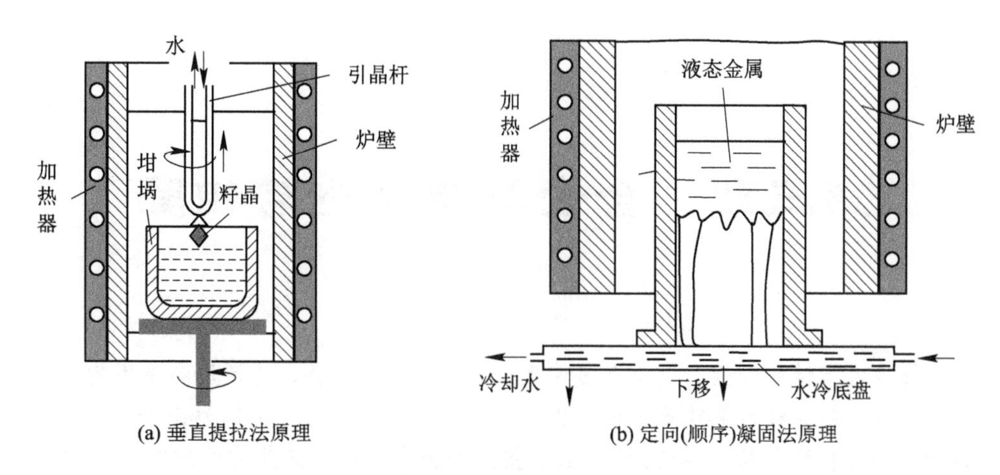

图 2-28　快速凝固技术

目前已用这种定向凝固法生产出整个制件都是由同一方向的柱状晶所构成的零件，如蜗轮叶片等。由于沿柱状晶轴向的性能比其他方向性能好，而叶片的工作条件恰好要求沿这个方向承受最大的负荷，因此这样的叶片具有良好的使用性能。

习题与思考题

本章小结

2-1　解释下列名词：

晶体　非晶体　晶格　晶胞　多晶体　过冷度　细晶强化

2-2　为什么单晶体具有各向异性，而实际晶体在一般情况下不显示各向异性?

2-3　常见金属晶格类型有哪些？说明其结构特征和代表金属。

2-4　实际金属中晶体缺陷有哪些？各自的表现形式是什么？晶体缺陷对金属的性能有何影响?

2-5　金属结晶的基本规律是什么?晶核的形核率和长大速率受到哪些因素的影响?

2-6　在铸造生产中，细晶强化(细化晶粒)的措施有哪些?

2-7　金属铸锭从内到外晶粒大小、形态不同，请说明其特点及形成原因。

2-8　如果其他条件相同，试比较在下列铸造条件下，铸件晶粒的大小。

(1) 金属模浇注和砂模浇注；

(2) 高温浇注与低温浇注；

(3) 浇注时采用振动与不采用振动。

2-9　下列说法是否正确?为什么?

(1) 凡是由液体凝固成固体的过程都叫结晶；

(2) 金属结晶时冷却速度越快，晶粒越细小；

(3) 薄壁铸件的晶粒比厚壁铸件的晶粒细小。

2-10　为什么铸件的加工余量过大，反而会使加工后的铸件强度降低?

第三章　合金的相结构与相图

纯金属的力学性能较低，很少直接使用，大部分工业设备、生活用品使用的材料一般都是合金。例如钢铁材料是铁碳合金，青铜为铜锡或铜铅合金，黄铜为铜锌合金等。合金元素的加入会改善纯金属的性质，使其具有更好的力学性能及某些特殊的物理、化学性能。例如，钢的强度大于纯铁，青铜的熔点远低于纯铜。

合金的结晶比纯金属复杂，结晶所形成的组织直接影响合金的性能。了解合金的结构、组织和结晶规律，对控制材料的性能，正确选用材料和开发新材料有重要指导意义。本章学习合金的相结构和相图基础知识。

项目设计

南京长江大桥的建筑中，大量采用含锰量为 1.30%～1.60% 的低合金结构钢；高速钢 W18Cr4V 中含有大量的合金元素，因此其具有更高的热硬性和耐磨性，能实现更高的切削速度，且能较长时间保持刃口锋利，故俗称“锋钢”。本项目要求举出更多的例子，说明合金元素对合金基本相的形成及其性能的影响。

学习成果达成要求

(1) 理解合金的相结构，结合晶体缺陷解释合金相或组织的性能特点。

(2) 理解建立相图的方法，能够应用二元合金相图分析合金的结晶过程规律，并解释枝晶偏析、比重偏析等现象，掌握杠杆定律及其应用。

(3) 能够应用相图表达合金结晶规律，指导生产获得预期的材料性能。

3.1　合金的相结构和相图的建立

合金是由两种或两种以上的金属与金属元素或金属与非金属元素组成的具有金属特性的物质，例如，钢是铁碳合金，黄铜是铜锌合金。

组成合金的最基本的、独立的物质称为组元。组元通常是元素，也可以是稳定的化合物。确定组元后，可按不同比例配制出一系列成分不同的合金，这一系列合金就构成一个合金系。合金系可分为二元系、三元系和多元系等。

合金中具有同一化学成分且结构相同并与其他部分有明显界面分开的均匀部分称为相。物质从一种相转变为另一种相的过程称为相变。与固、液、气三态对应，物质有固相、液相、气相。液态合金通常都是单相液体。合金在固态下，仅由一个固相组成时称为单相合金，由两个或两个以上固相组成时称为多相(或复相)合金。

组成合金的各相成分、数量、结构、形态、性能和各相的组合情况称为组织。合金的性能一般都是由组织所决定的。因此，在研究合金的组织与性能之前，应先了解构成合金组织中相的晶体结构(相结构)及其性能。

3.1.1 合金的相结构及其性能

根据成分和结构特点，合金的相结构可归纳为两大类：固溶体、金属化合物。

1. 固溶体

当合金由液态结晶为固态时，组元间仍能互相溶解而形成的与其中某一组元的晶格类型相同的均匀相，称为固溶体。保留晶格形式的组元称为溶剂，另外的组元称为溶质。因此，固溶体的晶格类型与溶剂的晶格相同，而溶质以原子状态分布在溶剂的晶格中。在固溶体中，一般溶剂含量较多，溶质含量较少。

1) 固溶体的分类

按照溶质原子在溶剂晶格中分布情况的不同，固溶体可分为置换固溶体和间隙固溶体两类。

(1) 置换固溶体。若溶质原子代替一部分溶剂原子而占据着溶剂晶格中的某些节点位置，则这种类型的固溶体称为置换固溶体。如图 3-1(a)所示。形成置换固溶体的溶质元素原子都是原子半径大的金属原子，例如 Cr、Ni、Zn、Sn 等。钢铁材料中，加入这些元素，往往都是为了形成这种类型的固溶体。

置换固溶体中溶质原子的分布通常是任意的，称为无序固溶体。在某些条件下，原子形成有规则的排列，称为有序固溶体。无序固溶体转变成有序固溶体称为固溶体的有序化。这时，合金的某些物理性能将发生很大变化。

(2) 间隙固溶体。若溶质原子在溶剂晶格中并不占据晶格节点的位置，而是处于各节点间的空隙中，则这种形式的固溶体称为间隙固溶体，如图 3-1(b)所示。由于溶剂晶格的空隙是有限的，故能够形成间隙固溶体的溶质原子其尺寸都比较小。间隙固溶体形成的条件是溶质原子半径与溶剂原子半径的比值为 $r_{质}/r_{剂} < 0.59$。因此，形成间隙固溶体的溶质元素通常是原子半径小的非金属元素，如 C(碳)、N(氮)、H(氢)、B(硼)、O(氧)等。如碳钢中 C 原子溶入 α-Fe 晶格空隙中形成的间隙固溶体，称为铁素体(F)；C 原子溶入 γ-Fe 晶格空隙中形成的间隙固溶体，称为奥氏体(A)。

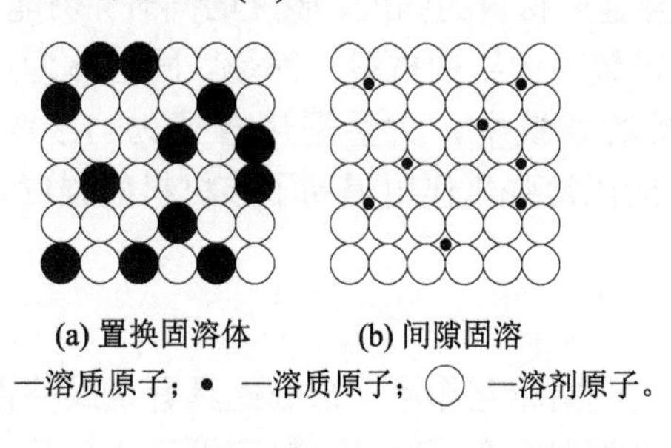

图 3-1　固溶体的两种类型结构示意图

2) 固溶体的溶解度

溶质原子溶入固溶体中的数量称为固溶体的浓度，在一定条件下的极限浓度称为溶解度。

由于溶剂晶格的空隙有一定的限度，随着溶质原子的溶入，溶剂晶格将发生畸变，如图 3-2 所示。溶入的溶质原子越多，所引起的畸变就越大。当晶格畸变量超过一定数值时，溶剂的晶格就会变得不稳定，于是溶质原子就不能继续溶解，所以间隙固溶体的溶质在溶剂中的溶解度是有一定限度的，这种固溶体称为有限固溶体。

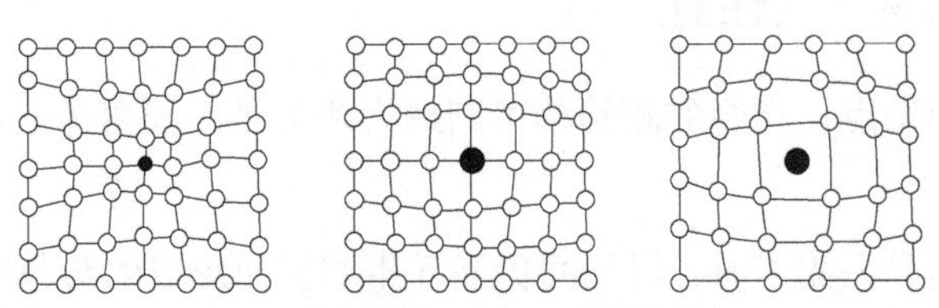

○ 一溶剂原子；　● 一溶质原子。

图 3-2　固溶体中的晶格畸变示意图

在置换固溶体中，溶质在溶剂中的溶解度主要取决于两者原子直径的差别和它们在周期表中的相互位置及晶格类型。一般来说，溶质原子和溶剂原子直径差别越小，则溶解度越大；两者在周期表中位置越靠近，则溶解度也越大。如果能很好地满足上述条件，而且溶质与溶剂的晶格类型也相同，则这些组元往往能无限互相溶解，即可以任何比例形成置换固溶体，这种固溶体称为无限固溶体，如 Fe 和 Cr、Cu、Ni 便能形成无限固溶体。反之，若不能很好地满足上述条件，则溶质在溶剂中的溶解度是有限度的，只能形成有限固溶体，如 Cu 和 Zn、Cu 和 Sn 都形成有限固溶体。有限固溶体的溶解度还与温度有密切关系，一般温度越高，溶解度越大。

3) 固溶体的性能

如前所述，尽管固溶体仍保持着溶剂的晶格类型，但当形成置换固溶体时，由于溶质原子与溶剂原子的直径不可能完全相同，将会造成固溶体晶格常数的变化和晶格的畸变；同样当形成间隙固溶体时，溶质原子溶入溶剂晶格的空隙中，溶剂晶格将随着溶质原子的增多畸变增大，如图 3-2 所示。

由于固溶体的晶格发生畸变，使位错移动时所受到的阻力增大，即塑性变形抗力增大，结果使金属材料的强度、硬度增高。这种通过溶入溶质元素形成固溶体，从而使金属材料的强度、硬度提高的现象，称为固溶强化。

固溶强化是提高金属材料力学性能的重要途径之一。实践表明，适当控制固溶体中的溶质含量，可以在显著提高金属材料的强度、硬度的同时，仍能保持相当好的塑性和韧性。因此，对综合力学性能要求较高的结构材料，都是以固溶体为基体的合金。

例如，南京长江大桥的建筑中，大量采用含锰为 1.30%～1.60%的低合金结构钢 Q345(16Mn)，就是由于锰的固溶强化作用提高了该材料的强度，从而大大节约了钢材，减轻了大桥结构的自重。

2. 金属化合物

金属化合物是指合金组元间相互作用而形成的具有金属特性的一种新相。金属化合物的晶格类型与各组元的晶格类型完全不同，一般可用化学分子式表示。例如，钢中渗碳体

(Fe_3C)是由 Fe 原子和 C 原子所组成的金属化合物，它具有如图 3-3 所示的复杂斜方晶系晶格结构。

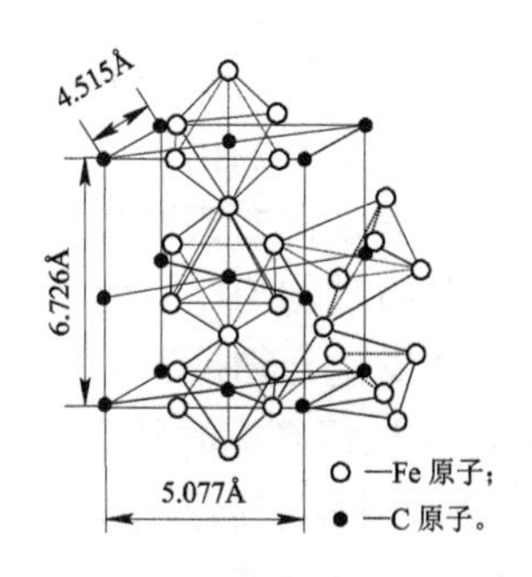

图 3-3　Fe_3C 的晶格结构

1) 金属化合物的分类

金属化合物的种类很多，常见的有以下三种类型：正常价化合物、电子化合物和间隙化合物。前两种常在非铁金属材料中出现，而在钢和硬质合金中常见的是间隙化合物。

(1) 正常价化合物。组成正常价化合物的元素是严格按原子价规律结合的，因而其成分固定不变，并可用化学式表示，如 Mg_2Si、Mg_2Sn、Mg_2Pb 等。正常价化合物具有高的硬度和脆性。在合金中，当它在固溶体基体上细小而均匀地分布时，将使合金得到强化，因而起着强化相的作用。

(2) 电子化合物。按照一定的电子浓度组成一定晶体结构的金属化合物称为电子化合物，它不遵循原子价规律。电子浓度是指化合物中价电子数与原子数的比值。

在许多金属材料中，经常存在着电子化合物相，如黄铜中的 β 相(CuZn)、γ 相(Cu_5Zn_8)、Cu_9Al_4 等。应注意，电子化合物虽然可以用化学式表示，但它是一个成分可变的相，也就是在电子化合物的基础上，可以再溶解一定量的组元，形成以该化合物为基体的固溶体。

(3) 间隙化合物。由原子半径较大的过渡族金属元素(Fe、Cr、Mo、W、V 等)的原子占据新晶格的正常位置，半径较小的非金属元素(H、C、N、B 等)的原子则有规律地嵌入晶格的空隙中组成的化合物，称为间隙化合物。如合金钢中不同类型的碳化物(VC、Cr_7C_3、$Cr_{23}C_6$、Fe_4W_2C 等)和钢经化学热处理后在其表面形成的碳化物和氮化物(如 Fe_3C、Fe_4N、FeN 等)都属于间隙化合物。

原子大小对间隙化合物的结构起主要作用，可分为以下两类：当原子半径 $r_{非金}/r_{金} < 0.59$ 时，形成简单结构的间隙化合物，称为间隙相(如 VC、WC、TiC 等，图 3-4 所示是 VC 晶格结构)；当 $r_{非金}/r_{金} > 0.59$ 时，形成复杂结构的间隙化合物(如 Fe_3C、Cr_7C_3、$Cr_{23}C_6$、Fe_4W_2C，图 3-3 所示是 Fe_3C 的晶格结构，为复杂斜方晶格类型)。

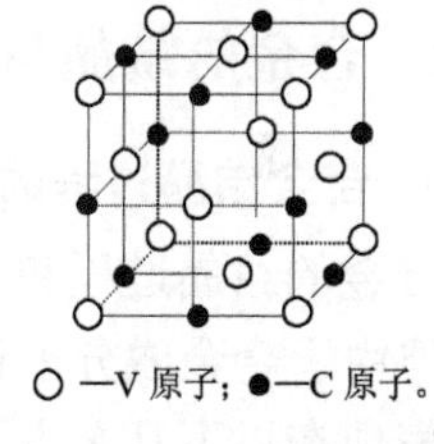

图 3-4　VC 的晶格结构

间隙化合物具有极高的硬度和熔点，而且十分稳定，尤其是间隙相更为突出，所以间隙化合物在钢铁材料及硬质合金中具有很大作用。表 3-1 给出了一些具有间隙化合物结构的碳化物的硬度和熔点。

表 3-1　一些具有间隙化合物结构的碳化物的硬度和熔点

碳化物类型	简单结构间隙化合物(间隙相)							复杂结构间隙化合物		
成分	TiC	ZrC	VC	NbC	TaC	WC	MoC	$Cr_{23}C_6$	Cr_7C_3	Fe_3C
硬度/HV	2850	2840	2010	2050	1550	1730	1480	1650	1450	800
熔点/℃	3410	3850	3023	3770	4150	2867	2960	1520	1665	1227

2) 金属化合物的性能

金属化合物一般都有较高的熔点、较高的硬度和较大的脆性(即硬而脆，如表 3-1 所示)，但塑性很差，生产中很少使用单相金属化合物的合金。金属化合物在合金中的数量、大小、形态及其分布状态对合金的性能影响很大。当金属化合物以细小颗粒均匀分布在固溶体基体上时，将使合金强度、硬度和耐磨性明显提高，这一现象称为弥散强化。金属化合物是合金中的重要强化相。

弥散强化的实质是利用弥散的超细微粒阻碍位错的运动。金属化合物在固溶体基体上弥散分布越均匀，强化效果越好，同时可使塑性和韧性不发生明显下降。

金属化合物是许多合金钢、有色金属和硬质合金的重要组成相及强化相。如碳钢中的 Fe_3C 可以提高钢的硬度和强度；工具钢中的 VC 可以提高钢的耐磨性；高速钢中的 W_2C、VC 等可使钢在高温下保持高硬度；而 WC 和 TiC 则是硬质合金材料的主要组成物；在结构钢中加入少量 Ti 形成 TiC，可在加热时阻碍奥氏体晶粒的长大，起到细化晶粒的作用；近代表面工程中，利用气相沉积技术在材料表面沉积的 TiC、TiN 等也是利用间隙相的增强作用。

通过调整固溶体中溶质含量和金属化合物的数量、大小、形态及分布状况，可以使合金的力学性能在较大范围内变动，以满足工程上不同的使用要求。

3. 机械混合物

在液态下组元互溶的合金，凝固后可能形成单相固溶体或单相化合物，还可能形成由两种或两种以上固溶体与固溶体或固溶体与化合物组成的复相组织，这种复相组织称为机械混合物。组成机械混合物的组成相之间既不溶解也不化合，它们保持各自的晶体结构和性能。但它们在结晶过程中就混合在一起，不可分开，其力学性能取决于组成相的相对量及其尺寸、形状和分布情况，介于各组成相性能之间。

实际使用的金属材料大部分都是单相固溶体或以固溶体为基体的多相合金，其性质取决于固溶体和金属化合物的数量、大小和分布状况。

3.1.2　合金的结晶与相图的建立

1. 合金结晶过程的特点

合金的结晶过程和纯金属一样，都需要过冷度，都遵循晶核形成和晶核长大的基本规律。但由于合金成分中包含有两个以上的组元，其结晶过程比纯金属要复杂得多，其特殊之处表现在以下几个方面：

(1) 纯金属只有一个结晶临界温度，在恒温下进行；而合金受到各组元结晶温度的影响，一般有两个临界温度，即结晶开始和结束温度不同。

(2) 纯金属只有一种特定的晶体状态；但合金溶液经冷却结晶后，由于各组元之间相互作用不同，固态合金中将形成不同的晶体结构(相结构)，例如，固溶体、金属化合物、机械混合物(共晶体、共析体)。

(3) 纯金属结晶过程中，化学成分不变；合金结晶过程中，各部分化学成分有变化，结晶结束后，成分恢复。

2. 相图的建立

纯金属的冷却过程可只用一条冷却曲线来研究，结晶温度是恒定的，如纯铜在 1083℃完成结晶，这就是纯铜的相变温度(可称为相变点)。处于相变温度以上表示纯铜为液相；处于相变温度以下表示纯铜为固相。

为了研究合金结晶过程的特点、相和组织的情况以及合金组织的变化规律，必须应用合金相图这一重要工具。相图有二元相图、三元相图和多元相图，作为相图基础且应用最广的是二元相图。

相图是表示在平衡状态下，合金的组成相(或组织状态)与温度、成分之间关系的图解，又称平衡图或状态图。由于二元合金在结晶过程中除温度变化外，还有合金相成分的变化，因而必须用两个坐标轴来表示二元合金相图。相图常用纵坐标表示温度，横坐标表示合金成分。应用相图，可以了解合金系中不同成分合金在不同温度时存在哪些相，各相的相对量及不同相之间发生变化的条件，还可了解任一组分合金在缓慢加热和冷却过程中的相变规律。相图已成为研究合金组织形成和变化规律的有效工具。在生产实践中，合金相图可作为制定冶炼、铸造、锻压、焊接、热处理工艺的重要依据。

相图通过实验来测定，常用的热分析法实验装置已在第二章中介绍过了。现以 Cu-Ni 合金相图为例，说明应用热分析法测定其相变点及绘制相图的方法，具体步骤如下：

(1) 配制一系列成分不同的 Cu-Ni 合金，例如图 3-5 中①～⑥；

(2) 用热分析法测量并记录所配制的各合金的温度和时间对应值，绘制冷却曲线如图 3-5(a)所示；

(3) 找出图中各冷却曲线上的相变临界点(即液固转变开始和终止点)；

(4) 将各合金的相变临界点分别标注在温度-成分坐标图中相应成分的垂直线上；

(5) 连接具有相同意义的各相变临界点，所得的线称为相变线，这样就得到了如图 3-5(b)所示 Cu-Ni 合金相图，这些线把坐标图划分成不同的区域，这些区域称为相区；

(6) 标注出各相区存在相的名称，相图便建立完成。

由图 3-5(a)所示 Cu-Ni 合金系的冷却曲线可见，纯铜及纯镍的冷却曲线都有一个平台，这说明纯金属的结晶过程是在恒温下进行的，故只有一个相变点(结晶温度即液固转变的温度)。其他四种成分不同的 Cu-Ni 合金的冷却曲线均不出现平台，但有两个转折点，即有两个相变点；这表明合金有一个结晶开始温度，称为上相变点，在图上用“○”表示；还有一个结晶终止温度，称为下相变点，在图上用“•”表示；四种合金都是在一个温度范围内完成结晶的。

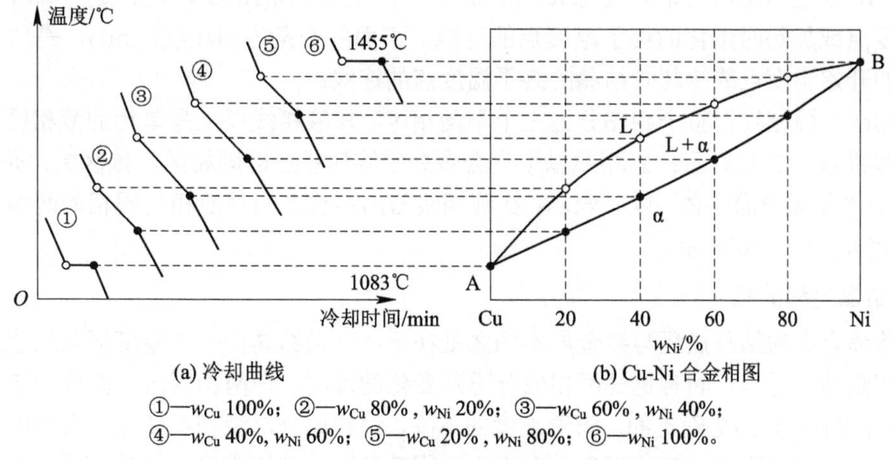

(a) 冷却曲线　　(b) Cu-Ni 合金相图

①—w_{Cu} 100%；②—w_{Cu} 80%，w_{Ni} 20%；③—w_{Cu} 60%，w_{Ni} 40%；
④—w_{Cu} 40%，w_{Ni} 60%；⑤—w_{Cu} 20%，w_{Ni} 80%；⑥—w_{Ni} 100%。

图 3-5　用热分析法测定 Cu-Ni 合金相图

从上述测定相图的方法可知，配制的合金数目越多，所用金属的纯度越高，冷却速度就越缓慢，试验数据间隔就愈小，绘制的合金相图也就越精确。

3.2　二元合金相图基础

目前，通过实验已测定了许多二元合金相图，其形式大多比较复杂，然而，可以将复杂的相图看成是由若干基本的简单相图所组成的。基本相图包括匀晶相图、共晶相图、共析相图、包晶相图、具有稳定化合物的相图，其中，匀晶相图和共晶相图是最基本的相图。

3.2.1　二元匀晶相图

合金两组元在液态和固态以任何比例均能无限互溶所构成的相图，称为二元匀晶相图。Cu-Ni、Fe-Cr、Au-Ag 等合金都可形成匀晶相图。现以 Cu-Ni 合金相图为例来分析匀晶相图。

1. 相图分析

图 3-6(a)为 Cu-Ni 合金相图。图中 A 点为纯铜的熔点(结晶温度)1083℃；B 点为纯镍的熔点(结晶温度)1455℃。

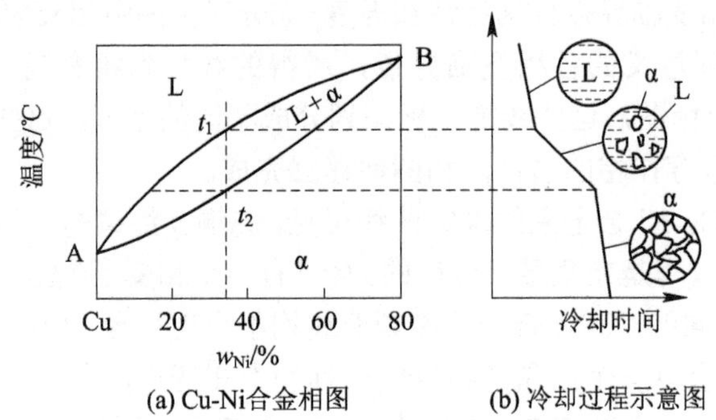

图 3-6　Cu-Ni 合金相图及结晶过程分析

Cu-Ni 合金相图由两条曲线构成，上面的一条为液相线(ALB)，是合金冷却时结晶的开始温度点或加热时熔化的终了温度点的连线，下面的一条为固相线(AαB)，是加热时合金熔化的开始温度点或冷却时结晶的终了温度点的连线。

液相线与固相线把整个相图分为三个不同相区。在液相线以上是单相的液相区，合金处于液体状态，以 L 表示；固相线以下为合金处于固体状态的固相区，该区域内是 Cu 与 Ni 组成的单相无限固溶体，以 α 表示；在液相线与固相线之间是液相与固相的两相共存区(即结晶区)，以 L + α 表示。

2. 结晶过程分析

固溶体合金的结晶过程与纯金属不同之处在于：合金结晶在一个温度区间内进行，即为一个变温结晶过程，同时也是两相成分不断变化的过程。在两相区内，温度一定时，两相的成分(即 Ni 含量)是确定的。随着温度的下降，液相成分沿液相线变化，固相成分沿固相线变化。到结晶完成，液体消失，全部为 α 固溶体，成分恢复到与原液相成分相同。

由于 Cu、Ni 两组元能以任何比例形成单相 α 固溶体。因此，任何成分的 Cu-Ni 合金的冷却过程都相似。现以 $w_{Ni}=40\%(w_{Cu}=60\%)$的合金冷却曲线为例分析其冷却过程。

如图 3-6(a)所示，作 $w_{Ni}=40\%$的 Cu-Ni 合金的温度线，与液、固相线分别交于 t_1、t_2 点。当液态合金缓冷到 t_1 温度时，开始从液相中结晶出 α 相，随温度继续下降，α 相的量不断增多，剩余液相 L 的量不断减少。缓冷至 t_2 温度时，液相消失，结晶结束，全部转变为 α 相。温度继续下降，合金组织不再发生变化。该合金的冷却过程可用冷却曲线和冷却过程示意图表示，如图 3-6(b)所示。

当然，上述变化只限于冷却速度无限缓慢，原子扩散得以充分进行的平衡条件。

3. 杠杆定律

单相区内只存有一相，故相的成分就是合金成分，相的质量就是合金的质量。而在两相区内，由于合金正处在结晶过程中，合金中各个相的成分及其相对量都在不断地变化。不同条件下相的成分及其相对量，可通过杠杆定律求得。

1) 确定两平衡相及其成分

相图中的杠杆定律如图 3-7(a)所示，当要确定含 Ni 量为 x 的 Cu-Ni 合金，在 t 温度下是由哪两个相组成以及各相的成分时，可以过 x 作成分垂线，在垂线上相应于温度 t 作水平线，其与液、固相线的交点 a、b 所对应的成分 x_1、x_2 即分别为液相 L 和固相 α 的含 Ni 量。

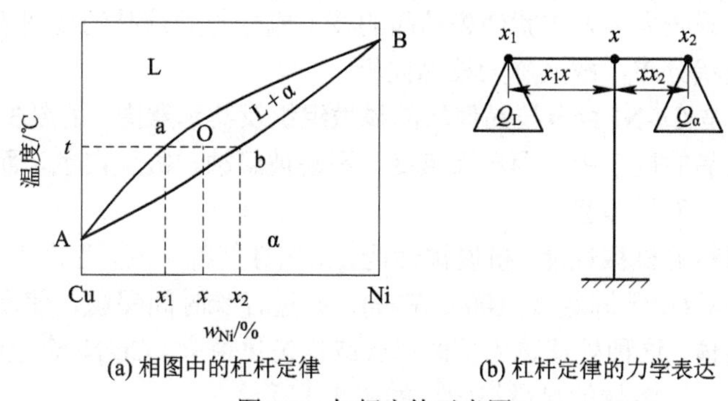

(a) 相图中的杠杆定律　　(b) 杠杆定律的力学表达

图 3-7　杠杆定律示意图

2) 确定两平衡相的相对重量

如图 3-7(b)所示，设含镍量为 x 的合金的总重量为 1，液相的相对重量为 Q_L(含镍量为 x_1)，固相相对重量为 Q_α(含镍量为 x_2)。根据质量守恒原理，合金中含镍的总质量始终等于液相中含镍的质量与固相中含镍的质量之和，则

$$\begin{cases} Q_L + Q_\alpha = 1 \\ Q_L \cdot x_1 + Q_\alpha \cdot x_2 = x \end{cases} \tag{3-1}$$

解方程组得

$$Q_L = \frac{x_2 - x}{x_2 - x_1}, \quad Q_\alpha = \frac{x - x_1}{x_2 - x_1}$$

式中，x_2-x、x_2-x_1、x-x_1 即为相图中线段 $x\,x_2$、$x_1\,x_2$、x_1x 的长度。因此，两相的相对重量百分比如下：

液相：
$$Q_L = \frac{xx_2}{x_1x_2} \times 100\%$$

固相：
$$Q_L = \frac{x_1x}{x_1x_2} \times 100\%$$

两相的重量比为$\frac{Q_L}{Q_\alpha}=\frac{xx_2}{x_1x}$或$Q_L\cdot x_1x=Q_\alpha\cdot xx_2$。此式与力学中的杠杆定律完全相似，因此也称之为杠杆定律。杠杆的支点是合金的成分，杠杆的端点是所求两平衡相的成分，杠杆的全长表示合金的质量作用范围，两相的质量与杠杆臂长成反比。即合金在某温度下两平衡相的重量比等于该温度下与各自相区到支点距离的反比。

必须指出，杠杆定律只适用于相图中的两相区，并且只能在平衡状态下使用。

4. 枝晶偏析

与纯金属一样，α 固溶体从液相中结晶出来的过程中，也包括形核与长大两个过程。固溶体结晶时成分是变化的，只有在极其缓慢冷却时，原子扩散才能充分进行，从而形成成分均匀的固溶体。

但在实际生产条件下，由于合金在结晶过程中，冷却速度一般都较快，而且固态下原子扩散又很困难，致使固溶体内部的原子扩散来不及充分进行，结果先结晶的固溶体含高熔点组元(如 Cu-Ni 合金中的 Ni)较多，后结晶的固溶体含低熔点组元(如 Cu-Ni 合金中的 Cu)较多。这种在一个晶粒内部化学成分不均匀的现象称为晶内偏析。由于固溶体的结晶一般是按树枝状方式长大的，这就使先结晶的枝干成分与后结晶的枝间成分不同，由于这种晶内偏析呈树枝状分布，故又称为枝晶偏析。

图 3-8 所示就是 Cu-Ni 合金枝晶偏析的显微组织及其示意图。由图 3-8(a)可见，α 固溶体呈树枝状，先结晶的枝干中，因含镍量高，不易被腐蚀，故呈白色，而后结晶的枝间因含铜量高，易被腐蚀而呈黑色。

枝晶偏析对材料的机械性能、抗腐蚀性能、工艺性能都不利。生产上为了消除其影响，常把合金加热到高温(低于固相线 100℃左右)，并进行长时间保温，使原子充分扩散，获得成分均匀的固溶体，这种处理称为扩散退火或均匀化退火。Cu-Ni 合金经均匀化退火后，可获得成分均匀的 α 固溶体的显微组织，如图 3-9 所示。

(a) 显微组织(100×)

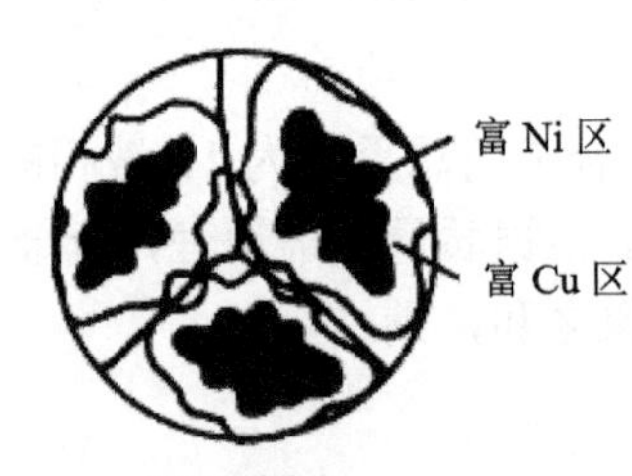

(b) 示意图

图 3-8 铸态 Cu-Ni 合金枝晶偏析的显微组织及示意图

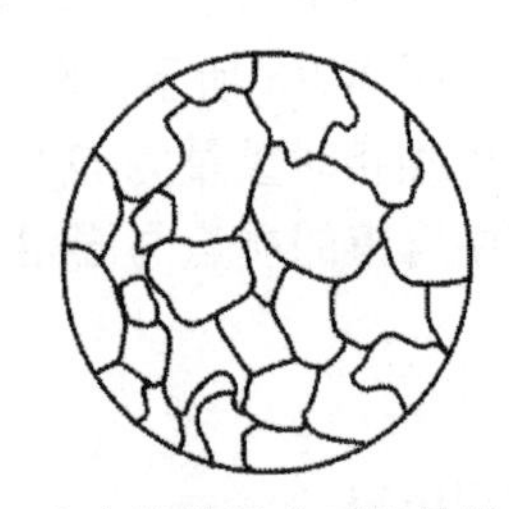

图 3-9 Cu-Ni 合金扩散退火后的显微组织

3.2.2 二元共晶相图

合金的两组元在液态下无限互溶，在固态下有限互溶并发生共晶转变所形成的相图称为共晶相图。Pb-Sn、Pb-Sb、Al-Si、Ag-Cu 等合金都可形成共晶相图。下面就以 Pb-Sn 合金相图为例，对共晶相图进行分析。

1. 相图分析

图 3-10 所示为 Pb-Sn 合金相图。可以将这个共晶相图看成是两个匀晶相图的叠加。图

中左边部分是 Sn 溶于 Pb 中，形成 α 固溶体的部分匀晶相图；右边部分是 Pb 溶于 Sn 中，形成 β 固溶体的部分匀晶相图。A、B 分别为 Pb 与 Sn 的熔点(或结晶温度)327.50℃、231.89℃。AC、BC 线为液相线，液相在 AC 线上开始结晶出 α 固溶体，在 BC 线上开始结晶出 β 固溶体。AD、BE 线分别为 α 固溶体与 β 固溶体的结晶终了固相线。DF、EG 线分别为 Sn 溶于 Pb 和 Pb 溶于 Sn 的固态溶解度曲线，也称为固溶线。很显然，在固态下，Pb 与 Sn 的相互溶解度随温度的降低而逐渐减小。

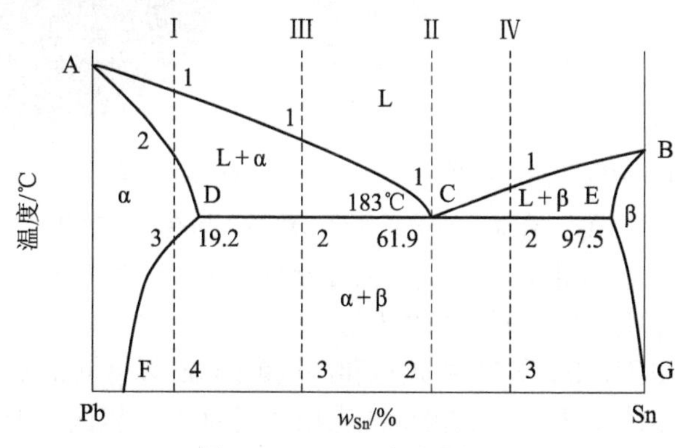

图 3-10 Pb-Sn 合金相图

C 点是共晶点，共晶温度为 183 ℃，固相线 DCE 称为共晶线，表示在 C 点所对应的温度下，成分为 C 点的液相(L_C)将同时结晶出成分为 D 点的 α 固溶体(α_D)和成分为 E 点的 β 固溶体(β_E)的混合物，该转变表达式为

$$L_C \xleftrightarrow{183℃} (\alpha_D + \beta_E) \tag{3-2}$$

这种一定成分的液相，在一定温度下，同时结晶出成分不同的两种固相的转变，称为共晶转变或共晶反应。由共晶转变获得的两相混合物称为共晶组织或共晶体。其所对应的温度与成分分别称为共晶温度与共晶成分。液相冷却到共晶线时，都要发生如式(3-2)所示的共晶转变。

由上述分析可知，相界线把共晶相图分成六个相区：三个单相区分别为 L、α 和 β 相区；三个两相区分别为 L + α、L + β 和 α + β 相区。

2. 典型合金的平衡结晶过程分析

根据图 3-10 可知，Pb、Sn 两组元成分含量不同，生成相的结构也不同，因此，不同成分的 Pb-Sn 合金的冷却结晶过程不同。在图 3-10 中，分别作Ⅰ、Ⅱ、Ⅲ、Ⅳ对应成分 Pb-Sn 合金的温度线，为了便于分析其结晶过程规律，每一条温度线与各相变线的交点分别用 1、2、3、4 标记。

1) 合金Ⅰ

图 3-11 中合金Ⅰ($w_{Sn} < 19.2\%$)的结晶过程及其室温显微组织如图 3-11 所示。

由图 3-11(a)可知：

在 1 点温度以上，合金Ⅰ全部为液相 L。缓慢冷却到 1 点温度时，开始从液相 L 中结晶出固相 α。

在 1～2 点温度之间，为液固两相区。随着温度的降低，不断从液相中析出 α 相，α 相逐渐增多，液相 L 逐渐减少。

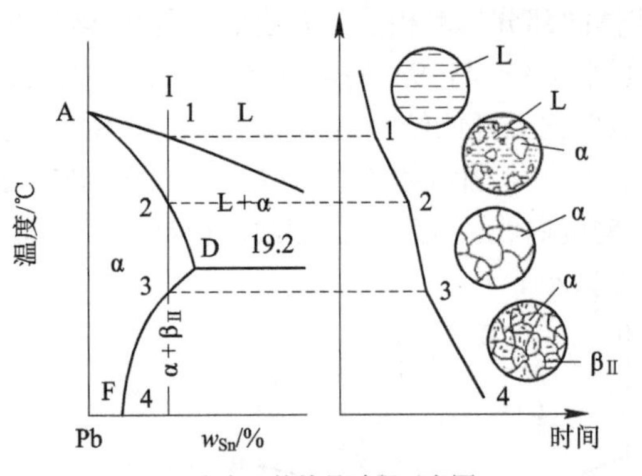

(a) 合金Ⅰ的结晶过程示意图

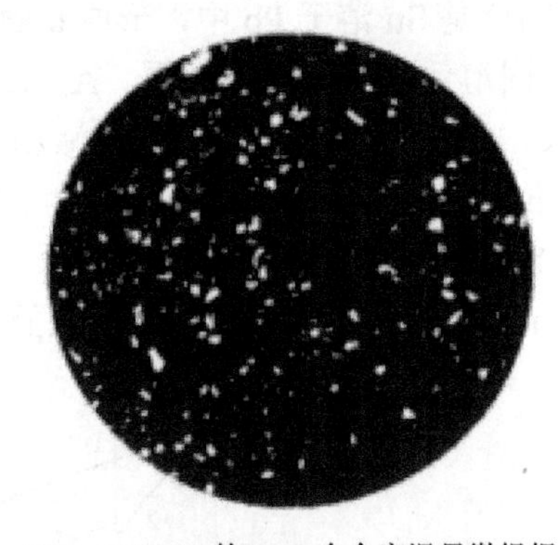

(b) w_{Sn} < 19.2%的Pb-Sn合金室温显微组织

图 3-11　合金Ⅰ的结晶过程示意图及其室温显微组织

冷却到 2 点温度时，液相 L 全部转化为固相 α，这一过程为匀晶转变。

在 2～3 点温度之间，固相 α 不发生变化。

冷却到 3 点温度以下，Sn 在 Pb 中过饱和，过剩的 Sn 以 β 相的形式从 α 相中析出。这里 β 相是从 α 相中析出的，称为二次晶或次生相，记为 $\beta_{Ⅱ}$，以区分于直接由液相中结晶析出的 β 相。把由液相 L 中直接析出的固态晶体，称为一次晶或初晶、初生相，可加下角标Ⅰ或不加，依次类推。需要指出的是：不论是几次相，只要晶体结构相同，都具有同样的性质。

该典型合金的室温组织为 $\alpha+\beta_{Ⅱ}$。在室温下，发生重结晶转变，原子的扩散能力小，二次晶不易长大，一般较细小，分布在晶界或固溶体中，如图 3-11(b)所示。

含 Sn 量小于 F 点的 Pb-Sn 合金，在室温下也没有达到饱和溶解度，故不会析出 $\beta_{Ⅱ}$相。

含 Sn 量大于 E 点(97.5%)的 Pb-Sn 合金，结晶过程与合金Ⅰ类似，在室温下，其组织为 $\alpha_{Ⅱ}+\beta$。

2) 共晶合金Ⅱ

图 3-10 中共晶合金Ⅱ(w_{Sn} = 61.9%)的结晶过程及其室温显微组织如图 3-12 所示。

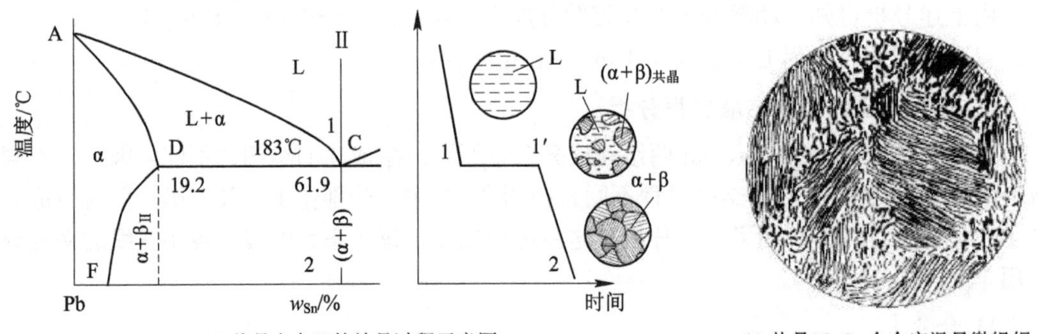

(a) 共晶合金Ⅱ的结晶过程示意图　　(b) 共晶 Pb-Sn 合金室温显微组织

图 3-12　共晶合金Ⅱ的结晶过程及其室温显微组织示意图

由图 3-12(a)可知：

共晶合金Ⅱ由液相缓慢冷却到 1 点共晶温度 183℃时，将发生共晶反应 $L_C \xleftrightarrow{183℃} (\alpha_D+\beta_E)$，这一过程一直保持恒温，直到液相全部转化为(α + β)共晶组织，记为$(\alpha+\beta)_{共晶}$。

继续冷却到室温，$(\alpha+\beta)_{共晶}$组织将会发生重结晶，析出 $\alpha_{Ⅱ}$和 $\beta_{Ⅱ}$，它们与共晶组织混合在一起，即使在显微镜下也分辨不清，显示为细小且高度分散的颗粒，并相互交替分布。因此，Pb-Sn 共晶合金的室温组织为 α + β，其显微组织如图 3-12(b)所示。

3) 亚共晶合金Ⅲ

溶质含量小于共晶成分但结晶过程中发生共晶反应的部分合金称为亚共晶合金。图 3-10 中亚共晶合金Ⅲ(19.2% < w_{Sn} < 61.9%)的结晶过程及其室温显微组织，如图 3-13 所示。

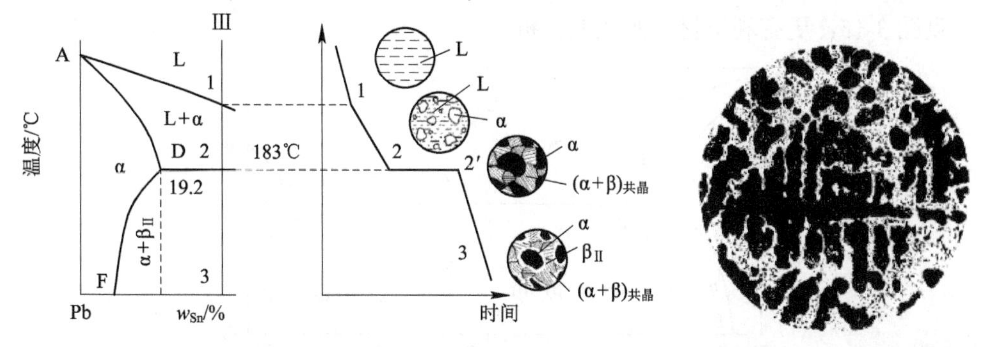

(a) 亚共晶合金Ⅲ的结晶过程示意图　(b) 亚共晶 Pb-Sn 合金室温显微组织

图 3-13　亚共晶合金Ⅲ的结晶过程及其室温显微组织示意图

由图 3-13(a)可知：

亚共晶合金Ⅲ在 2 点温度以上，与合金Ⅰ的结晶过程相同，α 相不断从液相中析出。

冷却到 2 点温度时，合金处于共晶温度 183℃，剩余液相达到共晶成分，在恒温下，发生共晶反应，直到所有液相 L 全部转化为共晶组织$(\alpha+\beta)_{共晶}$。共晶转变终了，合金的组织为 $\alpha+(\alpha+\beta)_{共晶}$。

在 2 点温度以下到室温，固溶体溶解度降低，α 相中析出 β_{II}相；共晶体$(\alpha+\beta)_{共晶}$中会析出难以分辨的 α_{II}和 β_{II}相，因量少故不予考虑。

亚共晶 Pb-Sn 合金的室温组织为 $\alpha+\beta_{\mathrm{II}}+(\alpha+\beta)_{共晶}$，见图 3-13(b)。

4) 过共晶合金Ⅳ

溶质含量大于共晶成分，且结晶过程中发生共晶反应的部分合金称为过共晶合金。图 3-10 中过共晶合金Ⅳ(61.9% < w_{Sn} < 97.5%)的结晶过程及其室温显微组织如图 3-14 所示，与亚共晶合金Ⅲ相似。

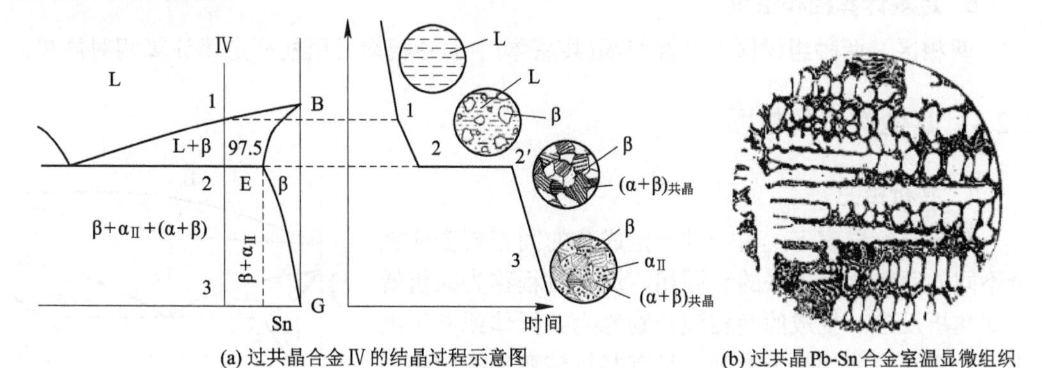

(a) 过共晶合金Ⅳ的结晶过程示意图　(b) 过共晶Pb-Sn合金室温显微组织

图 3-14　过共晶合金Ⅳ的结晶过程及其室温显微组织示意图

图 3-14 与图 3-13 比较，不同点在于：共晶转变终了，合金的组织为 $\beta+(\alpha+\beta)_{共晶}$；在

2 点温度以下到室温，固溶体溶解度降低，β 相中析出 α_{II}相。过共晶 Pb-Sn 合金的室温组织为 $\beta + \alpha_{II} + (\alpha + \beta)_{共晶}$，如图 3-14(b)所示。

3. 按组织组成物标注的 Pb-Sn 合金相图

合金的性能不仅和组成相有关，更大程度上还决定于相的数量和分布，即组织决定性能。通过对典型成分 Pb-Sn 合金结晶过程的分析，将 Pb-Sn 合金相图标注为组织组成物的形式，见图 3-15，更有利于材料的性能分析。

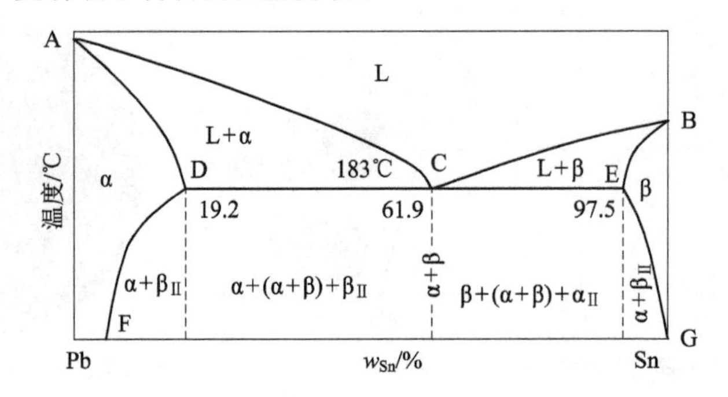

图 3-15　按组织组成物标注的 Pb-Sn 合金相图

4. 比重偏析

合金在结晶过程中，发生共晶反应，要从液相中结晶出与液相密度完全不同的两种固相，如 Pb-Sn 合金中的 α 相和 β 相。如果结晶出的晶体与液相的密度相差较大，这些晶体颗粒将会在液体中上浮或下沉，使结晶后的上下部分化学成分不一致。这种因密度不同而造成化学成分不均匀的现象称为比重偏析，如图 3-16 所示。

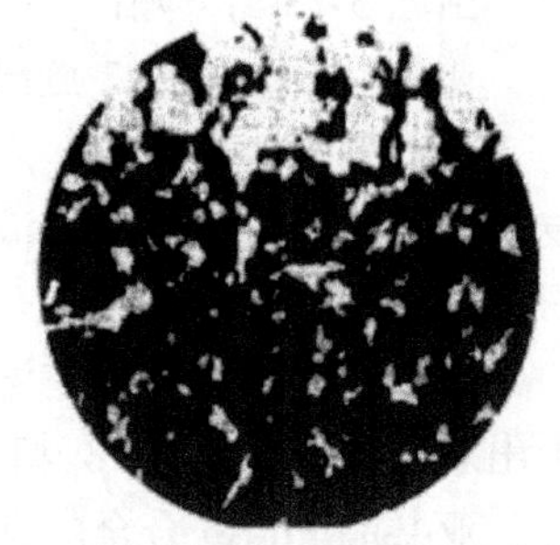

图 3-16　Pb-Sn 合金的比重偏析

比重偏析使合金铸件各处性能不同，甚至造成剥落现象，影响合金铸件的加工和使用。

比重偏析不能通过热处理来消除或减轻，只能在结晶过程中采取提高冷却速度的措施，使晶粒来不及上浮或下沉，也可采用增加外来晶核加速结晶的措施加以防止。

5. 定量计算相和组织

两相区、两种组织区及共晶组织(共晶体)中的各相均可用杠杆定律计算相对质量。

3.2.3　其他类型的相图

1. 共析相图

在一定的温度下，由一种一定成分的固相转变成完全不同的两种相互关联的新固相，这一过程称为共析转变或共析反应。生成的两相混合物称为共析体或共析组织，转变温度称为共析温度。具有共析转变的相图称为共析相图。

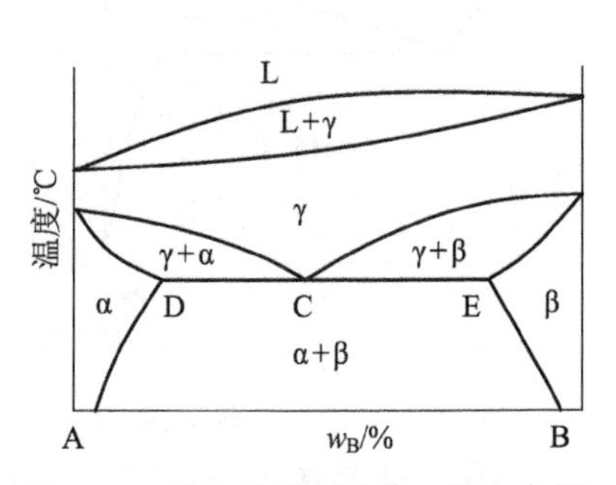

图 3-17　具有共析反应的二元合金相

图 3-17 是具有共析反应的二元合金相图。下部共析

反应相图与共晶相图很相似，但不同点在于水平线上的共析反应，不是自液相中而是自固相 γ 中同时析出 α 和 β 两种不同的新相。C 点是共析点，DCE 水平线称为共析线。A + β 是共析反应生成的共析组织。

共析转变是在固态下由一相向二相的转变，有相结构的变化。因此，它除具有液态结晶规律外，还有固态转变的一些特点：

(1) 固态转变需要较大过冷度。固态转变时原子移动、扩散困难，必须增加转变的动力，原子才能重新排列组成新的晶体。

(2) 共析转变产物比共晶转变产物更细密。固态转变过冷度大，形核速率增加；而且新相晶核多数在晶粒边界上形成，原晶粒越细，晶界越多，形核转变就越快。

(3) 固态转变经常有较大的内应力存在。固态转变时新旧相的晶体结构和它们的晶格常数有可能不同，因此常因体积和比容的不同，导致内应力增加。

2. 包晶相图

冷却时已经结晶出来的固相与包围它的合金溶液作用，形成一个新固相的恒温可逆反应，称为包晶反应。该转变可表达为：液相 + 固相 $\xleftrightarrow{\text{恒温}}$ 新固相。形成的新固相为包晶组织，其所构成的相图称为二元包晶相图。常见的二元合金系 Fe-C、Pt-Ag、Ag-Sn、Al-Pt 等相图中，均包括这种类型的相图。

现以 Pt-Ag 合金相图中的包晶反应部分为例来说明，如图 3-18 所示。

由图 3-18 可见，这一包晶相图是由两个局部的匀晶相图和一条包晶反应水平线 PDC 组成，其中 D 点为包晶点，对应的包晶反应温度为 1186℃，对应的包晶组织含 Ag 量为 42.4%。匀晶部分与前述相同，按其两侧所给的单相区即可进行分析。

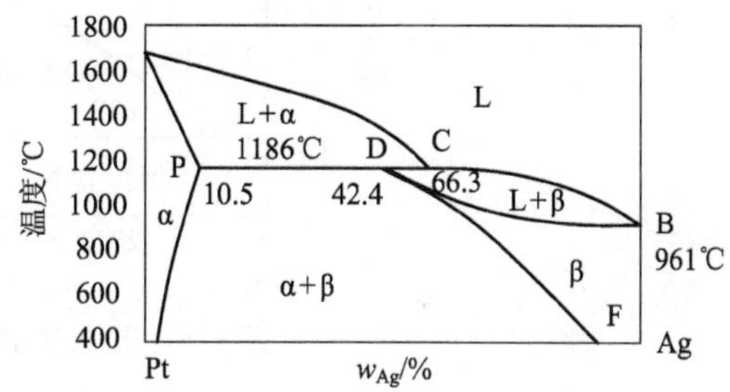

图 3-18　Pt-Ag 合金相图

包晶水平线 PDC 上发生的反应与共晶水平线上发生的反应完全不同。共晶反应是由液相中同时结晶出两种固相，而包晶水平线上的反应特征是成分能与这一水平线相交的合金，于此反应温度(1186℃)发生包晶反应：$L_C + \alpha_P \rightarrow \beta_D$，即成分为 C($w_{Ag}$ = 66.3%) 的液相 L_C 与成分为 P(w_{Ag} = 10.5%) 的初晶 α_P 相互作用，形成成分为 D(α_P = 42.4%)的 β_D 固溶体，称为包晶组织。

包晶反应也在恒温下进行，成分为 P 点到 C 点之间的任一 Pt-Ag 合金在冷却到 D 点温度时，L 相与 α 相正好全部消耗完，形成 100%的 D 点成分的 β 相。

包晶反应的原理可以用图 3-19 来说明。反应产物 β 在液相 L 与固相 α 的交界面上形核、长大，此时三相共存；新相 β 包裹着初晶 α，对外不断消耗液相，向液相中长大，对内不断“吃掉”α 相，向内扩张，直到液相和固相任一方或双方消耗完，包晶反应才结束。由于是一相包着另一相进行反应，故形象地称为包晶反应。

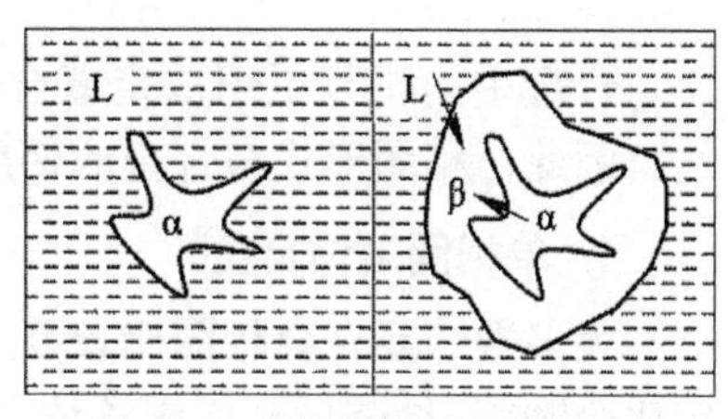

图 3-19　包晶反应原理示意图

在包晶反应中，先结晶的 α 相含 Ag 量较低，含 Pt

量较高，液相中的 Ag 原子要通过 β 相扩散到 α 固相中，固相 α 中的 Pt 原子也要通过 β 相扩散到 L 相中。一般来说，原子在固相中的扩散速度很小，而实际生产中采用的冷却速度较快，各相间原子往往来不及扩散，这样就在包晶组织中出现了化学成分不均匀现象。这种由于包晶转变产生的化学成分不均匀现象称为包晶偏析。包晶偏析可以在后续的热处理中通过均匀化退火(扩散退火)来减少或消除。

3. 形成稳定化合物的二元合金相图

化合物有稳定化合物和不稳定化合物两大类。所谓稳定化合物是指在熔化前既不分解也不产生任何化学反应的化合物。如 Mg 和 Si(硅)可形成分子式为 Mg_2Si 的稳定化合物，Mg-Si 相图就是形成稳定化合物的二元合金相图，如图 3-20 所示，这类相图的主要特点是在相图中有一个代表稳定化合物的垂直线，以垂直线的垂足代表稳定化合物的成分，垂直线的顶点代表它的熔点。若把稳定化合物 Mg_2Si 视为一个组元，则可认为这个相图是由左右两个简单共晶相图(Mg-Mg_2Si 和 Mg_2Si-Si)所组成。因此可以分别对它们进行研究，使问题大大简化。

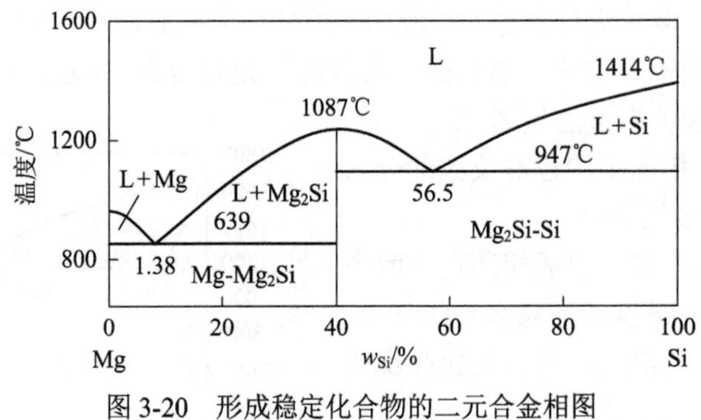

图 3-20　形成稳定化合物的二元合金相图

3.3　合金性能与相图间的关系

合金的性能一般取决于合金的化学成分与组织，但某些工艺性能(如铸造性能)还与合金的结晶特点有关。而相图既可表明合金成分与组织间的关系，又可表明合金的结晶特点。因此合金相图与合金性能间存在着一定联系。掌握了相图与性能的联系规律，就可大致判断不同成分合金的性能特点，并可作为选用和配制合金、制定热加工工艺的依据。

3.3.1　合金的使用性能与相图的关系

合金中的相和组织决定着合金的使用性能，相图是合金结晶过程基本规律的简明表达。因此，相图形式与合金的使用性能和工艺性能之间都存在一定的关系。

1. 单相固溶体合金

大多数二元合金相图比较复杂，但其基本反应过程主要有匀晶、共晶、共析、形成稳定化合物等，结晶后形成固溶体和金属化合物两种基本相，它们以单相或混合物(复相组织)的形式存在于合金中，这些相或组织与合金的强度、硬度、导电性能等使用性能之间的关系可用合金相图与强度、硬度和电阻率间的关系来表述，如图 3-21 所示。

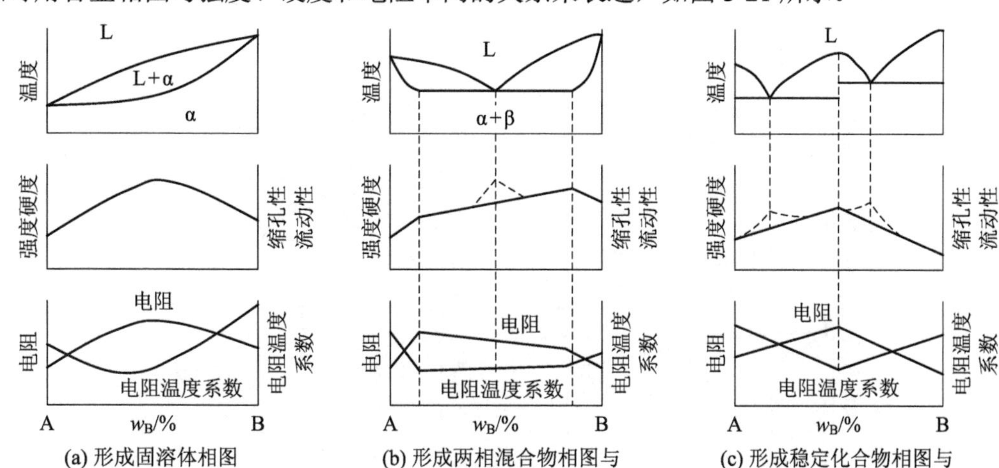

(a) 形成固溶体相图与合金性能关系　(b) 形成两相混合物相图与合金性能关系　(c) 形成稳定化合物相图与合金性能关系

图 3-21　合金相图与强度、硬度和电阻率间的关系

图 3-21(a)中，结晶后的合金中形成了单相固溶体。由于溶质原子溶入溶剂后，产生晶格畸变，从而引起合金的固溶强化，并使合金中自由电子的运动阻力增加，故固溶体合金的强度和电阻都高于作为溶剂的纯金属。随着溶质溶入量的增加，晶格畸变的增大，致使固溶体合金的强度、硬度和电阻与合金成分间呈曲线关系变化。

固溶强化是提高合金强度的主要途径之一，在金属材料生产中获得广泛的应用。例如，低碳钢中加入合金元素 Si、Mn 等，就是利用固溶强化来提高钢的强度。另外，由于固溶体合金的电阻较高，电阻温度系数较小，因而常用作电阻合金材料。

2. 两相混合物合金和具有稳定化合物的合金

在共晶或共析相图中，结晶后形成了两相组织的机械混合物。由图 3-21(b)可见，形成两相混合物合金的力学性能与物理性能处在两相性能之间，并与合金成分呈直线关系。应当指出，合金性能还与两相的细密程度有关，尤其是对组织敏感的合金性能(如强度、硬度等)，其影响更为明显。例如，共晶合金由于形成了细密共晶体，故其力学性能将偏离直线关系而出现峰值，如图 3-21(b)中虚线所示。

具有稳定化合物的合金相图相当于两个共晶相图的叠加，合金的性能沿成分线上出现奇异点，力学性能与物理性能与合金成分呈两种不同的直线关系，如图 3-21(c)所示。同样，对组织敏感的合金性能(如强度、硬度等)都会出现虚线所示的偏离直线的峰值。

3.3.2　合金的工艺性能与相图和成分的关系

1. 单相固溶体合金

如图 3-22(a)所示，合金相图中的液相线与固相线之间的垂直距离与水平距离越大，合金的铸造性能越差。这是因为液相线与固相线的水平距离越大，结晶出的固相与剩余液相的成分差别就越大，产生的偏析也就越严重；液相线与固相线之间的垂直距离越大，结晶时液、固两相共存的时间就越长，形成树枝状晶体的倾向也就越大。这种细长易断的树枝状晶体阻碍液体在铸型内流动，致使合金的流动性变差；当流动性差时，由于枝晶相互交错所形成的许多封闭微区不易得到外界液体的补充，故易产生分散缩孔，使铸件组织疏松，性能变坏。

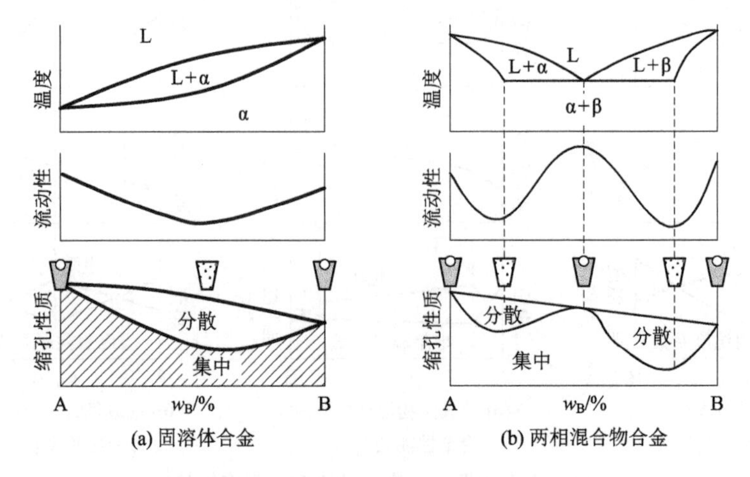

(a) 固溶体合金　　(b) 两相混合物合金

图 3-22　合金的铸造性能与相图间的关系

固溶体合金具有很好的压力加工性能。这是由于其塑性较好，强度较低，变形均匀且不易开裂，在较小力的作用下就可以获得需要的形状。

固溶体合金的切削加工性能较差。因为它的塑性较好，切削加工时不易断屑和排屑，切屑缠绕在刀具上，增加工件表面粗糙度，也难以进行高速切削。

2. 两相混合物合金

如图 3-22(b)所示，两相混合物合金的铸造性能与相图间的关系由图可见。合金的铸造性能也取决于合金结晶区间的大小，因此，就铸造性能来说，共晶合金最好，因为它在恒温下进行结晶，同时熔点又最低，具有较好的流动性，在结晶时易形成集中缩孔，铸件的致密性好。故在其他条件许可的情况下，铸造用金属材料应尽可能选用共晶成分附近的合金。

两相混合物合金的压力加工性能与合金组织中硬脆的化合物相含量有关，一般都比固溶体合金要差。但只要组织中硬脆相含量不多，其切削加工性就比固溶体合金要好。硬脆相的存在，使切屑容易断开并脱落，可实现高速切削加工，提高工件表面质量。利用这个性能，可在冶炼中特意添加一定量的 Pb、Bi 等元素来获得易切削钢。

此外，借助相图还能判断合金热处理的可能性。相图中的合金没有固态相变(即重结晶)，不能进行热处理强化，但能采用扩散退火来消除组织中的晶内偏析等缺陷；具有同素异构转变的合金可以通过重结晶退火和正火等热处理来细化晶粒；具有溶解度变化的合金可以通过时效处理方法来得到细晶，利用弥散强化的原理提高合金的性能；具有共析转变的合金，可通过淬火加回火的热处理方法得到不同性能的组织，以满足不同的使用要求。

三元合金相图基础

习题与思考题

本章小结

3-1　解释下列名词：

合金　组元　相　组织　点缺陷　线缺陷　面缺陷　位错　固溶体　金属化合物　固溶强化　弥散强化　枝晶偏析　共晶反应　共析反应

3-2　合金中的基本相有几种？归纳比较它们在形成方式、结构特点和性能方面的异同，并举例说明之。

3-3　按照溶质原子在溶剂晶格中分布情况的不同，固溶体可分为几种类型?形成固溶体后对合金的性能有何影响？为什么？

3-4　置换固溶体中，被置换的溶剂原子哪里去了？

3-5　间隙固溶体和间隙化合物在晶体结构与性能上的区别何在？

3-6　金属间化合物有几种类型？它们在钢中起什么作用？

3-7　组成二元合金相图的基本相图有哪些？

3-8　为什么铸造合金常选用接近共晶成分的合金？

3-9　为什么要进行压力加工的合金常选用单相固溶体成分的合金？

第四章　铁碳合金相图

机械制造行业中适用范围最广泛、应用最多的金属材料是钢铁材料，其中的碳钢和普通铸铁属于铁碳合金，合金钢和合金铸铁是在铁碳合金的基础上加入了合金元素。

铁碳合金相图是研究碳钢和铸铁的成分、温度、组织和性能之间关系的简明示意图，是研究铁碳合金的最基本工具，也是工业生产中制定各种加工工艺、进行热处理的依据。

本章主要介绍铁碳合金相图和相图中的基本相、组织及其特征点、线、相区，典型铁碳合金结晶过程分析，以及用杠杆定律计算铁碳合金室温平衡组织中的组成相和组织的相对量；分析含碳量与铁碳合金组织和性能间的关系，以及铁碳合金相图在机器零件选材、铸造、锻造、焊接和机械加工等方面的应用。

项目设计

(1) 自备或利用实验室提供的材料样品，学习金相试样的制作和显微镜的使用，根据金相显微观察结果，判断各种碳钢的类型和含碳量，说明理由。

(2) 为某企业制造减速传动齿轮和大直径齿圈选择合适的铁碳合金材料，并说明理由。

学习成果达成要求

(1) 掌握铁碳合金的基本相和组织，并根据其性能特点解释各成分铁碳合金的性能。

(2) 能够根据铁碳合金相图，分析各类碳钢和铸铁的结晶规律。

(3) 能够根据铁碳合金相图，合理选择不同含碳量的钢和铸铁，用于制备不同使用性能要求的机器零件。

(4) 能够合理选择铸钢和铸铁毛坯的浇铸温度区间，能够为锻造成型的碳钢零件制定合理的锻压温度区间。

4.1　铁碳合金中的基本相和组织

工业应用最广泛的是铁碳合金。铁碳合金是碳钢和铸铁的统称，是以铁和碳为基本组元的二元合金，密度大约为 $7.8g/mm^3$，随组元比例的不同略有变化。由于纯铁的同素异构现象，使 Fe-Fe_3C 相图较为复杂。

4.1.1　同素异构(晶)转变和重结晶

大多数金属在结晶后晶格类型不变，但有些金属在固态下存在两种以上的晶格结构，如铁(Fe)、钴(Co)、钛(Ti)、锰(Mn)、锡(Sn)等，这类金属在冷却或加热过程中，随着温度的变化，其晶格结构也要发生变化。金属在固态下，随温度的改变由一种晶格转变为另一种晶格的现象称为同素异构(晶)转变。以不同的晶格结构存在的同一金属元素的晶体称为该金属的同素异构(晶)体。金属发生同素异构(晶)转变时产生重结晶现象。

1. 纯铁的同素异构(晶)转变过程

同一金属的同素异构体按其稳定存在的温度，由低温到高温依次用希腊字母 α、β、γ、δ 等表示。现以纯铁为例来说明金属的同素异构(晶)转变过程。

图 4-1 所示为纯铁的冷却曲线。液态纯铁在1538℃时结晶成具有体心立方晶格的 δ-Fe；冷却到1394℃时发生同素异晶转变，由体心立方晶格的 δ-Fe 转变为面心立方晶格的 γ-Fe；继续冷却到 912℃时又发生同素异晶转变，由面心立方晶格的 γ-Fe 转变为体心立方晶格的 α-Fe。如再继续冷却时，则晶格的类型不再发生变化。

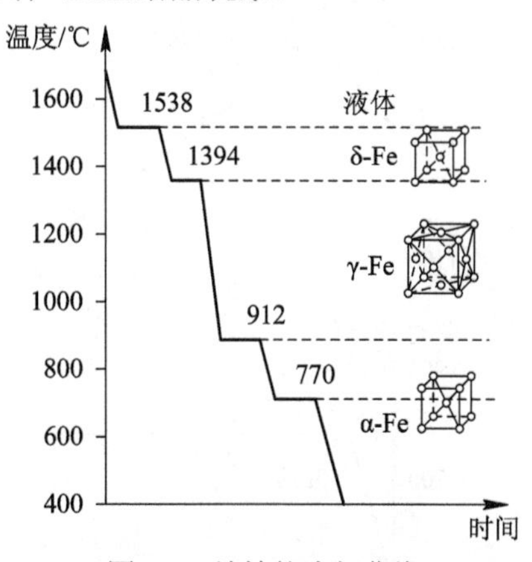

图 4-1　纯铁的冷却曲线

从纯铁的冷却曲线还可以看到，在 770℃时，冷却曲线有一个平台，但该温度下，纯铁的晶格没有发生变化，因此它不属于同素异构转变。实验表明，在 770℃以上，纯铁将失去铁磁性；在 770℃以下，纯铁将具有铁磁性。因此，纯铁在 770℃时的转变称为磁性转变。由于磁性转变时晶格不发生改变，所以就没有形核和晶核长大的过程。

2. 固态转变的特点

金属发生同素异(构)晶转变时，必然伴随着原子的重新排列，这种原子的重新排列过程，实际上就是一个结晶过程，它与液态金属结晶过程的不同点在于其是在固态下进行的，因此称为二次结晶或重结晶。它同样遵循结晶过程中的形核与长大规律，但同时又有与结晶不同的特点如下：

(1) 发生固态转变时，形核一般发生在如晶界、晶内缺陷、特定晶面等部位，因为这些部位或与新相结构相近，或原子容易扩散。

(2) 由于固相下原子扩散困难，因此固态转变的过冷倾向大。固态相变(重结晶)组织通常要比结晶组织细。

(3) 固态转变往往伴随有体积变化，因而容易产生很大的内应力，使材料发生变形和开裂。

正是由于纯铁能够发生同素异构转变，生产中，才有可能对钢和铸铁进行各种热处理，以获得所需的组织与性能。

4.1.2　铁碳合金中的基本相和组织

铁碳合金中，Fe 和 C 相互结合的方式是：C 原子较小，可溶入 Fe 的晶格中形成间隙固溶体，但由于 Fe 的晶格中间隙数量和大小的限制，C 原子溶入 Fe 的晶格中形成的间隙固溶体只能是有限固溶体；当 C 含量超过 Fe 的溶解度以后，剩余的 C 原子和 Fe 原子相互作用，形成多种金属化合物，例如 Fe_3C、Fe_2C 和 FeC 等。这些化合物中只有 Fe_3C(称为渗碳体)为稳定的化合物，其他为铁碳合金结晶或重结晶过程中形成的不稳定的中间相。当含碳量超过 6.69%时，铁碳合金主要相为 Fe_3C，其脆性极大，没有应用价值。因此，一般所说的铁碳合金相图，实际上是 Fe-Fe_3C 部分，如图 4-2 所示。

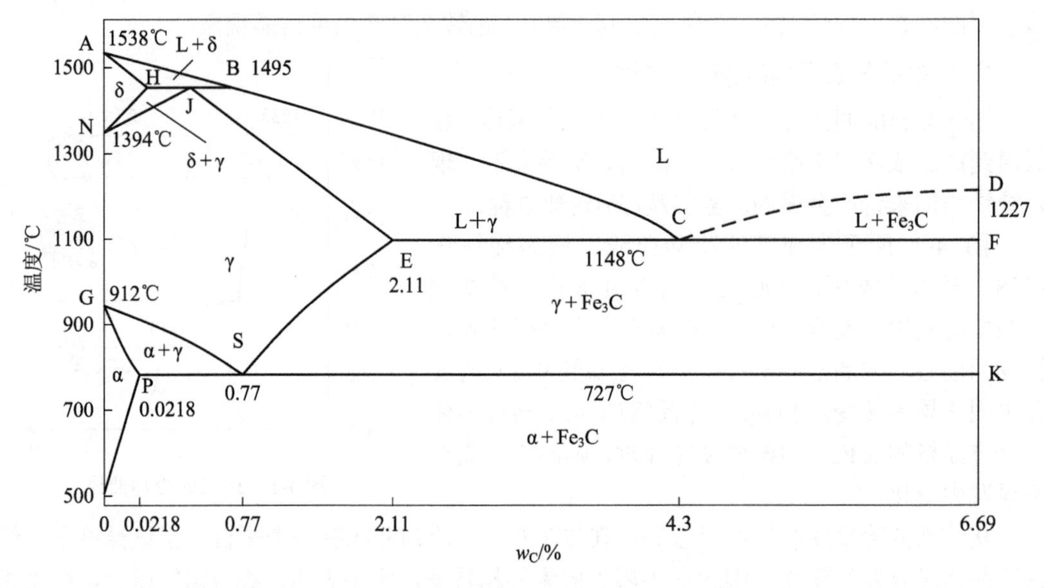

图 4-2　Fe-Fe_3C 相图

1. 铁碳合金中的基本相

如上节所述，纯铁在固态下有 α-Fe、γ-Fe、δ-Fe 三种同素异构体。铁碳合金中，因铁和碳在不同温度的固态下相互作用不同，可形成固溶体(铁素体、奥氏体)和金属化合物(渗碳体)，它们的相结构各不相同，其表示符号及存在相区均标注在图 4-2 所示的 Fe-Fe_3C 相图中，通常将合金的液体状态称为液相，用符号 L 表示。

1) 铁素体(F 或 α)

碳溶于 α-Fe 中的间隙固溶体称为铁素体，以符号 F 或 α 表示。纯铁在 912℃以下为具有体心立方晶格的 α-Fe，致密度为 0.68。但其孔隙多而分散，单个孔隙较小，单个孔隙半径只有 0.36Å，而 C 原子半径为 0.77Å，理论上不能容纳 C 原子。而实际晶体中总是存在晶格空位及位错等缺陷，使其也可溶解微量的碳。体心立方晶格的 α-Fe 在 727℃时溶碳能力最强，溶解度为 0.0218%；随着温度下降溶碳量逐渐减小，室温下的溶解度仅为 0.0008%。

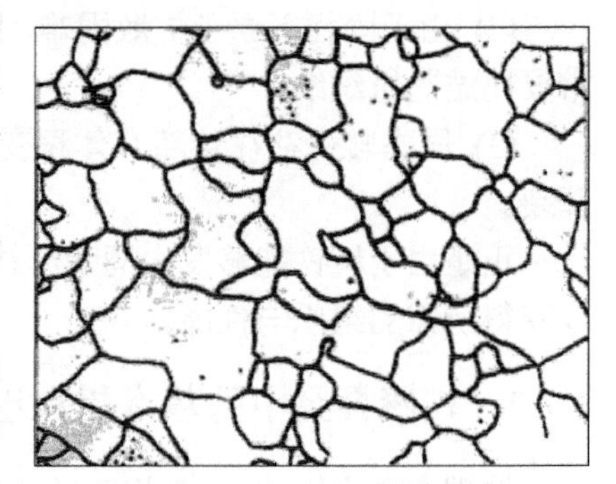

图 4-3　铁素体的显微组织

由于铁素体溶碳量少，故其强度、硬度不高，但塑性和韧性好，其室温时的力学性能几乎与纯铁相同。铁素体的显微组织与纯铁相同，如图 4-3 所示，呈明亮的多边形晶粒组织。有时由于各晶粒位向不同，受腐蚀程度略有差异，因而在显微镜下各晶粒稍显明暗不同。

δ相又称高温铁素体，是碳在δ-Fe中的间隙固溶体，呈体心立方晶格，在1394℃以上存在，在1495℃时溶碳量最大，溶解度为0.09%。

2) 奥氏体(A或γ)

碳溶于γ-Fe中的间隙固溶体称为奥氏体，以符号A或γ表示。γ-Fe是面心立方晶格，致密度为0.74，高于体心立方晶格的α-Fe。但由于面心立方晶格中形成的单个孔隙较大，半径可有0.52Å，略小于C原子半径，C原子较容易溶入，故溶碳能力比α-Fe强很多。在1148℃时，γ-Fe的溶碳量最大，溶解度为2.11%；随着温度下降，溶碳量逐渐减少，在727℃时的溶解度为0.77%。

奥氏体的力学性能与其溶碳量及晶粒大小有关，一般情况下奥氏体的硬度为170～220HBW，断后伸长率*A*为40%～50%。因此，奥氏体表现为硬度较低而塑性很好。对钢材的很多热加工，如锻压成型都是在奥氏体相区进行的，正是成语的“趁热打铁”的释义。

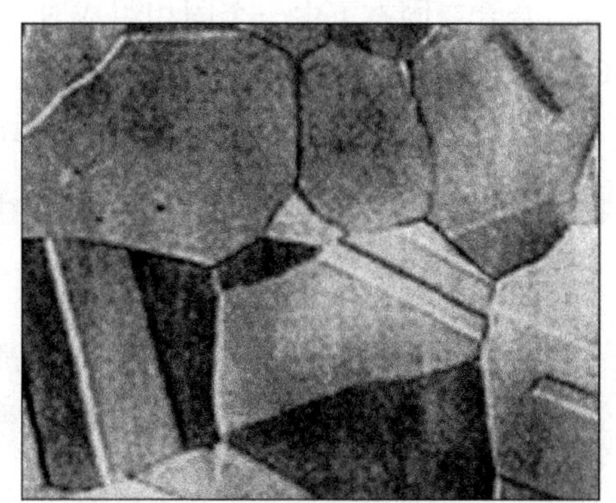

图4-4　奥氏体的显微组织

$Fe\text{-}Fe_3C$相图中，室温下无奥氏体相，奥氏体存在于727℃～1495℃的高温范围内。高温下奥氏体的显微组织如图4-4所示，其晶粒也呈多边形，但晶粒较大，晶界较平直。

3) 渗碳体(Fe_3C或C_{em})

渗碳体是铁和碳所形成的金属化合物，用分子式Fe_3C或符号C_{em}表示，它是一种具有复杂晶格的间隙化合物。渗碳体的碳质量分数为6.69%，熔点为1227℃；由于稳定化合物不随温度而相变，但有磁性转变，故它在230℃以下具有弱铁磁性，而在230℃以上则失去铁磁性；其硬度很高(950～1050 HV)，而塑性和韧性几乎为零，脆性极大。

渗碳体中C原子可被氮(N)等小尺寸原子置换，而Fe原子则可被其他金属原子(如Cr、Mn等)置换。这种以渗碳体为溶剂的化合物称为合金渗碳体，如$(Fe, Mn)_3C$、$(Fe, Cr)_3C$等。

渗碳体是碳钢中主要的强化相，它的形态、大小、数量和分布对钢的性能有很大影响。同时，渗碳体是亚稳定化合物，在一定条件下会发生分解，$Fe_3C \rightarrow 3Fe + C$(石墨)，形成游离碳，如铸铁中的石墨。这一反应对于铸铁具有重要意义。

渗碳体在钢和铸铁中与其他相共存时呈片状、球状、网状或板状，用4%硝酸酒精容易腐蚀，在显微镜下呈白亮色。根据结晶规律，渗碳体有多种分布形式和表示方法。

一次渗碳体($Fe_3C_{Ⅰ}$)：直接从液体中结晶出来，呈板条状分布。

二次渗碳体($Fe_3C_{Ⅱ}$)：从奥氏体(一次晶)中析出，沿奥氏体晶界呈网状分布。

三次渗碳体($Fe_3C_{Ⅲ}$)：从铁素体(二次晶)中析出，沿铁素体晶界呈薄片状分布。

共晶渗碳体($Fe_3C_{共晶}$)：共晶反应条件下，直接由液相中析出的固相之一，与另一固相奥氏体混合在一起。

共析渗碳体($Fe_3C_{共析}$)：共析反应条件下，由奥氏体中析出的固相之一，与另一固相铁素体混合在一起。

上述渗碳体并无本质区别，其含碳量、晶体结构和本身的性质均相同。在后面章节中，按照结晶规律和热处理条件给出其显微组织图像。

2. 铁碳合金中的复相组织

在金相显微镜下观察到的材料各相数量、大小、分布、形态的微观形貌称为显微组织(简称组织)。材料的组织取决于其成分及工艺过程，组织决定材料的性能。铁碳合金中的组织有单相组织和多相组织。

1) 单相组织

合金在固态下由一个固相组成时为单相，其组织为单相组织。一般认为，铁碳合金中的单相组织有：低温下的单相铁素体、高温下的单相奥氏体、各种形态分布的渗碳体等。

高温铁素体(δ)相区经常被忽略。但需要指出的是，高温下的部分奥氏体是包晶反应的产物，如图4-2中HJB水平线为包晶反应线，在1495℃发生包晶反应：$L_{0.53}+\delta_{0.09}\xleftrightarrow{1495℃}\gamma_{0.17}$。

2) 多(复)相组织

合金在固态下由两个及两个以上固相组成时为多相，其组织为多(复)相组织。铁碳合金中的多(复)相组织有珠光体、莱氏体等。

(1) 珠光体(P)。

当含碳量为0.77%的奥氏体冷却到727℃时，将发生共析反应，析出铁素体与渗碳体的机械混合物(共析体)，称为珠光体，用符号P表示，其含碳量仍保持为0.77%。

珠光体为铁素体与渗碳体的机械混合物($P=F+Fe_3C$)，硬度高的渗碳体与塑性和韧性良好的铁素体呈片状相间分布，故珠光体强度高，塑性、韧性和硬度介于铁素体与渗碳体之间，是常温下综合机械性能优良的组织。其抗拉强度R_m为750～900 MPa，硬度约为180～280HBW，伸长率A为20%～35%，冲击韧性KU_2为24～32 J。

珠光体的显微组织在下一节共析钢结晶过程中介绍。

必须指出，珠光体组织不是在任何条件下都呈层片状。在第五章中，共析钢和过共析钢可通过球化退火使奥氏体转变的珠光体不是呈层片状，而是渗碳体呈细小的球状或粒状分布在铁素体基体中，称之为球状珠光体或粒状珠光体。粒状珠光体与片状珠光体相比，在成分相同的情况下，粒状珠光体的强度与硬度稍低，而塑性与韧性较好。

(2) 莱氏体(L_d)。

当含碳量为4.3%的液态铁碳合金冷却到1148℃时，将发生共晶反应，由液态中同时结晶出奥氏体和渗碳体所组成的机械混合物(共晶体)，称为莱氏体，用符号L_d表示，也称高温莱氏体，其含碳量仍保持为4.3%。其形态为渗碳体基体上分布着短棒状或颗粒状的奥氏体($L_d=A+Fe_3C$)，组织比较致密。

在727℃以下，莱氏体转变为由珠光体和渗碳体组成的机械混合物，称为变态莱氏体，用L'_d表示，也称低温莱氏体($L'_d=P+Fe_3C$)。

常温下变态莱氏体的显微组织在下一节共晶白口铸铁结晶过程中介绍。变态莱氏体组织中含有大量的渗碳体，其性能接近渗碳体，故它是一种硬脆组织，塑性和韧性很差，其硬度值约为 560 HBW，伸长率 A 几乎为 0。所以既不能进行压力加工，也不能进行切削加工，这就是白口铸铁不能得到广泛使用的原因。

4.2　$Fe\text{-}Fe_3C$ 相图

$Fe\text{-}Fe_3C$ 相图是表示在极缓慢冷却(或加热)条件下，不同成分的铁碳合金在不同的温度下所具有的组织或状态的一种图形。从中可以了解碳钢和铸铁的成分(含碳量)、组织和性能之间的关系，它不仅是我们选择材料和制定有关热加工工艺的依据，而且是钢和铸铁热处理的理论基础。

由于纯铁具有同素异构转变，并且 α-Fe 与 γ-Fe 的溶碳能力又各不相同，所以图 4-2 所示的 $Fe\text{-}Fe_3C$ 相图就显得比较复杂。可以看出 $Fe\text{-}Fe_3C$ 相图中包含了第三章所述的全部基本反应，最典型的三个相变区域为包晶反应区、共晶反应区和共析反应区。由于包晶反应(图 4-2 中左上角)仅影响含碳量较低的少部分铁碳合金，且在高温下发生，其带来的枝晶偏析现象往往可以通过热处理阶段的扩散退火消除或减弱，因此，研究 $Fe\text{-}Fe_3C$ 相图往往将其忽略，简化后的 $Fe\text{-}Fe_3C$ 相图如图 4-5 所示，是以组织产物标注的 $Fe\text{-}Fe_3C$ 相图。

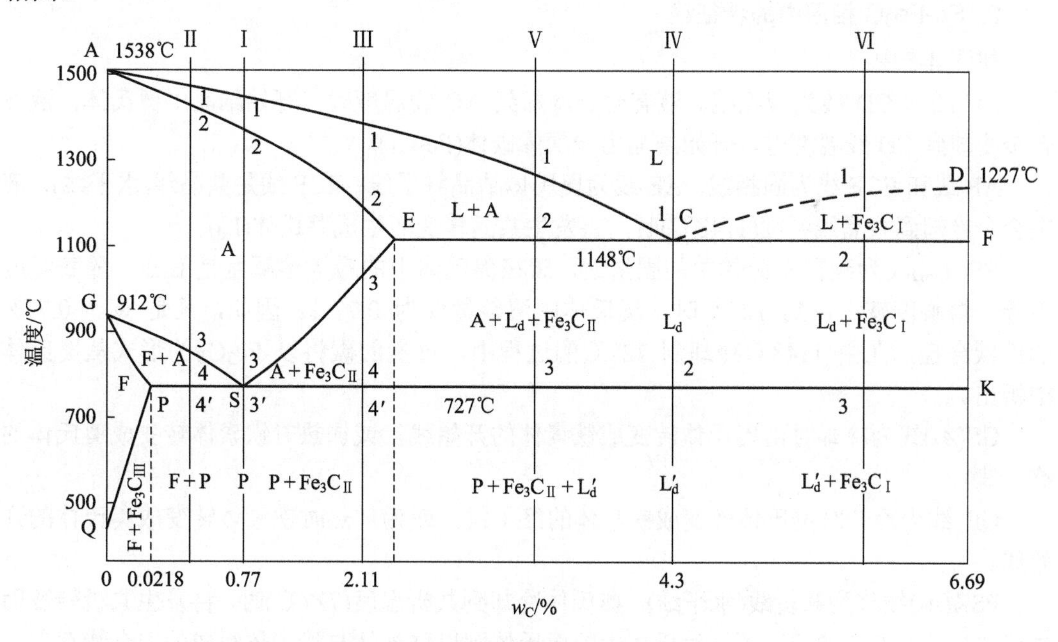

图 4-5　简化后标注组织的 $Fe\text{-}Fe_3C$ 相图

1. $Fe\text{-}Fe_3C$ 相图中的特征点

在图 4-5 中：

A 点为纯铁的熔点 1538℃。

D 点为渗碳体的熔点 1227℃。

E 点为 1148℃时碳在 γ-Fe 中的最大溶解度，对应合金含碳量 $w_C = 2.11\%$。

C 点为共晶点。由一定成分的液相，在一定温度下，同时析出成分不同的两种固相的转变，称为共晶转变。处于 C 点的液态合金($w_C = 4.3\%$)在恒温(1148℃)下将发生共晶转变，同时结晶出奥氏体和渗碳体所组成的混合物(共晶体)，称为高温莱氏体(L_d)。其表达式为

$$L_{4.3} \xrightarrow{1148^\circ C} \gamma_{2.11} + Fe_3C_{6.69} \tag{4-1}$$

G 点对应温度 912℃，为 α-Fe 与 γ-Fe 的同素异构转变温度。

P 点为 727℃时碳在 α-Fe 中的最大溶解度，对应合金含碳量 $w_C = 0.0218\%$。

S 点为共析点。由一定成分的固相，在一定温度下，同时析出成分不同的两种固相的转变，称为共析转变。处于此点的奥氏体($w_C = 0.77\%$)将在恒温(727℃)下同时析出铁素体和渗碳体的细密混合物(共析体)，称为珠光体(P)。其表达式为

$$\gamma_{0.77} \xrightarrow{727^\circ C} \alpha_{0.0218} + Fe_3C_{6.69} \tag{4-2}$$

Q 点表示常温下，铁素体的 $w_C \approx 0.0008\%$，已经接近于 0；而在 600℃时，$w_C \approx 0.0057\%$。

应当指出，共析转变与共晶转变很相似，它们都是在恒温下，由一相转变成两相混合物，所不同的是共晶转变是从液相发生转变，而共析转变则是从固相发生转变。共晶转变的产物称为共晶体，共析转变的产物称为共析体，由于原子在固态下扩散较困难，所以共析体比共晶体更细密。

2. Fe-Fe$_3$C 相图中的特征线

如图 4-5 中：

AC 线和 CD 线为液相线。液态合金冷却到 AC 线温度时，开始结晶出奥氏体；液态合金冷却到 CD 线温度时，开始结晶出一次渗碳体(Fe_3C_I)。

AE 线和 ECF 线为固相线。AE 线为奥氏体结晶终了线；ECF 线是共晶线(水平线)，液态合金冷却到共晶线温度(1148℃)时，将发生共晶转变而生成莱氏体(L_d)。

ES(A_{cm})线为碳在奥氏体中的固溶线。碳在奥氏体中的最大溶解度是 E 点，随着温度下降，溶解度减小，到 727℃时，奥氏体中溶碳量仅为 0.77%。因此，凡是 $w_C > 0.77\%$ 的铁碳合金，在由 1148℃冷却到 727℃的过程中，过量的碳将以 Fe_3C_{II}的形式从奥氏体中析出。

GS(A_3)线为冷却时由奥氏体转变成铁素体的开始线，或加热时铁素体转变成奥氏体的终了线。

GP 线为冷却时奥氏体转变成铁素体的终了线，或为加热时铁素体转变成奥氏体的开始线。

PSK(A_1)线称为共析线(水平线)。奥氏体冷却到共析温度(727℃)时，将发生共析转变而生成珠光体。在 727℃以下，莱氏体中的奥氏体则以珠光体与渗碳体组成的混合物存在，就是变态莱氏体或称低温莱氏体(L'_d)。

PQ 线为碳在铁素体中的固溶线。碳在 α-Fe 中的最大溶解度是 P 点，随着温度下降，溶解度逐渐减小，室温时，铁素体中溶碳量几乎为零(0.0008%)。因此，由 727℃冷却到室温的过程中，铁素体中过剩的碳将以 Fe_3C_{III}的形式析出。

根据上述分析的结果，现把 Fe-Fe$_3$C 相图中主要特征点和特性线列表归纳小结。表 4-1 为 Fe-Fe$_3$C 相图中各特性点的温度、成分及含义，表 4-2 为 Fe-Fe$_3$C 相图中各特性线及含义。

表 4-1　$Fe\text{-}Fe_3C$ 相图中各特性点的温度、成分及含义

特征点	温度/℃	w_C/%	含　义
A	1538	0	纯铁的熔点
C	1148	4.3	共晶点
D	1227	6.69	渗碳体的熔点
E	1148	2.11	碳在 γ-Fe 中的最大溶解度
F	1148	6.69	渗碳体的成分
G	912	0	α-Fe↔γ-Fe 同素异构转变点
K	727	6.69	渗碳体的成分
P	727	0.0218	碳在 α-Fe 中的最大溶解度
S	727	0.77	共析点
Q	600	0.0057	600℃时，碳在 α-Fe 中的溶解度
	室温	0.0008	室温下，碳在 α-Fe 中的溶解度，接近 0

表 4-2　$Fe\text{-}Fe_3C$ 相图中各特性线及含义

特性线	名称	含　义
ACD	液相线	在 ACD 线以上合金为液态
AECF	固相线	在 AECF 线以下合金为固态
AE	L↔A(γ)	冷却时，液相 L 全部转变为 A(γ)的结晶终了线；加热时，A(γ)开始溶解为液相 L 的开始线
GS(A_3 线)	A(γ)↔F(α)	冷却时，A(γ)析出 F(α)的开始线；加热时 F(α)向 A(γ)转变的终了线
ES(A_{cm} 线)	固溶线	碳在 γ-Fe 中的溶解度线，降温将由 A(γ)中析出 Fe_3C_{II}
PQ	固溶线	碳在 α-Fe 中的溶解度线，降温将由 F(α)中析出 Fe_3C_{III}
ECF	共晶线	液态合金冷却到共晶线温度(1148℃)时，将发生共晶转变而生成 L_d，在 w_C = 2.11%～6.69%的铁碳合金中发生
PSK(A_1 线)	共析线	A(γ)冷却到共析温度(727℃)时，将发生共析转变而生成 P，w_C > 0.0218%的合金在 727℃均发生共析反应

根据上述特征点、线的分析，再运用已学过的二元共晶相图的基本知识，就很容易推导出该图形中各个相区的组织。

4.3　典型铁碳合金的结晶过程及其组织

$Fe\text{-}Fe_3C$ 相图中不同成分的铁碳合金，具有不同的组织和性能。根据图 4-5 所示，按照含碳量和常温下组织的不同，将铁碳合金分为工业纯铁、钢和白口铸铁三大类。

(1) 工业纯铁，w_C < 0.0218%，常温组织为铁素体(F)。

(2) 碳钢，w_C = 0.0218%～2.11%，常温组织都含有珠光体(P)。碳钢又可分为三类：

① 共析钢，w_C = 0.77%，室温组织为珠光体(P)；

② 亚共析钢，w_C = 0.0218%～0.77%，室温组织是铁素体和珠光体(F + P)；

③ 过共析钢，$w_C = 0.77\% \sim 2.11\%$，室温组织是珠光体和二次渗碳体($P + Fe_3C_{II}$)。

(3) 白口铸铁，$w_C = 2.11\% \sim 6.69\%$，常温组织都含有变态莱氏体(L'_d)。白口铸铁又可分为三类：

① 共晶白口铸铁，$w_C = 4.3\%$，室温组织为变态莱氏体(L'_d)；

② 亚共晶白口铸铁，$w_C = 2.11\% \sim 4.3\%$，室温组织为珠光体、二次渗碳体和变态莱氏体($P + Fe_3C_{II} + L'_d$)；

③ 过共晶白口铸铁，$w_C = 4.3\% \sim 6.69\%$，室温组织为变态莱氏体和一次渗碳体($L'_d + Fe_3C_I$)。

根据 $Fe\text{-}Fe_3C$ 相图，可以了解各种组分铁碳合金制备过程的结晶规律，预测室温下的显微组织，指导工业生产，获得所需要的材料性能。下面以图 4-5 所示的各类典型铁碳合金为例，分析其结晶过程和室温组织。

4.3.1 工业纯铁

不论是自然界还是工业生产，都不可能有绝对纯度的铁，或多或少都含有杂质。工业用纯铁一般含有 0.1%～0.2%的杂质，常温组织接近 100%的 α-Fe，具有体心立方晶格结构。

工业纯铁因含碳量少(一般 $w_C < 0.02\%$)，故强度低，抗拉强度 $R_m \approx 180 \sim 230$MPa，屈服强度 $R_{eL} \approx 100 \sim 170$ MPa；塑性、韧性较好，断后伸长率 $A \approx 30\% \sim 50\%$，断面收缩率 $Z \approx 70\% \sim 80\%$，冲击吸收能量 $KU_2 \approx 160 \sim 200$ J；硬度较低，约为 50～80HBW。

工业纯铁不适合制造机械零件，其主要用途是利用其磁性，制作仪器、仪表的铁芯等。工业生产中应用最广泛的是钢和铸铁。

根据图 4-5 所示分类，工业纯铁是 $w_C < 0.0218\%$的铁碳合金，成分在 P 点以左。从高温到低温，结晶过程组织变化为：$L \rightarrow L\downarrow + A\uparrow \rightarrow A \rightarrow A\downarrow + F\uparrow \rightarrow F + Fe_3C_{III少量}$。铁素体的最大溶碳量是 P 点(0.0218%，727℃)；随着温度下降，铁素体的溶碳能力沿固溶线 PQ 逐渐减小；室温时，铁素体中溶碳量几乎为零(0.0008%)。在冷却过程中，铁素体中不能溶解的碳将以 Fe_3C_{III} 的形式析出。在室温下，Fe_3C_{III} 的最大量出现在 $w_C = 0.0218\%$的合金中。根据杠杆定律可得：

$$Q_{Fe_3C_{III}} = \frac{0.0218 - 0.0008}{6.69 - 0.0008} \times 100\% \approx 0.31\% \tag{4-3}$$

可见，工业纯铁的常温组织以铁素体为主，Fe_3C_{III}的量极少，可以不予考虑，其显微组织与图 4-3 所示铁素体的显微组织类似，为多边形等轴晶粒组成。

4.3.2 碳钢

碳钢分为共析钢、亚共析钢、过共析钢，它们的结晶过程各有特色。为了便于分析碳钢的结晶过程规律，根据第三章的相关内容(典型合金结晶过程分析)，在图 4-5 中，分别作Ⅰ、Ⅱ、Ⅲ对应成分铁碳合金的温度线，每一条温度线与各相变线的交点依序标记，分析各种碳钢的结晶过程和组织形态。

1. 共析钢(合金Ⅰ)

图 4-5 中，合金Ⅰ为共析钢，$w_C = 0.77\%$。过含碳量 0.77%点作垂线，与相变特征线分别交于 1、2、3(3′)、4 点。图 4-6 为共析钢冷却曲线和结晶过程示意图。

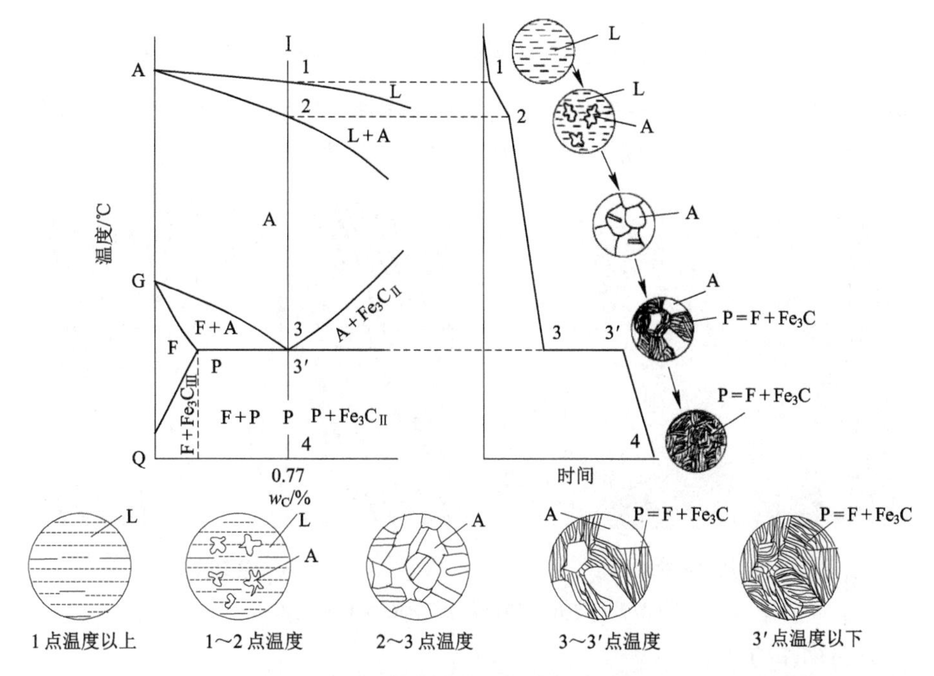

图 4-6　共析钢冷却曲线和结晶过程示意图

如图 4-6 所示，当液态合金冷却到与液相线 AC 相交的 1 点的温度时，从液相中开始结晶出奥氏体。随着温度下降，共析钢中奥氏体含量不断增加，其成分沿固相线 AE 改变；剩余液相逐渐减少，其成分沿液相线 AC 改变。到与固相线 AE 相交的 2 点温度时，液相全部结晶成与原合金成分相同的奥氏体。从 2 点到 3 点(共析点)温度范围内，合金的组织不变。待冷却到 3 点温度时，将发生共析转变，从奥氏体中同时析出铁素体和共析渗碳体的混合物，形成珠光体。共析转变过程中，温度(3→3′)保持不变，恒定在 727℃，直到奥氏体全部转化为珠光体，温度才开始下降。从 3′点温度降低至 4 点常温的过程中，铁素体的溶碳量沿固溶线 PQ 变化，析出 Fe_3C_{III}。根据式(4-3)可知，Fe_3C_{III}数量极少，常与 $Fe_3C_{共析}$ (共析转变时形成的渗碳体)连在一起，不易分辨，可忽略不计，故共析钢的室温组织为珠光体，它是铁素体与渗碳体的层状细密混合物($P=F+Fe_3C$)，其显微组织如图 4-7 所示。共析钢结晶过程组织变化规律可以简单描述如下：

$$L\xrightarrow{\text{温度降低}}L\downarrow+A\uparrow\xrightarrow{\text{温度降低}}A\xrightarrow{\text{共析转变恒温 727℃}}A+P\xrightarrow{\text{温度降低}}P(F+Fe_3C)$$

在图 4-7(a)中，当显微镜的放大倍数较低且分辨能力小于渗碳体层片厚度时，无法分辨渗碳体的边缘线，只能看到白色基底的铁素体和黑色线条的渗碳体交替排列。当显微镜的放大倍数较高时，就可明显区分渗碳体薄层，从图 4-7(b)中能清楚地看到铁素体和渗碳体呈层片状交替排列，白色基底和白色窄条都是铁素体，黑色条状边缘为渗碳体。

共析钢在 3(3′)点完成共析转变时，珠光体中铁素体与渗碳体的相对量 Q_F、Q_{Fe_3C} 可由杠杆定律求出：

$$Q_{Fe_3C}=\frac{0.77-0.0218}{6.69-0.0218}\times100\%=11.3\% \tag{4-4}$$

$$Q_F = \frac{6.69-0.77}{6.69-0.0218} \times 100\% = 88.7\% \quad 或 \quad Q_F = 1 - Q_{Fe_3C} = 88.7\% \tag{4-5}$$

计算结果与图4-7所示的珠光体中铁素体与渗碳体的比例关系相一致。珠光体中渗碳体数量较铁素体少，因此层状珠光体中渗碳体的层片较铁素体的层片薄。

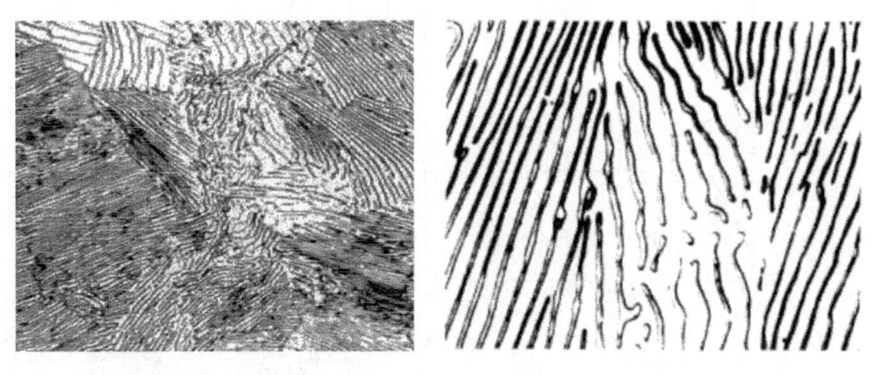

(a) 放大倍数较低　　(b) 放大倍数较高

图4-7　共析钢显微组织珠光体($F + Fe_3C$)

2. 亚共析钢(合金Ⅱ)

图4-5中的合金Ⅱ，含碳量在0.0218%～0.77%之间，称为亚共析钢。同样从合金Ⅱ成分点作垂线，与各相变特征线分别交于1、2、3、4(4′)、5点。图4-8为亚共析钢(简化相图)的冷却曲线和结晶过程示意图。

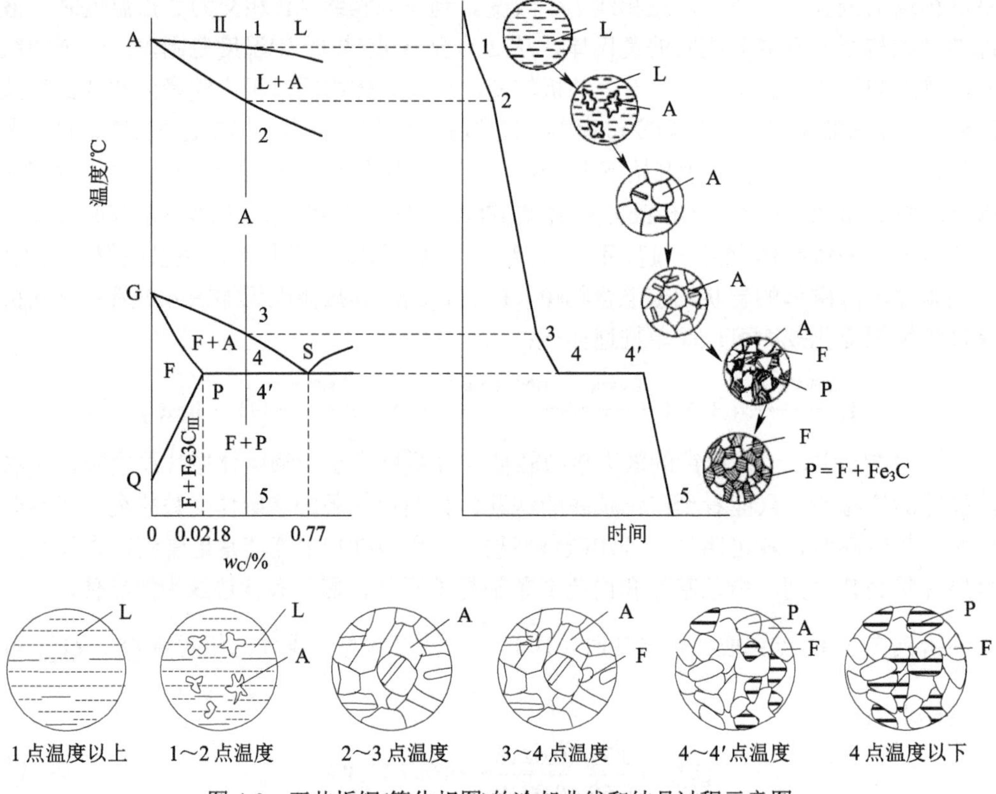

图4-8　亚共析钢(简化相图)的冷却曲线和结晶过程示意图

亚共析钢在 1 点到 3 点温度间的结晶过程与共析钢相似。待合金Ⅱ冷却到与 GS 线相交的 3 点温度时，奥氏体开始向铁素体转变，先析出铁素体。随着温度的下降，亚共析钢中铁素体含量不断增加，其溶碳量沿 GP 线变化；奥氏体含量逐渐减少，其溶碳量沿 GS 线变化。待冷却到与共析线 PSK 相交的 4 点温度时，铁素体中含碳量为 0.0218%，而剩余奥氏体的含碳量正好为共析成分($w_C = 0.77\%$)，剩余的奥氏体就在共析温度(727℃)发生共析转变而形成珠光体。当温度继续下降时，铁素体中虽析出 $Fe_3C_{Ⅲ}$，同样由于量少忽略不计。故亚共析钢的室温组织为铁素体和珠光体($F + Fe_3C$)。亚共析钢结晶过程组织变化简单描述如下(室温，$Fe_3C_{Ⅲ}$忽略)：

$$L \xrightarrow{\text{温度降低}} L\downarrow + A\uparrow \xrightarrow{\text{温度降低}} A \xrightarrow{\text{温度降低}} A\downarrow + F\uparrow \xrightarrow{\text{共析转变恒温 727℃}} A + P + F \xrightarrow{\text{温度降低}} P + F$$

所有亚共析钢的室温组织都由铁素体和珠光体组成，由杠杆定律可知，凡与共析成分越接近的亚共析钢，组织中所含珠光体的量越多；反之铁素体越多。图 4-9 所示为不同含碳量的亚共析钢的显微组织。图中黑色部分为珠光体，这是因为显微镜放大倍数较低，无法分辨层片，故呈黑色，白亮部分为铁素体。

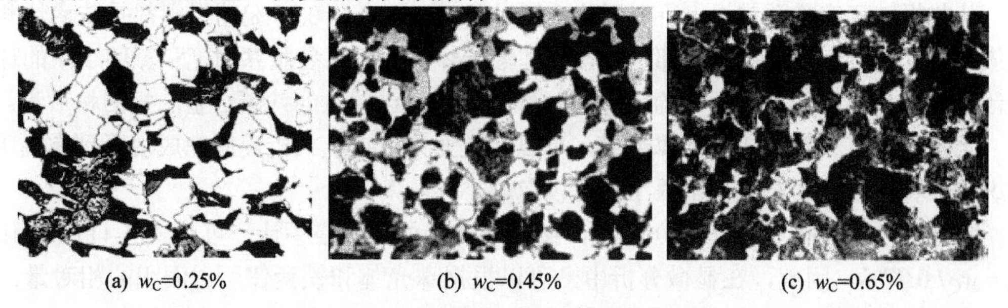

(a) w_C=0.25%　(b) w_C=0.45%　(c) w_C=0.65%

图 4-9　不同含碳量亚共析钢的显微组织

下面以 $w_C = 0.45\%$的碳钢为例，用杠杆定律计算其组织中珠光体和铁素体的相对量，计算基本组成相铁素体和渗碳体的相对量。

算例 1：在 727℃共析转变完成时，计算 $w_C = 0.45\%$的碳钢组织和相的相对量。

(1) 共析转变完成时，组织为铁素体和珠光体，铁素体中 $w_C = 0.0218\%$，珠光体中 $w_C = 0.77\%$，铁素体、珠光体的相对量为 Q_F、Q_P，计算如下：

$$Q_F = \frac{0.77 - 0.45}{0.77 - 0.0218} \times 100\% = 42.8\% \tag{4-6}$$

$$Q_P = \frac{0.45 - 0.0218}{0.77 - 0.0218} \times 100\% = 57.2\% \quad \text{或} \quad Q_P = 1 - Q_F = 57.2\% \tag{4-7}$$

(2) 共析转变完成时，基本相为铁素体和渗碳体，铁素体中 $w_C = 0.0218\%$，渗碳体中 $w_C = 6.69\%$，铁素体、渗碳体的相对量为 Q_F、Q_{Fe_3C} 计算如下：

$$Q_{Fe_3C} = \frac{0.45 - 0.0218}{6.69 - 0.0218} \times 100\% = 6.4\% \tag{4-8}$$

$$Q_F = \frac{6.69 - 0.45}{6.69 - 0.0218} \times 100\% = 93.6\% \quad \text{或} \quad Q_F = 1 - Q_{Fe_3C} = 93.6\% \tag{4-9}$$

算例 2：在常温下，用杠杆定律计算 $w_C = 0.45\%$的碳钢组织和相的相对量。

(1) 常温下，组织为铁素体和珠光体，铁素体中 $w_C = 0.0008\%(\approx 0)$，珠光体中 $w_C = 0.77\%$，铁素体、珠光体的相对量为 Q_F、Q_P，计算如下：

$$Q_F = \frac{0.77-0.45}{0.77-0.0008} \times 100\% = 41.6\% \tag{4-10}$$

$$Q_P = \frac{0.45-0.0008}{0.77-0.0008} \times 100\% = 58.4\% \text{ 或 } Q_P = 1 - Q_F = 58.4\% \tag{4-11}$$

(2) 常温下，基本相为铁素体和渗碳体，铁素体中 $w_C = 0.0008\%(\approx 0)$，渗碳体中 $w_C = 6.69\%$，铁素体、渗碳体的相对量为 Q_F、Q_{Fe_3C}，计算如下：

$$Q_{Fe_3C} = \frac{0.45-0.0008}{6.69-0.0008} \times 100\% = 6.7\% \tag{4-12}$$

$$Q_F = \frac{6.69-0.45}{6.69-0.0008} \times 100\% = 93.3\% \text{ 或 } Q_F = 1 - Q_{Fe_3C} = 93.3\% \tag{4-13}$$

从共析转变完成至常温，所有亚共析钢($0.0218\% < w_C < 0.77\%$)的组织都是铁素体和珠光体，所有铁碳合金的基本相都是铁素体和渗碳体，故可以参照算例 1 和算例 2 中的计算式计算任何含碳量的亚共析钢的组织相对量以及任何含碳量的铁碳合金的相的相对量。

比较算例 1 和算例 2 的计算结果，可以知道亚共析钢从共析反应完成后降到常温下，组织成分和相成分的量变化都很小，可以忽略不计。

常温下，铁素体中 $w_C = 0.0008\%$，接近于 0，如果忽略不计，可从式(4-11)中简化出 $Q_P = w_C / 0.77\%$。因此，在显微分析中，可以根据珠光体和铁素体所占面积的相对量，来估算出亚共析钢的含碳量，即

$$w_C = Q_P \times 0.77\% \tag{4-14}$$

式中，Q_P 为珠光体在显微组织中所占的面积百分比。

3. 过共析钢(合金Ⅲ)

图 4-5 中的合金Ⅲ，含碳量在 0.77%～2.11%之间，称为过共析钢。同样从合金Ⅲ成分点作垂线，与各相变特征线分别交于 1、2、3、4(4′)、5 点。图 4-10 为过共析钢的冷却曲线和结晶过程示意图。

如图 4-10 所示，过共析钢在 1 点到 3 点温度间的结晶过程与共析钢相同。待合金冷却到与 ES 线相交的 3 点温度时，奥氏体中溶碳量达到饱和并开始析出 Fe_3C_{II}，Fe_3C_{II}沿着奥氏体晶界析出而呈网状分布，这种 Fe_3C_{II}又称为先析渗碳体。随着温度的下降，析出的 Fe_3C_{II}不断增加，剩余奥氏体的溶碳量沿 ES 线变化而逐渐减少。待冷却至与共析线 PSK 相交的 4 点温度时，剩余奥氏体的含碳量正好为共析成分($w_C = 0.77\%$)，在恒定的温度(727℃)下发生共析转变，直至剩余奥氏体全部转化为珠光体(P)。温度再继续下降时，合金组织基本不变，室温组织为网状 Fe_3C_{II}和珠光体。图 4-11 所示，为用 4%硝酸酒精溶液浸蚀的试样显微组织，图中黑白相间层状组织为珠光体晶粒，各晶粒间晶界非常清晰，在晶界上形成的白色网状组织 Fe_3C_{II}。

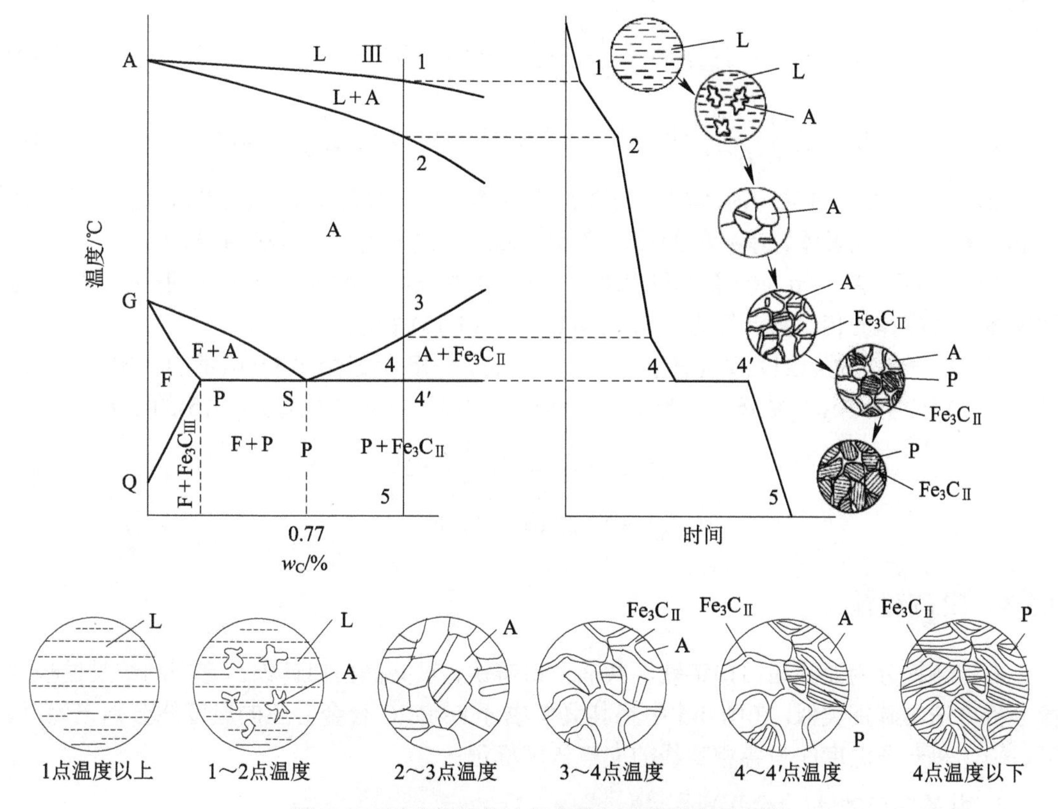

图 4-10 过共析钢的冷却曲线和结晶过程示意图

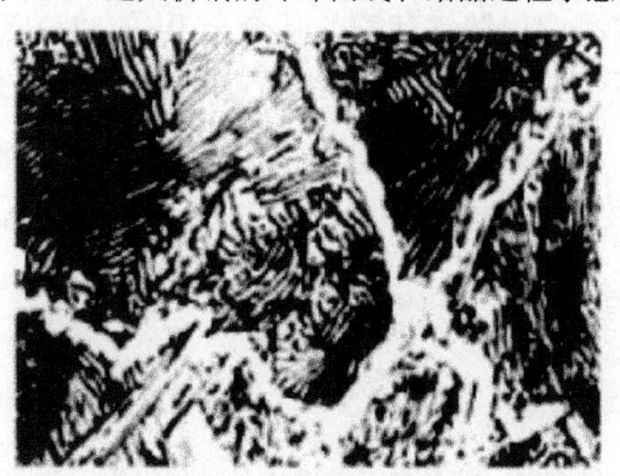

图 4-11 过共析钢显微组织

过共析钢结晶过程组织变化可以简单描述如下：

$$L\xrightarrow{\text{温度降低}}L\downarrow+A\uparrow\xrightarrow{\text{温度降低}}A\xrightarrow{\text{温度降低}}A\downarrow+Fe_3C_{II}\uparrow\xrightarrow{\text{共析转变恒温 727℃}}A+P+Fe_3C_{II}\xrightarrow{\text{温度降低}}P+Fe_3C_{II}$$

所有过共析钢的结晶过程均相似，室温组织都由珠光体和 Fe_3C_{II} 组成，由杠杆定律可知，距离共析成分越近的过共析钢，组织中珠光体的含量越多；反之 Fe_3C_{II} 的含量越多。

算例 3：以 w_C=1.0%的碳钢为例，用杠杆定律计算其组织中珠光体和 Fe_3C_{II} 的相对量，并计算基本组成相铁素体和渗碳体的相对量。

(1) 在 727℃共析转变完成至冷却到常温，组织均为珠光体和 Fe_3C_{II}，Fe_3C_{II} 中 w_C= 6.69%，珠光体中 w_C=0.77%，Fe_3C_{II}、珠光体的相对量为 $Q_{Fe_3C_{II}}$、Q_P，计算如下：

$$Q_{Fe_3C_{II}}=\frac{1.0-0.77}{6.69-0.77}\times 100\%=3.9\% \tag{4-15}$$

$$Q_P=\frac{6.69-1.0}{6.69-0.77}\times 100\%=96.1\% \quad 或 \quad Q_P=1-Q_{Fe_3C_{II}}=96.1\% \tag{4-16}$$

(2) 共析转变完成时，基本相均为铁素体和渗碳体，铁素体中 $w_C=0.0218\%$，渗碳体中 $w_C=6.69\%$，铁素体、渗碳体的相对量计算方法与式(4-8)、式(4-9)相同。

(3) 常温下，基本相为铁素体和渗碳体，铁素体中 $w_C=0.0008\%$，渗碳体中 $w_C=6.69\%$，铁素体、渗碳体的相对量计算方法与式(4-12)、式(4-13)相同。

过共析钢的常温组织为珠光体和 Fe_3C_{II}，Fe_3C_{II}的相对量随钢中含碳量的增加而增加，当 $w_C=2.11\%$时，Fe_3C_{II}数量达到最多，根据杠杆定律，将 2.11 代替式(4-15)的 1.0，可得：

$$Q_{Fe_3C_{II}}=\frac{2.11-0.77}{6.69-0.77}\times 100\%=22.6\%$$
$$Q_P=1-22.6\%=77.4\% \tag{4-17}$$

4.3.3 白口铸铁

白口铸铁分为亚共晶白口铸铁、共晶白口铸铁、过共晶白口铸铁。它们的结晶过程规律分析方法与碳钢类似，在图 4-5 中将其典型成分 Fe-Fe_3C 合金对应的温度线分别记为Ⅳ、Ⅴ、Ⅵ，每一条温度线与各相变线的交点依序标记。

1. 共晶白口铸铁(合金Ⅳ)

图 4-5 中合金 Ⅳ 为共晶白口铸铁代表，从合金 Ⅳ 的成分点作垂线，与各相变线分别交于 1、2 点。图 4-12 所示为共晶白口铸铁结晶过程组织示意图。

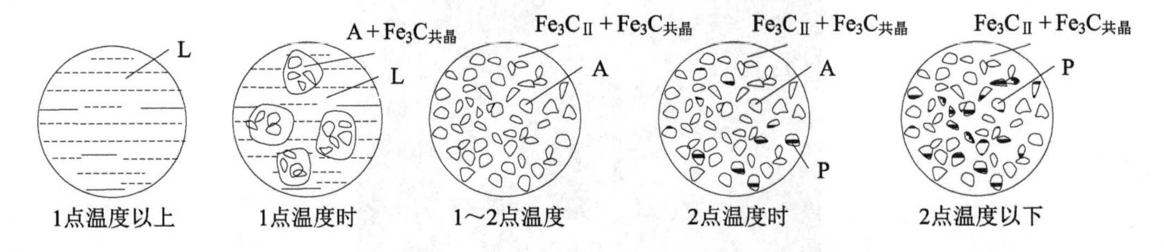

图 4-12　共晶白口铸铁结晶过程组织示意图

在图 4-5 中，当共晶白口铸铁冷却到 1 点温度(共晶点)时，将发生共晶转变，液相在 1148℃转变为奥氏体和 $Fe_3C_{共晶}$，这种混合物称为莱氏体(L_d)。随着温度的下降，奥氏体中的溶碳量沿 ES 线变化而不断降低，故从奥氏体中不断析出 Fe_3C_{II}。当温度下降到与共析线 PSK 相交的 2 点温度时，奥氏体的含碳量正好是 $w_C=0.77\%$，发生共析转变，奥氏体转变成珠光体。因此，共晶白口铸铁的显微组织是由珠光体、Fe_3C_{II}和 $Fe_3C_{共晶}$组成的，即变态莱氏体($L'_d=P+Fe_3C$)，如图 4-13 所示。图中黑色部分为珠光体(因放大倍数小看不到层片状组织)，白

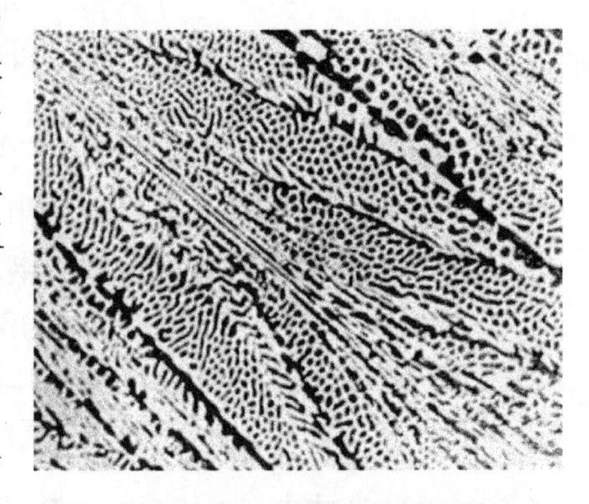

图 4-13　共晶白口铸铁显微组织(L'_d)

色基体为渗碳体(其中 Fe_3C_{II} 和 $Fe_3C_{共晶}$ 连在一起而难以分辨)。

共晶白口铸铁结晶过程组织变化可以简单描述如下：

$$L \xrightarrow{\text{共晶转变恒温 1148℃}} L + L_d(A + Fe_3C_{共晶})\uparrow \xrightarrow{\text{温度降低}} L_d(A + Fe_3C_{共晶})\downarrow + Fe_3C_{II}\uparrow \xrightarrow{\text{共析转变恒温 727℃}}$$

$$L_d(A + Fe_3C_{共晶})\downarrow + L_d'(P + Fe_3C_{共晶}) + Fe_3C_{II} \xrightarrow{\text{温度降低}} L_d'(P + Fe_3C)$$

2. 亚共晶白口铸铁(合金Ⅴ)

图 4-5 中的合金Ⅴ为亚共晶白口铸铁代表。从合金Ⅴ的成分点作垂线，与各相变线分别交于 1、2、3 点。图 4-14 为亚共晶白口铸铁结晶过程组织示意图。

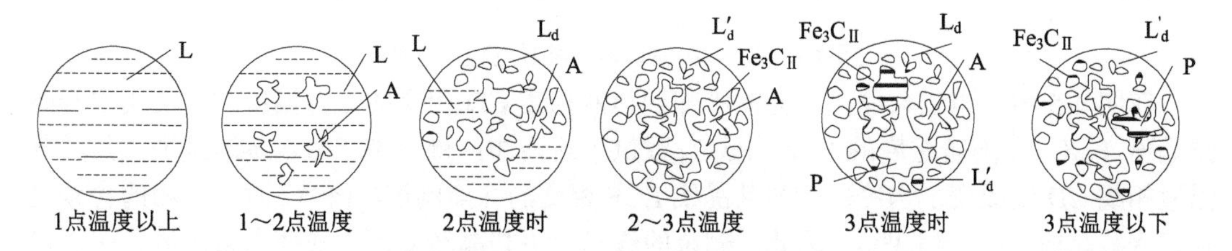

图 4-14　亚共晶白口铸铁结晶过程组织示意图

当亚共晶白口铸铁冷却到与液相线 AC 相交的 1 点温度时，液相中开始结晶出初晶奥氏体。随着温度的下降，奥氏体数量不断增加，其成分沿固相线改变，而剩余液相数量逐渐减少，其成分沿液相线 AC 改变。当冷却到与共晶线 ECF 相交的 2 点温度(1148℃)时，初晶奥氏体的 $w_C = 2.11\%$，液相正好满足共晶成分含碳量 $w_C = 4.3\%$，因此，剩余液相发生共晶转变形成莱氏体(共晶奥氏体和 $Fe_3C_{共晶}$ 的混合物)，直至全部液相转变完毕，温度才开始下降。在 2 点到 3 点温度间冷却时，初晶奥氏体与共晶奥氏体因溶碳能力的降低，均不断析出 Fe_3C_{II}。在 3 点温度(727℃)时，这两种奥氏体的含碳量正好是 $w_C = 0.77\%$，故发生共析转变而形成珠光体。故亚共晶白口铸铁的室温组织为珠光体、Fe_3C_{II} 和变态莱氏体的混合物($P + Fe_3C_{II} + L_d'$)，亚共晶白口铸铁显微组织如图 4-15 所示。图中黑色块状或树枝状分布的是由初晶奥氏体转变成的珠光体，基体是变态莱氏体。从初晶奥氏体及共晶奥氏体中析出的 Fe_3C_{II}，都与 $Fe_3C_{共晶}$ 连在一起，在显微镜下无法分辨。

图 4-15　亚共晶白口铸铁显微组织

所有亚共晶白口铸铁的结晶过程均相似。只是合金成分越接近共晶成分，室温组织中变态莱氏体数量越多；反之，由初晶奥氏体转变成珠光体的数量就越多。亚共晶白口铸铁结晶过程组织变化可以简单描述如下：

$$L \xrightarrow{\text{温度降低}} L\downarrow + A\uparrow \xrightarrow{\text{共晶转变恒温 1148℃}} L\downarrow + L_d\uparrow + A \xrightarrow{\text{温度降低}} A + Fe_3C_{II}\uparrow + L_d \xrightarrow{\text{共析转变恒温 727℃}}$$

$$A\downarrow + P\uparrow + Fe_3C_{II}\uparrow + L_d'\uparrow + L_d\downarrow \xrightarrow{\text{温度降低}} P + Fe_3C_{II} + L_d'$$

其中 L_d 为 A 和 Fe_3C 的混合物，L'_d 为 P、Fe_3C_{II} 和 $Fe_3C_{共晶}$ 的混合物。

3. 过共晶白口铸铁(合金Ⅵ)

图 4-5 中的合金Ⅵ为过共晶白口铸铁的代表。从合金Ⅵ的成分点作垂线，与各相变线分别交于 1、2、3 点。图 4-16 为过共晶白口铸铁结晶过程示意图。

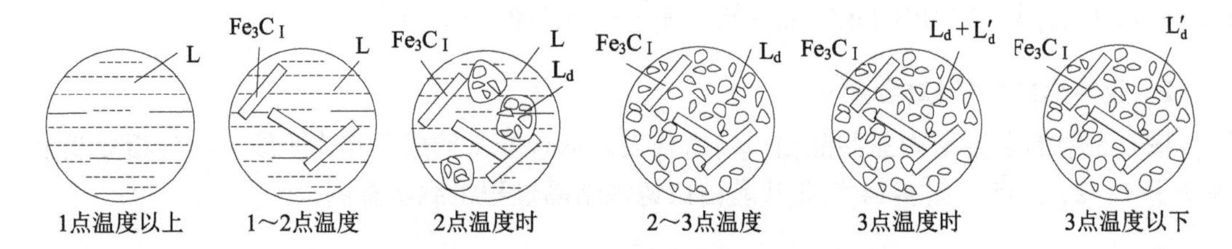

图 4-16 过共晶白口铸铁结晶过程示意图

在图 4-5 中，当过共晶白口铸铁冷却到与液相线 CD 相交的 1 点温度时，液相中开始结晶出 Fe_3C_I。随着温度的下降，Fe_3C_I 数量不断增加，剩余液相数量逐渐减少，其成分沿液相线 CD 线改变。当冷却到与共晶线 ECF 相交的 2 点温度(1148℃)时，液相的含碳量正好为共晶成分($w_C=4.3\%$)，因此，剩余的液相发生共晶转变而形成变态莱氏体。在 2 点到 3 点温度间冷却时，变态莱氏体中的奥氏体中同样要析出 Fe_3C_{II}，并在 3 点温度(727℃)时，奥氏体含碳量达到共析成分($w_C=0.77\%$)，发生共析转变而形成珠光体，即 $L_d \rightarrow L'_d$。故过共晶白口铸铁的室温组织为 Fe_3C_I 和变态莱氏体($Fe_3C_I+L'_d$)，过共晶白口铸铁显微组织如图 4-17 所示，图中亮白色板条状的为 Fe_3C_I，基体为变态莱氏体。

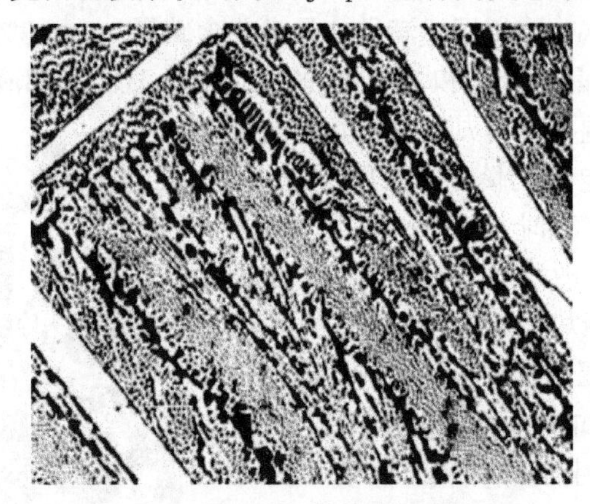

图 4-17 过共晶白口铸铁显微组织

所有过共晶白口铸铁的结晶过程均相似。合金成分越接近共晶成分，室温组织中变态莱氏体数量越多；反之，Fe_3C_I 数量就越多。过共晶白口铸铁结晶过程组织变化可以简单描述如下：

$$L \xrightarrow{\text{温度降低}} L\downarrow + Fe_3C_I\uparrow \xrightarrow{\text{共晶转变恒温 1148℃}} L\downarrow + Fe_3C_I + L_d\uparrow \xrightarrow{\text{温度降低}} Fe_3C_I + L_d \xrightarrow{\text{共析转变恒温 727℃}}$$

$$Fe_3C_I + L_d + L'_d \xrightarrow{\text{温度降低}} Fe_3C_I + L'_d$$

将各类铁碳合金在常温下的组织示意图绘制在相图中，可以得到如图 4-18 所示的以组织产物标注并嵌入显微组织示意图的 Fe-Fe_3C 相图。图 4-18 为分析各种合金的使用性能提供了基础和依据。

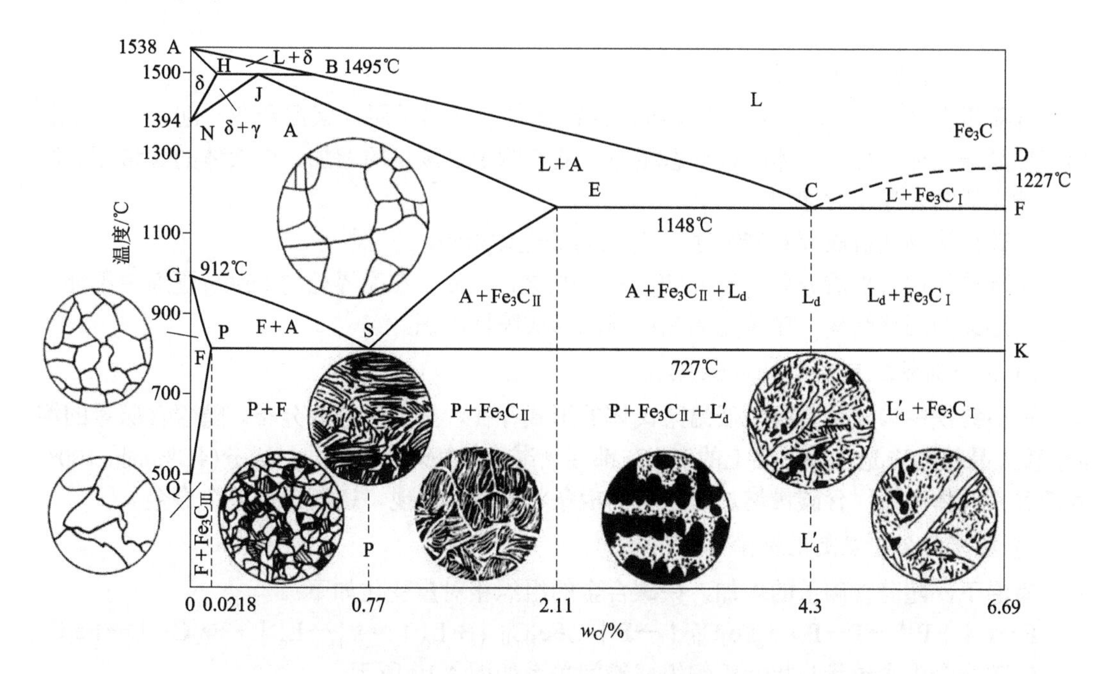

图 4-18　以组织产物标注并嵌入显微组织示意图的 Fe-Fe_3C 相图

4.4　含碳量对铁碳合金组织和性能的影响

一般来说，组织决定材料的性能。合金的性能同样取决于其化学成分与组织，其中的某些工艺性能(如铸造性能)还与合金的结晶特点相关。合金相图是合金成分、组织及其结晶规律简明直接的表达形式，必然反映着合金的使用性能、工艺性能等。掌握合金相图中成分、组织与性能间的联系规律，就可以判断不同成分合金的性能特点。同样，依据相图，可以选用和配制合金，制定机械加工和热处理工艺，从而生产出满足使用性能要求的机器零件。

4.4.1　含碳量与平衡组织及力学性能的关系

利用铁碳合金相图，可以发现和总结铁碳合金在室温下的组织变化规律，从而探讨材料力学性能的变化规律，为选材用材提供依据。

1. 含碳量对平衡组织的影响规律

图 4-2 是相组分标注的 Fe-Fe_3C 相图。室温下，铁碳合金均由铁素体和渗碳体两相组成，铁素体是塑韧相，而渗碳体是硬脆相。随着含碳量的增加，铁素体的含量相对减少，渗碳体的含量相对增多。

图 4-18 是标注了组织组分并嵌入了显微组织示意图的 Fe-Fe_3C 相图。可以看出，随

着含碳量的变化，显微组织结构发生了很大的改变。这是因为不同成分合金结晶条件不同，形成的渗碳体形状和分布形式多样，并与铁素体形成多种混合形态，因而形成不同的组织。

1) 钢($0.0218\% < w_C < 2.11\%$)

含碳量在 0.0218%～0.77%之间时，渗碳体与铁素体呈层片状混合在一起，形成多边形等轴晶珠光体，和铁素体晶粒形态相似。随着钢中含碳量的增加，铁素体的含量相对减少，珠光体的含量相对增加。

含碳量达到共析成分 0.77%时，100%为珠光体组织。

含碳量超过共析成分后，在 0.77%～2.11%之间，分布在晶界处的 Fe_3C_{II}逐渐由不连续到形成连续的网状结构，在珠光体晶粒周围形成脆性组织。

2) 白口铸铁($2.11\% < w_C < 6.69\%$)

白口铸铁中渗碳体主要以低温莱氏体的形式存在，呈均匀分散分布。随着含碳量的增加，较大晶粒的珠光体和晶界上的 Fe_3C_{II}都逐渐减少；含碳量达到共晶成分(4.3%)时，100%为低温莱氏体组织；含碳量增加，粗大的板条状 Fe_3C_I 出现，逐渐占据整个合金。

3) 铁碳合金室温变化规律

室温下，随着含碳量的增加，铁碳合金的组织相对量变化如下：

$$F \rightarrow F\downarrow + P\uparrow \rightarrow P \rightarrow P\downarrow + Fe_3C_{II}\uparrow \rightarrow P\downarrow + Fe_3C_{II}\downarrow + L'_d\uparrow \rightarrow L'_d \rightarrow L'_d\downarrow + Fe_3C_I\uparrow \rightarrow Fe_3C$$

铁碳合金中含碳量与相及组织组成物间关系如图 4-19 所示。

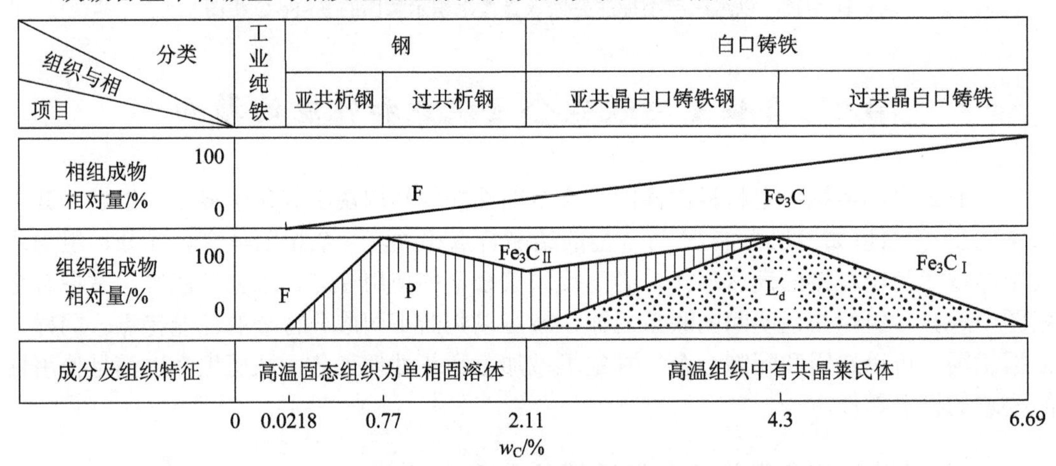

图 4-19　铁碳合金中含碳量与相及组织组成物间的关系

2. 含碳量对力学性能的影响

在铁碳合金中，含碳量不同，材料的力学性能变化较大。铁碳合金的力学性能不仅受到基本相的影响，还与组织的组成、形态、分布有关。

如前所述，铁素体强度、硬度低，塑性好；渗碳体硬度高、脆性大，是一种强化相。由图 4-19 可知，随着含碳量的增加，铁素体相对含量减少，渗碳体的含量增加，所以含碳量低的钢塑性和韧性好，含碳量高的钢硬度高、耐磨性好；当渗碳体与铁素体构成层状珠光体时，可提高合金的强度和硬度，故合金中珠光体的含量越多，其强度、硬度越高，而塑性、韧性却相应降低；当含碳量为 0.77%时，组织 100%为珠光体，材料性能即是珠光体的性能，常温下综合机械性能优良。

在过共析钢中，渗碳体明显地以网状分布在晶界上(见图 4-11)；在白口铸铁中，渗碳体更是作为基体或以粗大条片状分布在莱氏体基体上(见图 4-13、图 4-15、图 4-17)。这样的形态和分布形式将使合金的塑性和韧性大大下降，以致合金强度也随之降低，这是导致高碳钢和白口铸铁脆性高的主要原因。图 4-20 所示为含碳量对碳钢力学性能的影响。

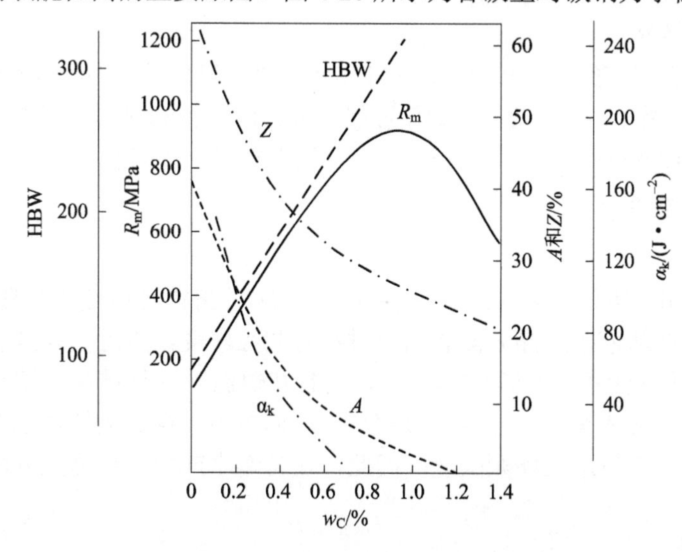

图 4-20　含碳量对碳钢力学性能的影响

由图 4-20 可见，随着含碳量的增加，铁碳合金的硬度提高，而塑性、韧性下降。这是因为含碳量增加，铁素体比例不断减少，渗碳体含量不断增加(如图 4-19 所示相组成物相对量部分)；铁素体塑性和韧性好，而渗碳体硬度高、耐磨性好，增多的渗碳体含量导致铁碳合金的硬度提高。

当钢中 $w_C < 0.9\%$时，随着钢中含碳量的增加，钢的强度、硬度呈直线上升；当钢中 $w_C > 0.9\%$时，钢的强度急剧下降。这是因为过共析钢的结晶过程中二次渗碳体在奥氏体晶界上形成了连续的网状结构(见图 4-11)，在珠光体晶粒周围形成脆性组织，极大地破坏了珠光体晶粒之间的连续性，尽管钢的硬度继续提高，但强度却明显下降。为了保证工业上使用的钢具有足够的强度，并具有一定的塑性和韧性，钢中碳的含量一般都不超过 1.4%。

$w_C > 2.11\%$的白口铸铁，由于组织中存在大量的以渗碳体为基体的变态莱氏体，其性能特别硬脆，难以切削加工，因此在一般机械制造工业中很少使用白口铸铁制造零件。

4.4.2　铁碳合金相图的应用

含碳量影响着铁碳合金的力学性能、工艺性能等，为材料的选用及合理设计工艺路线提供了重要依据。

1. 在选材方面的应用

Fe-Fe_3C 相图描述了平衡组织随碳的质量分数的变化规律，结合图 4-19、图 4-20 所示的成分、组织与性能之间的关系，为根据零(构)件使用要求合理选用钢铁材料提供了依据。

例如：要求塑性、韧性好的紧固件、建筑结构和容器用钢，应选用含碳量低的钢(w_C = 0.1%～0.25%)，因为含碳量低的钢以铁素体为主，铁素体塑性、韧性好；承受冲击载荷，并要求较高强度、良好塑性和韧性的机械零件，如轴类、轮盘类，应选用含碳量为 0.25%～0.6%的钢，这类含碳量中等的钢，珠光体占比例大，综合力学性能良好；要求硬度高、耐磨性好的各种工具，应选用含碳量为 0.6%～1.3%的钢，这类含碳量高的钢渗碳体多，所以硬度高、耐磨性好。

白口铸铁具有很高的硬度和脆性，工业用途很少。但由于其渗碳体含量多，有很高的抗磨损性能，并且易于铸造成型，在制作形状复杂、不受冲击、要求耐磨的铸件(如冷轧辊、拉丝模、犁铧和球磨机的研磨体、衬板等)时，优先选用白口铸铁。

2. 铸造用铁碳合金

1) 铸铁

由 Fe-Fe_3C 相图可知，共晶成分(w_C = 4.3%左右)的铸铁是铸造性能良好的铁碳合金。这是因为白口铸铁从液态结晶为固态组织时都有共晶转变，接近共晶成分的合金不仅液相线与固相线的距离小(或相交为共晶点)，而且在恒温下进行结晶，熔点最低，故流动性好，在结晶时易形成集中缩孔，分散缩孔少、偏析小，得到的铸件致密性好。偏离共晶成分多的铸铁，其铸造性能则变差。因此，在铸造生产中，共晶成分附近的铸铁得到了广泛的应用。

2) 铸造用钢

由图 4-5 所示及钢的结晶过程分析可知，钢降温的过程中首先从液相中结晶形成固溶体奥氏体，在一定的温度范围内，形成液固共存区。随着含碳量的增加，液相线 AC 与固相线 AE 的水平距离和垂直距离逐渐增加。水平距离越大，奥氏体晶粒和周围液相中含碳量的差异越大，结晶后的组织成分偏析就越严重；垂直距离越大，结晶过程中液、固两相共存的时间越长，形成树枝状晶体的倾向就越大，先长大的树枝状晶体阻碍液体在铸型内的流动，致使合金的流动性变差。由于枝晶相互交错所形成的许多封闭微区不易得到外界液体的补充，易于产生分散缩孔，使铸件组织疏松，性能变坏。因此，钢的铸造性能取决于相图中液相线与固相线的水平距离和垂直距离，距离越大，合金的铸造性能越差。

因此，铸造用钢宜选用含碳量低的碳钢。低碳钢的液相线与固相线间距离较小(结晶温度区间较小)，流动性好，也不宜产生晶内偏析。

常用铸钢的含碳量规定在 0.15%～0.6%，在此范围的钢，其结晶温度范围较小，铸造性能较好。根据 Fe-Fe_3C 相图可确定合金的浇注温度，浇注温度一般在液相线以上 50℃～100℃。

铸钢和铸铁相比，流动性差，而且在结晶过程中收缩率较大。为改善铸钢的流动性，需采用较高的浇注温度。为防止铸钢件在结晶时收缩而开裂，除加大浇注冒口外，还应严格限制铸钢成分。通常，选用含碳量低且硫(S)、磷(P)杂质少的钢。铸钢件常采用正火或退火处理，以消除上述组织缺陷，改善性能，并消除铸造应力。其主要用于性能要求较高、形状复杂、无法锻造成型的零件。

3. 可锻性和焊接性

1) 钢的锻造和热轧

金属的可锻性是指金属在压力加工时，能改变形状而不产生裂纹的性能。

碳钢在室温时是由铁素体和渗碳体组成的复相组织，渗碳体使其塑性较差，变形困难。但将碳钢加热到高温，可获得塑性良好的单相奥氏体组织，易于进行热变形加工，所以碳钢可以进行锻压成型。含碳量越低，其锻造性能越好，因此，钢的锻造和热轧一般都选择在形成单相奥氏体的区域。

钢的锻造和热轧的开始温度常选择在固相线以下100℃～200℃内，不能过高，以免钢材氧化严重或出现过烧(奥氏体晶界溶化，称为过烧)。而锻轧的终锻温度不能过高，否则锻轧后再结晶可引起奥氏体的晶粒粗大，使钢材性能变坏；也不能过低，以免钢材塑性差而导致冲击开裂。一般亚共析钢终锻温度控制在稍高于GS(A_3)线，而过共析钢终锻温度控制在稍高于共析线(A_1)线。实际生产中，多数碳钢的始锻和始轧温度常选在1150℃～1250℃，终锻和终轧温度范围为750℃～850℃。

而白口铸铁无论是在低温还是高温，组织中均有大量硬而脆的渗碳体，故不能进行热变形(锻造)加工。

2) 钢的焊接

铁碳合金的焊接性与含碳量有关，含碳量越高，铁碳合金的焊接性越差。这是因为随着含碳量的增加，组织中渗碳体的含量增加，钢的脆性增加，塑性下降，导致钢的冷裂倾向增大，焊接性下降。故焊接用钢主要是低碳钢和低碳合金钢。

金属的焊接性是以焊接接头的可靠性和出现焊缝裂纹倾向性为其技术判断指标的。对焊缝来说，由于焊缝到母材在焊接过程中的温度条件不同，因而整个焊缝区会出现不同的组织，引起性能的不均匀。可以根据相图来分析碳钢的焊缝组织，并用不同的热处理方法来减轻或消除不均匀现象和焊接应力。

铸铁的焊接性差，故焊接主要用于铸铁件的修复和焊补。

4. 铁碳合金的机械加工

金属的可加工性是指其切削加工成工件的难易程度。一般用切削抗力大小、加工后工件的表面粗糙度、加工时断屑与排屑的难易程度及对刃具磨损程度来衡量可加工性。

钢中含碳量不同时，其可加工性亦不同。低碳钢($w_C \leqslant 0.25\%$)中有大量铁素体，硬度低、塑性好，因而切削时产生切削热较大，容易黏刀，而且不易断屑和排屑，使工件表面粗糙度增加，故可加工性较差。高碳钢($w_C > 0.60\%$)中渗碳体较多，当渗碳体呈层状或网状分布时，刃具易磨损，可加工性也差。中碳钢($w_C = 0.25\% \sim 0.60\%$)中铁素体与渗碳体的比例适当，硬度和塑性比较适中，可加工性较好。

钢的硬度一般在160～230HBW时，可加工性最好。碳钢可通过热处理来改变渗碳体的形态与分布，从而改善其可加工性，如对过共析钢的球化退火。

5. 铁碳合金的热处理

由于铁碳合金在加热或冷却过程中都有相的变化，故钢和铸铁可通过不同的热处理(如退火、正火、淬火、回火及化学热处理等)来改善性能。根据Fe-Fe_3C相图可确定各种热处理的加热温度，具体内容将在第五章中介绍。

6. Fe-Fe_3C 相图的局限性

在使用Fe-Fe_3C相图时，应注意以下几个问题：

(1) $Fe\text{-}Fe_3C$ 相图反映的是在极缓慢加热或冷却的平衡条件下，铁碳合金的相状态，而实际生产中的加热或冷却速度较快，此时，就不能用 $Fe\text{-}Fe_3C$ 相图直接分析问题。

(2) $Fe\text{-}Fe_3C$ 相图只能给出平衡条件下的相、相的成分和各相的相对量，不能给出相的形状、大小和分布。

(3) $Fe\text{-}Fe_3C$ 相图只反映铁碳二元合金中相的平衡状态，而实际生产中使用的钢和铸铁，除了铁和碳以外，往往含有或有意加入了其他元素，当其他元素的含量较高时，相图也将发生变化。

习题与思考题

本章小结

4-1　解释下列名词：

同素异晶转变　铁素体　奥氏体　渗碳体　珠光体　莱氏体　共晶反应　共析反应

4-2　简述 $Fe\text{-}Fe_3C$ 相图中的三个基本反应：包晶反应、共晶反应及共析反应。写出反应式，注明含碳量和温度。

4-3　画出 $Fe\text{-}Fe_3C$ 相图，并进行以下分析：

(1) 标注出相图中各区域的组织组成物和相组成物。

(2) 绘制常温下七个相区的显微组织示意图。

(3) 分别分析 45($w_C \approx 0.45\%$，亚共析钢)、T8($w_C \approx 0.8\%$，共析钢)、T12($w_C \approx 1.2\%$，过共析钢)的结晶过程。计算共析反应完成后及室温下各种钢的组织组成物与相组成物的相对量。

4-4　现有两种铁碳合金(退火状态)：其中一种合金的显微组织为珠光体占 80%，铁素体占 20%；另一种合金的显微组织为珠光体占 94%，二次渗碳体占 6%。问这两种合金各属于哪一类合金？其含碳量各为多少？

4-5　亚共析钢、共析钢和过共析钢的常温组织有何特点和异同点？

4-6　随着钢中含碳量的增加，钢的力学性能如何变化？为什么？

4-7　同样形状和大小的三块铁碳合金，其成分分别为 $w_C = 0.25\%$、$w_C = 0.65\%$、$w_C = 4.0\%$，用什么方法可迅速将它们区分开来？

4-8　根据 $Fe\text{-}Fe_3C$ 相图解释下列现象：

(1) 在进行热轧和锻造时，通常将钢材加热到 1000℃～1250℃。

(2) 钢铆钉一般用低碳钢制作。

(3) 在 1100℃时，$w_C = 0.4\%$的钢能进行锻造，而 $w_C = 4.0\%$的铸铁不能锻造。

(4) 室温下 $w_C = 0.9\%$的碳钢比 $w_C = 1.2\%$的碳钢强度高。

(5) 钳工锯削 70 钢、T10 钢、T12 钢比锯 20 钢、30 钢费力，锯条易磨钝。

(6) 绑扎物件一般用铁丝(镀锌低碳钢丝)，而起重机吊重物时却用钢丝绳(60 钢、65 钢、70 钢等制成)。

(7) 铸造用钢一般不选含碳量高的钢，而铸铁件含碳量却在 4.3%左右。

第五章 钢的热处理

钢的性能取决于其化学成分、结构和组织，调整钢的化学成分和对钢实施热处理都能改善钢的性能。钢的热处理是通过各种特定的加热和冷却方法，使钢件获得工程上所需性能的各种工艺过程的总称。

从古至今，钢的热处理在金属加工工艺中一直占据着重要地位。从锋利无比的宝剑到厨房的菜刀，都离不开热处理工艺的贡献。在我国河北省易县燕下都出土的剑和戟的显微组织中发现了马氏体存在，证明了早在公元前6世纪，为提高钢铁兵器的硬度，淬火工艺就被广泛应用；三国蜀人蒲元在今陕西斜谷为诸葛亮打造3000把刀，相传专门派人从成都取水淬火，说明淬火介质对质量的影响已经受到重视；从西汉中山靖王墓中出土的宝剑，心部含碳量为0.15%～0.4%，而表面含碳量却达到0.6%以上，说明古代工匠已经开始使用渗碳工艺。随着近代显微技术的发展，对钢铁材料中的各种金相组织的观察分析，证明了钢在加热和冷却时内部组织会发生变化；同素异构理论的确立以及铁碳相图的制定，为现代热处理工艺奠定了基础。

如今的机械制造中，钢的热处理更是应用广泛。例如，在机床制造中，约有65%的零件需要经过热处理；在汽车、拖拉机上，约有80%的零件都必须经过热处理；各种刀具、模具和滚动轴承等几乎100%都必须经过热处理；当前大量的工业机器人专用零部件，高可靠性的要求促使其必须经过全面的热处理；各种加工工件表面的硬化和内应力，也可以通过热处理来进行消除。

本章主要讨论在不改变化学成分的条件下，用热处理的方法改变钢的结构和组织，改善制造工艺性能，满足工程上对钢的各种使用性能要求。

项目设计

(1) 齿轮和轴为减速器等各种设备传动部位的主要零件，在其制造过程中必须经过相应的热处理，才能满足使用性能要求。请思考在制造齿轮或轴的工艺过程中用到的热处理基本方法，并结合铁碳合金相图和C曲线说明理论依据。

(2) 棠溪宝剑位居九大名剑之首，具“强、韧、硬、弹”四大特点，硬可斩钉截铁，韧可弯曲不断裂变形，光鉴寒霜，灵气逼人。当前复制工艺承袭了古代手工千锤百炼的传统工艺，极大地发挥了热处理的优势。请观看《棠溪宝剑》制作工艺系列短片，分析热处理工艺的作用。

学习成果达成要求

(1) 理解热处理是改善和提高工程材料使用性能和加工性能的重要途径，掌握热处理工艺的强韧化规律和使用范围。

(2) 掌握钢在加热和冷却过程中的转变规律，熟悉转变产物的类型、组织和性能，创造性地运用热处理工艺，发挥材料的性能潜力。

(3) 能够与机械制造工艺相结合，为典型零件、工具、夹具等产品制定合理的热处理工艺。

(4) 理解普通热处理、表面热处理以及特种热处理工艺之间的相互关系和应用特点，了解热处理新技术发展的领域及趋势，促进新技术的应用和发展。

5.1　钢的热处理概述

热处理是将固态金属或合金在一定的介质中通过加热、保温和冷却的方式来改变其整体或表面组织，获得所需要性能的一种工艺。热处理是改善和提高金属材料使用性能和加工性能的主要途径。

热处理工艺有三个基本阶段：加热、保温和冷却。可用温度、时间为坐标的热处理工艺曲线来表示，如图 5-1 所示。这三个阶段决定了材料热处理后的组织和性能。加热阶段是在固相线以下进行的，一般有相变发生，加热温度影响着相变组织构成、晶粒尺寸等；保温阶段是材料受热和组织均匀化的过程，目的是保证工件烧透，防止脱碳、氧化等，保温时间和介质的选择与工件的形状、尺寸、材质及热处理设备的工况有直接关系；冷却阶段主要是冷却方式的选择，决定热处理后的组织，是改善材料性能的决定环节。可见，加热温度和冷却速度是直接影响热处理结果的重要因素。

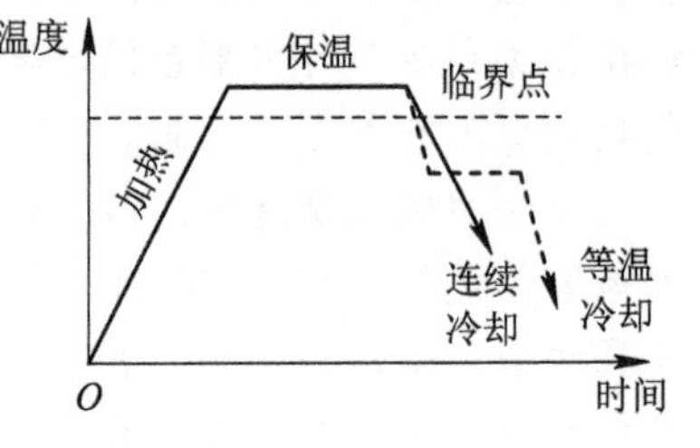

图 5-1　热处理工艺曲线示意图

如图 5-1 所示，临界点通常是相变发生的温度点。冷却通常有连续冷却和等温冷却两种。

热处理的工艺方法很多，根据其加热和冷却方法及获得组织和性能的变化特点，大致可以分为三类：整体热处理、表面热处理、其他新型热处理，如表 5-1 所示。

表 5-1　热处理的工艺方法的分类

<table>
<tr><th colspan="2">热处理的工艺类型</th><th>特　征</th><th>工业应用</th></tr>
<tr><td colspan="2">整体热处理</td><td>对工件整体进行穿透加热的热处理，改变整个工件的组织和性能</td><td>退火、正火、淬火、回火等</td></tr>
<tr><td rowspan="2">表面热处理</td><td>表面淬火</td><td>对工件表层进行加热的热处理，改变表层组织和性能</td><td>感应淬火、火焰淬火等</td></tr>
<tr><td>化学热处理</td><td>改变工件表层化学成分、组织和性能的热处理</td><td>渗碳、渗氮和氮碳共渗等</td></tr>
<tr><td colspan="2">其他新型热处理</td><td colspan="2">可控气氛热处理、真空热处理、形变热处理等</td></tr>
</table>

按照热处理工艺在零件生产过程中的顺序和作用的不同，还可分为预备热处理和最终热处理。预备热处理是零件加工过程中的一道工序，其目的是改善锻、铸毛坯件的组织，消除应力，为后续机械加工或进一步热处理做准备。最终热处理是零件加工的最终热处理工序，其目的是使成型后的机械零件达到所需要的使用性能。

根据钢的热处理定义，钢的热处理过程涉及 $Fe-Fe_3C$ 相图图(4-5)中三条特征相变线：ES 线，又称 A_{cm} 线，即碳在奥氏体中的固溶线；GS 线，又称 A_3 线，即冷却时由奥氏体转变成铁素体的开始线，或加热时铁素体转变成奥氏体的终了线；PSK 线，又称 A_1 线、共析线。

图 5-2 所示就是 $Fe-Fe_3C$ 相图中与钢的热处理相关的三条特征相变线，是钢在加热和冷却时的相变温度线。由于 $Fe-Fe_3C$ 相图是平衡状态图，A_{cm}、A_3、A_1 线上的点都是平衡条件下的相变点。在实际生产中，加热和冷却时的组织转变温度与平衡状态的相变线是有一定偏离的。进行热处理时，钢在实际加热时的相变临界温度分别用 A_{ccm}、A_{c3}、A_{c1} 表示，它们与平衡转变温度 A_{cm}、A_3、A_1 之间的差值称为过热度；冷却时的相变临界温度则分别用 A_{rcm}、A_{r3}、A_{r1} 表示，它们与平衡转变温度 A_{cm}、A_3、A_1 之间的差值称为过冷度。

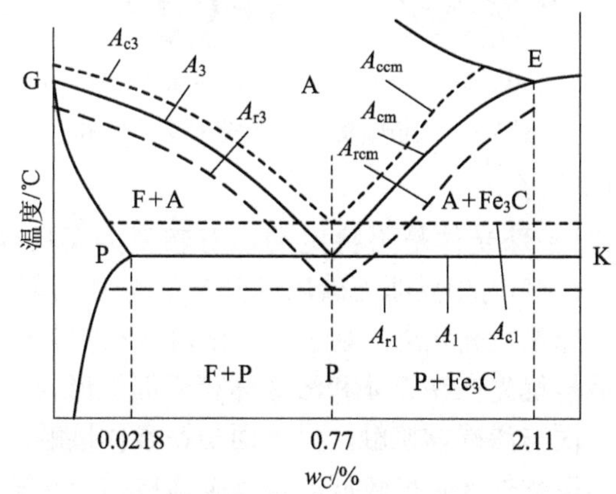

图 5-2 钢的相变点在 $Fe-Fe_3C$ 相图上的位置

需要指出的是，这些相变温度并非固定不变，它们受钢的化学成分、加热(冷却)速度等因素的影响。

5.2 钢在加热时的转变

根据图 5-1 所示的热处理工艺曲线，加热到临界点以上是热处理的第一道工序。如图 5-2 所示，可以将钢加热到不超过 A_1 线温度，此时不发生相变；但是钢加热到 A_{c1}、A_{c3} 或 A_{cm} 以上温度时，将发生珠光体向奥氏体的转变，发生相变的目的都是为了得到全部或部分均匀的奥氏体组织，该过程称为钢的奥氏体化。此时形成奥氏体的质量，对冷却转变过程、组织及性能都有极大影响。

5.2.1 奥氏体的形成过程

钢的奥氏体化过程也是一个形核和长大的过程。

1. 共析钢的加热转变

以共析钢为例，其室温组织为珠光体，它是由铁素体和渗碳体组成的机械混合物，两相间排列呈层片状组织；根据 $Fe-Fe_3C$ 相图，当其被加热到 A_{c1} 以上温度时，将转变为奥氏体。转变反应式为 $\alpha + Fe_3C \rightarrow \gamma$ 或 $F + Fe_3C \rightarrow A$。

珠光体组织中的铁素体具有体心立方晶格，渗碳体具有复杂斜方晶格；当加热到 A_{c1}

以上温度时，珠光体转变为具有面心立方晶格的奥氏体。显然，珠光体向奥氏体的转变过程是一个 Fe 晶格改组和 Fe、C 原子的扩散过程。

如图 5-3 所示，共析钢的奥氏体形成过程由几个基本阶段组成：奥氏体的形核、奥氏体晶核的长大、残余渗碳体的溶解以及奥氏体成分的均匀化。由于奥氏体的形核和晶核长大是不可分割的过程，也可以把奥氏体形成过程分为三个阶段。

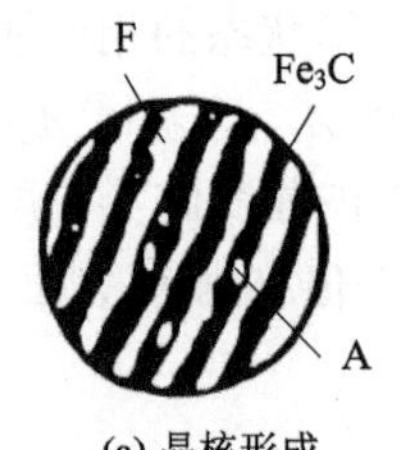

A　残余 Fe_3C

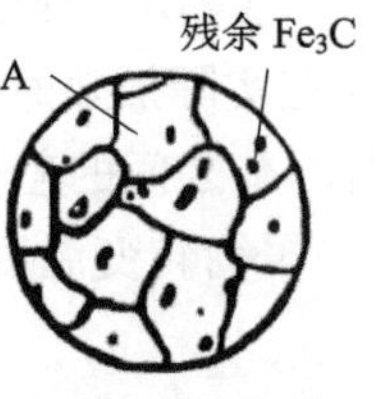

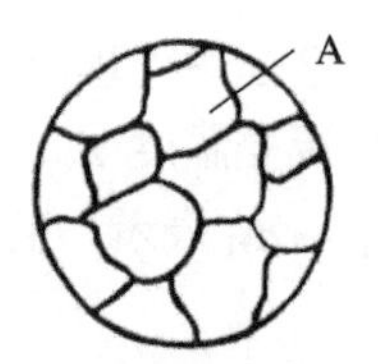

(a) 晶核形成　(b) 晶核长大　(c) 残余渗碳体溶解　(d) 奥氏体成分的均匀

图 5-3　共析钢奥氏体形成过程示意图

1) 奥氏体的形核和晶核长大

钢在临界温度以上时，珠光体是不稳定的，有转变为奥氏体的倾向。铁素体(w_C = 0.0218%)和渗碳体(w_C = 6.69%)的相界面上碳浓度分布不均匀，原子排列不规则，位错、空位密度也较高；原子处于能量较高状态，易于产生浓度和结构起伏区，也容易满足形核能量的要求，因此奥氏体晶核优先在铁素体和渗碳体相界面上形成，如图 5-3(a)所示。

形成的奥氏体晶核一面与渗碳体接触，另一面与铁素体接触。显然，奥氏体中的含碳量是不均匀的，与铁素体接触处含碳量较低，与渗碳体接触处含碳量较高，因此在奥氏体中出现了碳浓度梯度，引起碳在奥氏体中不断由高浓度一侧向低浓度一侧扩散。这种奥氏体中碳扩散的结果，破坏了碳浓度的平衡，造成奥氏体与铁素体接触处碳浓度的升高和奥氏体与渗碳体接触处碳浓度的降低。为了恢复碳浓度的平衡，势必促使铁素体的体心立方晶格改组为奥氏体的面心立方晶格，加剧渗碳体的溶解。这种碳浓度平衡的破坏与恢复的反复循环过程，使得奥氏体不断向铁素体与渗碳体中延伸长大，直至铁素体全部转变为奥氏体为止，如图 5-3(b)所示。

2) 残余渗碳体的溶解

奥氏体与渗碳体的晶格结构和含碳量的差别远大于同体积的铁素体，所以铁素体向奥氏体的转变速度要比渗碳体的溶解速度快。在奥氏体形成过程中，铁素体完全转变后，尚会有少量未溶解的“残余渗碳体”，如图 5-3(c)所示。这些残余渗碳体将随着时间的延长，继续不断地溶入奥氏体，直至全部消失。

3) 奥氏体成分的均匀化

当残余渗碳体全部溶解时，奥氏体中的碳浓度仍然是不均匀的，原渗碳体处含碳量较高，而原铁素体处较低。只有继续延长保温时间，以使 C 原子充分扩散，才能获得奥氏体成分的均匀化，如图 5-3(d)所示。

层片状铁素体和渗碳体的相界面面积很大(2000～10 000 mm^2/mm^3)，形核部位多，形核率很高，因此当奥氏体化温度不高但保温时间足够长时，可以获得细小而均匀的奥氏体晶粒。

上述分析表明，要使珠光体转变为奥氏体并使奥氏体成分均匀，必须有两个必要而充分的条件：一是温度条件，要在 A_{c1} 以上温度加热；二是时间条件，要求保持在 A_{c1} 以上温度足够时间。在一定加热速度下，超过 A_{c1} 的温度越高，奥氏体的形成和均匀化时间越短；在一定的温度(高于 A_{c1})条件下，保温时间越长，奥氏体成分越均匀。

2. 亚(过)共析钢的加热转变

亚共析钢和过共析钢的奥氏体化过程与共析钢基本相同，但因存在先析铁素体或二次渗碳体，所以必须加热到 A_{c1} 或 A_{ccm} 以上的温度才能获得全部奥氏体组织。

对于亚共析钢，加热温度如果在 A_{c1}～A_{c3} 之间，无论加热时间多长，组织仍为铁素体和奥氏体共存；对于过共析钢，加热温度如果在 A_{c1}～A_{ccm} 之间，无论加热时间多长，组织仍为二次渗碳体和奥氏体共存；冷却过程也仅是奥氏体向其他组织的转变，其中的铁素体和二次渗碳体在冷却中不会发生转变，仍然保持加热过程中形成的晶体状态。

对于亚共析钢，加热温度如果在 A_{c1}～A_{c3} 之间，由于铁素体的存在会导致冷却后的组织出现“软点”。所以通常加热温度超过 A_{c3}，使其全部奥氏体化。

对于过共析钢，如果加热温度超过 A_{ccm}，则全部得到奥氏体组织，但因为含碳量高，奥氏体晶粒明显粗大。通常加热温度高于 A_{c1} 即可，未奥氏体化的渗碳体颗粒恰好起到强化作用。

5.2.2 影响奥氏体转变和晶粒大小的因素

钢的奥氏体化是为冷却转变做组织准备的，奥氏体的晶粒大小及均匀性等直接影响着冷却组织的性能。奥氏体的转变过程受到加热温度、加热速度、钢的成分以及原始组织等诸多因素的影响，采取适当的控制措施，获得希望的奥氏体晶粒大小，是保证热处理工艺成功的重要环节。

1. 影响奥氏体形成速度的因素

奥氏体形成速度与加热温度、加热速度、钢的成分(包括含碳量、合金元素等)以及原始组织等有关。

1) 加热温度

加热温度越高，Fe、C 原子扩散速度就越快，且铁的晶格改组也越快，奥氏体形成速度也就越快。图 5-4 所示是温度、加热时间和奥氏体转变速度之间的关系曲线。

2) 加热速度

如图 5-4 所示，加热速度越快($v_2 > v_1$)，奥氏体转变开始温度就越高($T_2 > T_1$)，转变终了温度也越高($T_2' > T_1'$)，完成转变所需的时间就越短($t_2 < t_1$)，即奥氏体转变速度越快。

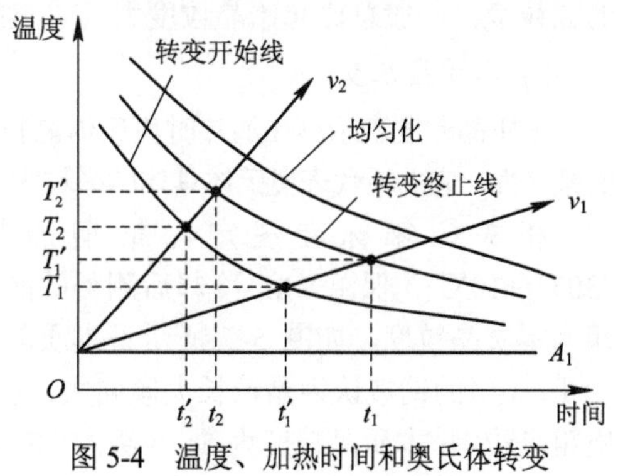

图 5-4 温度、加热时间和奥氏体转变速度之间的关系曲线

3) 含碳量的影响

钢中含碳量越多，渗碳体的含量就增多，铁素体和渗碳体相的界面总量增多，形核量也增多，有利于奥氏体的形成。

4) 合金元素的影响

在钢中加入合金元素并不改变奥氏体形成的基本过程，但是合金钢的奥氏体均匀化不但包括碳，还有合金元素的均匀化，因此合金元素显著影响奥氏体的形成速度。

Co(钴)、Ni(镍)等元素加快了碳在奥氏体中的扩散速度，因而加快了奥氏体化的过程；Cr(铬)、Mo(钼)、V(钒)等元素对碳的亲和力较大，容易与碳形成难熔碳化物，显著降低碳的扩散能力，可以减慢奥氏体化过程；Si(硅)、Al(铝)、Mn(锰)等元素对碳的扩散速度影响不大，不影响奥氏体化过程。

合金元素的扩散要比碳的扩散困难得多，因此要获得均匀的奥氏体，合金钢的加热和保温时间要比碳钢更长。

5) *原始组织*

若钢的成分相同，则其原始组织越细，相的界面越多，奥氏体的形成速度就越快。例如，相同成分的钢，由于细片状珠光体比粗片状珠光体的相界面面积大，故细片状珠光体的奥氏体形成速度快；粒状珠光体界面少，故层片状珠光体形成奥氏体的速度快于粒状珠光体。

2. 奥氏体的晶粒度

奥氏体晶粒的大小将直接影响钢冷却后的组织和性能。若奥氏体晶粒细小，退火后得到的组织也细小，则钢的强度高，塑性和韧性也好；奥氏体晶粒细小，淬火后得到的马氏体也细小，韧性也能得到改善。反之，若奥氏体晶粒粗大，则冷却后的组织也粗大，使钢的力学性能尤其是冲击韧性变差，即发生所谓的“过热”现象。

晶粒度是表示奥氏体晶粒大小的一种指标。根据奥氏体形成过程和晶粒长大的情况，奥氏体晶粒度有三种不同的概念。

1) *起始晶粒度*

起始晶粒度指珠光体刚刚全部转变为奥氏体时晶粒的大小。此时，奥氏体晶粒边界刚刚相互接触。起始晶粒度的大小取决于形核率和长大速度，通常总是比较细小、均匀的，但难以测定。

2) *实际晶粒度*

实际晶粒度指钢在某一具体加热条件下或热加工条件(如给定温度和保温时间)下奥氏体的晶粒度，它取决于本质晶粒度和实际热处理条件。实际晶粒度就是冷却开始时奥氏体的晶粒度，一般总比起始晶粒度大。它直接影响钢的力学性能。

3) *本质晶粒度*

本质晶粒度表示钢在加热时奥氏体晶粒长大的倾向性，它并不代表奥氏体具体的晶粒大小。

相关国家标准规定，把钢加热到930℃(±10℃)，保温8 h，冷却后测得的晶粒度即为本质晶粒度，如图5-5所示。本质晶粒度为1～4级的钢被认为晶粒长大倾向大，称为本质粗晶粒钢；本质晶粒度为5～8级的钢被认为晶粒长大倾向小，称为本质细晶粒钢。

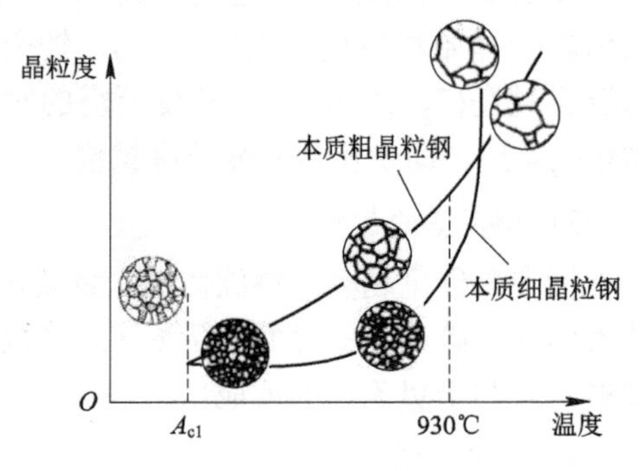

图5-5　本质晶粒度

一般用铝脱氧的钢多为本质细晶粒钢，而

只用锰、硅脱氧的钢为本质粗晶粒钢。但当加热温度超过一定范围时，本质细晶粒钢的奥氏体晶粒也可能迅速长大，甚至超过本质粗晶粒钢。

沸腾钢一般为本质粗晶粒钢，而镇静钢一般为本质细晶粒钢。

需经热处理的零件一般都采用本质细晶粒钢制造，但不能认为本质细晶粒钢在任何加热条件下晶粒都不会粗化。本质粗晶粒钢进行热处理时，需严格控制加热温度。

3. 奥氏体晶粒的长大及控制

奥氏体晶粒是通过晶界的迁移而长大的，其实质是原子在晶界附近的扩散过程，长大的驱动力为界面能，晶粒长大使界面面积减小，系统能量降低，因此晶粒长大是一个自发的过程。

凡影响原子扩散的因素都影响奥氏体晶粒的长大，如加热温度、保温时间、加热速度、化学成分和原始组织等。加热温度、保温时间均能影响奥氏体长大；第二相颗粒体积分数增大，线性度减小，均能阻止奥氏体长大；提高起始晶粒度的均匀性与促使晶界平直化均能降低驱动能，减弱奥氏体晶粒长大。

工程上希望得到细小而成分均匀的奥氏体晶粒。控制奥氏体晶粒大小的基本途径一般有两种：一是保证奥氏体成分均匀的情况下选择尽量低的奥氏体化温度；二是快速加热到较高温度经短暂保温使形成的奥氏体来不及长大就被冷却，从而得到细小晶粒。

具体应用中，防止奥氏体晶粒长大的措施通常有以下几种：

(1) 控制加热工艺过程，采用较低的加热温度，快速加热、短时保温。

珠光体向奥氏体转变后，初始形成的奥氏体晶粒非常细小，保持细小的奥氏体晶粒可使冷却后的组织继承其细小晶粒特征，得到强度高且塑性和韧性都较好的产物类型。如果加热温度过高或保温时间过长，则会出现奥氏体晶粒长大的现象。这是因为当奥氏体晶界上存在未溶的渗碳体时，会对晶粒长大起阻碍作用，使奥氏体晶粒长大倾向减小。当加热温度升高时，渗碳体分解就会加快；奥氏体中含碳量增加，奥氏体晶粒长大倾向增大。

加热速度越大，奥氏体转变时的过热度就越大，奥氏体形核率也越高，起始晶粒度也就越细；保温时间短，可使奥氏体晶粒来不及长大。

实际生产中经常采用控制加热温度、快速加热、短时保温的办法来获得细小晶粒。

(2) 加入阻碍奥氏体晶粒长大的合金元素。

一般认为，能形成稳定碳化物的元素(如 Cr、Mo、W、V、Ti、Nb、Zr)、能形成不溶于奥氏体的氧化物及氮化物的元素(如 Al)、促进石墨化的元素(如 Si、Ni、Co)以及在结构上自由存在的元素(如 Cu)，都会阻碍奥氏体晶粒长大。而 C、N、O、Mn、P 则有加速奥氏体晶粒长大的倾向。

(3) 加入钉扎晶界的元素，控制奥氏体晶粒的异常长大。

晶界处于相对不稳定的状态时，晶界上原子的移动和扩散使合金系统稳定状态发生变化，自由能降低，晶界相对面积减少，必然引起奥氏体晶粒长大，这是一个自发的过程。

等温时，奥氏体晶粒在驱动力推动下的长大叫正常长大，长大速率与驱动力和晶界迁移率成正比；当温度足够高时，少数第二相颗粒溶解，晶界脱钉使晶粒吞并周围晶粒而急剧长大的现象称为异常长大。

钢用 Al 脱氧，或加入 C、氮化物形成元素，生成钉扎奥氏体晶界的微粒，防止晶界脱钉，可以避免奥氏体晶粒的异常长大。例如 Al 与钢中的 O(氧)、N(氮)化合形成极细的化合物，如 Al_2O_3、AlN。

(4) 加入可以降低奥氏体晶界能的元素。

奥氏体晶粒长大，晶界总面积减少，从而使体系自由能降低，结晶过程才能稳定下来。因此，可以加入降低奥氏体晶界能的元素，如稀土，可减小晶界移动驱动力，细化晶粒。

(5) 采用细小的原始组织。

一般来说，钢的原始组织越细，碳化物弥散度越大，奥氏体起始晶粒就越细小。但晶粒长大倾向大，即过热敏感性增大，不可采用过高的加热温度和长时间保温。

5.3　钢在冷却时的转变

大多数机械构件都在室温下工作，所以奥氏体化不是钢热处理的最终目的，它的作用是为冷却转变做组织准备。热处理后钢的性能不仅与加热时获得的奥氏体晶粒大小、化学成分的均匀性有关，还取决于奥氏体冷却转变后的最终组织。可见，冷却过程才是热处理的关键。

奥氏体在临界转变温度以上是稳定的，不会发生转变。当奥氏体冷却至临界温度 A_1 以下，在热力学上处于不稳定状态(过冷)，必然要发生转变。这种在临界温度 A_1 以下存在的、不稳定且将要发生转变的奥氏体，称为过冷奥氏体。过冷奥氏体的转变产物，决定于它的转变温度，而转变温度又主要与冷却方式和速度有关。

如图 5-1 所示，在热处理中，通常有两种冷却方式：一是等温冷却，即快速将奥氏体化后的工件冷却到 A_{r1} 以下某一温度，等温保持一段时间，待过冷奥氏体全部转化后，再冷却到室温；二是连续冷却，即将奥氏体化后的工件以不同的冷却速度冷却到室温，过冷奥氏体在冷却过程中发生转变。

连续冷却时，过冷奥氏体的转变发生在一个较宽的温度范围内，因而得到粗细不匀甚至类型不同的混合组织。虽然这种冷却方式在生产中广泛采用，但分析起来较为困难。在等温冷却的情况下，可以分别研究温度和时间对过冷奥氏体转变的影响，从而有利于弄清转变过程和转变产物的组织与性能。

5.3.1　共析钢过冷奥氏体等温转变曲线

将共析钢制成若干小圆形薄片试样，加热到 A_{c1} 以上温度使其奥氏体化后，分别迅速放到 A_1 以下不同温度(如 720℃、650℃、600℃、550℃等)的恒温盐浴槽中。同时，不断观察相变过程，记录奥氏体转变的开始时间、终了时间和转变产物量。将各个温度下转变开始和终了时间点标注在温度-时间坐标中，并连成光滑曲线，即得到共析钢的过冷奥氏体等温转变曲线，亦称 TTT 图，如图 5-6 所示。图 5-6(a)描述了等温转变曲线的建立过程。因过冷奥氏体在不同过冷度下转变，转变所需时间差别很大，故采用对数坐标表示时间。这种曲线形状类似字母“C”，故俗称 C 曲线。

C 曲线不仅可以表达不同温度下过冷奥氏体转变量与时间的关系，同时也可以指出过冷奥氏体等温转变的产物。图 5-6(b)中，上部的水平线 A_1 是珠光体和奥氏体的平衡温度，A_1 线以上为奥氏体稳定区；下面的两条水平线分别是奥氏体向马氏体转变开始温度 M_s 和奥氏体向马氏体转变终了温度 M_f，两条水平线之间为马氏体和过冷奥氏体的共存区；C 曲线中的左边一条曲线为过冷奥氏体转变开始线，右边一条曲线为过冷奥氏体转变终了线；A_1 线以下、M_s 线以上和过冷奥氏体转变开始线以左的区域为过冷奥氏体区；过冷奥氏体转变开始线与转变终了线之间为转变过渡区，同时存在过冷奥氏体和珠光体或过冷奥氏体和贝氏体；过冷奥氏体转变终了线以右为转变产物(珠光体或贝氏体)区，马氏体转变终了温度 M_f 以下也为转变产物(马氏体)区。一旦过冷奥氏体全部转变为C曲线图中相应温度产物区域的组织，则该组织将保持至室温而不发生改变。过冷奥氏体等温转变产物的对应硬度如图 5-6(b)所示。

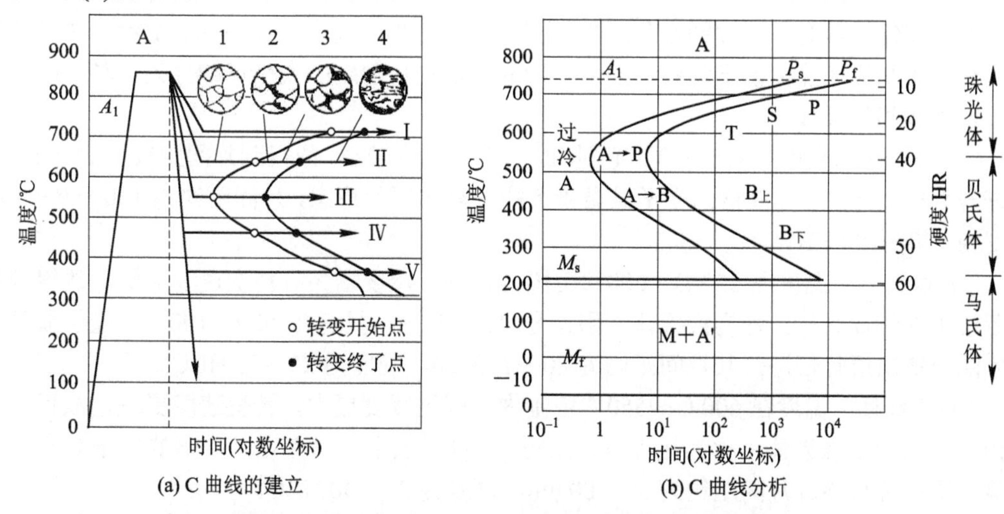

图 5-6　共析钢的过冷奥氏体等温转变曲线(TTT 图 C 曲线)

过冷奥氏体等温转变开始所经历的时间称为孕育期，它的长短标志着过冷奥氏体稳定性的大小。由图 5-6(b)可见，共析钢在 550℃左右孕育期最短，过冷奥氏体最不稳定，转变速度也最快。该处俗称 C 曲线的“鼻尖”。在鼻尖以上，孕育期随温度升高而延长；在鼻尖以下，孕育期随温度降低而延长。

5.3.2　过冷奥氏体转变及其产物的组织形态与性能

图 5-6(b)中，过冷奥氏体转变温度(过冷度)不同，转变产物可分为珠光体、贝氏体和马氏体三种：

(1) 在 A_1 线至 C 曲线鼻尖(对于共析钢是 550℃)区间的高温转变，其转变产物为珠光体组织，故又称珠光体型转变；

(2) C 曲线鼻尖至 M_s 线(对于共析钢是 230℃)区间的中温转变，其转变产物为贝氏体组织，故又称贝氏体型转变；

(3) M_s 线以下区间的低温转变，其转变产物为马氏体组织，故又称马氏体型转变。

1. 珠光体型转变(扩散型相变)

温度在 A_1～550℃之间为高温转变区，过冷奥氏体转变产物为珠光体类型的组织。由于转变温度高，铁和碳都能充分扩散和晶格重组，形成含碳量和晶体结构相差悬殊并与母体奥氏体截然不同的两种固态新相，即体心立方晶格的低碳铁素体和复杂斜方晶格的高碳渗碳体。因此珠光体型转变是一个扩散型相变，转变过程是铁素体和渗碳体交替形核和长大的过程，并形成相间分布的层片状组织，称为片状珠光体。

一般认为，片状珠光体是渗碳体和铁素体交替形核与长大的产物。然而，近年来有研究指出，片状珠光体是渗碳体片分枝长大的结果。这就是说，一个珠光体团是由一个渗碳体晶粒和一个铁素体晶粒相互穿插而形成的。

相邻两片渗碳体中心之间的距离称为珠光体的片间距。片状珠光体中层片方向大致相同的区域称为珠光体团，在一个奥氏体晶粒内可以形成几个珠光体团。

珠光体的片间距和珠光体团的尺寸与过冷奥氏体的转变温度有关。随着过冷奥氏体转变温度的降低，珠光体的片间距和珠光体团的尺寸都越来越小。如图 5-7 所示，珠光体型组织在光学和电子显微镜下观察到的组织形貌，根据片间距的大小可细分为三种，即珠光体、索氏体和托氏体。

(1) 珠光体。温度在 A_1～650℃范围内，由于过冷度较小，故得到片间距较大的珠光体，用符号“P”表示，在 500 倍的光学显微镜下能分辨出层片形态，片间距约为 150～450 nm，硬度为 170～200 HBW。

(2) 索氏体。温度在 650℃～600℃范围内，因过冷度增大，转变速度加快，故得到片间距较小的细珠光体，称为索氏体，用符号“S”表示，只有在 800～1000 倍光学显微镜下才能分辨出层片形态，其片间距约为 80～150 nm，硬度为 25～35 HRC。

(3) 托氏体。温度在 600℃～550℃范围内，因过冷度更大，转变速度更快，故得到片间距更小的极细珠光体，称为托氏体，用符号“T”表示，只有在几千倍的电子显微镜下才能分辨层片形态，片间距约为 30～80 nm，硬度为 35～40 HRC。

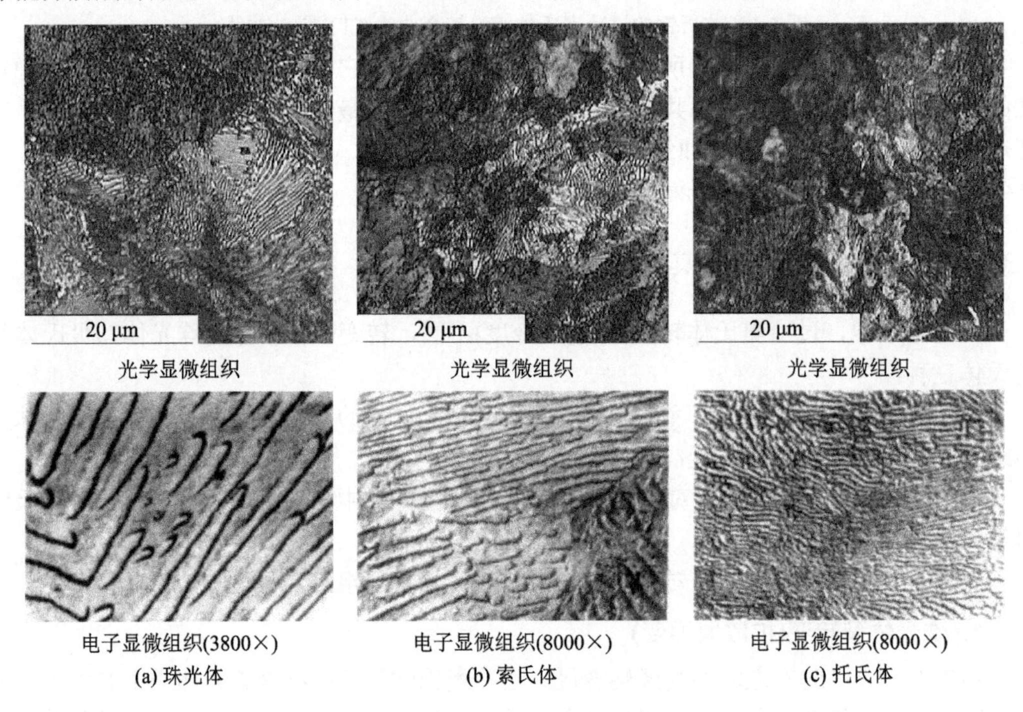

图 5-7　珠光体型组织的光学和电子显微组织

如图 5-7 所示，用电子显微镜观察时，不论是珠光体、索氏体还是托氏体，都是层片状组织，只是片间距不同而已。片间距越小，相界面就越多，塑性变形抗力也就越大，故强度、硬度越高。此外，由于片间距越小，渗碳体就越薄，越容易随铁素体一起变形而不脆断，因而塑性、韧性也有所提高。

2. 贝氏体型转变(半扩散型相变)

温度在 550℃～M_s之间，过冷奥氏体转变产物为贝氏体型的组织，通常用字母“B”表示。由于转变时过冷度较大，只有 C 原子通过扩散以碳化物的形式沉淀析出；Fe 原子不扩散，它通过切变①完成奥氏体向铁素体的晶格改组。因此贝氏体型转变是一种半扩散型相变。

尽管贝氏体与珠光体一样，都是铁素体和渗碳体的混合物。但是通过晶格改组形成的铁素体中含碳量高于平衡态铁素体的含碳量，它是碳在 α-Fe 中过饱和固溶体；而且贝氏体转变温度越低，碳在铁素体中的过饱和度越大。准确地说，贝氏体是由过饱和 α 固溶体和碳化物组成的复相组织。

转变温度不同，所形成的贝氏体的形态和性能也不同。钢中贝氏体形态主要有两种，即上贝氏体和下贝氏体。

(1) 上贝氏体：形成温度为 550℃～350℃，用符号“$B_{上}$”表示。在光学显微镜下，上贝氏体呈羽毛状，铁素体条成束地从奥氏体晶界向晶内平行伸展，如图 5-8(a)所示为 45 钢的光学显微组织。在电子显微镜下观察发现，不连续的短杆状或细条状的渗碳体分布于自奥氏体晶界向晶内生长的平行的铁素体条之间，上贝氏体的电子显微组织如图 5-8(b)所示，上贝氏体组织的形成过程如图 5-8(c)所示；在铁素体条内存在位错亚结构，且位错密度随着贝氏体转变温度的降低而增大。

(a) 45钢的光学显微组织：上贝氏体(＋下贝氏体)

(b) 上贝氏体的电子显微组织

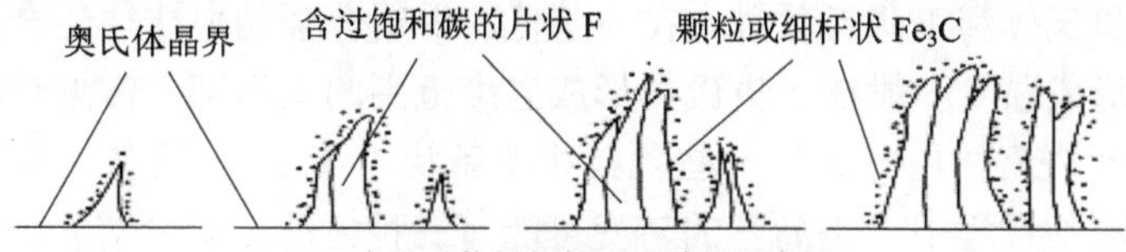

(c) 上贝氏体组织的形成过程示意图

图 5-8 上贝氏体显微组织及其形成过程示意图

(2) 下贝氏体：形成温度为 350℃～M_s，用符号“$B_{下}$”表示。下贝氏体组织在光学显

① 铁原子沿奥氏体一定晶面，集体(不改变相互位置关系)做一定距离的移动(不超过一个原子间距)，使面心立方晶格改组为体心正方晶格。

微镜下呈黑色针片状；其立体形态，同高碳马氏体一样，也呈凸透镜状，图 5-9(a)所示为 T8 钢的光学显微组织(下贝氏体)。在电子显微镜下可见铁素体针片内规则地分布着细片状碳化物，它们与铁素体的长轴方向约成 55°～60° 角，下贝氏体的电子显微组织如图 5-9(b)所示，下贝氏体组织的形成过程如图 5-9(c)所示。下贝氏体中铁素体的亚结构与上贝氏体一样，也是位错，但其密度高于上贝氏体。

(a) T8 钢的光学显微组织：下贝氏体

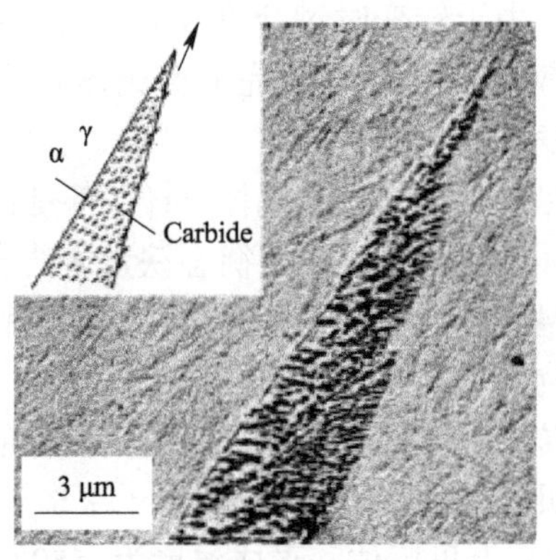

(b) 下贝氏体的电子显微组织

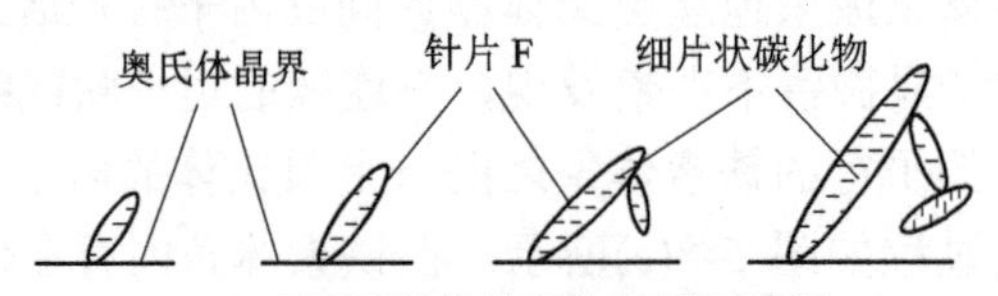

(c) 下贝氏体组织的形成过程示意图

图 5-9　下贝氏体显微组织及其形成过程示意图

(3) 贝氏体的力学性能。贝氏体的力学性能主要取决于其组织形态。$B_上$中铁素体片和碳化物颗粒较粗大，它们的分布都具有明显的方向性；羽毛状渗碳体存在于铁素体晶界处，且分布不均匀。这种组织形态易使铁素体条间产生脆断，所以 $B_上$韧性较差、脆性较大，强度、硬度较低，基本上无实用价值。

$B_下$中的铁素体针片细小且均匀分布，铁素体内沉淀析出的细片状碳化物亦弥散均匀分布；同时铁素体内有一定的过饱和度，又有高密度位错的亚结构。因此它除有较高的强度和硬度外，还有良好的塑性和韧性，即具有较优良的综合力学性能。生产上采用等温淬火工艺，可以获得 $B_下$组织来强化钢。

除常见的上贝氏体和下贝氏体外，在一些低、中碳合金钢中往往还会出现一种粒状贝氏体组织。它的形成温度一般在上贝氏体形成温度范围的上半部。常见粒状贝氏体的显微组织，是在大块状铁素体内分布着一些颗粒状或条状“小岛”。这些“小岛”原先是富碳的奥氏体区，在冷却过程中“小岛”的转变可能有三种情况，即分解为铁素体和碳化物，或发生马氏体转变，或以残余奥氏体形式保留下来。

3. 马氏体型转变(无扩散型相变)

马氏体型转变是指钢从过冷奥氏体状态快速冷却，在 M_S 以下温度发生的转变，转变产物为马氏体型组织，通常用字母“M”表示。由于过冷度极大，C 原子已无法扩散，Fe 原子以非扩散的形式发生晶格结构的转变，即由面心立方晶格的 γ-Fe 切变为体心立方晶格

α-Fe，形成了碳在α-Fe中的过饱和间隙固溶体，称为马氏体，因此马氏体型转变是一个无扩散型相变。与珠光体和贝氏体的转变不同，过冷奥氏体向马氏体的转变是在连续冷却过程中进行的，冷却过程中断，转变立即停止。

由于马氏体型转变是无扩散型相变，因而马氏体的化学成分与母相奥氏体的完全相同。如共析钢的奥氏体碳浓度为0.77%，它转变成马氏体的碳浓度也为0.77%。具有体心立方晶格结构的α-Fe室温平衡碳浓度只有0.0008%，而共析钢马氏体晶格内含碳量约为0.77%，高温时固溶于奥氏体中的C原子被迫保留在α相的晶格中，过饱和的C原子造成体心立方晶格发生严重畸变($a = b \neq c$)，晶格c轴被拉长。马氏体的正方度(c/a的比值)随马氏体中含碳量的增加而线性增大。含碳量小于0.2%的马氏体，C原子较多地溶入晶格和组织缺陷中，晶格畸变不明显，$c/a \approx 1$，可以认为是体心立方晶格；若含碳量增加，$c/a > 1$，则晶格畸变严重。

马氏体形成时，马氏体和奥氏体相界面上的原子是共有的，既属于马氏体，又属于奥氏体，这种关系称为共格关系。马氏体转变的切变共格性，在马氏体转变后，宏观上往往表现为抛光试样表面出现浮凸现象。

钢中马氏体的形态主要有两种，即板条(或束)状马氏体和片(或针)状马氏体，如图5-10所示。马氏体的形态主要取决于马氏体的含碳量，含碳量低于0.20%时，马氏体几乎完全为板条状；含碳量高于1.0%时，马氏体基本为针片状；含碳量介于0.20%～1.0%之间时，马氏体为板条状和针片状的混合组织。

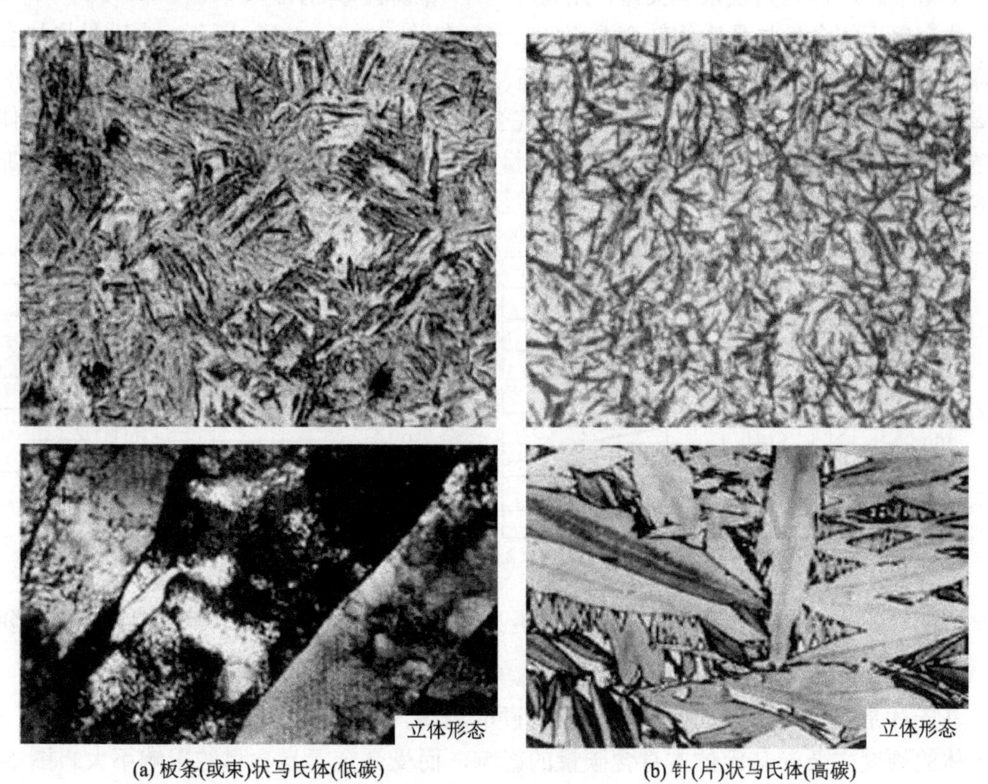

(a) 板条(或束)状马氏体(低碳) (b) 针(片)状马氏体(高碳)

图5-10 马氏体的显微组织

1) 板条(或束)状马氏体

板条状马氏体的立体形态呈细长的板条状，如图 5-10(a)所示。光学显微组织中，一组尺寸大致相同的细马氏体板条定向平行排列，组成马氏体束。板条束内的相邻板条之间以小角度晶界分开，束与束之间具有较大的位向差。电子显微组织显示，在板条状马氏体内，存在着高密度位错构成的亚结构，因此板条状马氏体又称为位错马氏体。

2) 针(片)状马氏体

光学显微组织中，每个马氏体晶体的厚度与径向尺寸相比很小，其断面形态常呈片状或针状，故称片状马氏体或针状马氏体，如图 5-10(b)所示。针(片)状马氏体之间交错成一定角度。由于马氏体晶粒一般不会穿越奥氏体晶界，最初形成的马氏体针(片)往往贯穿整个奥氏体晶粒，较为粗大；后形成的马氏体针(片)则逐渐变细、变短。电子显微组织显示，针片状马氏体立体形态呈凸透镜状，有中脊线，中脊宽窄不等，其亚结构主要为细小孪晶(或高密度位错)，孪晶片与中脊线呈夹角分布，故又称它为孪晶马氏体。

随着含碳量的升高，淬火钢中板条状马氏体的含量下降，片状马氏体的含量上升。高碳钢在正常温度淬火时，细小的奥氏体晶粒和碳化物都能使其获得细针状马氏体组织，这种组织在光学显微镜下无法分辨，称为隐针马氏体。

马氏体的形成速度很快。在 M_s 以下温度，过冷奥氏体瞬时转变为马氏体，无孕育期。

但马氏体转变是不彻底的。当温度降低到 M_f 以下温度时，经常有少量奥氏体未转变而被保留下来，称之为残余奥氏体，用符号 A′、A_r 或 $A_{残}$表示。

残余奥氏体含量与马氏体转变温度(M_s、M_f)有关。如图 5-11(a)所示，含碳量增加会急剧降低 M_s、M_f 线位置，奥氏体含碳量越高，M_s、M_f 线的位置越低；由于 M_s、M_f 线的位置降低，使冷却到室温的过冷奥氏体不能完全转变为马氏体，含碳量越高，残余奥氏体含量越多，如图 5-11(b)所示。通常，当含碳量超过 0.6%时，残余奥氏体含量会显著增加，在转变产物中应注明。

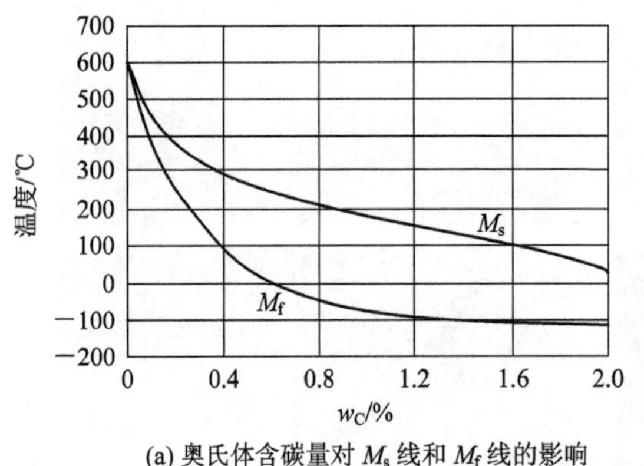

(a) 奥氏体含碳量对 M_s 线和 M_f 线的影响

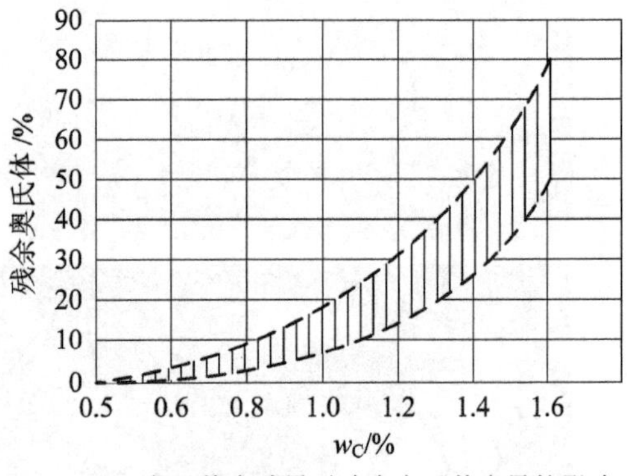

(b) 奥氏体含碳量对残余奥氏体含量的影响

图 5-11　奥氏体含碳量对马氏体转变的影响

马氏体是同一成分钢的所有组织中最硬的组织，高硬度是马氏体的主要特点之一。马氏体的硬度主要受马氏体本身含碳量的影响，而受合金元素含量的影响不大。图 5-12所示为马氏体硬度和抗拉强度与含碳量的关系。可以看出，在含碳量较低时，马氏体硬度随着含碳量的增加而急剧增高；当含碳量超过 0.6%之后，马氏体硬度的变化趋于平缓，基本不再增加；马氏体的抗拉强度也随含碳量的增加而增加，尤其是含碳量小于 0.4%时更为明显。

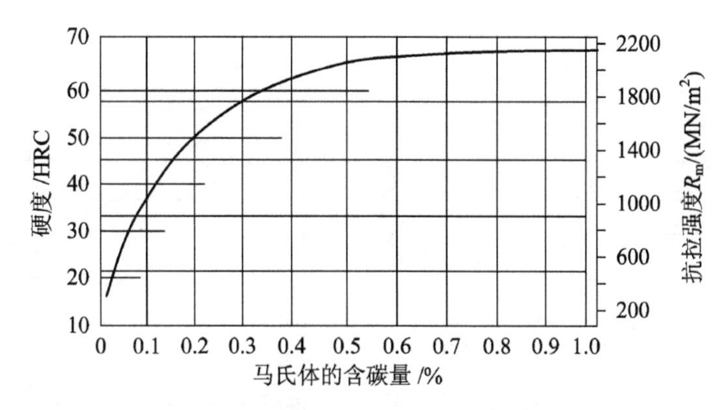

图 5-12 马氏体硬度和抗拉强度与含碳量的关系

钢中马氏体的强化理论上属于相变强化，但实为固溶强化、位错强化、细晶强化、时效硬化等的综合。首先，体心立方晶格 α-Fe 中过饱和 C 原子带来了严重的晶格畸变，导致了强烈的固溶强化作用；另外，板条状马氏体中的位错和针(片)状马氏体中的孪晶都阻碍了位错运动，造成马氏体结构强化，尤其是孪晶对针(片)状马氏体的硬度和强度的贡献更为显著；同时，马氏体所含的碳及合金元素的偏聚和析出引起了时效硬化；如果细化奥氏体晶粒，同样会产生细晶强化，提高马氏体韧性。

马氏体的密度低于奥氏体，当奥氏体转变为马氏体后体积会膨胀，引起内切应力增大，容易出现微裂纹。马氏体具有铁磁性，在磁场中呈现磁性；而奥氏体具有顺磁性，在磁场中无磁性。马氏体晶格畸变大，所以电阻率高。

一般认为马氏体的塑性和韧性都很差，实际只有针(片)状马氏体是硬而脆的，而板条状马氏体则具有较高的强度和韧性，又有较好的塑性，即具有较好的综合机械性能。因此，生产中应尽可能减少针(片)状马氏体的数量，增加板条状马氏体的数量来提高材料的综合性能。

残余奥氏体的存在不仅降低了淬火钢的硬度和耐磨性，而且在零件使用过程中，残余奥氏体会继续转变为马氏体，使零件尺寸发生变化，导致精度降低。因此，对某些高精度零件淬火至室温后，又随即放入零摄氏度以下的介质中冷却，以尽量减少残余奥氏体量，此处理称为冷处理。

5.3.3 影响过冷奥氏体等温转变的因素

过冷奥氏体等温转变曲线的位置和形状反映了过冷奥氏体的稳定性、等温转变速度及转变产物的性质。因此，凡是影响 C 曲线位置和形状的因素都会影响过冷奥氏体的等温转变。影响 C 曲线位置和形状的主要因素是奥氏体的成分与奥氏体化条件。

1. 含碳量的影响

图 5-13 所示为亚共析钢和过共析钢的 C 曲线。可以看出，受奥氏体含碳量影响，C 曲线形状发生了变化。亚共析钢和过共析钢 C 曲线的上部各多出了一条先析相析出线，它表示在发生珠光体转变之前，亚共析钢中要先析出铁素体，如图 5-13(a)所示；过共析钢中要

先析出渗碳体，如图 5-13(b)所示。

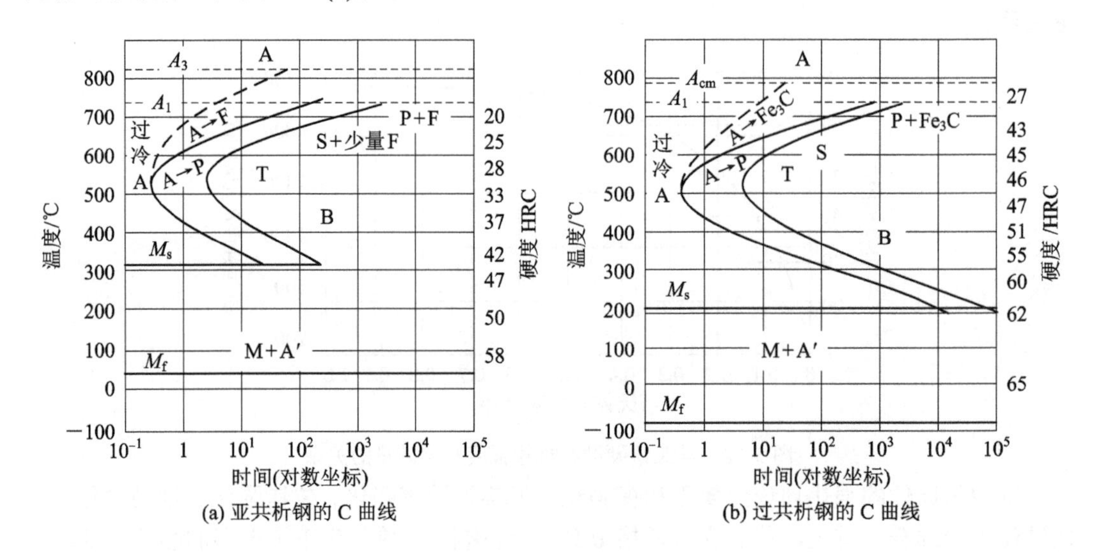

(a) 亚共析钢的 C 曲线　　(b) 过共析钢的 C 曲线

图 5-13　亚共析钢和过共析钢的 C 曲线

同样，钢的含碳量不同，C 曲线位置也不相同。在正常热处理条件下，亚共析钢的 C 曲线随含碳量的增加而右移，如图 5-13(a)所示，这是由于亚共析钢过冷奥氏体的含碳量越高，先析铁素体析出速度越慢；说明随着奥氏体含碳量的增加，奥氏体的稳定性增强。过共析钢的 C 曲线随含碳量的增加而左移，如图 5-13(b)所示，这是由于过共析钢含碳量越高，未溶二次渗碳体越多，反而提高了过冷奥氏体转变的形核率，使孕育期缩短，更有利于过冷奥氏体的转变；说明奥氏体中的含碳量并不等于钢中的含碳量。共析钢C 曲线最靠右，说明共析钢中奥氏体最稳定，转变过程最慢。

含碳量对 C 曲线的影响总结如下：

(1) 当 $w_C < 0.77\%$时，随含碳量增加，C 曲线右移；

(2) 当 $w_C > 0.77\%$时，随含碳量增加，C 曲线左移；

(3) M_s线位置随奥氏体碳浓度升高而明显下降，M_f线位置也随之降低；

(4) 亚共析钢和过共析钢 C 曲线的形状均比共析碳钢 C 曲线在鼻尖上部多出一条先共析相转变开始线。随着含碳量的增加，亚共析碳钢的先共析相开始线向右下方移动，过共析碳钢的先共析相开始线则向左上方移动。

2. 合金元素的影响

除 Co 以外的所有合金元素，当其溶入奥氏体后都能增强过冷奥氏体稳定性，使 C 曲线右移。当过冷奥氏体中含有较多的 Cr、Mo、W、V、Ti 等强碳化物形成元素时，还会使 C 曲线的形状发生变化，甚至使 C 曲线分离成上下两部分，形成两个“鼻子”，即珠光体转变与贝氏体转变各自形成一个独立的 C 曲线，中间出现一个过冷奥氏体较为稳定的区域。如图 5-14 所示为 Ni 和 Cr 元素含量对 C 曲线的影响。

应当指出，当强碳化物形成元素含量较多时，若在钢中形成稳定的碳化物，则在奥氏体化过程中不能全部溶解，而以残留碳化物的形式存在，它们会降低过冷奥氏体的稳定性，使 C 曲线左移。

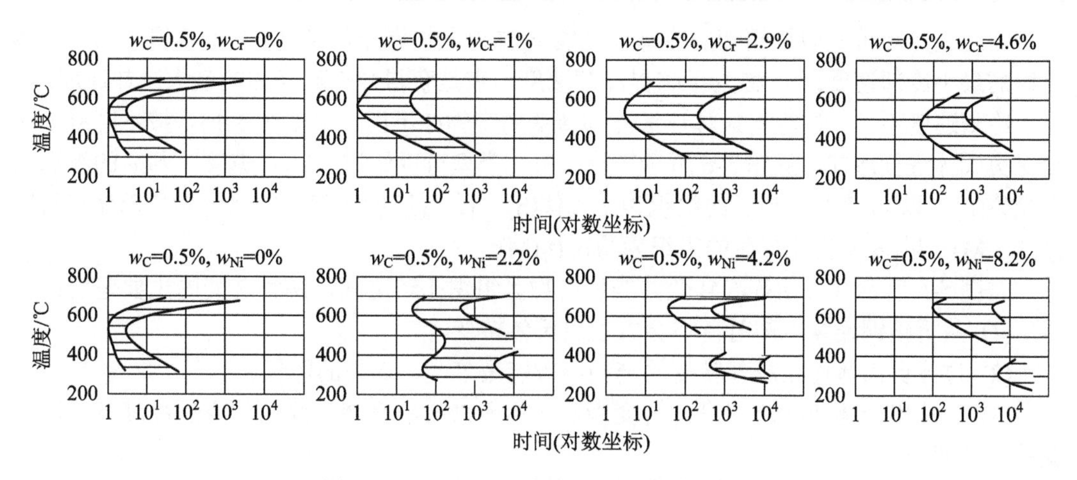

图 5-14　Ni 和 Cr 元素含量对 C 曲线的影响

3. 奥氏体化条件的影响

随着奥氏体化温度的升高和保温时间的延长，奥氏体的成分更加均匀化，与此同时，未溶碳化物数量减少，奥氏体晶粒长大，晶界面积减少，这些都降低了过冷奥氏体分解的形核率，使过冷奥氏体稳定性增大，导致 C 曲线右移。

5.3.4　过冷奥氏体连续冷却转变曲线

在实际生产中，大多数热处理工艺都是在连续冷却过程中进行的。尽管根据过冷奥氏体等温转变曲线能近似推测连续冷却条件下过冷奥氏体的转变过程及产物，但不够准确，还必须建立过冷奥氏体连续冷却转变曲线。

1. 共析钢的过冷奥氏体连续冷却转变曲线

图 5-15 所示是共析钢的连续冷却转变曲线(CCT 图)，与 TTT 曲线相比，连续冷却转变曲线只有 C 曲线的上半部分，没有下半部分，即连续冷却转变时一般不形成贝氏体组织，且较 C 曲线向右下方偏移一些。图 5-15 中，左上边一条线 P_s 表示过冷奥氏体向珠光体转变开始线，右下边一条线 P_f 表示过冷奥氏体向珠光体转变终了线，下边一条虚线 K 表示过冷奥氏体向珠光体转变中止线。当冷却速度与 K 线相交时，过冷奥氏体不再向珠光体转变，一直保留到 M_s 线以下转变为马氏体。

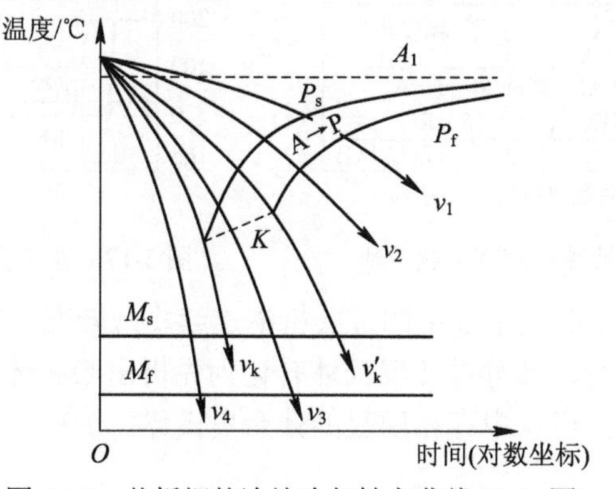

图 5-15　共析钢的连续冷却转变曲线(CCT 图)

与连续冷却转变曲线相切的冷却速度线 v_k 称为上临界冷却速度，它是获得全部马氏体组织的最小冷却速度；v_k' 称为下临界冷却速度，它是获得全部珠光体的最大冷却速度。

冷却速度不同，过冷奥氏体连续冷却转变的产物亦不同。根据图 5-15，按不同冷却速度对奥氏体进行冷却，从图 5-6 所示产物区组织类型可以知道，以 v_1 速度冷却后的组织为珠光体(P)，以 v_2 速度冷却后的组织为索氏体(S)，以 v_3 速度冷却后的组织为托氏体和马氏体(T + M)，以 v_4 速度冷却后的组织为马氏体(M)。

与图 5-6 所示共析钢等温转变曲线和产物区组织比较可知，两种转变的主要差别：

(1) 共析碳钢连续冷却时，不会发生贝氏体转变。

(2) 过冷奥氏体连续冷却转变的产物不可能是单一、均匀的组织。

(3) 过冷奥氏体连续冷却时，转变为珠光体所需的孕育期，要比相应过冷度下等温转变的孕育期长。

2. C 曲线在连续冷却转变中的应用

图 5-16 所示为在 C 曲线指导下的共析钢连续冷却转变产物分析。马氏体转变过程受含碳量的影响，不同冷却速度下，过冷奥氏体连续冷却转变的产物亦不同。工业生产中，常用的冷却方法有炉冷、空冷、油冷和水冷。炉冷、空冷对应的组织为珠光体(P)、索氏体(S)，油冷和水冷时，由于冷却速度太快，过冷奥氏体的转变总是不完全的，所以，组织中就有残余奥氏体存在。油冷后组织为托氏体、马氏体和少量残余奥氏体(T + M + A′)，水冷后组织为马氏体和残余奥氏体(M + A′)。

图 5-17 所示为在 C 曲线指导下的亚共析钢连续冷却转变产物分析。与共析钢相比，亚共析钢在高温转变阶段，部分过冷奥氏体转化为先析出铁素体。低温马氏体转变阶段，过冷奥氏体含碳量较低，组织中残余奥氏体的含量不明显，可予以忽略。炉冷、空冷、油冷和水冷对应的组织见图 5-17。

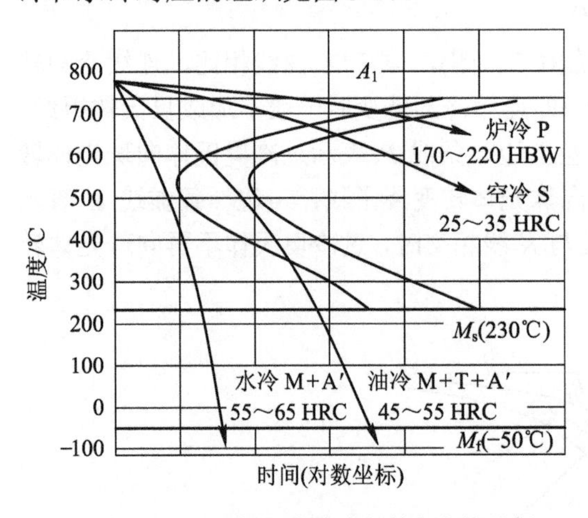

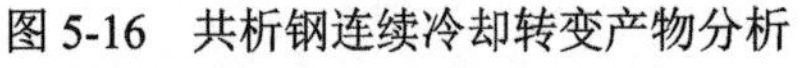
图 5-16　共析钢连续冷却转变产物分析

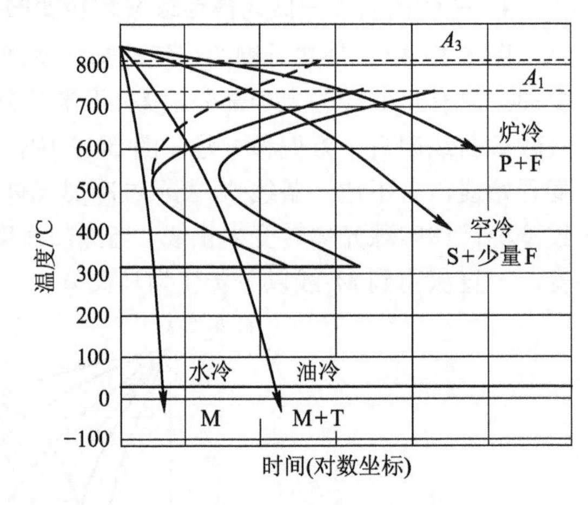

图 5-17　亚共析钢连续冷却转变产物分析

图 5-18 所示为在 C 曲线指导下的过共析钢连续冷却转变产物分析。与共析钢相比，过共析钢在高温转变阶段，部分过冷奥氏体转化为先析出渗碳体。低温马氏体转变阶段，过冷奥氏体含碳量较高，组织中存在明显的残余奥氏体。炉冷、空冷、油冷和水冷对应的组织见图 5-18 中。

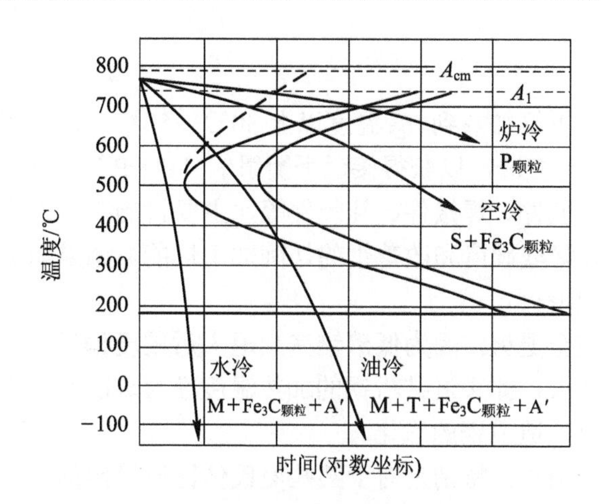

图 5-18　过共析钢连续冷却转变产物分析

5.4　钢的普通热处理

钢的普通热处理应用最为广泛，通常包括退火、正火、淬火和回火。机械零件的一般加工工艺为

毛坯(铸、锻)→预先热处理→机加工→最终热处理

退火与正火主要用于预先热处理，淬火和回火主要用于最终热处理。

5.4.1　钢的退火和正火

在机械零件和工、模具的制造加工过程中，退火和正火往往是不可缺少的先行工序，即预先热处理，具有承前启后的作用。一些对性能要求不高的机械零件或工程构件，退火和正火亦可作为最终热处理。

1. 退火

退火是将钢加热到相变温度 A_{c1} 以上或以下，经较长时间保温后缓慢(相当于随炉)冷却，以获得接近平衡态组织的热处理工艺。

1) 退火的目的

(1) 调整硬度，改善切削加工性能。

(2) 消除加工硬化，提高塑性，便于继续进行冷加工。

(3) 消除或减轻铸件、锻件及焊接件毛坯的内应力与成分、组织的不均匀性，提高组织稳定性，防止工件在使用中变形和开裂。

(4) 细化晶粒，改善高碳钢中碳化物形态和分布，为后续热处理做好组织准备。

2) 退火的种类

退火工艺种类很多，常用的有完全退火、球化退火、扩散退火、去应力退火等，还有等温退火、不完全退火、再结晶退火等工艺在生产中也得到应用。根据退火的目的，选择合适的加热温度范围非常重要有的加热温度在临界点温度以上，有的加热温度在临界点以下。

(1) 完全退火。

完全退火是将亚共析钢加热到 A_{c3} 温度以上 30℃～50℃，使之完全奥氏体化后随炉缓慢冷却至 500℃左右出炉空冷，以获得接近平衡组织"F + P"的一种热处理工艺。它主要用于亚共析钢的铸件、锻件、焊接件、轧制件等，主要目的在于细化晶粒、均匀组织，消除内应力和组织缺陷，降低硬度和改善钢的切削加工性能。如果加热温度不能使钢完全奥氏体化，则属于不完全退火。

低碳钢不宜采用完全退火，因为低碳钢完全退火后硬度偏低，不利于切削加工；过共析钢也不宜采用完全退火，如果过共析钢的加热温度在 A_{cm} 以上，冷却时会有网状二次渗碳体沿奥氏体晶界析出，造成钢的脆化。

完全退火所需时间很长，特别是对于某些奥氏体比较稳定的合金钢，往往需要几十小时，而且容易引起氧化脱碳。为了缩短退火时间，实际生产中常采用等温退火来代替完全退火。

(2) 球化退火。

球化退火属于不完全退火，它是将钢件加热到 A_{c1} 温度以上 20℃～30℃，充分保温使未溶的二次渗碳体球化，然后随炉缓慢冷却(或在 A_{r1} 温度以下 20℃左右进行较长时间保温，使珠光体中的渗碳体球化，随后出炉空冷)的一种热处理工艺，过共析钢球化退火工艺曲线如图 5-19 所示。球化退火后获得的组织为铁素体基体上分布着均匀细小的球状或颗粒状碳化物，称为球状(或粒状)珠光体，表示为 $P_{球}$，图 5-20 所示为 T12 钢球化退火后的球状珠光体显微组织。

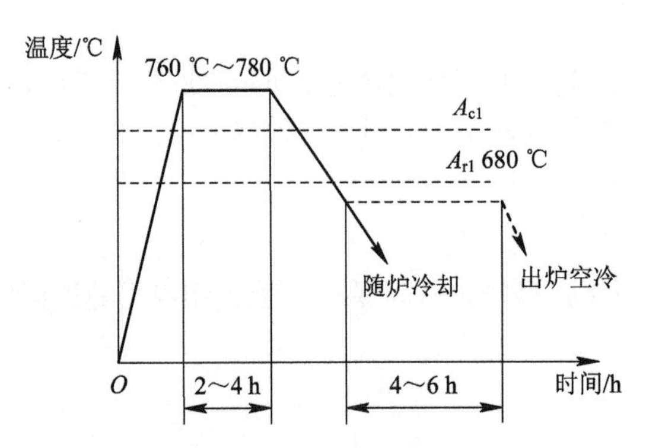

图 5-19　过共析钢球化退火工艺曲线

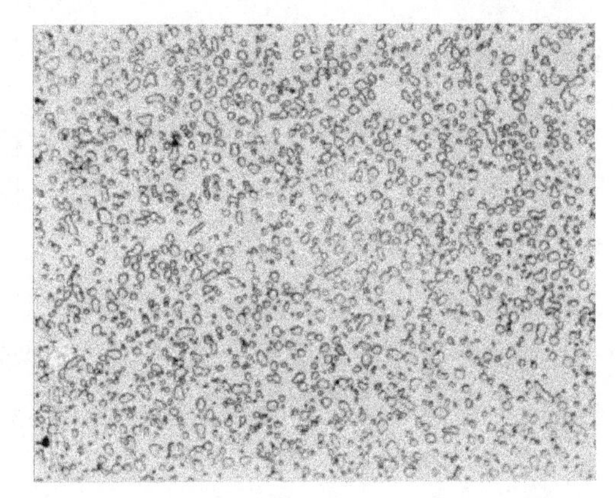

图 5-20　T12 钢球化退火后的球状珠光体显微组织

球化退火主要用于共析钢和过共析钢，其主要目的在于使钢中的网状二次渗碳体和珠光体中片状渗碳体球化，降低硬度，提高塑性，改善切削加工性能；同时为后续淬火、回火做好组织准备，减少变形开裂的可能性。

对于原始组织中存在较严重网状二次渗碳体的过共析钢，在球化退火之前应进行一次正火，以消除粗大的网状渗碳体，获得更好的球化效果。

近年来，球化退火工艺应用于亚共析钢也取得较好的效果，只要工艺控制恰当，同样可使渗碳体球化，从而有利于冷成型加工。

(3) 扩散退火(均匀化退火)。

扩散退火又称均匀化退火，是将钢锭或铸钢件加热到略低于固相线的温度，长时间保温，然后随炉缓慢冷却到室温，以消除化学成分不均匀现象的一种热处理工艺。扩散退火的加热温度通常为 A_{c3} 以上 150℃～250℃(通常为 1100℃～1200℃)，具体加热温度视钢种及偏析程度而定，保温时间一般为 10～15h。

扩散退火的温度相当高，势必引起奥氏体晶粒的粗大，需要再进行完全退火或正火。由于高温扩散退火生产周期长、消耗能量大、生产成本高，所以一般不轻易采用。

(4) 去应力退火。

在工件的切削加工、塑性变形以及铸造、焊接过程中，往往会残余很大的内应力。为了消除残余内应力而对工件进行的退火，称为去应力退火。钢的去应力退火加热温度范围较宽，但不能超过 A_{c1} 温度，一般在 500℃～650℃之间；去应力退火后的冷却应尽量缓慢，以免产生新的应力，一般采用随炉冷却到 200℃～300℃，再出炉空冷。

去应力退火过程中没有组织相变，材料性能(强度、硬度、塑性、韧性)变化不明显，只是残余应力得到松弛，从而提高尺寸稳定性，防止工件在随后的机械加工和使用过程中变形和开裂。

(5) 其他退火工艺。

不完全退火的加热温度在 A_{c1} 和 A_{c3} 之间，一般只用于热加工后不需要改变组织的亚共析钢工件，仅为降低硬度。

再结晶退火主要用于消除冷变形加工导致的加工硬化和残余应力，提高工件的塑性，以便继续进行冷加工。加热温度为再结晶温度以上 100℃～200℃，一般不会超过 A_{c1} 温度。

等温退火是将亚共析钢加热到 A_{c3} 温度以上 30℃～50℃，过共析钢加热到 A_{c1} 温度以上 20℃～30℃，保温一定时间后，快冷至 A_{r1} 以下某一温度等温，使过冷奥氏体在恒温下转变成珠光体，然后出炉空冷。A_{r1} 以下等温温度的确定，根据要求的组织和性能而定；等温温度越高，珠光体组织越粗大，钢的硬度就越低。图 5-21 所示为高速钢完全退火与等温退火工艺曲线，可见等温退火所需时间比完全退火缩短很多。

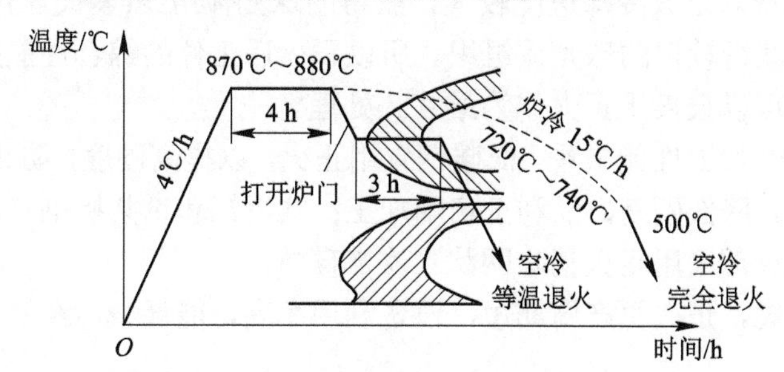

图 5-21 高速钢完全退火与等温退火工艺曲线

2. 正火

正火是将钢加热到临界温度(A_{c3} 或 A_{ccm} 以上)，保温一定时间，使之完全奥氏体化后从炉中取出空冷的一种热处理工艺。亚共析钢和过共析钢的正火加热温度分别为 A_{c3}、A_{ccm} 以上 30℃～50℃，如图 5-22 所示。

正火与退火的主要区别在于冷却速度不同，正火冷却速度较快，获得的珠光体组织较细，称为细珠光体或索氏体，因而强度和硬度也较高。当 $w_C < 0.6\%$时，正火组织为“F+S”，且 F 的含量少于退火后的含量，这是由于冷却速度快抑制了部分先析铁素体的形成；当 $w_C > 0.6\%$时，正火组织几乎全为索氏体。

正火与退火的目的相似，但正火态钢的机械性能较高，而且正火的生产效率高，成本低，因此在工业生产中应尽量用正火代替退火。正火的目的和主要用途如下：

(1) 细化晶粒。所有钢材通过正火，均可使晶粒细化，包括改善和细化铸钢件的铸态组织。

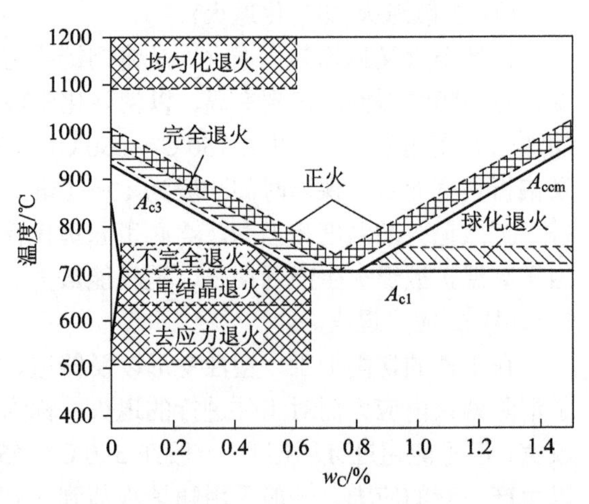

图 5-22　退火、正火加热温度区域示意图

(2) 消除过共析钢中的网状二次渗碳体，使其变为层片状，为球化退火做组织准备，以保证球化退火质量。

(3) 改善切削加工性能。作为低、中碳结构钢的预先热处理，可获得合适的硬度，便于切削加工。

(4) 作为普通结构零件的最终热处理。对于性能要求不高的各种型材类构件，通过正火获得细小组织，适当提高性能，满足使用要求。

(5) 对于复杂或大型工件，在保证性能的前提下，用正火代替淬火，可避免工件的严重变形或开裂。

3. 退火和正火的工艺比较

综上所述，正火和退火的相似之处在大多数时候可以相互取代。但工艺选择时需要考虑具体情况。二者的主要区别在于冷却速度不同，转变产物分散度不同，性能也不同。

从组织产物来看，正火冷却速度较大，获得的珠光体组织(索氏体)更细密，强度和硬度也较高；而退火获得较粗的珠光体组织。所以正火后工件的综合性能好于退火，对性能要求不高的工件，可以直接用正火作为最终热处理。

从改善钢的切削加工性能来看，低碳钢宜用正火，以提高硬度，防止切削时黏刀；中、高碳钢宜采用退火，降低硬度，以利于切削加工；共析钢和过共析钢宜用球化退火，且过共析钢宜在球化退火前采用正火消除网状二次渗碳体。

从经济方面考虑，正火生产周期短，设备利用率高，能耗少，经济效益好，生产中应尽量采用正火。

从降低热处理缺陷来看，退火冷却速度慢，工件不易出现变形和开裂，所以，对于复杂件、大尺寸件尽可能采用退火。

退火、正火加热温度的区域如图 5-22 所示。

5.4.2　钢的淬火

淬火是将钢加热到 A_{c3} 或 A_{c1} 以上的一定温度，保温后以高于上临界冷却速度快速冷却，以获得马氏体(或下贝氏体)组织的一种热处理工艺。马氏体强化是钢最有效的强化手段，因此，淬火也是钢的最重要的热处理工艺。

1. 淬火加热温度

加热温度是淬火工艺的主要参数，主要根据钢的相变点来确定，应以得到均匀细小的奥氏体晶粒为原则，以使淬火后获得细小的马氏体组织。为防止奥氏体晶粒粗化，淬火加热温度一般限制在临界点以上 30℃～50℃范围。碳钢淬火加热温度范围如图 5-23 所示。

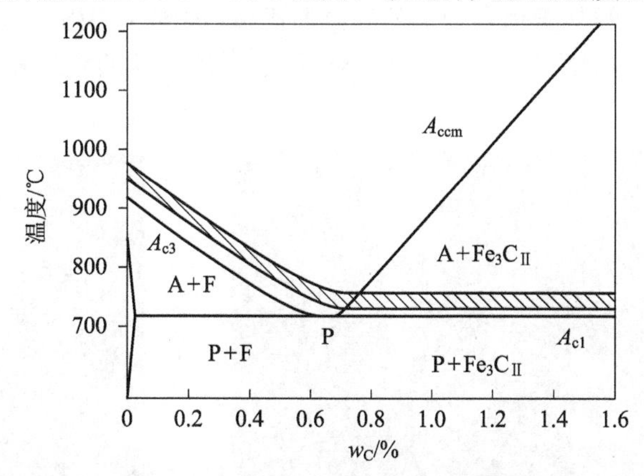

图 5-23　碳钢淬火的加热温度范围

亚共析钢淬火加热温度为 A_{c3}+(30℃～50℃)，这样可得到单一细晶粒的奥氏体，淬火后为均匀细小的马氏体组织和少量残留奥氏体，如图 5-24(a)所示为 45(w_C= 0.45%)钢在适宜温度淬火后获得的显微组织。若淬火加热温度过高，不仅会因奥氏体晶粒粗大而得到粗大马氏体组织，使钢的机械性能恶化，特别是塑性、韧性下降，而且淬火应力增大，易导致淬火钢的严重变形和开裂。若淬火加热温度过低，则会在淬火组织中保留未熔铁素体，如图 5-24(b)所示为 35 钢亚温淬火组织，这会造成淬火钢硬度不足，甚至出现“软点”(铁素体相)现象，影响钢整体性能的均匀性。但在某些特殊情况下，却要有意利用这种低碳马氏体+铁素体的亚温淬火组织，以改善某些低碳亚共析钢零件的切削加工性能，获得满意的表面粗糙度，还可提高钢的韧性。

(a) 45(w_C=0.45%)钢正常淬火组织(M)

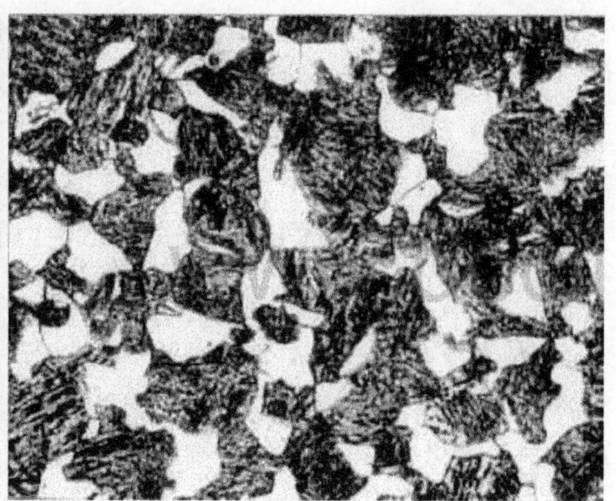

(b) 35(w_C=0.35%)钢亚温淬火组织(M+F)

图 5-24　亚共析钢的淬火组织

共析钢和过共析钢的淬火加热温度为A_{c1} + (30℃～50℃)。淬火后，共析钢组织为均匀细小的马氏体和少量残余奥氏体，参见图5-10(b)；过共析钢一般在淬火前都要进行一次正火和球化退火，淬火后则可获得均匀细小的马氏体＋粒状二次渗碳体＋少量残余奥氏体的混合组织，含碳量越高，其针越尖。如图5-25(a)所示为T12(w_C = 1.2%)钢的正常淬火组织，在针状马氏体之间混合着粒状渗碳体和少量残余奥氏体，有利于获得最佳硬度和耐磨性。若过共析钢的淬火加热温度过高，渗碳体将会溶于奥氏体，含碳量增加，使M_s和M_f温度下降，则会得到较粗大的马氏体和较多的残余奥氏体；如图5-23(b)所示为过热马氏体组织，粗针马氏体有明显的中脊线和小裂纹，这不仅降低了淬火钢的硬度和耐磨性，而且会增大淬火变形和脆性开裂倾向。

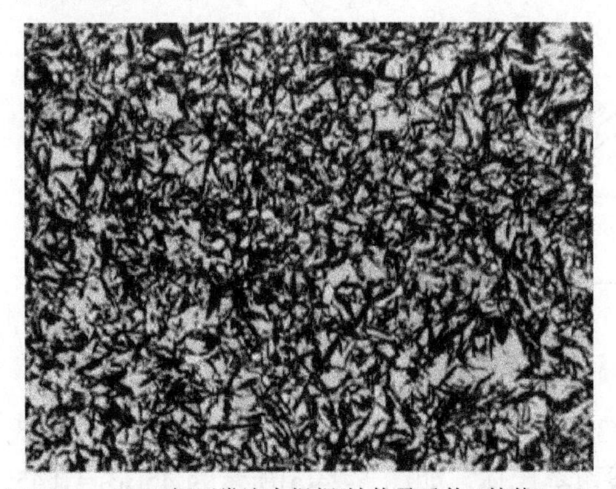

(a) T12(w_C=1.2%)钢正常淬火组织(针状马氏体＋粒状Fe_3C＋A′)

(b) 过热马氏体组织

图5-25　过共析钢的淬火组织

合金钢的淬火加热温度取决于所含合金元素是升高(如Cr、Mo、Si等)还是降低(如Mn、Ni等)A_{c1}等临界点温度。但由于大多数合金元素有阻碍奥氏体晶粒长大的作用，所以淬火加热温度可以稍微提高一些，以利于合金元素的溶解和均匀化，从而获得较好的淬火效果。例如，高速工具钢中含大量的碳化物形成元素，淬火时需在1200℃以上加热。

2. 加热时间

加热时间由升温和保温时间组成。从工件入炉到温度升高至淬火温度所需时间为升温时间。保温时间是指工件达到淬火温度及完成奥氏体均匀化所需的时间。实际生产中常用公式$t = akD$来确定保温时间。其中：a为加热系数，与钢种及加热介质有关；k为与装炉量等有关的系数，常取1～4；D一般指工件尺寸较小部位的有效厚度。

钢材淬火的保温时间一般采用 0.5～1 min/mm，具体钢种的淬火温度和保温时间可参阅有关热处理手册和有关书籍。

3. 淬火冷却介质

冷却是影响淬火质量的一个重要因素。工件淬火冷却采用的介质称为淬火介质。只有选择合适的淬火冷却介质，才能达到淬火目的，保证淬火质量。

要想得到马氏体组织，淬火冷却速度就必须大于临界冷却速度(v_k)。而快速冷却总是不可避免地产生较大的淬火内应力，以致引起钢件的变形或开裂。要解决这一矛盾，既得到马氏体又最大限度地避免变形和开裂，就需要按照理想的淬火冷却曲线进行，如图5-26

所示为钢的理想淬火冷却曲线。由图 5-26 可知，淬火并不需要整个冷却过程都是快冷，在 C 曲线鼻尖以上，在不出现珠光体型组织的前提下，尽量缓冷；只要求在 C 曲线鼻尖附近(钢件一般为 400℃～650℃)快冷，以躲过鼻尖，保证不产生非马氏体相变；而在 M_S 线以下则应尽量慢冷，以减小马氏体转变时的相变应力。但是到目前为止，还没有找到一种淬火冷却介质能符合这一理想淬火冷却曲线的要求。最常用的淬火冷却介质是水、盐、碱、盐或碱的水溶液、各种矿物油、植物油以及空气等，其中，水和油应用最为广泛。

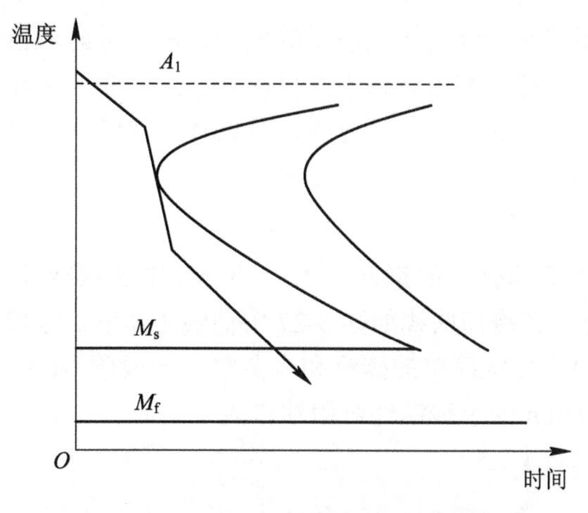

图 5-26　钢的理想淬火冷却曲线

1) 水和水溶液

水是既经济又有很强冷却能力的淬火冷却介质。其不足之处是在 650℃～550℃范围内冷却速度小，而在 300℃～200℃范围内冷却速度反而增加，这加大了工件变形开裂的可能性，不符合对理想淬火冷却介质的要求。而且清水容易在工件表面形成蒸汽膜，降低冷却速度，在工件表面上产生淬不硬的软点，故水冷主要适用于尺寸不大、形状简单的碳钢件。

盐水(含 5%～10%盐)的淬火冷却能力比清水强，尤其在 650℃～550℃范围内具有很强的冷却能力，这对尺寸较大的碳钢件的淬火是非常有利的。采用盐水淬火时，由于盐晶体在工件表面的析出和爆裂，可不断有效地打破包围在工件表面的蒸汽膜和促使附着在工件表面上的氧化铁皮剥落。因此用盐水淬火的工件容易获得高硬度和光洁的表面，且不会产生淬不硬的软点。但是盐水在 300℃～200℃以下温度范围内，冷却能力仍像清水那样相当强，能使工件变形加重，甚至发生开裂。此外，盐水对工件有锈蚀作用，淬过火的工件必须进行清洗。

熔融状态的碱浴和硝盐浴也常用作淬火冷却介质。碱浴在高温区的冷却能力比油强而比水弱，而硝盐在高温区的冷却能力比油略弱。在低温区域，碱浴和硝盐浴的冷却能力都比油弱。因此碱浴和硝盐浴广泛用作截面不大、形状复杂、变形要求严格的工具钢的分级淬火或等温淬火的冷却介质。

总之，水和盐水主要适用于形状简单、要求较深的淬硬层和硬度高而均匀、变形要求不严格的碳钢零件的淬火。

2) 油

油是一类冷却能力较弱的淬火冷却介质。淬火用油主要为各种矿物油。油淬的优点是低温区的冷却速度远低于水，有利于减小工件的变形和开裂倾向；缺点是在高温区冷却速度小，容易造成过冷奥氏体的分解，不利于碳素钢的淬硬，故油淬只适合过冷奥氏体稳定性高的合金钢。

因此，在实际生产中，油主要用作过冷奥氏体稳定性好的合金钢和尺寸小的碳钢零件的淬火冷却介质。

4. 淬火冷却方法

现有的淬火介质不能完全满足淬火质量的要求，需要考虑适当的淬火方法，以保证获得所需要的淬火组织和性能，并尽量减小淬火应力、工件变形和开裂倾向。生产中，最常用的淬火方法有：单介质淬火、双介质淬火、马氏体分级淬火和贝氏体等温淬火。此外，还有预冷淬火、局部淬火、深冷淬火、冷处理等。

1) 单介质淬火

单介质淬火是将奥氏体化后的钢件淬入一种介质中连续冷却以获得马氏体组织的淬火方法，也称单液淬火。其冷却曲线如图 5-27 中曲线 1 所示。这种方法操作简单，易实现机械化与自动化，适用于形状简单的碳钢和合金钢。一般碳钢(淬透性低)用水作为介质，合金钢和尺寸为 3～10 mm 的小碳钢件可用油作为介质。

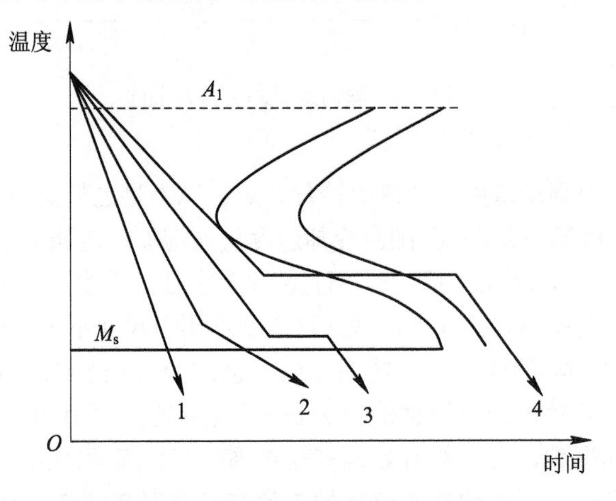

图 5-27　各种淬火方法冷却示意图

单介质淬火法的缺点是不容易满足淬火件的质量要求，水淬内应力大，变形开裂倾向大；油淬容易造成硬度不足或不均匀。故单介质淬火不适合形状复杂、质量要求高的工件。

2) 双介质淬火

双介质淬火是先将奥氏体化后的钢件淬入冷却能力较强的介质中冷却至接近 M_S 温度时快速转入冷却能力较弱的介质中冷却，直至完成马氏体转变的淬火方法其冷却曲线如图 5-27 中曲线 2 所示。在工业生产中常用先水淬后油冷，故又称为水淬油冷法；有时也用先水淬后空冷，称为水淬空冷法。

这种淬火法利用了两种介质的优点，获得了较为理想的冷却条件；在保证工件获得马氏体组织的同时，减小了淬火应力，能有效防止工件的变形或开裂，常用于直径较大、形状简单的低合金钢件或容易产生淬火缺陷的复杂形状碳钢件。使用双介质淬火法，工件在两种介质中的转换时间(或温度)不易控制，并且无法克服工件表里温差大的缺点，对操作人员操作水平和实践经验要求高，否则难以保证淬火质量。

3) 马氏体分级淬火

马氏体分级淬火是将奥氏体化后的钢件淬入温度稍高于或略低于 M_S 的盐浴或碱浴炉中，保持到工件内外温度接近介质温度后取出，使其在缓慢冷却(空冷)条件下发生马氏体转变，其冷却曲线如图 5-27 中曲线 3 所示。这种淬火方法显著降低了淬火应力，因而更为有效地减小或防止了淬火工件的变形和开裂。因受盐浴或碱浴炉冷却能力的限制，它只适用于处理截面尺寸较小、形状较复杂并要求淬火应力小的工件，如高碳工具钢及合金工具钢的工、模具等。

4) 贝氏体等温淬火

贝氏体等温淬火是将奥氏体化后的钢件淬入温度高于 M_S 的介质中，在贝氏体转变温度区间等温保持足够时间，以获得下贝氏体组织的一种淬火工艺。其冷却曲线如图 5-27 中曲线 4 所示。这种淬火方法处理的工件为下贝氏体组织，强度高、韧性好，不需要回火；同时因淬火应力很小，故工件淬火变形极小。但生产周期长，效率低，淬火介质的冷却能力有限，故贝氏体等温淬火多用于处理形状复杂、尺寸较小、精度要求高且具有较高硬度和韧性的合金钢零件。

5) 冷处理

冷处理就是将淬火冷却到室温的工件继续冷却至 0℃以下，使残留奥氏体转变为马氏体的处理方法，它是工件淬火的后续处理。冷处理温度为 −60℃～−80℃，可用干冰，更低温度的冷处理常称为深冷处理，如 −196℃的液氮处理。

淬火钢通过冷处理来消除残留奥氏体，可以提高淬火钢的硬度，稳定工件尺寸，防止工件在使用中发生畸变，还可以提高钢的铁磁性，提高渗碳工件的疲劳性能。冷处理对于精密量具、模具、柴油机偶件等具有重要意义。

5.4.3 钢的回火

回火是将淬火钢加热到临界点 A_{c1} 以下的某一温度，保温后以适当方式冷却到室温的一种热处理工艺。回火一般在淬火后随即进行，淬火与回火常作为零件的最终热处理工艺。

未经淬火的钢，回火是没有意义的。而淬火钢不经回火一般也不能直接使用，这是因为：

(1) 钢件淬火时会产生很大的内应力，如不及时消除，将会引起工件的变形甚至开裂。

(2) 淬火组织中的马氏体和残余奥氏体都处于亚稳定状态，室温下会自发地向稳定组织转变，从而引起工件形状、尺寸和性能的变化。

(3) 淬火钢强度、硬度高，但弹性、塑性和韧性都很低，无法满足实际使用性能的要求。

1. 回火的主要目

(1) 减小或消除内应力，降低钢的脆性，防止工件进一步变形和开裂。

(2) 促进马氏体和残余奥氏体的分解，转变为平衡或接近平衡的稳定组织，以稳定工件的尺寸和形状。

(3) 调整工件的内部组织，以获得所需要的力学性能(强度、硬度、塑性和韧性的良好配合)。

(4) 对于某些高淬透性的钢，空冷即可淬火，采用回火软化既可降低硬度，又能缩短软化周期。

2. 淬火钢在回火时的组织转变

淬火碳钢在回火过程中的组织转变主要发生在加热阶段。随着回火温度的升高，淬火钢的组织变化大致可以分为四种：马氏体分解、残余奥氏体分解、碳化物的形成和变化、α 相的回复和再结晶。如图 5-28 所示，在各种组织变化阶段，马氏体中的含碳量、残余奥氏体的含量、淬火内应力以及碳化物尺寸都要发生相应变化。

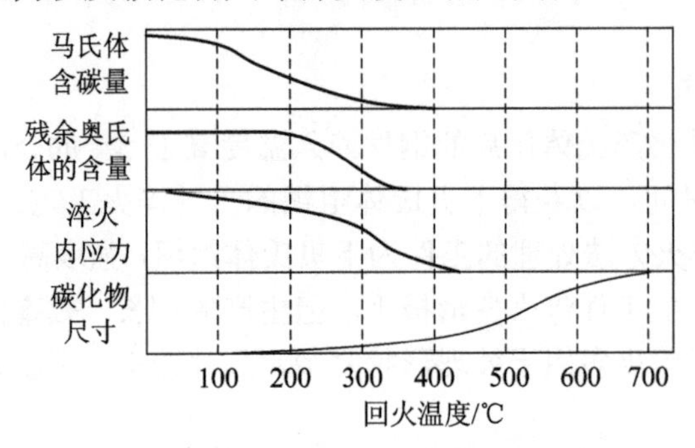

图 5-28　淬火钢在回火过程中的变化

1) 马氏体分解

当回火温度低于 100℃时，马氏体中 C 原子开始发生偏聚，但组织没有明显转变；回火温度在 100℃～200℃时，马氏体发生分解，从过饱和 α 固溶体中析出弥散的且与母相保持共格联系的 ε 碳化物[①]随着回火温度的升高，马氏体含碳量不断降低；直到 350℃左右，马氏体分解基本结束，α 相中的含碳量降至接近平衡浓度，此时的 α 相仍保持板条状或针片状特征。

2) 残余奥氏体转变

淬火碳钢加热到 200℃时，残余奥氏体开始分解，转变为 ε 碳化物和过饱和 α 相的混合物，即转变为下贝氏体或回火马氏体。α 相中的含碳量与马氏体在相同的温度下分解后的含碳量相近。到 300℃时残余奥氏体分解基本完成。

3) 碳化物的转变

当回火温度升至 250℃～400℃时，扩散过程加快，马氏体进一步分解转变为渗碳体(Fe_3C，弥散的颗粒状)和含碳量趋于平衡的铁素体(仍保留马氏体的针状或板条状)；亚稳定的 ε 碳化物转变为稳定的碳化物，即从 α 相中析出细粒状渗碳体。这种转变在 350℃左右进行较快，结果 ε 碳化物被渗碳体代替，从此碳化物与母相之间已不再有共格联系。

4) 渗碳体聚集长大和 α 相再结晶

当回火温度升至 400℃以上时，渗碳体开始聚集长大；淬火碳钢经高于 500℃回火后，渗碳体已为粒状；当回火温度超过 600℃时，细粒状渗碳体迅速粗化。与此同时，在 400℃以上铁素体发生回复；当回火温度升到 600℃以上时，铁素体发生再结晶，失去板条状或针(片)状形态，成为多边形铁素体。

① ε 碳化物，分子式为 $Fe_{2,4}C$，具有正交晶格结构，与马氏体保持共格关系，属亚稳相。

3. 回火组织与性能

淬火钢在回火过程中的组织转变尽管是在不同温度范围进行的，但温度范围多半交叉重叠，即同一回火温度，可能有几种转变，因此得到的回火组织较为复杂。根据回火温度范围的不同，大致可将碳钢的主要回火组织分为三类：回火马氏体、回火托氏体、回火索氏体。

1) 回火马氏体

由马氏体分解得到的过饱和 α 固溶体和 ε 碳化物所组成的混合物称为回火马氏体，符号 $M_{回}$。

图 5-29 回火马氏体显微组织

通常，在 150℃～350℃之间回火时，高碳淬火钢得到由细小的 ε 碳化物和较低过饱和度的针片状 α 相组成的回火马氏体，如图 5-29 所示为回火马氏体显微组织；中碳淬火钢得到的回火马氏体仍保持板条状和针片状形态；低碳淬火钢只发生 C 原子的偏聚而无碳化物析出，其形态仍保持板条状不变。

总之，回火马氏体仍保留着淬火组织马氏体的形态，因而，回火马氏体仍具有高硬度和高耐磨性，但淬火应力大大降低，脆性减弱。

2) 回火托氏体

淬火碳钢在 350℃～500℃范围内回火得到的组织为回火托氏体，符号 $T_{回}$。常见的回火托氏体是由大量弥散分布的细粒状渗碳体和极细小针(片)状铁素体组成。在光学显微镜下，尚未再结晶的铁素体基体上分布的渗碳体颗粒难以分辨，如图 5-30 所示。这时，钢的硬度降低，淬火应力基本消除，屈服强度和抗拉强度都得到提高，尤其是弹性极限达到最高值。

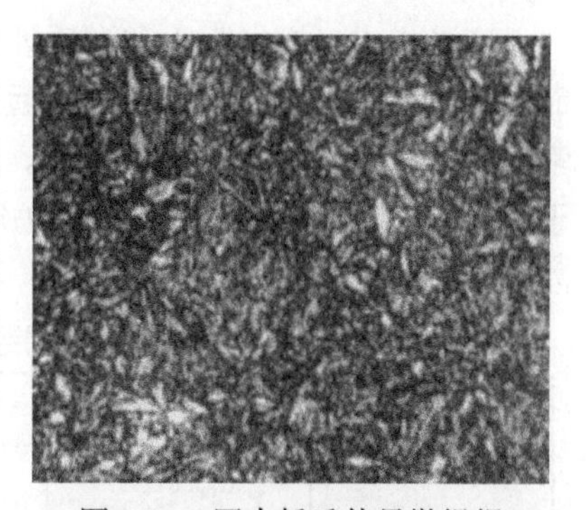

图 5-30 回火托氏体显微组织

3) 回火索氏体

淬火碳钢在 500℃～650℃范围内回火得到的组织为多边形铁素体基体上分布着粗粒状碳化物，称为回火索氏体，符号 $S_{回}$。在光学显微镜下，渗碳体颗粒能清楚分辨，如图 5-31 所示为回火索氏体显微组织。此时，淬火应力完全消除，硬度下降显著，强度、硬度、塑性、韧性达到良好匹配，即钢的综合力学性能良好。

图 5-31 回火索氏体显微组织

如果温度进一步升高到 A_1 以下，渗碳体颗粒进一步粗化，通常把多边形铁素体和较大粒状渗碳体组成的组织称为回火珠光体。

4. 回火种类及应用

淬火钢回火后的组织和性能决定于回火温度。按回火温度范围的不同，可将钢的回火分为三类：低温回火、中温回火、高温回火。为防止回火后重新产生内应力，一般回火后进行空冷，冷却方式对回火组织的性能影响不大。

1) 低温回火

低温回火温度范围一般为 150℃～250℃，得到回火马氏体($M_{回}$)组织。淬火钢经低温回火后仍保持高硬度和高耐磨性，而淬火应力和脆性大大降低。对各种高碳钢、工具钢、冷冲模具钢、滚动轴承钢及渗碳、耐磨零件通常采用低温回火，回火后硬度一般为 58～64HRC。低碳钢淬火后为板条马状氏体，本身为强韧组织，工程上一般在 200℃以下回火或不回火，以保持其强韧性。

2) 中温回火

中温回火温度范围通常为 350℃～500℃，得到回火托氏体($T_{回}$)组织。淬火钢经中温回火后，硬度为 35～50HRC，具有较高的弹性极限和屈服极限，并有一定的塑性和韧性。中温回火主要用于各种弹簧和热作模具的处理。

3) 高温回火

高温回火温度范围通常为 500℃～650℃，得到回火索氏体($S_{回}$)组织，硬度为 200～330HBW。淬火钢经高温回火后，在保持较高强度的同时，又具有较好的塑性和韧性，即综合机械性能较好。通常，将中碳钢淬火加高温回火获得索氏体组织的热处理工艺称为调质。它广泛应用于处理各种重要的结构零件，如在交变载荷下工作的连杆、螺栓、齿轮及轴类等。

应当指出，钢经正火和调质处理后的硬度值很接近，但重要的结构零件一般采用调质而不用正火。这是由于调质处理后的组织为回火索氏体，其中的渗碳体呈粒状；而正火后索氏体组织中的渗碳体是层片状。因此，钢经调质后不仅强度高，塑性和韧性更是显著高于正火组织。表 5-2 所示为 45 钢(ϕ20 mm～ϕ40 mm 试棒)分别经调质和正火处理后力学性能的比较。

表 5-2　45 钢经调质和正火处理后的力学性能比较

热处理方法	力 学 性 能				组　织
	R_m/ MPa	A/ %	K /J	HBW	
调质	750～850	20～25	64～96	210～250	回火索氏体
正火	700～800	15～20	40～64	163～220	索氏体＋铁素体

调质处理一般作为最终热处理，也可作为表面淬火和化学热处理的预先热处理。因为钢调质后硬度不高，便于通过切削加工获得较好的表面质量。

除了上述三种回火方法外，某些高合金钢还在 A_1 以下 20℃至 40℃温度进行高温软化回火，其目的是获得回火珠光体组织，以代替球化退火。

5. 回火脆性

图 5-32 所示为钢的冲击韧性和回火温度之间的关系。由图 5-32 可见，淬火钢回火时，其冲击韧性并非随着回火温度的升高而单调地提高，在 250℃～400℃和 450℃～650℃两个温度区间内出现明显下降，这种脆化现象称为钢的回火脆性。回火脆性分为第一类回火脆性和第二类回火脆性。

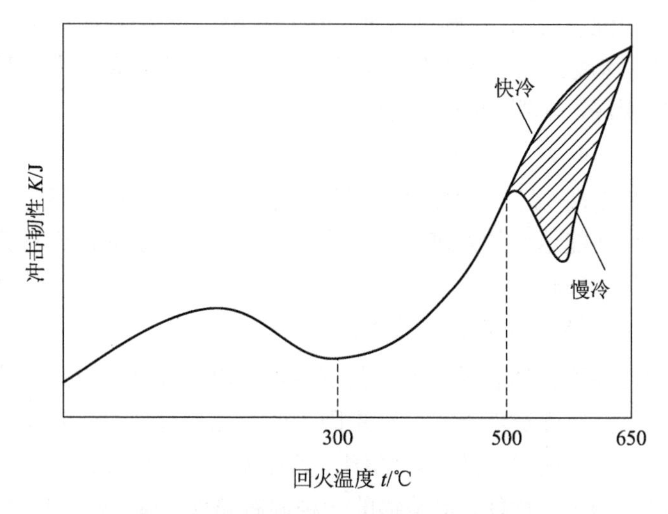

图 5-32　钢的冲击韧性与回火温度的关系

1) 第一类回火脆性(低温回火脆性)

几乎所有的淬火钢在 300℃左右回火时都会出现低温回火脆性，这种在 250℃～350℃温度范围内出现的回火脆性也称为第一类回火脆性，它与冷却速度无关。一般认为，低温回火脆性是由于马氏体分解在其晶界上析出断续的薄壳状渗碳体，降低了晶界断裂强度，使裂纹容易沿着晶界形成与扩展，因而导致脆性断裂。这种回火脆性一旦产生，就不易消除，因此又称为不可逆回火脆性。为了防止低温回火脆性，只有避开这个回火温度。

2) 第二类回火脆性(高温回火脆性)

淬火钢在 500℃～650℃温度范围内回火出现的脆性称为高温回火脆性，又称为第二类回火脆性。这类回火脆性主要出现在含 Cr、Ni、Mn、Si 等合金元素的钢中。这类回火脆性与冷却速度有关，即当淬火钢在 550℃左右加热和保温后，快冷不产生脆性，而慢冷则会产生明显的脆化现象。若将已产生脆化的钢重新加热到 550℃左右保温并快速冷却，则可消除脆性；反之，若将已消除脆性的钢重新加热到高温回火温区，然后缓慢冷却，则脆性又会再次出现。因此高温回火脆性又称可逆回火脆性。

一般认为，回火脆性的产生主要与 P、Sb、Sn、As 等有害杂质元素在原奥氏体晶界偏聚有关，这些杂质削弱了奥氏体晶界上原子间的结合，从而降低了晶界断裂强度。

高温下，Ni、Cr、Mn 等合金元素不断促进上述杂质元素向原奥氏体晶界偏聚，所以增大了高温回火脆性倾向。在钢中加入 Mo、W 等合金元素，能抑制杂质元素向晶界偏聚，可有效减轻或消除这类回火脆性倾向。

5.4.4　钢的淬透性

淬透性是钢的一个重要的热处理工艺性能，它是根据使用性能合理选择钢材和正确制定热处理工艺的重要依据。

1. 钢的淬透性与淬硬性

1) 淬透性

钢的淬透性是指钢在淬火时获得淬硬层(马氏体组织)的能力，其大小用钢在规定条件下淬火获得的淬硬层深度表示。淬硬层深度一般规定为工件表面至半马氏体区(马氏体组织含量占 50%)之间的深度。钢的含碳量、合金元素含量以及淬火加热温度是影响淬透性的主要因素。淬硬层越深，表明钢的淬透性越好。

2) 淬硬性

淬透性和淬硬性是两个不同的概念，淬硬性是指钢在淬火时的硬化能力，以钢在理想条件下进行淬火硬化所能达到的最高硬度来表示。淬硬性主要取决于马氏体的含碳量。淬火后硬度值越高，淬硬性越好。

3) 淬透性、淬硬性和淬硬层深度的关系

淬透性和淬硬性并无必然联系。如过共析碳钢的淬硬性高，但淬透性差；而低碳合金钢的淬硬性虽然不高，但淬透性很好。这是因为合金元素含量对淬硬性没有显著影响，但对淬透性却有很大影响。所以淬透性好的钢，其淬硬性不一定高。

淬透性是钢的一种工艺性能，也是钢的一种固有属性，与工件的尺寸、冷却介质无关；它是在尺寸、冷却介质相同时，不同材料的淬硬层深度之间的比较。

同一种钢的淬硬层深度与工件的尺寸、冷却介质有关。具体工件的淬硬层深度是指在实际淬火条件下得到的半马氏体区至工件表面的距离，它受钢的淬透性、工件尺寸及淬火介质的冷却能力等诸多因素的影响。工件尺寸小，介质冷却能力强，淬硬层深。

4) 影响淬透性的因素

钢的淬透性在本质上取决于过冷奥氏体的稳定性。因此，凡是影响过冷奥氏体稳定性的因素，都影响钢的淬透性。过冷奥氏体的稳定性主要决定于钢的化学成分和奥氏体化温度。也就是说，钢的含碳量、合金元素及其含量以及淬火加热温度是影响淬透性的主要因素。除 Co、Al(> 2%)外，所有溶于奥氏体的合金元素都可不同程度地提高淬透性。另外，奥氏体的均匀性、晶粒大小及是否存在第二相等因素都会影响钢的淬透性。

2. 淬透性的测定及表示方法

测定钢的淬透性最广泛使用的方法是末端淬火试验法(简称端淬法)，其有关细则可参见国家标准 GB/T 225—2006。此外，临界直径测定法也有应用。

1) 末端淬火试验法

(1) 淬透性曲线的绘制。

末端淬火试验采用ϕ25mm × 100mm 的标准试样，经奥氏体化后迅速放在末端淬火装置上，如图 5-33(a)，对其下端进行喷水冷却。水柱的自由喷出高度为 65 mm。试样上距末端越远的部分，冷却速度越低，因而硬度也相应地逐渐下降。

将末端淬火冷却后的试样沿着轴线方向相对两侧面各磨去 0.2～0.5 mm，获得两个相互平行的窄条平面。然后从试样的末端开始，每隔 1.5 mm，测量一个硬度值，即可得到试样沿轴线方向的硬度分布曲线，这就是钢的淬透性曲线。

图 5-33(b)是 45 钢和 40Cr 钢的淬透性曲线。由图 5-33 可见，随着至水冷端的距离增大，45 钢的硬度比 40Cr 钢下降得快，表明 40Cr 钢的淬透性比 45 钢好。图 5-33(c)是钢的半马氏体区硬度与钢含碳量的关系。配合运用图 5-33(c)和 5-33(b)，就可以找出对应钢的半马氏体区至水冷端的距离。该距离越大，钢的淬透性越好。

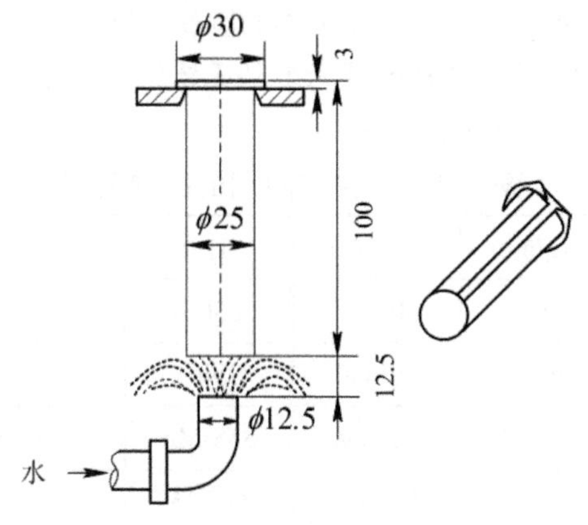

(a) 末端淬火实验法示意图

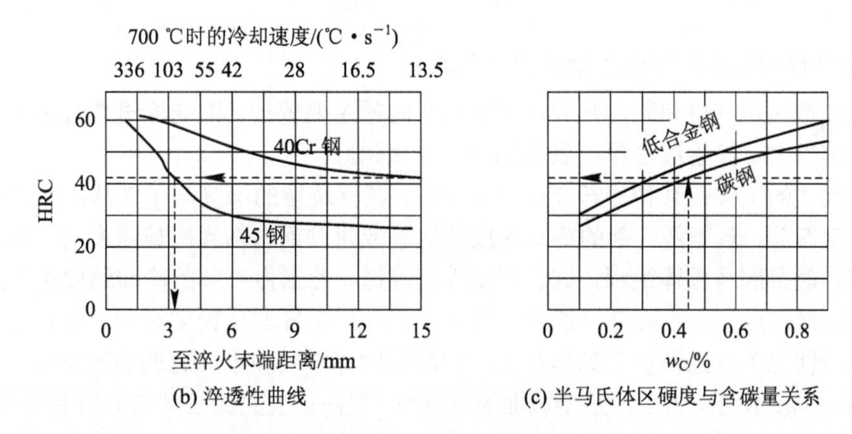

(b) 淬透性曲线　(c) 半马氏体区硬度与含碳量关系

图 5-33 末端淬火试验法测定钢的淬透性

钢的淬透性通常用 $J\dfrac{\mathrm{HRC}}{d}$ 表示，其中 J 表示末端淬透性，d 表示至水冷端的距离，HRC 为在该处测得的硬度值。例如 $J\dfrac{35}{12}$ 表示距水冷端 12 mm 处的硬度值为 35 HRC，$J\dfrac{45\sim50}{6}$ 表示距水冷端 6 mm 处的硬度值为 45～50HRC。

(2) 淬透性曲线的应用。

根据淬透性曲线可以比较不同钢种的淬透性。首先从钢的半马氏体区硬度与含碳量的关系曲线上找出不同钢种的半马氏体区硬度值，然后过此硬度值的点作一水平线与淬透性曲线相交，交点处对应的距离即为相应钢种的半马氏体区至水冷端的距离。该距离越大，钢的淬透性就越大。

图 5-33(b)和图 5-33(c)中，带箭头的虚线示意了运用淬透性曲线比较 45 钢和 40Cr 钢淬透性的过程。可以发现，45 钢半马氏体区至水冷端的距离大约为 3.3 mm，而 40Cr 钢则为 10.5 mm 左右，显然 40Cr 钢的淬透性比 45 钢好。

2) 临界直径测定法

临界直径测定法是钢经加热奥氏体化后，在某种介质中淬火，心部得到全部马氏体或 50%马氏体组织时的最大直径，以 D_C 表示。同一介质中淬火，D_C 越大，钢的淬透性越好。

临界直径测定法首先制作一系列直径不同的圆棒，淬火后分别测定各试样截面上沿直径分布的硬度 U 曲线，从中找到中心恰好为半马氏体组织的试棒，该圆棒直径即为临界直径。表 5-3 所示为几种常用钢的临界直径。

表 5-3　几种常用钢的临界直径

钢号	$D_{C水}$/mm	$D_{C油}$/mm	心部组织	钢号	$D_{C水}$/mm	$D_{C油}$/mm	心部组织
45	10～18	6～8	50% M	65Mn	25～30	17～25	95% M
60	20～25	9～15	50% M	9SiCr	—	40～50	95% M
40Cr	20～36	12～24	50% M	35SiMn	40～46	25～34	95% M
20CrMnTi	32～50	12～20	50% M	GCr15	—	30～35	95% M
T8～T12	15～18	5～7	95% M	Cr12	—	200	90% M

3. 淬透性对钢热处理后力学性能的影响

钢的淬透性是选材和制定热处理工艺规程时的主要依据。钢的淬透性对热处理后的力学性能影响很大。淬透层越深，表明钢的淬透性越好。

一定尺寸的工件在某种冷却介质中淬火时，其淬透层的深度与工件从表面到心部各点的冷却速度有关，若工件心部的冷却速度能达到或超过钢的临界冷却速度 v_k，则工件从表面到心部均能得到马氏体组织，这表明工件已淬透。若工件心部的冷却速度达不到 v_k，仅外层冷却速度超过 v_k，则心部只能得到部分马氏体或全部非马氏体组织，这表明工件未淬透。在这种情况下，工件从表到里是由一定深度的淬透层和未淬透的心部组成。

如图 5-34(a)所示，当工件整个截面被淬透时，工件从表面到心部均能得到马氏体组织，回火后表面和心部组织、性能均匀一致。否则，工件未淬透时，心部只能得到部分马氏体或全部非马氏体组织，工件表面和心部组织不同，回火后整个表面上硬度虽然近似一致，但未淬透部分的屈服强度和韧性却显著降低，如图 5-34(b)所示。

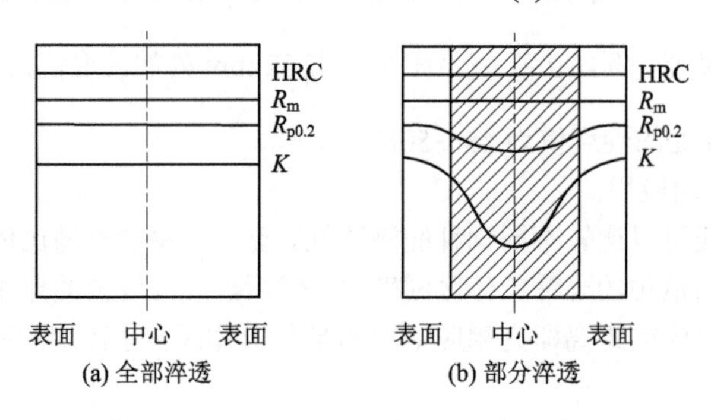

图 5-34　淬透性对钢调质后力学性能的影响

工件的淬透层深度与钢件尺寸及淬火介质的冷却能力有关。工件尺寸越小，淬火介质冷却能力越强，则钢的淬透层深度越大；反之，工件尺寸越大，淬火介质冷却能力越弱，则钢的淬透层深度就越小。

4. 淬透性在选材中的应用

由图 5-34 可知，钢的机械性能受淬透性的影响很大，因此设计人员在根据工件的服役条件和性能要求选材时，必须充分考虑淬透性这一重要因素。

机械制造中许多大截面、形状复杂的工件和在动载荷下工作的重要零件，以及承受轴向拉伸和压缩的连杆、螺栓、拉杆、锻模等，常要求表面和心部的力学性能一致，故应选用淬透性好的钢；受交变应力和振动的弹簧，为避免因心部未淬透，工作时易产生塑性变形而失效，也应选用淬透性好的钢。

对于承受弯曲、扭转应力(如轴类)以及表面要求耐磨并承受冲击力的模具(如冷镦凸模等)，因应力主要集中在工件表层，因此不要求全部淬透，可选用淬透性较低的钢，只要保证淬透层深度为工件半径的1/3～1/2即可。

焊接件一般不选用淬透性好的钢，否则易在焊缝和热影响区出现淬火组织，造成焊接件变形和开裂。

由于工件的淬透层深度受到工件有效尺寸的影响，一些大尺寸工件往往不能淬透，并且工件截面尺寸越大，淬透层深度相对越小。因此，在机械设计中，不能将小尺寸试样的性能数据用于大尺寸工件的设计计算中。

低淬透性钢制造的大尺寸工件，采用正火代替调质处理，不仅更为经济，而且性能也相差不大。

5.5　钢的表面淬火

表面淬火是采用快速加热的方法使工件表面奥氏体化，然后快冷获得表层淬火组织的一种热处理工艺。

很多承受弯曲、扭转、摩擦和冲击的零件，其表面要比心部承受更高的应力。因此，要求零件表面应具有高的强度、硬度和耐磨性，而心部在保持一定强度、硬度的条件下，应具有足够的塑性和韧性。显然，采用表面淬火的热处理工艺，能使工件达到这种表硬心韧的性能要求。

表面淬火是钢表面强化的方法之一，由于其具有工艺简单、生产率高、热处理缺陷少等优点，因而在工业生产中获得了广泛的应用。根据加热方法的不同，表面淬火可分为感应加热表面淬火、火焰加热表面淬火、电接触加热表面淬火、电解液加热表面淬火及激光加热表面淬火等。其中应用最广泛的是感应加热与火焰加热表面淬火方法。

1. 感应加热表面淬火

1) 感应加热的基本原理

感应加热是利用电磁感应原理，使工件表面产生密度很高的感应电流，将工件表层迅速加热。

如图5-35所示，将工件放入感应圈内，当感应圈中通过一定频率交流电时会产生交变磁场，于是工件

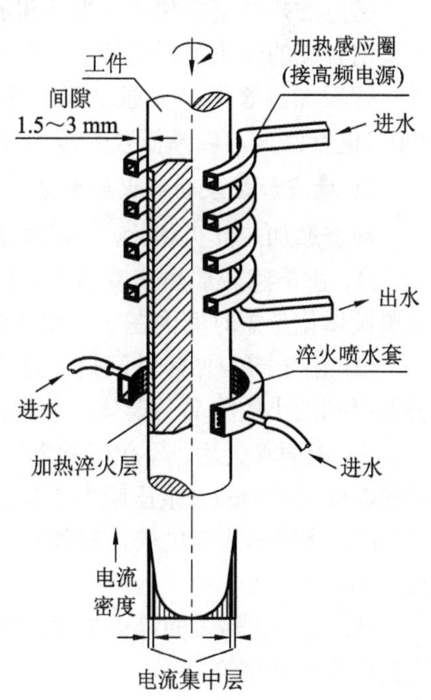

图5-35　感应加热表面淬火示意图

内就会感应产生同频率的感应电流。由于感应电流沿工件表面形成封闭回路，故通常称为涡流。涡流在工件中的分布由表面到心部呈指数规律衰减。因此，涡流主要分布在工件表面，工件心部电流密度几乎为零，这种现象称为集肤效应。感应加热就是利用感应电流的集肤效应和热效应将工件表面迅速加热到淬火温度的。

感应电流透入工件表层的深度δ(mm)主要取决于电流频率f(Hz)，关系如下：

$$\delta_{20}=\frac{20}{\sqrt{f}}\ \ (20℃冷态),\qquad \delta_{800}=\frac{500\sim600}{\sqrt{f}}\ \ (800℃以上热态)$$

这种关系表明，电流频率越高，电流透入深度越浅，则工件表层被加热的厚度越薄，即淬透层深度越小。同样频率时，δ_{800}远大于δ_{20}，这是因为钢被加热到磁性转变点以上温度时，失去磁性，磁导率急剧下降，导致电流透入深度急剧增加。

2) *感应加热表面淬火的种类*

根据所用电流频率的不同，感应加热表面淬火可分为三类，其有效淬硬深度、主要特征和应用范围见表5-4。

表5-4　感应加热的种类、有效淬硬深度、主要特征和应用范围

种类	常用频率/kHz	有效淬硬深度/mm	主要特征	应用范围
高频感应淬火	200～300	0.5～2.0	淬硬层较薄	适用于中、小模数齿轮及中、小尺寸轴类零件
中频感应淬火	2.5～8	2～10	淬硬层较深	适用于大、中模数齿轮和较大尺寸轴类零件
工频感应淬火	0.05	10～15	不需要变频设备，淬硬层深	适用于轧辊、火车车轮等大直径零件

感应加热速度极快，一般不进行加热保温。为保证奥氏体化质量，感应加热表面淬火可采用较高的淬火加热温度，一般可比普通淬火温度高100℃～200℃。

感应加热表面淬火通常采用喷射介质冷却。工件经表面淬火后，一般应在180℃～200℃进行回火，以降低残余应力和脆性。

3) *感应加热表面淬火的特点*

与普通加热淬火相比，感应加热表面淬火有以下主要特点：

(1) 由于感应加热速度极快，钢的奥氏体化温度明显升高，奥氏体化时间显著缩短，即奥氏体化是短时间内在一个很宽的温度范围内完成的。

(2) 由于感应加热时间短、过热度大，使得奥氏体形核多，且不易长大，因此淬火后表面得到细小的隐晶马氏体，硬度比普通淬火的高2～3HRC，韧性也明显提高。

(3) 表面淬火后，不仅工件表层强度高，而且由于马氏体转变产生的体积膨胀，在工件表层造成了有利的残余压应力，从而有效地提高了工件的疲劳强度并降低了缺口敏感性。

(4) 感应加热速度快、时间短，工件一般不会发生氧化和脱碳；同时由于心部未被加热，淬火变形小。

(5) 感应加热表面淬火的生产效率高，便于实现机械化和自动化；但因设备费用昂贵，不宜用于单件生产。

(6) 感应加热表面淬火主要适用于中碳和中碳低合金结构钢，例如40钢、45钢、40Cr

钢、40MnB 等。

2. 火焰加热表面淬火

火焰加热表面淬火是指利用氧-乙炔(或其他可燃气)火焰对零件表面直接加热，随之立即喷水冷却，以获得表面硬化效果的淬火方法，如图 5-36 所示。火焰温度很高，约达 3000℃以上，能将工件迅速加热到淬火温度。通过调节烧嘴位置和移动速度，可以获得不同厚度的淬硬层。一般火焰加热淬火的淬硬层深度为 2～8 mm。若要获得更深的淬硬层，往往会引起工件表面的严重过热，且易产生淬火裂纹。

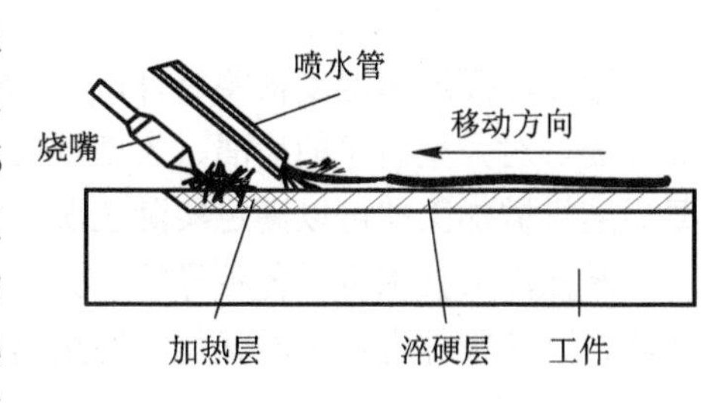

图 5-36 火焰加热表面淬火示意图

火焰加热表面淬火工件的材料，多用中碳钢(如 45 钢)以及中碳合金结构钢(如 45Cr 钢)等。如果材料的含碳量太低，则淬火后硬度较低；若碳和合金元素含量过高，则易淬裂。火焰加热表面淬火法还可用于对铸铁件(如灰铸铁)进行表面淬火。

火焰加热表面淬火的优点是：设备简单，操作方便，成本低；适用于多品种、单件或小批量生产，对处理大型零件的表面有优势。其缺点是：生产效率低；淬火质量受操作者个人水平的影响较大，容易出现表面过热、过烧局部表面融化等缺陷；只适用于方便喷射的表面，不适用于薄壁件。

3. 其他表面淬火方法

1) 电接触加热表面淬火

电接触加热的原理如图 5-37 所示。当电源经调压器降压后，电流通过压紧在工件表面的滚轮与工件形成回路，利用滚轮与工件之间的高接触电阻实现快速加热，滚轮移去后即进行自激冷淬火。

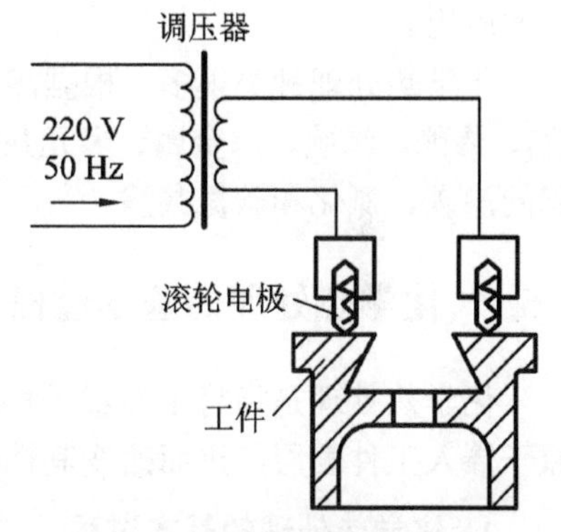

图 5-37 电接触加热原理

电接触加热表面淬火可显著提高工件表面的耐磨性、抗擦伤能力，而且其设备及工艺费用很低，工件变形小，工艺简单，不需要回火，目前已用于机床导轨、气缸套等。其缺点是硬化层薄(0.15～0.35 mm)，形状复杂的工件不宜采用。

2) 激光加热表面淬火

激光加热表面淬火是利用激光将材料表面加热到相变点以上温度，随着材料自身冷却，奥氏体转变为马氏体，从而使材料表面硬化的淬火技术，其原理如图 5-38 所示。

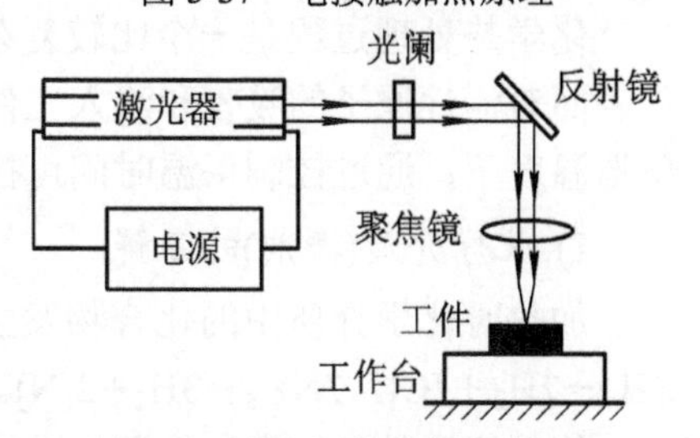

图 5-38 激光加热表面淬火原理

激光加热表面淬火的功率密度高，冷却速度快，不需要水或油等冷却介质，是清洁、快速的淬火工艺。与感应加热表面淬火、火焰加热表面淬火工艺相比，激光加热表面淬火淬硬层均匀，硬度高(一般比常规淬火高 6～10 HRC)，工件变形小，加热层深度和加热轨迹容易控制，易于实现自动化，不需要像感应加热表面淬火那样根据不同的零件尺寸设计相应的感应线圈，因此在很多工业领域中正逐步取代感应加热表面淬火和化学热处理等传统工艺。尤其重要的是激光加热表面淬火前后工件的变形几乎可以忽略，因此特别适合高精度要求的零件表面处理。

激光淬硬层的深度依照零件成分、尺寸与形状以及激光工艺参数的不同，一般在 0.3～2.0 mm。对大型齿轮的齿面、大型轴类零件的轴颈进行淬火，表面粗糙度基本不变，不需要后续机械加工就可以满足实际工况的需求。

激光淬火技术可对各种导轨、大型齿轮、轴颈、气缸内壁、模具、减振器、摩擦轮、轧辊、滚轮零件进行表面强化，适用材料为中、高碳钢和铸铁。

5.6 钢的化学热处理

化学热处理是将工件置于特定介质中加热和保温，使介质中的活性原子渗入工件表层，改变表层的化学成分和组织，从而达到改进表层性能的一种热处理工艺。与表面淬火相比，化学热处理后的工件表层不仅有组织的变化，而且有化学成分的变化，所以，化学热处理使工件表层性能提高的程度超过了表面淬火。

化学热处理不仅可以显著提高工件表层的硬度、耐磨性、疲劳强度和耐腐蚀性能，而且能够保证工件心部具有良好的强韧性。因此，化学热处理在工业生产中已获得越来越广泛的应用。

化学热处理种类很多，根据渗入元素的不同，可分为渗碳、渗氮(氮化)、碳氮共渗(氰化)、渗硼、渗硫、渗金属、多元共渗等。在机械制造工业中，最常用的化学热处理工艺有钢的渗碳、氮化和碳氮共渗。

5.6.1 化学热处理的基本过程

化学热处理是指将工件置于特定的化学介质中加热保温，使介质中一种或几种元素的原子渗入工件表层，进而改变其性能的热处理工艺。

1. 化学热处理的基本过程

化学热处理过程是一个比较复杂的过程。一般将它看成由化学介质(渗剂)的分解、工件表面对活性原子的吸收和渗入工件表面的原子向内部扩散三个基本过程组成。在一定的保温温度下，通过控制保温时间可控制扩散层深度。

1) 化学介质(渗剂)的分解

加热时化学介质中的化合物发生分解并释放出待渗元素的活性原子(或离子)。例如：$CH_4 \rightarrow 2H_2 + [C]$，$2NH_3 \rightarrow 3H_2 + 2[N]$。

值得注意的是：作为化学介质的物质必须具有一定的活性，即具有易于分解出被渗元素原子的能力。然而并非所有含被渗元素的物质都能作为渗剂。例如 N_2 在普通渗氮温度下就不能分解出活性 N 原子，因此不能作为渗氮的渗剂。

2) 工件表面的吸收

活性原子被钢件表面吸附和溶解并与钢中某些元素形成化合物。刚分解出的活性原子

(或离子)碰到工件时，首先被工件表面所吸附；而后溶入工件表面，形成固溶体；在活性原子浓度很高时，还可能在工件表面形成化合物。

3) 工件表面原子向内部扩散

工件表面吸收被渗元素的活性原子后，造成了工件表面与心部的浓度差，促使被渗元素的原子由高浓度表面向内部的定向迁移，从而形成一定深度的扩散层。

2. 化学热处理种类

化学热处理的种类很多，以适应不同的目的。如渗碳和碳氮共渗可提高钢表面硬度、耐磨性及抗疲劳性能；渗氮和渗硼可显著提高钢表面的耐磨性和耐腐蚀性；渗铬使材料表面具有耐蚀性和耐热性；渗铝可提高钢的高温抗氧化能力；渗硫可降低摩擦系数，提高耐磨性；渗硅可提高钢件在酸性介质中的耐腐蚀性等。目前常用的化学热处理有渗碳、渗氮、碳氮共渗等。

5.6.2　钢的渗碳和渗氮

1. 钢的渗碳

将碳钢放入渗碳介质中加热保温，使活性 C 原子渗入钢件表面以获得高碳渗层的化学热处理工艺称为渗碳。渗碳的主要目的是提高工件表面的硬度、耐磨性和疲劳强度，同时保持心部具有一定强度和良好的塑性与韧性。

根据所用渗碳剂的不同，渗碳方法可分为三种，即气体渗碳、固体渗碳和液体渗碳。常用的是前两种，尤其是气体渗碳应用最为广泛。

1) 气体渗碳

气体渗碳是将工件置于密封的气体高温炉罐中(如图 5-39 所示)，加热到 900℃～950℃保温，使钢奥氏体化；同时向炉内通入易分解的液体或气体渗碳剂，渗碳剂在高温下分解出活性 C 原子，渗入工件表层并向内扩散，形成一定深度的渗碳层。

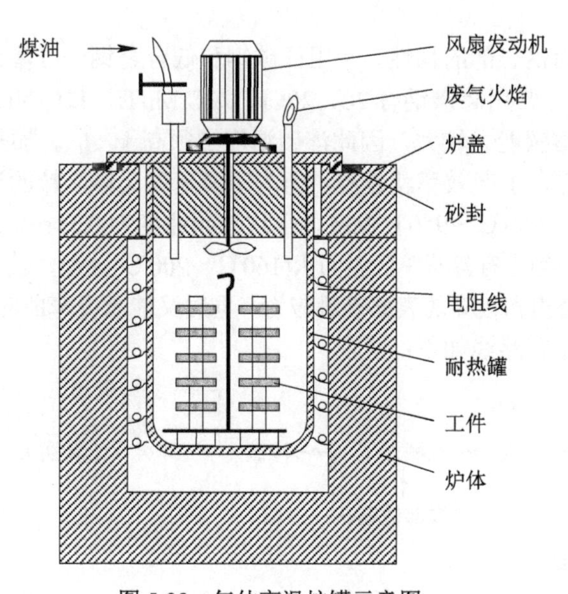

图 5-39　气体高温炉罐示意图

气体渗碳主要采用真空渗碳炉，将工件放入炉内后，先抽真空，后加热升温，再通入富碳气氛。抽真空使炉内无氧化性气体等其他不纯物质，工件表面无吸附杂质，因而表面活性强，渗碳速度快(约为普通气体渗碳的 1/3)，工件表面质量也好。

通常使用的渗碳剂是易分解的有机液体，如煤油、苯、甲醇、丙酮等。这些物质在高温下发生分解反应，产生活性 C 原子，形成渗碳条件。渗碳剂反应如下：

$$C_nH_{2mn} \rightarrow (n+m)H_2 + n[C]$$

$$2CO \rightarrow CO_2 + [C]$$

$$CO + H_2 \rightarrow H_2O + [C]$$

渗碳层深度取决于渗碳时间，一般按 0.1～0.15 mm/h 估计，或用试棒实测确定。气体渗碳法的优点是生产效率高，劳动条件好，便于直接淬火，因此在工业上得到广泛应用。其缺点是渗碳层含碳量不易控制，耗电量大。

2) *固体渗碳*

固体渗碳是将工件装入渗碳箱中，周围填满固体渗碳剂，密封后送入加热炉内，进行加热渗碳，如图 5-40 所示。渗碳温度一般也为 900℃～950℃。固体渗碳剂一般是主渗剂(木炭粒)和少量催化剂(碳酸盐，如 $BaCO_3$、Na_2CO_3)组成的混合物。渗碳速度大约为 0.1 mm/h。渗碳剂反应如下：

$$BaCO_3 \rightarrow BaO + CO_2 \qquad CO_2 + C \rightarrow CO$$

$$2CO \rightarrow CO_2 + [C] \qquad CO_2 + BaO \rightarrow BaCO_3$$

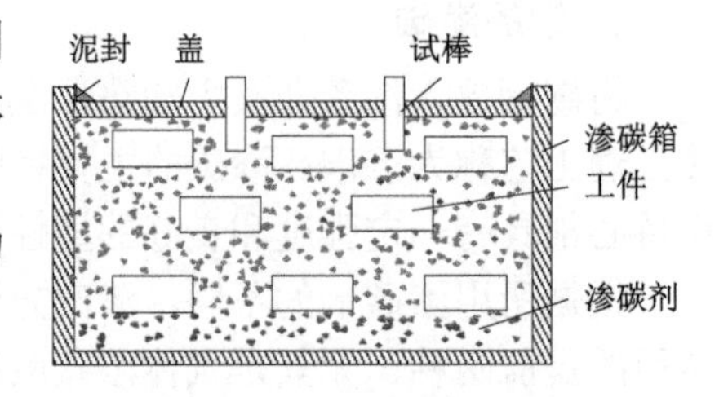

图 5-40　固体渗碳法示意

生成的活性 C 原子被钢件表面吸收达到渗碳效果。

固体渗碳的优点是设备简单，成本较低，大小零件均可采用。其缺点是生产效率低，劳动条件差，渗碳后不能直接淬火。

3) *渗碳工艺*

为了保持渗碳后钢心部的韧性，常用低碳钢和低合金钢进行渗碳工艺，一般取含碳量为 0.1%～0.3%的钢。常用渗碳钢有 20、20Cr、20CrMnTi、12CrNi、20MnVB 等。

由于奥氏体的溶碳能力较大，因此渗碳温度必须高于 A_{c3}。加热温度越高，渗碳速度就越快，渗碳层越厚，生产效率就越高。但为了避免奥氏体晶粒的过分长大，渗碳温度不能太高，通常控制在 900℃～950℃保温，平均渗碳速度为 0.15～0.2 mm/h。

渗碳后的工件必须进行淬火＋低温回火(160℃～200℃)处理，使其兼有高碳钢和低碳钢的性能，既能承受磨损和较高的表面接触应力，同时又能承受弯曲应力及冲击载荷的作用。

渗碳件的一般工艺路线如下：

锻造 → 正火 → 机械加工 → 渗碳 → 淬火＋低温回火 → 精加工

（机械加工 → 局部镀铜 → 渗碳；渗碳 → 去碳机加工 → 淬火＋低温回火）

4) *渗碳后的组织*

低碳钢和低碳合金钢渗碳后，表层含碳量最高，可达过共析成分(最佳 $w_C \approx 0.85\%$～

1.05%)，由表往里碳浓度逐渐降低。所以渗碳件缓冷后，自表面至心部组织依次为过共析组织(珠光体+二次渗碳体)、共析组织(珠光体)、亚共析组织(珠光体+少量铁素体)的过渡层直至渗碳钢的原始成分(铁素体+少量珠光体)，低碳钢($w_C \approx 0.2\%$)渗碳缓冷后的显微组织如图 5-41 所示。

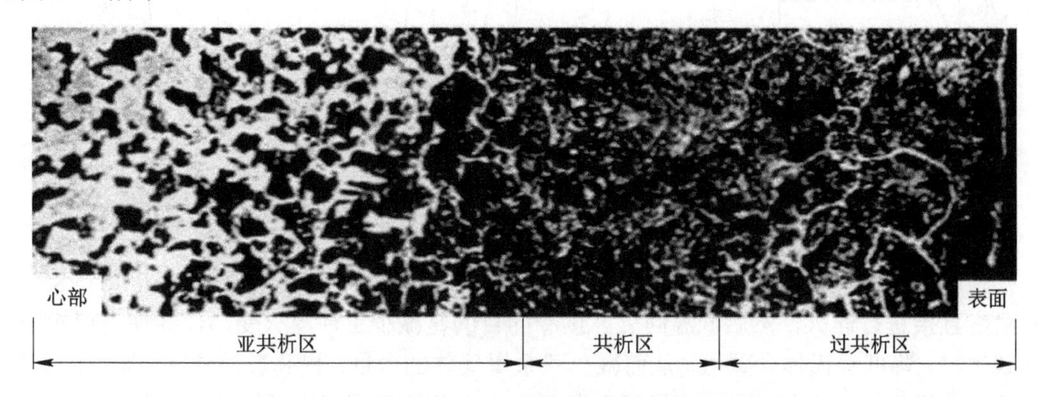

图 5-41 低碳钢($w_C \approx 0.2\%$)渗碳缓冷后的显微组织

一般规定，从表面到过渡层一半处的厚度为渗碳层的厚度。渗碳层的厚度主要根据零件的工作条件来确定。渗碳层太薄，易产生表面疲劳剥落；太厚则使承受冲击载荷的能力降低。一般机械零件的渗碳层厚度在 0.5～2.0 mm 之间。工作中磨损轻、接触应力小的零件，渗碳层可以薄些；渗碳钢含碳量较低时，渗碳层应厚些；合金钢的渗碳层可以比碳钢的薄些。表 5-5 所示是气体渗碳时不同渗碳温度下经过不同渗碳时间可达到的渗层厚度。

表 5-5 气体渗碳时渗碳层厚度与渗碳温度和时间的关系

保温时间/h	不同温度下的渗层厚度/mm				保温时间/h	不同温度下的渗层厚度/mm			
	850℃	900℃	950℃	1000℃		850℃	900℃	950℃	1000℃
1	0.4	0.53	0.74	1.00	9	1.12	1.60	2.23	3.05
2	0.53	0.76	1.04	1.42	10	1.17	1.70	2.36	3.20
3	0.63	0.94	1.30	1.75	11	1.22	1.785	2.46	3.35
4	0.77	1.07	1.50	2.00	12	1.30	1.85	2.50	3.35
5	0.84	1.24	1.68	2.26	13	1.35	1.93	2.61	3.68
6	0.91	1.32	1.83	2.46	14	1.40	2.00	2.77	3.81
7	1.00	1.42	1.98	2.55	15	1.45	2.10	2.81	3.92
8	1.04	1.52	2.11	2.80	16	1.50	2.13	2.87	4.06

5) *渗碳后的热处理*

为了充分发挥渗碳层的作用，使渗碳件表面获得高硬度和高耐磨性，必须对其进行淬火+低温回火(180℃～200℃)处理才能使用。根据工件材料和性能要求的不同，淬火方法通常有三种：预冷直接淬火、一次淬火、二次淬火。渗碳后常用热处理方法的工艺曲线如图 5-42 所示。

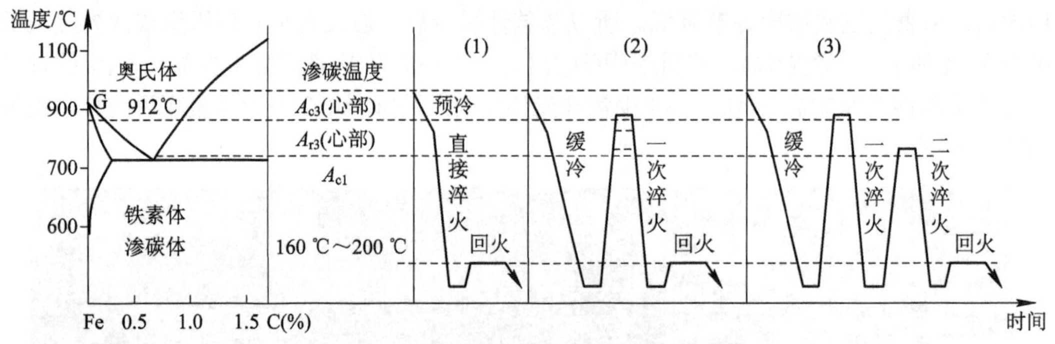

图 5-42 渗碳后常用热处理方法的工艺曲线

(1) 预冷直接淬火+低温回火。

预冷直接淬火+低温回火即将工件渗碳后预冷到略高于心部 A_{r3}(一般 800℃～850℃)的温度直接进行淬火，然后低温回火。预冷的目的是减少工件淬火变形，并使表层析出一些碳化物，降低奥氏体含碳量，从而减少残余奥氏体的含量，提高表面硬度。低温回火后，工件表层组织为回火马氏体+少量残余奥氏体；心部为低碳回火马氏体+铁素体。

这种方法不需要重新加热，减少了工件脱碳和变形，工艺简单，效率高，成本低。但由于渗碳温度高，加热时间长，奥氏体晶粒易粗大，淬火后残余奥氏体的含量较多，使工件性能下降，仅适用于本质细晶粒钢或耐磨性和承载要求低的零件。

这种方法一般适用于气体或液体渗碳，固体渗碳时较难采用。

(2) 一次淬火+低温回火。

一次淬火+低温回火即在渗碳件出炉缓慢冷却下来后，再重新加热淬火并低温回火。与直接淬火相比，一次淬火可使钢的组织得到一定程度的细化。

加热温度的选择应兼顾表层和心部组织，使表层不过热同时心部又能最大程度强化，或者偏重心部或表面的强化。

对于要求心部有较高强度和较好韧性的零件，淬火温度应略高于心部成分的 A_{c3}(一般为 820℃～850℃)，这样可以细化晶粒，使心部不出现游离铁素体，表层不出现网状渗碳体。经低温回火后，表层组织为回火马氏体+少量残余奥氏体，心部为低碳回火马氏体。

对于心部强度要求不高而要求表面有较高硬度和耐磨性的工件，淬火温度应略高于 A_{c1}；对介于两者之间的渗碳件，要兼顾表层与心部的组织及性能，淬火温度可选在 A_{c1}～A_{c3} 之间(一般为 780℃～810℃)。低温回火后，表层组织为回火马氏体+颗粒状渗碳体+少量残余奥氏体；心部淬透时表层组织为低碳回火马氏体+铁素体，心部未淬透时表层组织为原始组织(铁素体 + 珠光体)。

一次淬火 + 低温回火适用于固体渗碳后的碳钢和低合金钢工件，气体、液体渗碳的粗晶粒钢，某些渗碳后不宜直接淬火的工件及渗碳后需机械加工的零件。

(3) 二次淬火法+低温回火。

二次淬火法+低温回火即渗碳后让工件缓慢冷却下来，然后重新加热淬火两次，再进行低温回火。

第一次淬火(或正火)是为了细化心部组织和消除表层网状二次渗碳体，加热温度应为 A_{c3} 以上 30℃～50℃(通常为 850℃～870℃)；第二次淬火是为细化工件表面渗碳层组织，获得细针状马氏体和均匀分布的粒状二次渗碳体，加热温度为 A_{c1} 以上 30℃～50℃。

二次淬火法工艺复杂，生产周期长，成本高，工件易变形，只适用于对表面耐磨性和心部韧性要求高的零件或本质粗晶粒钢。

二次淬火法+低温回火后，渗碳钢表层组织为细小的回火马氏体+颗粒状渗碳体+少量残余奥氏体；心部淬透时为低碳回火马氏体，心部未淬透时为索氏体+铁素体。

渗碳钢经过淬火+低温回火处理后，一般表面硬度达到58～64 HRC，而心部仍然保持良好的塑性和韧性。

(4) 其他后续热处理。

对于渗碳后不进行机械加工的高合金钢，淬火+低温回火后，表层残余奥氏体较多，可经冷处理(−80℃～−70℃)促使奥氏体转变，从而提高表面硬度和耐磨性。

对于Cr-Ni的合金钢，渗碳、油冷淬火后常增加一次或多次高温回火使马氏体和残余奥氏体分解，从而表面渗碳层中的碳和合金元素以碳化物形式析出，便于切削加工及淬火后残余奥氏体减少。然后再进行加热淬火+低温回火，淬火温度一般为840℃～860℃，油淬，适合于18CrNi4A等渗碳轴承钢和22CrNi2MoNbH等工程机械传动齿轮用钢的渗碳热处理工艺。

2. 钢的渗氮

渗氮是指在一定温度的介质中使N原子渗入工件表层的化学热处理工艺，通常称为氮化。

与渗碳相比，钢件氮化后表层不仅具有更高的硬度和耐磨性，而且具有高的疲劳强度、耐热性和耐腐蚀性。氮化后的工件表层硬度高达950～1200 HV，相当于65～70 HRC。

常用的渗氮方法有气体渗氮和离子渗氮。

1) 气体渗氮

目前较为广泛应用的氮化工艺是气体渗氮，即将氨气通入加热到氮化温度的密封氮化罐中，使其分解出活性N原子，分解反应式：$2NH_3 \rightarrow 3H_2 + 2[N]$。活性N原子被钢的表层吸收并向内扩散，形成渗氮层(如AlN、CrN、MoN、TiN、WN等氮化物)。渗氮温度低于A_{c1}，一般为500℃～600℃。

N原子的渗入使渗氮层内形成残留压应力，可提高疲劳强度；渗氮层表面由致密、连续的氮化物组成，使工件具有很高的耐腐蚀性；渗氮温度低，工件变形小。

气体渗氮前零件需经调质处理，获得回火索氏体组织，以提高心部的性能。调质处理温度一般高于渗氮温度。气体渗氮主要用于耐磨性和精度要求很高的精密零件或承受交变载荷的重要零件，以及要求耐热、耐腐蚀、耐磨的零件，如镗床主轴、高速精密齿轮、阀门和压铸模等。

2) 离子渗氮

离子渗氮的基本原理是：在低真空中的直流电场作用下，迫使电离的N原子高速冲击作为阴极的工件，并使其渗入工件表面。

离子渗氮的特点是渗氮速度快，时间短；渗氮层质量好，脆性小，工件变形小；省电无公害，操作条件好；对材料适应性强，如碳钢、合金钢、铸铁等均可进行离子渗氮。但对形状复杂或截面相差悬殊的零件，渗氮后很难同时达到相同的硬度和渗氮层深度，且设备复杂，操作要求严格。

3) 渗氮的特点及应用

与渗碳相比，渗氮的特点如下：

(1) 渗氮件表面硬度高，耐磨性好，具有较高的热硬性。

(2) 渗氮件疲劳强度高。这是由于渗氮后表层体积增大，产生压应力，脆性较大。

(3) 渗氮件变形小。这是由于渗氮温度低，而且渗氮后不再进行热处理。

(4) 渗氮件耐腐蚀性好。这是由于渗氮后表层形成一层致密的化学稳定性高的 ε 相。

由于渗氮工艺复杂，成本高，渗氮层薄而脆，不能承受太大的接触应力和冲击载荷。因此，其主要用于耐磨性及精度均要求很高的传动件，或用于要求耐热、耐磨及耐腐蚀的零件。如高精度机床丝杠、镗床及磨床的主轴、精密传动齿轮和轴、汽轮机阀门及阀杆等。

3. 碳氮共渗(氰化)

碳氮共渗是指同时向工件表面渗入 C 原子和 N 原子的化学热处理工艺，也称为氰化。其主要目的是提高工件表面的硬度和耐磨性。氰化主要有液体氰化和气体氰化两种。液体氰化介质为氰盐，有毒，很少应用。气体氰化按共渗温度又分为高温(900℃～950℃)、中温(700℃～880℃)和低温(< 570℃)气体氰化。

1) 低温气体氰化

低温碳氮共渗其实质是以渗氮为主的化学热处理工艺，其主要目的是提高钢的耐磨性和抗咬合性，常用尿素或甲酰胺等作为渗剂，共渗温度低(500℃～570℃)。但由于活性 C 原子和 N 原子共存，比其他渗氮处理时间短，保温时间一般为 2～4 h，渗层深度为 0.1～0.4 mm，形成很薄的化合物层(0.01～0.02 mm)，硬度为 570～680HV(54～60HRC)。

工件经碳氮共渗后，共渗层的硬度比纯气体氮化低，又称气体软氮化。但仍具有较高的硬度、耐磨性和疲劳强度；深层韧性好，不易剥落，具有减磨的特点，在润滑不良或高磨损条件下，有抗咬合、抗擦伤的优点；由于处理时间短，温度低，因此工件变形小。软氮化后一般不需再进行其他热处理或机械加工就可直接使用。

软氮化不受钢种限制，适合于碳钢、合金钢、铸铁等材料，多用于模具、量具及耐磨零件如汽车齿轮、曲轴等的处理。

2) 中温气体氰化

中温气体氰化是将钢件放入密封炉罐内加热，并向炉内滴入煤油或其他渗碳剂，同时通入氨气，也称为碳氮共渗。其工艺与气体渗碳相似，以渗碳为主。渗氮气体中的 CH_4、CO 与氨气发生反应如下：

$$NH_3 + CO \rightarrow HCN + H_2O，NH_3 + CH_4 \rightarrow HCN + 3H_2，2HCN \rightarrow H_2 + 2[C] + 2[N]$$

碳氮共渗温度为 830℃～850℃，保温时间 1～2 h 后渗层可达 0.2～0.5 mm，表层 w_C 约为 0.7%～1.0%、w_N 约为 0.155%～0.5%。由于表面未形成化合物层，因此共渗后要进行淬火、低温回火；由于共渗温度不高，晶粒不会长大，因此一般用直接淬火法。最后，共渗层表面组织为回火马氏体、粒状碳氮化合物和少量残余奥氏体，渗层深度一般为 0.3～0.8 mm；心部组织一般为低碳或中碳回火马氏体，淬透性极差的钢心部会出现极细珠光体和铁素体。

气体碳氮共渗用钢大多数为低碳或中碳的碳钢及合金。其优点是氮的渗入使碳的渗入加快，从而使共渗温度降低，处理时间缩短，生产效率提高；变形小；表面硬度、耐磨性抗蚀性、疲劳强度较渗碳件高，但耐磨性和疲劳强度低于渗氮件。常用于处理汽车及机床上的齿轮、凸轮、蜗杆和活塞销等零件。

3) 高温气体氰化

高温气体氰化温度过高，不常用。

4. 表面淬火及化学热处理工艺的比较

为便于了解表面淬火、渗碳、渗氮及碳氮共渗这四种化学热处理工艺的特点和性能，现对它们进行比较，如表 5-6 所示。

表 5-6 表面淬火、渗碳、渗氮及碳氮共渗化学热处理工艺比较

工艺方法	表面淬火	渗碳	渗氮	碳氮共渗
工艺过程	表面加热＋低温回火	渗碳＋淬火＋低温回火	渗氮	渗氮共渗＋淬火＋低温回火
生产周期	很短，几秒到几分钟	长，3～9 h	很长，20～50 h	短，1～2 h
硬化层深度/mm	0.5～7	0.5～2	0.3～0.5	0.2～0.5
硬度/HRC	58～63	58～63	65～70 (950～1100HV)	58～63
耐磨性	较好	良好	最好	良好
疲劳强度	良好	较好	最好	良好
耐腐蚀性	一般	一般	最好	较好
热处理后变形	较小	较大	最小	较小
应用举例	机床齿轮、曲轴	汽车齿轮、爪形离合器	油泵齿轮、制动器凸轮	精密机床主轴、丝杠

5.7 热处理技术条件的标注及工序位置的安排

1. 热处理技术条件的标注

设计人员应根据零件的工作条件，提出性能要求，再根据性能要求选择材料，并提出最终热处理技术条件，这些条件将作为最终热处理生产及检验的依据，其内容包括热处理方法以及需要达到的力学性能指标等。

力学性能指标一般只标出硬度值，并允许在一个范围内波动，一般布氏硬度波动范围在 30～40 个单位；洛氏硬度在 5 个单位。例如，调质 220～250HBW 或淬火回火 40～45HRC。

对于力学性能要求较高的重要件，如主轴、齿轮、曲轴、连杆等，还应标出强度、塑性和韧性指标。对于渗碳或渗氮件应标出渗碳或渗氮部位、渗层深度，渗碳淬火回火或渗氮后的硬度等。表面淬火零件应标明淬硬层深度、硬度及部位等。

一般在图纸上既可直接用文字对热处理技术条件扼要说明，也可采用 GB/T 12603—2005 规定的代号和技术条件来标注，其标记规定如下：

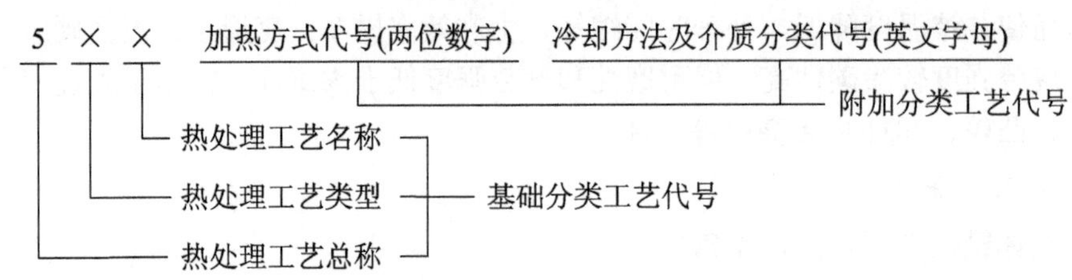

此标记中，基础分类工艺代号由三位数字组成，第一位数字 5 表示热处理工艺总称，第二、三位数字分别表示工艺类型、工艺名称。对基础工艺中某些具体实施条件有明确要求时，使用附加分类工艺代号；其中加热方式代号采用两位数字；退火工艺、淬火冷却介质和冷却方法代号采用英文字母。

各部分的热处理工艺代号见表 5-7。附加分类工艺代号顺序按表 5-7 中第 4、5、6 列的顺序标注；某一层次不需特殊要求则用“0”代替；当冷却介质和冷却方法需要用表中第 6 列中两个以上字母表示时，用“+”连接，例如 H + M 代表盐浴分级淬火。化学热处理中，没有标明渗入元素的，可在其代号后用括号标注元素符号。多工序热处理，用“—”连接各工序的工艺代号，后面工序代号省略“5”。

例如，某螺栓热处理工艺代号 515—33—01，表示整体调质和表面可控气氛渗碳。

表 5-7　热处理工艺代号

<table>
<tr><th>工艺总称(代号)</th><th>工艺类型(代号)</th><th>工艺名称(代号)</th><th>加热方式(代号)</th><th>退火工艺(代号)</th><th>淬火冷却介质和冷却方法(代号)</th></tr>
<tr><td rowspan="20">5</td><td rowspan="8">整体热处理(1)</td><td>退火(1)</td><td rowspan="20">可控气氛气体(01)
真空(02)
盐浴(03)
感应(04)
火焰(05)
激光(06)
电子束(07)
等离子体(08)
固体装箱(09)
流态床(10)
电接触(11)</td><td rowspan="20">去应力退火(St)
均匀化退火(H)
再结晶退火(R)
石墨化退火(G)
脱氢处理(D)
球化退火(Sp)
等温退火(I)
完全退火(F)
不完全退火(P)</td><td rowspan="20">空气(A)
油(O)
水(W)
盐水(B)
有机聚合物水溶液(Po)
盐浴(H)
加压淬火(Pr)
双介质淬火(I)
分级淬火(M)
等温淬火(At)
形变淬火(Af)
气冷淬火(G)
冷处理(C)</td></tr>
<tr><td>正火(2)</td></tr>
<tr><td>淬火(3)</td></tr>
<tr><td>淬火和回火(4)</td></tr>
<tr><td>调质(5)</td></tr>
<tr><td>稳定化处理(6)</td></tr>
<tr><td>固溶处理、水韧处理(7)</td></tr>
<tr><td>固溶处理 + 时效(8)</td></tr>
<tr><td rowspan="5">表面热处理(2)</td><td>表面淬火和回火(1)</td></tr>
<tr><td>物理气相沉积(2)</td></tr>
<tr><td>化学气相沉积(3)</td></tr>
<tr><td>等离子体增强化学气相沉积(4)</td></tr>
<tr><td>离子注入(5)</td></tr>
<tr><td rowspan="7">化学热处理(3)</td><td>渗碳(1)</td></tr>
<tr><td>碳氮共渗(2)</td></tr>
<tr><td>渗氮(氮化)(3)</td></tr>
<tr><td>氮碳共渗(4)</td></tr>
<tr><td>渗其他非金属(5)</td></tr>
<tr><td>渗金属(6)</td></tr>
<tr><td>多元共渗(7)</td></tr>
</table>

2. 热处理工序位置的安排

合理安排热处理工序位置，对保证零件质量和改善切削加工性能有重要意义。按目的和工序位置不同，热处理可分为预先热处理和最终热处理，其工序位置安排如下。

1) 预先热处理

预先热处理包括退火、正火、调质(又称为中间热处理)等。一般均安排在毛坯生产之后、切削加工之前，或粗加工之后、半精加工之前。

退火和正火是最常用的预先处理工艺，目的是消除坯件的某些缺陷，降低应力，细化组织，调整硬度，为切削加工和淬火做组织准备。退火、正火的工序位置为毛坯生产→退火(或正火)→粗加工(+ ……)。

调质处理一般安排在粗加工之后，目的是提高零件的综合力学性能。调质件的工艺路线为下料→锻造→正火(或退火)→粗加工(留余量)→调质→半精加工(或精加工)(+ ……)。

在实际生产中，灰铸铁件、铸钢件和某些无特殊要求的锻钢件，经退火、正火或调质后，已能满足使用性能要求，不再需要进行最终的热处理。

2) 最终热处理

最终热处理包括淬火、回火、渗碳、渗氮等。零件经最终热处理后硬度较高，除磨削等修整加工外不宜再进行其他切削加工，因此工序位置一般安排在半精加工之后、磨削加工之前。

(1) 整体淬火，其工艺路线为下料→锻造→退火(或正火)→粗加工、半精加工(留磨量)→淬火 + 低温回火→磨削。

(2) 表面淬火，其工艺路线为下料→锻造→退火(正火)→粗加工→调质→精加工→表面淬火 + 低温回火→磨削。

(3) 渗碳件的工艺路线为下料→锻造→正火→粗加工、半精加工(留防渗余量)→渗碳→精加工→淬火 + 低温回火→磨削。

(4) 氮化件，当要求微变形和极高硬度时采用渗氮处理，其工艺路线为下料→锻造→退火→粗加工→调质→半精加工→去应力退火→粗磨→渗氮→精磨。

5.8 热处理新技术和新工艺

1. 可控气氛热处理

为了使工件表面不发生氧化脱碳现象或对工件进行化学热处理，向炉内通入可控制成分的气氛，称为可控气氛热处理。在进行渗碳、碳氮共渗等化学热处理工艺操作中，这种处理可以防止工件氧化脱碳或使已脱碳的工件表面复碳，保持奥氏体中碳浓度的稳定性，提高热处理件的质量。可控气氛热处理炉应具有炉膛密封良好、炉内保持正压、炉内气氛均匀、装设安全装置、炉内构件抗气氛侵蚀等特点，通过不断改进生产装置，便于实现机械化、自动化等优点。

2. 真空热处理

真空热处理是指热处理工艺的全部或部分在真空状态下进行的工艺技术。其所包含的技术主要有真空高压冷淬火技术、真空高压冷等温淬火、真空渗氮技术、真空清洗与干燥技术等。

零件经真空热处理后，变形小、质量高，且工艺操作灵活，无公害。因此真空热处理不仅是某些特殊合金热处理的必要手段，而且在一般工程用钢的热处理中也获得应用，特别是工具、模具和精密偶件等，经真空热处理后使用寿命较一般热处理有较大的提高。例如某些模具经真空热处理后，其寿命比原来盐浴处理的高 40%～400%，而有许多工具的寿命可提高 3～4 倍。此外，真空加热炉可在较高温度下工作，且工件可以保持洁净的表面，因而能加速化学热处理的吸附和反应过程。因此，某些化学热处理，如渗碳、渗氮、渗硼以及多元共渗都能在真空环境中得到更快、更好的效果。

3. 激光热处理

激光热处理是向工件表面照射高能量密度的激光束，由于功率密度极高，工件传导散热无法及时将热量传走，工件被激光照射区迅速升温到奥氏体化温度以上，当激光加热结束，因为快速加热时工件基体大，体积中仍保持较低的温度，被加热区域可以通过工件本身的热传导迅速冷却，从而实现淬火等热处理效果。

激光热处理技术与其他热处理技术相比，具有以下特点：

(1) 无须使用外加材料，仅改变被处理材料表面的组织结构。处理后的改性层具有足够的厚度，可根据需要调整深浅，一般可达 0.1～0.8 mm。

(2) 处理层和基体结合强度高。激光表面处理的改性层和基体材料之间是致密的冶金结合，而且处理层表面是致密的冶金组织，具有较高的硬度和耐磨性。

(3) 被处理件变形极小。由于激光功率密度高，与零件的作用时间很短(10^{-2}～10 s)，因此零件的热变形区和整体变化都很小，故适用于高精度零件处理，作为材料和零件的最后处理工序。

(4) 加工柔性好，适用面广。利用灵活的导光系统可随意将激光导向处理部分，从而可方便地处理深孔、内孔、盲孔和凹槽等，可进行选择性的局部处理。

由于激光热处理具有上述特性，因而其应用极为广泛，几乎可以应用于一切金属表面热处理。应用比较多的有汽车、冶金、石油、重型机械、农业机械等存在严重磨损的机器行业，以及航天、航空等高技术领域，如在汽车行业可用于缸体、缸套、曲轴、凸轮轴、阀座、摇臂、铝活塞环槽等的热处理。

4. 复合热处理

复合热处理是将两种或两种以上的热处理工艺复合，或将热处理与其他加工工艺复合，这样就能得到参与组合的几种工艺的综合效果，使工件获得优良的性能，并节约能源，降低成本，提高生产效率，如渗氮与高频淬火的复合、淬火与渗硫的复合、渗硼与粉末冶金烧结工艺的复合等。锻造余热淬火和控制轧制就属于复合热处理，它们分别是锻造与热处理的复合、轧制与热处理的复合。还有一些新的复合表面处理技术，如激光加热与化学气相沉积(CVD)、离子注入与物理气相沉积(PVD)、物理化学气相沉积(PCVD)等，均具有显著的表面改性效果，在国内外的应用也日益增多。

需要指出的是，复合热处理并不是几种单一热处理工艺的简单叠加，而是要根据工件使用性能的要求和每一种热处理工艺的特点将它们有机地组合在一起，以达到取长补短、相得益彰的目的。例如，由于各种热处理工艺的处理温度不同，就需要考虑参加组合的热处理工艺的先后顺序，以避免后道工序对前道工序的抵消作用。

热处理对于充分发挥金属材料的性能潜力，提高产品的内在质量，节约材料，减少能耗，延长产品的使用寿命和提高经济效益都具有十分重要的意义。

5. 节能热处理

节能热处理，顾名思义，就是在进行各种热处理工艺时节能。其目的是节约资源，保护环境，实现持续发展，提高效益。热处理节能可通过以下途径实现：

(1) 通过有效的技术和管理使热处理能源获得最大程度的节约。

(2) 热处理加热设备应连续使用和在接近满负荷条件下工作。

(3) 减少加热设备的热损失，提高热效率。

(4) 回收利用燃烧废热、废气。

(5) 燃料在尽可能合理的条件下得到充分燃烧。

(6) 采用节能的热处理工艺。

(7) 企业设专人管理能源，并建立完善的管理制度。

热处理常见的危险因素有易燃物质、易爆物质、毒性物质、高压电、炽热物体及腐蚀性物体、致冷剂、坠落物体或进出物等。

热处理生产常见的有害因素有热辐射、电磁辐射、噪声、粉尘和有害气体等。

5.9 钢铁材料的表面处理技术

5.9.1 电镀

电镀工艺设备较简单，操作条件易于控制，镀层材料广泛(如铬、镍、铜、铁、锌等)，成本较低，因而在工业中广泛应用，是材料表面处理的重要方法。

1. 电镀的基本原理

如图 5-43 所示，电镀是将被镀金属工件作为阴极，外加直流电，使金属盐溶液的阳离子在工件表面上沉积形成电镀层。因此电镀实质上是一种电解过程，且阴极上析出物质的质量与电流强度、时间成正比。

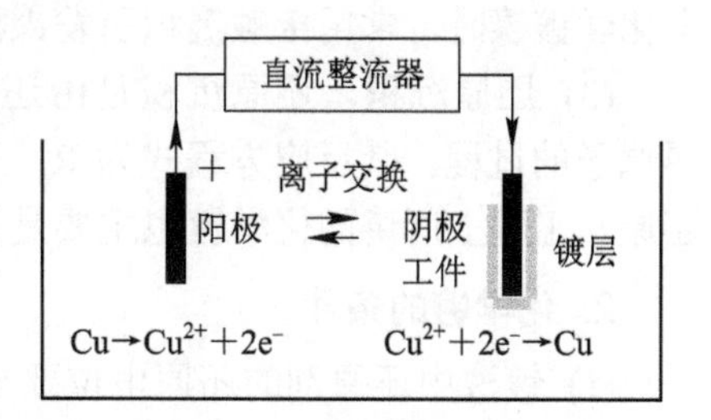

图 5-43 电镀原理(镀铜工艺)

电镀的目的是改善材料外观，提高材料的各种物理化学性能，赋予材料表面特殊的耐蚀性、耐磨性、装饰性、焊接性及电、磁、光学性能等，其镀层厚度一般为几微米到几十微米。

2. 镀层的分类

镀层种类很多，按使用性能可分为防护性镀层、防护-装饰性镀层、装饰性镀层、耐磨和减磨镀层、电性能镀层、磁性能镀层、可焊性镀层、耐热镀层、修复用镀层等。

按镀层与基体金属之间的电化学性质可分为阳极性镀层和阴极性镀层。

按镀层的组合形式可分为单层镀层、多层金属镀层、复合镀层。

按镀层成分可分为单一金属镀层、合金镀层及复合镀层。

3. 影响电镀层质量的因素

(1) 电镀层的质量体现于它的物理化学性能、力学性能、组织特征、表面特征、孔隙率、结合力和残余内应力等方面。

(2) 除了镀层金属的本性外，镀层质量还受到镀液、电镀规范、基体金属及前处理工艺等的影响。

5.9.2 化学镀

1. 化学镀的原理及方法

化学镀是指在没有外电流通过的情况下，利用化学方法使溶液中的金属离子还原为金属，并沉积在工件表面，形成镀层的一种表面加工方法。

将被镀件浸入镀液中，化学还原剂在溶液中提供电子使金属离子还原沉积在镀件表面，金属沉积一般按反应式 $M^{n+}+ne^{-}\rightarrow M$ 进行。即溶液中存在带有 n 个正价电荷的金属离子 M，当它接受 n 个电子转变为金属原子 M 时，在适当条件下在工件表面形成镀层，其还原金属离子所需电子是通过化学反应直接在溶液中产生的。化学镀的完成过程有置换沉积、接触沉积和还原沉积三种方式。

(1) 置换沉积。置换沉积是利用被镀金属 M_1(如 Fe)比沉积金属 M_2(如 Cu)的电位更低，将沉积金属离子从溶液中置换到工件表面上，又称浸镀。当金属 M_1 完全被金属 M_2 覆盖时，沉积停止，所以镀层很薄。铁浸镀铜、铜浸汞、铝镀锌就是这种置换沉积。因此，浸镀不易获得实用性镀层，常作为其他镀种的辅助工艺。

(2) 接触沉积。除了被镀金属 M_1 和沉积金属 M_2 外，还有第三种金属 M_3。在含有 M_2 离子的溶液中，将 M_1、M_3 两金属连接，电子从电位高的 M_3 流向电位低的 M_1，使 M_2 还原沉积在 M_1 上。当接触金属 M_1 也完全被 M_2 覆盖后，沉积停止。在没有自催化功能材料上化学镀镍时，常用接触沉积引发镍沉积起镀。

(3) 还原沉积。还原沉积是由还原剂被氧化而释放自由电子，把金属离子还原为金属原子的过程。其反应方程式为 $R^{n+}\rightarrow 2e^{-}+R^{(n+2)+}$ 还原剂氧化；$M^{n+}+ne^{-}\rightarrow M$ 金属离子还原。工程上所讲的化学镀也主要是指这种还原沉积化学镀。

2. 化学镀的条件

(1) 镀液中还原剂的还原电位要显著低于沉积金属的电位，使金属有可能在基材上被还原而沉积出来。

(2) 配好的镀液不产生自发分解，当与催化表面接触时，才发生金属沉积过程。

(3) 调节溶液的 PH 值、温度时，可以控制金属的还原速率，从而调节镀覆速率。

(4) 被还原析出的金属也具有催化活性，这样氧化还原沉积过程才能持续进行，镀层连续增厚。

(5) 反应生成物不妨碍镀覆过程的正常进行，即溶液有足够的使用寿命。

3. 化学镀的特点

与电镀相比，化学镀有如下的特点：

(1) 镀覆过程不需外电源驱动。

(2) 均镀能力好，形状复杂及有内孔、内腔的镀件均可获得均匀的镀层。

(3) 孔隙率低。

(4) 镀液通过维护、调整可反复使用，但使用周期是有限的。

(5) 可在金属、非金属以及有机物上沉积镀层。

4. 化学镀的应用

化学镀镀覆的金属和合金种类较多，如 Ni-P、Ni-B、Cu、Ag、Pd、Sn、In、Pt、Cr 及多种 Co 基合金等，但应用最广的是化学镀镍和化学镀铜。

化学镀层一般具有良好的耐蚀性、耐磨性、钎焊性及其他特殊的电学或磁学等性能。不同成分的镀层，其性能变化很大，因此在电子、石油、化工、航空航天、核能、汽车、印刷、纺织、机械等行业中获得日益广泛的应用。

5.9.3 气相沉积技术

气相沉积技术是指将含有沉积元素的气相物质，通过物理或化学方法沉积在材料表面形成薄膜的一种新型镀膜技术。气相沉积按其过程本质不同可分为化学气相沉积和物理气相沉积两类。

1. 化学气相沉积(CVD)

化学气相沉积是通过化学反应的方式，利用加热、等离子激励或光辐射等各种方式，在反应器内使气态或蒸气状态的化学物质在气相或气固界面上经化学反应形成固态沉积物的技术。简单来说就是将两种或两种以上的气态原材料导入一个反应室内，然后它们相互之间发生化学反应，形成一种新的材料，沉积到基体表面上。

为适应 CVD 技术的需要，选择原料、产物及反应类型等通常应满足以下几点基本要求：

(1) 反应剂在室温或不太高的温度下最好是气态或有较高的蒸气压而易于挥发成蒸气的液态或固态物质，且有很高的纯度。

(2) 通过沉积反应易于生成所需要的材料沉积物，而其他副产物均易挥发，留在气相排出或易于分离。

(3) 反应易于控制。

化学沉积的特点：沉积物种类多，可沉积金属、半导体元素、碳化物、氮化物、硼化物等，并能在大范围内控制膜的组成及晶型；能均匀涂敷几何形状复杂的零件；沉积速度快，膜层致密，与基体结合牢固；易于实现大批量生产。其缺点是加热温度较高，工件变形大，还易产生有毒气体。

2. 物理气相沉积(PVD)

物理气相沉积是把固态或液态成膜材料通过某种物理方式(高温蒸发、溅射、离子镀等)产生气相原子、分子、离子(气态、等离子态)，再经过迁移在基体表面沉积，或与其他活性气体反应形成反应产物在基体上沉积为固相薄膜的一种镀膜技术。物理沉积技术主要包括真空蒸镀、溅射镀和离子镀。

(1) 真空蒸镀。

真空蒸发镀膜(真空蒸镀)简称蒸发镀，是在真空条件下用蒸发器加热待蒸发物质，使其气化并向基板输送，在基板上冷凝形成固态薄膜的过程。

真空蒸镀的基本过程如下：

① 加热蒸发过程，包括固相或液相转变为气相的相变过程(固相或液相→气相)，每种物质在不同的温度有不同的饱和蒸气压。

② 气化原子或分子在蒸发源与基片之间的迁移，即这些粒子在环境气氛中的飞行过程。此过程中蒸发原子或分子与残余气体分子发生碰撞的次数取决于其平均自由程以及蒸发源到基片之间的距离。

③ 蒸发原子或分子在基片表团的沉积过程，即蒸气凝聚成核，核生长形成连续膜(气相→固相)的相变过程。

真空蒸镀的特点是设备、工艺及操作简单，但因气化粒子动能低，镀层与基体结合力较弱，镀层较疏松，因而镀层耐冲击、耐磨性不高。

(2) 溅射镀。

溅射镀是在真空下通过辉光放电来电离氩气，产生的氩离子在电场作用下加速轰击阴极，被溅射下来的粒子沉积到工件表面成膜的方法。入射离子轰击材料表面产生相互作用，结果会产生如图 5-44 所示的一系列物理化学现象，主要包括三类现象。

① 表面粒子运动：包括原子或分子溅射，二次电子发射，正负离子发射，溅射离子返回，杂质(气体)原子吸附或分解，光子辐射等；

② 表面物化现象：表面加热、表面清洗、表面刻蚀、表面物质的化学反应或分解；

③ 材料表面层的现象：结构损伤(点缺陷、线缺陷)、级联碰撞、离子注入、扩散、非晶化和化合相。

溅射镀的优点是气化粒子动能大，适用材料广泛(包括基体材料和镀膜材料)，均镀能力好；缺点是沉积速度慢、设备昂贵。

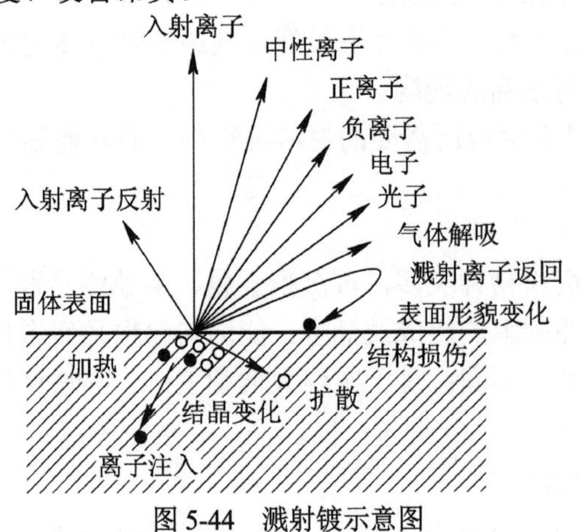

图 5-44　溅射镀示意图

(3) 离子镀。

离子镀技术是结合了真空蒸镀与溅射镀两种薄膜沉积技术而发展起来的，是指在真空条件下，利用气体放电使工作气体或被蒸发物质(镀料)部分离化，在工作气体离子或被蒸发物质的离子轰击作用下，把蒸发物或其反应物沉积在被镀物体表面的一种镀膜技术。离子镀原理如图 5-45 所示。

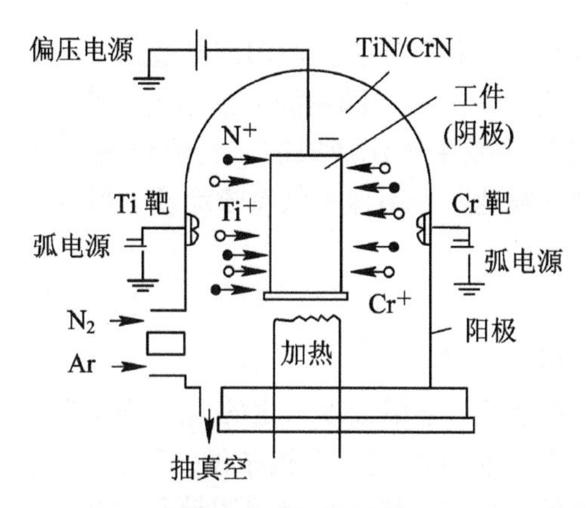

图 5-45　离子镀原理

离子镀的特点是镀层质量高，附着力强，均镀能力好，沉积速度快，但存在设备复杂、昂贵等缺点。

真空蒸镀、溅射镀、离子镀的比较见表 5-8。

表 5-8　真空蒸镀、溅射镀、离子镀的比较

方法	优　点	缺　点
真空蒸镀	工艺简便，纯度高，通过掩膜易于形成所需要的图形	蒸镀化合物时，由于热分解现象难以控制，组分比低，蒸发物质难以成膜
溅射镀	附着性好，易于保持化合物、合金的组分比	需要溅射靶，靶材需要精制，而且利用率低，不便于采用掩膜沉积
离子镀	附着性好，化合物、合金、非金属均可成膜	装置及操作均较复杂，不便于采用掩膜沉积

3. 气相沉积的特点

(1) 气相沉积都是在密封系统的真空条件下进行的，除常压化学气相沉积系统的压强约为 1 个大气压外，其余都是负压。沉积气氛在真空室内进行，原料转化率高，可以节约贵重材料资源。

(2) 气相沉积可降低来自空气等的污染，所得沉积膜或材料纯度高。

(3) 能在较低温度下制备高熔点物质。

(4) 便于制备多层复合膜、层状复合材料和梯度材料。

5.9.4　热喷涂

热喷涂技术是利用热源将喷涂材料加热至熔化或半熔化状态，并以一定的速度喷射沉积到经过预处理的工件表面形成涂层的一种工艺。热喷涂技术在普通材料的表面上，制造一个特殊的工作表面，使其具备防腐、耐磨、减摩、抗高温、抗氧化、隔热、绝缘、导电、防微波辐射等多种功能，以达到节约材料、节约能源的目的。我们把特殊的工作表面称为涂层，把制造涂层的工作方法称为热喷涂。热喷涂技术是表面过程技术的重要组成部分之一，约占表面工程技术的三分之一。

1. 涂层的结构

热喷涂层是由无数变形粒子相互交错呈波浪式堆叠在一起的层状结构，粒子之间不可避免地存在着空隙和氧化物夹杂缺陷。因喷涂方法不同，其孔隙率一般在 4%～20%，氧化物夹杂是喷涂材料在空气中发生氧化形成的。孔隙和夹杂缺陷的存在使涂层的质量降低，可通过提高喷涂温度和喷速，采用保护气氛喷涂及喷后重熔处理等方法减少或消除这些缺陷。

2. 热喷涂分类

常用的热喷涂方法有以下三种：

(1) 火焰喷涂。火焰喷涂是把金属线以一定的速度送进喷枪里，使端部在高温火焰中熔化，随即用压缩空气将其雾化并吹走，沉积在预处理过的工件表面上，多用氧-乙炔作热源，设备简单，操作方便，成本低廉，但涂层质量不太高。

(2) 电弧喷涂。电弧喷涂是在两根焊丝状的金属材料之间产生电弧，因电弧产生的热使金属焊丝逐渐熔化，熔化部分被压缩空气气流喷向基体表面而形成涂层。与火焰喷涂相比，电弧喷涂涂层结合强度高，能量利用率高，孔隙率低。

(3) 等离子喷涂。等离子喷涂是一种利用等离子弧作为热源进行喷涂的方法，具有涂层质量优良、适应材料广泛等优点，但设备复杂。

3. 热喷涂工艺

喷涂材料经过喷枪被加热、加速形成粒子流射到基体上，大致分成三个阶段：① 喷涂材料被加热熔化；② 熔化材料被雾化和喷射；③ 喷涂材料粒子的喷涂。

热喷涂工艺的过程：表面预处理→预热→喷涂→喷后处理。

表面预处理主要是在去油、除锈后，对表面进行喷砂粗化。预热主要用于火焰喷涂。喷后处理主要包括封孔、重熔等。

4. 热喷涂技术的特点及应用

(1) 用材范围广。由于热源的温度范围很宽，因而可喷涂的涂层材料几乎包括所有固态工程材料，如金属、合金、陶瓷、金属陶瓷、塑料以及由它们组成的复合物等。

(2) 喷涂过程中基体表面受热的程度较小而且可以控制，因此可以在各种材料上进行喷涂(如金属、陶瓷、玻璃、纸张、塑料等)，并且对基材的组织和性能几乎没有影响，工件变形也小。

(3) 设备简单，操作灵活。既可对大型构件进行大面积喷涂，也可在指定的局部进行喷涂；既可在工厂室内进行喷涂，也可在室外现场进行施工。

(4) 喷涂操作的程序较少，施工时间较短，效率高，比较经济。

由于喷涂材料的种类很多，所获得的涂层性能差异很大，因此，热喷涂可应用于各种材料的表面保护、强化及修复，并可满足特殊功能的需要。

5.9.5　表面形变强化

将冷形变强化用于提高金属材料的表面性能，成为提高工件疲劳强度、延长使用寿命的重要工艺措施。目前常用的有喷丸、滚压和内孔挤压等表面形变强化工艺。以喷丸强化为例，它是将高速运动的弹丸流(ϕ0.2 mm～ϕ1.2 mm 的铸铁丸、钢丸或玻璃丸)连续向零件喷射，使表面层产生极为强烈的塑性变形与加工硬化，强化层内组织结构细密，又具有表面残余压应力，使零件具有高的疲劳强度，并可清除氧化皮。表面形变强化工艺已广泛用于弹簧、齿轮、链条、叶片、火车车轴、飞机零件等，特别适用于有缺口的零件、零件的截面变化处、圆角、沟槽及焊缝区等部位的强化。

本章小结

习题与思考题

5-1 解释下列名词：

热处理 过冷奥氏体 马氏体 调质

5-2 指出 A_1、A_3、Acm 及 Ac_1、Ac_3、Accm、Ar_1、Ar_3、Arcm 的意义。

5-3 共析钢加热向奥氏体转变分为哪几个阶段？奥氏体晶核优先在什么地方形成？为什么当铁素体完全转变为奥氏体后仍然有一部分碳化物没有溶解？

5-4 何谓奥氏体的起始晶粒度、实际晶粒度和本质晶粒度？

5-5 画出共析钢的过冷奥氏体等温转变(C)曲线，以此说明各转变产物的形成条件(温度范围)、组织形态和性能特点。

5-6 根据共析钢的 C 曲线，说明 T8 钢在连续冷却条件(或等温条件)下如何获得以下组织，并指出这些组织对应哪种热处理工艺方法及冷却介质。

(1) 珠光体；(2) 索氏体；(3) 托氏体＋马氏体；(4) 下贝氏体；(5) 下贝氏体＋马氏体；(6) 马氏体。

5-7 比较亚共析钢、共析钢和过共析钢的转变曲线，说明影响奥氏体等温转变的因素主要有哪些。

5-8 已知马氏体的含碳量超过 0.6%时硬度不再随含碳量的增加而明显提高，为什么含碳量高于 0.6%的碳钢仍被广泛采用？

5-9 何谓退火？退火的目的是什么？常用的退火方法有几种？生产中如何选用？

5-10 何谓正火？正火与退火的异同点是什么？生产中如何选用退火和正火？

5-11 确定下列钢件的退火工艺，并说明其退火目的和退火后的组织。

(1) 经冷轧后的 15 钢板； (2) ZG270-500 的铸钢齿轮；

(3) 锻造过热的 60 钢坯； (4) 具有片状珠光体的 T12 钢坯。

5-12 指出下列钢件坯料正火的合理温度及正火后的组织，并说明可否改用等温退火，理由是什么。

(1) 20 钢齿轮； (2) 性能要求不高的 45 钢小轴； (3) T12 钢锉刀。

5-13 什么是淬火？淬火的目的是什么？亚共析钢和过共析钢淬火的加热温度应如何选择？试从获得的组织和性能等方面加以说明。

5-14 常用淬火方法有哪些？试说明各种常用淬火方法的优缺点及其应用范围。

5-15 一批 45 钢试件(尺寸ϕ15 mm × 10 mm)，因晶粒大小不均匀，需要进行退火处理，分别缓慢加热到① 700℃，② 840℃，③ 1100℃，保温后随炉冷至室温。

(1) 试问：这三种工艺各得到何种组织？要得到大小均匀的细小晶粒，哪种工艺比较合适？为什么？

(2) 若三种加热温度后的试件都采用在水中快速冷却，则将获得什么组织？硬度随加热温度如何变化？为什么？

5-16　将45钢和T12钢分别加热到700℃、770℃、840℃淬火，试问这些淬火温度是否正确？为什么45钢在770℃淬火后的硬度远低于T12钢在770℃淬火后的硬度？

5-17　什么是回火？为什么淬火后的钢一般都要进行回火？为什么淬火钢回火后的性能主要取决于回火温度，而不是取决于冷却速度？

5-18　按回火温度不同，回火分为哪几种？指出各种温度回火后得到的组织、性能及应用范围。

5-19　什么是回火脆性？说明回火脆性的类型及如何抑制。

5-20　试分析以下几种说法是否正确，为什么？

(1) 过冷奥氏体的冷却速度越快，钢冷却后的硬度越高。

(2) 钢经淬火后处于硬脆状态。

(3) 钢中合金元素含量越多，淬火后硬度越高。

(4) 共析钢经奥氏体化后，冷却所形成的组织主要取决于钢的加热温度。

(5) 本质细晶粒钢的晶粒总是比本质粗晶粒钢的晶粒细小。

(6) 同种钢材在相同的加热条件下，总是水冷比油冷的淬透性好，小件比大件的淬透性好。

5-21　共析钢的C曲线和冷却曲线如图5-46所示，请指出图中各点的组织及对应的热处理方法。

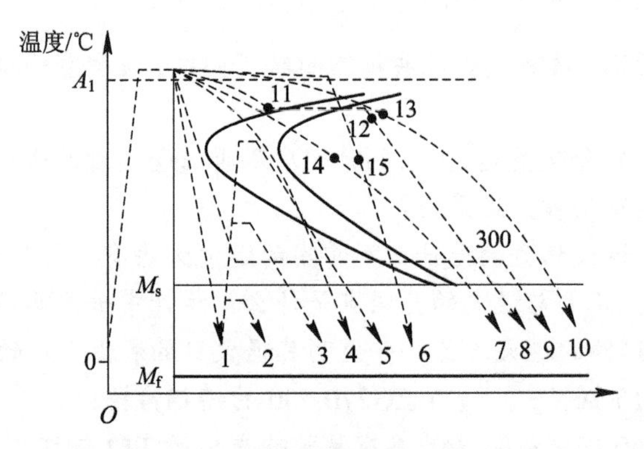

图5-46　共析钢的热处理工艺曲线

5-22　将一批45钢制的螺栓中(要求头部热处理后硬度为43～48HRC)混入少量20钢和T12钢，若按45钢进行淬火+回火处理，试问能否达到要求？分别说明为什么？

5-23　甲、乙两厂同时生产一批45钢零件，硬度要求为220～250HBW。甲厂采用调质，乙厂采用正火，均可达到硬度要求，试分析甲、乙两厂产品的组织和性能差异。

5-24　45钢经调质后硬度为240HBW，若再进行200℃回火，是否可提高其硬度？为什么？若45钢经淬火、低温回火后硬度为57HRC，再进行560℃回火，是否可降低其硬度？为什么？

5-25　钢的淬透性、淬硬性和淬硬层深度有何区别？影响淬透性和淬硬性的主要因素有哪些?

5-26 用同一种钢制造尺寸不同的两个零件，试说明：

(1) 它们的淬透性是否相同，为什么?

(2) 采用相同淬火工艺，两个零件的淬硬层深度是否相同，为什么?

5-27 钢铁材料的表面处理技术有哪些? 各有什么特点? 试比较各自的优缺点。

5-28 为什么钢经高频感应加热表面淬火后，其表面硬度一般要比普通淬火的硬度高?

5-29 两个45钢制齿轮，一个在炉中加热(加热速度为0.3℃/s)，另一个采用高频感应加热(加热速度为400℃/s)。试问：两者淬火温度有何不同? 淬火后组织和性能有何区别?

5-30 现有三个低碳钢制造的齿轮，形状、尺寸、化学成分完全相同，分别进行了普通整体淬火、渗碳淬火和高频感应淬火，试用最简单的办法将它们区分开来。

5-31 比较表面淬火与常用化学热处理方法渗碳、氮化的异同点及各自特征。

5-32 某柴油机凸轮轴，要求表面有高硬度(> 50HRC)，心部有良好韧性(KU_2 > 40J)，原采用45钢调质后，再在凸轮表面进行高频淬火、低温回火。现拟改用20钢代替45钢，试问:(1) 原45钢各热处理工序的作用;(2) 改用20钢后,其热处理工序是否应进行修改? 应采用何种热处理工艺最合适?

5-33 某厂用20钢制造齿轮，其加工路线如下：

下料→锻造→正火→粗加工、半精加工→渗碳→淬火、低温回火→磨削

试完成下列要求：

(1) 制定各热处理工序的工艺规范(温度、冷却介质)。

(2) 说明各热处理工序的作用及进行各热处理工序后得到的组织。

(3) 说明最终热处理后的表面组织和性能。

5-34 用T10钢制造形状简单的刀具，其加工路线为锻造→热处理1→切削加工→热处理2→切削，试完成下列要求：

(1) 写出各热处理工序的名称及其作用。

(2) 制定最终热处理工艺规范(温度、冷却介质)。

(3) 说明最终热处理后的表面组织和性能。

第六章　金属的强韧化及塑性变形

钢的塑性变形、合金化与钢的热处理共同构成了强化钢的三种途径，这对提高产品质量和合理使用金属材料都具有重要意义。

受力金属在外力撤销后所发生的不可恢复的永久变形称为塑性变形。塑性变形在宏观上表现为形状和尺寸的变化，实质上是材料内部原子的相对位置发生了改变；在塑性变形过程中，金属内部组织与结构发生变化，从而导致宏观力学性能的改变。

本章主要介绍金属材料强韧化机理及常用途径，金属塑性变形的实质及其机理，冷、热变形的概念及对金属组织与性能的影响，这对提高产品质量和合理使用金属材料都具有重要意义。

项目设计

(1) 以超声滚挤压强化加工工艺为例，分析在轴承套圈加工中提高工件表层机械强度的机理和方法。

(2) 探索锡制酒壶的传统制作工艺，为什么说是“火与锤的艺术”？铅合金铸锭不需加热即可用轧制、挤压等工艺制成板材、带材、管材、棒材和线材，且不需中间退火处理，说明原因。

学习成果达成要求

(1) 认识塑性变形的本质。

(2) 掌握塑性变形及随后的加热对金属材料组织和性能的显著影响，能够根据工业生产的具体要求合理选择成形工艺，发挥金属的性能潜力。

6.1　金属材料的强韧化机理及常用途径

强度是材料在外力作用下抵抗破坏(塑性变形和断裂)的能力，是机械零部件首先应满足的使用性能。塑性变形是金属在外力撤销后所发生的不可恢复的永久变形。韧性是指材料在塑性变形和断裂过程中吸收能量的能力。一般情况下，材料的强度与塑性、韧性是一对互为消长的矛盾。随着科技与工业生产的发展，机器装备或其主要零部件对材料综合性能的要求越来越高，尤其是对兼有高强度和优良的塑性、韧性配合的材料需求持续增加。为满足对机械零部件综合性能的高要求，需要探索强韧化机理及其常用的有效途径。

1. 金属材料的强化

金属材料常用的强化方式有形变强化、固溶强化、细晶强化、第二相强化、相变强化、复合强化等。

1) 形变强化

随着变形程度的增加，材料的强度和硬度升高，塑性和韧性下降的现象称为形变强化或冷变形强化，又称加工硬化。

形变强化的机理是塑性变形导致的位错密度增加以及位错在运动时的相互交割加剧，结果产生固定的割阶、位错缠结等障碍，使位错运动的阻力增大，引起变形抗力增加，给继续塑性变形造成困难，从而提高金属的强度。

随着变形程度的增加，位错密度不断增加，金属的强度得到提高。根据公式 $R=\alpha \mathbf{b} G\rho^{\frac{1}{2}}$，可知强度 R 与位错密度(ρ)的二分之一次方成正比，位错的柏氏矢量($\boldsymbol{b}$)越大，强化效果越显著。式中，α 为比例系数，G 为剪切弹性模量。

常用挤压、拉拔、滚压、喷丸等方式使工件改变尺寸或表面形态，达到形变强化的目的。例如，冷拔钢丝可使其强度成倍增加。

2) 固溶强化

随着溶质原子含量的增加，固溶体的强度和硬度升高，塑性和韧性下降的现象称为固溶强化。

固溶强化的机理是位错运动的受阻。一是溶质原子的溶入，使固溶体的晶格发生畸变，对滑移面上运动的位错有阻碍作用；二是位错线上偏聚的溶质原子形成的柯氏气团对位错起钉扎作用，增加了位错运动的阻力；三是溶质原子在层错区的偏聚阻碍了扩展位错的运动。所有阻止位错运动、增加位错移动阻力的因素都可使强度提高。

固溶强化遵循的规律如下：

(1) 在固溶体溶解度范围内，合金元素的质量分数越大，强化作用越大。

(2) 溶质原子与溶剂原子的尺寸差越大，强化效果越显著。

(3) 形成间隙固溶体的溶质元素的强化作用大于形成置换固溶体的元素。

(4) 溶质原子与溶剂原子的价电子数差越大，强化作用越大。

因此，固溶强化的途径是合金化，即根据需要加入不同种类、数量的合金元素，通过固溶强化作用，使材料的强度提高。例如，铜镍合金的强度大于铜和镍纯金属的强度。

3) 细晶强化(亦称晶界强化)

随着晶粒尺寸的减小，材料的强度和硬度升高，塑性和韧性也得到改善的现象称为细晶强化。细化晶粒不但可以提高强度，还可改善钢的塑性和韧性，是一种较好的强化材料的方法。

细化晶粒的原理在于晶界对位错滑移的阻滞效应。对于多晶体来说，位错运动必须克服晶界的阻力，这是由于晶界两侧位错的取向不同，所以在某一个晶粒中，滑移的位错不能直接穿越晶界进入相邻的晶粒，只有在晶界处塞积了大量的位错后引起应力集中，才能激发相邻晶粒中已有位错的运动产生滑移。所以晶粒越细，材料的强度就越高。同时，晶界本身就是位错聚集的地点，晶粒越细小，晶界面积越大，阻碍位错运动的障碍就越多，位错密度也就越大、越聚集，从而导致强度升高。此外，晶粒越细，晶界面积越大，晶界就越曲折，越不利于裂纹的扩展，因此塑性和韧性也得到改善。

材料屈服强度与晶粒直径d符合Hall-Petch公式$\sigma_s = \sigma_0 + Kd^{-\frac{1}{2}}$($\sigma_0$为晶粒中位错运动所需要的应力，$K$为晶界影响系数，是两个与材料有关的常数)。可见，晶粒越细小，材料的屈服强度就越高。同时，晶粒细小还可以提高材料的塑性和韧性。

细化晶粒的方法可以从结晶过程中开始控制，通过增加过冷度、变质处理、振动及搅拌等方法增加形核率细化晶粒；也可以通过塑性变形、热处理(退火、正火)、合金化(在钢中加入强碳化物形成元素)来细化晶粒。

4) 第二相强化

合金中，除基体相以外，往往还存在另外一个或几个其他相的粒子，这些相的粒子阻碍位错运动而引起的强化现象，称为第二相强化。例如，钢中渗碳体的存在使钢的强度得到提高。

第二相强化的主要原因是第二相粒子作为位错或界面迁移的阻碍物，阻碍了位错运动，提高了合金的变形抗力。其机理与第二相的形态、数量及在基体上的分布方式有关。弥散强化和沉淀强化均属于第二相强化的特殊情形。弥散强化是从第二相的分布均匀性角度而言的一种强化方式，一般遵从不可形变粒子强化机制，即位错绕过第二相粒子所引起的强化作用(绕过机制)，与粒子特性无关，强化作用反比于颗粒尺寸，正比于其数目；沉淀强化是从第二相粒子的析出角度而言的，一般遵从可形变粒子强化机制，沉淀相粒子与基体保持共格或半共格关系，位错可以切过第二相粒子引起的强化作用(切过机制)，与粒子特性有关，与基体相完全共格的沉淀相颗粒具有显著的强化效应。

此外，还有析出强化和时效强化，它们属于一类情形，析出强化是从制备过程而言的，时效强化是从热处理角度而言的。

钢中第二相的形态主要有三种，即网状、片状和粒状。

(1) 网状特别是沿晶界析出的连续网状渗碳体，降低了钢的强度，使塑性、韧性也急剧下降；通常采用正火或球化退火的方法，以获得均匀细小的片状或粒状形态。

(2) 第二相为片状分布时，片间距越小，强度越高，塑性、韧性也越好。

(3) 第二相为粒状分布时，颗粒越细小，分布越均匀，合金的强度就越高。但第二相的数量越多，对塑性的危害就越大。

第二相强化规律同样符合Hall-Petch公式，d不仅可代表晶粒直径，在具有亚晶结构的金属中，d还可代表亚晶和多边形化的线尺寸；在珠光体中，d可代表片间距；还可代表弥散粒子之间的平均距离。

因此，第二相粒子无论是片状还是粒状都阻止位错的移动，使屈服强度明显升高，塑性迅速下降。与片状和粒状粒子相比，球状更有利于强化。粒子越弥散，其间距越小，则强化效果就越好。

但是，当第二相粒子沿晶界析出时，不论什么形态都降低了晶界强度，使钢的机械性能下降。

第二相粒子强化的途径主要是合金化，即加入合金元素，通过热处理或形变改变第二相的形态及分布。例如在高温回火时，为使碳化物呈细小均匀弥散的分布，并防止其聚集长大，需要往钢中加入碳化物形成元素 Ti、V、Zr、Nb、Mo、W 等。

5) 相变强化

相变强化主要是指马氏体强化(及上贝氏体强化)，它是钢铁材料最经济而又最重要的一种强化途径。相变强化不是一种独立的强化方法，它是固溶强化、沉淀强化、形变强化、细晶强化等多种强化效果的综合强化效果。

6) 复合强化

复合强化主要是指用高强度的纤维同适当的基体材料相结合，来强化基体材料的方法，又称为纤维增强复合强化。纤维强化有明显的方向性。基体与纤维的结合强度以及增强纤维的表面清洁度等对强化效果也有重要影响。

2. 金属材料的强韧化

强韧化是指使材料具有较高强度的同时具有足够的塑性和韧性，以防止构件脆性断裂。韧性是材料断裂过程中的能量参数，是强度和塑性的综合表现。钢材的韧化，意味着减小脆性。钢的强化方式中，除细晶强化外，一般均会导致脆性增大，冲击韧性值和断裂韧性值下降。

改善金属材料断裂韧性的基本途径有：① 减少诱发微孔的组成相，如减少沉淀相数量；② 提高基体塑性，从而可增大在基体上裂纹扩展的能量消耗；③ 增加组织的塑性变形均匀性，减少应力集中；④ 避免晶界的弱化，防止裂纹沿晶界形核和扩展。

金属材料的强韧化是在提高强度的同时，提高其韧性。一般常通过以下方式实现：

1) 细化晶粒

细化晶粒作为钢的主要强化机制十分重要。同时，它也改善了韧性和降低了脆性转变温度。故晶粒细化是钢材、铝合金及陶瓷等的重要强韧化途径。

当晶粒尺寸较小时，晶粒内的空位数目和位错数目都比较少，位错与空位及位错间的弹性交互作用的机遇相应减少，位错将易于运动，表现出良好的塑性；另外，由于位错数目少，位错塞积数目减少，因此造成的应力集中减少，从而推迟微孔和裂纹的萌生，增大断裂应变。此外，晶粒越细，晶界面积就越大，晶界也就越曲折，越不利于裂纹的扩展，因此塑性和韧性也得到改善。

2) 降低有害元素

减少钢中 S、P、H、O 以及其他有害元素的含量，可减少它们在晶界的偏聚，避免晶界弱化，一方面有利于抑制回火脆性倾向，另一方面也使延迟破坏和环境脆化的敏感性大大降低，从而改善钢的韧性。

3) 调整合金元素含量

合金元素抑制钢的脆性断裂倾向的原因如下：

(1) 改变显微组织。合金元素是通过控制淬透性、相变温度、析出物形态、晶粒度等而起作用的，其作用随所得组织或不同添加量而发生复杂的变化。

(2) 改善机体本身的韧性。合金元素是通过影响机体的塑性特征，即影响位错摩擦力、交叉滑移的难易程度而起作用的。

4) 降低钢中的含碳量

碳是钢中必不可少的元素，增加含碳量会显著降低韧性。这是因为碳和铁形成化合物渗碳体，提高了钢的强度和硬度，但脆性增大，塑性、韧性变差。

5) 形变热处理

形变热处理是将形变强化和相变强化结合起来的强韧化方法。其机理是：奥氏体形变使位错密度增加，一方面由于动态回复形成稳定的亚结构，淬火后得到细小的马氏体，因此板条状马氏体数量增加，板条内位错密度升高，使马氏体强化；另一方面为碳化物弥散析出提供条件，获得弥散强化效果。

6.2 金属塑性变形的实质

工程上所使用的金属材料几乎都是多晶体，多晶体的变形与其各个晶粒的变形行为密切相关。为了便于研究，下面先通过单晶体的塑性变形来了解金属塑性变形的基本规律。

6.2.1 单晶体的塑性变形

如图 6-1 所示，单晶体受拉时，外力 F 作用在滑移面上的应力 f 可分解为正应力 σ 和切应力 τ。正应力只使晶体产生弹性伸长，并在超过原子间结合力时将晶体拉断，切应力则使晶体产生弹性歪扭，并在超过滑移抗力时引起滑移面两侧的晶体发生相对滑移，产生塑性变形。图 6-1(c)为拉伸变形后的锌单晶照片。

正常情况下，塑性变形有两种形式：滑移和孪生。多数情况下，金属的塑性变形是以滑移方式进行的。

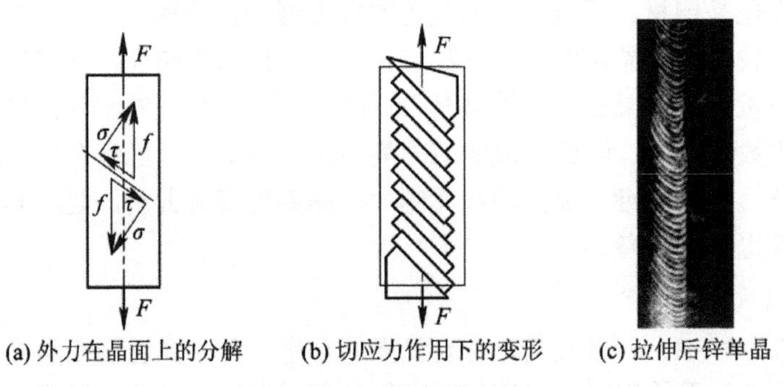

(a) 外力在晶面上的分解　(b) 切应力作用下的变形　(c) 拉伸后锌单晶

图 6-1　单晶体拉伸变形

1. 滑移

滑移是指在切应力作用下，晶体的一部分相对于另一部分沿一定晶面(滑移面)上的一定方向(滑移方向)发生的相对滑动。

单晶体在切应力 τ 作用下产生滑移的变形过程如图 6-2 所示。图 6-2(a)中，单晶体不受外力，原子处于平衡位置；当切应力较小时，晶格发生弹性歪扭，如图 6-2(b)所示，若此时去除外力，则切应力消失，晶格歪扭也随之消失，晶体恢复到原始状态；但当切应力增大到超过了受剪晶面的滑移抗力时，晶面两侧的两部分晶体将产生相对滑移，如图 6-2(c)

所示；滑移的距离必然是原子间距的整数倍，因此，滑移后原子可在新位置上重新处于平衡状态，这时，即使除去外力，使晶格弹性歪扭消失，但处于新的平衡位置上的原子已不能回到原始位置，这样就产生了塑性变形，如图 6-2(d)所示。

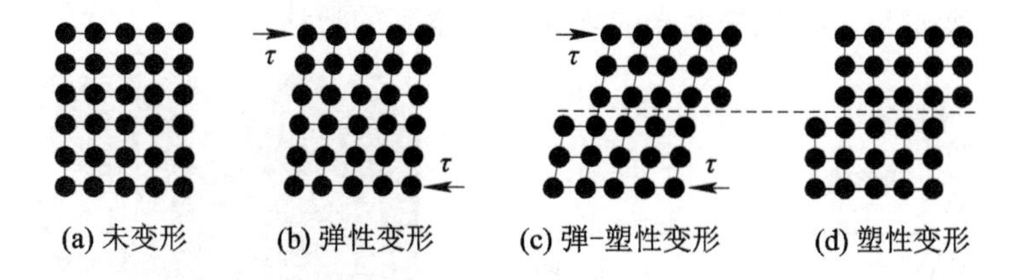

图 6-2　单晶体在切应力作用下产生滑移的变形过程示意图

1) 滑移的特点

滑移是金属塑性变形的主要方式，其主要特点如下：

(1) 滑移只能在切应力作用下发生。产生滑移的最小切应力称为临界切应力。不同金属的滑移临界切应力大小不同。钨、钼、铁的滑移临界切应力比铜、铝的大。

(2) 滑移常沿原子密度最大的晶面和晶向发生。原子密度最大的晶面或晶向之间的距离最大，原子间结合力最弱，产生滑移所需要的切应力最小。如图 6-3 所示，一个滑移面和该面上的一个滑移方向组成一个滑移系。

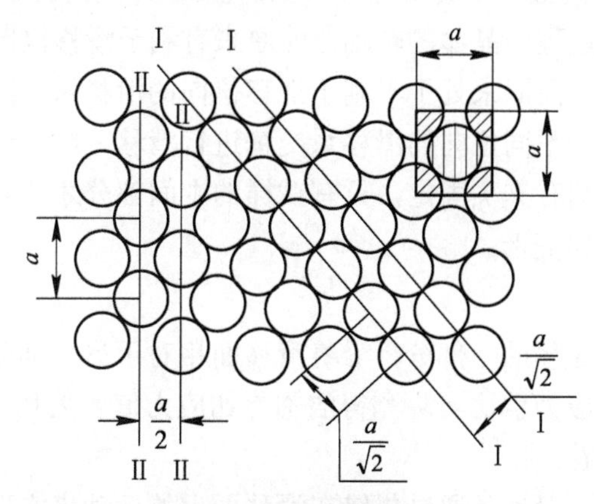

图 6-3　滑移面示意图

表 6-1 所示为三种常见的晶格的滑移系。如面心立方晶格中，(1 1 0)和[1 1 1] 即组成一个滑移系。滑移系越多，金属发生滑移的可能性越大，塑性就越好。其中，滑移方向对滑移所起的作用比滑移面大，所以面心立方晶格金属比体心立方晶格金属的塑性更好。

表 6-1　三种常见的晶格的滑移系

晶格	体心立方晶格		面心立方晶格		密排六方晶格	
滑移面	{1 1 0} × 6	{110} <111>	{1 1 1} × 4	{111} <110>	底面 × 1	六方底面 底面对角线
滑移方向	〈1 1 1〉× 2		〈1 1 0〉× 3		底面对角线 × 3	
滑移系	6 × 2 = 12		4 × 3 = 12		1 × 3 = 3	

(3) 滑移时晶体的一部分相对于另一部分沿滑移方向位移的距离为原子间距的整数倍。滑移的结果会在金属表面造成台阶，每一个滑移台阶对应一条滑移线，滑移线只有在电子显微镜下才能看见，许多条滑移线组成一条滑移带，如图 6-4(a)所示。图 6-4(b)所示为多晶铜经塑性变形后，在预先抛光的表面上观察到的滑移带。

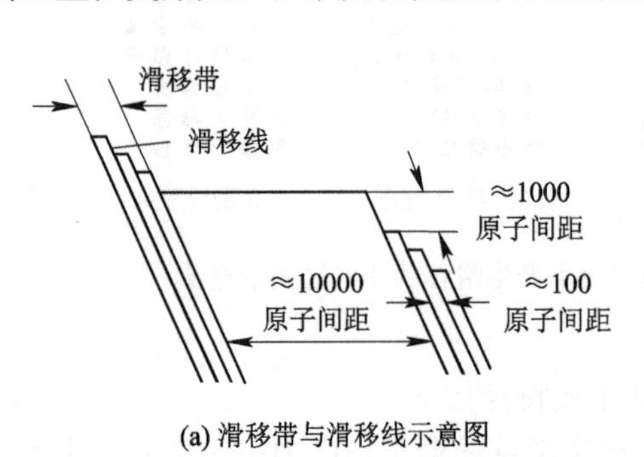

(a) 滑移带与滑移线示意图

(b) 铜拉伸试样表面的滑移带

图 6-4　金属塑性变形后的滑移带与滑移线

(4) 滑移的同时伴随着晶体的转动。单向拉伸时的转动有两种情况：一种是滑移面向外力轴方向转动；另一种是滑移方向在滑移面上向最大切应力方向转动。图 6-1 所示的拉伸中，与拉力成 45° 角的截面上的切应力最大，因此，与拉力成 45°角位向的滑移系最有利于滑移。但由于滑移过程中晶体的转动，使原来有利于滑移位向的滑移系逐渐转到不利于滑移位向而停止滑移，而原来处于不利于滑移位向的滑移系，则逐渐转到有利于滑移的位向而参与滑移。这样，不同位向的滑移系交替进行滑移，结果使晶体均匀地变形。在实际拉伸过程中，晶体两端有夹头固定，只有试样的中间部分才能转动，故靠近两端部分因受夹头限制而产生不均匀变形。

2) *滑移机理*

如果将滑移设想为晶体的一部分，沿着滑移面相对于另一部分作刚性整体滑动，那么计算得到的理论临界切应力值比实际测得的临界切应力值要大几百倍到几千倍。这说明了刚性滑移与实际情况不符。

大量科学研究证明，滑移是通过位错在滑移面上的运动来实现的。由于实际晶体中存在位错，滑移不是按刚性滑移进行的，而是按图 6-5(a)所示的位错移动来实现的，即具有位错的晶体，在切应力作用下，位错线上面的两列原子向右微量移动到图中标记“●”位置，位错线下面的一列原子向左微量移动到“○”位置，这样就使位错在滑移面上向右移动一个原子间距，在切应力作用下，位错继续向右移动到晶体表面上，就形成了一个原子间距的滑移量，结果晶体就产生了一定量的塑性变形，位错运动造成的滑移如图 6-5(b)所示。

当晶体通过位错运动的方式而产生滑移时，只是在位错中心附近的极少数原子做微量(远小于一个原子间距)的位移，即位错中心上面两个半原子面上的原子向右做微量的位移，位错中心下面一个半原子面上的原子向左做微量的位移，它所需的切应力远远小于刚性滑动所需的切应力。这就是位错的易动性，与实测值基本相符。因此，滑移实质上是在切应力作用下，位错沿滑移面的运动。

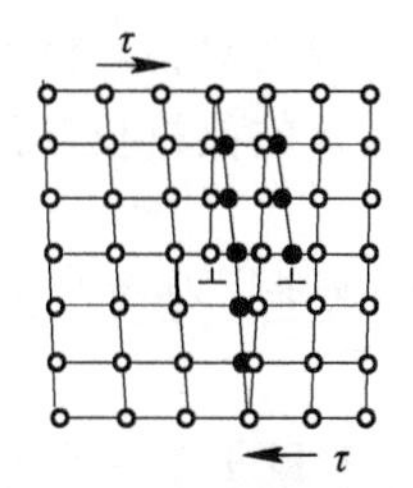

(a) 位错运动时的原子位移

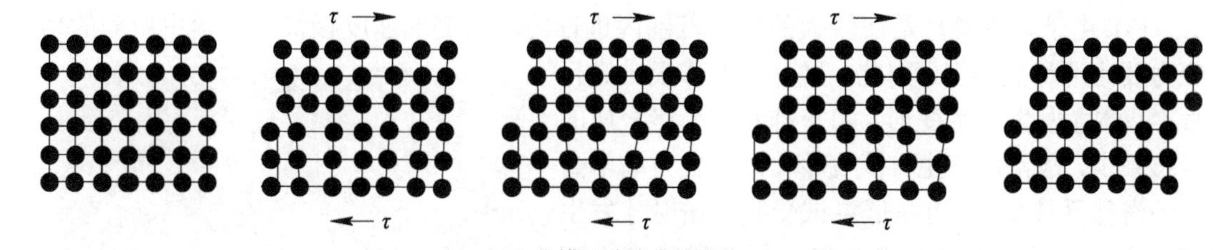

(b) 位错运动造成的滑移

图 6-5　晶体中通过位错运动实现滑移的示意图

2. 孪生

孪生是晶体的另一种塑性变形方式，它是在切应力作用下，晶体的一部分相对于另一部分以一定的晶面(孪生面)及晶向(孪生晶向)产生的剪切变形(切变)。图 6-6 是面心立方晶体(晶格常数为 a)中(111)面均匀切变产生孪生的示意图。图 6-6(a)是发生孪生的晶面和晶向空间关系图；图 6-6(b)是用点阵表达的切变前后原子位置图，图 6-6(b)中黑色实点代表切变前的原子位置，黑色实点阵即$(\bar{1}10)$晶面，A～G 代表(111)面各排原子面，它们都垂直于纸面，(111)与$(\bar{1}10)$面的交线即发生切变的方向 AH，也是孪生方向$[11\bar{2}]$；从 AH 开始，与之平行的各(111)面依次沿 AH 方向均匀移动$\frac{1}{6}a[11\bar{2}]$，G 层(111)面的位移刚好是原子间距的整数倍。在 A～G 原子面间产生切变的部分称为孪生带或孪晶，沿其发生孪生的晶面称为孪生面。

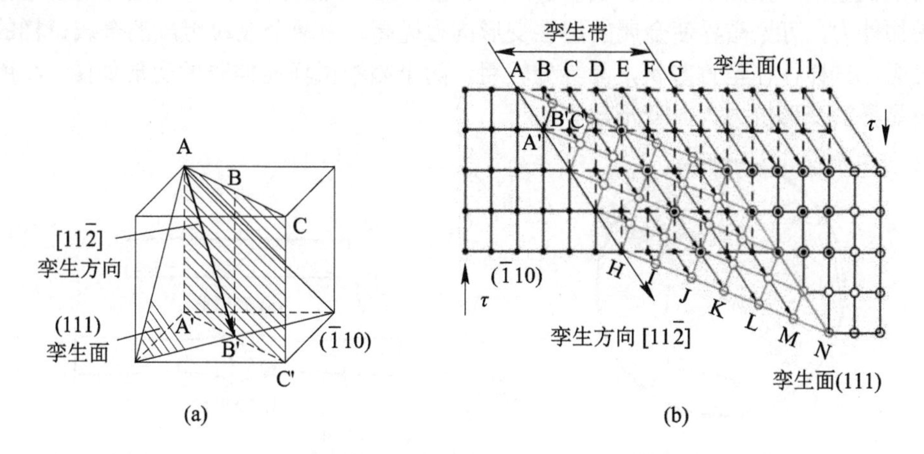

图 6-6　单晶体孪生示意图

孪生的结果使孪生面两侧的晶体呈镜面对称。整个晶体经变形后只有孪生带中的晶格位向发生了变化，而孪生带两边外侧晶体的晶格位向没有发生变化，但相距一定距离。

孪生与滑移变形的主要区别如下：

(1) 孪生通过晶格切变使晶格位向改变，使变形部分与未变形部分呈镜面对称；而滑移不引起晶格位向的变化。

(2) 孪生时，相邻原子面的相对位移量小于一个原子间距；而滑移时滑移面两侧晶体的相对位移量是原子间距的整数倍。

(3) 由于孪生变形是在较大的原子范围内进行的，且变形速度极快，故孪生所需的切应力要比滑移大得多。因此，只有当滑移很难进行时，晶体才发生孪生变形。如密排六方晶格金属的滑移系少，故常以孪生方式变形；体心立方晶格金属的滑移系较多，只有在低温或受到冲击时才发生孪生变形；面心立方晶格金属一般不发生孪生变形。但在面心立方晶格金属的组织中常发现有孪晶存在，如图 6-7 所示为纯钛变形中的孪生，这是由于相变过程中原子重新排列时发生错排而产生的，称为退火孪晶。

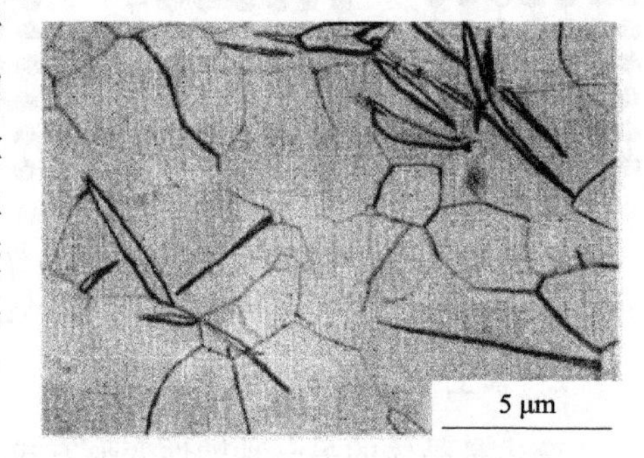

图 6-7　纯钛变形中的孪生

6.2.2　多晶体的塑性变形

实际使用的金属材料一般是多晶体。多晶体中，由于晶界的存在以及各晶粒位向不同，因而各晶粒在外力作用下所受的应力状态和大小不同，因此，多晶体的塑性变形比单晶体复杂得多。

1. 晶界和晶粒位向对多晶体塑性变形的影响

1) 晶界的影响

晶界是相邻晶粒的过渡区，原子排列不规则，当位错运动到晶界附近时，受到晶界的阻碍而堆积起来，如图 6-8 所示 S_1、S_2，即位错在晶界处的塞积。若使变形继续进行，则必须增加外力，可见晶界使金属的塑性变形抗力提高。由两个晶粒组成的金属试样的拉伸试验表明，试样往往呈竹节状，晶界处较粗，两个晶粒试样拉伸时的变形如图 6-9 所示，这说明晶界的变形抗力大，变形较小。

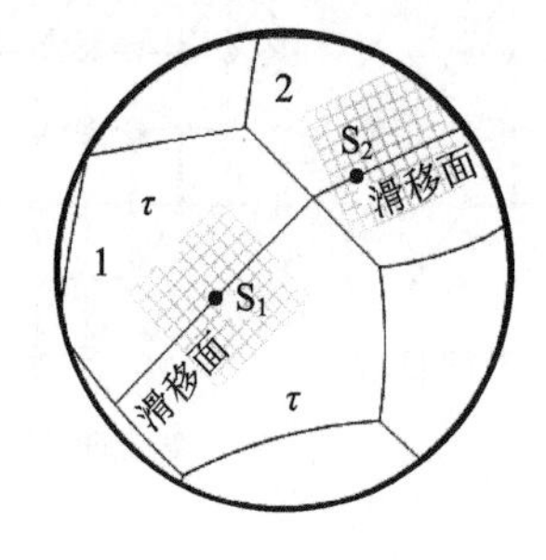

图 6-8　位错在晶界处的塞积示意图

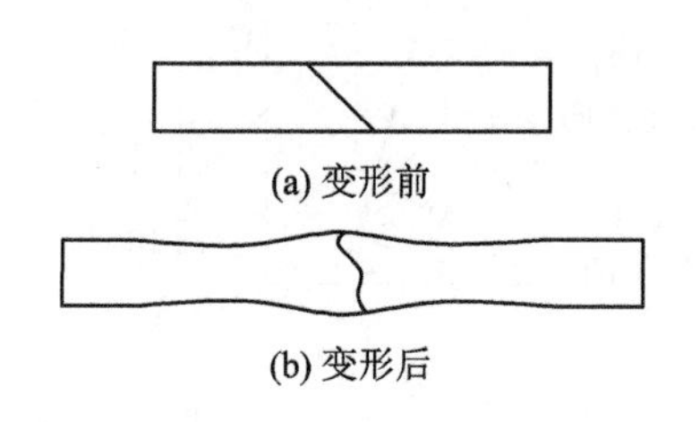

图 6-9　两个晶粒试样拉伸时的变形示意图

2) 晶粒位向的影响

由于各相邻晶粒之间存在位向差，当一个晶粒发生塑性变形时，周围的晶粒如不发生塑性变形，则必须以弹性变形来与之协调，这种弹性变形便成为塑性变形晶粒的变形阻力。晶粒间的这种相互约束也使多晶体金属的塑性变形抗力提高，因此，多晶体的塑性变形抗力要比同类金属的单晶体高得多。

2. 晶粒大小对金属力学性能的影响

多晶体的塑性变形抗力不仅与原子间结合力有关，而且与晶粒大小有关。

晶粒越细，在晶体的单位体积中的晶界越多，不同位向的晶粒也越多，因而塑性变形抗力也就越大。细晶粒的多晶体金属不但强度较高，而且塑性及韧性也较好。这是因为晶粒越细，在一定体积的晶体内晶粒数目就越多，在同样变形条件下，变形量被分散在更多的晶粒内进行，使各晶粒的变形比较均匀而不致产生过分的应力集中；同时，晶粒越细，晶界就越多越曲折，越不利于裂纹的传播，从而使金属在断裂前能承受较大的塑性变形，表现出较高的塑性和韧性。

通过细化晶粒来同时提高金属的强度、硬度、塑性和韧性的方法称为细晶强化。细晶强化能提高金属材料综合力学性能，是金属强韧化的重要手段之一，在生产中应用广泛。

3. 多晶体金属塑性变形的过程

多晶体变形中，当滑移面和滑移方向都与外力呈 45° 角时(称为软位向)，切应力分量最大。因此，在多晶体中最先发生滑移的将是滑移系与外力的夹角等于或接近于 45° 的晶粒。

这些晶粒滑移的结果在晶界附近造成了位错的塞积，当塞积位错前端的应力集中达到一定程度时，加之相邻晶粒转动，相邻晶粒中原来处于不利位向(称为硬位向)滑移系上的位错开始运动，从而使滑移由一批晶粒传递到另一批晶粒，当有大量晶粒产生滑移后，金属便呈现出明显的塑性变形。

6.3　塑性变形对金属组织和性能的影响

6.3.1　冷塑性变形对金属组织的影响

1. 形成纤维组织

图 6-10 所示为工业纯铁不同冷变形度时的显微组织。金属在外力作用下发生塑性变形时，随着外形的变化，金属内部的晶粒形状也由原来未变形的等轴晶粒(如图 6-10(a)所示)变为沿变形方向延伸的晶粒，同时晶粒内部出现滑移带(如图 6-10(b)所示)。当变形度很大时，可观察到晶粒被显著伸长成纤维状，这种呈纤维状的组织称为冷加工纤维组织，如图 6-10(c)所示。形成纤维组织后，金属性能具有明显的方向性，其纵向(沿纤维的方向)的强度和塑性高于横向(垂直纤维的方向)的。

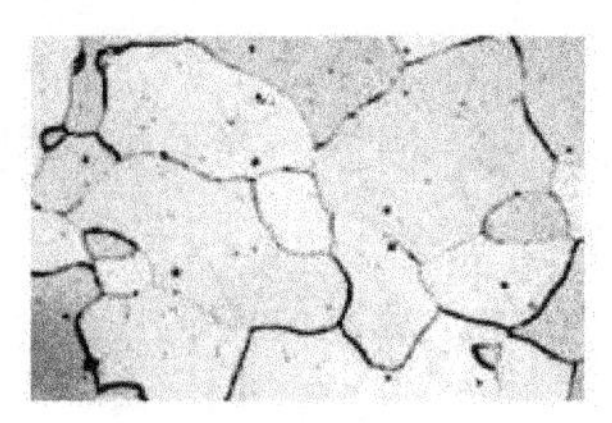
(a) 未变形(等轴晶粒)

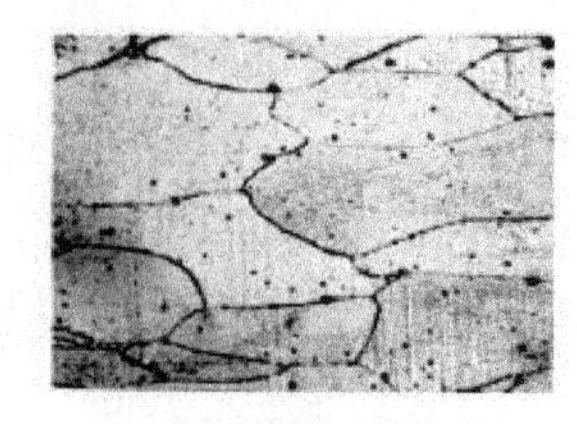
(b) 变形度40%(滑移带)

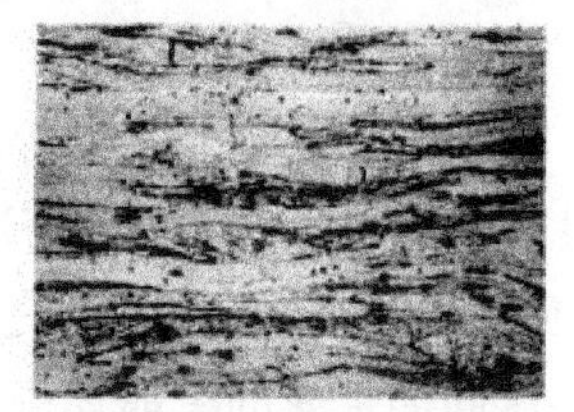
(c) 变形度70%(冷加工纤维组织)

图 6-10　工业纯铁不同冷变形度时的显微组织

2. 亚组织的细化

塑性变形时，在晶粒形状变化的同时，晶粒内部存在的亚组织也会细化，使晶粒破碎为亚晶粒，形成变形亚组织。由于亚晶界是由一系列刃型位错所组成的小角度晶界，随着塑性变形程度的增大，变形亚组织将逐渐增多并细化，使亚晶界显著增多。亚晶界愈多，位错密度越大。这种在亚晶界处大量堆积的位错，以及它们之间的相互干扰作用，会阻止位错的运动，使滑移发生困难，提高了金属塑性变形的抗力。因此，冷塑性变形后，亚组织细化和位错密度的增大是产生加工硬化的主要原因。变形度越大，亚组织细化程度和位错密度也越高，故加工硬化现象就越显著。

3. 产生形变织构

金属塑性变形时，由于晶体在滑移过程中要按一定方向转动，当变形量很大时，原来位向不相同的各个晶粒会取得近一致的方向，这种现象称为择优取向。具有择优取向的结构称为形变织构。

形变织构会使金属性能呈现明显的各向异性，这在多数情况下是不利的。如具有形变织构的金属板拉延成筒形工件时，由于材料的各向异性，导致变形不均匀，使筒形工件四周边缘不整齐，即产生了所谓制耳现象，如图 6-11 所示。但形变织构在某些场合下却是有利的，如：制作变压器铁芯的硅钢片，其晶格为体心立方，沿[0 0 1]晶向最易磁化，如果能采用具有[0 0 1]织构的硅钢片制作，并在工作时使[0 0 1]晶向平行于磁场方向，则可使变压器铁芯的磁导率明显增加，磁滞损耗降低，从而提高变压器的效率。

(a) 无织构

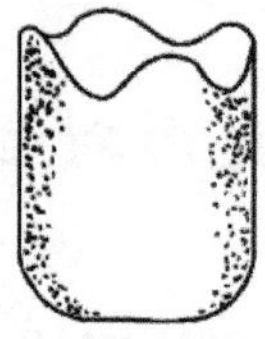
(b) 制耳现象

图 6-11　制耳现象示意图

6.3.2　冷塑性变形对金属性能的影响

1. 产生冷变形强化(加工硬化或形变强化)

图 6-12 所示为工业纯铁力学性能与冷变形度的关系。由图可见，金属材料经冷塑性变形后，强度及硬度显著提高，而塑性则很快下降。变形度越大，性能的变化也越大。由于塑性变形的变形度增加，使金属的强度、硬度提高，而塑性下降的现象称为形变强化。形变强化现象在工程上具有重要的实用意义。

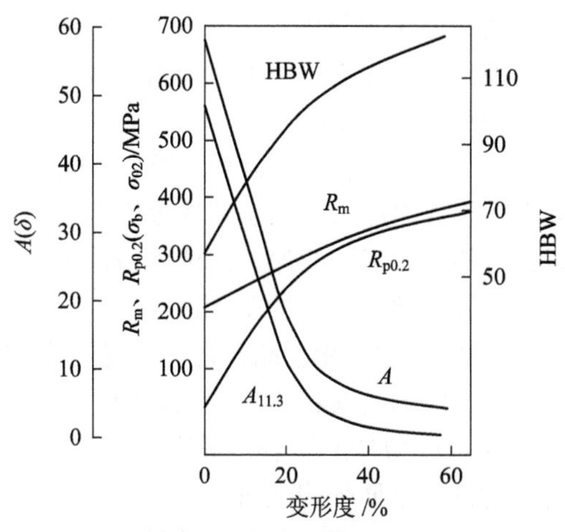

图 6-12　工业纯铁力学性能与冷变形度的关系

在工业生产中，可以利用形变强化的有利方面。首先，形变强化是强化金属的有效方法，特别是对一些不能用热处理强化的材料(如纯金属、某些铜合金、铬镍不锈钢和高锰钢等)，形变强化更是唯一有效的强化方法，用形变强化的方法提高材料的强度，可使强度成倍增加；形变强化使金属变形均匀，使工件或半成品在“硬”或“半硬”等供应状态下出厂，如冷拔钢丝、零件的冲压成形等；形变强化还可提高零件或构件在使用过程中的安全性，当零件的某些部位出现应力集中或过载现象时，会在该处产生塑性变形，形变强化现象可提高过载部位的强度，使变形停止，从而提高了安全性。

例如，承载构件在使用过程中，往往不可避免地会在某些部位(如孔、键槽、螺纹以及截面过渡处)出现应力集中和过载荷现象，但由于金属的形变强化，局部过载部位在产生少量塑性变形后，提高了屈服强度并与所承受的应力达到了平衡，变形就不会继续发展，从而在一定程度上提高了构件的安全性。此外，形变强化也是工件能够用塑性变形方法成形的重要因素，如金属在拉延过程中(如图 6-13 所示)，由于相应于凹模 r 处金属塑性变形最大，故首先在该处产生形变强化，随后的变形就能够转移到其他部位，有利于塑性变形均匀地分布于整个工件，从而得到壁厚均匀的制品。

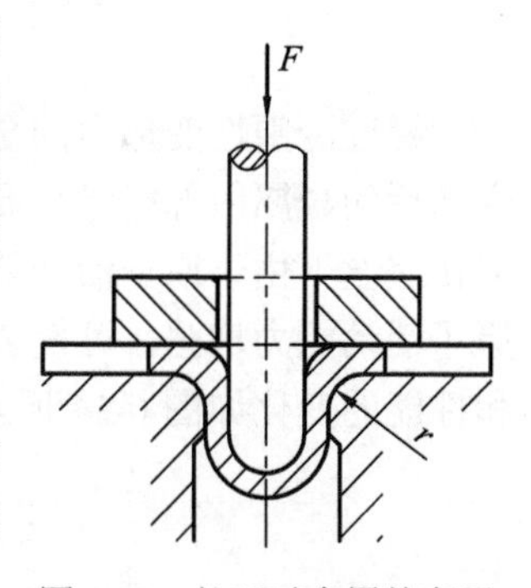

图 6-13　拉延时金属的变形

形变强化也有其不利的一面。它使金属塑性降低，给进一步冷塑性变形带来困难，并使压力加工时能量消耗增大。为了使金属材料能继续变形，必须进行中间热处理来消除形变强化现象，这就增加了生产成本，降低了生产率。冷塑性变形除了影响力学性能外，也会使金属的某些物理性能、化学性能发生变化，如使金属电阻增加、耐蚀性降低等。冷塑性变形引起金属性能变化的原因是它使金属内部组织结构发生了变化。

2. 产生内应力

金属材料在塑性变形过程中，由于其内部变形的不均匀性，导致在变形后金属材料内仍残存的应力，称为残余应力(或称为内应力)。残余应力是一种弹性应力，在金属材料中处于自相平衡的状态。金属塑性变形时，外力所做的功约 90%以上以热的形式散失掉，只有不到 10%的功转变为内应力残留于金属中。

按照残余应力作用的范围，可分为第一类内应力(宏观残余应力)、第二类内应力(微观残余应力)、第三类内应力(晶格畸变应力)。

(1) 第一类内应力。第一类内应力平衡于金属表面与心部之间，是由于金属表面与心部变形不均匀造成的，又称为宏观内应力。当宏观残余应力与工作应力方向一致时，会明显地降低工件的承载能力。另外，在工件的加工或使用中，由于打破了残余应力原先处于自相平衡的状态，从而引起工件形状与尺寸的变化。

(2) 第二类内应力。第二类内应力平衡于晶粒之间或晶粒内(亚晶粒)不同区域之间，是由于这些部位之间变形不均匀造成的，又称为微观内应力。

(3) 第三类内应力。第三类内应力是由晶格缺陷引起的畸变应力，又称为晶格畸变应力。它在部分原子范围内(几百个到几千个原子)相互平衡，是存在于变形金属中最主要的残余应力，晶格畸变使金属的强度和硬度升高，塑性和耐蚀性降低，是使变形金属强化的主要原因。

残余应力可造成零件的变形和开裂，降低金属的耐蚀性。因此，在金属塑性变形后，通常要对其进行去应力退火处理，消除或降低残余内应力。

在生产中，常有意控制残余应力分布，使其与工作应力方向相反，以提高工件的力学性能。如工件经表面淬火、化学热处理、喷丸或滚压等方法处理后，因其表层具有残余的压应力，其疲劳强度显著提高。

6.4　冷变形金属在加热时的变化

经过冷塑性变形后的金属，不仅发生了组织和性能的变化，还产生了残余应力。所以，变形后的金属内部能量较高且处于不稳定状态，具有自发地恢复到原来稳定状态的趋势。但在室温下由于原子活动能力弱，这种不稳定状态不会发生明显变化。若进行加热，则因原子活动能力增强，可使金属较快地恢复到变形前的稳定状态。冷变形金属在加热时组织和性能的变化如图 6-14 所示。

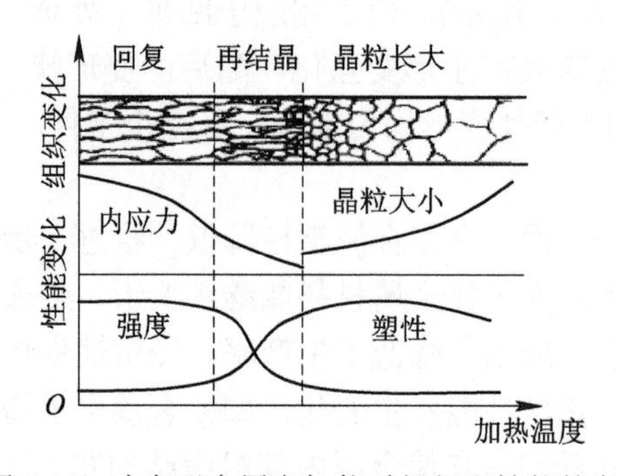

图 6-14　冷变形金属在加热时组织和性能的变化

6.4.1　回复和再结晶

1. 回复

当加热温度较低($0.25\sim0.3T_{熔点}$，单位为 K)时，原子活动能力较弱，冷变形金属的显微组织无明显变化，力学性能的变化也不大，但残余应力显著降低，物理和化学性能部分地恢复到变形前的情况，这一阶段称为回复。

由于回复加热温度不高，晶格中的原子仅能作短距离扩散，偏离晶格结点的原子回复到结点位置，空位与位错发生交互作用而消失。总之，点缺陷明显减少，晶格畸变减轻，故残余应力显著下降。但因亚组织的尺寸未明显改变，位错密度未显著减少，即造成加工硬化的主要原因尚未消除，因而力学性能在回复阶段变化不大。

生产中，利用回复现象将冷变形金属低温加热，既稳定了组织又保留了加工硬化，这种方法称为去应力退火。如用冷拉钢丝卷制弹簧，在成形后进行 250℃～300℃的低温处理，以消除内应力使其定型。又如，黄铜弹壳经拉延后进行 280℃左右的去应力退火，以消除残余应力，避免变形和应力腐蚀开裂。

2. 再结晶

1) *再结晶过程及对金属组织、性能的影响*

当继续升温时，由于原子扩散能力增大，其显微组织便发生明显的变化，使破碎的、被拉长或压扁而呈纤维状的晶粒又变为等轴晶粒；同时也使加工硬化与残余应力完全消除，这一过程称为再结晶。

再结晶也是通过形核与长大的方式进行的。通常在变形金属中晶格畸变严重、能量较高的区域优先形核，然后通过原子扩散和晶界迁移，逐渐向周围长大而形成新的等轴晶粒，直到金属内部全部由新的等轴晶粒取代变形晶粒，完成再结晶过程。

2) *再结晶温度*

变形后的金属发生再结晶不是一个恒温过程，而是在一定温度范围内进行的过程。一般所说的再结晶温度是指再结晶开始的温度(发生再结晶所需的最低温度 $T_{再}$)。再结晶温度受以下因素的影响：

(1) 金属的预先变形度。预先变形度越大，金属的组织越不稳定，再结晶的倾向就越大，因而再结晶开始温度就越低。当预先变形度达到一定量后(70%以上)，再结晶温度将趋于某一个最低值(如图 6-15 所示)，这一最低的再结晶温度，就是通常指的再结晶温度。实验证明，纯金属再结晶温度($T_{再}$)与其熔点($T_{熔}$)间的关系，可用下式表示：

$$T_{再} = (0.35 \sim 0.4)T_{熔}$$

式中，温度的单位为绝对温度(K)。

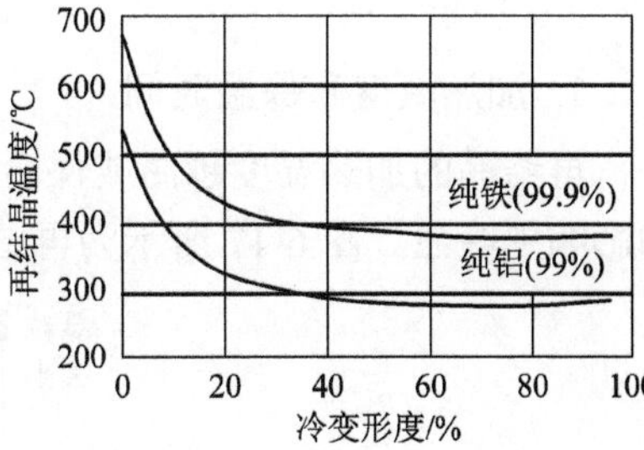

图 6-15　预先变形度对金属再结晶温度的影响

(2) 金属的纯度。金属中的微量杂质和合金元素(尤其是高熔点的元素)会阻碍原子扩散和晶界迁移，从而显著提高再结晶的温度。

(3) 再结晶加热的速度和加热时间。由于再结晶是一个扩散的过程，提高加热速度会使再结晶推迟到较高温度发生；而加热保温时间越长，原子扩散越充分，再结晶温度便越低。

在生产中，把冷变形金属加热到再结晶温度以上，使其发生再结晶，以消除加工硬化的热处理称为再结晶退火。考虑到影响再结晶温度的因素较多并希望缩短退火周期，一般将再结晶退火温度定在比最低再结晶温度高 100℃～200℃的温度。表 6-2 为常用金属材料的再结晶退火和去应力退火的温度。

表 6-2　常用金属材料的再结晶退火和去应力退火温度

金属材料		去应力退火温度/℃	再结晶退火温度/℃
钢	碳素结构钢及合金结构钢	500～650	680～720
	碳素弹簧钢	280 ～300	—
铝及其合金	工业纯铝	≈100	350～420
	普通硬铝合金	≈100	350～370
铜合金(黄铜)		270 ～300	600～700

6.4.2　再结晶后的晶粒大小

冷变形金属再结晶后一般得到细小均匀的等轴晶粒，但如继续升高温度或延长保温时间，则再结晶后形成的新晶粒又会逐渐长大(称为再结晶后的晶粒长大)，使金属的力学性能下降。晶粒的长大，实质上是一个晶粒的边界向另一个晶粒迁移的过程，将另一晶粒中的晶格位向逐步地改变为与这个晶粒的晶格位向相同，于是另一晶粒便逐渐地被这一晶粒“吞并”而成为一个粗大晶粒，如图 6-16 所示。再结晶退火后的晶粒大小主要与加热温度、保温时间和退火前的变形度有关。

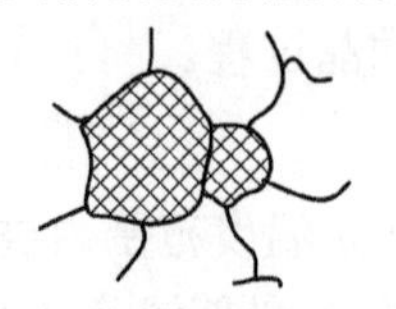

(a) 长大前的两个晶粒

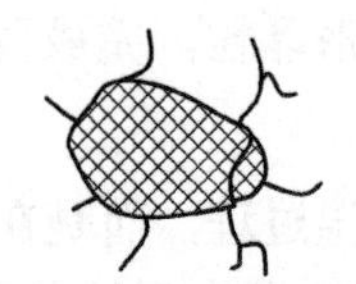

(b) 晶界移动，晶格位向转向，晶界面积减小

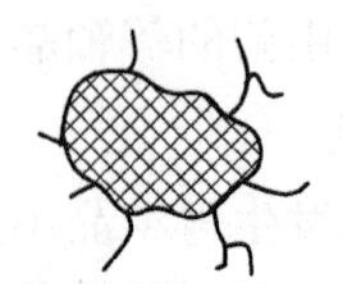

(c) 一晶粒“吞并”另一晶粒，成为一个大晶粒

图 6-16　晶粒长大示意图

1. 加热温度和保温时间

再结晶的加热温度越高或保温时间越长，则再结晶后的晶粒越粗大，特别是加热温度的影响更明显。图 6-17 所示为再结晶退火温度对晶粒大小的影响。

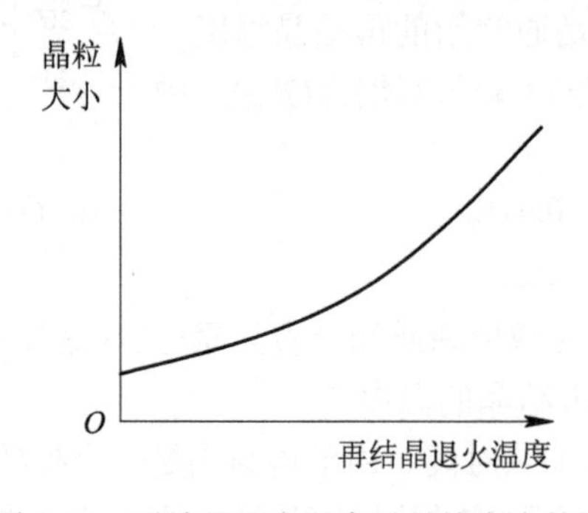

图 6-17　再结晶退火温度对晶粒大小的影

2. 冷变形度的影响

在其他条件相同时，再结晶退火后的晶粒度与预先变形程度之间的关系如图 6-18 所示。当变形度很小时，由于晶格畸变很小，不足以引起再结晶，故晶粒保持原来大小。当

变形度达到一定值(一般为2%～10%)时，由于金属变形度不大而且不均匀，再结晶时形核数目少，这就有利于晶粒的吞并，而获得的晶粒特别粗大。这种获得异常粗大晶粒的变形度称为临界变形度。生产中应尽量避开临界变形度，当变形度超过临界变形度后，随变形度的增加，各晶粒变形越趋于均匀，再结晶时形核率增大，再结晶后的晶粒也越细越均匀。对于某些金属(如Fe)当变形度特别大(> 90%)时，再结晶后的晶粒又重新出现粗化现象，一般认为这与金属中形成织构有关。

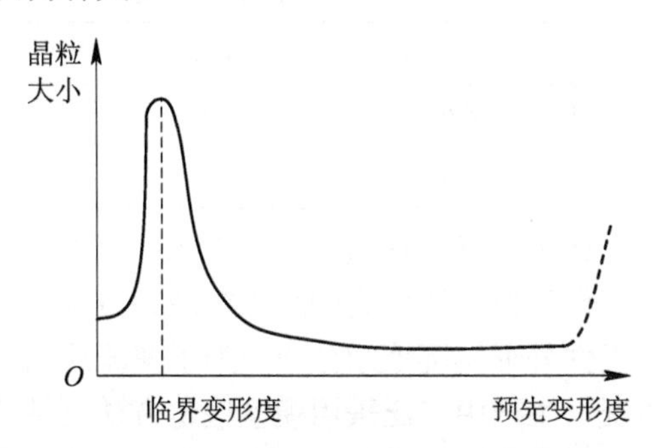

图6-18　再结晶退火后的晶粒度与预先变形程度的关系

6.5　金属的热塑性变形(热变形加工)

目前变形加工有冷、热之分。从金属学的观点来看，热变形加工与冷变形加工的区别，是以金属再结晶温度为界限的。凡是在再结晶温度以下进行的塑性变形加工称为冷变形加工；在再结晶温度以上进行的塑性变形加工则称为热变形加工。由此可见，冷变形加工与热变形加工并不是以具体的加工温度的高低来区分的。例如，钨的最低再结晶温度约为1200℃，故钨即使在稍低于1200℃的高温下进行变形，仍属于冷变形加工；锡和铅的最低再结晶温度约为-71℃和-14℃，故锡、铅即使在室温下进行变形，仍属于热变形加工。冷变形加工时，必然产生加工硬化；而热变形加工时产生的加工硬化会很快被再结晶软化所消除，因而热变形加工不会产生加工硬化。热变形加工成形如图6-19所示。

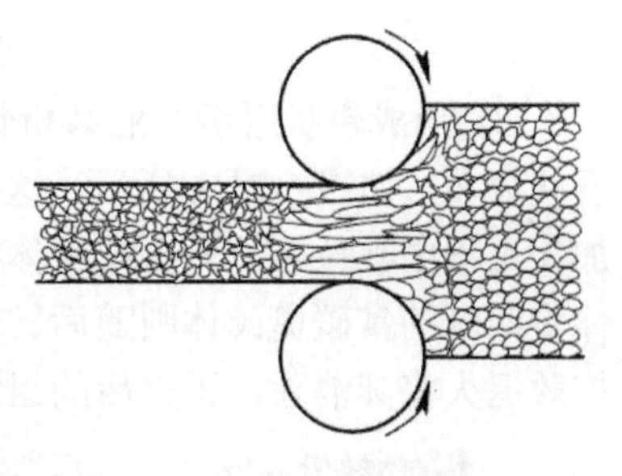

图6-19　热变形加工成形示意图

热变形加工虽然不会引起加工硬化，但也能使金属的组织与性能发生以下显著变化。

(1) 消除铸态金属的某些缺陷，改善铸态组织。通过热变形加工，可焊合金属铸锭中的气孔和疏松，使金属材料致密度提高；在温度和压力的作用下，原子扩散速度加快，可消除部分偏析；将使粗大的树枝晶和柱状晶破碎，变为细小均匀的等轴晶粒；改善夹杂物、碳化物的形态、大小与分布，提高力学性能。经热塑性变形后，钢的强度、塑性、冲击韧性均较铸态高，故工程上受力复杂、载荷较大的工件(如齿轮、轴、刃具、模具等)大多数要通过热变形加工来制造。

(2) 形成热变形纤维组织(流线)。热变形加工时，铸态金属中的粗大枝晶偏析及各种夹杂物沿变形方向拉长，分布逐渐与变形方向一致，形成彼此平行的宏观条纹，称为流线。由这种流线所体现的组织称为纤维组织。纤维组织会使金属材料的力学性能呈现各向异性，沿纤维方向(纵向)比垂直于纤维方向(横向)的强度、塑性与韧性高。表 6-3 为 45 钢的力学性能与纤维方向的关系。

表 6-3　45 钢(轧制空冷状态)的力学性能与纤维方向的关系

取样方向	力学性能				
	R_m /MPa	R_{eL} /MPa	A/%	Z /%	KU_2/J
纵向	715	470	1705	62.8	49.6
横向	675	440	10	31	24

因此，热变形加工时，应力求使工件具有合理的流线分布，以保证零件的使用性能。一般情况下，应使流线与工件工作时所受到的最大拉应力方向平行，与切应力或冲击力方向垂直；尽量使流线能沿工件外形轮廓连续分布。为了使流线沿工件外形轮廓连续分布并适应工件工作时的受力情况，生产中广泛采用模型锻造方法制造齿轮及中小型曲轴，用局部镦粗法制造螺栓。图 6-20 所示为用上述加工方法获得的工件与用轧制型材直接进行切削加工获得的工件中流线的比较，显然锻造毛坯的流线分布是较合理的。

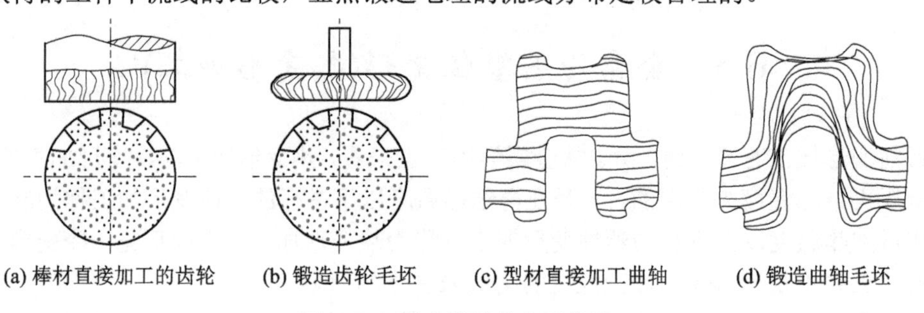

(a) 棒材直接加工的齿轮　(b) 锻造齿轮毛坯　(c) 型材直接加工曲轴　(d) 锻造曲轴毛坯

图 6-20 工件中流线分布示意图

(3) 形成带状组织。亚共析钢经热变形加工后，铁素体与珠光体沿变形方向呈带状或层状分布，如图 6-21(a)所示，这种组织称为带状组织。这是由于枝晶偏析或夹杂物在压力加工过程中被拉长，先析铁素体往往在被拉长的杂质上优先析出，形成铁素体带，而铁素体带两侧的富碳奥氏体则随后转变为珠光体带，从而形成了带状组织。可通过多次正火或扩散退火将其消除，正火后的组织如图 6-21(b)所示。

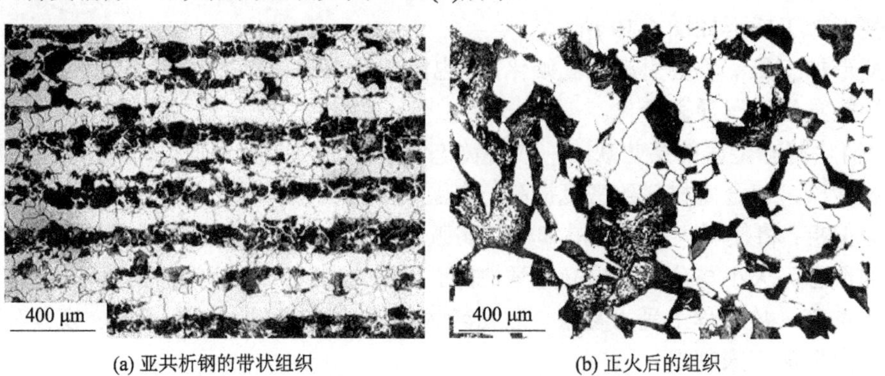

(a) 亚共析钢的带状组织　(b) 正火后的组织

图 6-21　亚共析钢的带状组织及其正火消除后的组织形貌

高碳钢中碳化物往往也呈带状分布(即碳化物带)，同样是由于枝晶偏析或富碳区域在压力加工过程中被拉长而形成了带状组织，其特征是碳化物呈颗粒状沿轧制方向呈流线分布。有碳化物带的钢制刀具或轴承零件在淬火时容易变形或开裂，并使组织和硬度不均匀，使用时容易崩刃或碎裂；带状组织也会使钢的力学性能呈现方向性，特别是横向的塑性和韧性明显降低。轻微的带状组织可通过多次正火或高温扩散退火加正火来消除；碳化物带则用锻造的方法予以消除，锻造时保证足够的锻造比以击碎碳化物，始锻及终锻时锻造力量要轻，以防工件开裂。

热变形加工和冷变形加工在生产中都有一定的适用范围。热变形加工可用较小的变形能量获得较大的变形量。但是，由于加工在高温下进行，金属表面易受到氧化，产品的表面粗糙度值较高而尺寸精度较低。因此，热加工主要用于截面尺寸较大、变形度较大或材料在室温下硬度较高、脆性较大的金属制品或零件毛坯。冷变形加工则宜用于截面尺寸较小、材料塑性较好、加工精度较高和表面粗糙度值较低的金属制品或需要加工硬化的零件。

习题与思考题

本章小结

6-1 解释下列名词：

形变强化(加工硬化) 细晶强化 滑移 孪生 热加工 冷加工

6-2 列举强化金属的常用方法。

6-3 什么是金属的塑性变形？塑性变形的基本方式有哪些？

6-4 金属经冷塑性变形后，其组织和性能发生了什么变化？

6-5 产生加工硬化的原因是什么？加工硬化在金属加工中有什么利弊？

6-6 为什么室温下钢的晶粒越细，强度、硬度就越高，塑性、韧性也就越好？

6-7 什么是回复？在回复过程中金属的组织和性能有何变化？

6-8 什么是再结晶？在再结晶过程中金属的组织和性能有何变化？

6-9 从金属学观点如何划分热变形加工和冷变形加工？

6-10 与冷变形加工比较，热变形加工给金属件带来的益处有哪些？

6-11 用下述三种方法制成齿轮，哪种方法较为理想？为什么？

(1) 用厚钢板切出圆饼，再加工成齿轮；

(2) 由粗钢棒切下圆饼，再加工成齿轮；

(3) 由圆棒锻成圆饼，再加工成齿轮。

6-12 假定有一铸造黄铜件，在其表面上打了数码，然后将数码锉掉，你怎样辨认这个原先打上的数码？如果数码是在铸模中铸出的，一旦被锉掉，能否辨认出来？为什么？

6-13 有一块低碳钢钢板，被炮弹射穿一孔，试问：孔周围金属的组织和性能有何变化？为什么？

6-14 试比较流线与形变织构的区别，并分析产生的原因及对材料性能的影响。

6-15 某厂用冷拉钢丝绳吊运出炉热处理工件去淬火，钢丝绳承载能力远超过工件的重量，但在工件运送过程中钢丝绳发生断裂，试分析其原因。

6-16　已知金属W、Fe和Sn的熔点分别为3380℃、1538℃和232℃，试分析说明W和Fe在1100℃下的加工及Sn在室温(20℃)下的加工各为何种加工。

6-17　在室温下对铅板进行弯折，愈弯愈硬，而稍隔一段时间后再进行弯折，铅板又像最初一样柔软，这是什么原因？

6-18　何谓临界变形度？为什么实际生产中要避免在这一范围内进行变形加工？

第七章　钢的合金化及分类和编号

钢是指以 Fe 为主要元素，含碳量一般在 2%以下，并含有其他元素的材料。碳素钢是指以 Fe 和 C 为主要元素的铁碳合金。合金钢是在碳素钢基础上，有目的地加入某些元素(如 Mn、Si、Ni、V、W、Mo、Cr、Ti、B、Al、Cu、N 和 RE(稀土)等，称为合金元素)而得到的多元合金。钢的基本组元 Fe 和 C 与加入的合金元素会发生交互作用，从而调整了钢的化学成分，并对钢中的基本相、$Fe\text{-}Fe_3C$ 相图和钢的热处理相变过程产生较大的影响，同时还改变了钢的结构、组织和性能。合金化是强化钢的重要途径之一。

本章主要介绍钢中常存杂质元素及其对碳钢性能的影响，常用合金元素的作用及其对钢的组织、结构、性能及热处理过程的影响，碳素钢和合金钢的分类与编号规则。

项目设计

(1) 钢帘线被誉为钢铁产品中“皇冠上的明珠”，是洁净钢的代表产品，洁净钢也是低温高压储罐、高级油气管线等的主要材料。请分析影响洁净钢质量的因素。

(2) Q460 的成功研制，成就了“鸟巢”这座象征人类生命与梦想的建筑经典作品。以此为例，探究解决材料的强度和韧性、焊接性能之间矛盾的方法和措施。

学习成果达成要求

(1) 了解钢中常存杂质元素对碳钢性能的影响。

(2) 掌握常用合金元素对钢材质量和性能的影响规律，调整钢材质量的合金化工艺，并能在生产实践中创新应用。

(3) 掌握碳素钢和合金钢的分类方法和牌号的命名方式。

7.1　钢中常存杂质元素及其对钢性能的影响

杂质元素指非故意加入的、在冶炼过程中残留在钢中不能去除的元素。在冶炼过程中，由于炼钢原料的带入和工艺的需要，钢中不可避免地存在少量的常存元素(如 Si、Mn、S、P 等)和一些气体元素(如 O、H、N 等)、非金属低熔点元素等杂质。

1. 锰(Mn)

Mn 都来自脱氧剂，为有益元素。

Mn 有较好的脱氧能力，可使钢中的 FeO 还原成铁，反应生成的 MnO 进入炉渣，改善钢的性能，降低脆性，提高强度和硬度；Mn 与 S 能生成高熔点(1620℃)的 MnS，可在一定程度上消除 S 的有害作用。

在室温下，大部分 Mn 溶于铁素体中，起固溶强化作用，形成置换固溶体；一部分 Mn 则溶于渗碳体中，形成合金渗碳体；Mn 还能增加珠光体相对量，并使珠光体变细，这都能提高钢的强度。在碳钢中，当含锰量在 0.5%～0.8%以下时，仅被看作杂质元素，它对钢的性能影响并不显著。在含锰低合金钢中，含锰量控制在 1.0%～1.4%。

2. 硅(Si)

Si 在钢中也是一种有益的元素，也来自脱氧剂。

Si 能与钢液中的 FeO 结成密度较小的硅酸盐炉渣并被除去，可消除 FeO 对钢性能的影响。

Si 与 Mn 一样，常温下能溶于铁素体中，使铁素体强化，从而使钢的强度、硬度提高，而塑性、韧性降低。在碳钢中含硅量通常 < 0.5%，仅作为少量杂质存在，它对钢的性能影响并不显著。

3. 硫(S)

S 来自矿石原料和燃料焦炭，是钢中的一种有害杂质。

固态下，S 在铁中溶解度很小，而以 FeS 形式存在。FeS 会与 Fe 形成低熔点的共晶体(熔点只有 989℃)，并分布于奥氏体晶界上。当钢材在 1150℃～1200℃压力加工时，由于 FeS-Fe 共晶体过早熔化，晶粒间结合被破坏，钢材将变得极脆，这种使钢在加工过程中沿晶界开裂的现象称为“热脆”。为了避免“热脆”，钢中含硫量必须严格控制，普通钢含硫量应小于 0.050%，优质钢含硫量应小于 0.040%，特殊性能钢含硫量应小于 0.025%。

增加钢中含锰量可以有效消除硫的有害作用。Mn 与 S 先形成高熔点 MnS，并呈粒状分布在晶粒内，在高温下具有一定塑性，从而避免了“热脆”。在切削加工中，MnS 能起断屑作用，改善钢的可加工性，这是 S 有利的一面。

4. 磷(P)

P 是由矿石带入钢中的，P 也是一种有害杂质。

P 在钢中全部溶于铁素体中，强烈的固溶强化作用虽可使铁素体的强度、硬度有所提高，但却使室温下钢的塑性、韧性急剧降低，并使脆性转化温度有所提高，使钢变脆，这种现象称为“冷脆”。脆性转化温度的提高是由于 P 在结晶过程中，容易产生晶内偏析，使局部含磷量偏高导致的。“冷脆”对在高寒地带和其他低温条件下工作的结构件具有严重的危害性。此外，磷的偏析还使钢在热轧后形成带状组织。

P 的存在还使钢的焊接性能变坏，因此钢中也要严格控制 P 的含量。在普通钢中含磷量应小于 0.045%；优质钢中含磷量应小于 0.040%；特殊性能钢中含磷量应小于 0.025%。但含磷量较多时，由于脆性较大，对制造炮弹用钢以及改善钢的可加工性(断屑)方面则是有利的。

5. 其他非金属夹杂物

在炼钢过程中，少量的炉渣、耐火材料及冶炼中的反应产物可能进入钢液，形成非金属夹杂物，例如氧化物、硫化物、硅酸盐和氮化物等。它们都会使钢的力学性能降低，特别是降低塑性、韧性及疲劳强度。严重时，还会使钢在热加工和热处理时产生裂纹，或在使用中突然脆断。

非金属夹杂物也促使钢形成热加工纤维组织与带状组织，使材料具有各向异性。严重时，横向塑性仅为纵向的一半，并使冲击韧性大为降低。因此，对重要用途的钢(如滚动轴承钢、弹簧钢等)要检查非金属夹杂物的数量、形状、大小与分布情况，并按相应的等级标准进行评级检验。

6. 气体元素的影响

钢在整个冶炼过程中都与空气接触，钢液中总会吸收一些气体，如氮、氧、氢等，它们对钢的性能都会产生不良影响。

(1) 氮(N)。N 通常固溶于铁素体中，在低温下，铁素体溶氮很少，过量的 N 以 Fe_2N、Fe_4N 的形式析出，使钢的强度、硬度提高，塑性、韧性下降，这种现象称为“时效脆化”。对于低碳钢构件，如有些船舶、桥梁和压力容器出现的突然破坏现象就可能是这个原因导致的。为此，在冶炼时控制钢中的含氮量，或在钢中加入与 N 强亲和力元素 Al、Ti、V 等，形成细小弥散分布的 AlN、TiN、VN 氮化物，消除“时效脆化”，细化晶粒，提高钢的强韧性，这种处理方法称为“永韧处理”，或称固定氮处理。在实际生产中，对不明性能的钢板，用于制作受力结构、设备时，必须先做时效敏感性试验，检验钢板的“时效脆化”倾向后才能使用。

(2) 氧(O)。O 在炼钢过程中自然进入钢液中，形成 FeO、Al_2O_3、SiO_2、MnO 等，在钢中成为非金属夹杂物，使钢的强度、塑性、韧性、疲劳强度变差；特别是对要求耐疲劳的零件(如轴承)，在夹杂物与基体的交界处产生应力集中，成为破坏源。减少夹杂物是提高钢材抗疲劳性能的重要措施之一。

(3) 氢(H)。钢在液态下吸收大量的 H，冷却后又来不及析出，常以原子或分子状态聚集在组织缺陷处，形成很大的局部内应力。微量的 H 能使钢的塑性剧烈下降，引起“氢脆”，严重时形成“白点”，即局部显微裂纹，一般也称“发裂”，它使零件在工作时出现灾难性的突然断裂。

7.2　合金元素在钢中的主要作用

合金元素是为了改善钢的性能有意添加到铁碳合金中的元素，可以是金属元素，也可以是非金属元素，种类可以是一种，也可以是多种。常用的合金元素有锰(Mn)、镍(Ni)、硅(Si)、铬(Cr)、钨(W)、硼(B)、钼(Mo)、钒(V)、钛(Ti)，铌(Nb)、钴(Co)以及稀土(RE)等。

在铁碳合金中有目的地加入一定量的合金元素，可获得合金钢。合金钢性能是否优良，主要取决于钢中合金元素与碳的作用形式。

7.2.1　合金元素对钢中基本相的影响

(1) 固溶于铁中，起固溶强化作用，形成合金铁素体。

除 Pb 外，大部分合金元素都可溶入铁素体(或奥氏体)，形成合金铁素体。

合金元素与 Fe 在原子尺寸和晶格类型等方面存在着一定的差异，当合金元素溶入 Fe 时，铁素体的晶格会发生不同程度的畸变，产生固溶强化，使其塑性变形抗力明显增加，强度和硬度提高。合金元素与 Fe 的原子尺寸和晶格类型相差愈大，引起的晶格畸变就愈大，产生的固溶强化效应也愈大。合金元素对铁素体硬度的影响如图 7-1 所示，其中 Si、Mn、Ni 的固溶强化效果高于 Mo、V、W、Cr，而且合金元素含量越高，强化效应越明显。P 是有害元素，应慎重加入。

此外，合金元素常常分布在位错附近，降低了位错的可动性，增大了位错的滑移抗力，使其强度、硬度升高，而韧性降低。

随合金元素质量分数的增加，铁素体冲击韧性的变化趋势整体是有所下降的。但是，从图 7-2 中可以看出，当铁素体中 w_{Si}＞0.6%或 w_{Mn}＞1.5%时，铁素体的冲击韧性才开始下降；而当铁素体中 w_{Cr}≤2%或 w_{Ni}≤5%时，铁素体的冲击韧性还有一定的提高。因此，为了使钢具有良好的强韧性，就必须严格控制合金元素的质量分数。

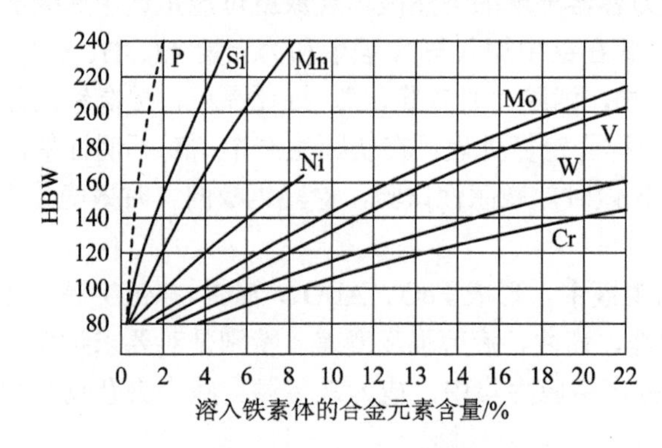

图 7-1　合金元素对铁素体硬度的影响

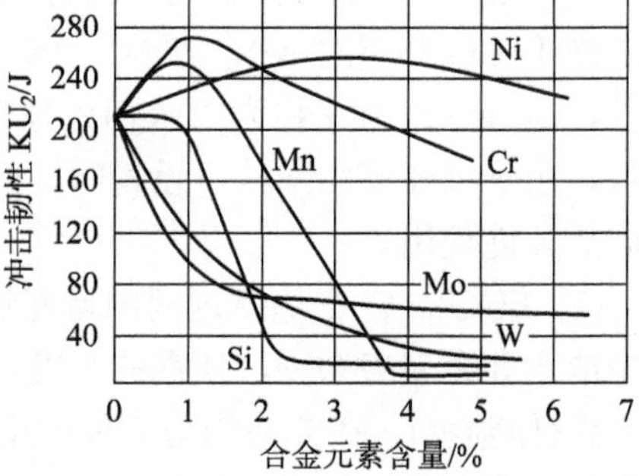

图 7-2　合金元素对铁素体冲击韧性的影响

(2) 形成合金渗碳体或特殊碳化物。

合金元素如 Ti、Zr、Nb、V、W、Mo、Cr、Mn 等加入钢中，是溶入渗碳体，还是形成特殊碳化物，是由它们与 C 的亲和能力的强弱程度所决定的。

强碳化物形成元素 Ti、Zr、Nb、V、W 等，倾向于形成特殊碳化物，如 TiC、ZrC、NbC、WC、VC 等，这类碳化物具有较高的熔点、硬度和稳定性，加热到高温时也不容易溶入奥氏体中，且难以聚集长大。如果形成在奥氏体晶界上，则会阻碍奥氏体晶粒的长大，提高钢的强度、硬度和耐磨性。但合金碳化物的数量增多时，会使钢的塑性和韧性下降。

中强碳化物形成元素 W、Mo、Cr 等，可形成渗碳体类型碳化物$(Fe,Cr)_3C$，又可形成特殊碳化物 $Fe_3(W,Mo)C$、Mo_2C、MoC、W_2C、WC、$Cr_{23}C_6$、Cr_7C 等，这类碳化物的强度、硬度、熔点、耐磨性和稳定性等都比渗碳体高。它们在加热时若能溶入奥氏体中，则可以提高钢的高温强度、淬透性和回火抗力等。

弱碳化物形成元素 Cr、Mn，一般形成合金渗碳体$(Fe,Mn)_3C$、$(Fe,Cr)_3C$，其熔点、硬度和稳定性等都不如上述特殊碳化物，但是它易溶于奥氏体，会对钢的淬透性和回火抗力产生较大的影响。

合金元素加入钢中形成的碳化物类型不同，但一般都具有较高的熔点和硬度。合金渗碳体及特殊碳化物的硬度和稳定性均高于渗碳体(Fe_3C)，这些碳化物难以溶入奥氏体中，晶粒不易聚集长大，能显著提高钢的强度、硬度、耐磨性和热硬性。因此这些元素常作为合金结构钢的辅加元素，也作为合金工具钢的主加元素。

当钢中同时存在几个碳化物形成元素时，会根据其与碳亲和力的强弱不同，依次形成不同的碳化物。如钢中含 Ti、W、Mo 及有较高的含碳量时，首先形成 TiC，再形成 $Fe_3(W)C$ 或 W_2C，最后才形成 $Fe_3(Mo)C$。

7.2.2　合金元素对 $Fe\text{-}Fe_3C$ 相图的影响

合金元素溶入铁中形成固溶体后，会对铁的同素异晶转变温度产生影响，从而导致 A(γ)相区发生扩大或缩小，改变 $Fe\text{-}Fe_3C$ 相图的相区分布，其主要影响如下：

1. 扩大 A(γ)相区

如图 7-3 所示为 Mn 对 $Fe\text{-}Fe_3C$ 相图的影响。以 Mn 为代表的合金元素 Ni、Co、N、Cu 等与 Fe 作用能使 A_3 和 A_1 线降低，使 S 点和 E 点向左下方移动，从而扩大 A(γ)相区。特别是当钢中加入高含量的 Ni(w_{Ni}＞9%)、Mn(w_{Mn}＞13%)时，S 点就会降到室温以下，在常温下仍能获得正常的奥氏体，如 Mn13 耐磨钢和 12Cr18Ni9(老牌号 1Cr18Ni9)不锈钢均属于奥氏体钢。

2. 缩小 A(γ)相区

如图 7-4 所示为 Cr 对 $Fe\text{-}Fe_3C$ 相图的影响。合金元素 Si、Cr、V、Ti、W、Mo、Al 等能使 A_3 和 A_1 线升高，使 S 点和 E 点向左上方移动，从而缩小 A(γ)相区，扩大 F(α)区。特别是钢中加入高含量的 Si、Cr 元素，A(γ)区可能消失，将得到全部铁素体组织，如含 Cr17%～28%的 10Cr17、008Cr27Mo 等不锈钢均属于铁素体钢。

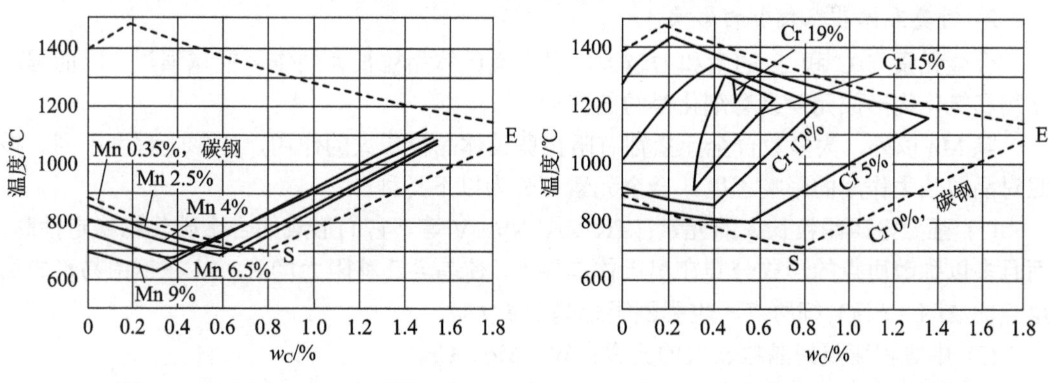

图 7-3　Mn 对 $Fe\text{-}Fe_3C$ 相图的影响　　　图 7-4　Cr 对 $Fe\text{-}Fe_3C$ 相图的影响

3. 对 S 点、E 点的影响

扩大 A(γ)相区，元素 Mn、Ni 等会使 S 点和 E 点向左下方移动；缩小 A(γ)相区，元素 Cr、Si 等会使 S 点和 E 点向左上方移动。所有合金元素均使 S 点和 E 点左移，意味着共析产物和莱氏体的含碳量降低，也就是在含碳量很低时钢中就出现共析和共晶成分。

从图 7-3 及图 7-4 中均可看出 Mn、Cr 元素对 S 点、E 点的位置影响。例如钢中加入 12%的 Cr 时，共析点的碳浓度约为 0.4%。由于这个因素，原本含碳 0.4%、属于亚共析钢的碳素钢就变成了属于过共析的合金钢了；同样，含碳 0.9%时合金钢中就出现了共晶莱氏体组织。

由于合金元素对相图的影响，合金钢具备了许多特殊性能。如 40Cr13 不锈钢中含碳 0.4%，但其平衡组织属于过共析钢组织，热处理后成为马氏体型不锈钢，强度和硬度均较高；又如 W18Cr4V 高速钢中含碳 0.7%～0.8%，但其铸态中却有莱氏体组织，锻造击碎成为弥散分布强化相。

7.2.3　合金元素对钢热处理的影响

合金元素对钢热处理的影响主要表现为对加热、冷却和回火过程中相变的影响。

1. 合金元素对加热时组织转变的影响

合金元素对碳化物稳定性的影响以及它们与 C 在奥氏体中的扩散能力直接控制了奥氏体的形成过程，影响加热时奥氏体的形成速度和奥氏体晶粒的大小。

1) 对奥氏体形成速度的影响

除元素 Co、Ni 外，大多数合金元素都会减缓钢的奥氏体形成过程。

Al、Si、Mn 等合金元素对奥氏体的形成速度影响不明显。

Cr、Mo、W、V、Ti、Nb、Zr 等属于强碳化物形成元素，与 C 的亲和力大，可形成稳定性高、难溶于奥氏体的合金碳化物，提高了 C 在奥氏体中的扩散激活能，显著阻碍 C 的扩散，大大减缓奥氏体的形成速度。为了加速碳化物的溶解和奥氏体成分的均匀化，必须提高加热温度并延长保温时间。

因此，合金钢在热处理时，必须调整加热温度和保温时间，以保证奥氏体转变顺利进行。

2) 对奥氏体晶粒大小的影响

合金元素与 C 和 N 的亲和力越大，阻碍奥氏体晶粒长大的作用就越强烈，因而强碳化物和氮化物形成元素具有细化晶粒的作用。

除 Mn 以外，大多数合金元素都有阻止奥氏体晶粒长大的作用，但影响程度不同。按照对晶粒长大作用的影响程度，合金元素可分为以下几种：

(1) 强烈阻碍晶粒长大的元素：Ti、Zr、Nb、V 等。它们形成的合金碳化物稳定性高，而且多以弥散质点的形式分布在奥氏体晶界上，使晶界迁移阻力增大；Al 在钢中易形成高熔点的 AlN、Al_2O_3 细质点，也强烈阻止晶粒长大。

(2) 中等程度阻碍晶粒长大的元素：W、Mo、Cr。

(3) 对晶粒长大影响不大的元素：Si、Ni、Cu。

(4) 促进晶粒长大的元素：主要是 Mn，P、B 也有此倾向。所以对锰钢热处理时，要严格控制加热温度和保温时间。

2. 合金元素对过冷奥氏体转变过程的影响

1) 改变 C 曲线的形状和位置

除 Co 外，凡溶入奥氏体的合金元素均不同程度地使 C 曲线右移，提高过冷奥氏体的稳定性，推迟珠光体型组织的转变，使临界冷却速度下降，提高钢的淬透性。合金元素对碳钢 C 曲线的影响如图 7-5 所示，这也是钢中加入合金元素的主要目的之一。提高淬透性，可使钢的淬火冷却速度降低，有利于减少零件淬火变形和开裂倾向。

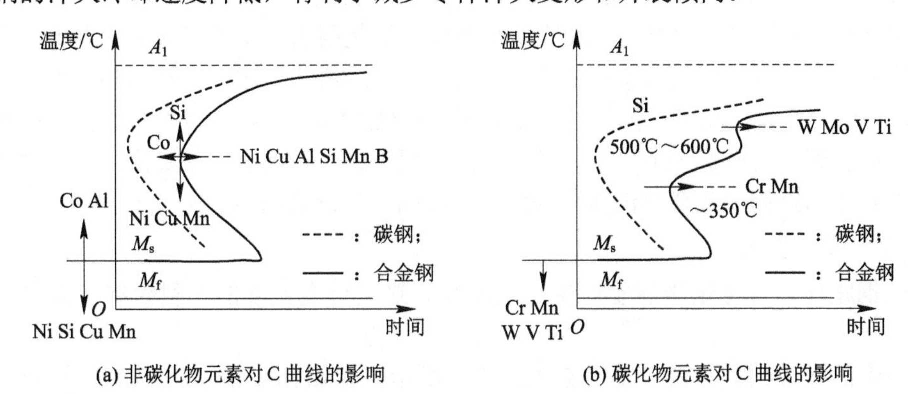

图 7-5　合金元素对碳钢C曲线的影响

必须指出，合金元素对钢淬透性的影响取决于该元素的作用强度和溶解量。只有完全溶于奥氏体时，才能提高淬透性；如果未完全溶解，则碳化物会成为非自发核心，促进珠光体的形成，反而降低钢的淬透性。

常用提高淬透性的元素有 Mo、Mn、Cr、Ni、Si、B 等。若两种或多种合金元素同时加入，对淬透性的影响比单个元素的影响总和要大得多。其中，Mn、Si、Ni 等仅使 C 曲线右移而不改变其形状，如图 7-5(a)所示；Cr、W、Mo、V 等在使 C 曲线右移的同时，还将珠光体转变与贝氏体转变分成两个区域，如图 7-5(b)所示。

2) 对 Ms 和 M_f 温度的影响

除 Co、Al 外，多数合金元素都使 M_s 和 M_f 温度下降，增加了钢中的残余奥氏体的含量，对钢的硬度和尺寸稳定性产生较大的影响，如图 7-5 所示。

合金元素降低马氏体点的强弱程度次序为 Mo、Mn、W、Cr、Ni、Si、V。M_s 和 M_f 温度的下降，使淬火后钢中残余奥氏体含量增多。许多高碳高合金钢中的残余奥氏体的相对体积分数可达 30%～40%或以上。残余奥氏体含量过多时，钢的硬度和疲劳抗力下降，因此，需进行冷处理(温度冷却至 M_f 线以下)，以使其转变为马氏体；或进行多次回火，使残余奥氏体因析出合金碳化物，而 M_s、M_f 温度上升，并在冷却过程中转变为马氏体或贝氏体(即发生所谓二次淬火)。

3. 合金元素对回火转变过程的影响

1) 提高回火稳定性

淬火钢回火时，抵抗硬度下降的能力称为回火稳定性。合金元素在回火过程中阻碍马氏体分解和碳化物聚集长大，使钢的硬度下降变缓，从而提高了钢的回火稳定性。当回火温度相同时，合金钢比同样碳质量分数的碳钢具有更高的硬度和强度(这对工具钢和耐热钢特别重要)；或者在保证相同回火硬度的条件下，合金钢可在更高的温度下回火，有利于消除内应力，使韧性更好(这对结构钢更重要)。提高回火稳定性作用较强的合金元素有 V、Si、Mo、W、Ni、Co 等。

2) 产生二次硬化

一些 Mo、W、V 含量较高的高合金钢回火时，硬度不是随回火温度升高而单调降低，而是到某一温度(约 400℃)后开始增大，并在另一更高温度(一般为 550℃左右)达到峰值，如图 7-6 所示为钼钢的回火温度与硬度关系曲线。这是回火过程的二次硬化现象，它与回火析出物的性质有关。当回火温度低于 450℃时，钢中析出渗碳体；在 450℃以上时渗碳体溶解，钢中开始沉淀出细小弥散的稳定难熔碳化物 Mo_2C、W_2C、VC 等，使硬度重新升高，称为沉淀硬化；而在 550℃左右沉淀硬化过程完成时，硬度出现峰值。二次硬化也可以由回火时冷却过程中残余奥氏体转变为马氏体的二次淬火所引起。

3) 增大回火脆性

与碳钢相比，合金钢更容易产生回火脆性。这是合金元素的不利影响，需要调整和控制。

镍铬钢的韧性与回火温度的关系如图 7-7 所示，镍铬钢在 250℃～400℃间的第一类回火脆性(低温回火脆性，由相变机制本身决定)无法消除，只能避开；但加入质量分数为 1%～3%的 Si，可使其脆性温区移向较高温度。450℃～600℃间发生的第二类回火脆性(高温回火脆性)，主要与某些杂质元素以及合金元素本身在原奥氏体晶界上的严重偏聚有关，多发生在含 Mn、Cr、Ni 等元素的合金钢中，这是一种可逆回火脆性；可采用回火后快冷(通常用油冷)，抑制杂质元素在晶界偏聚，防止回火脆性发生；亦可在钢中加入适当 Mo 或 W($w_{Mo}=0.5\%$，$w_W=1\%$)，其可以强烈阻碍和延迟杂质元素等往晶界的扩散偏聚，基本上消除这类脆性，这对于需要调质处理的大型件非常重要。

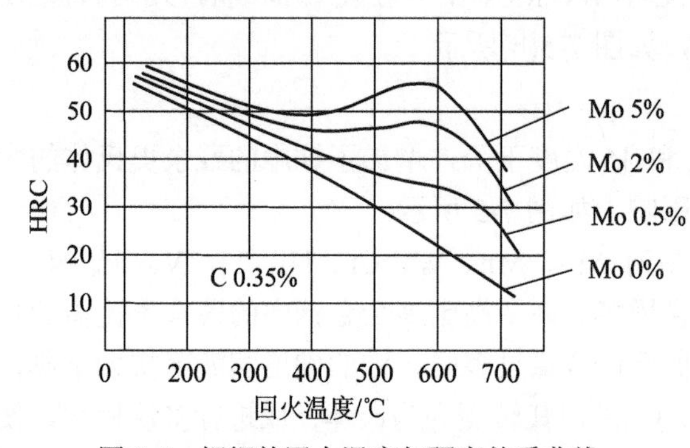

图 7-6　钼钢的回火温度与硬度关系曲线

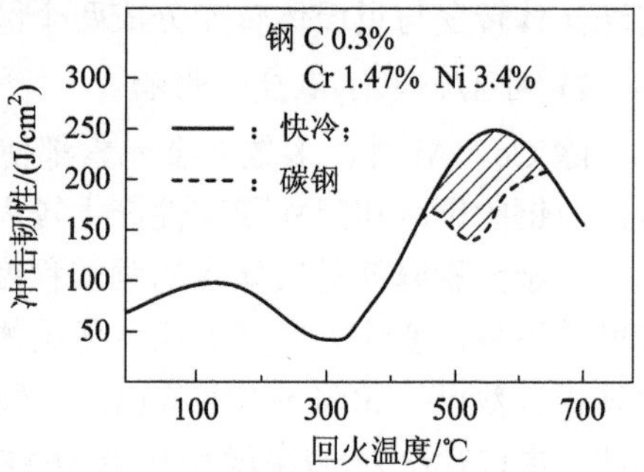

图 7-7　铬镍钢的韧性与回火温度的关系

合金元素加入钢中还会引起共析转变温度的升高或下降，所以，在制定合金钢的热处理工艺时，对加热温度必须作相应的调整。

7.3　合金化对钢强韧性的作用

合金元素在钢中的主要作用可归纳为强化铁素体基体，提高淬透性，细化晶粒，提高回火稳定性，通过适当的热处理，提高钢的力学性能。提高钢的强度是加入合金元素的主要目的之一，调整合金元素的种类和数量，也可使钢的韧性提高。

1. 合金化对钢强韧性的影响

1) 合金元素对钢强韧化的作用机制

金属材料的强度(主要指屈服强度)是指金属材料对塑性变形的抗力，而塑性变形的实质是位错在滑移面上沿滑移方向的运动。因此，凡是阻碍位错运动的因素都能使金属材料强化。在钢中加入的合金元素，通过以下四种强化机制中的一种或几种产生作用：

(1) 细晶强化：阻止奥氏体晶粒长大，细化晶粒，使材料强度提高，塑性和韧性改善。

(2) 固溶强化：合金元素作为溶质原子，溶于铁素体，使材料强度提高。

(3) 第二相强化：合金元素与C形成碳化物，沉淀出弥散稳定的难熔碳化物，细小、均匀分布的第二相质点可有效阻碍位错运动，使强度增加，又称弥散强化或沉淀强化。

(4) 位错强化：通过冷变形加工等方式使金属材料中位错密度增加，提高强度。

对合金钢进行淬火和回火就充分利用了四种强化机制：合金钢淬火形成马氏体，其内部含有很高的位错密度，有很强的位错强化效果，尤其是板条状马氏体又称为位错马氏体；马氏体形成时，原来的奥氏体晶粒被分割，达到一定的细晶强化效果；溶入马氏体中的合金元素会产生固溶强化的作用，同时，马氏体本身为过饱和的固溶体，在回火过程中析出的碳化物粒子产生沉淀强化效应。可见，淬火+回火是对钢最经济、最有效的综合强化手段。

韧性是材料抵抗断裂的能力。在钢中加入合金元素可使钢的韧性提高，如加入阻碍奥氏体晶粒长大的元素(V、Ti、Nb 最有效)，可获得细小的奥氏体晶粒，淬火后得到细小的马氏体或贝氏体组织及细小的合金碳化物，可提高回火稳定性；通过加入 Ni 元素改善铁素体基体的韧性，加入 Mo 或 W 消除回火脆性。

2) 合金化效果离不开热处理

合金元素通过置换固溶强化机制，能够直接提高钢的强度，但作用有限。因此，在选择合金元素时，首要目的是提高淬透性，保证在淬火时容易获得马氏体。在完全获得马氏体的条件下，碳钢和合金钢的强度水平其实是一样的；还有一个目的是要考虑提高钢的回火稳定性，使回火析出的碳化物更细小、均匀和稳定；对于工具钢等，加入的合金元素要可以使马氏体在高温下保持微细晶粒及高密度位错，或者可使工具钢产生二次硬化，获得良好的红硬性和高温强度。由上可见，合金元素的良好作用，只有经过适当的热处理才能充分发挥出来。

2. 合金化与强韧化机理的综合运用举例

$25Si_2Mn_2CrNiMoV$ 低碳马氏体超高强度钢的开发，其合金设计思路可以归结如下：

1) 强化低碳马氏体

(1) 确定含碳量。增加含碳量，C 原子进入八面体间隙位置造成固溶强化；同时，增加含碳量，可以使马氏体在回火过程中有更多的碳化物析出，从而造成弥散强化。但是，当含碳量超过 0.3%时，钢淬火后不可避免地出现较多的孪晶亚结构，裂纹倾向大大增加，有损韧性。综合上述因素，最终确定含碳量为 0.25%。

由于受含碳量的限制，所以必须考虑其他方式来强化低碳马氏体。

(2) 确定合金元素。合金元素的置换固溶能产生一定的强化作用，如图 7-1 所示，Si、Mn、Ni 和 Mo 对铁素体有较大的强化效应，所以设计时首先考虑这四种元素。

2) 发挥低碳马氏体韧性高的优越作用

Ni 和 Mn(如图 7-3 所示)一样均为扩大奥氏体相区元素，在含量低时，只形成位错马氏体；Ni、Mn 还是有利于在马氏体板条相界产生稳定的残余奥氏体薄膜的典型代表。因此，Ni 和 Mn 的加入不仅达到固溶强化的目的，还达到了韧化的目的。

3) 热处理改善强韧性

在保证必要强度的情况下，尽可能提高回火温度，使塑性、韧性得到较大的恢复。要做到这点，必须消除回火马氏体的脆性。Si、Ni 是促进石墨化元素，能有效抑制和阻止渗碳体的形核与长大，稳定残余奥氏体；Si、Ni 和 Mo(如图 7-6 所示)一样，都可以起到抑制回火脆性的作用。

此外，加入 1%左右的 Cr 是为了提高耐蚀性。加入 V 是为了细化晶粒，改善强韧性。

7.4 钢的分类

钢的分类方法很多，根据 GB/T 13304—2008 的规定和行业习惯，常见的分类方法有以下几种。

1. 按化学成分分类

按化学成分，钢可以分为非合金钢、低合金钢和合金钢三大类。非合金钢一般被称作碳素钢(简称碳钢)，通常把低合金钢归类于合金钢中。

1) 碳素钢

碳素钢是指含有少量的有害杂质(如 P 和 S 等)，又因脱氧需要而加入了少量的 Si 和 Mn 的铁碳合金。

按含碳量的高低，碳素钢分为低碳钢($w_C < 0.25\%$)、中碳钢($w_C = 0.25\%\sim0.6\%$)、高碳钢($w_C > 0.6\%$)三类。

2) 合金钢

在碳素钢的基础上，有目的地加入某些合金元素(如 Mn、Si、Ni、B、Al、Cu、N 和 Be 等)而构成的铁碳合金，称为合金钢。

根据合金元素总含量(w_{Me})的多少，合金钢分为低合金钢($w_{Me} < 5\%$)、中合金钢($w_{Me} = 5\%\sim10\%$)、高合金钢($w_{Me} > 10\%$)三类。

2. 按质量分类

钢的质量等级首先是按照 P、S 元素含量来划分的。根据现行标准，钢可分为普通质量钢($w_P \leqslant 0.04\%$、$w_S \leqslant 0.04\%$)、优质钢($w_P \leqslant 0.025\%$、$w_S \leqslant 0.04\%$)、特殊质量钢($w_P \leqslant 0.025\%$、$w_S \leqslant 0.025\%$)。

此外，冲击韧性也是划分钢材质量等级的主要依据，有 A、B、C、D、E 五个等级。

中合金钢和高合金钢没有普通质量钢。高级优质合金钢和特级优质合金钢在钢号后面，通常加符号“A”或“E”，以便识别。

3. 按冶炼方法分类

根据冶炼方法和设备的不同，工业用钢可分为电炉钢、平炉钢和转炉钢三大类。

按脱氧程度和浇注制度，碳素钢又可分为沸腾钢(F)、半镇静钢(b)、镇静钢(Z)及特殊镇静钢(TZ)三大类。合金钢一般都是镇静钢。

4. 按金相组织分类

1) 按退火后钢的金相组织分类

根据钢退火后显微组织的不同，钢可分为亚共析钢、共析钢、过共析钢(包含莱氏体钢)。

受合金元素含量的影响，合金钢中会出现莱氏体组织，称为莱氏体钢，实际上也是过共析钢。但由于钢锭凝固过程中有莱氏体(奥氏体和共晶碳化物的共晶体)形成，在锻造(或轧制)和退火后，一般有较多的、颗粒较大的碳化物存在。

2) 按正火后钢的金相组织分类

钢材按正火后的金相组织可分为珠光体、贝氏体、马氏体和奥氏体四大类。但这种分类并不是绝对的，因为钢材正火后空冷时，其实际冷却速度因工件尺寸大小而不同，会影响它冷却后的金相组织，一般以小尺寸工件正火后的金相组织为准。

3) 按加热和冷却时有无相变和在室温时的主要金相组织分类

按加热和冷却时有无相变和在室温时的主要金相组织不同，钢可分为铁素体钢、半铁素体钢、半奥氏体钢、奥氏体钢。

5. 按用途分类

根据用途的不同，可以把钢分为碳素结构钢、低合金高强度钢、合金结构钢、碳素工具钢、合金工具钢、高速工具钢、滚珠轴承钢、弹簧钢、不锈耐酸钢、耐热不起皮钢、电热合金、电工用硅钢等十二大类。

为了研究的方便，我们通常把钢归纳为结构钢、工具钢和特殊性能钢三大类。

1) 结构钢

用于制造各类机械零件和各种工程构件的钢材均称为结构钢。按其用途可简单地分为机械结构用钢和工程结构用钢。制造机械零件的钢大都是优质或高级优质钢，主要有优质碳素钢、渗碳钢、调质钢、弹簧钢、滚动轴承钢及铸造用钢等。工程结构用钢用于建筑、桥梁、船舶、车辆结构，主要有碳素结构钢、低合金高强度结构钢等。结构钢按成分又可分为碳素结构钢和合金结构钢。

2) 工具钢

根据用途不同，工具钢可分为刃具钢、模具钢与量具钢。根据合金元素含量不同，工具钢又可分为碳素工具钢、合金工具钢。

3) 特殊性能钢

特殊性能钢主要有不锈钢、耐热钢、耐磨钢、磁钢等。

钢厂在给钢产品命名时，往往将用途、成分、质量这三种分类方法结合起来，如优质碳素结构钢、碳素工具钢、合金工具钢、优质合金结构钢等。

7.5 钢的编号及统一数字代号

钢的种类繁多，为便于生产、使用和管理，国家标准规定了钢的分类和牌号表示方法，并制定了钢铁及合金牌号统一数字代号体系。

1. 钢的牌号表示方法

钢的牌号简称钢号，是对每一种具体钢产品所取的名称。根据 GB/T 221—2008《钢铁产品牌号表示方法》规定的原则，我国的钢号采用大写汉语拼音字母、化学元素符号和阿拉伯数字相结合的方法表示，具体如下：

(1) 采用汉语拼音的缩写字母表示钢产品名称、特性、用途、冶炼和浇注方法时，从代表产品名称的汉语拼音中选取第一个字母，当和另一产品所取字母重复时，选取第二个字母或第三个字母，或同时选取两个汉字的第一个拼音字母。原则上只取一个，一般不超过三个。常用钢产品的名称、用途、特性和工艺方法表示符号见表 7-1。

(2) 钢号中化学元素采用国际化学元素符号表示，例如 Si、Mn、Cr 等。混合稀土元素用“RE”(或“Xt”)表示。

(3) 阿拉伯数字代表钢中主要化学元素含量，一般用质量分数的万倍、千倍或百倍表示。

表 7-1　常用钢产品的名称、用途、特性和工艺方法表示符号

产品名称	汉字	汉语拼音	采用符号	牌号中位置	产品名称	汉字	汉语拼音	采用符号	牌号中位置
碳素结构钢	屈	QU	Q	头	船用锚链钢	船锚	CHUAN MAO	CM	头
低合金高强度钢	屈	QU	Q	头	地质钻探钢管用钢	地质	DI ZHI	DZ	头
碳素工具钢	碳	TAN	T	头	锅炉和压力容器用钢	容	RONG	R	尾
(滚珠)轴承钢	滚	GUN	G	头	锅炉用钢(管)	锅	GUO	g	尾
易切削钢	易	YI	Y	头	低温压力容器用钢	低容	DI RONG	DR	尾
易切削非调质钢	易非	YI FEI	YF	头	桥梁用钢	桥	QIAO	Q	尾
焊接用钢	焊	HAN	H	头	高性能建筑结构用钢	高建	GAO JIAN	GJ	尾
焊接气瓶用钢	焊瓶	HAN PING	HP	头	耐候钢	耐候	NAI HOU	NH	尾
车辆车轴用钢	辆轴	LIANG ZHOU	LZ	头	汽车大梁用钢	梁	LIANG	L	尾
机车车轴用钢	机轴	JI ZHOU	JZ	头	矿用钢	矿	KUANG	K	尾
塑料模具钢	塑模	SU MO	SM	头	沸腾钢	沸	FEI	F	尾
钢轨钢	轨	GUI	G	头	半镇静钢	半	BAN	b	尾
冷镦(铆螺)钢	铆螺	MAO LUO	ML	头	镇静钢	镇	ZHEN	Z	尾
锚链钢	锚	MAO	M	头	特殊镇静钢	特镇	TE ZHEN	TZ	尾

注：按硫磷含量或冲击性能，质量等级采用符号 A、B、C、D、E 表示，位置在牌号尾部。

为了便于国际交流和贸易需要，也可以采用大写英文字母或国际惯例符号表示钢的牌号，如表 7-2 所示。

表 7-2　国际惯例符号表示钢的牌号

产品名称	英文拼写	采用符号	牌号中位置
管线用钢	Line	L	头
热轧带肋钢筋	Hot Rolled Ribbed Bars	HRB	头
细晶粒热轧带肋钢筋	Hot Rolled Ribbed Bars+Fine	HRBF	头
冷轧带肋钢筋	Cold Rolled Ribbed Bars	CRB	头
热轧光圆钢筋	Hot Rolled Plain Bars	HPB	头
预应力混凝土用螺纹钢筋	Prestressing Screw Bars	PSB	头
低焊接裂纹敏感性钢	Crack Free	CF	尾
保证淬透性钢	Hardenability	H	尾
船用钢	采用国际符号		

2. 一些常用钢的牌号表示方法

通常，钢的牌号组成中，括号内的部分只在必要时给出。

1) *碳素结构钢和低合金结构钢*

牌号组成：前缀字母+强度值数字(+质量等级+脱氧方式+用途、特性和工艺方法表示符号)。

前缀字母为代表屈服强度的“屈”字汉语拼音首字母“Q”，数字表示规定最小屈服强度值，单位为 MPa。

钢的质量等级，用英文字母 A、B、C、D 表示，反映了碳素结构钢中有害元素(P、S)含量的多少。

脱氧方式表示符号：沸腾钢(F)、半镇静钢(b)、镇静钢(Z)、特殊镇静钢(TZ)，Z、TZ 可省略。

根据表 7-1 和 7-2 所示的命名原则，普通碳素结构钢可表示为如 Q235AF、低合金高强度结构钢可表示为如 Q345D。

专用结构钢需加上表 7-1 和 7-2 中规定的前缀符号，如热轧带肋钢筋表示为 HRB335、船用锚链钢表示为 CM370 等。

根据需要，低合金高强度钢的牌号也可以用两位数字(表示平均含碳量的万分数)和化学元素符号表示，必要时加产品用途、特性和工艺方法符号。如 20MnK，表示含碳量为 0.15%～0.26%、含锰量为 1.20%～1.60%的矿用钢。

2) *优质碳素结构钢和优质碳素弹簧钢*

牌号组成：两位数字(+Mn+冶金质量+脱氧方式+用途、特性和工艺方法表示符号)。

两位数字表示平均含碳量的万分数。Mn 表示含锰量较高的优质碳钢。冶金质量：高级优质钢用“A”，特级优质钢用“E”表示。脱氧方式用 F、b、Z 表示，Z 通常省略。如优质碳素结构钢 08F、45A、50MnE，保证淬透性钢 45AH，优质碳素弹簧钢 65Mn 等。

3) *合金结构钢和合金弹簧钢*

牌号组成：两位数字+合金元素的化学符号(和含量数字)(+冶金质量+用途、特性和工艺方法表示符号)。

两位数字表示平均含碳量的万分数。合金元素化学符号后的数字，表示合金元素的平均含量，当该数小于 1.50%时，牌号中仅标明元素符号；若含量为 1.50%～2.49%、2.50%～3.49%、3.50%～4.49%等，则在合金元素后面相应写成数字 2、3、4 等。冶金质量：合金钢均为优质钢，高级优质钢、特级优质钢分别用“A”“E”表示。如高淬透性合金结构钢 20CrMnTiH，锅炉和压力容器用钢 18MnMoNbER，优质弹簧钢 60Si2Mn 等。

4) 工具钢

(1) 碳素工具钢。

牌号组成：T + 数字(+ Mn + 冶金质量)。“T”是“碳”字汉语拼音首字母。数字表示平均含碳量的千分数。“Mn”表示含锰量较高的碳素工具钢。冶金质量为高级优质钢，用“A”表示，如 T8MnA 等。

(2) 合金工具钢。

牌号组成：(一位数字) + 合金元素的化学符号(和含量数字)。

平均含碳量小于 1.00%时，牌号中采用一位数字表示平均含碳量的千分数；平均含碳量不小于 1.00%时，不标明含碳量数字。合金元素的化学符号和含量数字，表示方法同合金结构钢。特别指出，低铬(平均铬含量小于 1%)合金工具钢，在铬含量(以千分之几计)前加数字“0”，如 9SiCr、Cr06 等。

(3) 高速工具钢。

牌号表示方法与合金结构钢基本相同。但由于高速工具钢含碳量一般较高，在牌号头部一般不标含碳量的数字。为了区别牌号，在牌号头部可以加“C”表示高碳高速工具钢，如 W6Mo5Cr4V2、CW6Mo5Cr4V2 等。

5) 轴承钢

轴承钢分为高碳铬轴承钢、渗碳轴承钢、高碳铬不锈轴承钢和高温轴承钢等四大类。牌号以表示“滚”字汉语拼音首字母“G”开头。

高碳铬轴承钢的牌号组成为：G + Cr 和含量数字。这是一个特例，铬的含量数字以千分数计，如 GCr15 的铬含量是 1.5%；如有其他合金元素，表示方法同合金结构钢。

渗碳轴承钢在首字母“G”后的部分与合金结构钢表示方法相同，如 G20CrNiMoA。

高碳铬不锈轴承钢和高温轴承钢在首字母“G”后的部分和合金结构钢的表示方法一样，如 G95Cr18、G80Cr4MoV 等。

6) 不锈钢和耐热钢

不锈钢和耐热钢的牌号由含碳量和合金元素含量组成。

含碳量用两位或三位数字表示最佳控制值(万分数或十万分数)，合金元素含量的表示方法同合金结构钢，具体表示方法如下：

(1) 只规定含碳量上限者，当含碳量上限不大于 0.10%时，牌号中以其上限的 3/4 表示含碳量；当含碳量上限大于 0.10%时，以其上限的 4/5 表示含碳量。例如：含碳量上限为 0.08%，牌号中以数字 06 表示，如 06Cr18Ni11Ti；含碳量上限为 0.15%，牌号中以数字 12 表示，如 12Cr18Ni9。

(2) 对超低碳不锈钢(含碳量不大于 0.030%)，用三位数字表示含碳量最佳控制值(十万分数)。例如：含碳量上限为0.030%，牌号中以数字022表示，如022Cr18Ni14Mo3；含碳量上限为0.025%，牌号中以数字019表示，如019Cr18MoTi；含碳量上限为0.010%，牌号中以数字008表示，如008Cr30Mo2。

(3) 规定含碳量上、下限者，以平均含碳量的万分数表示。例如：含碳量为0.16%～0.25%，牌号中以数字20表示；含碳量为0.95%～1.10%，牌号中以数字102表示。

7) 铸钢

铸钢牌号以“铸钢”两字汉语拼音首字母“ZG”为特征。

以强度为主要特征的铸钢在首字母“ZG”后加上两组数字，分别表示材料的最低屈服强度和最低抗拉强度，单位为MPa，如ZG310-570。

以化学成分为主要特征的铸钢在首字母“ZG”后加上两位数字表示含碳量的万分数，如有合金元素，表示方法与合金结构钢大致相同，例如ZG20Cr13。但是当合金元素含量在0.9%～1.4%时，Mn元素只标符号不标含量，其他元素符号后均标1，例如ZG15Cr1Mo1V。

8) 其他专门用钢

易切削钢用“易”字汉语拼音首字母“Y”开头，用两位数字表示平均含碳量的万分数，后面是合金元素。其中：易切削元素是钙、铅、锡等时，用Ca、Pb、Sn表示；易切削元素是硫、磷时，不标出；较高含锰量的加硫、加磷易切削钢，标出Mn；为区分牌号，较高含硫量的易切削钢，在末尾加上“S”，例如Y45Ca、Y45Mn、Y45MnS等。

非调质机械结构钢用“非”的汉语拼音首字母“F”开头，含碳量和合金元素表达方法与合金结构钢相同，对于改善切削性能的非调质机械结构钢(必要时)加硫元素符号“S”，如F35VS。

其他专门用钢，如车辆车轴及机车车辆用钢、钢轨钢、冷镦钢、焊接用钢等，牌号表示方法一般用首字母或加尾字母表示类型，含碳量和合金元素表示方法可参考合金结构钢、不锈钢等。

3. 钢铁及合金牌号统一数字代号体系

GB/T 17616—2013《钢铁及合金牌号统一数字代号体系》对我国钢产品规定了统一的数字代号，与现行的GB/T221—2008《钢铁产品牌号表示方法》同时使用。统一数字代号有利于数据存储、检索等，便于在生产中使用。

1) 统一数字代号原则

统一数字代号由固定的6位符号组成，左边第1位用大写的拉丁字母作前缀(“I”和“O”除外)，后接5位阿拉伯数字。

每一个统一数字代号只适用于一个产品牌号；反之，每一个产品牌号只对应于一个统一数字代号。

当产品牌号取消后，一般情况下，原对应的统一数字代号不再分配给另一个产品牌号。

2) 统一数字代号的结构形式

钢铁及合金的分类和编组，主要按其基本成分、特性和用途综合考虑，同时照顾到我国现有的习惯分类方法以及各类产品牌号实际数量情况。同时，考虑到各类钢铁及合金的发展和新型材料的出现，留有一定的备用空位。钢铁及合金的类型和每个类型产品牌号统一数字代号见表 7-3，统一数字代号的第 2 位用 0～9 中 4 个阿拉伯数字表示各类型钢铁及合金的细分类，后面 4 个数字表示编组和牌号。

例如 A26205，A 表示合金结构钢，2 表示 CrMn(X)系，6 表示 CrMnTi 钢，20 表示含碳量的万分数，5 表示等级或用途(保证淬透性 H)；对应的牌号表示为 20CrMnTiH。

表 7-3　钢铁及合金的类型和每个类型产品牌号统一数字代号

钢铁及合金的类型	统一数字代号	钢铁及合金的类型	统一数字代号
合金结构钢	A× ××××	杂类材料	M× ××××
轴承钢	B× ××××	粉末及粉末材料	P× ××××
铸铁、铸钢及铸造合金	C× ××××	快淬金属及合金	Q× ××××
电工用钢和纯铁	E× ××××	不锈、耐腐蚀和耐热钢	S× ××××
铁合金和生铁	F× ××××	工具钢	T× ××××
高温合金和耐蚀合金	H× ××××	非合金钢	U× ××××
精密合金及其他特殊物理性能材料	J×××××	焊接用钢及合金	W×××××
低合金钢	L×××××		

习题与思考题

本章小结

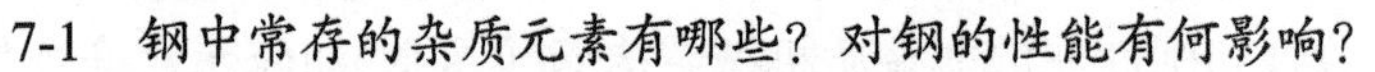

7-1　钢中常存的杂质元素有哪些？对钢的性能有何影响？

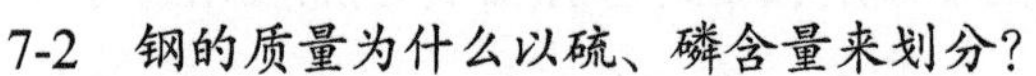

7-2　钢的质量为什么以硫、磷含量来划分？

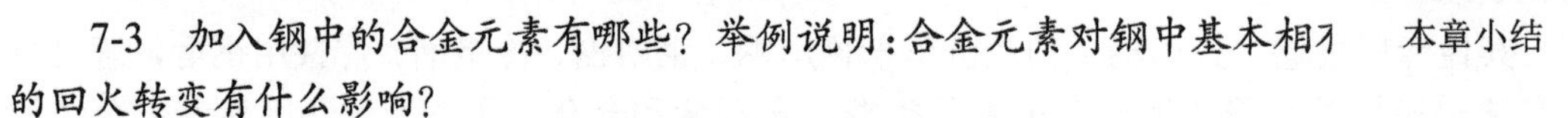

7-3　加入钢中的合金元素有哪些？举例说明：合金元素对钢中基本相和的回火转变有什么影响？

7-4　何谓钢的回火稳定性、热硬性和二次硬化？

7-5　解释下列现象：

(1) 在含碳量相同的情况下，除了含 Ni 和 Co 的合金钢外，大多数合金钢的热处理加热温度都比碳钢高。

(2) 在含碳量相同的情况下，含碳化物形成元素的合金钢比碳钢具有较高的回火稳定性。

(3) 含碳量为 0.4%、含铬量为 13%的钢属于过共析钢，如 40Cr13；而含碳量为 1.5%、含铬量为 12%的钢属于莱氏体钢，如 Cr12MoV。

7-6　什么是碳素钢？什么是合金钢？

第八章 工 业 用 钢

工业用钢按化学成分分为碳素钢(简称碳钢)和合金钢。

碳素钢品种齐全，价格低廉，冶炼、加工成型比较简单。经过一定的热处理后，其力学性能得到不同程度的改善和提高，可满足工农业生产中许多场合的需求。但是碳素钢的淬透性比较差，强度、屈强比、高温强度、耐磨性、耐腐蚀性、导电性和磁性等也都比较差，它的应用受到了限制。与碳素钢相比，合金钢的性能有显著的提高。

本章重点介绍常用结构钢、工具钢和特殊性能钢的成分特点、热处理、组织、性能及用途。

项目设计

(1) 很多汽车制造厂都把 20CrMnTi 作为重要的原材料，用其制作的零件性能优良。请查阅资料，说明该材料的重要用途和发挥材料最优性能的途径。

(2) 常见拖拉机履带、挖掘机铲斗的工作环境恶劣，说明选用的材料如何满足使用要求。

(3) 90Cr18MoV 属于高碳高铬马氏体不锈钢，用于制造不锈切片、机械刃具及剪切工具、手术刀片、高耐磨设备零件等。探究不锈钢适宜制造承受高耐磨、高负荷以及在腐蚀介质中工作器具的原理。

学习成果达成要求

(1) 认识常用材料牌号及性能特点。

(2) 熟悉常见工业用钢的种类、性能特点以及应用，能够根据工业生产的具体要求合理选择钢种及热处理方式。

8.1 结 构 钢

用于制造各类机械零件和各种工程构件的钢均称为结构钢，如船舶、车辆、飞机、导弹、轻重武器、铁路、桥梁、高压容器、机床等各类机器、各种结构所用的钢材。

结构钢按成分可分为碳素结构钢和合金结构钢。在碳素结构钢的基础上添加一些合金元素就形成了合金结构钢。与碳素结构钢相比，合金结构钢具有较高的淬透性，较高的强度和韧性。用合金结构钢制造的各类机械零部件具有优良的综合机械性能，从而保证了安全地使用零部件。

结构钢按用途又可简单地分为机械结构用钢和工程结构用钢。用于制造机械零件的钢称为机械结构用钢；它们大都是优质或高级优质钢，以适应机械零件承受动载荷的要求；一般需经适当热处理，以发挥材料的潜力。制造各种工程构件的钢称为工程结构用钢；它们大多数是普通质量的结构钢，因为其含硫、磷较优质钢多，且冶金质量也较优质钢差，故适于制造承受静载荷作用的工程结构件；工程结构用钢的冶炼比较简单，成本低，可以满足大消耗量的需求；这类钢一般不再进行热处理。

通常，按成分、用途或热处理工艺，结构钢可分为普通碳素结构钢、低合金高强度结构钢、渗碳钢、调质钢、弹簧钢和滚动轴承钢等。国家标准的钢牌号和工业生产中选材及热处理都经常采用这种分类方式。

8.1.1 普通碳素结构钢和低合金高强度结构钢

普通碳素结构钢与低合金高强度结构钢在成分、性能、热处理工艺及牌号命名等诸多方面有相似之处，但在选材应用上又各有特点。

1. 普通碳素结构钢

普通碳素结构钢一般以热轧空冷(正火)状态供应，组织为铁素体＋珠光体，不经热处理直接使用。其性能上能满足一般工程结构和普通零件的要求，因而应用较广，通常轧制成钢板或各种型材(圆钢、方钢、工字钢、钢筋等)供应。普通碳素结构钢牌号、主要化学成分及力学性能见表 8-1。

表 8-1　普通碳素结构钢牌号、主要化学成分、力学性能(摘自 GB/T 700—2006)

<table>
<tr><th rowspan="2">牌号</th><th rowspan="2">质量等级</th><th rowspan="2">脱氧方法</th><th colspan="5">主要化学成分/%，不大于</th><th>R_{eH}/MPa</th><th rowspan="2">R_m/MPa</th><th>A/%</th></tr>
<tr><th>C</th><th>Mn</th><th>Si</th><th>S</th><th>P</th><th>不小于</th><th>不小于</th></tr>
<tr><td>Q195</td><td>—</td><td>F、Z</td><td>0.12</td><td>0.5</td><td>0.3</td><td>0.04</td><td>0.035</td><td>195</td><td>315～430</td><td>33</td></tr>
<tr><td rowspan="2">Q215</td><td>A</td><td rowspan="2">F、Z</td><td rowspan="2">0.15</td><td rowspan="2">1.2</td><td rowspan="2">0.35</td><td>0.05</td><td rowspan="2">0.045</td><td rowspan="2">215</td><td rowspan="2">335～450</td><td rowspan="2">31</td></tr>
<tr><td>B</td><td>0.045</td></tr>
<tr><td rowspan="4">Q235</td><td>A</td><td rowspan="2">F、Z</td><td>0.22</td><td rowspan="4">1.4</td><td rowspan="4">0.35</td><td>0.05</td><td rowspan="2">0.045</td><td rowspan="4">235</td><td rowspan="4">370～500</td><td rowspan="4">26</td></tr>
<tr><td>B</td><td>0.20</td><td>0.045</td></tr>
<tr><td>C</td><td>Z</td><td rowspan="2">0.17</td><td>0.04</td><td>0.04</td></tr>
<tr><td>D</td><td>TZ</td><td>0.035</td><td>0.035</td></tr>
<tr><td rowspan="5">Q275</td><td>A</td><td>F、Z</td><td>0.24</td><td rowspan="5">1.5</td><td rowspan="5">0.35</td><td rowspan="3">0.045</td><td rowspan="3">0.045</td><td rowspan="5">275</td><td rowspan="5">410～540</td><td rowspan="5">22</td></tr>
<tr><td rowspan="2">B</td><td rowspan="2">Z</td><td>0.21</td></tr>
<tr><td>0.22</td></tr>
<tr><td>C</td><td>Z</td><td rowspan="2">0.20</td><td>0.04</td><td>0.04</td></tr>
<tr><td>D</td><td>TZ</td><td>0.035</td><td>0.035</td></tr>
</table>

1) *成分特点*

普通碳素结构钢含碳量低(w_C 为 0.06%～0.38%)，钢中有害元素和非金属夹杂物较多。

2) *牌号表示方法*

根据 GB/T 700—2006 的规定，普通碳素结构钢牌号由代表屈服强度的“屈”字汉语拼音首字母 Q + 最小屈服强度数值(单位：MPa) + 质量等级符号(A、B、C、D) + 脱氧方法符号(F、Z、TZ)四个部分按顺序组成，如 Q235 AF。

从 A 级到 D 级，钢中 P、S 含量依次减少：A(w_S≤0.050%、w_P≤0.045%)、B(w_S≤0.045%、w_P≤0.045%)、C(w_S≤0.040%、w_P≤0.040%)、D(w_S≤0.035%、w_P≤0.035%)。

3) 常用普通碳素结构钢的用途

Q195 钢含碳量很低，强度不高，但焊接性能和塑性、韧性良好，主要用于生产薄板、盘条和拉丝，如铁钉、铁丝、黑铁皮、白铁皮(镀锌薄钢板)和马口铁(镀锡薄钢板)。也可用来代替优质碳素结构钢 08 或 10 钢，制造冲压、焊接结构件。

Q215、Q235 钢具有一定的强度、硬度和良好的塑性。其中：A 级钢一般用于不经锻压、热处理的工程结构件或普通零件(如制作机器中受力不大的铆钉、螺钉、螺母等)，有时也可制造不重要的渗碳件；B 级钢可用于制造建筑工程中质量要求较高的焊接件，机械中可用于制作一般的转动轴、吊钩、自行车架等；C、D 级普通碳素结构钢常用以制造稍为重要的机器零件和船用钢板，并可代替相应含碳量的优质碳素结构钢；并且由于 P、S 含量低，质量好，可用于制造重要焊接结构件。

Q275 钢含碳量较高，强度较高，可代替 30 钢、40 钢用于制造稍为重要的某些零件(如承受中小载荷的齿轮、链轮等)，以降低材料成本。

2. 普通低合金高强度结构钢

普通低合金结构钢(简称普低钢)是在普通碳素结构钢的基础上加入少量合金元素(总 w_{Me}≤3%)得到的钢。这类钢比相同碳质量分数碳素钢的强度高约 10%～30%，因此又常被称为“低合金高强度结构钢”。我国生产的常用普通低合金高强度结构钢的牌号、主要化学成分、力学性能和用途见表 8-2。

表 8-2 常用普通低合金高强度结构钢(正火状态)牌号、主要化学成分、力学性能和用途(摘自 GB/T 1591—2018)

钢级	主要化学成分/%			R_{eH}②/MPa	R_m/MPa	A/%	用 途
	C	Mn	Si	公称厚度(直径)			
				≤16 mm	≤100 mm	≤16 mm	
Q355①	<0.2	0.9～1.65	<0.5	≥355	470～630	≥22	船舶、铁路车辆、桥梁、管道、锅炉、压力容器、矿山机械、电站设备、厂房钢架等
Q390		0.9～1.7		≥390	490～650	≥20	中高压锅炉汽包、化工容器、大型船舶、桥梁、车辆、起重设备等
Q420		1.0～1.7		≥420	520～680	≥19	大型焊接件、大型船舶、桥梁、车辆、电站设备、起重设备、中高压锅炉及容器等
Q460				≥460	540～720	≥17	中温高压容器(<120℃)、锅炉，化工、石油高压厚壁容器(<100℃)；淬火加回火可用于大型挖掘机、钻井平台等

注：① Q355 钢替代了之前标准中的 Q345 及相关要求；② R_{eH} 替代了之前标准的 R_{eL}，指标相应提高。

1) 成分特点

(1) 普低钢的含碳量低，碳平均质量分数一般不大于 0.2%，保证了较好的塑性和焊接性能。

(2) 普低钢的合金元素总量不超过 3%。

(3) 普低钢的主加元素是 Mn，平均质量分数在 1.25%～1.5%之间。Mn 可以溶入铁素体起固溶强化作用，还可以通过对 $Fe\text{-}Fe_3C$ 相图的影响，增加组织中珠光体的含量并使之细化。

(4) 普低钢的附加元素量很少。加入 Si 元素也是起固溶强化的作用，提高强度；加入 Nb、V、Ti 等强碳化物形成元素，起到第二相弥散强化和阻碍奥氏体晶粒长大的作用，细化组织，提高韧性；加入 Cu、P 等元素则是为了提高钢的抗腐蚀能力。

2) 性能特点

普通低合金高强度结构钢强度较高，塑性、韧性好，压力加工性和焊接性能好。

3) 牌号命名表示方法

普通低合金高强度结构钢的牌号命名方式与碳素结构钢相似，但也有不同。根据 GB/T 1591—2018 的规定，牌号用代表屈服强度的“屈”字汉语拼音首字母 Q + 规定最小屈服强度值 + 交货状态代号 + 质量等级(B、C、D、E、F)按顺序组成。Q + 规定最小屈服强度值，简称钢级，例如 Q355。

交货状态代号含义：热轧成形状态用 AR 或 WAR 表示，即钢材未经任何特殊轧制和/或热处理，可省略；正火和正火轧制状态用 N 表示；热机械轧制状态用 M 表示。

例如，Q355ND，表示最小上屈服强度值为 355MPa、质量等级为 D 级、正火状态供应的钢材。

4) 热处理特点

普通低合金高强度结构钢通常是在热轧或正火状态下使用，室温组织为铁素体+珠光体(或索氏体)。焊接后一般不再热处理。Q420、Q460 的 C、D、E 级钢可根据需要进行淬火+低温回火来获得板条状马氏体。

5) 主要应用

普通低合金高强度结构钢被广泛应用于桥梁、船舶、压力容器、石油管道、车辆、建筑等方面，是一种常用的工程机械用钢。与低碳钢相比，低合金高强度结构钢不但具有良好的塑性和韧性以及焊接工艺性能，而且还具有较高的强度，较低的冷脆转变温度和良好的耐腐蚀能力。因此，用低合金高强度结构钢代替低碳钢，可以减少材料和能源的损耗，减轻工程结构件的自重(一般可节约钢材 20%～30%)，增加可靠性，还可以安全地使用在北方高寒地区(–40℃)和要求抗腐蚀的行业。

目前我国低合金高强度结构钢成本与碳素结构钢相近，故推广使用低合金高强度结构钢在经济上具有重大意义。

8.1.2　优质碳素结构钢

优质碳素结构钢与普通碳素钢相比，有害杂质 S、P 及非金属夹杂物的含量较少，化学成分控制较为严格，塑性和韧性较高。经适当热处理后，其力学性能可达到一定水平，因此常用来制造各种机器零件。

1. 牌号命名及成分特点

优质碳素结构钢牌号用两位数字表示。两位数字表示钢中平均碳质量分数的万倍。如45 钢，表示平均含碳量为万分之四十五，即 $w_C = 0.45\%$的钢；08 钢，表示钢中平均含碳量为万分之八，即 $w_C = 0.08\%$的钢。

优质碳素结构钢的 S、P 含量控制严格，通常不大于 0.035%。

优质碳素结构钢按含锰量不同，分为正常含锰量($w_{Mn} = 0.25\%$～0.80%)及较高含锰量($w_{Mn} = 0.70\%$～0.90%和 0.90%～1.20%)两组。较高含锰量的，在其牌号数字后加元素符号“Mn”。若是沸腾钢，则在牌号末尾加“F”。含硅量均控制在 0.17%～0.37%。

根据GB/T 699—2015 的规定，优质碳素结构钢的牌号、主要化学成分和力学性能见表 8-3。

表 8-3 优质碳素结构钢的牌号、主要化学成分和力学性能(摘自 GB/T 699—2015)

钢号	主要化学成分/%		推荐热处理制度(温度)/℃			力学性能(≥)					交货硬度 HBW(≤)	
	C	Mn	正火	淬火	回火	R_m/MPa	R_{eL}/MPa	A/%	Z/%	KU_2/J	未热处理	退火钢
08	0.05～0.11	0.35～0.65	930	—	—	325	195	33	60	—	131	—
10	0.07～0.13		930	—	—	335	205	31	55	—	137	—
15	0.12～0.18		920	—	—	375	225	27	55	—	143	—
20	0.17～0.23		910	—	—	410	245	25	55	—	156	—
25	0.22～0.29	0.50～0.80	900	870	600	450	275	23	50	71	170	—
30	0.27～0.34		880	860	600	490	295	23	50	63	179	—
35	0.32～0.39		870	850	600	530	315	20	45	55	197	—
40	0.37～0.44		860	840	600	570	335	19	45	47	217	187
45	0.42～0.45		850	840	600	600	355	16	40	39	229	197
50	0.47～0.55		830	830	600	630	375	14	40	31	241	207
55	0.52～0.60		820	—	—	645	380	13	35	—	255	217
60	0.57～0.65		810	—	—	675	400	12	35	—	255	229
65	0.62～0.70		810	—	—	695	410	10	30	—	255	229
70	0.67～0.75		790	—	—	715	420	9	30	—	269	229
75	0.72～0.80		—	820	480	1080	880	7	30	—	285	241
80	0.77～0.85		—	820	480	1080	930	6	30	—	285	241
85	0.82～0.90		—	820	480	1130	980	6	30	—	302	255
15Mn	0.12～0.18	0.70～1.00	920	—	—	410	245	26	55	—	163	—
20Mn	0.17～0.23		910	—	—	450	275	24	50	—	197	—
25Mn	0.22～0.29		900	870	600	490	295	22	50	71	207	—
30Mn	0.27～0.34		880	860	600	540	315	20	45	63	217	187

续表

钢号	主要化学成分 /%		推荐热处理制度(温度)/℃			力学性能 (≥)					交货硬度 HBW(≤)	
	C	Mn	正火	淬火	回火	R_m/MPa	R_{eL}/MPa	A/%	Z/%	KU_2/J	未热处理	退火钢
35Mn	0.32～0.39	0.70～1.00	870	850	600	560	335	18	45	55	229	197
40Mn	0.37～0.44		860	840	600	590	355	17	45	47	229	207
45Mn	0.42～0.50		850	840	600	620	375	15	40	39	241	217
50Mn	0.48～0.56		830	830	600	645	390	13	40	31	255	217
60Mn	0.57～0.65		810	—	—	690	410	11	35	—	269	229
65Mn	0.62～0.70	0.90～1.2	830	—	—	735	430	9	30	—	285	229
70Mn	0.67～0.75		790	—	—	785	450	8	30	—	285	229

注：① 规定元素，S 和 P 含量不大于 0.035%；Si 含量 0.17%～0.37%；Cr、Cu 含量不大于 0.25%；Ni 含量不大于 0.30%。② 热处理试样尺寸 25 mm，表中力学性能适用于公称直径或厚度不大于 80 mm 的钢棒。③ 其他规定详见 GB/T 699—2015。

2. 性能特点和用途

优质碳素结构钢随牌号的数字增加，含碳量增加，组织中的珠光体含量增加，铁素体含量减少，因此钢的强度也随之增加，而塑性指标越来越低。

1) 低碳钢($w_C < 0.25\%$)

低碳钢强度较低，可塑性和韧性很高，切削性和焊接性很好。

这种钢可以用冷变形加工或焊接的方法制造各种受力不大、韧性要求高且不经热处理的机械零件或设备构件，例如 08F 钢，含碳量低，塑性好，作为沸腾钢，其成本又低，主要用于制造用量大的冷冲压零件，如汽车外壳、仪器仪表外壳等。

在用低碳钢制造受磨损的零件时，为了使表面坚硬耐磨而中心保持韧性，可将制品进行渗碳或氰化处理，故其又属于渗碳钢，如 10～25 钢常用来制造冲压件和焊接件，也可以用于制造表面耐磨并能承受冲击载荷的零件，如齿轮、销轴等。

2) 中碳钢($w_C = 0.25\%～0.55\%$)

与低碳钢相比，中碳钢强度较高而韧性较低，一般经过调质处理即经过淬火和高温回火后使用，又属于调质钢一类。中碳钢主要用来制造承受负荷较大的机器零件，除特殊情况外，很少用来制造焊接构件。如 35～55 钢用于制造齿轮、套筒、轴类等零件；尤其是 45 钢的强度和塑性配合得好，成为机械制造业中应用最广泛的钢种。这几种钢经调质处理后，可获得良好的综合力学性能。

3) 高碳钢($w_C > 0.55\%$)

高碳钢如 60～70 钢，具有高的强度和良好的弹性，主要用于制造弹簧和易受磨损的零件，如钢丝绳、刃具、量具等。

当优质碳素结构钢具有较高含锰量时(如 15 Mn、40 Mn、45 Mn、70 Mn 钢)，可改善碳素结构钢的淬透性，使钢有较高的屈服点、强度、硬度和耐磨性，但它们塑性和韧性稍差些。

8.1.3 机械结构用钢(渗碳钢、调质钢、弹簧钢、轴承钢、铸造碳钢)

机械结构用钢是指用于制造各种机械零件或构件的钢，质量等级都属于特殊质量等级，大多需经热处理后使用。

合金结构钢的牌号应反映其主要成分和用途。我国合金钢是按碳质量分数、合金元素的种类和数量以及质量级别等来编号的。牌号基本组成为：两位数字＋元素符号＋数字＋……。

根据钢的含碳量、用途和主要热处理工艺特点等的不同，机械结构用钢可分为渗碳钢、调质钢、弹簧钢、滚动轴承钢以及铸造用钢等。

1. 渗碳钢

渗碳钢是指经过渗碳、淬火＋低温回火，使表面硬度和耐磨性提高而心部仍然保持适当强度和韧性的钢。

1) 用途

渗碳钢用于制造工作时经常既承受强烈的摩擦磨损和交变应力的作用，又承受着较强烈的冲击载荷的作用的机械零件，如汽车和拖拉机的齿轮、内燃机凸轮、活塞销等要求表面具有较高的硬度、耐磨性和疲劳强度，而心部则要有足够的强度、较高的塑性和韧性的零件。为此必须选用含碳量较低的钢，经渗碳和热处理后达到“外硬内韧”的性能要求。

2) 性能特点

渗碳钢表面渗碳层具有高硬度、高耐磨性，心部具有良好的塑性和韧性。

3) 成分特点

(1) 渗碳钢中含碳量较低，一般在0.10%～0.25%之间，可保证心部有良好的塑性和韧性。

(2) 渗碳钢中主加合金元素 Cr，还可加入 Mn、Ni、B 等元素，主要作用是提高淬透性，使渗碳零件的心部在淬火回火后得到低碳回火马氏体，以提高强度和韧性。

(3) 渗碳钢中加入微量的 Mo、W、V、Ti 等合金元素，能形成细小、难溶、稳定的合金碳化物，防止渗碳时晶粒长大，提高渗碳层的硬度和耐磨性。

4) 常用渗碳钢

表 8-4 所示为常用渗碳钢的牌号、热处理工艺、力学性能和用途。按渗碳钢淬透性的高低，可分为低、中、高淬透性渗碳钢三类。

(1) 低淬透性渗碳钢。

低淬透性渗碳钢典型钢种如 20、20Cr、20Mn2、20MnV 等，这类钢碳和合金元素总的质量分数较低($w_{Me} < 2\%$)，淬透性较差，水淬临界直径约为 20～35 mm，心部强度偏低。通常用来制造截面尺寸较小、受冲击载荷较小的耐磨件，如活塞销、小齿轮、滑块等。这类钢渗碳时心部晶粒粗化倾向大，尤其是锰钢，因此对当对它们的性能要求较高时，常常采用渗碳后再在较低的温度下加热淬火工艺。

(2) 中淬透性合金渗碳钢。

中淬透性合金渗碳钢的典型钢种如 20CrMn、20CrMnTi、20CrMnMo、20MnTiB、20SiMn2MoV、12CrNi2 等。这类钢合金元素的质量分数较高($w_{Me} \leqslant 4\%$)，淬透性较好，油淬临界直径约为 25～60mm，渗碳淬火后有较高的心部强度。可用来制造承受中等动载荷的耐磨件，如汽车和拖拉机的变速齿轮、花键轴套、齿轮轴、离合器轴、联轴节等。这类

表 8-4　常用渗碳钢的牌号、热处理工艺、力学性能和用途（摘自 GB/T 3077—2015）

类别	钢号	主要化学成分					热处理 /℃			力学性能(不小于)					用途
		C	Mn	Si	Cr	其他	预备处理	淬火	回火	R_m /MPa	R_{eL} /MPa	A/%	Z/%	KU_2/J	
低淬透性	15	0.12～0.18	0.35～0.65	0.17～0.37	—	—	～920(空)	—	200	375	225	27	55	—	活塞销等
	20	0.17～0.23			—	—	～910(空)	—		410	245	25		—	
	20Cr	0.18～0.24	0.50～0.80	0.17～0.37	0.70～1.00	—	880(水、油)	800(水、油)		835	540	10	40	47	齿轮、销轴、活塞销等
	20Mn2	0.17～0.24	1.40～1.80		—	—	—	850(水、油)		785	590				小齿轮、小轴、活塞销
	20MnV		1.30～1.60		—	V0.07～0.12	—	880(水、油)		785	590			55	同上，也用作锅炉、高压容器管道
中淬透性	20CrMn	0.17～0.23	0.90～1.20	0.17～0.37	0.90～1.20	—	—	850(油)	200	930	735	10	45	47	齿轮、轴、蜗杆、活塞销、摩擦轮等
	20CrMnTi		0.80～1.20		1.00～1.30	Ti0.04～0.10	880(油)	870(油)		1080	835			55	汽车、拖拉机上的变速箱齿轮
	20MnTiB	0.17～0.24	1.30～1.60	0.17～0.37	—	Ti0.04～0.10 B0.0008～0.0035	—	860(油)		1130	930				代 20CrMnTi
	20SiMn2MoV	0.17～0.23	2.20～2.60	0.90～1.20	—	Mo0.30～0.40 V0.05～0.12	—	900(油)		1380	—				
高淬透性	12Cr2Ni4	0.10～0.16	0.30～0.60	0.17～0.37	1.22～1.65	Ni3.25～3.65	860(油)	780(油)	200	1080	835	10	50	71	高负荷的各种齿轮、蜗轮、蜗杆、轴等
	18Cr2Ni4W	0.13～0.19			1.35～1.65	Ni4.0～4.5	950(空)	850(空)		1180	835		45	78	大型渗碳齿轮和轴类件
	20Cr2Ni4	0.17～0.23			1.25～1.65	Ni3.25～3.65	880(油)	780(油)			1080			63	
	20CrMnMo		0.9～1.2		1.10～1.40	Mo0.20～0.30		850(油)			885	10	45	55	大型渗碳齿轮、飞机齿轮

钢含碳化物形成元素 Ti、V、Cr 等，渗碳时晶粒长大倾向较小，可采用渗碳后直接淬火工艺，既提高生产效率，又节约能源。

(3) 高淬透性合金渗碳钢。

高淬透性合金渗碳钢的典型钢种如 18Cr2Ni4W、20Cr2Ni4 等。这类钢合金元素的质量分数更高(w_{Me}≤7.5%)，在 Cr、Ni 等多种合金元素的共同作用下，其淬透性很高，油淬临界直径大于 100 mm，淬火和低温回火后心部有很高的强度，且具有良好的韧性。这类钢主要用来制造承受重载荷和强烈磨损的大截面零件，如内燃机车的主动牵引齿轮、柴油机的曲轴和连杆、飞机或坦克中的曲轴和重要齿轮等。其预先热处理一般采用正火工艺，以细化组织，为切削加工做好准备。渗碳后可空冷淬火，并进行冷处理(−70℃～−80℃)或高温 650℃左右回火，以减少渗碳层中的残余奥氏体，提高表层耐磨性。

5) 热处理特点

渗碳钢的预先热处理一般采用正火工艺，以细化组织，为切削加工做好准备。

渗碳钢的最终热处理为渗碳后淬火加低温回火。

具体淬火工艺根据钢种而定：大部分渗碳钢一般都是渗碳后直接淬火；而渗碳时易过热、心部晶粒粗化倾向大的钢，如 20 Cr、20 Mn2 钢等在渗碳之后直接空冷(正火)，以消除过热组织，而后再重新加热淬火加低温回火；对于合金元素含量高的钢，渗碳后空冷即为淬火，并需进行冷处理(−70℃～−80℃)或高温 650℃左右回火，以减少由于 M_s、M_f温度降低而导致的渗碳层中有过多的残余奥氏体，提高表层耐磨性。

渗碳后工件表面渗碳层碳的质量分数可达到 0.80%～1.05%，热处理后表面组织是高碳回火马氏体＋碳化物＋少量残余奥氏体，硬度可达到 58～62 HRC。心部组织与钢的淬透性和零件的截面尺寸有关，全部淬透时为低碳回火马氏体＋铁素体＋细珠光体，硬度为 40～48 HRC；未淬透时为铁素体＋细珠光体，硬度为 25～40 HRC。

6) 应用举例

下面以 20CrMnTi 制造汽车变速齿轮为例，说明合金渗碳钢工艺路线的安排和热处理工艺的选用。

技术要求：渗碳层厚 1.2～1.6 mm，表面碳质量分数为 1.0%；齿顶硬度为 58～60 HRC，心部硬度为 30～45HRC。

用 20CrMnTi 渗碳钢制造汽车变速齿轮的生产工艺流程如下：

下料→锻造→正火→加工齿形→非渗碳部位镀铜保护→渗碳→预冷淬火＋低温回火→喷丸→磨齿(精磨)

各热处理工艺的作用和获得的组织：

锻造的主要目的是在毛坯内部获得正确流线分布和提高组织致密度。

(1) 正火。其目的是消除锻造应力，均匀和细化组织，调整硬度一般为 170～220 HBW，有利于切削加工。正火后组织为细珠光体(索氏体)。

对不渗碳部分可采用镀铜防止渗碳。

(2) 渗碳。其目的是获得高含碳量的表面组织，表面含碳量达 0.8%～1.05%，为过共析钢，组织为珠光体＋Fe_3C_{II}(二次渗碳体)。

(3) 预冷直接油淬＋低温回火。淬火提高齿轮表面硬度和耐磨性，并使齿轮表面有压应力，以提高疲劳强度，心部具有良好配合的强度和韧性。淬火后表面硬度为 58～62 HRC。低温回火是为了消除淬火应力和降低脆性。最终齿面组织为高碳回火马氏体＋碳化物＋少量残余奥氏体；淬透时心部为低碳回火马氏体，未淬透时心部仍为正火组织索氏体。

渗碳温度 920℃，渗碳时间确定为 7h，油淬淬透。具体热处理工艺曲线如图 8-1 所示。表面和心部均能达到技术要求。

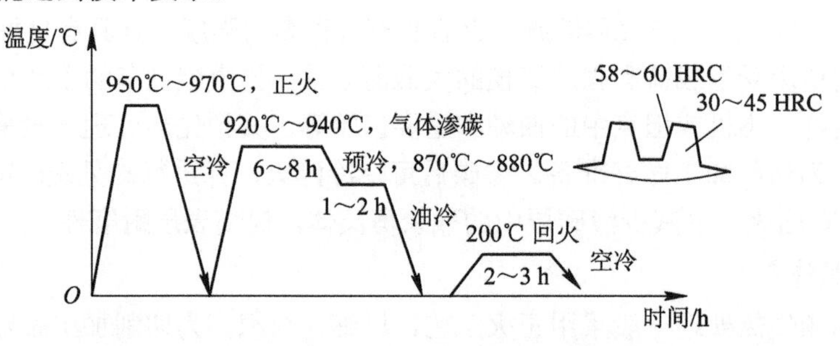

图 8-1　20CrMnTi 渗碳钢制造汽车变速齿轮的热处理工艺曲线

喷丸不仅可清除齿轮渗碳过程中产生的氧化皮，而且使表层发生塑性变形而产生压应力，有利于提高疲劳强度，齿面硬度也可提高 1～2HRC。精磨是为了进一步降低喷丸后的齿面粗糙度。

20CrMnTi 钢的热处理工艺性较好，有较好的淬透性，由于合金元素 Ti 的影响，对过热不敏感，故在渗碳后可直接降温淬火。此外它还有渗碳速度较快，过渡层较均匀，渗碳淬火后变形小等优点。这对制造形状复杂、要求变形小的齿轮零件来说是十分有利的。

2. 调质钢

经调质处理，即淬火＋高温回火后使用的钢称为调质钢。

1) 用途

调质钢主要用于制造承受重载荷同时又受冲击载荷作用的一些重要零件，如汽车、拖拉机、机床及其他机械上的底盘半轴、齿轮、轴、连杆、高强度螺栓等。

2) 性能特点

调质钢具有较高的强度与良好的塑性与韧性相配合，即良好的综合力学性能。

3) 成分特点

(1) 中碳。碳的质量分数一般为 0.30%～0.50%。若含碳量过低，则强度、硬度得不到保证；若含碳量过高，则塑性、韧性不够，而且使用时会发生脆断现象。

(2) 调质钢中的主加合金元素是 Cr、Ni、Si、Mn 等，主要作用是提高淬透性，并能够溶入铁素体中使之强化，还能使韧性保持在较理想的水平。

(3) 调质钢中的附加合金元素是 V、Ti、Mo、W 等，可形成稳定的合金碳化物，阻止奥氏体晶粒长大，细化晶粒，提高钢的回火稳定性。Mo、W 还可以减轻和防止钢的第二类回火脆性，其适宜质量分数 $w_{Mo} = 0.15\%$～0.30%或 $w_W = 0.8\%$～1.2%。

(4) 调质钢中的微量 B 元素对 C 曲线有较大的影响，能明显提高淬透性；Al 则可以加速钢的氮化过程。

4) 常用调质钢

表 8-5 所示为常用调质钢的牌号、热处理工艺和力学性能。

按渗碳钢淬透性的高低，可分为低、中、高淬透性钢三类。

表 8-5　常用调质钢的牌号、热处理工艺和力学性能(GB/T 699—2015、GB/T 3077—2015)

淬透性	钢号	热处理工艺		力学性能(不小于)		
		淬火/℃	回火/℃	R_m /MPa	R_{eL} /MPa	KU_2/J
低	40	840(水)	600(水、油)	570	335	47
	45	840(水)	600(空)	600	355	39
	40Mn	840(水)	600(水、油)	590	355	47
	45Mn2	840(油)	550(水、油)	885	735	47
	45MnB	850(油)	500(水、油)	980	785	47
	35SiMn	900(水)	570(水、油)	885	735	47
	42SiMn	880(水)	590(水)	885	735	47
	40Cr	850(油)	520(水、油)	980	785	47
	40CrV	880(油)	650(水、油)	885	735	71
中	35CrMo	850(油)	550(水、油)	980	835	63
	38CrMnSi	880(油)	520(水、油)	1080	885	39
	38CrMoAlA	940(水、油)	640(水、油)	980	835	71
	42CrMo	850(油)	560(水、油)	1080	930	63
	40CrNi	820(油)	500(水、油)	980	785	55
	40CrMn	840(油)	550(水、油)	980	835	47
高	25Cr2Ni4W	850(油)	550(水、油)	1080	930	71
	37CrNi3	820(油)	500(水、油)	1130	980	47
	40CrNiMo	850(油)	600(水、油)	980	835	78
	40CrMnMo	850(油)	600(水、油)	980	785	63

碳素调质钢多为中碳优质碳素钢，如 35、40、45、40Mn 钢等。其中 45 钢应用最为广泛，由于碳素钢淬透性差，调质后性能随零件尺寸增大而降低，只有小尺寸的零件调质后才能获得均匀的较高的综合力学性能(R_m = 570～650MPa，R_{eL} = 320～400MPa，K = 32～56J)，因此它只适合制造载荷小、形状简单、尺寸较小的零件，如螺栓、销轴、小齿轮、传动轴等。

(1) 低淬透性合金调质钢。

低淬透性合金调质钢多为锰钢、硅锰钢、铬钢、硼钢，如 40Cr、40MnB、35SiMn 等。这类钢合金元素总的质量分数(w_{Me} < 2.5%)较低，淬透性不高，油淬临界直径约为 30～40 mm，调质后力学性能比碳钢提高很多(R_m = 800～1000 MPa，R_{eL} = 600～800 MPa，K = 60～90 J)，常用来制作中等截面、中等载荷的调质件，如柴油机曲轴，汽车、拖拉机的连杆、螺栓，机床的主轴、齿轮等。

(2) 中淬透性合金调质钢。

中淬透性合金调质钢多为铬锰钢、铬钼钢、铬镍钢，有 35CrMo、38CrMnSi、40CrMn、

40CrNi 等。这类钢合金元素的质量分数较高，油淬临界直径大于 40～60 mm，常用来制造大截面、重负荷的重要零件，如内燃机曲轴、变速箱主动轴等。

(3) 高淬透性合金调质钢。

高淬透性合金调质钢多为铬镍钼钢、铬锰钼钢、铬镍钨钢，有 40CrNiMoA、40CrMnMo、25CrNi4WA 等。这类钢合金元素的质量分数最高，淬透性也很高，油淬临界直径大于 60～100 mm。Cr 和 Ni 的含量适当配合，使此类钢的力学性能更加优异，主要用来制造截面尺寸更大、承受更重载荷的重要零件，如汽轮机主轴、叶轮、航空发动机轴等。

5) 热处理特点

调质钢的预先热处理采用退火或正火工艺，目的是改善锻造组织，细化晶粒，为最终热处理做组织上的准备。

最终热处理是淬火＋高温回火，即调质处理，组织为回火索氏体。淬火加热温度在 850℃左右，回火温度在 500℃～650℃之间。合金调质钢的淬透性较高，一般都在油中淬火，合金元素质量分数较高的钢甚至在空气中冷却也可以得到马氏体组织。为了避开第二类回火脆性(高温回火脆性)发生区域，回火后通常进行快速冷却。

某些零件除了要求良好的综合力学性能外，对表面耐磨性还有较高的要求，这样在调质处理后还可进行表面淬火或氮化处理。

根据零件的实际要求，调质钢也可以在中、低温回火状态下使用，这时得到的组织是回火托氏体或回火马氏体。它们的强度高于调质状态下的回火索氏体，但冲击韧性值较低。

6) 应用举例

以 40Cr 钢制作拖拉机气缸连杆螺栓为例，说明调质钢零件生产工艺路线的安排和热处理工艺的选用。

技术要求：整体调质处理，硬度为 300～341HBW，R_m≥900 MPa，R_{eL}≥750 MPa，K≥80 J。心部为均匀一致的回火索氏体，允许有少量游离态的铁素体(1～3 级合格)。

生产工艺路线如下：

下料→锻造→退火(或正火)→粗加工→调质→精加工(→高频淬火＋低温回火→精整处理)

根据热处理技术要求，制定调质工艺如图 8-2 所示。

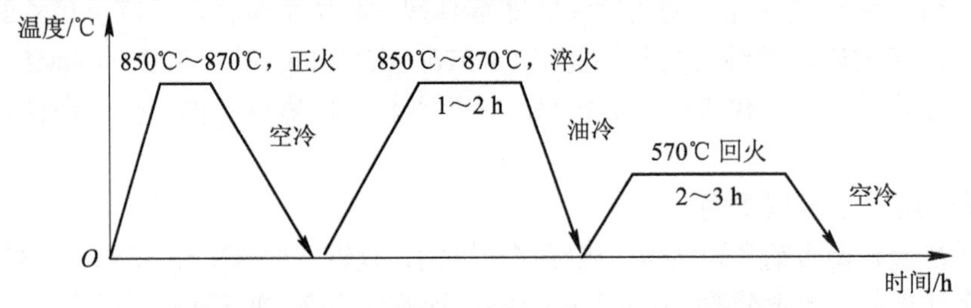

图 8-2　40Cr 钢制作气缸连杆螺栓调质工艺曲线

锻后退火或正火，目的是改善锻造组织，均匀化组织并细化晶粒，改善切削加工性，为调质做组织上的准备。组织为细珠光体(索氏体)和少量铁素体，硬度为 160～217HBW。

调质处理是在 860℃±10℃加热、油淬，然后在 570℃±25℃回火，空冷(防止第二类回火脆性)，以获得高的综合机械性能(强度、冲击韧性、疲劳强度良好配合)，组织为回火索氏体，可以承受较大的弯曲应力和冲击力，满足使用性能要求。

如果零件有高硬度和耐磨性的要求，可以通过表面高频淬火获得高硬度的马氏体组织，同时表面具有压应力，以提高疲劳强度。为了消除淬火应力和降低脆性，高频淬火后应进行低温回火(或自行回火)。最终表面组织为回火马氏体，硬度为50～55 HRC，心部仍是调质组织回火索氏体。

近年来，也有用低碳合金钢经淬火+低温回火获得低碳马氏体组织来代替中碳调质钢，以提高零件的承载能力，减轻自重，并且在汽车、石油、矿山机械中得到应用，效果较好，例如，用15MnVB代替40Cr钢制造汽车用连杆螺栓。

3. 弹簧钢

用来制造各种弹性零件如板簧、螺旋弹簧、钟表发条等的钢称为弹簧钢。

1) 工作条件和性能要求

弹簧是广泛应用于交通、机械、国防、仪表等领域及日常生活中的重要零件，主要工作在冲击、振动、扭转、弯曲等交变应力下，利用其较高的弹性变形能力来贮存能量，以驱动某些装置或减缓震动和冲击作用。

由于工作条件的特殊性，对弹簧的性能有多方面的要求。弹簧必须有较高的弹性极限和强度，以防止工作时产生塑性变形；弹簧还应有较高的疲劳强度和屈强比，以避免疲劳破坏；弹簧应该具有较高的塑性和韧性，保证在承受冲击载荷条件下正常工作；弹簧还应具有较好的耐热性和耐腐蚀性，以便适应高温及腐蚀的工作环境；为了进一步提高弹簧的力学性能，它还应该具有较高的淬透性和较低的脱碳敏感性。

2) 成分特点

(1) 弹簧钢属于中高弹钢，碳质量分数在0.40%～0.70%之间，以保证其有较高弹性极限和疲劳强度。若含碳量过低，则强度不够，易产生塑性变形；若含碳量过高，则塑性和韧性会降低，耐冲击载荷能力下降；因此用碳素钢制成的弹簧件力学性能较差，只能作为一些工作在不太重要场合的小弹簧。

(2) 合金弹簧钢中的主加合金元素是Si和Mn，主要是为了提高淬透性和屈强比。Si的作用比较明显，但是过多的Si会使弹簧钢热处理表面脱碳倾向增大；过多的Mn则会使钢易于过热，晶粒长大倾向严重。

(3) 合金弹簧钢中的附加合金元素是Cr、V、W、Mo、B等，它们可以在减少弹簧钢脱碳、过热倾向的同时，细化晶粒，进一步提高强度并改善韧性。

以上这些元素可以提高过冷奥氏体的稳定性，使大截面弹簧得以在油中淬火，降低其变形、开裂的概率。此外，V还可以细化晶粒，W、Mo能防止第二类回火脆性，B则有利于淬透性的进一步提高。

3) 常用弹簧钢

合金弹簧钢根据合金元素不同主要分为三大类，表8-6列出了常用弹簧钢的牌号、主要化学成分、热处理工艺、力学性能。

(1) 以Mn为主要合金元素的弹簧钢：一般为高碳成分的优质碳素结构钢，如65、70、85、65Mn钢等，特点是强度高、弹性较好、价格便宜，但淬透性较差，制作直径小于12 mm的弹性件可以油中淬透，如弹簧环、气门弹簧、离合器簧片、刹车弹簧等。

65Mn 钢中的 Mn 元素的含量约为 1.0%，属于含 Mn 量较高的优质碳素结构钢。Mn 元素的加入可提高其淬透性，强化铁素体，其脱碳倾向比硅钢小；但是有过热敏感性和回火脆性倾向，淬火时开裂倾向较大。一般用于制作截面尺寸小于 15mm 的小型弹簧。

(2) 以 Si、Mn 为主要合金元素的弹簧钢：如 60Si2Mn、55Si2MnV、55SiMnMoVNb、55SiMnVB 等，在硅锰钢基础上又添加少量 Mo、V、Nb、B 等合金元素，具有较高的淬透性(油中临界淬透直径 20～30 mm)和疲劳强度，屈强比高，工作温度一般小于 230℃。适用于制作 8 t、15 t、25 t 汽车的大截面(< 20mm)减震板簧和螺旋弹簧等。

(3) 以 Cr、V、W、Mo 等为主要合金元素的弹簧钢：如 50CrVA、60Si2CrVA 等，碳化物形成元素 Cr、V、W、Mo 的加入，能细化晶粒，提高淬透性(油中临界淬透直径 30～50mm)，提高塑性和韧性，降低过热敏感性，常用来制作在较高温度(300℃～450℃)下使用的承受重载荷的大截面弹簧，如高速柴油机的活塞弹簧、安全阀等的耐热弹簧。

表 8-6　常用弹簧钢的牌号、主要化学成分热处理工艺、力学性能(GB/T 1222—2016)

类别	钢号	主要化学成分/%			淬火油/℃	回火/℃	力学性能			
		C	Mn/%	Si、Cr 及其他			R_m/MPa	R_{eL}/MPa	A/%	Z/%
普通 Mn 量	65	0.62～0.70	0.50～0.80		840	500	1000	800	9	35
	85	0.82～0.90	0.50～0.80	Si：0.17～0.37	820	480	1150	1000	6	30
较高 Mn 量	65Mn	0.62～0.70	0.90～1.20		830	540	1000	800	8	30
Si-Mn 系	60Si2Mn	0.56～0.64	0.60～0.90	Si：0.50～2.00	870	480	1300	1200	5	25
	55Si2MnB	0.52～0.60	0.60～0.90	Si：0.50～2.00 B：0.0005～0.004	870	480	1300	1200	6	30
Cr-V 系	50CrVA	0.46～0.54	0.50～0.80	Si：0.17～0.37 Cr：0.8～1.10 V：0.10～0.20	850	500	1300	1150	10	40
	60Si2CrVA	0.56～0.64	0.40～0.70	Si：1.40～1.80 Cr：0.90～1.20 V：0.10～0.20	850	410	1900	1700	6	20
	30W4Cr2VA	0.26～0.34	≤0.40	Si：0.17～0.37 Cr：2.00～2.50 V：0.50～0.80	1050～1100	600	1500	1350	7	40

4) 热处理特点及应用

弹簧根据其尺寸和加工方法可分为热成型弹簧和冷成型弹簧两大类，它们的热处理工艺也不相同。

(1) 热成型弹簧的热处理。

弹簧钢热处理一般是淬火＋中温回火，获得回火托氏体组织。

弹簧材料截面尺寸大于 10～15 mm 的大型弹簧件，多用热轧钢丝或钢板制成。先把热轧弹簧钢加热到高于正常淬火温度 50℃～80℃的条件下热卷成形，并利用成形后的余热立即淬火后中温回火，获得具有良好弹性极限和疲劳强度的回火托氏体，硬度为 38～52HRC。

采用热成型制造汽车板簧的工艺路线如下：

扁钢剪断→加热压弯成形后余热淬火＋中温回火→喷丸→装配

弹簧钢的淬火加热应选用少、无氧化的设备，如盐浴炉、保护气氛炉等，防止氧化脱碳。弹簧热处理后一般还要进行喷丸处理，目的是强化表面，使表面产生残余压应力，提高疲劳强度，延长使用寿命。如用60Si2Mn制造汽车板簧经喷丸处理后，使用寿命可提高5～6倍。

(2) 冷成型弹簧的热处理。

弹簧材料截面尺寸小于8～10 mm的小尺寸弹簧件，常用冷拉钢丝或冷轧弹簧钢带冷卷成形。根据拉拔工艺不同，冷成型弹簧可以只进行去应力处理或进行常规的弹簧热处理。冷拉钢丝的制造工艺及后续热处理方法有以下三种：

① 铅浴处理冷拉钢丝。先将钢丝连续拉拔三次，使总变形量达到50%左右，然后加热到Ac_3以上温度使其奥氏体化，随后在450℃～550℃的铅浴中等温，使奥氏体全部转化为强度高、塑性好、最易于冷拉的索氏体组织，再多次冷拉至所需尺寸，最后冷卷成形。这类弹簧钢丝的屈服强度可达1600 MPa以上，而且在冷卷成形后不必再进行淬火处理，只要在200℃～300℃退火消除应力、稳定尺寸即可。

② 油淬回火钢丝。先将钢丝冷拉到规定尺寸，再进行油淬中温回火，获得回火托氏体组织。这类钢丝强度比铅浴处理的冷拉钢丝低，但是其性能均匀一致。在冷卷成形后，只要进行200℃～300℃去应力退火处理，不再进行淬火回火处理。

③ 退火状态钢丝。将钢丝冷拉到所需尺寸，再进行退火处理，其组织是片状珠光体和铁素体。用退火状态供应的钢丝冷卷成形弹簧后，需经过淬火+中温回火，以获得所需的高弹性极限回火托氏体组织。

4. 滚动轴承钢

用来制造各种滚动轴承零件，如轴承内外套圈、滚动体(滚珠、滚柱、滚针等)的专用钢称为滚动轴承钢。其也可用于制造形状复杂的工具、冷冲模具、精密量具以及要求硬度高、耐磨性高的结构零件。

1) 工作条件和性能要求

滚动轴承在工作时，滚动体与套圈处于点或线接触方式，接触应力在1500～5000 MPa以上，而且是周期性交变承载，每分钟的循环受力次数达上万次，经常会发生疲劳破坏使局部产生小块的剥落。除滚动摩擦外，滚动体和套圈还存在滑动摩擦，所以轴承的磨损失效也十分常见。

因此，滚动轴承必须具有较高的淬透性，高且均匀的硬度和耐磨性，良好的韧性、弹性极限和接触疲劳强度，在大气及润滑介质下有良好的耐蚀性和尺寸稳定性。

2) 化学成分

(1) 高碳。滚动轴承钢的碳质量分数一般在0.95%～1.15%之间，以保证钢淬火后获得高强度、高硬度和高耐磨性。

(2) 滚动轴承钢中主加合金元素Cr，其质量分数为0.4%～1.65%，主要作用是提高淬透性和回火稳定性，形成细小弥散分布的合金渗碳体，细化奥氏体晶粒，减轻钢的过热敏感性，提高耐磨性，并能使钢在淬火时得到细针状或隐晶马氏体，使钢在保持高强度的基础上增加韧性。

但 Cr 的含量不宜过高，否则淬火后残余奥氏体的含量会增加，碳化物呈不均匀分布，导致钢的硬度、疲劳强度和尺寸稳定性等降低。

(3) 滚动轴承钢中附加元素 Si、Mn、V，进一步提高了淬透性、强度、耐磨性和回火稳定性，便于制造大型轴承，如钢珠直径超过 30～50 mm 的滚动轴承。

(4) 高冶金质量。滚动轴承钢中严格控制有害杂质 S、P 的质量分数(小于 0.025%)，因为 S、P 能生成氧化物、硫化物、硅酸盐等非金属夹杂物，在接触应力作用下会产生应力集中而导致疲劳破坏。因此，滚动轴承钢是一种高级优质钢。

3) 热处理特点

滚动轴承钢的预先热处理采用球化退火，目的是得到细粒状珠光体组织，降低锻造后钢的硬度，提高切削加工性能，并为零件的最终热处理做组织上的准备。

滚动轴承钢的最终热处理一般是淬火+低温回火，淬火加热温度严格控制在 820℃～840℃，再 150℃～160℃回火，组织为极细的回火马氏体、均匀分布的细粒状碳化物及微量的残余奥氏体，硬度为 61～65HRC。

对于尺寸稳定性要求很高的精密轴承，可在淬火后于 -60℃～-80℃进行冷处理，消除应力和减少残余奥氏体的含量，然后再进行回火和磨削加工；为进一步稳定尺寸，最后采用低温时效处理(120℃～130℃保温 5～10 h)。

4) 常用轴承钢

我国 GB/T 18254—2016《高碳铬轴承钢》、GB/T 3086—2019《高碳铬不锈轴承钢》、GB/T 28417—2012《碳素轴承钢》、GB/T 3203—2016《渗碳轴承钢》等标准规定有各类轴承钢的牌号、成分、交货条件等要求。表 8-7 所示为常用滚动轴承钢的牌号、主要化学成分及热处理规范。

(1) 高碳铬轴承钢。

目前以高碳铬轴承钢应用最广。高碳铬轴承钢的牌号以“滚”字汉语拼音首字母“G”、Cr 元素符号及其名义质量的千分含量表示，含碳量在 1%左右不标出。最有代表性的是 GCr15，Cr 元素含量为 1.5%。除用作中、小轴承外，还可制成精密量具、冷冲模具和机床丝杠等。

为了提高淬透性，在制造大型和特大型轴承时，常在高碳铬轴承钢的基础上添加 Si、Mn 等元素，形成含 Si、Mn 等合金元素的轴承钢，如 GCr15SiMn。

(2) 高碳铬不锈轴承钢。

为制造在海水、河水、硝酸、蒸气以及海洋性腐蚀介质中使用的轴承，如船舶、潜水泵部件中的轴承、石油和化工机械中的轴承、航海仪表轴承等，可选用 G95Cr18 等高碳铬不锈轴承钢，牌号中的数字和合金元素含义与其他合金钢相同。

(3) 碳素轴承钢。

碳素轴承钢适用于制造低载荷、低冲击情况下的轴承，如汽车轮毂轴承选用 G55。

(4) 渗碳轴承钢。

为进一步提高耐磨性和耐冲击载荷，可采用渗碳轴承钢，如用于制造中小齿轮、轴承套圈、滚动件的 G20CrMo、G20CrNiMo；用于制造承受冲击载荷的大型轴承的 G20Cr2Ni4A。

表 8-7　常用滚动轴承钢的牌号、化学成分、热处理规范(GB/T 18254—2016、GB/T 3086—2019、GB/T 28417—2012、GB/T 3203—2016)

类别	钢号	主要化学成分/%					热处理规范			
		C	Cr	Si	Mn	Mo	淬火/℃	回火/℃	回火后/HRC	
高碳铬轴承钢	G8Cr15	0.75～0.85	1.30～1.65	0.15～0.35	0.20～0.40	≤0.1	850～860(油)	160	61～64	回火马氏体
	GCr15	0.95～1.05	1.40～1.65		0.25～0.45		830～860(油)	150～170	61～66	
	GCr15SiMn			0.45～0.75	0.95～1.25			170～190	>65	
	GCr15SiMo		1.40～1.7	0.65～0.85	0.20～0.40	0.3～0.4				
	GCr18Mo		1.65～1.95	0.20～0.40		0.15～0.25	850～875(油) 210～230 等温	—	58～62	下贝氏体
高碳铬不锈轴承钢	G95Cr18	0.90～1.00	17～19	≤0.80	≤0.80	—	1000～1050(油)	200～300	≥55HV	
	G65Cr14Mo	0.60～0.70	13～15			0.50～0.80	780～820(水)	—	表面硬化	
	G102Cr18Mo	0.95～1.10	16～18			0.40～0.70	1060～1070(油)	250～270	≥55HV	
碳素轴承钢	G55	0.52～0.60	≤0.20	0.15～0.35	0.60～0.90	≤0.10	淬火+回火 根据产品要求确定，参阅调质钢			
	G55Mn	0.52～0.60			0.90～1.20					
	G70Mn	0.65～0.75			0.80～1.10					
渗碳轴承钢	G20CrMo	0.17～0.23	0.35～0.65	0.20～0.35	0.65～0.95	0.08～0.15	渗碳→淬火+回火 根据产品要求确定，参阅渗碳钢			
	G20CrNiMo			0.15～0.40	0.60～0.90	0.15～0.30				
	G20CrNi2Mo		0.45～0.65	0.25～0.40	0.55～0.70	0.20～0.30				
	G20Cr2Ni4		1.25～1.75	0.15～0.40	0.30～0.60	≤0.08				
	G10CrNi3Mo	0.08～0.13	1.00～1.40		0.40～0.70	0.08～0.15				
	G20Cr2Mn2Mo	0.17～0.23	1.70～2.00		1.30～1.60	0.20～0.30				
	G23Cr2Ni2Si1Mo	0.20～0.25	1.35～1.75	1.20～1.50	0.20～0.40	0.25～0.35				

5) 应用举例

以应用最广泛的高碳铬轴承钢 GCr15 为例，说明用轴承钢制造轴承的生产工艺路线安排和热处理工艺的选用。技术要求：表面洛氏硬度为 60～65HRC，心部保持良好的综合力学性能。

生产工艺路线如下：

轧制(锻造)→球化退火→机械加工→淬火＋低温回火(→冷处理)→磨削(→稳定化处理)

热处理工艺曲线如图 8-3 所示。

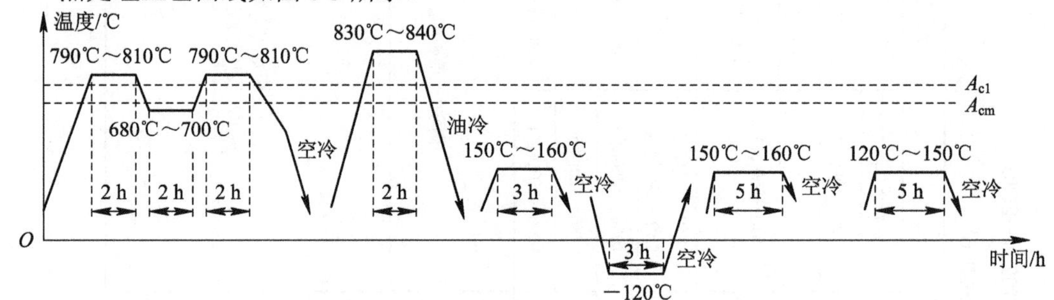

图 8-3　用 GCr15 制造轴承的热处理工艺曲线

轴承钢的预先热处理采用球化退火工艺，可以细化晶粒，降低硬度(160～200HBW)，为最终热处理做组织上的准备。退火温度为 790℃～810℃，随炉冷却到 600℃以下，出炉空冷，获得均匀分布的细粒状珠光体。根据零件尺寸和毛坯晶粒度，可以选择进行两次球化退火，充分消除网状二次渗碳体，使碳化物分布均匀，片状珠光体发生球化。

最终热处理是淬火＋低温回火，组织为回火马氏体＋细小均匀分布的碳化物＋少量残余奥氏体。淬火加热温度在 830℃～840℃，油冷，回火温度在 150℃～160℃之间，空冷。

残余奥氏体影响轴承尺寸的稳定性，因此有必要进行冷处理。即将轴承零件放在 −120℃冷冻环境中，保温一段时间，空冷。冷处理后残余奥氏体的含量约有 2%～5%，冷处理后要及时低温回火。

精加工完毕后，为了消除加工过程中产生的应力，需进行稳定化处理，处理工艺为在 120℃～150℃保温一段时间后，空冷。

5. 铸造用钢

在机械制造工业中，有些机械零件受力较大，性能要求较高，形状又比较复杂，很难通过锻造或切削加工成型，必须采用铸钢件。

1) 性能和用途

铸钢和铸铁相比，流动性差，而且在结晶过程中收缩率较大。为改善流动性，需采用较高的浇注温度。为防止铸钢件在结晶时收缩而开裂，除加大浇注冒口外，还应严格限制铸钢成分。含碳量一般选在 0.15%～0.60%范围以内，含碳量过高，塑性不足，会产生开裂。S、P 含量最好限制在 0.05%以下，因为 S 有促进热裂的倾向，P 使钢的脆性增加。

铸钢件由于浇注温度高，铁素体晶粒粗大，且成粗大针状，使钢的塑性和韧性降低。因此铸钢件常采用正火或退火处理消除上述组织缺陷，改善性能，并消除铸造应力。

铸钢主要用于制造性能要求较高、形状复杂、无法锻造成型的零件，例如，大型水压机的气缸，上、下横梁和立柱，轧钢机的机架，汽车、拖拉机的齿轮拔叉、气门摇臂等。

2) *牌号和命名*

根据 GB/T 5613—2014 《铸钢牌号表示方法》的规定，铸造用钢的代号用“铸钢”两字的汉语拼音第一个大写正体字母“ZG”表示；当有特殊性能要求时，取特殊性能用字的汉语拼音的第一个正写字母排列在铸钢代号后，常见的有：焊接结构用铸钢“ZGH”、耐热铸钢“ZG×××R”、耐蚀铸钢“ZG×××S”、耐磨铸钢“ZG×××M”。

根据 GB/T 5613—2014 的规定，铸钢牌号分为用力学性能表示和用化学成分表示两种。

用力学性能表示的铸钢，例如 ZG310-570，表示最低屈服强度值为 310MPa、最低抗拉强度值为 570MPa 的一般工程用铸造碳钢。一般工程用铸造碳钢的牌号、化学成分、力学性能及用途如表 8-8 所示，共有五个牌号，主要用于性能要求较高、形状复杂、无法锻造成型的零件。

表 8-8　一般工程用铸造碳钢的牌号、化学成分、力学性能(GB/T 11352—2009)及用途

<table>
<tr><th rowspan="3">牌号</th><th colspan="6">化学成分/%(≤)</th><th colspan="6">力学性能(≥)</th><th rowspan="3">用途</th></tr>
<tr><th rowspan="2">C</th><th rowspan="2">Si</th><th rowspan="2">Mn</th><th rowspan="2">S</th><th rowspan="2">P</th><th rowspan="2">残余元素总量</th><th rowspan="2">$R_{eH}(R_{p0.2})$ /MPa</th><th rowspan="2">R_m /MPa</th><th rowspan="2">A /%</th><th colspan="3">根据合同选择</th></tr>
<tr><th>Z/%</th><th>A_{KV}/J</th><th>A_{KU_2}/J</th></tr>
<tr><td>ZG200-400</td><td>0.20</td><td rowspan="5">0.60</td><td>0.80</td><td colspan="2" rowspan="5">0.035</td><td rowspan="5">1.00</td><td>200</td><td>400</td><td>25</td><td>40</td><td>30</td><td>47</td><td>机座、变速器壳等</td></tr>
<tr><td>ZG230-450</td><td>0.30</td><td rowspan="4">0.90</td><td>230</td><td>450</td><td>22</td><td>32</td><td>25</td><td>35</td><td>砧座、锤轮、轴承盖</td></tr>
<tr><td>ZG270-500</td><td>0.40</td><td>270</td><td>500</td><td>18</td><td>25</td><td>22</td><td>27</td><td>飞轮、机架、蒸汽锤、水压机工作缸、横梁</td></tr>
<tr><td>ZG310-570</td><td>0.50</td><td>310</td><td>570</td><td>15</td><td>21</td><td>15</td><td>24</td><td>联轴器、气缸、齿轮</td></tr>
<tr><td>ZG340-640</td><td>0.60</td><td>340</td><td>640</td><td>10</td><td>18</td><td>10</td><td>16</td><td>起重运输机中齿轮、联轴器及重要机件</td></tr>
</table>

注：各牌号性能适用于厚度小于 100 mm 的铸件，厚度大于 100 mm 时，$R_{eH}(R_{p0.2})$和 R_m 仅供参考。A_{KV}、A_{KU_2} 表示冲击吸收功。

GB/T 7659—2010 《焊接结构用铸钢件》规定用力学性能表示牌号，最后加上“焊”字的汉语拼音首字母“H”，如 ZG200-400H、ZG230-450H、ZG270-480H、ZG300-500H 和 ZG340-550H 等。

用化学成分表示的铸钢一般都有特殊性能要求，牌号表示方式同合金结构钢，例如，GB/T 8492—2014 规定的一般耐热钢铸件 ZG40Cr28Si2；GB/T 2100—2017 规定的通用耐蚀钢铸件 ZG07Cr19Ni10；GB/T 26651—2011 规定的耐磨钢铸件 ZG30CrNiMo 等。

8.1.4　其他专用结构钢(易切削结构钢和锅炉压力容器用钢)

在优质碳素结构钢的基础上，还发展出一些专门用途的钢，如易切削结构钢、高压锅炉用钢、压力容器用钢、矿用钢、钢轨钢、桥梁钢等。这些钢的首部或尾部都有表明其名称或用途的汉语拼音字母。

1. 易切削结构钢

为了提高钢的切削加工性能，常常在钢中加入一种或数种合金元素，常用的合金元素有 S、Pb、Ca、P、Sn 等。

S 与钢中的 Mn 和 Fe 有较大的亲和力，易形成 MnS(或 FeS)夹杂物，使切屑容易脆断，减少切屑和刀具的接触面积及切屑黏附现象，从而降低切削力和切削热，降低工件表面粗糙度值，减少刀具磨损，提高刀具寿命。但是钢中 S 的质量分数过高时，会形成低熔点共晶组织，产生热脆现象。因此，一般在易切削钢中，w_S = 0.08%～0.30%，w_{Mn} = 0.60%～1.55%。当 MnS 呈圆形均匀分布时，在减少热脆发生的同时，可以进一步提高切削加工性能。

Pb 不溶于 Fe，当它以孤立的细小颗粒(约 3 μm)均匀分布在钢中时，可以改善钢的切削加工性能。Pb 熔点较低，切削时融熔渗出起润滑作用，并使切屑变脆易断，可减少摩擦，降低切削热，提高切削性。Pb 对钢的冷热加工性无明显的不利影响，但当 Pb 的质量分数过高时，会造成偏析，恶化钢的性能，一般将 Pb 的含量控制在 0.15%～0.25%范围之内。Pb 和 S 复合加入低碳结构钢中，改善钢材被切削的效果更为显著。

Ca 在钢中能形成高熔点钙铝硅酸盐依附在刀具上构成一层薄薄的保护膜，可减少刀具的磨损，延长其使用寿命。一般微量 Ca(0.001%～0.005%)的加入就可以明显改善钢在高速切削下的切削工艺性能。

易切削钢的钢号通常以“Y+数字”表示，Y 是“易”字的汉语拼音首字母，数字表示含碳量的万分数，例如 Y12，表示含碳量为 0.12%。根据 GB/T 8731—2008 的规定，我国现有硫系易切削钢 11 种、铅系易切削钢 4 种、锡系易切削钢 4 种和钙系易切削钢 1 种。

1) 硫系易切削钢

硫系易切削钢的 S 元素含量一般为 0.08%～0.48%，有 Y08、Y12、Y15、Y20、Y30、Y35、Y45 钢等。含锰量较高的硫系易切削钢，在钢号后附加 Mn，有 Y08Mn、Y15Mn、Y35Mn、Y40Mn、Y45Mn、Y45MnS 等。

2) 铅系易切削钢

铅系易切削钢的 Sn 元素含量一般在 0.15%～0.35%。在钢号后附加 Pb 和其他含量高的合金元素符号，有 Y08Pb、Y12Pb、Y15Pb、Y45MnSPb 等。

3) 锡系易切削钢

锡系易切削钢的 Sn 元素含量一般在 0.09%～0.25%。在钢号后附加 Sn 和其他含量高的合金元素符号，有 Y08Sn、Y15Snb、Y45Sn、Y45MnSn 等。

4) 钙系易切削钢

钙系易切削钢的 Ca 元素含量为 0.002%～0.006%，有 Y45Ca。

易切削结构钢适合在自动加工机床上以高速或以较大切削深度进行切削加工。其主要用于制造受力较小而对尺寸精度和表面质量要求严格的仪器仪表、手表零件，汽车、机床和其他各种机器上使用的元器件，以及对机械性能要求相对较低的标准件，如齿轮、轴、螺栓、阀门、衬套、销钉、管接头、弹簧座垫及机床丝杠、塑料成型模具、外科和牙科手术用具等。

一般情况下，对切削加工性能要求较高的，可选用硫质量分数较高的 Y15；对焊接性能要求较高的，可选用硫质量分数较低的 Y12；对强度有较高要求的，可选用 Y30。车床丝杠一般选用锰质量分数较高的 Y40Mn。

2. 锅炉和压力容器用钢

锅炉和压力容器用钢材对性能要求有很多特殊之处，分别如下：

1) 优良的综合力学性能

综合力学性能良好，即具有较高的强度、良好的塑性和韧性、较小的应变时效敏感性。

首先，制造锅炉、压力容器的材料应具有适当的强度(主要是指屈服强度和抗拉强度)，以防止在承受压力时发生塑性变形甚至断裂。对于锅炉和中、高温压力容器，还应考虑材料的抗蠕变性能，测定材料的高温性能指标，即蠕变极限和持久强度。其次，制造锅炉、压力容器的材料必须具有良好的塑性，以防止锅炉、压力容器在使用过程中因意外超载而导致破坏。此外，制造锅炉、压力容器的材料还应具有较高的韧性，使锅炉、压力容器能承受运行过程中可能遇到的冲击载荷的作用。特别是操作温度或环境温度较低的压力容器，更应考虑材料的冲击韧性值，并对材料进行操作温度下的冲击试验，以防止容器在运行中发生脆性破裂。

2) 良好的工艺性能

良好的工艺性能主要指良好的压力加工性、焊接性和热处理性能。由于锅炉、压力容器的承压部件大都是用钢板滚卷或冲压成型的，所以要求材料有良好的冷塑性变形能力，在加工时容易成型且不会产生裂纹等缺陷。制造锅炉、压力容器的材料还应具有较好的可焊性，以保证材料在规定的焊接工艺条件下获得质量优良的焊接接头。此外，要求材料具有适宜的热处理性能，容易消除加工过程中产生的残余应力，而且对焊后热处理裂纹不敏感。

3) 良好的耐腐蚀性能和抗氧化性能

设计压力容器时，必须根据其使用条件，选择适当的耐腐蚀材料。对于锅炉和高温压力容器，所选用的材料还应具有抗氧化性能。

为了满足使用要求，GB713—2014 规定了锅炉和压力容器用钢板牌号，包括碳素钢和低合金高强度钢、锰-钼和铬-钼系的合金钢。

碳素钢和低合金高强度钢的牌号用屈服强度值和“屈”字、压力容器的“容”字汉语拼音首字母表示，例如 Q245R、Q345R、Q370R 和 Q420R，其中 Q345R 是目前我国用途最广、用量最大的压力容器专用钢板。与同样强度的低合金高强度结构钢相比，P、S 的质量分数更低，且具有良好的综合力学性能和工艺性能。在冶炼上区别于普通钢板，压力容器钢板只能用平炉、电炉和氧气转炉钢，以减小时效倾向，保证钢的塑性、韧性。有的压力容器用钢对焊接冷裂纹敏感性也要进行控制。

锰-钼钢、铬-钼钢的牌号，用平均含碳量和合金元素字母、压力容器的“容”字汉语拼音首字母表示，例如 18MnMoNiR、13MnNiMoR、15CrMoR、12Cr2Mo1R、12Cr1MoR、12Cr2Mo1VR、07Cr2AlMoR 属于中低温压力容器钢板，广泛应用于石油、化工、电站、锅炉等行业，用于制造反应器、换热器、分离器、球罐、油气罐、液化气罐、核能反应堆压力壳、锅炉汽包、液化石油汽瓶、水电站高压水管、水轮机蜗壳等设备及构件。

GB/T 5310—2017 专门规定了高压锅炉用无缝钢管的牌号、成分和热处理制度，常用的有：优质碳素结构钢，例如 20G、20MnG、25MnG 等；合金结构钢，例如 15CrMoG、12Cr1MoVG 等；不锈耐热钢，例如 07Cr18Ni11Nb、07Cr19Ni11Ti 等。高压锅炉用无缝钢管主要用来制造高压和超高压锅炉(工作压力一般在 9.8 MPa 以上，工作温度在 450℃～650℃之间)的过热器、再热器、蒸汽锅炉、导气管、主蒸汽管等。

8.2 工模具钢

工模具钢属于高碳和中碳的优质钢和高级优质钢，经最终热处理后，具有很高的硬度、耐磨性、足够的强度和冲击韧性。根据化学成分，工模具钢有非合金工具钢(即碳素工具钢)、合金工具钢、非合金模具钢、合金模具钢之分。

合金工模具钢的硬度和耐磨性更高，而且还具有更好的淬透性、红硬性和回火稳定性。因此常被用来制作截面尺寸较大、几何形状较复杂、性能要求更高的工模具。

GB/T 1299—2014 按照用途，将工模具钢分为八类，工业用钢习惯上将其归纳为刃具用钢、量具用钢、轧辊用钢和模具用钢等四大类。刃具用钢包括碳素工具钢、低合金工具钢和耐冲击工具钢以及制造高速切削刃具的高速工具钢；模具用钢有冷作模具钢、热作模具钢、塑料模具钢以及特殊用途模具用钢；轧辊用钢主要指冷轧辊用钢。

在使用各种冶炼方法时，各用途钢中的残余 P、S 元素及一些合金元素必须加以控制，工模钢中残余元素含量如表 8-9 所示。

表 8-9　工模具钢中残余元素含量

<table>
<tr><th rowspan="2">组别</th><th rowspan="2">冶炼方法</th><th colspan="7">化学成分(质量分数)/%(≤)</th></tr>
<tr><th colspan="2">P</th><th colspan="2">S</th><th>Cu</th><th>Cr</th><th>Ni</th></tr>
<tr><td rowspan="2">1</td><td rowspan="2">电弧钢</td><td>高级优质非合金工具钢</td><td>0.030</td><td>高级优质非合金工具钢</td><td>0.020</td><td rowspan="5">0.25</td><td rowspan="5">0.25</td><td rowspan="5">0.25</td></tr>
<tr><td>其他钢类</td><td>0.030</td><td>其他钢类</td><td>0.030</td></tr>
<tr><td rowspan="2">2</td><td rowspan="2">电弧炉+真空脱气</td><td>冷作模具用钢
高级优质非合金工具钢</td><td>0.030</td><td>冷作模具用钢
高级优质非合金工具钢</td><td>0.020</td></tr>
<tr><td>其他钢类</td><td>0.025</td><td>其他钢类</td><td>0.025</td></tr>
<tr><td>3</td><td>电弧炉+电渣重熔
真空电弧重熔(VAR)</td><td colspan="2">0.025</td><td colspan="2">0.010</td></tr>
</table>

注：用于制造铅浴淬火非合金工具钢丝时，钢中残余铬含量不大于 0.10%，镍含量不大于 0.12%，铜含量不大于 0.20%，三者之和不大于 0.40%。

8.2.1　刃具用钢

用来制造车刀、铣刀、锉刀、丝锥、钻头、板牙等切削刀具的钢统称为刃具钢。

刀具切削时受切削力的作用且摩擦发热，同时承受着一定的冲击与振动，因此对其性能要求如下：

(1) 高硬度、高耐磨性。刃具的硬度必须大于被加工零件的硬度才能使零件被加工成型，同时切削加工过程中刀具的刃部与工件之间还会发生强烈的摩擦，故一般要求刃口硬度大于 60 HRC。刃具钢的耐磨性取决于钢的硬度、韧性和钢中碳化物的种类、数量、尺寸、分布等。

(2) 高红硬性。红硬性是钢在高温下保持高硬度的能力。切削过程中刃部因温度升高而使其硬度降低，故要求刃具在较高温度下仍能保持较高硬度，即高的热硬性。它与钢的回火稳定性和回火过程中析出弥散碳化物的多少、大小及种类有关。

(3) 良好配合的强度、塑性和韧性。良好配合的强度、塑性和韧性能使刃具在冲击或震动载荷等作用下正常工作，防止脆断、崩刃等破坏。

通常用于制造刃具的钢有碳素工具钢、低合金工具钢和高速工具钢，还有耐冲压工具钢。

1. 碳素工具钢

碳素工具钢是高碳钢，含碳量在 0.65%～1.35%范围内，分优质钢和高级优质钢两类。

碳素工具钢的牌号冠以 T，其后数字表示平均碳质量分数的千倍，如 T12 钢，含碳量为 1.2%左右；含锰量较高者，在牌号后标以 Mn，如 T8Mn；高级优质钢在牌号后加 A，如 T10A。

GB/T 1299—2014 规定了常用碳素工具钢的化学成分、性能和用途，见表 8-10。

表 8-10　常用碳素工具钢的化学成分、性能和用途

<table>
<tr><th rowspan="2">序号</th><th rowspan="2">牌号</th><th colspan="3">化学成分(质量分数)/%</th><th>退火交货状态</th><th colspan="2">试样淬火硬度</th><th rowspan="2">用 途</th></tr>
<tr><th>C</th><th>Mn</th><th>Si</th><th>HBW(≤)</th><th>温度/℃</th><th>HRC</th></tr>
<tr><td>1</td><td>T7</td><td>0.65～0.74</td><td rowspan="2">≤0.04</td><td rowspan="8">≤0.35</td><td rowspan="3">187</td><td>800～820(水)</td><td rowspan="8">≥62</td><td rowspan="3">承受冲击、韧性较好、硬度适当的工具。如木工工具，镰刀、凿子、锤子、冲头、剪刀，气动工具等</td></tr>
<tr><td>2</td><td>T8</td><td>0.75～0.84</td><td rowspan="2">780～800(水)</td></tr>
<tr><td>3</td><td>T8Mn</td><td>0.80～0.90</td><td>0.40～0.60</td></tr>
<tr><td>4</td><td>T9</td><td>0.85～0.94</td><td rowspan="5">≤0.40</td><td>192</td><td rowspan="5">760～780(水)</td><td>韧性中等、硬度高的工具，如冲头、凿岩工具等</td></tr>
<tr><td>5</td><td>T10</td><td>0.95～1.04</td><td>197</td><td rowspan="2">不受剧烈冲击、高硬度耐磨工具，如车刀、刨刀、铣刀、丝锥、钻头、手锯条等</td></tr>
<tr><td>6</td><td>T11</td><td>1.05～1.14</td><td rowspan="2">207</td></tr>
<tr><td>7</td><td>T12</td><td>1.15～1.24</td><td rowspan="2">不受剧烈冲击、高硬度高耐磨工具，如铲刮刀、锉刀、精车刀、丝锥、板牙、卡尺和塞规等</td></tr>
<tr><td>8</td><td>T13</td><td>1.25～1.35</td><td>217</td></tr>
</table>

注：① 优质钢 $w_P < 0.035\%$，$w_S < 0.030\%$；高级优质钢 $w_P < 0.030\%$，$w_S < 0.020\%$。② 高级优质钢与相应的优质碳素工具钢相比，有较小的淬火开裂倾向，适于制造形状较复杂的刃具。③ 退火后冷拉交货状态时布氏硬度不大于 241HBW。

碳素工具钢的生产工艺路线如下：

锻造→球化退火(或正火)→机械加工→淬火＋低温回火→磨刃

预备热处理一般为球化退火，获得球状珠光体组织；其目的是降低硬度(≤217HBW)，便于切削加工，并为后续热处理做好组织准备。最终热处理为淬火＋低温回火，组织为回火马氏体＋颗粒状碳化物＋少量残余奥氏体，硬度可以达到 60～65HRC。

碳素工具钢的优点是成本低、加工性好，经适当热处理后可获得较高的硬度和良好的耐磨性，在手工工具和低速且走刀量较小的机械加工中广泛应用，例如用 T12 钢制造木工凿子。

但是这类钢回火稳定性和红硬性较差，当工作温度高于 250℃时，钢的硬度和耐磨性就会急剧降低并失去工作能力；而且它们的过热和脱碳敏感性较大，淬火变形大，容易形成裂纹；淬透性也低，较大截面的工具就不能淬透。

2. 低合金工具钢

在碳素工具钢的基础上加入少量合金元素($w_{Me} < 5\%$)就形成了低合金工具钢。

1) 化学成分和命名特点

低合金工具钢碳的平均质量分数大都在 0.9%～1.1%，以保证获得较高的硬度和耐磨性。

低合金工具钢中加入 Mn、Si、Cr、V、W 等合金元素改善了钢的性能。Mn、Si、Cr 的主要作用是提高淬透性，Si 还能提高回火稳定性，W、V 等与 C 形成细小弥散的合金碳化物，可提高硬度和耐磨性，细化晶粒，进一步增加回火稳定性。

低含金工具钢的牌号直接用数字或合金元素符号开头，合金元素前的数字表示含碳量的千分数；牌号开头没有数字时，表示含碳量在 1.0%左右。合金元素后的数字表示该合金含量的百分数，小于 1.5%可不加数字。如，常用钢种 9SiCr、9Mn2V、CrWMn 等。GB/T 1299—2014 规定了常用低合金工具钢的化学成分、性能和用途，见表 8-11，$w_C > 0.8\%$的常被选作刃具用钢。

表 8-11　常用低合金工具钢的化学成分、性能和用途

<table>
<tr><th rowspan="2">钢类</th><th rowspan="2">牌号</th><th colspan="4">化学成分(质量分数)/%</th><th colspan="2">试样淬火硬度</th><th>交货状态</th><th rowspan="2">用 途</th></tr>
<tr><th>C</th><th>Mn</th><th>Si</th><th>其他</th><th>温度/℃</th><th>HRC</th><th>退火 HBW</th></tr>
<tr><td rowspan="6">量具刃具用钢</td><td>9SiCr</td><td>0.85～0.95</td><td>0.33～0.60</td><td>1.20～1.60</td><td>Cr0.95～1.25</td><td>830～860(油)</td><td rowspan="2">≥60</td><td>197～241</td><td>丝锥、板牙、钻头、铰刀、冷冲模等</td></tr>
<tr><td>8MnSi</td><td>0.75～0.85</td><td>0.80～1.10</td><td>0.30～0.60</td><td>—</td><td>800～820(油)</td><td>≤229</td><td>长铰刀、长丝锥等</td></tr>
<tr><td>Cr06</td><td>1.30～1.45</td><td rowspan="4">≤0.40</td><td rowspan="4">≤0.40</td><td>Cr0.50～0.70</td><td>780～810(水)</td><td>≥64</td><td>187～241</td><td>锉刀、刮刀、刻刀、刀片、剃刀等</td></tr>
<tr><td>Cr2</td><td>0.95～1.10</td><td>Cr1.30～1.65</td><td>830～860(油)</td><td rowspan="3">≥62</td><td>179～229</td><td>车刀、插刀、铰刀、冷轧辊等</td></tr>
<tr><td>9Cr2</td><td>0.80～0.95</td><td>Cr1.30～1.70</td><td>820～850(油)</td><td>179～217</td><td>尺寸较大的铰刀、车刀等</td></tr>
<tr><td>W</td><td>1.05～1.25</td><td>Cr0.10～0.30
W0.80～1.20</td><td>800～830(水)</td><td>187～229</td><td>低速切削硬金属刀具，如麻花钻、车刀和特殊切削刀具</td></tr>
<tr><td rowspan="2">冷作模具钢</td><td>9Mn2V</td><td>0.85～0.95</td><td>1.70～2.00</td><td>≤0.40</td><td>V0.10～0.25</td><td>780～810(油)</td><td rowspan="2">≥62</td><td>≤227</td><td>丝锥、板牙、铰刀、小冲模、冷压模、料模、剪刀等</td></tr>
<tr><td>CrWMn</td><td>0.90～1.05</td><td>0.80～1.10</td><td>≤0.40</td><td>Cr0.90～1.20
W1.20～1.60</td><td>800～830(油)</td><td>209～255</td><td>拉刀、长丝锥、量规及形状复杂精度高的冲模、丝杠等</td></tr>
</table>

注：根据需方要求，并在合同中注明，制造螺纹刃具用钢交货状态为 HBW187～229。

2) 热处理特点

低合金工具钢的热处理工艺与碳素工具钢相同。如果用于制作量具，还要立即进行-80℃～-70℃的冷处理，使残余奥氏体尽可能转化为马氏体，以保证量具尺寸的稳定性。

与碳素工具钢热处理不同的是，由于合金元素提高了钢的淬透性，故低合金工具钢可在油中淬火，淬火后硬度与碳素工具钢处于同一水平，且淬火变形、开裂倾向减小，切削温度可达 250℃，但仍属于低速切削刃具钢，主要用于制造截面尺寸较大、几何形状较复杂、加工精度要求较高、切削速度不太高的板牙、丝锥、铰刀、搓丝板等。

3) 应用举例

下面以 9SiCr 钢制造圆板牙为例说明其热处理特点和工艺路线的安排。

圆板牙是切削加工外螺纹的刀具，要求其所用钢中碳化物均匀分布，热处理后硬度和耐磨性较高，而且齿形变形小。其制造工艺路线安排如下：

下料→锻造→球化退火→机加工→淬火+低温回火→磨平面→抛槽→开口

9SiCr 钢制造圆板牙的球化退火采用等温处理工艺，组织为粒状珠光体，硬度在 190～240HBW 之间，适宜切削加工。

淬火+低温回火工艺：先在 600℃～650℃预热，目的是缩短随后的淬火保温时间，减轻氧化脱碳的可能性；再在 850℃～870℃加热保温，然后迅速转移到 160℃～200℃的硝盐槽中进行分级淬火，降低淬火时的变形；最后在 190℃～200℃低温回火，降低残余应力，保留较高的硬度值 60～63HRC。使用状态组织为回火马氏体+碳化物+少量残余奥氏体。

3. 高速工具钢

高速工具钢又称高速钢，是制造高速切削刀具用钢。高速钢的主要特点是具有良好的红硬性，在切削温度高达 650℃时，刀具刃部硬度不会明显降低，仍保持在 55～60HRC，它比低合金工具钢允许有更高的切削速度，且能较长时间保持刃口锋利，故俗称“锋钢”。高速钢的淬透性好，空冷即可淬火，常用于制造车刀、铣刀、高速钻头等。

1) 化学成分和命名特点

(1) 高碳。高速钢的碳平均质量分数较高，一般为 0.70%～1.30%，可以保证马氏体硬度和形成足够量(20%～30%)的碳化物。但含碳量过高时，会使碳化物偏析严重，降低钢的韧性。

(2) 合金元素种类多、含量高。高速钢主加合金元素 W、Cr、Mo、V 等，总量超过 10%。Cr 主要提高淬透性，大部分高速钢中 Cr 含量在 4%左右，此类钢淬透性很高，空冷可获得马氏体组织；Cr 还可以提高钢的耐回火性和抗氧化性。加入大量的 W、Mo 可提高热硬性，因为在淬火后的回火过程中析出弥散分布的合金碳化物(如 W_2C、Mo_2C)，使钢产生二次硬化现象。V 的主要作用是细化晶粒，形成高硬度碳化物，提高钢的硬度和耐磨性。

高速钢中 $w_{Cr}\approx4\%$，$w_W=6\%\sim18\%$，$w_{Mo}<6\%$，$w_V<3\%$。

高速工具钢的牌号开头若没有表示含碳量的数字，表示含碳量在 1.0%左右；合金元素后的数字表示合金含量的百分数，小于 1.5%可不示出，例如 W18Cr4V。

2) 常用高速钢

GB/T 9943—2008 规定高速工具钢有钨系和钨钼系两种基本系列。常用钢种见表 8-12，钨系高速工具钢只有 W18Cr4V、W12Cr4V5Co5，红硬性和加工性能好；其他都是钨-钼系高速工具钢，如 W6Mo5Cr4V2，耐磨性、热塑性和韧性较好，但脱碳敏感性较大，而且磨

表 8-12　高速工具钢常用钢种、化学成分、热处理、硬度和用途（GB/T9943—2008）

钢号	化学成分(质量分数)/%								交货硬度HBW退火态	试样热处理及硬度				用途
	C	Mn	Si	Cr	V	W	Mo	Co		淬火温度/℃ 盐浴炉	淬火温度/℃ 箱式炉	回火温度/℃	硬度/HRC	
W3Mo3Cr4V2	0.95～1.03	≤0.450	≤0.40	3.80～4.50	2.20～2.50	2.70～3.00	2.50～2.90	—	255	1180～1120	1180～1120	540～560	≥63	金属锯、麻花钻、铣刀、拉刀、刨刀等
W4Mo3Cr4VSi	0.83～0.93	0.20～0.40	0.70～1.00	3.80～4.40	1.20～1.80	3.50～4.50	2.50～3.50	—	255	1170～1190	1170～1190	540～560	≥63	机用锯条、钻头、木工刨刀、机械刀片、立铣刀等
W18Cr4V	0.73～0.83	0.10～0.40	0.20～0.40	3.80～4.50	1.00～1.20	17.2～18.7	—	—	255	1250～1270	1260～1280	540～567	≥63	600℃以下高速刀具，如车刀、钻头、铣刀等
W2Mo8Cr4V	0.77～0.87	≤0.40	≤0.70	3.50～4.50	1.00～1.40	1.40～2.00	8.00～9.00	—	255	1180～1120	1180～1120	540～570	≥63	麻花钻、丝锥、铣刀、铰刀、拉刀、锯片等
W2Mo9Cr4V2	0.95～1.05	0.15～0.40	≤0.70	3.50～4.50	1.75～2.20	1.50～2.10	8.20～9.20	—	255	1190～1210	1200～1220	540～560	≥64	丝锥、板牙等螺纹制作工具，钻头、冷冲模具等
W6Mo5Cr4V	0.80～0.90	0.15～0.40	0.20～0.45	3.80～4.40	1.75～2.20	5.50～6.75	4.50～5.50	—	255	1200～1220	1210～1230	540～560	≥64	承受冲击力较大的刀具，如插齿刀、钻头等
CW6Mo5Cr4V2	0.86～0.94	0.15～0.40	0.20～0.45	3.80～4.50	1.75～2.10	5.90～6.70	4.70～5.20	—	255	1190～1210	1200～1220	540～560	≥64	切削性能要求较高的刀具，如拉刀、铰刀等
W6Mo5Cr4V2	1.00～1.10	≤0.40	≤0.45	3.80～4.50	2.30～2.60	5.90～6.70	5.50～6.50	—	262	1190～1210	1190～1210	540～570	≥64	成形刀具、铲形钻头、铣刀、拉刀等
W9Mo3Cr4V	0.77～0.87	0.20～0.40	0.20～0.40	3.80～4.40	1.30～1.70	8.50～9.50	2.70～3.30	—	255	1200～1220	1220～1240	540～560	≥64	各种切削刀具和冷、热模具
W6Mo5Cr4V3	1.15～1.25	0.15～0.40	0.20～0.45	3.80～4.50	2.70～3.20	5.90～6.70	4.70～5.20	—	262	1190～1210	1200～1220	540～560	≥64	一般刀具及要求特别耐磨的工具，如拉刀、滚刀、螺纹梳刀、车刀、刨刀、丝锥、钻头等
CW6Mo5Cr4V3	1.25～1.32	0.15～0.40	≤0.70	3.75～4.50	2.70～3.20	5.90～6.70	4.70～5.20	—	262	1180～1200	1190～1210	540～560	≥64	

续表

钢号	化学成分(质量分数)/%								交货硬度HBW退火态	试样热处理及硬度				用途
	C	Mn	Si	Cr	V	W	Mo	Co		淬火温度/℃ 盐浴炉	淬火温度/℃ 箱式炉	回火温度/℃	硬度/HRC	
W6Mo5Cr4V4	1.25~1.40	≤0.45	≤0.45	3.80~4.50	3.70~4.20	5.20~6.00	4.20~5.60		269	1200~1220	1200~1220	550~570	≥64	高耐磨复杂刀具和冷作模具等
W6Mo5Cr4V2Al	1.05~1.15	0.15~0.40	0.20~0.60	3.80~4.40	1.75~2.20	5.50~6.75	4.50~5.50	Al 0.80~1.20	269	1200~1220	1230~1240	550~570	≥65	难加工材料切削刀具，如镗刀、铣刀、插齿刀、刨刀等
W12Cr4V5Co5	1.50~1.60	0.15~0.40	0.15~0.40	3.75~5.00	4.50~5.25	11.75~13.0	—	4.75~5.25	277	1220~1240	1230~1250	540~560	≥65	特殊耐磨切削刀具，如螺纹梳刀、铣刀、滚刀等
W6Mo5Cr4V2Co5	0.87~0.95	0.15~0.40	0.20~0.45	3.80~4.50	1.70~2.10	5.90~6.70	4.70~5.20	4.50~5.00	289	1190~1210	1200~1220	540~560	≥64	高温有一定振动的刀具，如插齿刀、铣刀等
W6Mo5Cr4V3Co8	1.23~1.33	≤0.40	≤0.70	3.80~4.50	2.70~3.20	5.90~6.70	4.70~5.30	8.00~8.80	285	1170~1190	1170~1190	550~570	≥65	钻头、丝锥、车刀，抗碎裂，热硬性较高
W7Mo4Cr4V2Co5	1.05~1.15	0.20~0.60	0.15~0.50	3.75~4.50	1.75~2.25	6.25~7.00	3.25~4.25	4.75~5.75	269	1180~1200	1190~1210	540~560	≥66	齿轮刀具、铣刀、冲头等切削硬质材料的刀具
W2Mo9Cr4VCo8	1.05~1.15	0.15~0.40	0.15~0.65	3.50~4.25	0.95~1.35	1.15~1.85	9.00~10.0	7.75~8.75	269	1170~1190	1180~1200	540~560	≥66	高精度复杂刀具，如成形车刀、精密拉刀等
W10Mo4Cr4V3Co10	1.20~1.35	≤0.40	≤0.45	3.80~4.50	3.00~3.50	9.00~10.0	3.20~3.90	9.50~10.5	285	1220~1240	1220~1240	550~570	≥66	拉刀、铣刀、滚刀、高温合金切削刀具等

注：电渣钢 Si 含量下限不限；所有高速钢中 S、P 含量均不大于 0.030%。
根据需方要求，为改善钢的切削加工性能，其 S 含量可规定为 0.06%~0.15%。
回火温度为 550℃~570℃时，回火 2 次，每次 1h；回火温度为 540℃~560℃时，回火 2 次，每次 2h。

削性能不如钨系钢。近年来，我国又开发出含钴、铝等超硬高速钢，这类钢能更大限度地溶解合金元素，提高红硬性，但是脆性较大，有脱碳倾向。

3) 热处理特点及应用举例

高速钢因其化学成分的特点，属于高合金莱氏体型钢，含有大量的合金碳化物，其热处理具有淬火加热温度高、回火次数多等特点。下面以 W18Cr4V 钢制造盘形齿轮铣刀为例，说明其热处理工艺选用和生产工艺路线的制定，如图 8-4 所示。

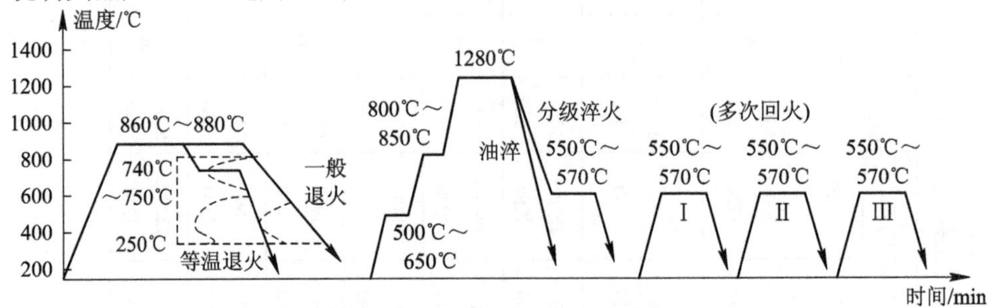

图 8-4　W18Cr4V 的热处理工艺曲线

盘形齿轮铣刀的生产工艺如下：

下料→锻造→球化退火→机加工→淬火+560℃回火三次→喷砂→磨加工→成品

(1) 锻造。高速钢的 C 及合金元素质量分数皆较高，使相图中的 E 点左移和下移，铸态组织属于莱氏体钢，如图 8-5 所示，铸态组织有粗大、鱼骨状的共晶碳化物，分布不均匀，会使钢的强度、韧性下降，脆性增加。这些粗大的碳化物不能通过热处理来改变其分布，只有通过锻造将其击碎，使其均匀分布，锻后必须缓冷。若钢中的碳化物分布不均匀，刀具在使用过程中易崩刃和磨损。

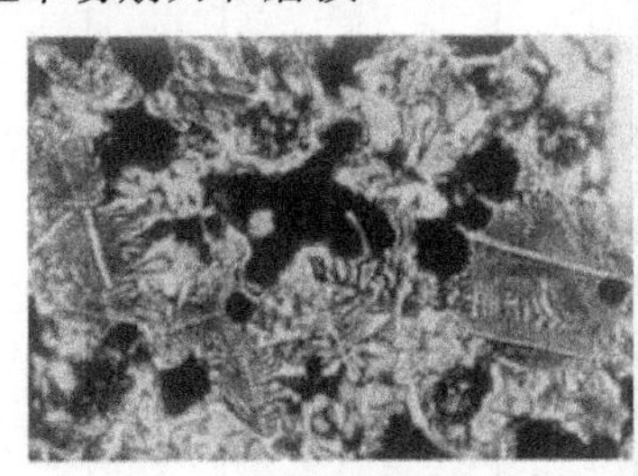
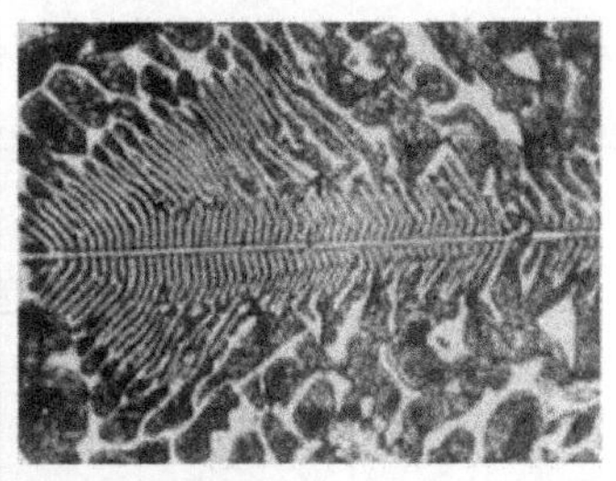

图 8-5　W18Cr4V 钢的铸态显微组织

(2) 球化退火。高速钢锻造后的硬度很高，只有经过退火降低硬度才能进行切削加工。一般采用球化退火降低硬度，消除锻造应力，改善切削性能，为淬火做组织上的准备。如图 8-4 所示，W18Cr4V 钢的退火加热温度为 860℃～880℃，为缩短时间，一般采用等温退火。球化退火后组织为索氏体和均匀分布的合金碳化物所组成，硬度为 207～255HBW。

(3) 淬火+回火。高速钢的优良性能只有经过正确的淬火+回火才能发挥出来。从图 8-4 可知，淬火+回火工艺具有以下几个特点：

① 在淬火加热过程中需要预热。高速钢中含大量合金元素，导热性差。为避免加热过程中产生变形、开裂和减少淬火保温时间，一般在低温 500℃～650℃和中温 800℃～850℃进行两次预热，对于形状简单、截面尺寸较小的零件可只在中温区一次预热。

② 淬火温度高。只有将合金元素溶入高速钢中才能有效地提高其红硬性，W、Mo、Cr、V 等形成的特殊碳化物只有在 1200℃以上才能较多地溶入奥氏体中。所以，高速钢淬

火温度都比较高，一般在 1270℃～1285℃。但是温度也不可过高，否则会因合金元素溶入过多而导致奥氏体晶粒粗大，残余奥氏体的含量也会增加，降低钢的韧性。

③ 淬透性高。一般采用油冷或分级淬火，截面尺寸小的刀具，在空气中即可淬硬。对于形状复杂、要求变形小的刀具，先将其淬入 580℃～620℃的中性盐浴中分级均温，然后再空冷，可防止变形、开裂。W18Cr4V 钢的正常淬火组织是隐针马氏体+粒状碳化物+较多的残余奥氏体，如图 8-6 所示，其残余奥氏体含量高达 30%。

④ 回火温度高，出现“二次硬化”。W18Cr4V 钢的硬度随回火温度提高开始呈下降趋势，回火温度大于 300℃后，硬度反而随温度升高而提高，在 560℃左右达到最高值，如图 8-7 所示。其原因一是温度升高，马氏体中析出了细小弥散的特殊碳化物 W_2C、VC 等，造成了第二相的弥散强化效应；二是部分 C 及合金元素从残余奥氏体中析出，M_s 温度升高，钢在回火冷却过程中，部分残余奥氏体转变为马氏体，发生了“二次淬火”，使硬度升高。以上两个因素就是高速钢回火出现“二次硬化”的根本原因。当回火温度高于 560℃时，碳化物发生聚集长大，导致硬度下降。

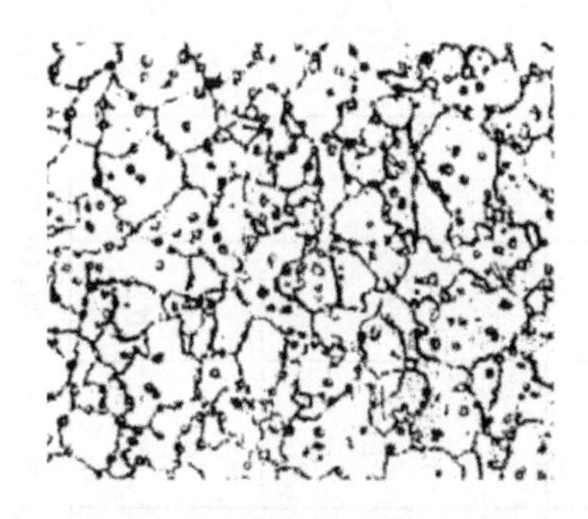

图 8-6　W18Cr4V 钢的正常淬火组织

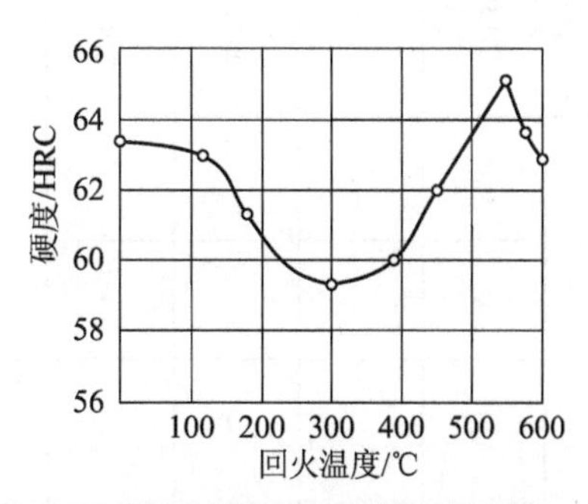

图 8-7　W18Cr4V 钢的硬度与回火温度的关系

⑤ 需经三次回火。一次回火不能完全消除残余奥氏体，为了减少残余奥氏体，稳定组织，消除应力，提高红硬性，高速钢要进行多次回火。第一次回火后，残余奥氏体的含量由 30%降为 15%左右，第二次回火后还有 5%～7%，第三次回火后残余奥氏体减少为 1%～2%。而且，后一次回火可消除前一次回火时马氏体转变产生的内应力。W18Cr4V 钢淬火+三次回火后组织为回火马氏体+碳化物+少量残余奥氏体，如图 8-8 所示。

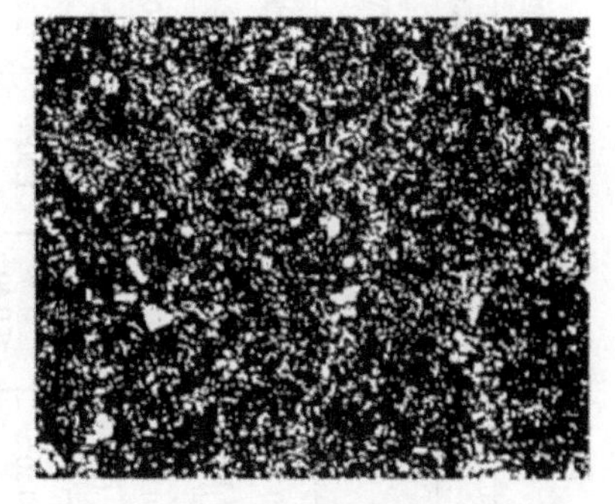

图 8-8　W18Cr4V 钢回火后的组织

高速钢价格较贵，热处理工艺复杂，为充分发挥其性能和节省材料，常采用焊接或镶嵌式高速钢刀头(片)。如大于ϕ10mm 的钻头，采用 45 钢作刀柄；直径ϕ600mm 以上的锯片，可镶嵌高速钢齿片。另外，尽可能使用铸造或粉末冶金生产高速钢刀具，以降低成本。

4. 耐冲压工具钢

GB/T 1299—2014 规定了耐冲压工具钢的化学成分、性能、热处理和用途，如表 8-13 所示。典型牌号如 6CrW2Si，含碳量中等，保证一定的强度和韧性；合金元素较多，淬透性好，形成合金化合物，可提高钢的强度，同时提高硬度与耐磨性，改善疲劳强度。

表 8-13　耐冲压工具钢的化学成分、性能、热处理和用途（GB/T 1299—2014）

<table>
<tr><th rowspan="3">钢号</th><th colspan="8">化学成分(质量分数)/%</th><th rowspan="3">交货硬度
HBW
退火态</th><th colspan="3">试样热处理及硬度</th><th rowspan="3">用　途</th></tr>
<tr><th rowspan="2">C</th><th rowspan="2">Si</th><th rowspan="2">Mn</th><th rowspan="2">Cr</th><th rowspan="2">W</th><th rowspan="2">Mo</th><th rowspan="2">V</th><th rowspan="2">其他</th><th colspan="2">淬火温度/℃</th><th rowspan="2">硬度不小于
/HRC</th></tr>
<tr><th>盐浴炉</th><th>箱式炉</th></tr>
<tr><td>4CrW2Si</td><td>0.35～0.45</td><td>0.80～1.10</td><td>≤0.40</td><td>1.00～1.30</td><td>2.00～2.50</td><td>—</td><td>—</td><td>—</td><td>179～217</td><td colspan="2">860～900，油冷</td><td>53</td><td rowspan="3">承受冲击载荷而又要求耐磨性高的工具，如风动工具、凿子和重负荷下工作的冲压模具、冷剪机刀片、空气锤用工具等</td></tr>
<tr><td>5CrW2Si</td><td>0.45～0.55</td><td>0.50～0.80</td><td>≤0.40</td><td>1.00～1.30</td><td>2.00～2.50</td><td>—</td><td>—</td><td>—</td><td>207～255</td><td colspan="2">860～900，油冷</td><td>55</td></tr>
<tr><td>6CrW2Si</td><td>0.55～0.65</td><td>0.50～0.80</td><td>≤0.40</td><td>1.00～1.30</td><td>2.20～2.70</td><td>—</td><td>—</td><td>—</td><td>229～285</td><td colspan="2">860～900，油冷</td><td>57</td></tr>
<tr><td rowspan="3">6CrMnSi2Mo1V</td><td rowspan="3">0.5～0.65</td><td rowspan="3">1.75～2.25</td><td rowspan="3">0.60～1.00</td><td rowspan="3">0.10～0.50</td><td rowspan="3">—
—
—</td><td rowspan="3">0.20～1.35</td><td rowspan="3">0.15～0.35</td><td rowspan="3">—</td><td rowspan="3">≤229</td><td colspan="2">667±15 预热</td><td rowspan="3">58</td><td rowspan="3">高冲击载荷下操作的工具，如铁锤、凿刀、裁剪刀具，冲头、冲模、冷冲裁切边用凹模等</td></tr>
<tr><td>885，油冷</td><td>900，油冷</td></tr>
<tr><td colspan="2">58～204，回火</td></tr>
<tr><td rowspan="3">5Cr3MnSiMo1</td><td rowspan="3">0.45～0.55</td><td rowspan="3">0.20～1.00</td><td rowspan="3">0.20～0.90</td><td rowspan="3">3.00～3.50</td><td rowspan="3">—</td><td rowspan="3">1.30～1.80</td><td rowspan="3">≤0.35</td><td rowspan="3">—</td><td rowspan="3">≤235</td><td colspan="2">667±15 预热</td><td rowspan="3">56</td><td rowspan="3">较高温度和高冲击载荷下工作的工具和模具，如气动工具、刀具、冲模及锤锻模具等</td></tr>
<tr><td>941，油冷</td><td>955±6，油冷</td></tr>
<tr><td colspan="2">58～204，回火</td></tr>
<tr><td>6CrW2SiV</td><td>0.55～0.65</td><td>0.70～1.00</td><td>0.15～0.45</td><td>0.90～1.20</td><td>1.70～2.20</td><td>—</td><td>0.10～0.20</td><td>—</td><td>≤225</td><td colspan="2">870～910，油冷</td><td>58</td><td>刀片、冷成型工具和精密冲载模及热冲孔工具等</td></tr>
</table>

注：保温时间指试样达到加热温度后的保持时间。试样在盐浴中保持时间为 5 min，在炉控气氛中保持时间为 5～10 min。

耐冲压工具钢的预备热处理仍是退火工艺；部分耐冲压工具钢含碳量低、淬硬性低，所以需要渗碳淬火工序，使其具有外硬内韧的良好综合力学性能；热处理特点类似于高速钢，需要高温回火，才能发挥高的硬度和强度。

耐冲压工具钢通常用于制造承受冲击载荷而又要求耐磨性高的工具，如风动工具、凿子、冲裁切边复合模、冲模、冷切用的剪刀等冲剪工具，以及部分小型热作模具。

8.2.2 模具用钢

用制造冷冲压模、热锻压模、挤压模、压铸模等模具的钢称为模具钢。根据性质和使用条件的不同，可分为冷作模具钢、热作模具钢、塑料模具钢和其他用途的模具钢。

1. 冷作模具钢

冷作模具钢是用于制造在室温下对金属进行变形加工的模具，包括冷冲模、冷镦模、冷挤压模、拉丝模、落料模等。

1) 工作条件和性能要求

冷作模具钢用于制造使金属冷塑性变形的模具，工作温度不超过200℃～300℃。冷作模具在工作时承受着强烈的冲击载荷和摩擦、很大的压力和弯曲应力的作用，其主要的失效破坏形式包括磨损和变形，也常见崩刃和断裂等，因此冷作模具钢要求如下：

(1) 具有较高的硬度和耐磨性(58～64 HRC)。

(2) 具有良好的韧性和疲劳强度。

(3) 截面尺寸较大的模具还要求具有较高的淬透性，高精度模具则要求热处理变形小。

2) 化学成分

(1) 高碳。冷作模具钢的碳质量分数较高，大多超过1.0%，有的甚至高达2.0%，从而保证获得高硬度和高耐磨性。

(2) 合金元素。冷作模具钢的主要合金元素是Cr，典型钢种是Cr12型钢，Cr质量分数高达12%，能提高淬透性，形成Cr_7C_3或$(Cr,Fe)_7C_3$等碳化物，能明显提高钢的耐磨性。加入W、Mo、V等元素与碳形成细小弥散的碳化物，除了进一步提高淬透性、耐磨性、细化晶粒外，还能提高回火稳定性、强度和韧性。Mn可以提高淬透性和强度。

3) 常用钢种

GB/T 1299—2014规定了常用冷作模具钢的化学成分、性能、热处理和用途，如表8-14所示。根据工作条件，选用合适钢种制作冷冲压模具。

对于几何形状比较简单、截面尺寸和工作负荷不太大的模具可选用低合金含量的冷作模具钢9Mn2V、CrWMn，也可用高级优质碳素工具钢T8A、T10A、T12A和低合金工具钢9SiCr、轴承钢GCr15等，它们耐磨性较好，淬火变形不太大。

对于形状复杂、尺寸和负荷较大的模具多用Cr12型钢如Cr12、Cr12MoV或W18Cr4V钢等，它们的淬透性、耐磨性和强度较高，淬火变形较小。

表 8-14　常用冷作模具钢的化学成分、性能、热处理和用途

钢号	化学成分(质量分数)/%							交货硬度HBW退火态	试样热处理及硬度(不小于)			用　途
	C	Si	Mn	Cr	W	Mo	V		淬火温度/℃		硬度/HRC	
									盐浴炉	箱式炉		
9Mn2V	0.85～0.95	≤0.40	1.70～2.00	—	—	—	0.10～0.25	≤229	780～810，油冷		62	各种精密量具、样板，尺寸较小要求不高的冲模、冷压模、雕刻模、料模、剪刀、丝锥、板牙和铰刀等
9CrWMn	0.85～0.95	≤0.40	0.90～1.20	0.50～0.80	0.50～0.80	—	—	197～241	800～830，油冷		62	截面不大而形状较复杂的冷冲模，以及量规、样板等量具
CrWMn	0.90～1.05	≤0.40	0.80～1.10	0.90～1.20	1.20～1.60	—	—	207～255	800～830，油冷		62	形状复杂的高精度轻载冲裁模，拉伸、弯曲、翻边模等
MnCrWV	0.90～1.05	0.10～0.40	1.05～1.35	0.50～0.70	0.50～0.70	—	0.05～0.15	≤255	790～820，油冷		62	形状复杂、负荷较大的成型零件模具，注塑模具等
7CrMn2Mo	0.65～0.75	0.10～0.50	1.80～2.50	0.90～1.20	—	0.90～1.40	—	≤235	820～870，空冷		61	修边模、熟料模、压弯工具、冲切模和精压模等
5Cr8MoVSi	0.48～0.53	0.75～1.05	0.35～0.50	8.00～9.00	—	1.25～1.70	0.30～0.55	≤229	1000～1050，油冷		59	耐冲击性工模具，锻薄刃刀具
7CrSiMnMoV	0.65～0.75	0.85～1.15	0.65～1.05	0.90～1.20	—	0.20～0.50	0.15～0.30	≤235	870～900，油或空冷 150±10 回火，空冷		60	冲压力较小、型腔比较复杂的主体精压模，厚板冲裁模
Cr8Mo2SiV	0.95～1.03	0.80～1.20	0.20～0.50	7.80～8.30	—	2.00～2.80	0.25～0.40	≤255	1020～1040，油或空冷		62	形状复杂或精密冲压模、拉伸模；线切割加工成型的冷作模具及螺丝滚齿轮、深拉成型模，不锈钢板冲压模、冲头及冷锻模
Cr4W2MoV	1.12～1.35	0.40～0.70	≤0.40	3.50～4.00	1.90～2.60	0.80～1.20	0.80～1.10	≤269	960～980 或 1020～1040，油冷		60	各种冲模、冷镦模、落料模、拉延模、冷挤压凹模和搓丝板等，制造硅钢片冲模等
6Cr4W3Mo2VNb①	0.60～0.70	≤0.40	≤0.40	3.80～4.40	2.50～3.50	1.80～2.50	0.80～1.20	≤255	1100～1160，油冷		60	
6W6Mo5Cr4V	0.55～0.65	≤0.40	≤0.60	3.70～4.30	6.00～7.00	4.50～5.50	0.70～1.10	≤269	1180～1200，油冷 730～840 预热		60	

续表

<table>
<tr><th rowspan="3">钢号</th><th colspan="7">化学成分(质量分数)/%</th><th rowspan="3">交货硬度HBW退火态</th><th colspan="3">试样热处理及硬度(不小于)</th><th rowspan="3">用　途</th></tr>
<tr><th rowspan="2">C</th><th rowspan="2">Si</th><th rowspan="2">Mn</th><th rowspan="2">Cr</th><th rowspan="2">W</th><th rowspan="2">Mo</th><th rowspan="2">V</th><th colspan="2">淬火温度/℃</th><th rowspan="2">硬度/HRC</th></tr>
<tr><th>盐浴炉</th><th>箱式炉</th></tr>
<tr><td>W6Mo5Cr4V2[a]</td><td>0.80～0.90</td><td>0.15～0.40</td><td>0.20～0.45</td><td>3.80～4.40</td><td>5.50～6.50</td><td>4.50～5.50</td><td>1.75～2.20</td><td>≤255</td><td colspan="2">1210～1230，油冷 540～560 回火两次，每次 2h</td><td>64(盐浴)
63(炉控气氛)</td><td>冷挤压模具、拉伸模具、上下冲头等或温挤压模</td></tr>
<tr><td>Cr8</td><td>1.60～1.90</td><td>0.20～060</td><td>0.20～0.45</td><td>7.50`8.50</td><td>—</td><td>—</td><td>—</td><td>≤255</td><td colspan="2">920～980，油冷</td><td>63</td><td rowspan="4">受冲击载荷较小，且要求高耐磨性的冷冲模和冲头，剪切硬且薄的金属的冷切剪刃、钻套、量规、拉丝模、压印模、搓丝板、拉延模和螺丝滚模等</td></tr>
<tr><td>Cr12</td><td>2.00～2.30</td><td>≤0.40</td><td>≤0.40</td><td>11.50～13.00</td><td>—</td><td>—</td><td>—</td><td>217～259</td><td colspan="2">950～1000，油冷</td><td>60</td></tr>
<tr><td>Cr12W</td><td>2.00～2.30</td><td>0.10～0.40</td><td>0.30～0.60</td><td>11.00～13.00</td><td>0.60～0.90</td><td>—</td><td>—</td><td>≤255</td><td colspan="2">950～980，油冷</td><td>60</td></tr>
<tr><td>7Cr2Mo2V2Si</td><td>0.68～0.78</td><td>0.70～1.20</td><td>≤0.40</td><td>6.50～7.50</td><td>—</td><td>1.90～2.30</td><td>1.80～2.20</td><td>≤255</td><td colspan="2">1100～1150，油或空冷</td><td>60</td></tr>
<tr><td rowspan="3">Cr5Mo1V[a]</td><td rowspan="3">0.95～1.05</td><td rowspan="3">≤0.50</td><td rowspan="3">≤1.00</td><td rowspan="3">4.75～5.50</td><td rowspan="3">—</td><td rowspan="3">0.90～1.40</td><td rowspan="3">0.15`0.50</td><td rowspan="3">≤255</td><td colspan="2">790±15 预热</td><td rowspan="3">60</td><td rowspan="3">定型模、钻套、冷冲模、冲头、切边模、螺纹滚模、搓丝板和量规等</td></tr>
<tr><td>940，油冷</td><td>950±6，油冷</td></tr>
<tr><td colspan="2">200±6 回火一次，2h</td></tr>
<tr><td>Cr12MoV</td><td>1.45～1.70</td><td>≤0.40</td><td>≤0.40</td><td>11.00～12.50</td><td>—</td><td>0.40～0.60</td><td>0.15～0.30</td><td>207～255</td><td colspan="2">950～1000，油冷</td><td>58</td><td rowspan="4">承受重负荷、形状复杂、耐磨性高的大型复杂冷作模具，如冷切剪刀、切边模、拉丝模、搓丝板、螺纹滚模、滚边模、冷冲模和冲头等</td></tr>
<tr><td rowspan="3">Cr2Mo1V1[b②]</td><td rowspan="3">1.40～1.60</td><td rowspan="3">≤0.60</td><td rowspan="3">≤0.60</td><td rowspan="3">11.00～13.00</td><td rowspan="3">—</td><td rowspan="3">0.70～1.20</td><td rowspan="3">0.50～1.10</td><td rowspan="3">≤255</td><td colspan="2">820 ± 15 预热</td><td rowspan="3">59</td></tr>
<tr><td>1000 ± 6，空冷</td><td>1010 ± 6，空冷</td></tr>
<tr><td colspan="2">200 ± 6 回火一次，2h</td></tr>
</table>

注：保温时间指试样达到加热温度后的保持时间。① 钢号 Nb0.20～0.35；② 钢号 Co≤1.00。a 试样在盐浴中保持时间为 5 min，在炉控气氛中保持时间为 5～10 min。b 试样在盐浴中保持时间为 10 min，在炉控气氛中保持时间为 10～20 min。

冷挤压模工作时受力很大，条件苛刻，可选用基体钢[①]，如6W6Mo5Cr4V、6Cr4W3Mo2VNb钢等制造，基体钢与高速钢经正常淬火后的基体大致相同，是一种高韧性的冷作模具钢。亦可选用超低碳(w_C<0.03%)的马氏体时效硬化钢如00Ni18Co9Mo5TiAl，它靠高Ni量形成低碳马氏体，经时效析出金属间化合物使强度显著提高，具有很好的冲击韧性，同时还具有抗点蚀、抗隙间腐蚀和抗氯化腐蚀裂纹的特点。

4) 热处理特点和应用举例

冷作模具钢热处理的目的是最大限度地满足其性能要求，以便能正常工作，现以用Crl2MoV冷作模具钢制造冲孔落料模为例来分析其热处理工艺方法及制定生产工艺路线。冲孔落料模中，凸、凹模均要求硬度在58～60HRC之内，且要求具有较高的耐磨性、强度和韧性，较小的淬火变形。为此，设计其生产工艺路线如下：

下料→锻造→退火→机加工→淬火+回火→精磨或电火花加工→成品

Cr12MoV钢的组织与性能与高速钢相类似，合金元素含量较高，锻后空冷易出现马氏体组织，一般锻后都采用缓冷。钢中有莱氏体组织，可以通过锻造使其破碎，并均匀分布。锻后退火工艺与高速钢的等温退火工艺相似，退火后硬度小于255HBW，可进行机械加工。

Cr12MoV钢“二次硬化法”的热处理工艺曲线如图8-9所示，根据Cr12MoV钢的不同用途，淬火+回火工艺方案有以下两种：

(1) 一次硬化法。一次硬化法的淬火温度较低(950℃～1000℃，油冷)，低温回火(150℃～180℃)后钢的耐磨性和韧性较高，组织为回火马氏体+残余奥氏体+合金碳化物，硬度为58～60HRC。适用于制造重载冷作模具。

(2) 二次硬化法。如果要求模具具有较高的红硬性，能够在400℃～450℃条件下工作，则要进行“二次硬化法”处理，将淬火加热温度提高到1100℃～1150℃，此时钢中出现了大量的残余奥氏体，硬度仅为42～50HRC，但是随后在510℃～520℃高温下三次回火，析出了细小弥散的合金碳化物及残余奥氏体转变为马氏体，产生“二次硬化”现象，硬度回升到60～62HRC，组织为回火马氏体、碳化物和少量残余奥氏体，红硬性和耐磨性都较好。但是由于淬火加热温度较高，组织粗化会导致强度和韧性下降，故适用于在400℃～450℃下工作的模具。

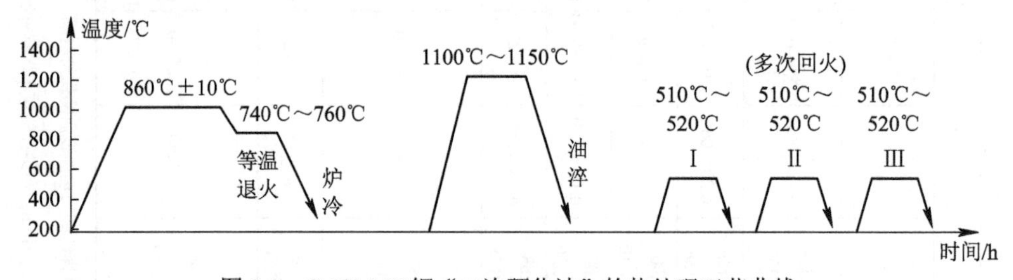

图8-9 Cr12MoV钢“二次硬化法”的热处理工艺曲线

① 基体钢：高速钢的淬火组织由强韧兼备的基体组织和体积分数为10%～15%的共晶碳化物所组成，过量的共晶碳化物使高速钢耐磨性高而脆性较大。根据高速钢基体的化学成分，设计出的新的钢种，通过适当的热处理，使加入的碳及合金元素刚好全部进入固溶体中，而基本没有共晶碳化物存在。这样的新钢种强韧兼备，基体组织与高速钢淬火基体组织基本相似，故称为基体钢。

2. 热作模具钢

热作模具钢是用于制造在受热状态下对金属进行变形加工的模具，包括热锻模、热挤压模、热镦模、压铸模、高速锻模等。

1) 工作条件和性能要求

热作模具钢在工作时经常接触炽热的金属，型腔表面温度高达400℃～600℃。热作模具在巨大的冲击载荷和复杂应力作用下，与型腔做相对运动时，产生强烈的摩擦磨损。工作过程中还要反复受到冷却介质冷却和炽热金属接触加热的交替作用，模具工作面会出现热疲劳“龟裂纹”。因此，为使热作模具正常工作，要求热作模具用钢满足以下主要性能要求：

(1) 高的热强性和足够的韧性。

(2) 高的热硬性和高温耐磨性。

(3) 高的抗氧化性能。

(4) 高的热疲劳抗力，以防止龟裂破坏。

(5) 由于热作模具一般较大，所以还要求热作模具钢有高的淬透性、导热性和尺寸稳定性。

2) 化学成分

(1) 中碳。热作模具钢的碳质量分数一般为0.3%～0.6%，以保证获得所需的强度、硬度、耐磨性、韧性和较高的热疲劳抗力。

(2) 热作模具钢中加入较多的提高淬透性的元素Cr、Ni、Mn、Si等。Cr是提高淬透性的主要元素，同时和Ni一起可提高钢的回火稳定性；Ni在强化铁素体的同时还增加钢的韧性，并与Cr、Mo一起提高钢的淬透性和耐热疲劳性能；Mn能提高淬透性和强度。

(3) 热作模具钢中加入Mo、W、V等元素，可产生二次硬化，提高红硬性、回火稳定性、抗热疲劳性、细化晶粒；Mo、W还能防止第二类回火脆性。

3) 常用钢种

常用热作模具钢的化学成分、热处理、性能和用途见表8-15。

对韧性要求高而热硬性要求不太高的中、小型热锻模(有效厚度小于400mm)，常选用5CrMnMo、5CrNiMo钢等，5CrNiMo钢的淬火加热温度比5CrMnMo钢高10℃左右，淬透性、红硬性和耐热疲劳性能优于5CrMnMo钢。

热挤压模冲击载荷小，采用含碳量较低、合金元素更多而热强性和红硬性更好的模具钢，如3Cr2W8V、4Cr5MoSiV、4Cr5MoSiV1等钢种，经淬火后多次回火产生二次硬化，其组织与高速钢类似。其中4Cr5MoSiV1(相当于美国的H13)是一种空冷硬化的热作模具钢，广泛应用于制造大型锻压模、热挤压模以及铝、铜及其合金的压铸模等。

压铸模钢的选用与成型金属种类有关，压铸熔点为400℃～450℃的锌合金，一般选用低合金钢30CrMnSi或40Cr等；压铸熔点为850℃～920℃的铜合金，可选用3Cr2W8V钢。

4) 热处理特点

热作模具钢热处理的目的主要是提高红硬性、抗热疲劳性和综合力学性能。

热作模具钢中的热锻模钢，如5CrMnMo，最终热处理一般为淬火+高温(或中温)回火，以获得均匀的回火索氏体(或回火托氏体)。

表 8-15　常用热作模具钢的化学成分、热处理、性能和用途

<table>
<tr><th rowspan="3">钢号</th><th colspan="8">化学成分(质量分数)/%</th><th rowspan="3">退火态
交货硬度
HBW</th><th colspan="2">试样热处理及硬度 [b]</th><th rowspan="3">用　途</th></tr>
<tr><th rowspan="2">C</th><th rowspan="2">Si</th><th rowspan="2">Mn</th><th rowspan="2">Cr</th><th rowspan="2">W</th><th rowspan="2">Mo</th><th rowspan="2">Ni</th><th rowspan="2">V</th><th colspan="2">淬火温度/℃</th></tr>
<tr><th>盐浴炉</th><th>箱式炉</th></tr>
<tr><td>5CrMnMo</td><td>0.50～0.60</td><td>0.25～0.60</td><td>1.20～1.60</td><td>0.60～0.90</td><td>—</td><td>0.15～0.30</td><td>—</td><td>—</td><td>197～241</td><td colspan="2">820～850，油冷</td><td>边长 275～400 mm 的中、小型锻模，即热切边模</td></tr>
<tr><td>5CrNiMo[①]</td><td>0.50～0.60</td><td>≤0.40</td><td>0.50～0.80</td><td>0.50～0.80</td><td>—</td><td>0.15～0.30</td><td>1.40～1.80</td><td>—</td><td>197～241</td><td colspan="2">830～860，油冷</td><td>边长＞400 mm 的大型锻模</td></tr>
<tr><td>4CrNi4Mo</td><td>0.40～0.50</td><td>0.10～0.40</td><td>0.20～0.50</td><td>1.20～1.50</td><td>—</td><td>0.15～0.35</td><td>3.80～4.30</td><td>—</td><td>≤285</td><td colspan="2">840～870，油或空冷</td><td>拉刀、长丝锥、量规及形状复杂精度高的冲模、丝杠等</td></tr>
<tr><td>4Cr2NiMoV</td><td>0.35～0.45</td><td>≤0.40</td><td>≤0.40</td><td>1.80～2.20</td><td>—</td><td>0.45～0.60</td><td>1.10～1.50</td><td>0.10～0.30</td><td>≤220</td><td colspan="2">910～960，油冷</td><td rowspan="2">锤锻模</td></tr>
<tr><td>5CrNi2MoV</td><td>0.50～0.60</td><td>0.10～0.40</td><td>0.60～0.90</td><td>0.80～1.20</td><td>—</td><td>0.35～0.55</td><td>1.50～1.80</td><td>0.05～0.15</td><td>≤255</td><td colspan="2">850～880，油冷</td></tr>
<tr><td>5Cr2NiMoVSi</td><td>0.46～0.54</td><td>0.50～0.90</td><td>0.40～0.60</td><td>1.50～2.00</td><td>—</td><td>0.80～1.20</td><td>0.80～1.20</td><td>0.30～0.50</td><td>≤255</td><td colspan="2">960～1010，油冷</td><td>大截面机锻模与锤锻模</td></tr>
<tr><td>8Cr3</td><td>0.75～0.85</td><td>≤0.40</td><td>≤0.40</td><td>3.20～3.80</td><td>—</td><td>—</td><td>—</td><td>—</td><td>207～255</td><td colspan="2">850～880，油冷</td><td>热冲裁模</td></tr>
<tr><td>4Cr5W2VSi</td><td>0.32～0.42</td><td>0.80～1.20</td><td>≤0.40</td><td>4.50～5.50</td><td>1.60～2.40</td><td>—</td><td>—</td><td>0.60～1.00</td><td>≤229</td><td colspan="2">1030～1050，油或空冷</td><td>压铸模</td></tr>
<tr><td>3Cr2W8V</td><td>0.30～0.40</td><td>≤0.40</td><td>≤0.40</td><td>2.20～2.70</td><td>7.50～9.00</td><td>—</td><td>—</td><td>0.20～0.50</td><td>≤255</td><td colspan="2">1075～1125，油冷</td><td>高应力压模，如铜合金挤压模、热剪切刀等。</td></tr>
<tr><td rowspan="3">4Cr5MoSiV[a]</td><td rowspan="3">0.33～0.43</td><td rowspan="3">0.80～1.20</td><td rowspan="3">0.20～0.50</td><td rowspan="3">4.75～5.50</td><td rowspan="3">—</td><td rowspan="3">1.10～1.60</td><td rowspan="3">—</td><td rowspan="3">0.30～0.60</td><td rowspan="3">≤229</td><td colspan="2">790±15 预热</td><td rowspan="3">热顶锻模、高速锤锻模、热挤压模具和精锻模</td></tr>
<tr><td>1010，油冷</td><td>1020±6，油冷</td></tr>
<tr><td colspan="2">550±6 回火两次，每次 2 h</td></tr>
<tr><td rowspan="3">4Cr5MoSiV1[a]</td><td rowspan="3">0.32～0.45</td><td rowspan="3">0.80～1.20</td><td rowspan="3">0.20～0.50</td><td rowspan="3">4.75～5.50</td><td rowspan="3">—</td><td rowspan="3">1.10～1.75</td><td rowspan="3">—</td><td rowspan="3">0.80～1.20</td><td rowspan="3">≤229</td><td colspan="2">790±15 预热</td><td rowspan="3">模锻锤锻模、铝合金压铸模、热挤压模具、高速精锻模等</td></tr>
<tr><td>1000，油冷</td><td>1010±6，油冷</td></tr>
<tr><td colspan="2">550±6 回火两次，每次 2 h</td></tr>
</table>

续表

<table>
<tr><th rowspan="3">钢号</th><th colspan="8">化学成分(质量分数)/%</th><th rowspan="3">退火态交货硬度HBW</th><th colspan="2">试样热处理及硬度 [b]</th><th rowspan="3">用　途</th></tr>
<tr><th rowspan="2">C</th><th rowspan="2">Si</th><th rowspan="2">Mn</th><th rowspan="2">Cr</th><th rowspan="2">W</th><th rowspan="2">Mo</th><th rowspan="2">Ni</th><th rowspan="2">V</th><th colspan="2">淬火温度/℃</th></tr>
<tr><th>盐浴炉</th><th>箱式炉</th></tr>
<tr><td rowspan="3">4Cr3Mo3SiV[a]</td><td rowspan="3">0.35～0.45</td><td rowspan="3">0.80～1.20</td><td rowspan="3">0.25～0.70</td><td rowspan="3">3.00～3.75</td><td rowspan="3">—</td><td rowspan="3">2.00～3.00</td><td rowspan="3">—</td><td rowspan="3">0.25～0.75</td><td rowspan="3">≤229</td><td colspan="2">790±15 预热</td><td rowspan="3">热滚锻模、塑压模、热锻模、热冲模等</td></tr>
<tr><td>1010，油冷</td><td>1020±6，油冷</td></tr>
<tr><td colspan="2">550±6 回火两次，每次 2 h</td></tr>
<tr><td>5Cr4Mo3SiMnVAl②</td><td>0.47～0.57</td><td>0.80～1.10</td><td>0.80～1.10</td><td>3.80～4.30</td><td>—</td><td>2.80～3.40</td><td>—</td><td>0.80～1.20</td><td>≤255</td><td colspan="2">1090～1120，油冷</td><td>冷镦模、冲孔凹模、螺栓热锻模、热挤压冲头等</td></tr>
<tr><td>4CrMnSiMoV</td><td>0.35～0.45</td><td>0.80～1.10</td><td>0.80～1.10</td><td>1.30～1.50</td><td>—</td><td>0.40～0.60</td><td>—</td><td>0.20～0.40</td><td>≤255</td><td colspan="2">870～930，油冷</td><td>锤锻模</td></tr>
<tr><td>5Cr5WMnSi</td><td>0.50～0.60</td><td>0.75～1.10</td><td>0.20～0.50</td><td>4.75～5.50</td><td>1.00～1.50</td><td>1.15～1.65</td><td>—</td><td>—</td><td>≤248</td><td colspan="2">990～1020，油冷</td><td rowspan="2">压铸模</td></tr>
<tr><td>4Cr5MoWVSi</td><td>0.32～0.40</td><td>0.80～1.20</td><td>0.20～0.50</td><td>4.75～5.50</td><td>1.10～1.60</td><td>1.25～1.60</td><td>—</td><td>0.20～0.50</td><td>≤235</td><td colspan="2">1000～1030，油或空冷</td></tr>
<tr><td>3Cr3Mo3w2V</td><td>0.32～0.42</td><td>0.60～0.90</td><td>≤0.65</td><td>2.80～3.30</td><td>1.20～1.80</td><td>2.50～3.00</td><td>—</td><td>0.80～1.20</td><td>≤255</td><td colspan="2">1060～1130，油冷</td><td rowspan="2">热顶锻模、热挤压模和精锻模</td></tr>
<tr><td>5Cr4Mo3W2V</td><td>0.40～0.50</td><td>≤0.40</td><td>≤0.40</td><td>3.40～4.40</td><td>4.50～5.30</td><td>1.50～2.10</td><td>—</td><td>0.70～1.10</td><td>≤269</td><td colspan="2">1100～1150，油冷</td></tr>
<tr><td>4Cr5Mo2V</td><td>0.35～0.42</td><td>0.25～0.50</td><td>0.40～0.60</td><td>5.00～5.50</td><td>—</td><td>2.30～2.60</td><td>—</td><td>0.60～0.80</td><td>≤220</td><td colspan="2">1000～1030，油冷</td><td rowspan="4">压铸模</td></tr>
<tr><td>3Cr3Mo3V</td><td>0.28～0.35</td><td>0.10～0.40</td><td>0.15～0.45</td><td>2.70～3.20</td><td>—</td><td>2.50～3.00</td><td>—</td><td>0.40～0.70</td><td>≤229</td><td colspan="2">1010～1050，油冷</td></tr>
<tr><td>4Cr5Mo3V</td><td>0.35～0.40</td><td>0.30～0.50</td><td>0.30～0.50</td><td>4.80～5.20</td><td>—</td><td>2.70～3.20</td><td>—</td><td>0.40～0.60</td><td>≤229</td><td colspan="2">1000～1030，油或空冷</td></tr>
<tr><td>3Cr3Mo3VCo③</td><td>0.28～0.35</td><td>0.10～0.40</td><td>0.15～0.45</td><td>2.70～3.20</td><td>—</td><td>2.60～3.00</td><td>—</td><td>0.40～0.70</td><td>≤229</td><td colspan="2">1000～1050，油冷</td></tr>
</table>

注：供需双方同意，允许①中含 V 量小于 0.2%，②中含 Al 量为 0.30～0.70，③中含 Co 量为 2.50～3.00。保温时间指试样达到加热温度后的保持时间。

a 试样在盐浴中保持时间为 5 min，在炉控气氛中保持时间为 5～15 min。b 根据需方要求，并在合同中注明，可提供实测硬度值。

而热压模具钢，如 4Cr5MoSiV1，最终热处理与高速钢类似，淬火后应在 600℃的温度下进行多次回火，组织为回火马氏体、粒状碳化物和少量残余奥氏体，保证了热硬性，硬度为 40～48HRC。

现以用 5CrMnMo 钢制造板牙热锻模为例来分析其热处理工艺方法及制定生产工艺路线，如图 8-10 所示。

板牙热锻模要求硬度为 351～387HBW，抗拉强度 $R_m > 1200 \sim 1400$ MPa，冲击吸收能 $K > 32 \sim 56$J，同时还要满足对热作模具淬透性、抗热疲劳性等的要求。其生产工艺路线如下：

下料→锻造→退火→粗加工→成型加工→淬火+回火→精加工(修型、抛光)

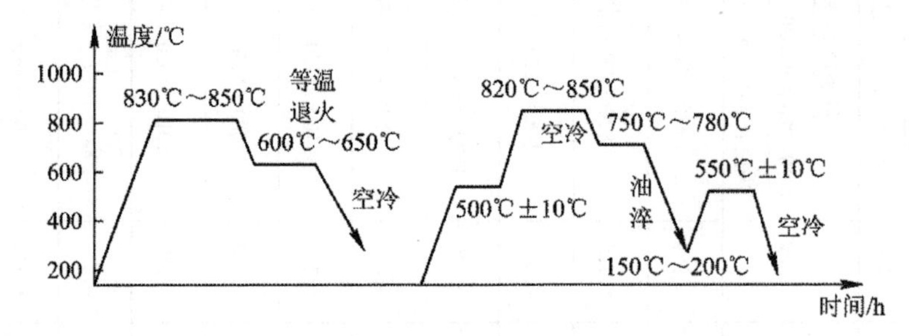

图 8-10　5CrMnMo 钢制造板牙热锻模的热处理工艺

由于钢在轧制时会出现纤维组织，导致各向异性，所以要用锻造来消除。锻后要缓冷，防止应力过大产生裂纹。

预备热处理采用 830℃～850℃加热，在 600℃～650℃保温 4～5 h 等温退火，消除锻造应力，改善切削加工性能，硬度为 197～241HBW，为最终热处理做组织上的准备。

用 5CrMnMo 钢制造热锻模最终热处理与调质钢相似，采用淬火+回火工艺。为降低热应力，大型模具需在 500℃左右预热，淬火温度为 820℃～850℃，为防止模具淬火开裂，一般先由炉内取出空冷至 750℃～780℃预冷，然后再淬入油中，油冷至 150℃～200℃(大致为油只冒青烟而不着火的温度)取出立即回火(回火温度 550℃左右)，避免冷至室温再回火导致开裂。回火消除了应力，获得回火索氏体(或回火托氏体)组织，得到所需的性能。

3. 塑料模具钢

塑料模具钢主要用于制造塑料成型的模具。GB/T 1299—2014 保留了 3Cr2Mo、3Cr2MnNiMo，新增加了 19 个塑料模具钢牌号。各种塑料模具工作环境较复杂，应根据性能要求和经济性选用塑料模具钢，表 8-16 所示为常用塑料模具钢的化学成分、性能、热处理和用途。

按照塑料模具钢的特性和使用时的热处理状态可以分为渗碳型、调质型、淬硬型、预硬型、耐蚀型和时效硬化型塑料模具钢。

玻璃纤维或矿物质无机物增强的工程塑料对模具的磨损、擦伤十分严重，宜采用含碳量高的合金工具钢，如 8Cr2MnWMoVS、5CrNiMnMoVSCa 等，或用合金渗碳钢 3Cr2Mo、3Cr2MnNiMo、4Cr2Mn1MoS 等制造模具。

在成型过程中产生腐蚀性气体的聚苯乙烯(ABS)等塑料制品和含有卤族元素、福尔马林、氨等腐蚀介质的塑料制品，宜采用 Cr13、Cr17 或 Cr18 系列不锈钢制造模具。

表 8-16 常用塑料模具钢的化学成分、性能、热处理和用途

钢号	化学成分(质量分数)/%										交货状态硬度		试样热处理及硬度		用 途
	C	Si	Mn	Cr	W	Mo	Ni	V	Al	其他	退火态 HBW	预硬化态 HRC	淬火温度/℃	硬度 /HRC	
SM45	0.42～0.48	0.17～0.37	0.50～0.80	—	—	—	—	—	—	—	热轧 HBW155～215		—	—	形状简单的中、小型塑料模具或精度要求不高、使用寿命不需要很长的塑料模具等
SM50	0.47～0.53	0.17～0.37	0.50～0.80	—	—	—	—	—	—	—	热轧 HBW165～225		—	—	
SM55	0.52～0.58	0.17～0.37	0.50～0.80	—	—	—	—	—	—	—	热轧 HBW170～230		—	—	形状复杂精度高的冲模、丝杠等
3Cr2Mo	0.28～0.40	0.20～0.80	0.60～1.00	1.40～2.00	—	0.30～0.55	—	—	—	—	≤235	28～36	850～880，油冷	≥52	压模、注射模等
3Cr2MnNiMo	0.50～0.60	0.10～0.40	0.60～0.90	1.70～2.00	—	0.25～0.40	0.85～1.15	—	—	—	≤235	30～36	830～870，油或空冷	≥48	大型塑料模或型腔复杂、要求镜面抛光的模具
4Cr2Mn1MoS	0.35～0.45	0.30～0.50	1.40～1.60	1.80～2.00	—	0.15～0.25	—	—	—	—	≤235	28～36	830～870，油冷	≥51	压缩模、注射模、压注模；经整体淬火、回火后还可制造冷冲模、级进模等。
8Cr2MnWMoVS	0.75～0.85	≤0.40	1.30～1.70	2.30～2.60	0.70～1.10	0.50～0.80	—	0.10～0.25	—	—	≤235	40～48	860～900，空冷	≥62	
5CrNiMnMoVSCa	0.50～0.60	≤0.45	0.80～1.20	0.80～1.20	—	0.30～0.60	0.80～1.20	0.15～0.30	—	Ca0.002～0.008	≤255	35～45	860～920，油冷	≥62	易切削预硬化型钢，型腔复杂的注射模、压缩模、变形极小的大型成型模等
2CrNiMoMnV	0.24～0.30	≤0.30	1.40～1.60	1.25～1.45	—	0.45～0.60	0.80～1.20	0.10～0.20	—	—	≤235	30～38	850～930，油或空冷	≥48	预硬化镜面塑料模具，热塑性塑料透明件和各种尺寸精度、外观质量及光亮度要求高的镜面塑料制品成型模具等
2CrNi3MoAl	0.20～0.30	0.20～0.50	0.50～0.80	1.20～1.80	—	0.20～0.40	3.00～4.00	—	1.00～1.60	—	—	—	—	—	
1Ni3MnCuMoAl	0.10～0.20	≤0.45	01.40～2.00	—	—	0.20～0.50	2.90～3.40	—	0.70～1.20	Cu0.80～1.20	—	—	—	—	

续表

钢号	化学成分(质量分数)/%										交货状态硬度		试样热处理及硬度		用途
	C	Si	Mn	Cr	W	Mo	Ni	V	Al	其他	退火态 HBW	预硬化态 HRC	淬火温度/℃	硬度/HRC	
06Ni6CrMoVTiAl	≤0.06	≤0.50	≤0.50	1.30～1.60	—	0.90～1.20	5.50～6.50	0.08～0.16	0.50～0.90	Ti0.90～1.30	≤255	43～48	850～880 固溶，油或空冷 500～540 时效，空冷	实测	时效硬化型塑料模具，精度比较高又必须淬硬(大于 40HRC)的精密塑料模具
00Ni18Co8Mo5TiAl	≤0.03	≤0.10	≤0.15	≤0.60	—	4.50～5.00	17.5～18.5	—	0.05～0.15	Co8.50～10.0 Ti0.80～1.10	协议	协议	805～825 固溶，空冷 460～530 时效，空冷	协议	
2Cr13	0.15～0.25	≤1.00	≤1.00	12.00～14.00	—	—	≤0.60	—	—	—	≤220	30～36	1000～1050，油冷	≥45	抗一定腐蚀性的塑料模具
4Cr13	0.35～0.45	≤0.60	≤0.80	12.00～14.00	—	—	≤0.60	—	—	—	≤235	30～36	1050～1100，油冷	≥50	要求一定强度和抗腐蚀介质条件下较大截面的塑料模具
4Cr13NiVSi	0.35～0.45	0.90～1.20	0.40～0.70	13.00～14.00	—	—	0.15～0.30	0.25～0.35	—	—	≤235	30～36	1000～1030，油冷	≥50	高精度、高耐磨、腐蚀介质塑料模具
2Cr17Ni2	0.12～0.22	≤1.00	≤1.50	15.00～17.00	—	—	1.50～2.50	—	—	—	≤285	28～32	1000～1050，油冷	≥49	高防腐蚀及需要镜面抛光的塑料模具，特别适合 PVC 产品模具
3Cr17Mo	0.33～0.45	≤1.00	≤1.50	15.00～17.50	—	1.50～2.50	≤1.00	—	—	—	≤285	33～38	1000～1040，油冷	≥46	
3Cr17NiMoV	0.32～0.40	0.30～0.60	0.60～0.80	16.00～18.00	—	1.00～1.30	0.60～1.00	0.15～0.35	—	—	≤285	33～38	1030～1070，油冷	≥50	
9Cr18	0.90～1.00	≤0.80	≤0.80	17.00～19.00	—	—	≤0.60	—	—	—	≤255	协议	1000～1050，油冷	≥55	不锈切片机械刃具及剪切刀具、手术刀片、高耐磨设备零件等
9Cr18MoV	0.85～0.95	≤0.80	≤0.80	17.00～19.00	—	1.00～1.30	≤0.60	0.07～0.12	—	—	≤269	协议	1050～1075，油冷	≥55	

表 8-17 特殊用途模具钢的化学成分、性能、热处理和用途

钢号	化学成分(质量分数)/%										交货状态硬度	热处理及硬度(不小于)		用途
	C	Si	Mn	Cr	Mo	Ni	V	Al	Nb+Ta	其他	退火 HBW	热处理制度	硬度/HRC	
7Mn15Cr2Al3V2WMo	0.65～0.75	≤0.80	14.50～16.50	2.00～2.50	0.50～0.80	—	1.50～2.00	2.30～3.30		W 0.50～0.80	—	1170～1190℃固溶，水冷 650～700℃时效，空冷	45	无磁模具、无磁轴承及其他要求在强磁场中不产生磁感应的结构零件等
2Cr25Ni20Si2	≤0.25	1.50～2.50	≤1.50	24.00～27.00	—	18.00～21.00	—	—	—	—	—	1040～1150℃固溶，水或空冷	实测	加热炉的各种构件，也用于制造玻璃模具等
0Cr17Ni4Cu4Nb	≤0.07	≤1.00	≤1.00	15.00～17.00	—	3.00～5.00	—	—	Nb 0.15～0.45	Cu 3.00～5.00	协议	1020～1060℃固溶，空冷 470～630℃时效，空冷	实测	高强度、硬度和抗腐蚀耐压模具和零部件等
Ni25Cr15Ti2MoMn	≤0.08	≤1.00	≤2.00	13.50～17.00	1.00～1.50	22.00～2600	0.10～0.50	≤0.40	—	Ti1.80～2.50 B0.0001～0.010	≤300	950～980℃固溶，水或空冷 720+620℃时效，空冷	实测	在 650℃以下长期工作的高温承力部件和热作模具，如铜排模、热挤压模和内筒等
Ni53Cr19Mo3TiNb[①]	≤0.08	≤0.35	≤0.35	17.00～21.00	2.80～3.30	50.00～55.00	—	0.20～0.80	Nb+Ta 4.75～5.50	Co≤1.00 Ti0.65～1.15 B≤0.006	≤300	930～1000℃固溶，水、油或空冷 710～730℃时效，空冷	实测	600℃以上使用的热锻模、冲头、热挤压模、压铸模等

注：① 表示除非特殊约定，允许仅分析 Nb 含量。

生产表面光洁、透明度高、视觉舒适的塑料制品，要求模具钢的研磨抛光性和光刻浸蚀性要好，这类钢都应经真空冶炼或电渣重熔等精炼处理，要求对非金属夹杂物、偏析、疏松等冶金缺陷严格控制，这类镜面塑料模具钢代表钢号有 2CrNiMoMnV、1Ni3MnCuMoAl 等。含有 S、Ca 等元素的易切削预硬型塑料模具钢 5CrNiMnMoVSCa 的切削加工性好，可以制作复杂型腔模具。

4. 特殊性能模具钢

随着工业技术的日益发展，出现了各种新的热加工方法，对模具工作温度的要求越来越高，工作条件也更加苛刻，根据 GB/T 1299—2014 的规定，特殊性能模具钢可以满足不同工作条件的要求，表 8-17 所示为特殊用途模具钢的化学成分、性能、用途和热处理。

7Mn15Cr2Al3V2WMo 钢在各种状态下都能保持稳定的奥氏体，具有非常低的磁导系数，高的硬度、强度，较好的耐磨性。它属于无磁模具钢，用于耐磨性要求较高的无磁性模具、无磁轴承及其他要求在强磁场中不产生磁感应的结构零件的制造；也可以用来制造在 700℃～800℃以下使用的热作模具。

2Cr25Ni20Si2 钢属于奥氏体型耐热钢，具有较好的抗一般耐腐蚀性能。最高使用温度可达 1200℃，连续使用最高温度为 1150℃，间歇使用最高温度为 1050℃～1100℃。该钢主要用于制造加热炉的各种构件，也用于制造玻璃模具等。

0Cr17Ni4Cu4Nb 钢是沉淀、硬化(淬水)的马氏体不锈钢，具有强度、硬度高和抗腐蚀好、耐压强度高等特性。用于海上平台、直升机甲板、航天涡轮机叶片、核废物桶以及食品工业、纸浆及造纸业中机械部件的制造。

Ni25Cr15Ti2MoMn 钢是 Fe-25Ni-15Cr 基时效强化型高温合金，高温耐磨性好，抗变形能力强，抗氧化性能优良，无缺口敏感性，热疲劳性能优良。适用于制造在 650℃以下长期工作的高温承力部件和热作模具，如铜排模、热挤压模和内筒等。

Ni53Cr19Mo3TiNb 合金是沉淀强化的镍基高温合金，高温强度高，热稳定性好，抗氧化性好，冷热疲劳性能及冲击韧性优异，适用于制作 600℃以上使用的热锻模、冲头、热挤压模、压铸模等。

8.2.3 量具用钢

用于制造卡尺、千分尺、样板、塞规、块规、螺旋测微仪等各种测量工具的钢被称为量具钢。

1) 工作条件和性能要求

量具在使用过程中始终与被测零件紧密接触并作相对移动，主要承受磨损破坏。为了保证测量精度，要求其性能满足以下几点：

(1) 较高的硬度和耐磨性。

(2) 耐轻微冲击、碰撞的能力。

(3) 高的尺寸稳定性，热处理变形小，存放和作用过程中尺寸稳定性好。

2) 化学成分

(1) 高碳。量具钢的碳质量分数为 0.90%～1.50%之间，与低合金工具钢相同，可以保证良好的硬度和耐磨性。

(2) 量具钢含有提高淬透性的元素 Cr、W、Mn 等，可降低 M_s 温度，使热应力和组织应力减小，减轻了淬火变形影响，还能形成合金碳化物，提高硬度和耐磨性。

3) 常用钢种

我国目前没有专用的量具钢。一般从工具钢、优质结构钢、轴承钢、高速钢等钢种中选用。

对于尺寸小、形状简单、精度较低的量具，如样板、塞规等，选用 T10A、T12A、9SiCr 钢制造，也常用 10、15 钢经渗碳热处理，或 50、55、60、60Mn、65Mn 钢经高频感应热处理，来制造精度不高但使用频繁，碰撞后不致折断的卡板、样板、直尺等量具。

对于精度要求高的量具常选用热处理变形小的钢如 CrMn、CrWMn、GCr15、W18Cr4V 钢制造。CrWMn 钢的淬透性较高，淬火变形小，主要用于制造高精度且形状复杂的量规和块规；GCr15 钢耐磨性、尺寸稳定性较好，多用于制造高精度块规、螺旋塞头、千分尺等。

对于在化工行业、煤矿、野外使用的对耐蚀性要求较高的量具可用 4Cr13、9Cr18 型不锈钢制造。

4) 热处理特点

热处理主要是为了形成足够数量的合金渗碳体和获得含碳过饱和的马氏体，以保证高的硬度及高的耐磨性，保持高的尺寸稳定性。所以量具钢应采取淬火和低温回火，同时还要采取措施提高组织稳定性。因此，量具钢的热处理工艺具有以下几个特点：

(1) 在保证硬度的前提下，尽量降低淬火温度，并采用在缓冷介质中淬火，以减少残余奥氏体。

(2) 淬火后立即(不迟于淬火后 1 h 内)进行进行深冷(−80℃～−70℃)处理，使残余奥氏体尽可能转化为马氏体，然后低温回火消除应力，保证高硬度和高耐磨性。

(3) 精度要求高的量具，在淬火、冷处理和低温回火后，尚需进行几小时至几十小时的低温时效处理，使马氏体正方度降低及残余的奥氏体稳定并消除残余应力；为了去除磨削加工中所产生的应力，有时还要在磨加工后进行数小时的去应力退火或低温时效处理，甚至需进行多次时效处理。

5) 应用举例

块规是机械制造行业常用的测量标定线性尺寸的标准量块，硬度值要求达到 62～65HRC，淬火不直度小于 0.05 mm，长期使用时尺寸应保持高稳定性。下面以用 CrWMn 钢制造高精度块规为例，说明其热处理工艺方法的选定和生产工艺路线的安排。生产工艺路线如下：

锻造→球化退火→机加工→淬火→冷处理→回火→粗磨→低温人工时效→精磨→低温去应力回火→研磨

用 CrWMn 钢制造高精度块规的热处理工艺曲线如图 8-11 所示。预先热处理采用球化退火，消除锻造应力，得到粒状珠光体和合金渗碳体组织，提高切削加工性，为最终热处理做组织上准备。其工艺为：780℃～800℃加热，炉冷至 690℃～710℃等温保温，再炉冷至 500℃空冷，退火后硬度为 217～255HBW。

最终热处理采用淬火＋回火工艺。为降低热应力，一般需在 650℃左右预热，淬火温度为 820℃～840℃；为减少工件变形量，采用油淬冷却至油温或 150℃～200℃，再取出空冷，硬度达到 63～65HRC 以上；淬火后 1 h 内即进行 –80℃～–70℃的深冷处理，使残余奥氏体尽可能转化为马氏体；然后在 140℃～160℃低温回火消除应力。

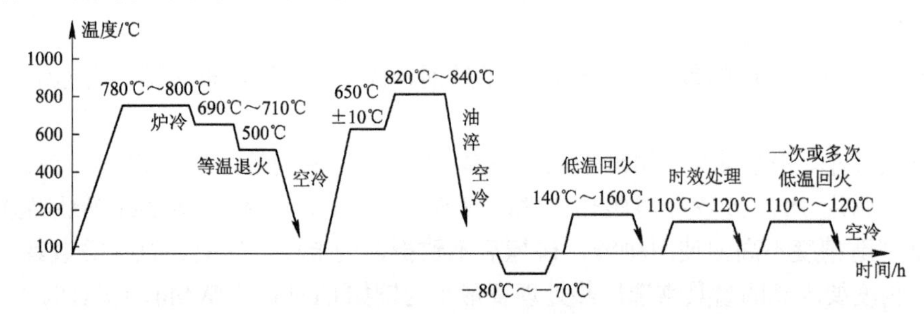

图 8-11　CrWMn 钢制造高精度块规的热处理工艺曲线

为了进一步稳定尺寸，保持量块的长期使用精度，可进行 2～5 天的 110℃～120℃时效处理；为了消除磨削加工中所产生的应力，可多次进行 110℃～120℃的低温去应力退火。

用作量具与用作低合金刃具的 CrWMn 钢的热处理区别是用于量具钢的热处理增加了冷处理和时效处理。冷处理能极大程度地减少残余奥氏体的量，避免因残余奥氏体转变为马氏体而引起尺寸的胀大；时效处理则可以松弛残余应力和防止因马氏体分解而引起的尺寸收缩效应，保证块规的高硬度和尺寸稳定性。冷处理后的低温回火是消除淬火、冷处理的应力和把过高的硬度降到规定值。时效后低温回火的目的是在保证高硬度、高耐磨性的基础上，消除磨削应力，进一步稳定尺寸。

8.2.4　轧辊用钢

冷轧辊用钢一般属于大截面用钢，在化学成分、性能要求上与一些冷作模具钢相似。冷轧辊按照工作性质可分为工作辊和支承辊两类。

以工作辊用钢使用条件为例，冷轧工作辊承受很大的静载荷、动载荷，表面受到轧材的剧烈摩擦和磨损，所以表面经常会局部过热，可能产生热裂纹。所以，冷轧工作辊要求表面具有高而均匀的硬度和足够深的淬硬层，以及良好的耐磨性和耐热裂性。一般冷轧工作辊辊身表面硬度要求为 90～102HS[①]，支承辊为 45～85HS。

GB/T 1299—2014 新增加了 5 种冷轧辊用钢，即 9Cr2V、9Cr2Mo、9Cr2MoV、8Cr3NiMoV、9Cr5NiMoV。这些钢是在高碳铬钢的基础上加入了 Mo、Ni、V 等元素的低合金工具钢。高含碳量保证轧辊有高硬度；加 Cr，可增加钢的淬透性；加 V，可提高钢的耐磨性和细化钢的晶粒；加 Cr、Ni、Mo 提高钢的抗剥落性、抗热裂性和抗磨损等性能。

根据轧辊的尺寸和各钢种的淬透性，合理选择钢号。9Cr2Mo 钢为典型的 Cr2 系冷轧辊用钢，用于制造各种冷轧工作辊或支承辊、压轧辊、冷冲模及冲头等。辊身直径超过 400 mm、负荷较大的冷轧辊，应采用 9Cr2MoV 钢制造。常用轧辊用钢的化学成分、性能、热处理和用途见表 8-18，牌号表示方法同合金工具钢。

---

① HS，表示材料硬度的单位，适用于现场测量大型工件，由英国人肖尔(Albert F. Shore)首先提出，称为肖氏硬度。应用动态回弹测量法(弹性回跳法)实验测定：将撞销从一定高度落到所试材料的表面上而发生回跳。撞销是一只具有尖端的小锥，尖端上常镶有金刚钻。用测得的撞销回跳的高度来表示硬度。该方法用于测定橡胶、塑料、金属材料等的硬度。HS 在橡胶、塑料行业中常称作邵氏硬度。

表 8-18 常用轧辊用钢的化学成分、性能、热处理和用途

钢号	化学成分(质量分数)/%								交货硬度 HBW	试样淬火硬度(不小于)		用途
	C	Si	Mn	Cr	W	Mo	Ni	V	退火态	淬火温度 /℃	硬度/HRC	
9Cr2V	0.85～0.95	0.20～0.40	0.20～0.45	1.40～1.70	—	—	—	0.10～0.25	≤229	830～900，空冷	64	冷轧工作辊、支承辊、中间辊、矫直辊等，冷冲模及冲头等
9Cr2Mo	0.85～0.95	0.25～0.45	0.20～0.35	1.70～2.10	—	0.20～0.40	—	—	≤229	830～900，空冷	64	
9Cr2MoV	0.80～0.90	0.15～0.40	0.25～0.55	1.80～2.40	—	0.20～0.40	—	0.05～0.15	≤229	880～900，空冷	64	辊身直径＞400 mm、负荷较大的冷轧辊
8Cr3NiMoV	0.82～0.90	0.30～0.50	0.20～0.45	2.80～3.20	—	0.20～0.40	0.60～0.80	0.05～0.15	≤269	900～920，空冷	64	淬硬层深、长寿命冷轧工作辊
9Cr5NiMoV	0.82～0.90	0.50～0.80	0.20～0.50	4.80～5.20	—	0.20～0.40	0.30～0.50	0.10～0.20	≤269	930～950，空冷	64	

8.3　特殊性能钢

不锈钢、耐热钢、耐磨钢等具有特殊物理、化学性能并能在特殊的工作条件下使用的钢统称为特殊性能钢。

8.3.1　不锈钢

不锈钢是指某些在大气和一般介质中具有较高化学稳定性的钢，一般包括不锈钢和耐酸钢。能够抵抗空气、蒸气和水等弱腐蚀性介质腐蚀的钢称为不锈钢，在酸、碱、盐等强腐蚀性介质中能够抵抗腐蚀的钢称为耐酸钢。

一般情况下，不锈钢不一定耐酸，而耐酸钢均有良好的不锈性能。但耐酸钢在不同的介质种类、浓度、温度和压力条件下，耐蚀性是有较大差异的。

1. 化学腐蚀和电化学腐蚀

金属腐蚀是指金属与周围介质发生作用而引起金属破坏的现象。按腐蚀机理的不同，金属腐蚀一般分两类：化学腐蚀和电化学腐蚀。化学腐蚀是指金属与外部介质发生纯粹的化学作用而引起的腐蚀；电化学腐蚀是指金属与电解质溶液接触时伴有电流产生的腐蚀。

在高温下工作的构件主要发生化学腐蚀，如高温氧化、脱碳现象。通过在钢中添加某些合金元素，可使钢受腐蚀时能立即在表面形成一层致密的钝化膜，隔绝钢与介质的接触，防止进一步腐蚀，达到保护金属的目的。常在钢中加入 Al 或 Cr、Si 等元素，可使钢表面在高温时能形成致密的氧化膜(如 Al_2O_3、Cr_2O_3、SiO_2 等)，阻止外界氧原子往里扩散，这就提高了耐热不锈钢件的耐蚀性。

电化学腐蚀包括金属在潮湿空气和海水及酸、碱、盐等溶液中产生的腐蚀。这种现象非常普遍，即使同一种钢，只要钢中存在两种电极电位不同的相(如铁素体与渗碳体)，当其表面吸附形成一层水膜(电解质 OH^- 和 H^+)时，便可构成无数个微电池，如图 8-12 所示为在硝酸酒精溶液中片状珠光体组织被浸蚀的电化学腐蚀示意图。

根据原电池工作原理可知：电极电位高的金属(或相)作阴极(+)，不被腐蚀；而电极电位低的金属(或相)作阳极(−)，不断地被腐蚀。图 8-12 中，组成珠光体的两个相 Fe_3C 和 F 的电极电位不同，在电解质溶液中，电极电位为负的 F(−)成为阳极被腐蚀，电极电位为正的 Fe_3C(+)则成为阴极而不被腐蚀。

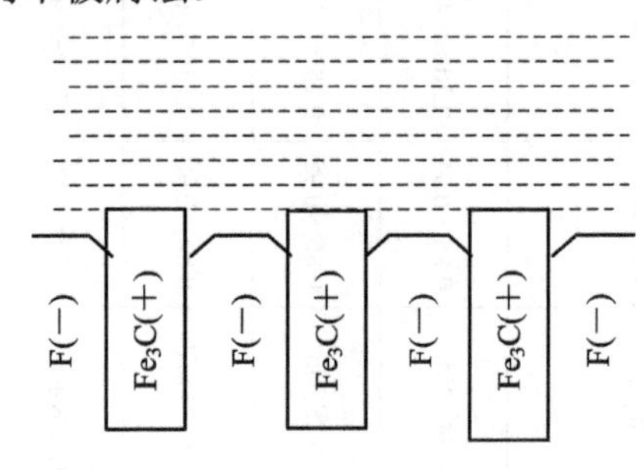

图 8-12　硝酸酒精溶液中片状珠光体组织电化学腐蚀示意图

金相试样的制备正是依据电化学腐蚀原理，原先已抛光的金属磨面因其组织的电极电位不同而产生了微电流腐蚀，导致了凹凸不平，它们对外来光线的漫散射不同，所以在金相显微镜下就观察到明暗相间的珠光体组织。

腐蚀是金属零件在服役中经常发生的一种失效破坏形式，会对零件和设备造成巨大的损伤。金属材料腐蚀破坏的主要形式是电化学腐蚀。由上述的电化学腐蚀过程可知，要提高金属耐腐蚀能力可采取以下四种途径。

1) 获得单相组织，避免形成原电池

不同相的晶体结构和化学成分不同，很难使它们的电极电位相等。加入合金元素可使钢在室温下仅以单相组织存在，无电极电位差，不产生微电流，不发生电化学腐蚀。如当Ni、Mn或Cr元素的质量分数达一定值时，就可得到单相奥氏体钢或单相铁素体钢。

2) 提高基体电极电位，减小电极电位差

电位差越大的两相，其腐蚀速度就越快。金属材料中，一般第二相的电极电位都比较高，往往会使基体成为阳极受到腐蚀。加入某些元素提高基体的电极电位，就能够延缓基体的腐蚀，提高耐蚀性。如图8-13所示，钢中 $w_{Cr}\geqslant 13\%$，Fe的电极电位则由 −0.56 V 跃升到 +0.2 V。这样就减小了铁素体与渗碳体的电位差，从而提高了钢的抗腐蚀性能。

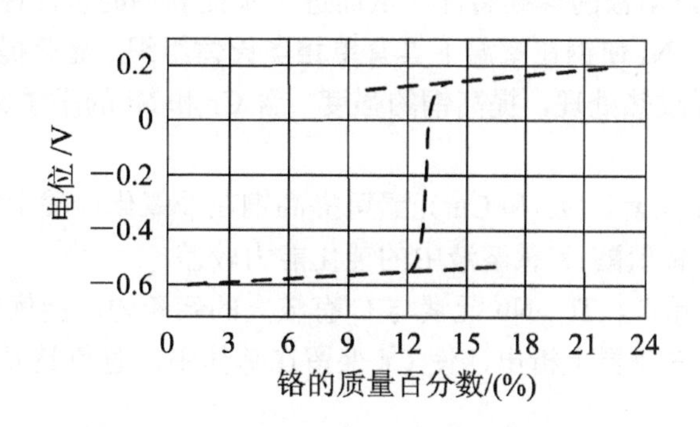

图8-13　含铬量与铁铬合金电极电位的关系

3) 形成钝化膜，阻断腐蚀电流

减小甚至阻断腐蚀电流使金属或合金“钝化”，在其表面形成致密的、稳定的保护膜，将金属或合金与介质隔离。常加入元素如Al或Cr、Si等。

4) 附加低电极电位材料，牺牲阳极保护阴极

在金属或合金构件表面镶嵌一些比金属或合金基体电极电位更低的金属块，使金属块成为阳极而被腐蚀。定期更换金属块，可保护构件不被腐蚀。如在船体上镶嵌锌块，可保护船体免受海水的腐蚀。

2. 不锈钢的用途和成分、性能特点

不锈钢主要用来制造在各种腐蚀介质中工作的零件或构件，例如化工装置中的各种管道、阀门和泵，医疗手术器械，防锈刃具和量具等。

1) 性能特点

对不锈钢性能的要求，最重要的是耐腐蚀性能，还要有合适的力学性能，良好的冷热加工和焊接工艺性能。

2) 成分特点

(1) 含碳量。

不锈钢的耐蚀性要求愈高，含碳量应愈低。大多数不锈钢 w_C=0.1%～0.25%，一般控制在 0.45%以下；用于制造刃具等的不锈钢 w_C 则高达 0.85%～0.95%，但必须相应地提高 Cr 的质量分数。

(2) 合金元素。

① 加入 Cr 元素。Cr 是使不锈钢获得耐蚀性的基本合金元素，它能有效地提高钢基体的电极电位，使钢的耐腐蚀性能得到明显的提高。Cr 提高钢的电极电位符合 $n/8(n=1$，2，3…)规律，即当 Cr 质量分数为 $n/8$ 原子百分数时，电极电位呈现台阶式跃增，腐蚀速率则呈台阶式骤降。如果将 $n=1$ 时 Cr 的原子百分数 12.5%换算成质量分数，即 11.7。因此 $w_{Cr}>11.7\%$时，钢的抗蚀性才可能有明显的提高。但由于 Cr 易与 C 形成含铬碳化物$(Cr, Fe)_{23}C_6$，使基体中的 Cr 的质量分数小于 11.7%，因此，含碳量高的不锈钢必须相应提高 Cr 的含量。

Cr 提高耐蚀性的主要原理是形成铁素体。Cr 的质量分数超过 12.7%时，可使钢形成单一的铁素体组织；Cr 在氧化性介质(如水蒸气、大气、海水、氧化性酸等)中极易钝化，生成致密的氧化膜，阻碍阳极的继续腐蚀，从而进一步提高钢的抗蚀性。

② 加入 Ni 元素。Ni 使钢在室温下具有单相奥氏体组织，显著提高耐蚀性，或形成奥氏体-铁素体组织，通过热处理，提高钢的强度。含 Cr 和 Ni 的不锈钢比仅含 Cr 的不锈钢有更高的耐蚀性。

③ 加入 Mo、Cu 元素。Mo 和 Cu 元素可提高钢在非氧化性酸中的耐腐蚀能力。Cr 在非氧化性酸(如盐酸、稀硫酸)和碱溶液中的钝化能力较差。

④ 加入 Ti、Nb 元素。Ti、Nb 元素与 C 有较大的亲和力，能优先同 C 形成稳定碳化物，抑制$(Cr, Fe)_{23}C_6$在晶界上析出，使 Cr 保留在基体中，避免晶界贫铬，从而减轻钢的晶界腐蚀倾向。

⑤ 加入 Mn、N 元素。Mn、N 元素可替代 Ni 以获得奥氏体组织，并能提高铬不锈钢在有机酸中的耐蚀性。

3. 常用不锈钢

不锈钢牌号的表示方法与合金结构钢基本相同，如 12Cr13。不锈钢按化学成分可分为铬不锈钢、铬镍不锈钢和铬锰氮不锈钢等。按使用状态下钢的组织状态可分为马氏体不锈钢、铁素体不锈钢、奥氏体不锈钢、奥氏体-铁素体(双相)不锈钢和沉淀硬化不锈钢等类型。此外，还有承压设备专用不锈钢(GB 24511—2017)。常用不锈钢的牌号、化学成分(GB/T 20878—2007)、热处理、机械性能及主要用途见表 8-19。

1) 马氏体不锈钢

马氏体不锈钢基体为马氏体组织，有磁性，通过热处理可调整其力学性能。

马氏体不锈钢典型钢号是 Cr13 型，钢号有 12Cr13、20Cr13、30Cr13、40Cr13 等，主要成分：$w_{Cr}\approx 13\%$，$w_C=0.1\%$～0.45%。随含碳量增加，强度、硬度上升，塑性、韧性降低，耐蚀性减弱。因 $w_{Cr}\geqslant 12\%$，故它们都有足够的耐蚀性，但因只用 Cr 进行合金化，故其只在氧化性介质中耐腐蚀，在非氧化性介质中不能达到良好的钝化，耐蚀性很低。

表 8-19 常用不锈钢的牌号、化学成分、热处理、机械性能及用途（GB/T 20878—2007）

类别	钢号	化学成分(质量分数)/%						热处理/℃	机械性能					用途
		C	Si	Mn	Cr	Ni	其他		R_m/MPa	$R_{p0.2}$/MPa	A/%	Z/%	HRC	
马氏体型	12Cr13	0.12	1.0	1.0	11.5～13.5	(0.6)	—	950～1000，油冷 700～750，回火	≥5450	≥245	≥25	≥55	—	塑、韧性较高的受冲击载荷且在弱腐蚀条件下工作的零构件，如汽轮机叶片、热裂设备配件、水压机阀、结构架、螺栓、螺帽等
	20Cr13	0.165～0.25	1.0	1.0	12.0～14.0	(0.6)	—	920～980，油冷 600～750，回火	≥635	≥440	≥20	≥50	—	
	30Cr13	0.26～0.35	1.0	1.0	12.0～14.0	(0.6)	—	1000～1050，油冷 200～300，回火	—	—	—	—	≥48	较高强度、硬度和耐磨性的医疗器械、量具、滚珠、轴承、热油泵轴等
	40Cr13	0.36～0.45	0.6	0.8	12.0～14.0	(0.6)	—	1050～1100，油冷 200～300，回火	—	—	—	—	≥50	
	95Cr18	0.90～1.00	0.8	0.8	17.0～19.0	(0.6)	—	1000～1050，油冷 200～300，回火	—	—	—	—	≥55	高耐磨、耐蚀件的不锈切片，如机械刃具、剪切刀具、手术刀片等
	68Cr17	0.60～0.75	1.0	1.0	16.0～18.0	(0.6)	Mo (0.75)	1010～1070，油冷 100～180，回火	—	—	—	—	≥54	
	85Cr17	0.75～0.95	1.0	1.0	16.0～18.0	(0.6)	Mo (0.75)	1010～1070，油冷 100～180，回火	—	—	—	—	≥55	
	108Cr17	0.95～1.20	1.0	1.0	16.0～18.0	(0.6)	Mo (0.75)	1000～1050，油冷 100～180，回火	—	—	—	—	≥58	硬度最高，如喷嘴、轴承等
铁素体型	10Cr17	0.12	1.0	1.0	16.0～18.0	(0.6)	—	750～800，空冷	≥450	≥205	≥22	≥50	—	强度要求不高、耐蚀性要求较高的设备，如硝酸、氮肥工业的化工设备、容器、管道和食品机械设备等
	10Cr17Mo		1.0	1.0	16.0～18.0	(0.6)	Mo0.75～1.25					≥60	—	
	008Cr27Mo	0.01	0.4	0.4	26.0～27.5	—	Mo0.75～1.50	900～1050，空冷	≥410	≥245	≥20	≥45	—	耐蚀性很好（耐卤离子应力腐蚀破裂、耐点腐蚀），与乙酸、乳酸等有机酸有关的设备、苛性碱设备等
	008Cr30Mo2	0.01	0.4	0.4	28.5～32.0	(0.5)	Mo1.50～2.50		≥450	≥295	≥20	≥45	—	

续表

类别	钢号	化学成分(质量分数)/%						热处理/℃	机械性能					用 途
		C	Si	Mn	Cr	Ni	其他		R_m/MPa	$R_{p0.2}$/MPa	A/%	Z/%	HRC	
奥氏体型	06Cr19Ni10	0.08	0.08	1.0	18.0～20.0	8.0～11.0	—	1010～1150 水淬（固溶处理）	≥520	≥205	≥40	≥60	—	食品、普通化工的加工、储存及运输设备，核能设备等
	022Cr17Ni12Mo2	0.03	1.0	2.0	16.0～18.0	10.0～14.0	Mo2.0～3.0		≥480	≥177	≥40	≥60	—	化工、化肥和化纤等工业设备，如容器、管道及结构件等
	12Cr18Ni9	0.12	1.0	2.0	17.0～19.0	8.0～10.0	—		≥520	≥205	≥40	≥60	—	耐硝酸、冷磷酸、有机酸及盐碱溶液的设备
	06Cr18Ni11Ti	0.08	1.0	2.0	17.0～19.0	9.0～12.0	Ti5C～0.70	920～1150 水淬（固溶处理）	≥520	≥205	≥40	≥60	—	耐酸容器衬里、输送管道等设备零件、抗磁仪表、医疗器械，有较好的耐晶间腐蚀性
	07Cr19Ni11Ti	0.04～0.10	0.75	2.0	17.0～20.0	9.0～13.0	Ti4C～0.60		≥520	≥205	≥40	≥60	—	
奥氏体铁素体型	12Cr21Ni5Ti	0.09～0.14	0.8	0.8	20.0～22.0	4.8～5.8	Ti5(C-0.02)～0.8	950～1100 水或空淬	600	350	20	40	—	硝酸及硝铵工业设备及管道、尿素液蒸发部分设备和管道等
	14Cr18Ni11Si4AlTi	0.10～0.18	3.10～4.0	0.8	17.5～19.5	10.0～12.0	Ti0.4～0.7 Al0.1～0.3	930～1050 水淬	715	440	25	40	—	抗高温、浓硝酸介质的设备及零件，如排酸阀门等
沉淀硬化型	05Cr17Ni4Cu4Nb	0.07	1.0	1.0	15.0～17.5	3.0～5.0	Cu3.0～5.0 Nb0.15～0.45	1020～1060 固溶处理，水冷；480 时效空冷	≥1310	≥1180	≥10	≥40	≥40	海上平台、直升机甲板、其他平台，食品工业、纸浆及造纸业、航空航天(涡轮机叶片)、机械部件、核废物桶等
								1020～1060 固溶处理，水冷；550 时效空冷	≥1060	≥1000	≥12	≥45	≥35	
								1020～1060 固溶处理，水冷；580 时效空冷	≥1000	≥865	≥13	≥45	≥31	
								1020～1060 固溶处理，水冷；620 时效空冷	≥930	≥725	≥16	≥50	≥25	

注：表中单个数据均表示最大值，括号内数据为允许添加最大值。

由于 Cr 易与 C 形成(Cr，Fe)$_{23}$C$_6$ 等含铬碳化物，降低了基体中 Cr 的质量分数，使之小于 11.7%，导致抗蚀性下降。因此，含碳量高的不锈钢必须相应提高 Cr 含量，常见钢号有 95Cr18、68Cr17、85Cr17、108Cr17 等。

常用 12Cr13 和 20Cr13 制造塑、韧性较高的受冲击载荷且在弱腐蚀条件下工作的零构件，如汽轮机叶片、热裂设备配件、水压机阀等；而 30Cr13、40Cr13 可用于制造较高强度、硬度和耐磨性的医疗器械、量具、轴承、热油泵轴等；对于高含碳、高铬的不锈钢，如 95Cr18、68Cr17、85Cr17 等，可用于制造高耐磨、耐蚀性的不锈切片，如机械刃具、剪切刀具、手术刀片等；在所有不锈钢、耐热钢中，108Cr17 硬度最高，可用于制造喷嘴、轴承等。

马氏体不锈钢的热处理和结构钢相同。用作结构零件时进行调质处理(淬火加高温回火)，得到回火索氏体组织；用作弹簧元件时，进行淬火和中温回火处理，得到回火托氏体组织；用作医疗器械、量具时进行淬火加低温回火处理，得到回火马氏体组织。

2) 铁素体不锈钢

将不锈钢从室温加热到高温 960℃～1100℃，不发生相变，始终都是单相铁素体组织，因此称之为铁素体不锈钢，有磁性。

典型钢号是 10Cr17、10Cr17Mo、008Cr27Mo 等，碳质量分数一般小于 0.15%，Cr 的质量分数在 17%～32%之间。

铁素体不锈钢碳质量分数较低，Cr 的质量分数较高，因此其塑性、可焊性、耐蚀性优于马氏体不锈钢。Cr 的质量分数越高，耐蚀性越好。某些铁素体钢中加入 Ti 元素，目的是细化晶粒，稳定 C 和 N，改善韧性和可焊性。

由于铁素体不锈钢在加热和冷却时不发生相变，不能应用热处理方法强化，但冷加工可使其轻微强化。所以其强度比马氏体不锈钢低，一般在退火或正火态下使用。常用于强度要求不高、耐蚀性要求较高的设备，如硝酸、氮肥工业的化工设备、容器、管道和食品机械设备等。

3) 奥氏体不锈钢

奥氏体不锈钢含有较高质量分数的 Ni，扩大了奥氏体区域，室温下能够保持单相奥氏体组织，所以称之为奥氏体不锈钢。其碳质量分数很低，约在 0.1%左右。碳质量分数愈低，耐蚀性愈好，但熔炼更困难，价格也更贵。

一般 Cr 的质量分数在 17%～19%之间，Ni 的质量分数在 8%～11%之间，又简称为 18-8 型不锈钢。常见钢号有 06Cr19Ni10、022Cr17Ni12Mo2、12Cr18Ni9、06Cr18Ni11Ti、07Cr19Ni11Ti 等。常加入 Ti 或 Nb 元素，以防止晶间腐蚀。此外，06Cr19Ni10、022Cr17Ni12Mo2 常作为承压设备用不锈钢的代表，成为压力容器专用不锈钢，主要用于制造食品机械、制药机械等卫生级设备。

奥氏体不锈钢强度、硬度很低，无磁性，塑性、韧性和耐腐蚀性能很好，其处于奥氏体状态，焊接性和冷热加工性能也很好，是目前应用最广泛的不锈钢。但是当奥氏体不锈钢存在较大的内应力，同时在氯化物等介质中使用时，会产生应力腐蚀而破坏，而且介质工作温度越高，越易破裂。

冷变形强化是有效的奥氏体不锈钢强化方法(并可能导致一定的磁性)，但会使它们的切削加工性变差。

奥氏体不锈钢常用的热处理工艺大致有以下三种：

(1) 固溶处理。在退火状态下，奥氏体不锈钢组织为奥氏体＋碳化物，碳化物的存在会导致耐蚀性下降。因此常将钢加热到 1050℃～1150℃，使碳化物全部溶于奥氏体，然后通过水冷抑制碳化物析出，获得单相奥氏体组织，提高耐蚀性。经过固溶处理后，钢在室温下即保持单相奥氏体组织。

(2) 稳定化处理。稳定化处理的主要目的是防止产生晶间腐蚀，高温下晶界上易析出 $(Cr,Fe)_{23}C_6$，使晶界附近基体铬的质量分数降低，在介质中容易造成晶间腐蚀。含 Ti、Nb 的钢在固溶处理后加热到 850℃～880℃，使铬碳化物全部溶解，优先形成的 TiC 和 NbC 等稳定性较高，不会溶解而且在缓冷中于晶内弥散分布，高温下也不易长大。经过稳定化处理后的钢不但消除了晶间腐蚀，还具有较好的高温强度。

(3) 消除应力退火。消除应力退火可防止应力腐蚀破裂。将钢加热到 300℃～350℃，消除冷热加工应力；加热到 850℃以上，消除焊接残余应力。

4) 奥氏体-铁素体(双相)不锈钢

奥氏体-铁素体(双相)不锈钢兼具奥氏体和铁素体两相组织，有磁性，可通过冷加工使其强化。它的典型钢号有 12Cr21Ni5Ti、14Cr18Ni11Si4AlTi 等。这类钢是在 Cr18Ni11 型不锈钢的基础上，提高含铬量或加入其他有利于铁素体形成的元素，其晶间腐蚀和应力腐蚀破坏倾向较小，强度、韧性和焊接性能较好，而且节约用镍量。因此得到了广泛的应用，可用于制造化工、化肥设备及管道，海水冷却的热交换设备等。

5) 沉淀硬化型不锈钢

在不锈钢化学成分的基础上添加不同类型、数量的强化元素，通过沉淀硬化过程(又称时效处理)析出不同类型和数量的碳化物、氮化物、碳氮化物和金属间化合物，形成既有高的强度又保持足够的韧性的一类高强度不锈钢，称为沉淀硬化型不锈钢，简称 PH 钢。

沉淀硬化型不锈钢的基体为奥氏体或马氏体组织，组织特征为沉淀硬化型，具有很好的成形性能和良好的焊接性，可作为超高强度的材料在核工业、航空和航天工业中应用。按其成分可分为 Cr 系、Cr-Ni 系、Cr-Mn-Ni 及析出硬化系。

使用最广泛的时效硬化马氏体不锈钢是 05Cr17Ni4Cu4Nb，它具有高的强度、硬度和抗腐蚀等特性，对大气及稀释酸或盐都具有良好的抗腐蚀能力。经过热处理后，产品的机械性能更加完善，可以达到 1100～1300 MPa 的耐压强度。但它不能用在高于 300℃或非常低的温度下。

时效硬化马氏体不锈钢对氯化物应力腐蚀开裂敏感，敏感性在某种程度上取决于钢的牌号和时效温度。

8.3.2 耐热钢

耐热钢是指具有良好的高温抗氧化性和高温强度的钢，主要用于热工动力机械(汽轮机、燃气轮机、锅炉和内燃机)、化工机械、石油装置和加热炉等在高温条件下工作的机械。

1. 金属耐热性的基本概念

金属材料的耐热性包含高温抗氧化性和高温强度两个方面。

1) 高温抗氧化性

金属的高温抗氧化性是指金属在高温条件下对氧化作用的抗力，是钢能否持久地工作在高温下的重要保证条件。氧化是一种典型的化学腐蚀，在高温空气、燃烧废气等氧化性气氛中，金属与氧接触发生化学反应即氧化腐蚀，腐蚀产物(氧化膜)附着在金属的表面。随着氧化的进行，氧化膜厚度继续增加，金属氧化到一定程度后是否继续氧化，直接取决于金属表面氧化膜的性能。如果生成的氧化膜是致密、稳定的，与基体金属结合力高，氧化膜强度较高，就能够阻止氧原子向金属内部的扩散，降低氧化速度，否则会加速氧化，使金属表面起皮和脱落等，导致零件早期失效。

钢表面氧化膜的组成与温度有关，在 570℃以下，氧化膜由 $Fe_2O_3+Fe_3O_4$ 组成，比较致密，能有效地阻碍 O 的扩散，抗氧化性较好。高于 570℃加热，氧化膜由 $FeO+Fe_2O_3+Fe_3O_4$ 组成，靠近钢表面的是 FeO，向外依次为 Fe_3O_4 和 Fe_2O_3，FeO 疏松多孔，占整个氧化膜厚度的 90%左右，金属原子和氧原子很容易通过 FeO 层扩散，加速氧化。高温下 FeO 的存在，使钢的抗氧化性大大下降，而且温度越高，原子扩散越快，氧化速度就越快。

提高钢抗氧化性的主要途径是合金化，即在钢中加入 Cr、Si、Al 等合金元素，使钢在高温与氧接触时，优先形成致密的高熔点氧化膜 Cr_2O_3、SiO_2、Al_2O_3 等，严密地覆盖住钢的表面，阻止氧化的继续进行。不仅提高抗氧化性、抗硫蚀性和抗渗碳性，还具有较好的剪切、冲压和焊接性能。在铬钢中加入 La(镧)、Ce(铈)等稀土元素，既可以降低 $Cr_{23}C_6$ 的挥发，形成更稳定的$(Ce,La)_2O_3$；又能促进 C 的扩散，有利于形成 Cr_2O_3，进一步提高抗氧化性。

2) 高温强度

金属在高温下工作常会发生“蠕变”现象，即当工作温度高于再结晶温度，工作应力超过该温度下的弹性极限时，随时间的延长金属发生缓慢变形的现象。金属对蠕变的抗力越大，其高温强度就越高。

如第一章 1.3 节所述，金属的高温强度一般以蠕变强度和持久强度来表示。金属材料在高温下晶界强度低于晶内，因此可加入合金元素提高再结晶温度，形成稳定的特殊碳化物，以及采用粗晶材料、减少晶界等方法，都能有效提高钢的高温强度。常用合金元素有 Ti、Nb、V、W、Mo、Ni 等。

2. 常用耐热钢

根据成分、性能和用途的不同，耐热钢可分为抗氧化钢和热强钢两类，根据 GB/T 1221—2007、GB/T 8492—2014 和 GB/T 20878—2007 的规定，耐热钢的牌号表示方法也与合金结构钢基本相同，在表 8-20 中列出了几种常见耐热钢的牌号、热处理、室温力学性能及用途。

表 8-20　几种常见耐热钢的牌号、热处理、室温力学性能及用途

类别	牌号	热处理	室温力学性能				用　途
		方法和温度/℃	$R_{p0.2}$	R_m	A	HBW	
			不小于			不大于	
珠光体型	15CrMo	900 淬火，空冷 650 回火，空冷	295	440	60	179	510℃锅炉过热器、汽轮机的主汽管(正火)
	12CrMoV	970 淬火，空冷 750 回火，空冷	225	440	22	241	≤540℃的汽轮机的主汽管及≤570℃锅炉过热器、导管
	12Cr1MoV	970 淬火，空冷 750 回火，空冷	245	490	22	179	≤570℃～585℃高压设备中的过热器、导管等
	25Cr2MoVA	900 淬火，油冷 640 回火，空冷	785	930	14	241	≤570℃的螺母，≤530℃的螺栓，570℃长期工作的紧固件
奥氏体型	06Cr19Ni10	1050～1150 水淬 (固溶处理)	205	520	40	187	870℃以下反复加热锅炉过热器或换热器等
	45Cr14Ni14W2Mo	820～850 退火	315	705	20	248	700℃以下工作的内燃机、柴油机重负荷进、排气阀和紧固件，500℃以下工作的航空发动机或者其他产品零件等
		1100～1200 水淬 (固溶处理) 720～800 空冷	395	785	25	295	
	26Cr18Mn12Si2N	1100～1150 水淬 (固溶处理)	390	685	35	248	锅炉吊钩、耐 1000℃高温加热炉传送带、料盘、炉爪等
铁素体型	06Cr13Al	780～830 退火，空、缓冷	175	410	20	183	燃气涡轮压缩机叶片、退火箱、淬火台架等
	10Cr17	780～850 退火，空、缓冷	205	450	22	50	900℃以下耐氧化部件、散热器、炉用部件、油喷嘴等
马氏体型	12Cr5Mo	900～950 淬火，油冷 600～700 回火，空冷	390	590	18	200	锅炉吊架、燃气轮机衬套、泵的零件、阀、活塞杆及高压加氢设备部件等
	40Cr10SiMo	1010～1040 淬火，油冷 720～760 回火，油冷	685	885	10	269	650℃中重载荷汽车发动机进、排气阀等
	12Cr12Mo	950～1000 淬火，空冷 650～710 回火，空冷	550	685	18	255	汽轮机叶片、喷嘴块、密封环等
	12Cr13	950～1000 淬火，油冷 700～750 回火，快冷	345	540	22	200	耐氧化、耐腐蚀部件(800℃以下)
	20Cr13	920～980 淬火，油冷 600～750 回火，快冷	440	640	20	223	
铸钢	ZG40Cr25Ni20Si2	铸态	220	450	6	—	大氮肥厂的转化炉管
	ZG40Ni35Ci26Si2	铸态	220	440	6	—	乙烯裂解炉管

1) 抗氧化钢

抗氧化钢主要用于制造长期在燃烧环境中工作、有一定强度要求的零件。抗氧化钢有铁素体、奥氏体两类，其中奥氏体类居多，如奥氏体钢 06Cr19Ni10、26Cr18Mn12Si2N；铁素体钢 06Cr13Al、10Cr17 等。

抗氧化钢的铸造性能较好，常制成铸件使用。一般采用固溶处理，得到均匀的奥氏体组织。可用于制造工作温度高达 1000℃的零件，如加热炉的传送带、料盘、炉爪底板、辊道、渗碳箱、燃气轮机燃烧室及锅炉吊钩等。

2) 热强钢

热强钢按正火状态下组织的不同可分为珠光体钢、马氏体钢、奥氏体钢三类。

珠光体热强钢常用钢号有 15CrMo、12CrMoV 等。这类钢一般在正火($A_{c3}+50℃$)及随后高于使用温度 100℃下回火后使用，组织为细珠光体或铁素体+索氏体。它们的耐热性不高，大多用于制造长期工作在 600℃以下、承载不大的耐热零件。如 15CrMo 是典型的锅炉用钢，工艺性能(如可焊性、压力加工性和切削加工性)和物理性能(如导热性、膨胀系数等)都较好。

马氏体热强钢的铬质量分数较高，有 Cr12 型和 Cr13 型的钢，这类钢一般在调质状态下使用，组织为均匀的回火索氏体。它们的耐热性和淬透性皆比较好，工作温度与珠光体钢相近，但是热强性却高得多。常被用于制造工作温度不超过 600℃，承受较大载荷的零件，如汽轮机叶片、增压器叶片、内燃机排气阀等。12Cr13、06Cr18Ni11Ti 钢既是不锈钢又是良好的热强钢，12Cr13 钢在 450℃左右、06Cr18Ni11Ti 钢在 600℃左右都具有足够的热强性，06Cr18Ni11Ti 抗氧化的能力达 850℃，是一种应用广泛的耐热钢。

奥氏体热强钢 Cr 和 Ni 的含量较高，总量超过 10%。一般经高温固溶处理或固溶时效处理，稳定组织或析出第二相进一步提高强度后使用。它们的热稳定性和热强性都优于珠光体热强钢和马氏体热强钢，工作温度可高达 750℃～800℃。如 45Cr14Ni14W2Mo 钢适于制造在 700℃以下承受动载荷的部件，如汽车发动机的进、排气阀，故又称为气阀钢；53Cr21Mn9Ni4N 钢的热强性及抗氧化能力均高于 40Cr10SiMo 和 45Cr14Ni14W2Mo 钢，用于制造工作温度在 850℃以下的大功率内燃机排气阀，例如汽轮机、燃气轮机的转子和叶片、锅炉过热器、内燃机的排气阀等零件。

ZG40Cr25Ni20Si2(HK40)、ZG40Ni35Ci26Si2(HP)是石化装置上大量使用的高碳奥氏体耐热钢。这种钢的铸态组织为奥氏体基体+骨架状共晶碳化物，其在高温运行中析出大量弥散的 $Cr_{26}C_6$ 型碳化物产生强化效应，在 900℃、10MPa 下设备工作寿命达 10 万小时。

3. 常用高温合金

高温合金主要用于制造航空、舰艇和工业用燃气轮机的涡轮叶片、导向叶片、涡轮盘、高压压气机盘和燃烧室等高温部件，制造航天飞行器、火箭发动机、核反应堆、石油化工设备以及煤的转化设备等能源转换装置。

高温合金分为三类：760℃高温材料、1200℃高温材料和 1500℃高温材料，抗拉强度 800MPa。高温合金是在 760℃、1200℃或 1500℃以上及一定应力条件下长期工作的高温金属材料，具有优异的高温强度，良好的抗氧化和抗热腐蚀性能，良好的疲劳性能、断裂韧性等综合性能，已成为军民用燃气涡轮发动机热端部件不可替代的关键材料。

高温合金按基体元素可分为铁基、镍基、钴基和铬基高温合金；按制备工艺可分为变形高温合金、铸造高温合金和粉末冶金高温合金；按其热处理工艺可分为固溶强化型合金和时效强化型合金。高温合金的牌号为“GH+四位数字”：“GH”表示高温合金；第一位数字中 1、2 表示铁基高温合金，3、4 表示镍基高温合金，5、6 表示钴基高温合金，7、8 表示铬基高温合金，这 8 个数字中，奇数代表固溶强化型，偶数代表时效强化型；第二、三、四位数字表示合金编号。

常用铁基高温合金有：GH1140、GH2130、GH2302、GH2132 等。GH1140 采用固溶处理，组织为单相奥氏体，具有良好的抗氧化性及冲击、焊接性能，适于制造在 850℃以下工作的喷气发动机燃烧室和加力燃烧室零部件。GH2130、GH2302、GH2132 采用固溶加时效处理，析出 γ' 第二强化相，因而高温强度高，用于制造 650℃～800℃下工作的受力零件，如涡轮盘、叶片等，同时，还加入 B、Zr、Hf(铪)、Be 等元素，净化晶界或填充晶界空位，从而强化晶界，提高高温断裂抗力。

常用镍基高温合金有：GH3030、GH3039、GH3128、GH4033、GH4037、GH4049 等。前三者采用固溶处理，抗氧化性、成形性及焊接性能好，用于制造在 800℃～950℃下工作的火焰筒及加力燃烧室等。后三者采用固溶加时效处理，γ' 相析出量大且尺寸稳定，具有更高的高温强度，用于制造在 750℃～950℃下工作的受力部件，如涡轮叶片等。

8.3.3　耐磨钢

耐磨钢主要是指在强烈冲击载荷作用下发生加工硬化的奥氏体锰钢(原称高锰钢)。

1. 牌号、用途及性能特点

由于耐磨钢零件经常是铸造成型后就使用，其牌号以“ZG”开头，表示铸钢，后面的三位数字表示含碳量的万分数，再加上合金元素及其含量，例如 ZG120Mnl3Cr2。根据 GB/T 5680—2010 的规定，常用奥氏体锰钢的主要牌号、元素含量、力学性能和用途如表 8-21 所示。

工业上常按含锰量高低分为三类，用含锰量和系列号表示，如 ZGMn13-1 表示铸造高锰钢，含锰量平均为 13%，序号为 1。

耐磨钢主要用于制造在工作过程中承受严重磨损和强烈冲击的零件，如铁路道岔、坦克及拖拉机履带、挖掘机铲齿、球磨机的衬板及保险柜钢板等构件。因此，耐磨钢应具有表面硬度高、耐磨性好，而心部韧性好、强度高、耐冲击的特点。

表 8-21　常用奥氏体锰钢的主要牌号、元素含量、力学性能和用途

牌号	元素含量①/%			力学性能②(不小于)				用　途
	C	Mn	其他	R_{eL}/MPa	R_m/MPa	A/%	KU_2/J	
ZG120Mn7Mo1	1.05～1.35	6～8	Mo：0.9～1.2	(365)	(400)	(1)	—	破碎机颚板
ZG110Mn13Mo1	0.75～1.35	11～14	Mo：0.9～1.2	(360)	(595)	(26)	—	特殊耐磨件，如自固型无螺栓磨煤机衬板

续表

牌号	元素含量①/%			力学性能②(不小于)				用 途
	C	Mn	其他	R_{eL}/MPa	R_m/MPa	A/%	KU_2/J	
ZG100Mn13	0.90～1.05	11～14	—	—	(420)	(14)	—	形状简单的低冲击耐磨件，如破碎机壁、辊套、齿板、衬板、铲齿及铁路辙叉等
ZG120Mn13	1.05～1.35	11～14	—	(300)	680	25	118	
ZG120Mn13Cr2	1.05～1.35	11～14	Cr：1.5～2.5	390	735	20	—	结构复杂并以韧性为主的承受强烈冲击载荷的零件，如斗杆、提梁和履带板等
ZG120Mn13W1	1.05～1.35	11～14	W：0.9～1.2	(650)	(1000)	—	—	衬板、齿板、锤头、履带板、铁路辙叉等
ZG120Mn13Ni3	1.05～1.35	11～14	Ni：3～4	(290)	(635)	(39)	—	球磨机衬板、矿石传送带等
ZG90Mn14Mo1	0.70～1.00	13～15	Mo：0.9～1.2	(360)	(690)	(30)	—	冶金矿山球磨机衬板
ZG120Mn17	1.05～1.35	16～19	—	(413)	(776)	(45)	—	铁路辙叉、球磨机衬板等
ZG120Mn17Cr2	1.05～1.35	16～19	Cr：1.5～2.5	(430)	(750)	(30)	—	球磨机衬板、风扇磨冲击板等

注：① 允许加入V、Ti、Nb、B和RE等元素，P含量不大于0.060%，S含量不大于0.040%。② 力学性能为经过水韧处理后的试样测量值，室温下是铸件硬度≤300HBW，括号内数据仅供参考。

2. 成分特点

(1) 高碳。耐磨钢的碳质量分数在0.7%～1.35%之间，以保证高耐磨性。

(2) 耐磨钢的主加合金元素Mn的质量分数高达7%～17%，以保证获得单相奥氏体，具有良好的韧性。附加元素为Ni、Cr、W、Mo，这些元素对奥氏体有固溶强化作用。此外Ni可提高奥氏体的稳定性，Cr、W、Mo可提高钢的屈服强度和耐磨性。

3. 热处理特点

奥氏体锰钢的铸态组织是奥氏体和分布在组织晶界上大量Mn的碳化物，性能硬而脆，耐磨性也不好，不能直接使用。为了使奥氏体锰钢具有良好的韧性和耐磨性，必须对其进行“水韧处理”。“水韧处理”是将钢铸件加热到1050℃～1100℃，保温一定的时间，使碳化物全部溶入奥氏体中，然后迅速淬入水中冷却，碳化物来不及析出，得到了均匀的单相奥氏体组织。奥氏体锰钢经“水韧处理”后一般不再回火，因为加热温度超过250℃时，碳化物就会沿晶界析出，脆性增加。

“水韧处理”后的奥氏体锰钢塑性和韧性很高，但是硬度却很低(180～220HBW)，耐磨性差。当工作中受到强烈的冲击载荷作用或较大的压力时，钢件表面组织迅速产生剧烈的加工硬化，同时伴随奥氏体向马氏体的转变以及碳化物沿滑移面析出，从而使钢的表面硬度提高到50HRC以上，获得耐磨层，而心部仍保持原来的奥氏体组织和高塑、韧性状态。

应当指出的是，奥氏体锰钢件必须在使用时有外来压力的挤压、冲击和摩擦作用，才能表现出耐磨性；当其已硬化的表层磨损后，新露出的表面又可在冲击、摩擦作用下获得硬化，如此反复，直到磨损报废。如果工作时受到的冲击载荷和压力较小，不能引起充分的加工硬化，那么奥氏体锰钢的高耐磨性是发挥不出来的。

4. 常用钢种和用途

奥氏体锰钢分为三类，即中锰的Mn7型、高锰的Mn13型和超高锰的Mn17型。

Mn7型奥氏体锰钢只有1个牌号，这种含Mo的中锰钢具有高的屈服强度和韧性以及高的原始表面硬度和耐磨性，可用于冲击不大的磨损工况，如破碎机颚板等。

Mn13型奥氏体锰钢有7个牌号，含锰量均为11.0%～14.0%，其中ZG90Mn14Mo1的含锰量可达15.0%。由于其良好的心部塑性和韧性及表面抗冲击磨损性能，即具有“内韧外硬”的优良特性，特别适合于冲击磨料磨损和高应力碾磨、碎磨料磨损工况，因此用于制造球磨机衬板、破碎机的锤头和颚板、挖掘机铲齿、铁路辙叉、拖拉机和坦克的履带板等抗冲击、抗磨损的铸件。

Mn17型奥氏体锰钢有2个牌号，它是在Mn13的基础上增加了含锰量，进一步提高了钢的强度和韧性及加工硬化能力和耐磨性。可用于制造厚大截面的耐磨钢铸件，如铁路辙叉和风扇磨冲击板等。

5. 其他耐磨钢

除奥氏体锰钢外，20世纪70年代初由我国发明的Mn-B系空冷贝氏体钢也是一种性能优良的耐磨钢。它是一种经热加工后空冷所得组织为贝氏体或贝氏体-马氏体复相组织的钢。由于免除了传统的淬火或淬火回火工序，从而大大降低了成本，节约了能源，减少了环境污染，免除了淬火过程中产生的变形、开裂、氧化和脱碳等缺陷，而且产品能够整体硬化，强韧性好，综合力学性能优良，因而得到了广泛的应用，如贝氏体耐磨钢球、高硬度高耐磨低合金贝氏体铸钢、工程锻造用耐磨件、耐磨传输管材等。Mn-B系贝氏体钢的应用不限于在耐磨方面，它已经形成了系列，包括中碳贝氏体钢、中低碳贝氏体钢和低碳贝氏体钢等。

此外，高铬铸铁由于生产便捷、成本适中，发展也非常迅速。

8.3.4 其他特殊钢

1. 低温用钢

低温用钢是指在-40℃温度以下使用的钢，如盛装液氧、液氮、液氢和液氨的容器以及在高寒或超低温条件下使用的冷冻设备及零部件用钢。通常金属材料在低温下表现为强度和硬度有所增加，但塑性和韧性却明显降低。因此，在低温条件下，金属材料常发生脆性断裂。为了保证安全，低温用钢的工作温度不能低于其最低使用温度。也有规定低温指-20℃～-196℃。

按显微组织类型可将低温用钢分为铁素体型、低碳马氏体型及奥氏体型。

(1) 铁素体型。GB 3531—2014 规定了低温压力容器用钢板，如 16MnDR、15MnNiDR、15MnNiNbDR、09MnNiDR 等 4 种，这类钢通常用作 -20℃～-70℃温度的低压容器材料，其含碳量低，属于低合金结构钢，正火后是铁素体+少量珠光体型。生产过程中，通过严格控制微合金化元素成分，使钢板获得细化晶粒和析出强化相，从而具有良好的强韧配合和低温冲击韧性。

(2) 低碳马氏体型。这种低碳中合金钢经淬火后是低碳马氏体，正火后是低碳马氏体、铁素体及少量奥氏体，回火后为含 Ni 铁素体和 8%～10%的富碳奥氏体。它具有良好的低温韧性和较高的强度，如 08Ni3DR 系 -100℃级低温压力容器用钢、06Ni9DR 系 -196℃级低温压力容器用钢。

(3) 奥氏体型。这类钢的低温韧性最好。在 GB/T 20878—2007 规定的不锈钢中，022Cr19Ni10、06Cr19Ni10 和 12Cr18Ni9 奥氏体不锈钢使用最广泛，可在 -200℃条件下使用；06Cr25Ni20 钢是最稳定的奥氏体不锈钢，可在-269℃或超低温条件下使用。

2. 特殊物理性能钢

特殊物理性能钢是指在钢的定义范围内具有磁、电、弹性、膨胀等特殊物理性能的合金钢，包括软磁钢、永磁钢、无磁钢及特殊膨胀钢、特殊弹性钢、高电阻钢及合金等。

(1) 软磁钢。软磁钢是指要求磁导率特性的钢，如铝铁系软磁合金等。

(2) 永磁钢。永磁钢是指具有永久磁性的钢，它包括变形永磁钢、铸造永磁钢、粉末烧结永磁钢等。

(3) 无磁钢。无磁钢也称低磁钢，是指在正常状态下不具有磁性的稳定的奥氏体合金钢。

(4) 特殊弹性钢。特殊弹性钢是指具有特殊弹性的合金钢，一般不包括常用的碳素与合金系弹簧钢。

(5) 特殊膨胀钢。特殊膨胀钢是指具有特殊膨胀性能的钢，如 Cr 含量为 28%的合金钢，在一定温度范围内与玻璃的膨胀系数相近。

(6) 高电阻钢及合金。高电阻钢及合金是指具有高的电阻值的合金钢，主要是由铁铬系合金钢和镍铬系高电阻合金组成的一个电阻电热钢和合金系列。

3. 新型钢

1) 低合金高强度钢

(1) 微合金化钢。在钢中加入 Ti、V、Cr、N 等微量合金元素，可明显地细化晶粒，实现沉淀硬化、强化低碳钢，形成低合金高强度钢。如加入 0.1%～0.2%的 Ti 可使钢的屈服点达到 540MPa 以上。

(2) 贝氏体钢。要在热轧状态下获得 450～900 MPa 的屈服点，贝氏体是一个较为理想的组织。要获得贝氏体组织，就要求钢的含碳量低，而且要求奥氏体晶粒细小，奥氏体在冷却时容易转变为贝氏体。通过加入 Mo、B 等合金元素，使 C 曲线尽可能右移，贝氏体部分尽可能保留在 C 曲线左侧，从而有利于在热轧后冷却时形成贝氏体组织。贝氏体钢典型钢种的成分特点：$w_C = 0.03\%$、$w_{Mn} = 1.9\%$、$w_{Nb} = 0.04\%$、$w_{Ti} = 0.01\%$、$w_B = 0.001\%$，屈服点 500MPa。

(3) 双相钢。许多压力加工用钢不仅要求高的强度，而且要求高的冷成形性。双相钢是有多边形的铁素体加马氏体(包括奥氏体)组织的低合金钢，可以满足要求。双相钢可由相变温度区退火或热轧控制冷却速度的方法获得。如将某一成分的低合金钢加热到奥氏体和铁素体的双相区域，奥氏体含量控制在 10%～30%，淬火后变成细小的马氏体岛和多边形铁素体的双相钢。

2) 超塑性合金

超塑性是指合金在一定的温度和形变速率下所表现出来的具有极大的伸长率和很小的形变抗力的性能。超塑性出现的温度(T_s)条件是 $T_s \geqslant 0.5T_m$，T_m 为合金的熔点；超塑性出现的形变条件是形变速率(ε')低，形变速率是指单位时间内的形变度(e)。按超塑性发生的金属学特征，它可分为两大类：细晶超塑性和相变超塑性。

(1) 细晶超塑性。具有细晶超塑性的合金要有稳定的微细晶粒。稳定是指在塑性变形时，晶粒尺寸不发生明显变化，微细晶粒尺寸一般为 0.5～5μm。典型的超塑性合金有 Zn-22Al、Al-33Cu、Cu-40Zn 等。

(2) 相变超塑性。给合金材料施加载荷，然后在相变温度上下反复地加热、冷却多次，可得到极大的伸长率，称为相变超塑性。其塑变机理还不完全清楚，一般认为是由空位扩散和位错运动所导致的晶界滑移所造成的。

习题与思考题

8-1　总结普通碳素结构钢、低合金高强度结构钢、渗碳钢、调质钢、弹簧钢、轴承钢、碳素工具钢、低合金工具钢的成分特点、热处理工艺特点和最终热处理组织，举例说明其主要应用。

本章小结

8-2　指出下列钢号属于哪一类钢(如普通碳素结构钢、低合金高强度结构钢、渗碳钢、调质钢等)，说明其牌号中的数字与符号的含义、大致元素含量、最终热处理工艺及使用状态下的组织，举例说明用途。

Q235 Q345A 20CrMnTi 45 40Cr 38CrMoAl T10 ZG310-570 12CrMoV 60Si2Mn 9SiCr W18Cr4V 3Cr2W8V Cr12MoV 5CrMnMo GCr15 CrWMn W6Mo5Cr4V2 30Cr13 06Cr18Ni11Ti 022Cr17Ni12Mo2 42CrMo ZG120Mn13

8-3　W18Cr4V 钢制造刃具(如铣刀)的工艺路线如下：

下料→锻造→退火→机加工→淬火＋三次 560℃回火→喷砂→磨加工→成品

试分析：

(1) 合金元素 W、Cr、V 在钢中的主要作用。

(2) 为什么对 W18Cr4V 钢下料后必须锻造？

(3) 锻后为什么要退火？退火后组织是什么？

(4) 淬火后为什么一定要三次 560℃回火？写出最终组织。

8-4　何谓固溶处理？奥氏体不锈钢为什么要固溶处理？

8-5　何谓水韧处理？奥氏体锰钢为什么要进行水韧处理？

8-6　为什么汽车、拖拉机变速箱齿轮多采用合金渗碳钢(如 20CrMnTi)制造，而机床

变速箱齿轮多采用调质钢如 45 或 40Cr 制造？(可从工作条件、材料性能、热处理特点等方面分析)

8-7　防止金属被腐蚀应采取哪些途径？常用的不锈钢有哪些？举例说明用途。

8-8　耐热钢应具备哪些性能？合金元素 Cr、Si、Ni、Al 等在钢中有何作用？

8-9　试述用 CrWMn 钢制造精密量具(块规)所需的热处理工艺。

8-10　用 Cr12MoV 钢制造冷作模具时，应如何进行热处理？

第九章　铸　　铁

铸铁是含碳量大于 2.11%的铁碳合金。铸铁的生产设备和工艺简单，价格便宜，还具有许多优良的使用性能和工艺性能，是应用非常广泛的金属材料之一。

铸铁常用来制造各种机器零件，如机床的床身、床头箱、导轨，发动机的缸体、缸套、活塞环、轴瓦、曲轴，轧机的轧辊及一些机器的底座等。

本章介绍铸铁的石墨化及影响铸铁石墨化的因素，铸铁的分类与特点。重点介绍灰铸铁、球墨铸铁、蠕墨铸铁和可锻铸铁的成分特点、生产过程、编号、性能及用途，并简要介绍铸铁的热处理方法和常用合金铸铁。

项目设计

(1) 河北沧州铁狮子，铸成于后周广顺三年(953 年)，民间称之为“镇海吼”。近几十年来，铁狮子四肢断裂疏松，锈蚀严重，没有支架就不能站立。请分析铁狮子受损原因。你有好的保护方法吗？

(2) 风力发电齿轮箱是风力发电机组中的关键部件，主要功能是通过齿轮副的增速将风轮在风力作用下所产生的动力传递给发电机，要求其在恶劣的工作环境下保持长期安全、可靠地工作。请分析用球墨铸铁制造风力发电齿轮箱的优点，并提出质量保障措施，说明采用热处理(淬火＋高温回火＋表面淬火)工艺的理由。

学习成果达成要求

(1) 能够根据铸铁的化学成分、组织和性能特点，分析其成分(包括合金元素)对铸铁组织和性能的影响，能够在工程设计及制造时准确运用材料特性指标选用材料。

(2) 掌握铸铁石墨化后主要组织的形态及性能特点，能够分析铸铁石墨化的影响因素，及如何发挥铸铁材料的性能潜力，实现替代部分昂贵的合金钢和有色金属材料的目的。

9.1　铸铁的分类及石墨化

含碳量大于 2.11%的铁碳合金称为铸铁。

铸铁的特点是含有较高的 C 和 Si，同时也含有一定的 Mn、P、S 等杂质元素。常用铸铁的成分为：$w_C=2.5\%\sim4.0\%$，$w_{Si}=1.0\%\sim3.0\%$，$w_{Mn}=0.5\%\sim1.4\%$，$w_P=0.01\%\sim0.50\%$，$w_S=0.02\%\sim0.20\%$。

为提高铸铁性能，常加入合金元素 Cr、Mo、V、Cu、Al 等形成具有特殊性能的合金铸铁。

9.1.1　铸铁石墨化

铸铁中的碳除了少部分固溶于铁素体和奥氏体外，碳在铸铁中的存在形式主要有两种：化合状态的渗碳体(Fe_3C)和游离状态的石墨(G)。

工业用的铸铁组织中不含莱氏体(L'_d)，铸铁中的碳主要以石墨的形式存在。含有石墨而不含莱氏体的铸铁有着与白口铸铁不同的组织和性能特点。通常，把铸铁中石墨的形成过程称为石墨化过程。工业用铸铁一般都需要进行石墨化。

1. 铸铁的石墨化过程

1) *石墨的晶体结构*

石墨的晶体结构见图 9-1。石墨具有特殊的简单六方晶格，晶体中的 C 原子分层排列，同一层上原子与原子之间呈六方网格形式，以共价键结合，间距较小(为 0.142 nm)，结合力很强；而层与层之间的原子以分子键(范德华力)结合，面间距较大(为 0.34 nm)，结合力较弱。石墨晶体这样的结构特点，使之从液态铸铁中结晶时，沿六方晶格每个原子层方向上的生长速度大于沿原子层间方向上的生长速度，即层的扩大较快，而层的加厚较慢，使之易形成片状。

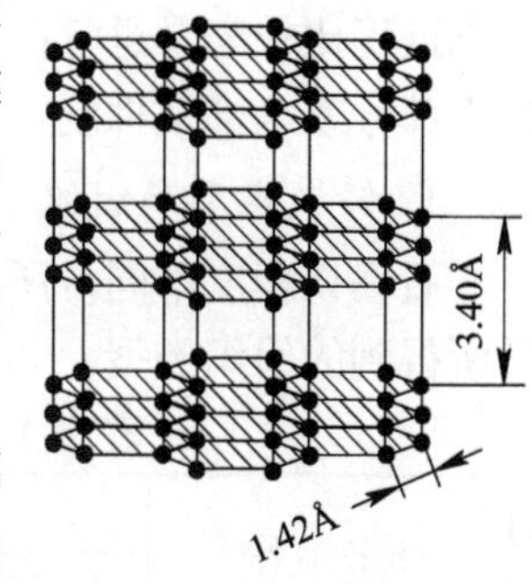

图 9-1　石墨的晶体结构

石墨中 C 的质量分数接近 100%，所以强度、硬度和塑性都很低，几乎为零。可测试到的硬度仅为 3HBW，因此石墨的存在相当于完整的基体上出现空洞和裂隙。

2) *铁碳合金的双重相图*

渗碳体为亚稳定相，在一定条件下能分解为铁和石墨($Fe_3C \rightarrow 3Fe + G$)。石墨为稳定相，所以在不同情况下，铁碳合金可以有亚稳定平衡的 Fe-Fe_3C 相图和稳定平衡的 Fe-G 相图，即铁碳合金相图具有双重相图，如图 9-2 所示。

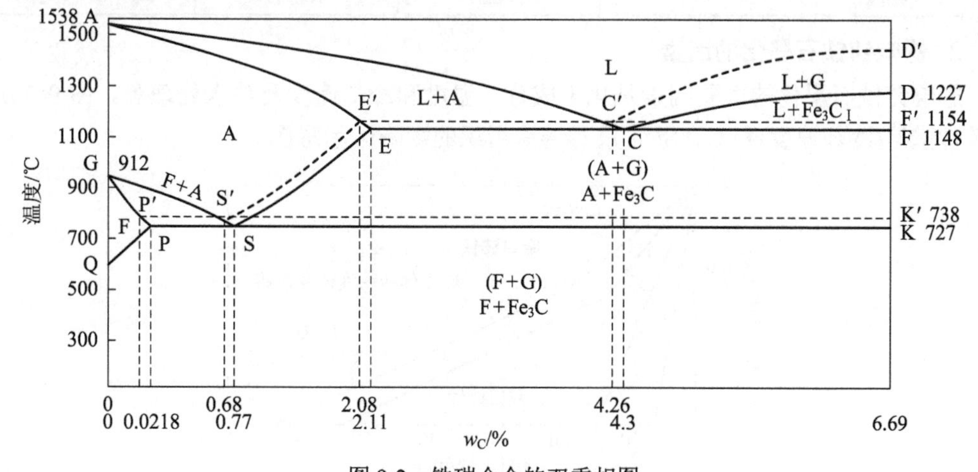

图 9-2　铁碳合金的双重相图

图 9-2 中，实线表示 Fe-Fe_3C 相图，虚线表示 Fe-G 相图。铁碳合金究竟按哪种相图变化，决定于加热、冷却条件或获得的平衡性质(亚稳定平衡还是稳定平衡)。稳定平衡相图 Fe-G 的分析方法与前面章节所述的亚稳定平衡相图 Fe-Fe_3C 完全相同。

3) 铸铁石墨化过程

铸铁中的石墨可以在结晶过程中直接析出，也可以由渗碳体加热时分解得到。铸铁中 C 原子析出并形成石墨的过程称为石墨化，如图 9-2 中虚线表示，大致分为三个阶段。

(1) 第一阶段：称为液态石墨化阶段，是从过共晶溶液中直接析出的一次石墨($G_{Ⅰ}$)和在 1154℃(E′C′F′)时通过共晶转变形成的共晶石墨($G_{共晶}$)，即 $L_{C'} \rightarrow A_{E'} + G_{共晶}$。

(2) 第二阶段：称为中间石墨化阶段，是从 1154℃到 738℃(P′S′K′)的冷却过程中，奥氏体沿 E′S′析出的二次石墨($G_{Ⅱ}$)。

(3) 第三阶段：称为低温石墨化阶段，是在 738℃(P′S′K′)通过共析转变形成的共析石墨，即 $A_{S'} \rightarrow F_{P'} + G_{共析}$。

上述第一、第二阶段一般也统称为高温石墨化阶段，由于高温下原子扩散能力强，石墨化过程比较容易进行；第三阶段温度较低，扩散条件差，若冷却速度较快，则石墨化过程将部分或全部被抑制，也就是说有可能部分或全部不能石墨化。

4) 铸铁类型和组织

石墨化程度不同，所得到的铸铁类型和组织也不同，表 9-1 所示为经不同程度石墨化后所得到的组织类型。

表 9-1　铸铁经不同程度石墨化后所得到的组织类型

铸铁名称	石墨化程度			显微组织
	第一阶段	第二阶段	第三阶段	
灰口铸铁	充分进行	充分进行	充分进行	F + G
			部分进行	F + P + G
			未进行	P + G
麻口铸铁	部分进行	未进行	未进行	L'_d + P + G
白口铸铁	未进行	未进行	未进行	L'_d + P + Fe_3C

2. 影响铸铁石墨化的因素

影响铸铁石墨化的主要因素是化学成分、温度和冷却速度及铁水处理等。图 9-3 所示是铸件壁厚(冷却速度)和 C、Si 含量对铸铁组织的影响区示意图。

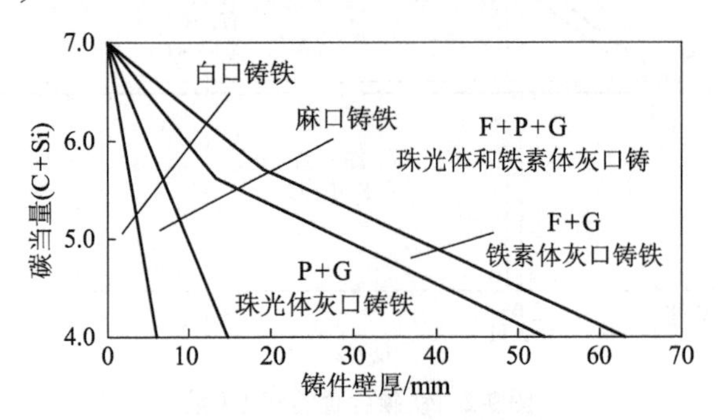

图 9-3　铸件壁厚和碳硅含量对铸铁组织的影响

1) 化学成分

合金元素可以分为促进石墨化元素和阻碍石墨化元素，顺序如下：

Al、C、Si、Ti、Ni、P、Co、Zr、Nb、W、Mn、S、Cr、V、Fe、Mg、Ce、B 等。其中，Nb 为中性元素，向左促进程度加强，向右阻碍程度加强。

C 和 Si 是铸铁中主要的强烈促进石墨化元素。实践表明，铸铁中 Si 的质量分数每增加 1%，共晶点的 C 质量分数相应降低 0.33%。为综合考虑它们的影响，引入碳当量，即把含 Si 量折合成相当的含 C 量，并把这个 C 的总和称为碳当量 w_{CE}，即 $w_{CE} = w_C + w_{Si}/3$ 生产中，调整 C 和 Si 质量分数，是控制铸铁组织和性能的基本措施。一般 $w_{CE} \approx 4\%$，接近共晶点，使铸铁具有最佳的铸造性能。

S 是强烈阻碍石墨化元素，可强烈促进铸铁的白口化，降低铸铁的铸造和力学性能，一般都控制其含量在 0.15%以下。

Mn 是阻止石墨化的元素，但 Mn 与 S 能形成 MnS，减弱了 S 对石墨化的阻止作用，结果又间接地起着促进石墨化的作用。

P 是微弱促进石墨化的元素，同时它能提高铁液的流动性，但形成的 Fe_3P 常以共晶体形式分布在晶界上，增加铸铁的脆性，使铸铁在冷却过程中易于开裂，所以一般铸铁中含 P 量也应严格控制。

2) 温度和冷却速度

铸铁的结晶，在高温慢冷的条件下，由于 C 原子能充分扩散，因此通常按 Fe-G 相图进行转变，碳以石墨的形式析出；快冷时由于过冷度大，C 原子扩散量较小，由液体中析出渗碳体，因此结晶将按 Fe-Fe_3C 相图进行，不利于石墨化。

如图 9-3 所示，壁厚越小，冷却速度越快，不利于铸铁的石墨化。冷却速度过快，来不及石墨化，直接由液相中析出渗碳体，即得到白口铸铁；冷却速度较快，第二阶段石墨化难以充分进行，得到麻口铸铁；温度越高，保温时间越长，冷却速度越慢，第一和第二阶段石墨化越容易进行，但低温下第三阶段石墨化可能进行也可能不充分进行，因此室温下将可能得到珠光体和石墨、铁素体 + 珠光体 + 石墨、铁素体和石墨等组织的灰口铸铁。

可见，在生产过程中，铸铁的缓慢冷却或在高温下长时间保温，均有利于石墨化。

9.1.2　铸铁分类及特点

1. 铸铁的分类

根据碳在铸铁中的存在形式(即石墨化程度)的不同，铸铁分为白口铸铁、麻口铸铁和灰口铸铁。

(1) 灰口铸铁：碳大部分或全部以石墨形式存在，组织为铁素体 + 石墨、铁素体 + 珠光体 + 石墨或珠光体 + 石墨，断口呈灰黑色。根据石墨形态的不同，灰口铸铁可分为灰铸铁(石墨呈片状)、球墨铸铁(石墨呈球状)、可锻铸铁(石墨呈团絮状)及蠕墨铸铁(石墨呈蠕虫状)，如图 9-4 所示。工业上广泛应用的就是灰口铸铁。

(2) 麻口铸铁：碳大部分以渗碳体形式存在，少部分以石墨形式存在，如共晶铸铁组织为变态莱氏体+珠光体+石墨，断口灰白相间，硬而脆，很少应用。

(3) 白口铸铁：碳全部以渗碳体形式存在(如共晶铸铁组织为 L_d')，断口呈亮白色，硬而脆，很难进行切削加工，故很少直接应用。但某些特殊场合使用的零件表面有一定深度的白口层，这种铸铁称为“冷硬铸铁”，它可用于制造表面耐磨性高的零件，如气门挺杆、球磨机磨球、轧辊等。

(a) 片状石墨(灰铸铁)

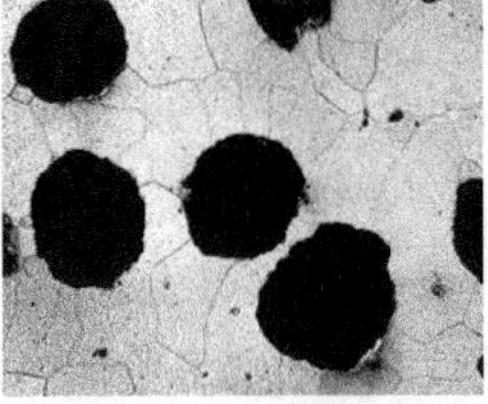
(b) 球状石墨(球墨铸铁)

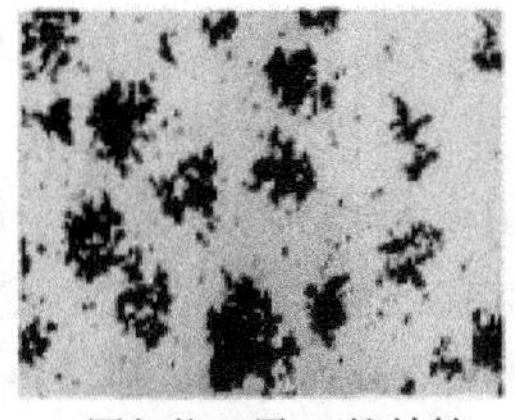
(c) 团絮状石墨(可锻铸铁)

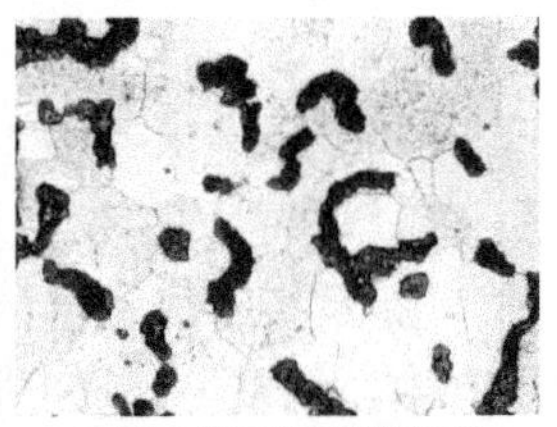
(d) 蠕虫状石墨(蠕墨铸铁)

图 9-4　灰口铸铁中石墨形态

2. 灰口铸铁及特点

1) *灰口铸铁的组织*

如图 9-4 所示，灰口铸铁可以看作是钢基体上分布着不同形态、数量、大小的石墨。石墨的强度、硬度和塑性都很低，几乎为零，因此可以认为石墨的存在相当于完整的钢基体上分布着空洞或裂隙。基体可以是珠光体、铁素体＋珠光体、铁素体等组织。铁素体基体塑性和韧性好，珠光体基体强度、硬度及耐磨性高。热处理只能改变钢基体部分的组织和性能，对石墨形态没有影响。

2) *影响灰口铸铁组织和性能的因素*

石墨的形态、数量、大小和分布均匀程度对铸铁性能有决定性的影响。因此，影响灰铸铁组织和性能的因素主要是化学成分和冷却速度。

(1) 化学成分的影响。C、Si 是强烈促进石墨化的元素。C、Si 含量(碳当量)过低时，铸铁易出现白口组织，机械性能和铸造性能都变差；C、Si 含量过高时，石墨片过多且粗大，甚至在铁水的表面出现石墨的飘浮，降低铸件的性能和质量。因此，灰口铸铁中的 C 和 Si 的质量分数一般控制在一定成分($w_C=2.5\%\sim4.0\%$，$w_{Si}=1.0\%\sim3.0\%$)，其他杂质元素成分：$w_{Mn}=0.5\%\sim1.4\%$，$w_P=0.01\%\sim0.50\%$，$w_S=0.02\%\sim0.20\%$。为提高铸铁性能，常加入合金元素 Cr、Mo、V、Cu、Al 等形成具有特殊性能的合金铸铁。

(2) 冷却速度的影响。在一定的铸造工艺(如浇注温度、铸型温度、造型材料种类等)条件下，铸件的冷却对石墨化程度影响很大。图 9-3 所示为不同 C、Si 含量和不同壁厚(冷却速度)铸件的组织。随着壁厚的增加，冷却速度减慢，依次出现珠光体、珠光体＋铁素体和铁素体灰口铸铁组织。

3) *石墨的存在对铸铁性能的影响*

石墨的存在破坏基体连续性，减小承载面积，是应力集中处和裂纹源。其数量、大小、形状及分布对铸铁性能都有重要影响。

(1) 数量。石墨数量越多，铸铁的抗拉强度、塑性及韧性越低。

(2) 尺寸。石墨越粗，局部承载面积越小；石墨越细，应力集中越大；均使铸铁性能下降；故其合适尺寸一般为 0.03～0.25 mm(长度)。

(3) 分布。石墨分布越均匀，铸铁性能越好。

(4) 形状。石墨由片状至球状，使铸铁的强度、塑性及韧性均提高。

4) 灰口铸铁的缺点

铸铁的缺点是力学性能差，应力集中明显。

由于石墨的存在，对铸钢基体造成严重割裂。石墨强度、韧性极低，相当于钢基体上的裂纹或空洞，破坏了基体的连续性，减小了基体的有效承载截面，并容易引起应力集中，因而铸铁的抗拉强度、屈服强度、塑性及韧性都比钢低，且不能锻造。

石墨的数量越多、越粗大，分布就越不均匀，石墨的边缘越尖锐，铸铁的抗拉强度也就越差。孕育处理后，由于石墨片细化，石墨对基体的割裂作用减轻，故铸铁的强度提高，但塑性无明显改善。

受压应力时，因石墨片不会引起大的局部压应力，铸铁的压缩强度不受影响，故铸铁的抗压强度与钢相当。

石墨形态对应力集中十分敏感。片状石墨引起严重应力集中，团絮状和球状石墨引起的应力集中较轻。

5) 灰口铸铁的优点

由于石墨的存在，铸铁具备某些特殊优良性能，主要有以下几点：

(1) 切削加工性能优异。由于石墨割裂了基体的连续性，使铸铁切削时易断屑和排屑；且游离态石墨的存在，对刀具具有一定的润滑作用，使刀具磨损减小。

(2) 铸造性能良好。铸铁中碳当量接近共晶成分，因而流动性好；而且铸件凝固时析出的石墨体积膨胀，可部分补偿铸件体积的收缩，从而降低了铸件收缩率。

(3) 减摩性好。所谓减摩性是指减少对偶件被磨损的性能。石墨本身有良好的润滑作用，并且石墨脱落后在基体表面形成空洞，还可以储存润滑油，表面上的油膜易于保持，因而具有良好的减摩性。

(4) 减振性好。石墨能吸收能量，对振动的传递起削弱作用，从而提高铸铁的抗振性能。

(5) 缺口敏感性小。大量石墨的割裂作用，使铸铁对缺口不敏感。

6) 灰口铸铁的应用

铸铁的生产设备和工艺简单，价格便宜。目前，灰铸铁广泛用于制造机床的床身、床头箱、减速器的箱体、车辆的刹车盘、机器的底座等。许多重要的机械零件，如发动机的气缸体、缸套、活塞环、曲轴、轧辊等形状较为复杂的零件，常用球墨铸铁来代替合金钢制造。

9.2 常用铸铁

常用铸铁中碳主要是游离状态的石墨，即灰口铸铁。根据石墨形态不同，灰口铸铁可分为灰铸铁、可锻铸铁、球墨铸铁及蠕墨铸铁。根据GB/T 5612—2008的规定，我国灰口铸铁用力学性能命名。

9.2.1 灰铸铁

灰铸铁一般指C、Si、Mn含量较高而含S量较低的铸铁，由液态铁水缓慢冷却时通过石墨化过程形成。灰铸铁中的石墨呈片状分布，因其断口呈暗灰色而得名，包括普通灰铸铁和孕育铸铁。灰铸铁生产工艺简单、价格便宜，成为应用最广泛的铸铁材料，其总产量占各类铸铁的 80%以上。

1. 成分

通常灰铸铁的成分为：$w_C = 2.5\%\sim4.0\%$，$w_{Si} = 1.0\%\sim3.0\%$，$w_{Mn} = 0.25\%\sim1.0\%$；另外含有少量的 S 和 P，$w_S = 0.05\%\sim0.5\%$，$w_P = 0.02\%\sim0.2\%$。

2. 组织

灰铸铁可以看成由钢基体加片状石墨组成。

当液态铁水缓慢冷却时，第一阶段和第二阶段石墨化过程都能充分进行，第三阶段石墨化可能完全进行、部分进行或不进行，灰铸铁中就会出现三种显微组织特征：铁素体、铁素体+珠光体、珠光体，如图 9-5 所示。

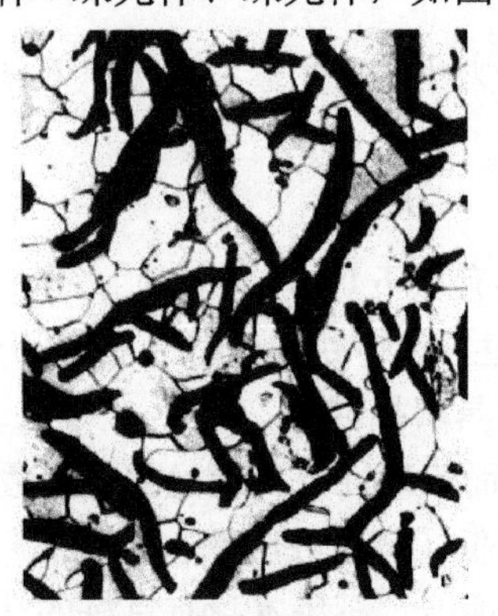

(a) 铁素体基体灰铸铁

(b) 铁素体＋珠光体基体灰铸铁

(c) 珠光体基体灰铸铁

图 9-5　灰铸铁的显微组织

3. 性能及其应用

灰铸铁的性能与其组织密切相关，金属基体中珠光体越多，其强度、硬度越高，因此铁素体、铁素体＋珠光体、珠光体基体的灰铸铁分别适用于低、中、较高负荷的零件。

灰铸铁具有 9.1.2 节所述的灰口铸铁的性能特点。但由于石墨呈片状形式，边缘比较尖锐，容易引起应力集中，对基体的割裂作用明显，通常灰铸铁抗拉强度较差，塑性及韧性低。其基体强度利用率只有 30%～50%。但灰铸铁的生产设备和工艺简单，价格便宜，铁水流动性好，凝固收缩小，缺口敏感性小，抗压强度高，切削加工性好，并且具有减摩及消振作用，目前广泛应用于制造机床的导轨、床身、床头箱，减速器的箱体，车辆的刹车盘、机器的底座等。

4. 孕育处理

为提高灰铸铁的性能，常对灰铸铁进行孕育处理，即在铁水中加入孕育剂，使铁水内同时生成大量均匀分布的非自发核心，以获得细小均匀的石墨片，同时细化基体组织，提高铸铁强度，避免铸件边缘及薄断面处出现白口组织，提高断面组织的均匀性。

常用的孕育剂有两种：一种为硅类合金，最常用的是硅铁合金($w_{Si} = 75\%$)和硅钙合金($w_{Si} = 60\%\sim65\%$，$w_{Ca} = 25\%\sim35\%$)，后者石墨化能力比前者高 1.5～2 倍，但价格较贵；另一类是碳类，例如石墨粉、电极粒等。

经过孕育处理(亦称变质处理)后的灰口铸铁叫作孕育铸铁。

孕育铸铁的强度和硬度相对较高，可用来制造机械性能要求较高的铸件，如气缸、曲轴、凸轮、机床床身等，尤其是截面尺寸变化较大的铸件。

5. 灰铸铁的牌号与用途

我国灰铸铁的牌号为“HT+三位数字”，其中 HT 是“灰铁”两字汉语拼音首字母，后面的数字表示最低抗拉强度(单位：MPa)。例如 HT200，表示最低抗拉强度为 200MPa 的灰铸铁。常用灰铸铁的牌号、性能和用途见表 9-2。

表 9-2　常用灰铸铁的牌号、性能和用途(摘自 GB/T 9439—2010 灰铸铁件)

牌号	铸件壁厚/mm	最小抗拉强度 R_m/MPa		单铸试棒硬度/HBW	显微组织		用　途
		单铸试棒	附铸试棒		基体	石墨	
HT100	5～40	100	—	≤170	$F+P_{少}$	粗片	盖、外罩、油盘、手轮、底板等
HT150	>5～10 或 >10～20	150	—	125～205	F+P	较粗片	端盖、汽轮泵体、轴承座、阀壳、管子及管路附件、手轮，一般机床底座、床身及其他复杂零件、滑座、工作台等
	>20～40		120				
	>40～80		110				
	>80～150		100				
	>150～300		90				
HT200	>5～10 或 >10～20	200	—	150～230	P	中等片	气缸、齿轮、底架、机件、飞轮、齿条、衬筒，一般机床床身及中等压力液压筒、液压泵和阀的壳体等
	>20～40		170				
	>40～80		150				
	>80～150		140				
	>150～300		130				
HT225	>5～10 或 >10～20	225	—	170～240	$P_{细}$	较细片	
	>20～40		190				
	>40～80		170				
	>80～150		155				
	>150～300		145				
HT250	>5～10 或 >10～20	250	—	180～250			阀壳、油缸、气缸、联轴器、机体、齿轮、齿轮箱外壳、飞轮、衬筒、凸轮、轴承座等
	>20～40		210				
	>40～80		190				
	>80～150		170				
	>150～300		160				
HT275	>10～20	275	—	190～260	$P_{细}$或 S	细小片	
	>20～40		230				
	>40～80		205				
	>80～150		190				
	>150～300		175				

续表

<table>
<tr><th rowspan="3">牌号</th><th rowspan="3">铸件壁厚
/mm</th><th colspan="2">最小抗拉强度
R_m/MPa</th><th rowspan="3">单铸试棒
硬度/HBW</th><th colspan="2">显微组织</th><th rowspan="3">用　途</th></tr>
<tr><th rowspan="2">单铸
试棒</th><th rowspan="2">附铸
试棒</th><th rowspan="2">基体</th><th rowspan="2">石墨</th></tr>
<tr></tr>
<tr><td rowspan="5">HT300</td><td>>10～20</td><td rowspan="5">300</td><td>—</td><td rowspan="5">200～275</td><td rowspan="10">S 或 T</td><td rowspan="10"></td><td rowspan="10">齿轮、凸轮、车床卡盘、剪床、压力机的机身、导板、自动车床及其他重载荷机床的床身，高压液压筒、液压泵和滑阀的体壳等</td></tr>
<tr><td>>20～40</td><td>250</td></tr>
<tr><td>>40～80</td><td>220</td></tr>
<tr><td>>80～150</td><td>210</td></tr>
<tr><td>>150～300</td><td>190</td></tr>
<tr><td rowspan="5">HT350</td><td>>10～20</td><td rowspan="5">350</td><td>—</td><td rowspan="5">220～290</td></tr>
<tr><td>>20～40</td><td>290</td></tr>
<tr><td>>40～80</td><td>260</td></tr>
<tr><td>>80～150</td><td>230</td></tr>
<tr><td>>150～300</td><td>210</td></tr>
</table>

注：HT100 为 F 基；HT150 为 F＋P 基；HT200～HT250 为 P 基；HT250～HT350 为孕育铸铁。

9.2.2　球墨铸铁

球墨铸铁中的石墨呈球状，是由液态铁水缓慢冷却，同时加入一定量的球化剂和孕育剂，并经石墨化后形成的。球墨铸铁具有很高的强度，又有良好的塑性和韧性，综合机械性能接近于钢。因其铸造性能好，成本低廉，生产方便，所以在工业中得到了广泛的应用。

1. 成分

对球墨铸铁的成分要求比较严格，通常，$w_C = 3.8\%～4.0\%$，$w_{Si} = 2.0\%～2.8\%$，$w_{Mn} = 0.6\%～0.8\%$；另外严格控制 S、P 含量，使 $w_S \leqslant 0.04\%$，$w_P \leqslant 0.1\%$。

与灰铸铁相比，它的碳当量较高，一般为过共晶成分，碳当量通常在 4.5%～4.7%范围内变动，以利于石墨球化。含碳量过低，球化不良；含碳量过高，会出现石墨漂浮。一般采取“高碳低硅”原则。Mn 为阻碍石墨化元素，但其有利于形成珠光体基体，所以控制在较低含量。

2. 球化处理与孕育处理

将球化剂加入铁液中(一般放入浇包底部)，使铁液在凝固过程中析出的碳形成球状石墨形态为主的工艺过程称为球化处理。

球墨铸铁的球化处理必须伴随着孕育处理，通常是在铁水中同时加入一定量的球化剂和孕育剂。我国普遍使用稀土及稀土镁合金球化剂，但 Mg 和 RE 是强烈阻碍石墨化的元素。为防止白口，并使石墨球细小、均匀分布，一定要同时加入孕育剂，进行孕育处理。常用的孕育剂是硅铁和硅钙合金。国外使用的球化剂主要是金属镁。实践证明，铁水中 Mg 的质量分数为 0.04%～0.08%时，石墨就能完全球化。

3. 组织、性能及应用

球墨铸铁可以看成由钢基体加球状石墨组成。

基体有铁素体、铁素体＋珠光体、珠光体，球墨铸铁的显微组织如图 9-6 所示。热处理只改变钢基体组织，可得到索氏体、托氏体、下贝氏体、马氏体等；不改变石墨形态。

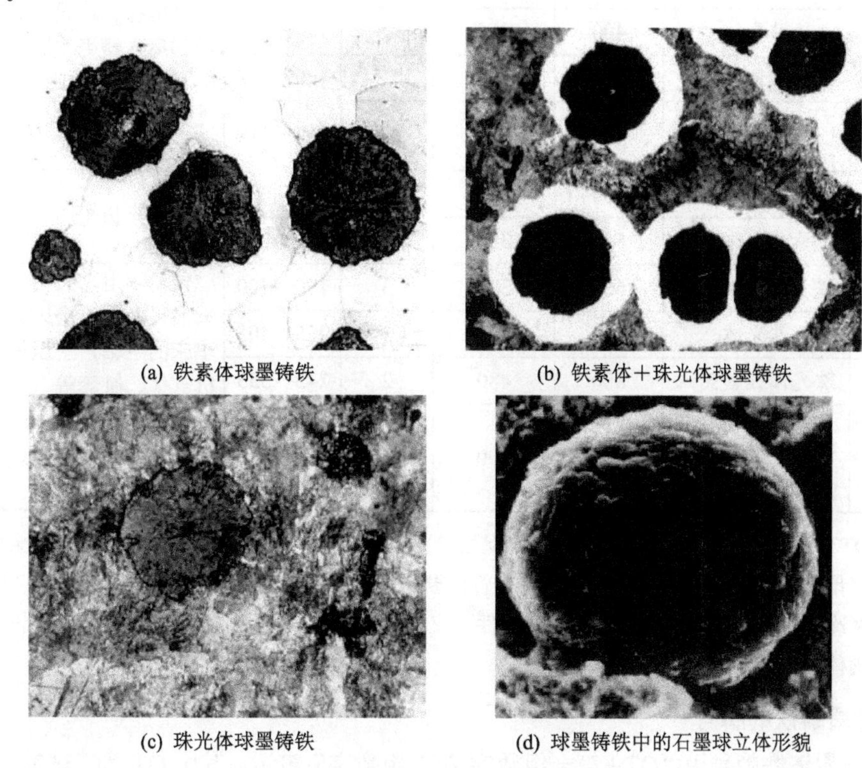

(a) 铁素体球墨铸铁　(b) 铁素体＋珠光体球墨铸铁

(c) 珠光体球墨铸铁　(d) 球墨铸铁中的石墨球立体形貌

图 9-6 球墨铸铁的显微组织

由于球墨铸铁的石墨呈球状，对基体的割裂作用很小，故其强度、塑性及韧性均高于灰铸铁。

球墨铸铁的抗拉强度与钢相当，其突出特点是屈强比高，为 0.7～0.8，而钢一般只有 0.3～0.5。通常在机械设计中，材料的许用应力根据 $R_{p0.2}$ 来确定，因此对于承受静载荷的零件，使用球墨铸铁比铸钢还节省材料，重量更轻。

不同基体的球墨铸铁性能差别很大，常用球墨铸铁的牌号和机械性能见表 9-3。珠光体球墨铸铁的抗拉强度比铁素体球墨铸铁高 50%以上，而铁素体球墨铸铁的延伸率为珠光体球墨铸铁的 3～5 倍。

球墨铸铁具有较好的疲劳强度。试验表明，球墨铸铁的小能量多冲击抗力和扭转疲劳强度超过中碳钢。因此在实际应用中，广泛地“以铸代锻、以铁代钢”，完全可以用球墨铸铁来代替钢制造受力复杂，强度、韧性和耐磨性要求高的重要零件。珠光体球墨铸铁常用于制造拖拉机和柴油机的曲轴、连杆和凸轮轴，各种齿轮、机床主轴，蜗杆、涡轮，轧钢机的轧辊，大齿轮及大型水压机的工作缸、缸套、活塞等；铁素体球墨铸铁常用于制造受压阀门及其底座、汽车后桥壳等。

表 9-3 常用球墨铸铁的牌号和机械性能(摘自 GB/T 1348—2019)

牌号	基体	机械性能				用途
		抗拉强度 R_m/MPa	屈服强度 $R_{P0.2}$/MPa	伸长率 A/%	布氏硬度 HBW	
QT350-22	铁素体	350	220	22	≤160	农机具零件，汽车、拖拉机牵引杠、轮毂、驱动桥壳体、离合器壳体等，1.6～6.4MPa 阀门的阀体、阀盖、支架等，铁路垫板、电极壳体、齿轮箱等
QT400-18	铁素体	400	250	18	120～175	
QT400-15	铁素体	400	250	15	120～180	
QT450-10	铁素体	450	310	10	160～210	
QT500-7	铁素体+珠光体	500	320	7	170～230	机油泵齿轮
QT550-5	铁素体+珠光体	550	350	5	180～250	
QT600-3	铁素体+珠光体	600	370	3	190～270	传动轴滑动叉等，柴油机、汽油机曲轴，磨床、铣床、车床的主轴，空压机、冷冻机缸体、缸套等
QT700-2	珠光体	700	420	2	225～305	
QT800-2	珠光体或索氏体	800	480	2	245～335	
QT900-2	回火马氏体或屈氏体+索氏体	900	600	2	280～360	农机上的犁铧，汽车、拖拉机传动齿轮，内燃机凸轮轴、曲轴等

注：QT350-22 和 QT400-18 牌号后加字母“L”表示有低温(-20℃或 -40℃)下的冲击性能要求，加字母“R”表示有室温(23℃)下的冲击性能要求，适用于制造高速电力机车和磁悬浮列车铸件，寒冷地区工作的起重机部件、汽车部件、农机部件，核燃料储存运输容器、风电轮毂、排泥阀阀体、阀盖环等。

4. 球墨铸铁的牌号

我国球墨铸铁牌号用“QT+第一组数字-第二组数字”表示，其中 QT 为“球铁”两字汉语拼音首字母，第一组数字表示最低抗拉强度(R_m, MPa)，第二组数字表示最低伸长率(A, %)。

例如 QT600-03，表示最低抗拉强度为 600MPa、最低伸长率 3%的球墨铸铁。

GB/T 1348—2019《球墨铸铁件》规定了常用球墨铸铁的牌号和机械性能，见表 9-3。

球墨铸铁件的力学性能以抗拉强度和伸长率两个指标作为验收指标，有特殊要求时，屈服强度也可作为验收指标。

9.2.3 可锻铸铁

可锻铸铁是由白口铸铁经过高温、长时间石墨化退火处理得到的一种铸铁。可锻铸铁的石墨呈团絮状，有较高的强度、塑性和冲击韧性，特别是塑性高于普通灰口铸铁，它可以部分代替碳钢。可锻铸铁不能锻造。

1. 成分

可锻铸铁由两个矛盾的工艺组成，即先得到白口铸铁，再经石墨化退火得到可锻铸铁。因此，需要适当降低石墨化元素 C、Si 的含量和增加阻碍石墨化元素 Mn、Cr 的含量。其化学成分大致为：$w_C=2.4\%\sim2.7\%$、$w_{Si}=1.4\%\sim1.8\%$和 $w_{Mn}=0.5\%\sim0.7\%$。需控制 S、P、Cr 的含量，使 $w_S \leqslant 0.25\%$、$w_P < 0.08\%$、$w_{Cr} < 0.06\%$。对可锻铸铁的成分要求比较严格，C、Si 含量不能太高，以保证浇铸后获得白口组织；但又不能太低，否则将延长石墨化退火周期。

2. 可锻铸铁的生产及石墨化

通常，可锻铸铁生产分两个步骤：

第一步，铸造纯白口铸铁。不允许有石墨出现，否则在随后的退火中，碳在已有的石墨上沉淀，得不到团絮状石墨。

第二步，进行长时间的石墨化退火处理。可锻铸铁的组织与石墨化退火的程度和方式有关，如图 9-7 所示。将白口铸铁加热到 900℃～980℃，长时间保温(约 15 h)，使第一阶段石墨化充分进行，共晶渗碳体分解为奥氏体和团絮状石墨(共晶 $Fe_3C \rightarrow A$ + 团絮状 G)。

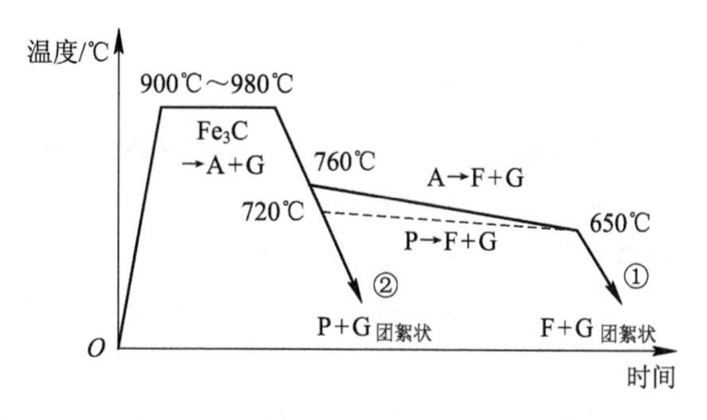

图 9-7　可锻铸铁的石墨化退火过程

随后，如果按路线①，第一阶段石墨化后保温慢冷，使奥氏体中的碳充分析出，并在冷却至 720℃～760℃后继续保温，以 3～5℃/h 的速度通过共析温区，使共析渗碳体充分分解，完成第二阶段石墨化，在 650℃～700℃出炉冷却至室温(也可在略低于共析温度保温 15～20 h)，共析渗碳体→铁素体+团絮状石墨，则可以得到铁素体基体的可锻铸铁。由于长时间保温表层脱碳，使心部石墨多于表层，断口心部呈灰黑色，表层呈灰白色，故铁素体基体可锻铸铁称为黑心可锻铸铁。如果按路线②，以较快的速度(100℃/h)冷却通过共析转变温度区，第二阶段石墨化未能进行，奥氏体转变为珠光体，则可以得到珠光体基体的可锻铸铁。

如退火是在氧化性气氛中进行，使表层完全脱碳，则可得到铁素体组织，而心部为珠光体加石墨组织，断口心部呈白亮色，故称为白心可锻铸铁。由于其退火周期长且性能并不优越，故很少使用。

3. 可锻铸铁组织和机械性能

我国主要生产黑心可锻铸铁和珠光体可锻铸铁。可锻铸铁的显微组织如图 9-8 所示，黑心可锻铸铁的显微组织主要是铁素体基体+团絮状石墨；珠光体可锻铸铁的显微组织主要是珠光体基体+团絮状石墨。白心可锻铸铁利用氧化脱碳退火获得，金相组织取决于断面尺寸。

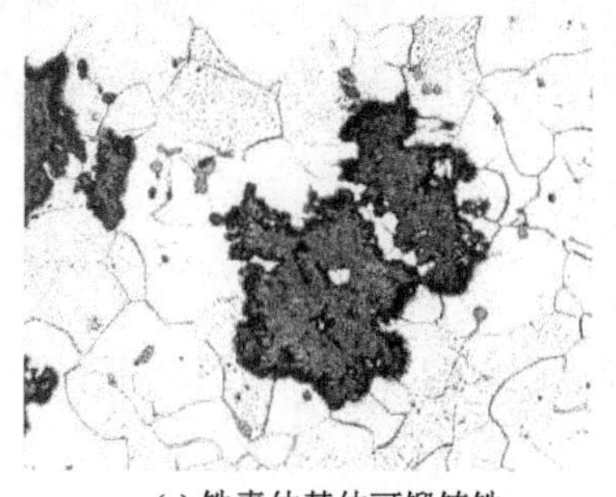

(a) 铁素体基体可锻铸铁

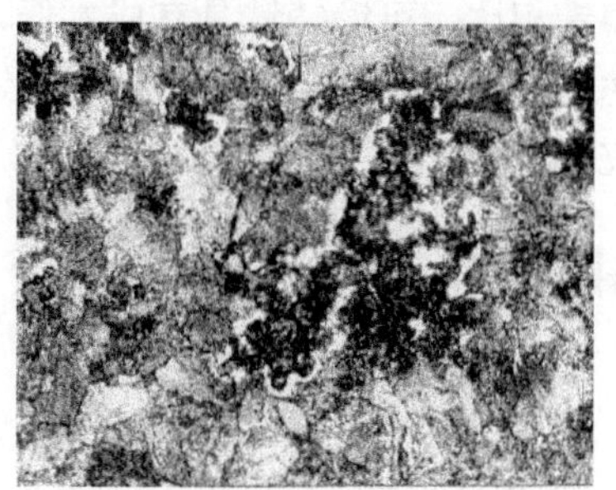

(b) 珠光体基体可锻铸铁

图 9-8　可锻铸铁的显微组织

铁素体基体可锻铸铁塑性及韧性较好，珠光体基体可锻铸铁强度、硬度及耐磨性较高。

由于可锻铸铁的石墨呈团絮状，从而减弱了对基体的割裂作用，故其强度、塑性及韧性均比灰铸铁高。

4. 可锻铸铁的牌号及用途

我国可锻铸铁牌号为“KT + H(或 Z、B) + 第一组数字-第二组数字”，其中 KT 为“可铁”两字汉语拼音首字母，H、Z、B 分别表示黑心、珠光体、白心基体，第一组数字表示最低抗拉强度(R_m，MPa)，第二组数字表示最低伸长率(A，%)。

例如，KTH 450-07，表示最低抗拉强度为 450MPa、最低伸长率为 7%的黑心(铁素体基体)可锻铸铁。

GB/T 9440—2010《可锻铸铁件》规定了常用可锻铸铁的牌号和机械性能，见表 9-4。

表 9-4　几种常用可锻铸铁的牌号和机械性能及用途(摘自 GB/T 9440—2010)

分类	牌　号	铸铁壁厚/mm	试棒直径/mm	抗拉强度 R_m/MPa	延伸率 A/%	硬度 HBW	用　途
黑心(铁素体)可锻铸铁	KTH300-06	>12	15	300	6	≤150	弯头、三通等管件
	KTH330-08	>12	15	330	8		螺丝扳手等，犁刀、犁柱、车轮壳等
	KTH350-10	>12	15	350	10		汽车拖拉机前后轮壳、减速器壳、转向节壳、制动器等
	KTH370-12	>12	15	370	12		
珠光体可锻铸铁	KTZ450-06	—	15	450	6	150～200	曲轴、凸轮轴、连杆、齿轮、活塞环、轴套、耙片、万向接头、棘轮、扳手、传动链条等
	KTZ500-05	—	15	500	5	165～215	
	KTZ600-03	—	15	600	3	195～245	
	KTZ700-02	—	15	700	2	240～290	
	KTZ800-01	—	15	800	1	270～320	

可锻铸铁常用来制造形状复杂、承受冲击和振动载荷而壁较薄的零件，如汽车拖拉机的后桥外壳、管接头、低压阀门等。这些零件用铸钢生产时，因铸造性不好，工艺上困难较大；而用灰铸铁又存在性能不能满足要求的问题。

与球墨铸铁相比，可锻铸铁具有成本低、质量稳定、铁水处理简单、容易组织流水生产等优点。尤其对于薄壁件，若采用球墨铸铁易生成白口，需要进行高温退火，采用可锻铸铁更为适宜。

9.2.4　蠕墨铸铁

蠕墨铸铁作为一种新型铸铁材料出现在 20 世纪 60 年代，因其金属基体中的石墨呈蠕虫状而得名。

1. 成分

蠕墨铸铁的成分一般为：$w_C = 3.5\%～3.9\%$，$w_{Si} = 2.2\%～2.8\%$，$w_{Mn} = 0.4\%～0.8\%$，需

控制 S、P 的含量，使 $w_S \leqslant 0.1\%$，$w_P < 0.1\%$。

2. 蠕化处理

蠕墨铸铁是在一定成分的铁水中加入适量的蠕化剂而炼成的，其方法及程序与球墨铸铁基本相同。蠕化剂目前主要采用稀土硅铁合金、稀土硅铁镁合金或稀土硅铁钙合金等。

3. 组织和性能

蠕墨铸铁的组织为基体+蠕虫状石墨，如图 9-9 所示，在光学显微镜下石墨为互不相连的短片，与灰铸铁的片状石墨类似。不同之处在于蠕墨铸铁石墨片的长度和厚度比较小，端部较钝。

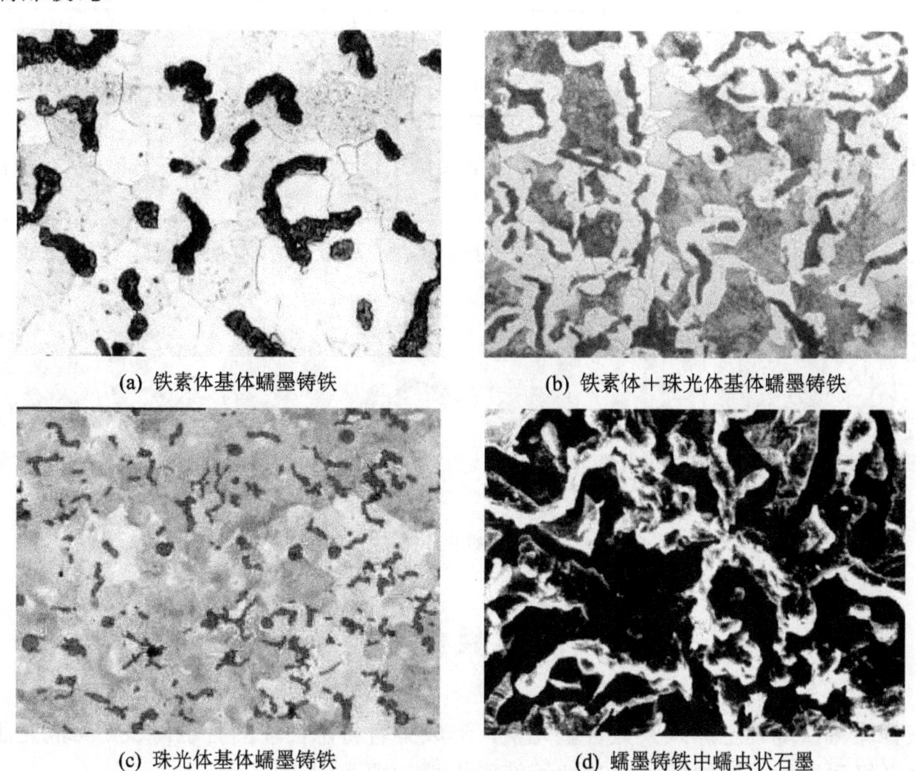

(a) 铁素体基体蠕墨铸铁　(b) 铁素体＋珠光体基体蠕墨铸铁

(c) 珠光体基体蠕墨铸铁　(d) 蠕墨铸铁中蠕虫状石墨

图 9-9　蠕墨铸铁显微组织

蠕墨铸铁的基体组织也分为铁素体、珠光体和铁素体+珠光体。它的性能介于球墨铸铁和灰铸铁之间，强度接近于球墨铸铁，并且有一定的韧性和较高的耐磨性，同时又有和灰铸铁一样的良好的铸造性能和导热性。

4. 蠕墨铸铁的牌号及应用

我国蠕墨铸铁牌号为“RuT+三位数字”，其中 RuT 为“蠕铁”两字的汉语拼音首字母，三位数字表示最低抗拉强度。蠕墨铸铁的牌号和单铸试件的机械性能及用途如表 9-5 所示。其主要用于制造承受热循环载荷的零件(如钢锭模、玻璃模具、柴油机气缸和缸盖、排气阀等)以及结构复杂、强度要求较高的铸件(如高层建筑中的高压热交换器、液压阀的阀体、耐压泵的泵体等)。

表 9-5　蠕墨铸铁的牌号和单铸试件的机械性能及用途(GB/T 26655—2011)

牌号	R_m/MPa	$R_{p0.2}$/MPa	A/%	硬度范围/HBW	主要基体组织	用　途
	不小于					
RuT500	500	350	0.5	220～260	珠光体	高负荷内燃机缸体、气缸套
RuT450	450	315	1.0	200～250	珠光体	汽车、载重卡车制动盘，壳泵和液压件，缸体和缸盖，气缸套，玻璃模具，活塞环等
RuT400	400	280	1.0	180～240	珠光体＋铁素体	内燃机缸体和缸盖，机床底座、托架和联轴器，载重卡车制动鼓、机车车辆制动盘，泵壳和液压件，钢锭模、铝锭模、玻璃模具等
RuT350	350	245	1.5	160～220	珠光体＋铁素体	机车底座、托架和联轴器，大功率船用、机车、汽车和固定式内燃机缸盖，钢锭模、铝锭模，变速箱体，液压件，焦化炉炉门等
RuT300	300	210	2.0	140～210	铁素体	排气歧管，大功率船用、机车、汽车和固定式内燃机缸盖，增压器壳体，纺织机、农机零件等

灰口铸铁为钢基体上分布着不同形态的石墨，图 9-10 所示为各种灰口铸铁的显微组织示意图。

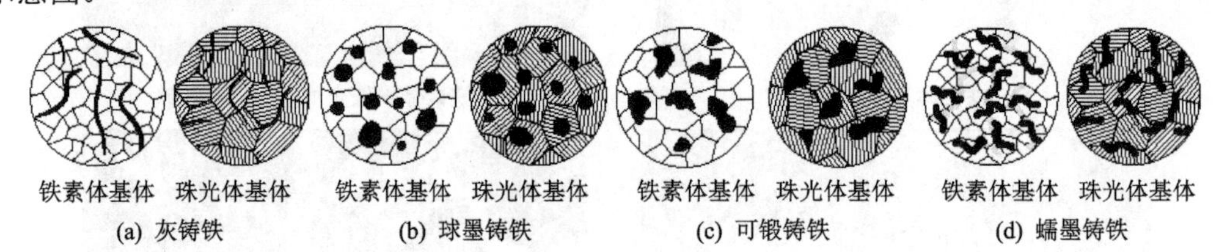

图 9-10　灰口铸铁的显微组织示意图

9.3　特殊性能合金铸铁

在普通铸铁基础上加入某些合金元素，形成具有特殊性能的合金铸铁，可满足工业应用中对良好耐磨性、耐蚀性或耐热性等特殊性能的要求。

1. 耐磨铸铁

耐磨铸铁分为减磨铸铁和抗磨铸铁两类。前者是在有润滑、受黏着磨损条件下工作，例如机床导轨和拖板、发动机的缸套和活塞环、各种滑块和轴承等；后者是在无润滑、受磨料磨损条件下工作，例如轧辊、犁铧、抛丸机叶片、球磨机磨球等。

1) *减磨铸铁*

减磨铸铁的组织应为软基体上分布有坚硬的强化相。软基体在磨损后形成的沟槽可保持油膜，有利于润滑，而坚硬的强化相可承受摩擦。细层状珠光体灰铸铁就能满足这一要求，其中铁素体为软基体，渗碳体为坚硬的强化相，同时石墨也起着储油和润滑的作用。

为了进一步提高珠光体灰铸铁的耐磨性，可加入适量的 Cu、Cr、Mo、P、V、Ti 等合金元素，形成合金减磨铸铁。目前生产中常用的合金减磨铸铁有以下几种：

(1) 高磷铸铁。若把铸铁中含磷量提高到 $w_P=0.4\%\sim0.7\%$，即成为高磷铸铁，其中 P 和 Fe 形成 Fe_3P，并与铁素体或珠光体组成磷共晶。磷共晶硬而耐磨，它以断续网状分布在珠光体基体上，形成坚硬的骨架，使铸铁的耐磨性显著提高。普通高磷铸铁的一般成分为：$w_C=2.9\%\sim3.2\%$，$w_{Si}=1.4\%\sim1.7\%$，$w_{Mn}=0.6\%\sim1.0\%$，$w_P=0.4\%\sim0.65\%$，$w_S<0.12\%$。

(2) 磷铜钛铸铁。在高磷铸铁基础上加入 Cu($w_{Cu}=0.6\%\sim0.8\%$)和 Ti($w_{Ti}=0.1\%\sim0.15\%$)后形成磷铜钛铸铁。Cu 能促进第一阶段石墨化和珠光体的形成，并使之细化和强化，Ti 能促进石墨细化，并形成高硬度的 TiC，因此磷铜钛铸铁的耐磨性超过高磷铸铁。

(3) 铬钼铜铸铁。铬钼铜铸铁的组织一般为细层状珠光体+细片状石墨+少量磷共晶和碳化物。由于 Mo 是稳定碳化物和阻止石墨化的元素，并能提高奥氏体的稳定性，使铸铁在铸态下获得索氏体甚至贝氏体基体，因此，它的强度与耐磨性都较高。

除了上述三种减磨铸铁外，我国还采用钒钛铸铁及硼铸铁等，它们都具有优良的耐磨性。

2) 抗磨铸铁

抗磨铸铁的组织应具有均匀的高硬度。普通白口铸铁就是一种抗磨性高的铸铁，但其脆性大，强度和韧性差，不能直接使用。因此常加入适量的 Cr、Mo、Cu、W、Ni、Mn 等合金元素，形成抗磨白口铸铁，它具有一定的韧性及更高的硬度和耐磨性。

GB/T 8263—2010 规定抗磨白口铸铁牌号用汉语拼音字母“BTM”表示，后面为合金元素及其含量。牌号后缀“DT”“GT”分别表示低碳和高碳。标准中有 BTMNi4Cr2-DT、BTMNi4Cr2-GT、BTMCr9Ni5、BTMCr2、BTMCr15、BTMCr26 等 10 个牌号。抗磨白口铸铁件主要以硬度作为验收依据，在铸态下其硬度都在 45HRC 以上。由于其淬火后硬度还可进一步提高，故适用于在磨料磨损条件下工作。

此外，$w_{Mn}=5.0\%\sim9.5\%$、$w_{Si}=3.3\%\sim5.0\%$的中锰球墨铸铁，其铸态组织为马氏体、奥氏体、碳化物和球状石墨。它不仅有良好的抗磨性外，还具有较好的韧性与强度，适于制造在冲击载荷和磨损条件下工作的零件。几种耐磨铸铁的成分和用途见表 9-6。

表 9-6 几种耐磨铸铁的成分和用途

铸铁名称	化学成分(质量分数)/%	用 途
高磷铸铁	P:0.4～0.6	汽车、拖拉机或柴油机的气缸套、机床导轨、活塞环等
铜铬钼铸铁	Cu：0.7～1.2 Cr：0.1～0.25 Mo：0.2～0.5	精密机床铸件、发动机上的气门座圈、缸套、活塞环等
磷铜钛铸铁	P：0.35～0.6 Cu：0.6～1.2 Ti：0.09～0.15	普通机床及精密机床床身
钒钛铸铁	V：0.1～0.3 Ti：0.06～0.2	机床导轨
硼铸铁	B：0.02～0.2	汽车发电机的气缸套

2. 耐热铸铁

铸铁耐热性是指在高温下铸铁抵抗“氧化”和“生长”的能力。生长是指铸铁在反复加热和冷却时产生不可逆体积长大的现象。

灰口铸铁在高温下表面产生氧化和烧损，同时氧化气体沿石墨片边界和裂纹内渗，造成内部氧化，并且渗碳体在高温下分解成石墨等，都会导致热稳定性下降。

提高耐热性的主要途径如下：

(1) 加入 Si、Al、Cr 等元素，一方面在铸件表面形成致密的氧化膜，阻碍继续氧化；另一方面提高铸铁的临界温度，使基体变为单相铁素体，不发生石墨化过程，从而改善铸铁的耐热性。

(2) 加入 Ni、Mn、Cu 等元素，获得单相奥氏体基体。

(3) 加入 Cr、V、Mo、Mn 等阻碍石墨化元素，以免高温时渗碳体分解为石墨。

(4) 加入球化剂，形成球墨铸铁。球状石墨为孤立分布，互不相连，不形成气体渗入通道，故其耐热性更好。

耐热铸铁的种类很多，我国耐热铸铁系列大致分为硅系、铝系、铬系和硅铝系等，其中铬系耐热铸铁的价格较高，铝系耐热铸铁的脆性大，温度急变时易裂，且不易熔炼，铸造性能较差，故国内较多发展硅系和硅铝系耐热铸铁。GB/T 9437—2009 中确定了耐热铸铁共 11 个牌号，部分耐热铸铁的成分、性能和用途见表 9-7。

在高温下工作的零件，如炉底板、换热器、坩埚、热处理炉内的运输链条等，必须使用耐热铸铁。

表 9-7　部分耐热铸铁的成分、性能和用途

牌号	化学成分/%						使用温度/℃	用途
	C	Si	Mn	P	S	其　他		
HTRCr	3.0～3.8	1.5～2.5	<1.0	<0.1	<0.08	Cr：0.5～1.0	≤550	急冷急热的薄壁细长件，如炉条、高炉支梁式水箱、金属型玻璃模等
HTRCr16	1.6～2.4	1.5～2.2	<1.0	<0.1	<0.05	Cr：15.0～18.0	≤900	室温及高温下的抗磨件，如退火罐、煤粉烧嘴、炉栅、水泥焙烧炉零件等
QTRSi4Mo	2.7～3.5	3.5～4.5	<0.5	<0.07	<0.15	Mo：0.50～0.90	≤680	内燃机排气支管、罩式退火炉导向器、烧结机中后热筛板、加热炉吊梁等
QTRSi4Mo1	2.7～3.5	4.0～4.5	<0.3	<0.05	<0.015	Mo：1.0～1.5 Mg：0.01～0.05	≤800	
QTRAl4Si4	2.5～3.0	3.5～4.5	<0.5	<0.07	<0.015	Al：4.0～5.0	≤900	高温轻载荷的耐热件，如烧结机篦条、炉用构件等
QTRAl5Si5	2.3～2.8	4.5～5.2	<0.5	<0.07	<0.015	Al：5.0～5.8	≤1050	
QTRAl22	1.6～2.2	1.0～2.0	<0.7	<0.07	<0.015	Al：20.0～24.0	≤1100	用于高温、载荷较小、温度变化较缓的工件，如锅炉用侧密封块、链式加热炉炉爪、黄铁矿焙烧炉零件等

3. 耐蚀铸铁

耐蚀铸铁不仅具有一定的力学性能，而且在腐蚀性介质中工作时具有抗蚀的能力。其主要用于制造化工部件，如阀门、管道、泵、容器等。

普通铸铁的耐蚀性差，因为组织中的石墨和渗碳体促进铁素体腐蚀。提高铸铁耐蚀性的主要途径如下：

(1) 加入Cr、Al、Si等合金元素形成保护膜。

(2) 加入Cr、Si、Mo、Cu、Ni等元素提高铁素体基体的电极电位。

(3) 加入Cr、Si、Ni等元素获得单相铁素体或奥氏体基体。

(4) 加入球化剂，形成球状石墨。

GB/T 8491—2009中规定了高硅耐蚀铸铁的4个牌号，适用于腐蚀工况，如HTSSi11Cu2CrR、HTSSi5R(适用于潜水泵、阀门、塔罐、冷却排水管等)、HTSSi15Cr4MoR(尤其适用于强氯化物工况)、HTSSi15Cr4R(适用于阳极电板)。

9.4 铸铁的热处理

热处理不能改变铸铁中石墨形态，但可改变其基体组织，从而改善性能。常用铸铁的热处理原理、工艺与钢的热处理大致相同，但因其C、Si、Mn、S、P等元素含量较高，又有其特殊性，所以具有以下特点：

(1) 共析转变温度升高。随成分的变化，铸铁的共析温度为750℃～860℃，当铸铁加热到共析温度范围时，形成奥氏体、铁素体和石墨等多相平衡组织，使热处理后的组织与性能多样化。

(2) C曲线右移，淬透性提高。由于铸铁中含硅量高，提高了淬透性，故对中小铸铁件可在油中淬火。

(3) 石墨参与了相变过程，奥氏体中的含碳量可用加热温度和保温时间来调整。由于铸铁中有较多的石墨，当奥氏体化温度升高时，石墨不断溶入奥氏体中便获得不同含碳量的奥氏体，因而可得到不同含碳量的马氏体，冷却后得到不同比例的铁素体和珠光体基体组织。

(4) 由于石墨的导热性差，故铸铁的加热过程应缓慢进行。

9.4.1 灰铸铁的热处理

灰铸铁为钢基体加片状石墨，因此钢的热处理同样适用于灰铸铁。

热处理只能改变基体组织，而不能改变石墨的形态和分布，因此，热处理强化效果有限。

1. 消除内应力退火(又称人工时效)

消除内应力退火是将铸件缓慢加热(60℃/h～120℃/h)至500℃～600℃，保温一段时间(每10 mm保温2 h)，然后随炉缓冷(20℃/h～40℃/h)至150℃～200℃出炉空冷。其目的是消除铸件的残余内应力，防止铸件在使用过程中变形、开裂，保证其精度。消除内应力退火主要用于大型、复杂铸件或高精度的铸件，如床身、机座、气缸体等铸件，在清理后，切削加工前一般要进行消除内应力退火。

2. 高温石墨化退火(又称消除白口组织退火或软化退火)

铸件的冷却速度较快时，在灰铸件的表层和薄壁处，很容易形成白口组织，使机械加工难以进行。为消除表面或薄壁处的白口组织，降低硬度，改善切削加工性，需进行高温石墨化退火：将铸件加热至 850℃～900℃，保温 1～4 h，使部分渗碳体分解为铁素体+石墨，然后随炉缓冷至 400℃或 500℃以下，再出炉空冷，最后得到铁素体或铁素体 + 珠光体基体灰铸铁。

3. 正火

正火是为消除白口组织和提高强度、硬度及耐磨性，将铸件加热至 850℃～950℃，保温 1～3 h，然后出炉空冷，最后得到珠光体基体灰铸铁。

4. 表面淬火

为提高表面强度、硬度、耐磨性，通过表面淬火得到铸件表层组织为细马氏体 + 片状石墨的硬化层。一般选用孕育铸铁，基体最好为珠光体组织。可采用高频感应加热、火焰加热、电接触法加热及激光加热等表面淬火方法。灰口铸铁的表面淬火广泛用于机床床身、导轨的表面以及各种箱体、壳体、泵体、缸体等零件内壁，可显著延长其使用寿命。

9.4.2　球墨铸铁的热处理

球墨铸铁的机械性能除与石墨有关外，主要取决于其基体组织。通过热处理可以大幅度调整基体组织，提高性能。钢的热处理工艺原则上都能适用于球墨铸铁，且能取得良好效果。常用的热处理工艺有：退火、正火、等温淬火、表面淬火和调质等。

1. 退火

1) 消除内应力退火(即人工时效)

球墨铸铁的弹性模量以及凝固时收缩率比灰铸铁高，故铸造内应力比灰铸铁约大两倍，对于不再进行其他热处理的球墨铸铁铸件，都应进行消除内应力退火。消除内应力退火工艺是将铸件缓慢加热到 500℃～620℃左右，保温 2～8 h，然后随炉缓冷。

2) 高温石墨化退火

由于球墨铸铁白口倾向较大，因而铸态组织往往会出现自由渗碳体。为了获得铁素体球墨铸铁，需要进行高温石墨化退火，即将铸件加热至 900℃～950℃，保温 1～4 h(第一阶段石墨化)，然后炉冷至 600℃～650℃使铸件发生中间和第二阶段石墨化，再出炉空冷。

3) 低温石墨化退火

当铸态基体组织为珠光体+铁素体，而无自由渗碳体存在时，为了获得塑性、韧性较高的铁素体球墨铸铁，可进行低温石墨化退火：将铸件加热至 720℃～760℃，保温 3～6 h，使铸件发生第二阶段石墨化，然后随炉缓冷至 600℃，再出炉空冷。

高温和低温石墨化退火的目的是消除自由渗碳体(高温退火)或共析渗碳体(低温退火)，得到铁素体基体球墨铸铁，降低硬度，提高切削加工性。

2. 正火

球墨铸铁正火的目的是增加基体组织中珠光体的数量和减小层状珠光体的片间距，以提高其强度、硬度和耐磨性，并可作为表面淬火的预备热处理。

正火可分为高温正火和低温正火两种。

1) 高温正火(完全奥氏体化正火)

高温正火是将铸件加热至 880℃～950℃，保温 1～3 h，使基体全部奥氏体化，然后出炉空冷，使其在共析温度范围内由于快冷而获得珠光体基体。对含硅量高的厚壁铸件，则应采用风冷，甚至喷雾冷却，确保正火后能获得珠光体基体球墨铸铁。

2) 低温正火(不完全奥氏体化正火)

低温正火是将铸件加热至共析温度区间 820℃～860℃，保温 1～3 h，使基体部分奥氏体化，然后出炉空冷，获得珠光体和铁素体球墨铸铁，提高铸件的韧性与塑性。若内应力较大，则采用同样的回火消除。

由于球墨铸铁导热性较差，弹性模量又较大，正火冷却速度快，容易在铸件内产生较大的内应力，因此多数工厂在正火后，都进行一次去应力退火(常称回火)，即将铸件加热到 550℃～600℃保温 2～4 h，然后出炉空冷。

3. 调质

调质是将铸件加热至 860℃～920℃，保温 2～4 h，然后油淬，再经 550℃～600℃回火 4～6 h，获得回火索氏体基体和球状石墨组织。其目的是提高综合机械性能。

为避免淬火冷却时产生开裂，除形状简单的铸件采用水冷外，一般都采用油冷，淬火后组织为细片状马氏体和球状石墨；调质处理后，获得回火索氏体和球状石墨组织，具有良好的综合力学性能。故调质常用于柴油机曲轴、连杆等重要零件的热处理。

一般也可在球墨铸铁淬火后，采用中温或低温回火处理。中温回火后获得回火托氏体基体组织，具有高的强度与一定韧性，例如用球墨铸铁制造的铣床主轴就是采用这种工艺。低温回火后获得回火马氏体基体组织，具有高的硬度和耐磨性，例如用球墨铸铁制造轴承内外套圈就是采用这种工艺。

4. 等温淬火

对于形状复杂又需要高的强度和较好的塑性与韧性的铸件，正火已很难满足技术要求，往往采用等温淬火，目的是提高综合力学性能。

等温淬火是将铸件加热至 860℃～920℃，保温一段时间后淬入 M_s 以上某一温度的盐浴中等温一段时间(一般为 250℃～350℃，0.5～1.5 h)，然后取出空冷。等温淬火后的基体组织为下贝氏体+少量残留奥氏体+少量马氏体+球状石墨。

有时等温淬火后还进行一次低温回火，使淬火马氏体转变为回火马氏体，残留奥氏体转变为下贝氏体，进一步提高铸件的强度、韧性与塑性。

球墨铸铁经等温淬火后的抗拉强度可达 1100～1450 MPa，硬度为 38～50 HRC，冲击吸收能量为 24～64 J。故等温淬火常用来处理一些要求具有高的综合力学性能、良好的耐磨性且外形又较复杂、热处理易变形或开裂的零件，如齿轮、滚动轴承套圈、凸轮轴等。但由于等温盐浴的冷却能力有限，故一般仅适用于截面尺寸不大的零件。

球墨铸铁除能进行上述各种热处理外，为了提高球墨铸铁零件表面的硬度、耐磨性、耐蚀性及疲劳极限，还可以进行表面热处理(如表面淬火、渗氮等方法)。

习题与思考题

本章小结

9-1　比较钢、白口铸铁、灰口铸铁在成分、组织、性能和用途方面的主要差异。

9-2　什么是铸铁的石墨化？说明铸铁石墨化的三个阶段和影响因素。

9-3　铸铁中石墨形态有哪些？根据石墨形态的不同，常把铸铁分为哪几类？

9-4　灰铸铁、球墨铸铁、可锻铸铁和蠕墨铸铁在组织上的根本区别是什么？分析其组织对力学性能的影响，举例说明各种铸铁的应用特点。

9-5　铸铁的抗拉强度和硬度主要取决于什么？如何提高铸铁的抗拉强度和硬度？铸铁的抗拉强度高，其硬度是否也一定高？为什么？

9-6　为什么灰铸铁得到广泛应用，尤其适合制造机床床身、导轨、减速器箱体等零件？

9-7　球墨铸铁是如何获得的？为什么球墨铸铁热处理效果比灰铸铁要显著？

9-8　根据可锻铸铁的生产过程说明为什么可锻铸铁适宜制造壁厚较薄的零件？

9-9　实际生产中，常要求有些铸铁件表面、棱角和凸缘处硬度高，但难以机械加工，为什么？如何处理？

9-10　请为下列零件选择合适的铸铁，并说明理由。

机床导轨　汽车后桥壳体　犁铧　柴油机曲轴　液压泵外壳　低速小冲击齿轮

9-11　现有形状、尺寸完全相同的白口铸铁、灰铸铁、低碳钢各一块，试问用什么简便方法可迅速将它们区分开来？

9-12　指出下列牌号灰口铸铁的类别、数字含义及用途：

HT200　KTH350-10　KTZ700-02　QT600-03　RuT400

第十章　有色金属及粉末冶金材料

金属材料分为黑色金属和有色金属两大类，黑色金属主要指钢和铸铁；其他金属，如铝、铜、锌、镁、铅、钛、锡等及其合金统称为有色金属，又称非铁金属材料。

有色金属及其合金具有很多钢铁材料不具备的特殊性能，如电、磁、热性能，耐蚀性和比强度高等性能，所以有色金属已成为现代工业中不可缺少的金属材料。

本章主要介绍在工业中应用较广的铝合金、铜合金、镁合金、钛合金、滑动轴承合金及应用。

项目设计

(1) 铝合金是目前实现汽车轻量化最理想的材料，主要有铝合金锻件、金属模铸件、铝合金挤压和拉延产品等。试举出各种铝合金在汽车上的应用实例，分析合理的成型工艺和质量保障措施。

(2) 球磨机和汽轮机所使用的轴瓦材料为轴承合金(巴氏合金)，需要将巴氏合金浇注在轴瓦的内表面上并经切削加工和刮研。请探究巴氏合金的浇注方法，分析并总结质量控制措施。

学习成果达成要求

掌握铝合金、铜合金、镁合金、钛合金、滑动轴承合金的化学成分、组织和性能特点，以及有色金属及其合金材料在机械工程中的应用及适用范围。

10.1　铝及铝合金

铝及铝合金具有密度小、比强度高、耐蚀性和成型性好、切削性能好、成本低等一系列优点，在航空航天、船舶、核工业及兵器工业中都有着广泛的应用前景及不可替代的地位。

10.1.1　工业纯铝

1. 纯铝

铝在地壳中储量丰富，占地壳总质量的8.2%，居所有金属元素之首。

纯铝具有银白色金属光泽，为面心立方晶格类型，原子半径为0.143 nm，晶格常数为0.404 nm，无同素异构(晶)转变，密度小(2.7 g/cm^3，仅为铁的1/3)，熔点低(660.4℃)。

铝和氧亲和力强，在空气中易氧化，在其表面形成一层致密、牢固的氧化膜，因而在大气、水溶液等介质中抗腐蚀性能好。铝的导电性和导热性都很好，仅次于银、铜、金，因此铝被广泛用来制造导电材料和热传导器件以及强度要求不高的耐腐蚀容器、用具等。

纯铝强度、硬度低，塑性、韧性好，易加工成型，可经冷塑性变形而强化，超高强铝合金抗拉强度已超过700MPa，可与优质合金钢媲美。

此外，纯铝具有良好的低温塑性，直到−253℃，其塑性和韧性也不降低；其磁化率极低，接近非铁磁性材料，可作为仪表材料、电气设备屏蔽材料、易燃易爆物生产器材及容器等；纯铝的反射能力强，用其制作的产品外表美观。

铁和硅是纯铝中的主要杂质。随着杂质含量的增加，纯铝的导电性、耐蚀性及塑性都降低。实质上可以将工业纯铝看作铁、硅含量很低的铝-铁-硅系合金，一般纯度为99.00%～99.99%。按照纯度，铝分为纯铝(99.00% $< w_{Al} <$ 99.85%)和高纯铝($w_{Al} >$ 99.85%)。纯铝主要用于配制合金，制造电线、电缆、包覆材料、耐腐蚀和生活用器皿等。高纯铝的主要用途是科学研究，制造电容器和化学工业容器等。

2. 纯铝的牌号和用途

纯铝分为铸造纯铝(铸造产品)及变形铝(压力加工产品)两种。

按GB/T 8063—2017的规定，铸造纯铝牌号由“铸”字的汉语拼音首字母“Z”和铝的化学元素符号“Al”及表明铝含量的数字组成，例如ZAl99.5表示 w_{Al} = 99.5%的铸造纯铝。

按GB/T 16474—2016的规定，变形铝牌号用四位字符体系的方法命名，即用1×××表示。牌号第二位是字母，表示原始纯铝的改型情况；牌号的最后两位数字表示纯铝最低百分含量中小数点后面两位数字。如果字母为A，则表示原始纯铝，如1A30变形铝表示 w_{Al} = 99.30%的原始纯铝；若为其他字母，则表示原始纯铝的改型。GB/T 3190—2020中规定我国变形铝主要有1A99、1B99、1A97、1A93、1A90、1A50、1R50、1A30、1B30等20种牌号。

工业纯铝具有纯铝的一般性能，可用任何一种铸造方法铸造成型，也可轧成薄板、带和箔，拉成管材和细丝，挤压成各种民用的型材，既可用大多数机床进行车、铣、镗、刨等机械加工，也可进行气焊、氩弧焊、点焊等。

10.1.2　铝合金

1. 铝合金的特性

纯铝的强度、硬度低，不适合制造受力的零部件。向纯铝中加入合金元素后，可获得铝合金。铝合金和纯铝具有相似的物理化学性能，其密度与纯铝相近，都有良好的导电性、导热性能和抗大气腐蚀能力，磁化率极低，接近于非铁磁性材料。

纯铝中常加入的元素主要有Cu、Mn、Si、Mg、Zn等，还有Cr、Ni、Ti、Zr等附加元素。由于这些元素的固溶强化和第二相强化作用，使得铝合金既具有较高的强度，又保持了纯铝的优良特性。不少铝合金还可以通过冷变形和热处理方法进一步强化，其抗拉强度可达500～1000 MPa，相当于低合金结构钢的强度。因此铝合金成为工业中广泛使用的有色金属材料，用铝合金可以制造承受较大载荷的机构零件和构件，尤其是它具有高的比强度，使其成为重要的航空材料。

无论加何种元素，铝合金大多具有如图 10-1 所示的有限固溶共晶型相图。根据铝合金的成分和工艺特征，一般将铝合金分为铸造铝合金和形变铝合金两大类。

图 10-1 中，以合金成分 D(D′)点为界可将铝合金分为铸造铝合金和形变铝合金两大类，成分在 D 点以左的合金，其特点是加热至固溶线(DF)以上温度时，可得到单相 α 固溶体，塑性好，适于压力加工，称为形变铝合金；成分在 D 点以右的合金，合金元素较多，凝固时发生共晶反应出现共晶体，合金塑性较差，不宜压力加工，但熔点低，流动性好，适宜铸造，称为铸造铝合金。

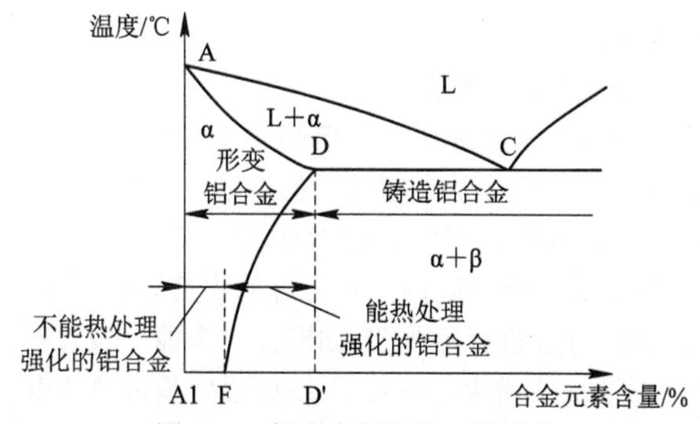

图 10-1　铝合金相图的一般形式

在形变铝合金中，成分在 F 点以左的合金，α 固溶体成分不随温度发生变化，因而不能用热处理方法强化，称为不可热处理强化的铝合金；成分在 F～D 之间的铝合金，α 固溶体成分随温度而变化，可用热处理方法强化，称为可热处理强化的铝合金。

由于铸造铝合金中也有 α 固溶体，故也能用热处理强化；但成分距 D 点远，合金中的 α 相较少，其强化效果越不明显。

2. 铝合金的强化

纯铝无同素异构转变，因此不能像钢一样借助于热处理进行相变强化。合金元素对铝的强化主要表现在固溶强化、时效强化、过剩相(第二相)强化和细晶强化方面。

1) 固溶强化

纯铝中加入合金元素，形成铝基固溶体，造成晶格畸变，阻碍了位错的运动，起到固溶强化的作用，可使其强度提高。在图 10-1 中，合金成分在 F 点以左的形变铝合金主要依靠固溶强化作用形成固溶体型合金，获得高的强度、优良的塑性和良好的压力加工性能。Al-Cu、Al-Mg、Al-Si、Al-Zn、Al-Mn 等二元合金一般都能形成有限固溶体，并且均有较大的极限溶解度，具有较好的固溶强化效果。例如 $w_{Si}=13\%$的 Al-Si 合金，未经变质处理时，$R_m=137$MPa，$A=3\%$；而经变质处理后，合金的 $R_m=176$ MPa，$A=8\%$。

2) 时效(沉淀)强化

如图 10-1 所示，合金成分在 F 和 D 点之间的形变铝合金，由于合金元素在铝中有较大的固溶度，且随温度的降低而急剧减小，所以合金元素对铝的强化作用可通过热处理来实现，包括固溶处理和时效。

将合金加热至单相固溶体区，保温后快速冷却(淬火)，得到过饱和固溶体的热处理工艺，称为固溶处理。在图 10-1 中，将铝合金加热到固溶线 DF 以上温度，保温并淬火后，得到过饱和的单相铝基固溶体组织。

将过饱和固溶体放置在室温或加热到固溶线以下某一温度时，其强度和硬度随时间的延长而增高，但塑性、韧性则降低，这个热处理过程就称为时效。时效过程中使铝合金的强度、硬度增高的现象称为时效(沉淀)强化或时效硬化。在室温下进行的时效称为自然时效；在加热条件下进行的时效称为人工时效。

时效强化的实质是第二相从不稳定的过饱和固溶体中析出并长大，当与母相晶格常数不同的第二相与母相共格时，晶格畸变严重，位错运动阻力大，强化效果最好；当形成稳定化合物相、共格被破坏时，强化效果变差，合金软化，即产生过时效。

影响时效强化的因素如下：

(1) 固溶体浓度。浓度越大，强化效果越好。

(2) 时效温度。温度升高，时效加快，但最高硬度值降低。

(3) 时效时间。时间越长，强化效果越好，但超过一定时间，产生软化。

图 10-2 所示为 $w_{Cu}=4\%$的铝合金经过固溶处理后，在室温下强度随时间变化的曲线。由图可知，自然时效在最初的一段时间内，对合金的强度影响不大，即强化效果不明显，这段时间称为孕育期，是铝合金进行冷加工(如铆接、弯曲、校直等)的最佳时间。随着时间的延长(5～15 h 后)，强度很快增大，4～5 天以后强度基本停止变化。

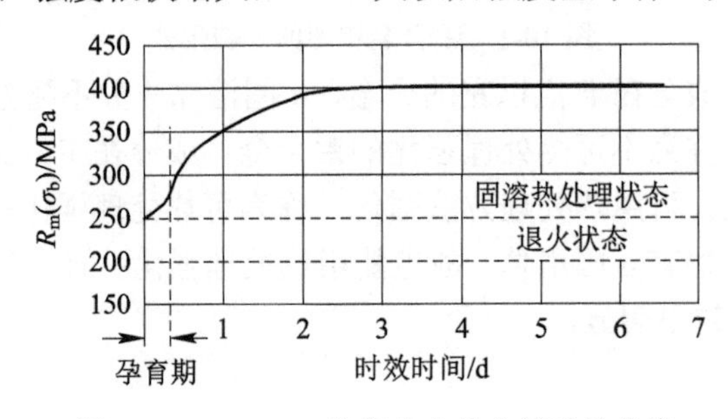

图 10-2 $w_{Cu}=4\%$的铝合金的自然时效曲线

铝合金时效强化的效果还与温度有关。图 10-3 所示为 $w_{Cu}=4\%$的铝合金在不同温度下的时效曲线。由图 10-3 可知，提高时效温度，可使孕育期缩短，时效速度加快。但时效温度越高，强化效果越差。如果时效温度在室温以下，原子扩散不易进行，则时效过程进行得很慢。例如，在−50℃以下长期放置固溶处理后的铝合金，其 R_m 几乎没有变化，即低温可以抑制时效的进行。所以，在生产中，某些需要进一步加工变形的铝合金(铝合金铆钉等)，可在固溶处理后于低温状态下保存，使其在需要加工变形时仍具有良好的塑性。若人工时效的温度过高或时间过长，则合金会软化，这种现象称为过时效。为充分发挥铝合金的强化效果，应避免产生过时效。

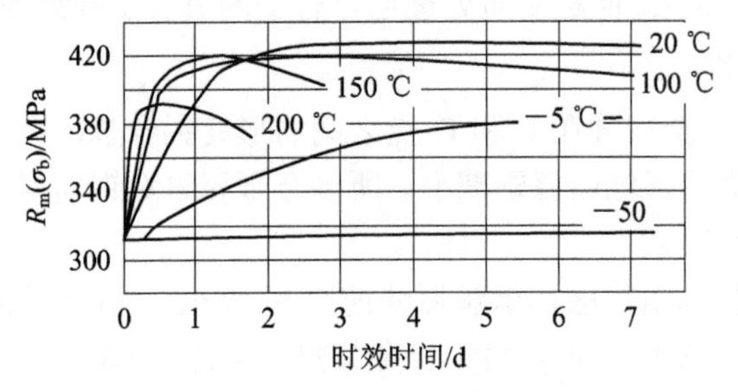

图 10-3 $w_{Cu}=4\%$的铝合金在不同温度下的时效曲线

3) 过剩相强化

若铝中加入合金元素的数量超过了极限溶解度，则在固溶处理加热时，就有一部分不能溶入固溶体的第二相出现，称为过剩相。在铝合金中过剩相通常是硬而脆的金属间化合物，它们在合金中阻碍位错运动，使合金强度、硬度提高，而塑性、韧性降低，这称为过剩相(第二相)强化。过剩相数量越多，分布越弥散，强化效果就越好；但过剩相太多会使合金变脆，从而导致强度、塑性都降低。过剩相成分、结构越复杂，熔点越高，高温热稳定性就越好。生产中常常采用这种方式来强化铸造铝合金和耐热铝合金。

4) 细晶强化

在铝合金中添加微量元素细化组织是提高铝合金力学性能的另一种重要手段。微量元素作为变质剂，可增加结晶核心，抑制晶粒长大，有效地细化晶粒，从而提高合金强度，故称细晶强化，又称变质处理。

变形铝合金中添加的微量元素主要有 Ti、Zr、Be、Sr 以及 RE，它们能形成难熔化合物，在合金结晶时作为非自发晶核起细化晶粒作用，提高合金的强度和塑性。例如，在 Al-Mn 防锈铝合金中添加 0.02%～0.3%的 Ti 时，可使组织显著细化。

铸造铝合金的变质处理是浇注前在熔融的铝合金中加入占合金重量 2%～3%的变质剂，以消除组织粗大的现象；常用钠盐混合物(2/3NaF + 1/3NaCl)作为变质剂。同样在铸造铝合金中加入少量 Mn、Cr、Co 等元素能使杂质铁形成的板块状或针状化合物 AlFeSi 细化，提高塑性；加入微量 Sr 可消除或减少初晶硅，并使共晶硅细化，晶粒圆整度提高。

10.1.3　形变铝合金

形变铝合金要求有良好的冷热加工性，不允许有过多的第二相，一般合金元素含量小于 5%，高强度合金中合金元素含量可达 8%～14%。形变铝合金分为可热处理强化铝合金(硬铝、超硬铝及锻铝)和不能热处理强化铝合金(防锈铝)，可以沿用 GB/T 16474—1996 表示为 LY、LC、LD、LF。

按 GB/T 16474—2016 规定，变形铝合金牌号用四位字符体系的方法命名，牌号的第一、三、四位为数字，第二位为英文大写字母 A、B 或其他字母(或数字)，如 5A06。

牌号中第一位数字为 2～9(1 为工业纯铝)，分别表示形变铝合金的组别：2 代表铝铜合金；3 代表铝锰合金；4 代表铝硅合金；5 代表铝镁合金；6 代表铝镁硅合金；7 代表铝锌合金；8 代表其他合金，如铝锂合金；9 代表备用合金组。

牌号第二位字母表示原始铝合金的改型情况：字母为 A，表示原始合金；B～Y 则表示原始合金的改型，其化学成分略有变化。当第二位不是英文字母，而是数字时，0 表示原始合金，1～9 表示改型合金。

牌号的最后两位数字没有特殊意义，仅用来区分同一组中的不同合金。

变形铝合金可按其性能特点分为 Al-Mn 系或 Al-Mg 系、Al-Cu-Mg 系、Al-Cu-Mg-Zn 系、Al-Cu-Mg-Si 系合金等，这些合金常经冶金厂加工成各种规格的板、带、线、管等型材供应。GB/T 3190—2020 中部分常用变形铝合金的牌号、化学成分及 GB/T 3880.2—2012 中室温拉伸试验结果如表 10-1 所示。

表 10-1　常用变形铝合金的牌号、化学成分和室温拉伸试验结果表

类别	代号	化学成分 w/%						室温拉伸试验结果		原代号
		Cu	Mg	Mn	Zn	其　他	Al	抗拉强度 R_m/MPa	断后伸长率 A/%	
防锈铝合金	5A06	0.1	5.8～6.8	0.5～0.8	0.2	Si：0.4；Fe：0.4	余量	295～315	6～12	LF6
	3A21	0.2	0.05	1.0～1.6	0.10	Si：0.6；Fe：0.7；Ti：0.15	余量	100～215	16	LY21
硬铝合金	2A01	2.2～3.0	0.2～0.5	0.2	0.1	Si：0.5；Fe：0.5；Ti：0.15	余量	—	—	LY1
	2A11	3.8～4.8	0.4～0.8	0.4～0.8	0.3	Si：0.7；Fe：0.7；Ti：0.15；Ni：0.1	余量	285～375	4～11	LY11
	2A12	3.8～4.9	1.2～1.8	0.3～0.9	0.3	Si：0.7；Fe：0.7；Ti：0.15；Ni：0.1	余量	215～425	3～7	LY12
超硬铝合金	7A04	1.4～2.0	1.8～2.8	0.2～0.6	5.0～7.0	Si：0.5；Fe：0.5；Ti：0.15；Cr：0.1～0.25	余量	245～490	—	LC4
锻造铝合金	2A14	3.9～4.8	0.4～0.8	0.4～1.0	0.3	Si：0.6～1.2；Fe：0.7；Ni：0.1	余量	245～430	5	LD10

1. 防锈铝合金

防锈铝合金主要有 Al-Mn、Al-Mg 合金，特点为耐蚀性高，塑性和焊接性好，切削加工性差。其时效强化效果较弱，一般只能用冷变形来提高强度。

Al-Mn 系防锈铝主要为 3A21(LF21)，Mn 的含量为 1.0%～1.6%，退火状态为 α 的固溶体和晶粒边界上少量的(α + $MnAl_6$)共晶体。Mn 的作用为固溶强化及弥散强化(少量 $MnAl_6$)，所以它的强度高于纯铝；由于 $MnAl_6$ 相的电极电位与基体相近，故提高了耐蚀性。

常用的 Al-Mg 系防锈铝有 LF2、LF3、LF5、LF6 等，Mg 在 Al 中的溶解度较大(在 451℃ 时可溶入 15%)，作用为固溶强化。但为避免形成脆性很大的化合物，便于加工，一般防锈铝中 $w_{Mg} < 8\%$。在实际生产条件下，由于其具有单相固溶体，所以耐蚀性好。又由于固溶强化溶解度大，因此其强度比纯铝、3A21 更高。含镁量愈高，合金强度愈高。

防锈铝的工艺特点是塑性及焊接性好，常用拉延法制造各种高耐蚀性的薄板容器(如油箱等)、防锈蒙皮以及受力小、质轻、耐腐蚀的制品与结构件(如管道、窗框、灯具等)。

2. 硬铝合金(杜拉铝)

硬铝合金的典型是 Al-Cu-Mg 系合金，特点是时效后强度、硬度很高，加工性能好，但耐蚀性差，易产生晶间腐蚀，常采用包铝。加入 Cu、Mg 形成强化相 S($CuMgAl_2$)、θ($CuAl_2$)、T($CuMg_2Al_6$)和 β(Mg_2Al_3)(强化效果依次减弱)，在铝中有较大溶解度。合金元素总量增加，强化相数量增多，强度提高，Cu : Mg = 2.61，强化效果最好。

(1) 低强度硬铝合金：如 LY1～LY10，主要析出 θ 相，强度低，塑性高，可作为铆接材料。

(2) 中强度(标准)硬铝合金：如 LY11，主要析出 θ 相，其次为 S 相，强度较高，塑性较好，可作为中等载荷结构件材料。

(3) 高强度硬铝合金：如 LY12，主要析出 S 相，其次为 θ 相，强度较高，耐热性良好，塑性较差，可作为较高载荷结构件材料。

3. 超硬铝合金

典型的超硬铝合金是 Al-Zn-Mg-Cu 系合金，特点是时效后强度、硬度更高，热加工性能好，但塑性及耐蚀性差，采用包铝。Al-Zn-Mg 形成稳定性更高的强化相 η($MgZn_2$)和 T($Al_2Mg_3Zn_3$)，其次还有 γ($MgZn_5$)和 β(Mg_2Al_3)相。Zn、Mg 含量增加，强度提高，但塑性和耐蚀性下降。超硬铝有 LC4，强化相主要为 η + T，其次为 S 相，强度较高；LC6，η+T 相更多，强度更高。

4. 锻铝合金

典型的锻铝合金为 Al-Mg-Si-Cu 系合金，特点为热塑性及耐蚀性高。Al-Mg-Si 形成 Mg_2Si，加 Cu 形成 W($Cu_4Mg_5Si_4Al_x$)、θ($CuAl_2$)和 S($CuMgAl_2$)相，主要为 Mg_2Si 和 W，常用的有 LD2、LD5、LD6、LD10 等。

10.1.4　铸造铝合金

铸造铝合金除了要有足够的机械性能及耐蚀性外，还要有优良的铸造性能。共晶合金的铸造性能最好，但由于有大量脆性相，使脆性增加，因此实际使用的并非都是共晶合金，铸造铝合金只是比形变铝合金的合金元素含量高一些，一般合金元素总量约为 8%～25%。

根据 GB/T 1173—2013《铸造铝合金》的规定，铸造铝合金代号用“铸铝”两字的汉语拼音首字母“ZL”及三位数字表示，如 ZL203、ZL302 等。ZL 后的第一位数表示合金系，其中，1 为 Al-Si，2 为 Al-Cu，3 为 Al-Mg，4 为 Al-Zn；后两位数字表示合金顺序号，序号不同，化学成分也不同。

GB/T 8063—2017 规定了铸造有色金属及其合金牌号表示方法。铸造铝合金牌号由 ZAl＋主要合金元素的化学符号及其平均质量分数组成，如 ZAlSi12 表示主要合金元素为 Al、w_{Si} = 12%的铝硅铸造合金。如果合金元素平均含量小于 1%，一般不标数字，必要时可用一位小数表示。常用铸造铝合金的牌号(代号)、化学成分、机械性能与用途如表 10-2 所示。

表 10-2　常用铸造铝合金的牌号(代号)、化学成分、机械性能与用途(摘自 GB/ T 1173—2013)

组别	牌号(代号)	化学成分 w/%(余量为 Al)	机械性能(不低于)					用途
			铸造方法	合金状态	$R_m(\sigma_b)$/MPa	$A(\delta)$/%	布氏硬度 HBW	
铝硅合金	ZAlSi12 (ZL102)	Si：10.0～13.0	SB	F	145	4	50	工作温度在 200℃以下，要求气密性、承受低载荷的零件，如抽水机壳体
			J	F	155	2	50	
			SB	T2	135	4	50	
			J	T2	145	3	50	
	ZAlSi9Mg (ZL104)	Si：8.0～10.5 Mg：0.17～0.30 Mn：0.2～0.5	S	F	145	2	50	工作温度为 220℃以下，形状复杂的零件，如电动机壳体、气缸体
			J	T1	195	1.5	65	
			SB	T6	225	2	70	
			J	T6	235	2	70	
	ZAlSi5Cu1Mg (ZL105)	Si：4.5～5.5 Cu：1.0～1.5 Mg：0.40～0.60	J	T5	235	0.5	70	工作温度为 225℃以下，形状复杂的零件，如风冷发动机的气缸头
			S	T5	215	1	70	
			S	T6	225	0.5	70	
	ZAlSi12Cu1Mg1Ni1 (ZL109)	Si：11.0～13 Cu：0.5～1.5 Mg：0.8～1.3 Ni：0.8～1.5	J	T1	195	0.5	90	较高温度下工作的零件，如活塞
			J	T6	245	—	100	

续表

组别	牌号(代号)	化学成分 w /%(余量为 Al)	机械性能(不低于)					用　途
			铸造方法	合金状态	$R_m(\sigma_b)$ /MPa	$A(\delta)$ /%	布氏硬度 HBW	
铝铜合金	ZAlCu5Mn (ZL201)	Cu：4.5～5.3 Mn：0.6～1.0 Ti：0.15～0.35	S S	T4 T5	295 335	8 4	70 90	砂型铸造工作温度为175℃～300℃的零件，如内燃机气缸头、活塞
	ZAlCu4(ZL203)	Cu：4.0～5.0	S S	T4 T5	195 215	6 3	60 70	形状简单、表面粗糙度要求较高的中等载荷零件
铝镁合金	ZAlMg10 (ZL301)	Mg：9.5～11.0	S	T4	280	10	60	大气或海水中工作的零件，承受冲击载荷，外形不太复杂的零件，如舰船配件、氨用泵体等
	ZAlMg5Si1 (ZL303)	Si：0.8～1.3 Mg：4.5～5.5 Mn：0.1～0.4	S	F	145	1	55	
铝锌合金	ZAlZn11Si7 (ZL401)	Si：6.0～8.0 Mg：0.1～0.3 Zn：9.0～13.0	J S	T1 T1	245 195	1.5 2	90 80	结构形状复杂的汽车、飞机、仪器零件，也可制造日用品
	ZAlZn6Mg (ZL402)	Mg：0.5～0.63 Zn：5.0～6.5 Cr：0.4～0.6 Ti：0.15～0.25	J S	T1 T1	235 215	4 4	70 65	

注：① 铸造方法：J—金属模；S—砂模；B—变质处理。② 合金状态：F—铸态；T1—人工时效；T2—退火；T4—固溶处理加自然时效；T5—固溶处理加不完全人工时效；T6—固溶处理加完全人工时效。③ 用途在国家标准中未规定。

1. 铝硅系铸造铝合金

铝硅系铸造铝合金又称铝硅明，是铸造性能与力学性能配合最佳的一种铸造合金，特点是有良好的铸造、耐腐蚀和机械性能，是航空业应用最广的材料。

(1) 简单铝硅合金(简单铝硅明)：典型的是 ZL102，Si 含量为 11%～13%，属于过共晶(共晶点 Si 含量 11.7%)，组织几乎都是共晶体组织(α + 粗大针状硅)，少量为块状初晶硅。其最大的优点是铸造性能好，此外，其密度小，耐蚀性、耐热性和焊接性能也相当好，但强度低，塑性及韧性差。

简单铝硅合金不能热处理强化，主要在退火状态下使用，强度较低。经过变质处理后可提高合金的力学性能，即加入 2%～3%的钠盐变质剂可得到 α + (α + Si)的细小组织，满足载荷大的需要。

(2) 含 Mg 的特殊铝硅合金(特殊铝硅明)：在 Al-Si 合金中加入 Mg，形成 Mg_2Si；常用的有 ZL101、ZL104，经过变质处理加人工时效，组织为细小亚共晶 + Mg_2Si，强度提高。

(3) 含 Cu 的特殊铝硅合金(特殊铝硅明)：加入 Cu 形成 θ 相($CuAl_2$)，常用的有 ZL107，经过变质处理加人工时效，强度明显提高。

(4) 含 Cu、Mg 的特殊铝硅合金(特殊铝硅明)：同时加入 Cu、Mg，除形成 Mg_2Si、θ 相外，还形成 $W(Cu_4Mg_5Si_4Al_x)$、$S(CuMgAl_2)$相；常用的有 ZL103、ZL105、ZL110，其强度更高且具有高的耐热性(使用温度低于 250℃)。

2. 铝铜系铸造铝合金

铝铜系铸造铝合金的特点是耐热性在铝合金中最高。这类合金的 Cu 含量不少于 4%，由于 Cu 在 Al 中有较大的溶解度，且随温度的改变而改变，因此这类合金可以通过时效强化提高强度，并且时效强化的效果能够保持到较高温度，使合金具有较好的热强性。

铝铜系铸造铝合金的缺点是铸造性和耐蚀性差。由于合金中只含少量的共晶体(共晶点为 Cu 含量 33.2%)，故铸造性能不好，抗蚀性和比强度比优质铝硅明低。随着 Cu 含量的增加，铸造性能变强，耐蚀性增加，但强度降低，因此 $w_{Cu} < 14\%$。铝铜系铸造铝合金的常用有 ZL201、ZL203 等，主要用于制造在 200℃～300℃温度中工作的、要求较高强度的零件，如增压器的导风叶轮、静叶片等。

3. 铝镁系铸造铝合金

铝镁系铸造铝合金的特点是密度最小，耐蚀性最好，强度最高，有较好的韧性；其缺点是铸造性差，热强性低，使用温度低于 200℃；常用的有 ZL301、ZL302。ZL301 的室温组织为 $\alpha + Mg_5Al_8$。因为 ZL301 时效时直接析出平衡相，强化效果较差，故一般在温油或温水淬火后使用，综合力学性能较高。

4. 铝锌系铸造铝合金

铝锌系铸造铝合金的特点是强度较高，有良好的铸造、切削加工性能；其缺点是耐蚀性差。铝锌系铸造铝合金常用的是 ZL401(含 Zn 铝硅明)，属于 Al-Zn-Si 系。

10.2　铜及铜合金

10.2.1　工业纯铜

纯铜呈玫瑰红色，表面氧化后形成紫色氧化铜膜，故俗称紫铜，它属于重金属，密度为 $8.94g/cm^3$，熔点为 1083℃，无磁性，FCC 晶格，无同素异构转变。

纯铜的突出优点是：优良的导电、导热性，很高的化学稳定性；在大气、淡水和冷凝水中有良好的耐蚀性(不耐硝酸和硫酸)；塑性($A = 45\%$～55%)及可焊性好。

纯铜的强度不高($R_m = 200$～250 MPa)，硬度低(40～50 HBW)。

工业纯铜通常指 $w_{Cu} = 99.50\%$～99.95%的纯铜，常含有 0.1%～0.5%的杂质(Pb、Bi、O、S、P 等)。杂质使铜的导电能力下降，Pb、Bi 能与 Cu 形成低熔点共晶体并分布在铜的晶界上。当对铜进行热加工时，由于晶界上的共晶体熔化而引起脆性断裂，即出现热脆现象。此外，S、O 与 Cu 形成脆性化合物，降低了铜的塑性和韧性，造成“冷脆”。因此对铜的杂质含量要有一定限制。

常用工业纯铜为加工铜，根据其杂质含量又分为加工纯铜、无氧铜、磷脱氧铜、银铜等。根据 GB/T 29091—2012 规定，这些铜的牌号命名方式有以下几种。

1. 加工纯铜

加工纯铜用“铜”字的汉语拼音首字母“T”＋数字命名，数字表示顺序号，数字越大，纯度越低。根据 GB/T 5231—2012 的规定，加工纯铜有 T1($w_{Cu}>99.95\%$)、T2($w_{Cu}>99.9\%$)、T3 ($w_{Cu}>99.7\%$)三种。

2. 无氧铜

无氧铜中含氧量极低，不大于 0.003%，用 TU+数字表示，“U”是英文 Unoxygen(无氧)的第一个字母，有 TU00、TU0、TU1、TU2、TU3 五种，数字越大，纯度越低。此外，还有银无氧铜、锌无氧铜和弥散无氧铜。

3. 磷脱氧铜

磷脱氧铜中含磷量较高($w_P=0.004\%\sim0.04\%$)，其他杂质含量很低，用“TP＋顺序号”命名，P 为磷的化学符号，数字表示顺序号，数字越大，含磷量越高，牌号有 TP1、TP2、TP3、TP4 四种。

4. 银铜

银铜中含少量 Ag($w_{Ag}=0.06\%\sim0.12\%$)，导电性好，用“T＋第一添加元素化学符号＋添加元素含量”表示。银铜有 TAg0.1-0.01、TAg0.1、TAg0.15 三种。

此外，还有碲(te)铜、硫(S)铜、铬(Cr)铜、镁(Mg)铜、铅(Pb)铜、铁(Fe)铜、钛(Ti)铜等工业纯铜。

加工纯铜由于强度、硬度低，不能作为受力的结构材料，主要通过压力加工将其制成板、带、箔、管、棒、线、型七种形状，用作导电材料、导热及耐蚀零件和仪表零件材料。无氧铜主要通过压力加工将其制成板、带、箔、管、棒、线六种形状，用于制造电真空器件及高导电性铜线，这种导线能抵抗氢的作用，不发生氢脆现象。磷脱氧铜主要通过压力加工将其制成板、带、管三种形状，用于制造导热、耐蚀器件及仪表零件。

10.2.2　铜合金

纯铜强度较低，加工硬化效果较为显著，但塑性大为降低。合金化是提高材料强度的有效途径，常用合金元素为 Zn、Sn、Al、Mg、Mn、Ni、Fe、Be、Ti、Si、As(砷)、Cr 等。这些元素通过固溶强化(优先选择与铜固溶度大的合金元素，如 Zn、Al、Sn、Mn、Ni 等)、时效强化(选择固溶度随温度变化大的合金元素，如 Be)和过剩相强化(第二相的弥散强化作用)等途径，提高合金强度，并保持纯铜优良的物理化学性能。因此，在机械工业中广泛使用铜合金，主要在耐磨和耐蚀条件下使用，还常用作导电、装饰和建筑材料。

按化学成分，铜合金分为黄铜、白铜、青铜三大类。黄铜是以 Zn 为主要合金元素的铜合金。白铜是以 Ni 为主要合金元素的铜合金。青铜是以除 Zn、Ni 以外的其他元素为主要合金元素的铜合金。

按生产加工方式，铜合金又分为压力加工铜合金(简称加工铜合金)和铸造铜合金两大类。

1. 黄铜

黄铜是以 Zn 为主加元素的铜合金，根据成分特点分为普通黄铜和特殊黄铜，按工艺又可分为加工黄铜和铸造黄铜。常用黄铜的牌号、化学成分、抗拉强度及用途见表 10-3。

表 10-3　常用黄铜的牌号、化学成分、抗拉强度及用途

组别	牌号	化学成分 w / %			抗拉强度 R_m /MPa	用　途
		Cu	其他	Zn		
普通黄铜	H90	89.0～91.0	Fe：0.05；Pb：0.05	余量	240～485	双金属片、供水和排水管、证章、艺术品等
	H80	78.5～81.5	Fe：0.05；Pb：0.05	余量	320～690	造纸网、薄壁管等
	H68	67.0～70.0	Fe：0.1；Pb：0.03	余量	275～800	复杂的冷冲件和深冲件、散热器外壳、导管等
	H62	60.5～63.5	Fe：0.15；Pb：0.08	余量	305～980	销钉、铆钉、螺母、垫圈、导管、散热器等
特殊黄铜	HPb63-3	62.0～65.0	Pb：2.4～3.0；Ni：0.5；Fe：0.1	余量	285～735	钟表、汽车、拖拉机及一般机器零件等
	HPb59-1	57.0～60.0	Pb：0.8～1.9；Ni：1.0；Fe：0.5	余量	325～735	垫冲压及切削加工零件，如销子、螺钉、垫圈
	HSn62-1	61.0～63.0	Sn：0.7～1.1；Ni：0.5；Fe：0.1；Pb：0.3	余量	295～835	船舶、热电厂中高温耐蚀冷凝器管
	HAl60-1	58.0～61.0	Al：0.7～1.5；Ni：0.5；Fe：0.7～1.5；Pb：0.4；Mn：0.1～0.6	余量	—	齿轮、蜗轮、衬套、轴及其他耐蚀零件
	HFe59-1-1	57.0～60.0	Fe：0.6～1.2；Ni：0.5；Al：0.1～0.5；Pb：0.2；Sn：0.3～0.7	余量	—	在摩擦及海水腐蚀下工作的零件及垫圈、衬套等
	HMn58-2	57.0～60.0	Mn：1.0～2.0；Ni：0.5；Fe：0.1；Pb：0.1	余量	—	船舶和弱电用零件
	HNi65-5	64.0～67.0	Ni：5.0～6.5；Fe：0.15	余量	—	压力计和船舶用冷凝器

注：① 摘自 GB/T 5231—2012、GB/T 29091—2012。② 用途在国家标准中未作规定。

普通黄铜是 Cu-Zn 二元合金，其中 Zn 的质量分数小于 50%；有单相黄铜(α)和两相黄铜(α + β′)，牌号命名为“H(黄) + Cu 质量分数”，如 H80。单相黄铜塑性好，常用牌号有 H80、H70、H68，适于制造冷变形零件，如弹壳、冷凝器管等。两相黄铜热塑性好，强度高，常用牌号有 H59、H62，适于制造受力件，如垫圈、弹簧、导管、散热器等。

特殊黄铜是在 Cu-Zn 二元合金基础上加入 Al、Fe、Si、Mn、Pb、Sn、Ni 等元素形成的，牌号命名为“H(黄) + 第二合金元素符号(Zn 除外) + Cu 质量分数-第二合金元素质量分数-第三合金元素质量分数”，如 HAl59-3-2。特殊黄铜强度、耐蚀性比普通黄铜好，铸造性能有所改善，主要用于制造船舶及化工零件，如冷凝管、齿轮、螺旋桨、轴承、衬套及阀体等。

若材料为铸造黄铜，则在其牌号前加“Z”(“铸”字的汉语拼音首字母)，如 ZH62、ZHMn58-2。

脱锌和季裂是黄铜常见的腐蚀破坏形式。在酸性和盐类溶液中，黄铜表面层的锌由于电极电位低而遭受电化学腐蚀，被逐渐溶解，这种现象叫脱锌；季裂是一种典型的应力腐蚀开裂，采用 260℃～300℃去应力退火可以消除。

2. 白铜

以 Ni 为主加元素的铜合金称为白铜，分为普通(简单)白铜和特殊(复杂)白铜，也可分

为耐蚀用白铜和电工用白铜。

普通白铜是 Cu-Ni 二元合金，为匀晶系，固态下为无限固溶体，具有较高的耐蚀性和抗腐蚀疲劳性能及优良的冷热加工性能；牌号命名为“B(白) + Ni 质量分数”，常用牌号有 B5、B19 等；用于制造在蒸气和海水环境下工作的精密机械、仪表零件及冷凝器、蒸馏器、热交换器等。

特殊白铜是在普通白铜基础上添加 Zn、Mn、Al 等元素形成的，分别称锌白铜、锰白铜、铝白铜等。其耐蚀性、强度和塑性高，成本低；牌号命名为“B(白) + 第二合金元素 + Ni 质量分数 + 第二合金元素质量分数”，常用牌号如 BMn40-1.5(康铜)、BMn43-0.5(考铜)；用于制造精密机械、仪表零件及医疗器械等。

3. 青铜

除了黄铜和白铜以外，也就是以除 Zn、Ni 以外的其他元素为主要合金元素的所有铜合金称为青铜。根据所加主要合金元素 Sn、Al、Be、Si、Pb 等，青铜分为锡青铜、铝青铜、铍青铜、硅青铜、铅青铜等。Cu-Sn 合金是应用最早的青铜。常用青铜的牌号、化学成分、抗拉强度及用途如表 10-4 所示。

表 10-4　常用青铜的牌号、化学成分、抗拉强度及用途

组别	牌号	化学成分 *w*/%(余量为 Cu)				抗拉强度 R_m/MPa	用途
		Sn	Al	Mn	其他		
锡青铜	QSn4-3	2.5～4.5	0.002	—	Zn：2.7～3.3；P：0.03；Fe：0.05；Pb：0.02	350～1130	弹性元件、化工机械耐磨零件和抗磁零件等
	QSn4-4-2.5	3.0～5.0	0.002	—	Zn：3.0～5.0；P：0.03；Fe：0.05；Pb：1.5～3.5	—	航空、汽车、拖拉机用承受摩擦的零件，如轴套等
	QSn6.5-0.1	6.0～7.0	0.002	—	P：0.10～0.25；Fe：0.05；Pb：0.02；Zn：0.3	350～1130	弹簧接触片、精密仪器中的耐磨零件和抗磁元件等
	QSn6.5-0.4	6.0～7.0	—	—	P：0.26～0.40；Fe：0.02；Pb：0.02；Zn：0.3	350～1130	金属网、弹簧及耐磨零件等
铝青铜	QAl5	—	4.0～6.0	0.5	Fe：0.5；P：0.01；Zn：0.5；Sn：0.1；Si：0.1；Pb：0.03	—	弹簧
	QAl7	—	6.0～8.5	—	Fe：0.5；Zn：0.2；Si：0.1；Pb：0.02	550～600	弹簧
	QAl9-2	—	8.0～10.0	1.5～2.5	Fe：0.5；P：0.01；Zn：1.0；Sn：0.1；Si：0.1；Pb：0.03	530～580	海轮上的零件，在 250℃以下工作的管配件和零件等
	QAl10-4-4	0.1	9.5～11.0	0.3	Fe：3.5～4.5；Ni：3.5～5.5；Zn：0.5；P：0.01，Si：0.1；Pb：0.02	—	高强度耐磨零件和在 400℃以下工作的零件，如齿轮、阀座等

续表

组别	牌号	化学成分 w/%(余量为 Cu)				抗拉强度 R_m/MPa	用　途
		Sn	Al	Mn	其　他		
硅青铜	QSi1-3	0.1	0.02	0.1～0.4	Si：0.6～1.1；Fe：0.1；Ni：2.4～3.4；Zn：0.2；Pb：0.15	—	发动机机械制造中的结构零件，300℃以下工作的摩擦零件
	QSi3-1	0.25	—	1.0～1.5	Si：2.7～3.5；Fe：0.3；Ni：0.2；Zn：2.5～3.5；Pb：0.03	350～1130	弹簧、耐蚀零件以及蜗轮、蜗杆、齿轮、制动　杆等
铍青铜	QBe2	—	0.15	—	Be：1.80～2.10；Ni：0.2～0.5	—	重要的弹簧等弹性元件、耐磨零件以及高压、高速、高温轴承等

注：① 摘自 GB/T 5231—2012、GB/T 21652—2017。② 用途在国家标准中未作规定。

压力加工青铜牌号命名为“Q＋主加元素符号及其质量分数＋其他各元素质量分数”，中间用“-”隔开，如 QSn6.5-0.1 表示 $w_{Sn}=6.5\%$、$w_P=0.1\%$的锡磷青铜。

铸造青铜牌号命名表示方法与铸造黄铜相同，在其牌号前加“Z”，如 ZQMn5。

1) 锡青铜

锡青铜是指以 Sn 为主加元素的铜合金，Sn 含量一般为 3%～14%。其性能受到 Sn 含量的显著影响。$w_{Sn}<5\%$的锡青铜塑性好，适于进行冷变形加工；$w_{Sn}=5\%$～7%的锡青铜热塑性好，适于进行热加工；$w_{Sn}=10\%$～14%的锡青铜塑性较低，适于作为铸造合金。

锡青铜的铸造流动性差，易形成分散缩孔，铸件致密度低，但合金体积收缩率在有色金属中最小，适于铸造外形及尺寸要求精确的铸件。锡青铜具有良好的耐蚀性、减摩性、抗磁性和低温韧性，在大气、海水、蒸气、淡水及无机盐溶液中的耐蚀性比纯铜和黄铜好，但在亚硫酸钠、酸和氨水中的耐蚀性较差。常用的锡青铜有 QSn4-3、QSn6.5-0.4、ZCuSn10Pb1 等，主要用于制造弹性元件、耐磨零件、抗磁及耐蚀零件，如弹簧、轴承、齿轮、蜗轮、垫圈等。

锡青铜的缺点是结晶温度间隔宽，铸造性能差，可通过加入辅加元素 Pb、Zn 等来改善。

2) 铝青铜

铝青铜是指以 Al 为主要加入元素的铜合金，Al 含量为 5%～11%。铝青铜的强度、硬度、耐磨性、耐热性、耐蚀性都高于黄铜和锡青铜，铸造性能好，但其铸件体积收缩率比锡青铜大，焊接性能差。铝青铜是无锡青铜中应用最广的一种合金，性能也受到 Al 含量的显著影响。常用铝青铜有低铝青铜和高铝青铜两种。低铝青铜如 QAl5、QAl7、ZCuAl8Mn13Fe3Ni2 等，具有一定的强度和较高的塑性和耐蚀性，一般在压力加工状态下使用，主要用于制造高耐蚀弹性元件；高铝青铜如 QAl9-4、QAl10-4-4 等，具有较高的强度、耐磨性、耐蚀性，主要用于制造齿轮、轴承、摩擦片、蜗轮、螺旋桨等。

3) 铍青铜

铍青铜是以 Be 为主加元素的铜合金。当 $w_{Be}>2\%$时，其塑性急剧下降，因此常用铍青铜的 Be 含量在 1.7%～2.5%。它是铜合金中性能最好的一种，也是唯一可固溶强化的铜合金，具有很高的弹性极限和疲劳强度，高的耐磨性、耐蚀性及耐低温性，良好的导电、导热性和无磁性，受冲击时不产生火花，还具有良好的冷热加工和铸造性能。其常用代号有 QBe2、QBe1.7、QBe1.9 等，主要用于制造重要的精密弹簧、膜片等弹性元件，高速、高温、高压下工作的轴承及防爆工具、航海罗盘等重要机件。其缺点是价格昂贵，有毒。

4) 硅青铜

以 Si 为主加元素的铜合金称为硅青铜，它具有良好的冷热加工性能，铸造性能，价格低廉。当 w_{Si}＞3%时，青铜塑性将快速下降。

4. 新型铜合金

近年来研制的新型铜合金包括弥散强化型高导电铜合金、高弹性铜合金、复层铜合金、铜基形状记忆合金和球焊铜丝等。弥散强化型高导电铜合金的典型为氧化铝弥散强化铜合金和 TiB_2 粒子弥散强化铜合金，具有高导电、高强度、高耐热性等性能，可用于制造大规模集成电路引线框及高温微波管。高弹性铜合金的典型为 Cu-Ni-Sn 合金和沉淀强化型 $Cu_4NiSiCrAl$ 合金。复层铜合金和铜基形状记忆合金是功能材料，球焊铜丝可代替半导体连接用球焊金丝。

10.3 镁及镁合金

10.3.1 工业纯镁

纯镁为银白色，属轻金属，密度为 1.74g/cm^3，具有密排六方结构，熔点为 649℃；在空气中易氧化，高温下(熔融态)可燃烧；耐蚀性较差，在潮湿大气、淡水、海水和绝大多数酸、盐溶液中易受腐蚀；弹性模量小，吸振性好，可承受较大的冲击和振动载荷；但强度低、塑性差，不能用作结构材料。纯镁主要用于制造镁合金、铝合金等，也可用作化工槽罐、地下管道及船体等构件阴极保护的阳极及化工、冶金的还原剂，还可用于制造照明弹、燃烧弹、镁光灯和烟火等。

根据 GB/T 5153—2016《变形镁及镁合金牌号和化学成分》的规定，工业纯镁的牌号用“镁”的化学符号 Mg 加数字的形式表示，Mg 后的数字表示 Mg 的质量分数，如 Mg99.95、Mg99.50、Mg99.00 等。

10.3.2 镁合金

纯镁的强度低，塑性差，不能用于制造受力零(构)件。在纯镁中加入合金元素制成镁合金，就可以提高其力学性能；常用合金元素有 Al、Zn、Mn、Zr、Li 及 RE 等。Al 和 Zn 既可固溶于 Mg 中产生固溶强化，又可与 Mg 形成强化相 $Mg_{17}Al_2$ 和 Mg-Zn，并通过时效强化和过剩相强化提高合金的强度和塑性；Mn 可以提高合金的耐热性和耐蚀性，改善合金的焊接性能；Zn 和 RE 可以细化晶粒，通过细晶强化提高合金的强度和塑性，并减少热裂倾向，改善铸造性能和焊接性能；Li 可以减轻镁合金质量。

根据镁合金的成形工艺，将镁合金分为变形镁合金和铸造镁合金两大类，两者在成分、组织性能上存在很大差异。GB/T 5153—2016 和 GB/T 19078—2016 规定，镁合金牌号以“英文字母＋数字＋英文字母”的形式表示；前面的英文字母是其最主要的合金组成元素代号，其后的数字表示其最主要的合金组成元素的大致含量，最后面的英文字母为标识代号，用以标识各具体组成元素相异或元素含量有微小差别的不同合金。镁合金中合金元素代号如表 10-5 所示，如 AZ91D 表示主要合金元素为 Al 和 Zn，其名义含量分别为 9%和 1%。

表 10-5　镁合金中合金元素代号

元素代号	元素名称	元素代号	元素名称	元素代号	元素名称	元素代号	元素名称	元素代号	元素名称
A	铝	B	铋	C	铜	D	镉	E	稀土
F	铁	G	钙	H	钍	K	锆	L	锂
M	锰	N	镍	P	铅	Q	银	R	铬
S	硅	T	锡	W	钇	Y	锑	Z	锌

1. 变形镁合金

变形镁合金均以压力加工方法制成各种半成品，如板材、棒材、管材、线材等，供应状态有退火状态、人工时效状态等；按化学成分可分为 Mg-Al-Zn 系、Mg-Mn 系、Mg-Zn-Zr 系、Mg-Mn-Re 系等。常用变形镁及镁合金的牌号和化学成分如表 10-6 所示。

表 10-6　常用变形镁及镁合金的牌号和化学成分(摘自 GB/T 5153—2016)

组别	牌号	化学成分 *w*/%(单个数字的均为≤)													
		Mg	Al	Zn	Mn	Ce	Zr	Si	Fe	Ca	Cu	Ni	Ti	Be	其他
Mg	Mg99.95	≥99.95	0.01	—	0.004	—	—	0.005	0.003	—	—	0.001	0.01	—	0.05
	Mg99.50	≥99.50	—	—	—	—	—	—	—	—	—	—	—	—	0.50
	Mg99.00	≥99.00	—	—	—	—	—	—	—	—	—	—	—	—	1.0
MgAlZn	AZ31B	余量	2.5～3.5	0.60～1.4	0.20～1.0	—	—	0.08	0.003	0.04	0.01	0.001	—	—	0.30
	AZ31S	余量	2.4～3.6	0.50～1.5	0.15～0.40	—	—	0.10	0.005	—	0.05	0.005		—	0.30
	AZ31T	余量	2.4～3.6	0.50～1.5	0.05～0.40	—	—	0.10	0.05	—	0.05	0.005	—	—	0.30
	AZ61S	余量	5.5～6.5	0.50～1.5	0.15～0.40	—	—	0.10	0.005	—	0.05	0.005	—	—	0.30
	AZ80S	余量	7.8～9.2	0.2～0.8	0.12～0.40	—	—	0.10	0.005	—	0.05	0.005	—	—	0.30
MgMn	M1C	余量	0.01	—	0.50～1.3	—	—	0.05	0.01	—	0.01	0.001	—	—	0.30
	M2M	余量	0.20	0.30	1.3～2.5	—	—	0.10	0.05	—	0.05	0.007	—	0.01	0.20
	M2S	余量	—	—	1.2～2.0	—	—	0.10	—	—	0.05	0.01	—	—	0.30
MgZnZr	ZK61M	余量	0.05	5.0～6.0	0.10	—	0.30～0.90	0.05	0.05	—	0.05	0.005	—	0.01	0.30
	ZK61S	余量	—	4.8～6.2	—	—	0.45～0.80	—	—	—	—	—	—	—	0.30
MgMnRe	ME20M	余量	0.20	0.30	1.3～2.2	0.15～0.35	—	0.10	0.05	—	0.05	0.007	—	0.01	0.30

(1) Mg-Al-Zn 系变形镁合金。这类合金强度较高、塑性较好。其牌号常见的有 AZ31B、AZ40M、AZ41M、AZ61M、AZ80M 等，其中 AZ40M、AZ41M 具有较好的热塑性和耐蚀性，应用较多。

(2) Mg-Mn 系变形镁合金。这类合金具有良好的耐蚀性和焊接性能，可以通过冲压、挤压、锻压等压力加工成型。如 M2M 在退火态使用；其板材用于制造飞机和航天器的蒙皮、壁板等焊接结构件，模锻件可制造外形复杂的耐蚀件。

(3) Mg-Zn-Zr 系变形镁合金。该类合金常用的是 ZK61M，经热挤压等热变形加工后直接进行人工时效，其屈服强度可达 275MPa，抗拉强度 R_m 可达 329 MPa，是航空工业中应用最多的变形镁合金。因其使用温度不能超过 150℃，且焊接性能差，一般不用于制造焊接结构件。

(4) Mg-Mn-Re 系变形镁合金。该类合金主要为 ME20M，性能与 Mg-Mn 合金类似，具有良好的耐蚀性和焊接性能；其板材用于制造飞机和航天器的蒙皮、壁板等焊接结构件，模锻件可制造外形复杂的耐蚀件。

2. 铸造镁合金

将用砂型、永久模、熔模、模压等方法铸造成型的镁合金，称为普通铸造镁合金，其合金牌号与变形镁合金表示方法相同。按照合金系列又可将普通铸造镁合金分为 Mg-Al-Zn、Mg-Al-Mn、Mg-Zr、Mg-Zn-Zr、Mg-Zn-Re-Zr 等不同合金组别。常用铸造镁合金牌号和化学成分如表 10-7 所示。

表 10-7　常用铸造镁合金牌号和化学成分(摘自 GB/T 19078—2016)

合金组别	牌号	化学成分 *w*/%(余量为 Mg，单个数字的均为≤)								
		Al	Zn	Mn	Re/Zr/Ag/Y/Li/Be	Si	Fe	Cu	Ni	其他
MgAlZn	AZ81A	7.2～8.0	0.50～0.90	0.15～0.35	Be：0.0005～0.0015	0.20	—	0.08	0.1	0.30
	AZ91D	8.5～9.5	0.45～0.90	0.17～0.40	Be：0.0005～0.003	0.05	0.004	0.025	0.001	—
MgAlMn	AM20S	1.7～205	0.20	0.35～0.60	—	0.05	0.004	0.008	0.001	—
	AM50A	4.5～5.3	0.20	0.28～0.50	Be：0.0005～0.003	0.05	0.004	0.008	0.001	—
MgAlSi	AS21S	1.9～2.5	0.20	0.20～0.60	—	0.70～1.20	0.004	0.008	0.001	—
	AS41B	3.7～4.8	0.10	0.35～0.60	Be：0.0005～0.003	0.05	0.0035	0.015	0.001	—
MgZnCu	ZC63A	0.20	5.5～6.5	0.25～0.75	—	0.20	0.05	2.4～3.0	0.001	—
MgZnZr	ZK51A	—	3.8～5.3	—	Zr：0.3～1.0	0.01	—	0.03	0.010	0.30
	ZK61A	—	5.7～6.3	—	Zr：0.3～1.0	0.01	—	0.03	0.010	0.30
MgZr	K1A	—	—	—	Zr：0.3～1.0	0.01	—	0.03	0.010	0.30
MgZn-ReZr	ZE41A	—	3.7～4.8	0.15	Re：1.00～1.75 Zr：0.3～1.0	0.01	0.01	0.03	0.005	0.30
MgRe-AgZr	QE22A	—	0.20	0.15	Re：1.9～2.4 Zr：0.3～1.0 Ag：2.0～3.0	0.01	—	0.03	0.010	0.30
MgY-ReZr	WE54A	—	0.20	0.15	Re：1.5～4.0 Zr：0.3～1.0 Y：4.75～5.50 Li：0.2	0.01	—	0.03	0.005	0.30

在合金牌号前面冠以字母“YZ”(“Y”及“Z”分别为“压”和“铸”两字汉语拼音首字母)表示为压铸合金。如YZMgAl2Si表示$w_{Al}=2\%$、$w_{Si}=1\%$，余量为Mg的压铸镁合金。

压铸成型是将熔化的镁合金液，以高速高压注入精密的金属型腔内，使其快速成型的一种精密铸造法。其铸件表面光滑、精度高，可铸造复杂零件。根据GB/T 25748—2010的规定，压铸镁合金牌号由Mg及主要合金元素的化学符号组成；主要合金元素后面跟有表示其名义质量分数的数字(名义质量分数为该元素平均质量分数的修约化整值)。

为了表达方便，压铸镁合金用“YM+三位数字”作为其代号，其中“Y”及“M”分别为“压”和“镁”两字汉语拼音首字母，YM后第一位数字1、2、3表示MgAlSi、MgAlMn、MgAlZn系列合金，代表合金的代号；YM后第二、三位数字为顺序号。部分压铸镁合金牌号、代号和化学成分如表10-8所示。

表10-8　部分压铸镁合金牌号、代号和化学成分(摘自GB/T 25748—2010)

合金牌号	合金代号	化学成分 w/%(余量为Mg，单个数字的均为≤)								
		Al	Zn	Mn	Si	Cu	Ni	Fe	Re	其他
YZMgAl2Si	YM102	1.9～2.5	0.20	0.20～0.60	0.70～1.20	0.008	0.001	0.004	—	0.01
YZMgAl2Si(B)	YM103	1.9～2.5	0.25	0.05～0.15	0.70～1.20	0.008	0.001	0.004	0.06～0.25	0.01
YZMgAl2Mn	YM202	1.6～2.5	0.20	0.33～0.70	0.08	0.008	0.001	0.004	—	0.01
YZMgAl5Mn	YM203	4.5～5.3	0.20	0.28～0.50	0.08	0.008	0.001	0.004	—	0.01
YZMgAl8Zn1	YM302	7.0～8.1	0.40～1.00	0.13～0.35	0.08	0.010	0.001	—	—	0.30

镁合金材料具有密度小、比强度和比刚度高、抗振性好、电磁屏蔽性佳、散热性好等优点，镁合金材料在航空工业、交通运输业、3C产品等领域得到广泛应用。其主要用于制造航空发动机零件、飞机壁板，汽油和润滑油系统零件，油箱隔板和油泵壳体，汽车变速箱和离合器壳，摩托车发动机部件，自行车轮毂和框架，笔记本电脑、掌上电脑、手机、MP3播放器的外壳等。由于镁合金的生产能力和技术水平的进一步提高，极大地刺激了其在其他领域的应用，如纺织、印刷、体育和家庭用品方面。目前铸造镁合金已经广泛应用于轮椅、健身器材及医疗器械等。由于Mg在NaCl溶液中电位比较低，因此镁及其合金也广泛应用于化学和防腐蚀工业中。

新型铸造镁合金材料是蓬勃发展的领域，研究开发新型镁合金材料既有巨大的经济效益，也有良好的社会和环境效益。随着世界各国不断加大对镁合金研究开发的投入，除要求传统的性能以外，研究开发高强度、耐高温、耐腐蚀以及稳定力学性能的镁合金是今后发展的方向。

10.4　钛及钛合金

10.4.1　工业纯钛

纯钛是灰白色轻金属，密度为4.5g/cm^3，熔点为1720℃，固态下有同素异构转变，在

882.5℃以下为 α-Ti(密排六方晶格)，882.5℃以上为 β-Ti(体心立方晶格)。

纯钛的塑性好、强度低，其退火状态的力学性能与纯铁接近，易于冷加工成型，可制成细丝和薄片。钛的比强度高，低温韧性好，在−253℃(液氨温度)下仍具有较好的综合力学性能。钛在大气和海水中有优良的耐蚀性，在硫酸、盐酸、硝酸、氢氧化钠等介质中都很稳定，其抗氧化能力优于大多数奥氏体不锈钢。但钛的热强性不如铁基合金。

纯钛的性能受杂质的影响很大，少量的杂质就会使钛的强度激增，塑性显著下降。工业纯钛中常存杂质有 Fe、C、N、H、O 等。根据杂质含量，工业纯钛的牌号为 TA0、TA1、TA2、TA3、TA4 共 5 个等级、13 个牌号(GB/T 3620.1—2016)，“T”为“钛”字汉语拼音首字母，“A”表示工业纯钛，其后数字越大，表示杂质越多、纯度越低，机械强度、硬度依次增强，但塑性、韧性依次下降。

工业纯钛经冷塑性变形可显著提高强度，例如经 40%冷变形可使工业纯钛强度从 588 MPa 提高到 788 MPa。工业纯钛消除应力退火温度为 450℃～650℃，保温时间为 0.25～3 h，采用空冷方式；再结晶退火温度为 593℃～700℃，保温时间为 0.25～3 h，采用空冷方式。

工业纯钛是航空、船舶、化工等工业中常用的一种 α 钛合金，主要用于制造在 350℃温度以下工作且强度要求不高的零件，如纯钛笔记本电脑外壳，石油化工用热交换器、反应器，海水净化装置及舰船零部件，飞机蒙皮等。

10.4.2 钛合金

1. 钛合金类型及编号

纯钛的强度很低，为提高其强度，常加入合金元素制成钛合金。不同合金元素对钛的强化作用、同素异构转变温度及相稳定性的影响都不同。钛合金几乎都含有 Al，Al 能提高钛合金的强度、比强度和再结晶温度。根据退火或淬火状态的组织，将钛合金分为三类，即 α 钛合金、β 钛合金和(α+β)钛合金，其合金牌号分别以 TA、TB、TC 后面附加顺序号表示，如 TA5、TB2、TC4 等。

2. 常用钛合金

1) α 钛合金

α 钛合金的主加元素为 Al，还有 Sn、B 等。α 钛合金的组织全部为单相 α 固溶体，组织稳定，抗氧化性和抗蠕变性好，焊接性能也很好。其室温强度低于 β 钛合金和(α+β)钛合金的，但高温(500℃～600℃)强度、低温韧性及耐蚀性比后两种钛合金优越。α 钛合金不能热处理强化，主要采用固溶强化来提高其强度。

GB/T 3620.1—2016 规定了 α 钛合金的牌号 TA5～TA36 及对应的化学成分，其中后 8 个为新注册的牌号。TA7(Ti-5Al-2.5Sn)是常用的 α 钛合金，有较高的室温强度、高温强度和优良的抗氧化性及耐蚀性，并具有很好的低温性能，在 −253℃下其力学性能仍然很好(R_m = 1575MPa，A = 12%)，主要用于制造使用温度不超过 500℃的零件，如导弹的燃料缸、超音速飞机的涡轮机匣及火箭、飞船的高压低温容器等。

2) β 钛合金

β 钛合金中加入的合金元素有 Mo、Cr、V、Al 等。β 钛合金具有较高的强度，优良的冲压性，但耐热性差，抗氧化性能低。当温度超过 700℃时，这类合金很容易受大气中的杂质气体污染，性能不太稳定。同时，由于其冶炼工艺复杂，且难于焊接，因而应用受到限制。GB/T 3620.1—2016 规定了 β 钛合金牌号 TB2～TB17 及对应的化学成分，其中后 6 个为新注册的牌号，常用的有 TB2、TB3、TB4 等 3 个牌号。

β 钛合金可进行热处理强化，一般可用淬火 + 时效强化，如 TB2 合金(Ti-5Mo-5V-8Cr-3Al)，淬火后得到稳定均匀的 β 相，时效后从 β 相中析出均匀细小、弥散分布的 α 相粒子，使合金强度显著提高，塑性大大降低。TB2 合金主要用来制造飞机结构零件紧固件。

β 钛合金多以板材和棒材供应，主要用于制造在 350℃以下工作的结构件和紧固件，如飞机压气机叶片、轴、弹簧、轮盘以及螺栓、铆钉等。

3) (α + β)钛合金

(α + β)钛合金中加入的合金元素有 Al、V、Mo、Cr 等。(α + β)钛合金室温组织为 α + β，它兼有 α 钛合金和 β 钛合金两者的优点，强度高、塑性好，具有良好的热强性、耐蚀性和低温韧性，冷热加工性都很好，并可以通过淬火和时效进行强化，是钛合金中应用最广的合金。GB/T 3620.1—2016 规定了(α + β)钛合金牌号 TC1～TC32 及化学成分，其中后 6 个为新注册牌号。

TC4(Ti-6Al-4V)是用途最广的钛合金，退火状态具有较高的强度和良好的塑性(R_m = 950 MPa，A = 10%)；经淬火和时效处理后，组织为 α + β + 时效析出的针状 α，其强度可提高至 1190MPa。该合金还具有较高的抗蠕变能力、低温韧度及良好的耐蚀性，因此常用于制造在 400℃以下工作的零件，如飞机发动机压气机盘和叶片、火箭发动机外壳，火箭和导弹的液氢燃料箱部件及舰船耐压壳体等压力容器。同时，钛合金也是低温和超低温的重要结构材料。

10.5 轴承合金

轴承合金一般指滑动轴承合金。滑动轴承与滚动轴承相比，具有承载面积大、工作平稳、无噪音、装拆方便等优点。它由轴承体和轴瓦组成，轴瓦一般是在钢制轴瓦内侧浇注或者轧制一层耐磨合金(内衬)。用于制造轴瓦内衬的耐磨合金称为滑动轴承合金，又称为轴瓦合金。

1. 轴承合金的性能要求

滑动轴承支承轴进行高速旋转工作时，轴承承受轴颈传来的交变载荷和冲击力，轴颈与轴瓦或内衬发生强烈摩擦，造成轴颈和轴瓦的磨损。为减少轴颈的磨损，并保证轴承的良好工作状态，要求轴承合金必须具备如下性能：

(1) 良好的减摩性，较小的摩擦系数。磨合性好，即长时间工作后轴承与轴颈能自动吻合，使载荷均匀地作用在工作面上，避免局部磨损；抗咬合性好，即摩擦条件不良时，轴承材料不致与轴黏着或焊合。

(2) 较高的疲劳强度和抗压强度，并能抵抗冲击和振动。

(3) 硬度低，足够的塑性及韧性。

(4) 良好的导热性，较小的热膨胀系数，良好的耐蚀性和铸造性能。

一般采用在软基体上均匀分布一定大小的硬质点的合金，或者反之。

2. 常用的轴承合金

滑动轴承的材料主要是有色金属材料，常用的有锡基轴承合金、铅基轴承合金、铜基轴承合金、铝基轴承合金等，其中，锡基和铅基合金又称为巴氏合金。

轴承合金牌号表示方法为 Z(“铸”字汉语拼音首字母) + 基本元素 + 主加元素 + 主加元素含量 + 辅加元素 + 辅加元素含量。例如：ZSnSb11Cu6 为铸造锡基轴承合金，主加元素 Sb 的质量分数为 11%，辅加元素 Cu 的质量分数为 6%，余量为 Sn。ZPbSb15Sn5 为铸造铅基轴承合金，主加元素 Sb 的质量分数为 15%，辅加元素 Sn 的质量分数为 5%，余量为 Pb。部分铸造轴承合金的牌号、化学成分及硬度如表 10-9 所示。

表 10-9　部分铸造轴承合金的牌号、化学成分及硬度(GB/T 8740—2013)

种类	合金牌号	化学成分 w/%										硬度/HBW
		Sn	Pb	Sb	Cu	Fe	As	Bi	Zn	Al	其他	
锡基	ZSnSb12Pb10Cu4	余量	9.0～11.0	11.0～13.0	2.5～5.0	0.08	0.1	0.08	0.005	0.005	Cd0.05	29
锡基	ZSnSb11Cu6	余量	0.35	10.0～12.0	5.5～6.5	0.08	0.1	0.08	0.005	0.005	Cd0.05	27
锡基	ZSnSb8Cu4	余量	0.35	7.0～8.0	3.0～4.0	0.06	0.1	0.08	0.005	0.005	Cd0.05	24
锡基	ZSnSb4Cu4	余量	0.35	4.0～5.0	4.0～5.0	0.06	0.1	0.08	0.005	0.005	Cd0.05	17
铅基	ZPbSb16Sn16Cu2	15.0～17.0	余量	15.0～17.0	1.5～2.0	0.10	0.25	0.10	0.005	0.005	Cd0.05	—
铅基	ZPbSb15Sn10	9.0～11.0	余量	14.0～16.0	0.50	0.10	0.3～0.6	0.10	0.005	0.005	Cd0.05	22.5
铅基	ZPbSb15Sn5	4.0～5.5	余量	14.0～16.0	0.50	0.10	0.3～0.6	0.10	0.005	0.005	Cd0.05	20
铅基	ZPbSb10Sn6	5.5～6.5	余量	9.5～10.5	0.50	0.10	0.25	0.10	0.005	0.005	Cd0.05	18
铜基	ZCuSn5Pb5Zn5	4.0～6.0	4.0～6.0	0.25	余量	0.30	—	—	4.0～6.0	0.01	—	60
铜基	ZCuSn10P1	9.0～11.5	0.25	0.05	余量	0.01	—	0.05	0.05	0.01	P0.5～1.0	90
铜基	ZCuPb30	1.0	27.0～33.0	0.20	余量	0.5	0.01	0.005	—	0.01	Si0.02	25
铝基	ZAlSn6Cu1Ni1	5.5～7.0	—	—	0.7～1.3	0.7	—	—	—	余量	Ti0.2	40

1) 锡基轴承合金(巴氏合金)

锡基轴承合金是以 Sn 为基体元素，加入 Sb、Cu 等元素，形成以 Sn-Sb 合金为基的合金，是软基体上分布硬质点的合金。常用牌号为 ZSnSb11Cu6，室温组织为 $\alpha + \beta' + Cu_3Sn$，如图 10-4 所示，图中暗黑色基体是 α，白色方块或多边形为 β′，白色针状或星状为 Cu_3Sn。

α 是 Sb 溶于 Sn 中的置换固溶体，硬度为 24～30 HBW，作为软基体。

β′ 是以 Sn-Sb 为基的固溶体，硬度为 110 HBW，作为硬质点。

为防止密度较小的 β′ 比重轻而上浮，减少比重偏析，加入 Cu，形成高熔点 Cu_3Sn。

这种合金摩擦系数小，耐磨性、耐蚀性、导热性好，是优良的减摩材料，常用于制造重要的轴承，如汽轮机、发动机等巨型机器的高速轴承。它的主要缺点是工作温度低(<150℃)，疲劳强度较低，且锡较稀缺，故这种轴承合金价格最贵。

2) 铅基轴承合金(铅基巴氏合金)

铅基轴承合金是以 Pb-Sb 为基的合金，也是软基体上分布硬质点的合金。加入 Sn 形成 SnSb 硬质点，并能大量溶于 Pb 中而强化基体，故可提高铅基合金的强度和耐磨性。该合金相图是二元共晶相图，所用合金是过共晶，室温组织为初晶 β(硬质点)+(α+β)共晶(软基体)。为避免 β 轻而引起比重偏析，加入 Cu 形成 Cu_2Sb。常用的 ZPbSb16Sn16Cu2 合金，组织为 β+(α+β)+Cu_2Sb，如图 10-5 所示，黑色软基体为(α+β)共晶体(硬度为 7～8HBW)，α 相是 Sb 溶于 Pb 所形成的固溶体，β 相是以 SnSb 化合物为基的含 Pb 的固溶体；硬质点是初生的 β 相(白色方块状)及化合物 Cu_2Sb(白色针状或星状)。

图 10-4　ZSnSb11Cu6 轴承合金的显微组织

图 10-5　ZPbSb16Sn16Cu2 轴承合金的显微组织

铅基轴承合金性能不如锡基轴承合金，强度、塑性、韧性及导热性、耐蚀性均较锡基合金低，且摩擦系数较大，但价格较便宜。因此，铅基轴承合金常用来制造承受中、低载荷的中速轴承，如汽车、拖拉机的曲轴、连杆轴承及电动机轴承等。

无论是锡基还是铅基轴承合金，它们的强度都比较低(R_m = 60～90 MPa)，不能承受大的压力。为了提高承压能力和使用寿命，在生产上常采用离心浇注法，将它们镶铸在低碳钢的轴瓦(一般为 08 钢冲压成型)上，形成一层薄(< 0.7 mm)而均匀的内衬，才能充分发挥作用，这种工艺称为“挂衬”，挂衬后就形成“双金属”轴承。

3) 铜基轴承合金

铜基轴承合金主要包括铅青铜及锡青铜。

铅青铜中常用的有 ZCuPb30，它是硬基体上分布软质点的轴承合金，Pb 含量 w_{Pb} = 30%，其余为 Cu；Pb 不溶于 Cu 中，其室温显微组织为 Cu + Pb，Cu 为硬基体，颗粒状的 Pb 为软质点。铜基轴承合金润滑性能好，摩擦系数小，耐磨性好，导热性强。这类合金可以用于制造承受高速、重载的重要轴承，如航空发动机、高速柴油机的轴承等。

锡青铜中常用的是 ZCuSn10P1，是软基体上分布硬质点的轴承合金，其成分为 w_{Sn} = 10%，w_P = 1%，其余为 Cu；室温组织为 $\alpha + \delta + Cu_3P$，α 固溶体为软基体，δ 相及 Cu_3P 为硬质点。该合金硬度高，耐磨性好，适合制造高速、重载的汽轮机和压缩机等机械上的轴承。

铜基轴承合金的优点是承载能力大，耐疲劳性能好，使用温度高，具有优良的耐磨性和导热性。它的缺点主要是顺应性和镶嵌性较差，对轴颈的相对磨损较大。

4) 铝基轴承合金

铝基轴承合金的特点是比重小，导热性好，承载强度和疲劳强度高，热强性高，具有优良的耐蚀性和减摩性。

按化学成分铝基轴承合金可分为铝锡系(Al + 20%Sn + 1%Cu)、铝锑系(Al + 4%Sb + 0.5%Mg)和铝石墨系(Al + 8%S 合金基体 + 3%～6%石墨)三类。

(1) Al-Sn 轴承合金。高锡铝基轴承合金具有高的承载能力和疲劳强度，成分为 w_{Sn} = 17.5%～22.5%，w_{Cu} = 0.75%～1.25%，其余为 Al，是硬基体上分布软质点的合金。室温组织为初晶 α(Al) + 共晶(α + Sn)，但(α + Sn)呈离异形式，Sn 呈网状分布于 α 晶界上，大大降低了合金的力学性能。为了消除网状共晶体，浇注以后可与钢背一起轧制并经 350℃退火 3 h，使网状分布、低熔点的 Sn 球化，因此该合金的实际组织是硬的铝基上均匀分布着软的粒状锡质点。为使高锡铝基轴承合金和钢背结合牢固，目前采用由钢带、铝-锡合金及夹有纯铝箔中间层的三层合金复合轧制。

(2) Al-Sb-Mg 轴承合金。Al-Sb-Mg 轴承合金成分为：w_{Sb} = 3.5%～5.0%，w_{Mg} = 0.3%～0.7%，w_{Fe} = 0.75%，w_{Si} = 0.5%，其余为 Al，是软基体上分布硬质点的合金。其室温组织为 α(Al)软基体 + β(AlSb)硬质点。Mg 的作用是形成 Mg_3Sb_2，使针状 AlSb 变为片状。该合金承载能力不强。

铝锡系铝基轴承合金具有疲劳强度高、耐热性和耐磨性良好等优点，因此适宜制造高速、重载条件下工作的轴承。铝锑系铝基轴承合金适用于制造载荷不超过 20 MPa、滑动线速度不大于 10 m/s 工作条件下的轴承。铝石墨系轴承合金具有优良的自滑润作用和减振作用以及耐高温性能，适用于制造活塞和机床主轴的轴承，由于其价格低廉，广泛应用于高速重载条件下工作的轴承，可代替巴氏合金和铜基轴承合金。

除上述轴承合金外，珠光体灰铸铁也常作为滑动轴承材料。它的显微组织由硬基体(珠光体)与软质点(石墨)构成，石墨还有润滑作用。铸铁轴承可承受较大压力，价格低廉，但摩擦系数较大，导热性差，故只适宜作低速(v < 2 m/s)的不重要轴承。

10.6　粉末冶金材料

粉末冶金材料是指用几种金属粉末或金属与非金属粉末作原料，通过混合、压制成型、烧结和必要的后续处理等工艺而制成的材料。这种工艺过程称为粉末冶金法，是一种不同于熔炼和铸造的方法。

粉末冶金产品制备工艺流程如图 10-6 所示。模压(钢模)成型是粉末冶金生产中采用最广的成型方法，它是将松散粉末制成具有预定几何形状、尺寸、密度和强度的半成品或成品；烧结是在高温保护气氛下粉末颗粒之间物质发生迁移的复杂过程，其结果导致粉末颗粒之间结合的加强和粉末烧结体的进一步致密化；一般情况下，烧结好的制品可直接使用，但对于某些要求尺寸精度高并且有高硬度、耐磨性的制件还要进行烧结后处理，后处理工艺包括精压、滚压、挤压、淬火、表面淬火、浸油、熔渗等。

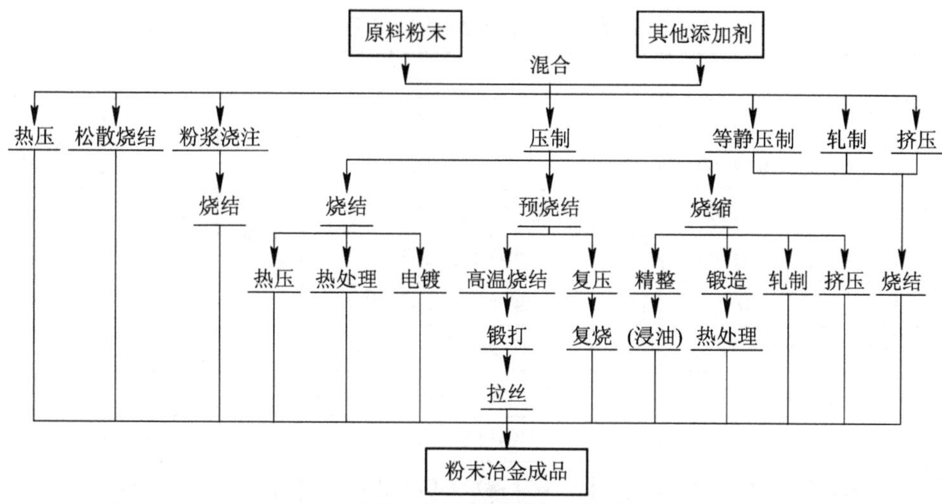

图 10-6　粉末冶金产品制备工艺流程图

例如，铁基粉末冶金的工艺过程为：制取铁粉→混料(铁粉 + 石墨 + 硬脂酸锌和机油)→压制成型→烧结→整形→成品。为了获得必要的强度，可在铁粉中加入石墨或加入合金元素，另外还需加入少量硬脂酸锌和机油作为压制成型时的润滑剂，并按一定比例制成混合料；混合料在模具中成型，在巨大压力作用下，粉状颗粒间互相压紧，由于原子间引力和颗粒间的机械咬合作用而相互结合为具有一定强度的成型制品；但此时强度并不高，还必须进行高温烧结。高温烧结提高了金属塑性，增加了颗粒间的接触表面，并消除了吸附气体及杂质，因而粉末颗粒结合得更紧密。在此基础上再通过原子的扩散和再结晶，以及晶粒长大等过程就得到金相组织与钢铁金相组织类似的铁基粉末冶金制品。

粉末冶金材料具有传统熔铸工艺所无法获得的独特的化学组成和物理、力学性能，如材料的孔隙度可控、材料组织均匀、无宏观偏析(合金凝固后其截面上不同部位没有因液态合金宏观流动而造成的化学成分不均匀现象)，可一次成型等。

10.6.1　粉末冶金的分类和用途

1. 粉末冶金材料的分类

根据 GB/T 4309—2009《粉末冶金材料分类和牌号表示方法》的规定，粉末冶金材料按用途和特征分为九大类。粉末冶金材料中大类及符号含义如表 10-10 所示，各大类粉末冶金材料按材质和用途分为多个小类，如表 10-11 所示。

表 10-10　粉末冶金材料大类及符号含义(摘自 GB/ T4309—2009)

符号	符号的意义	符号	符号的意义
0	结构材料类(F0)	5	耐蚀材料类和耐热材料类(F5)
1	摩擦材料类和减磨材料类(F1)	6	电工材料类(F6)
2	多孔材料类(F2)	7	磁性材料类(F7)
3	工具材料类(F3)	8	其他材料类(F8)
4	难熔材料类(F4)		

表 10-11　粉末冶金材料分类(摘自 GB/ T 4309—2009)

大类	小　类	大类	小　类	大类	小　类
结构材料类(F0)	铁及铁基合金(F00)	多孔材料类(F2)	铁及铁基合金(F20)	电工材料类(F6)	钨基电触头材料(F60)
	碳素结构钢(F01)		不锈钢(F21)		钼基电触头材料(F61)
	合金结构钢(F02)		铜及铜基合金(F22)		铜基电触头材料(F62)
	铜及铜合金(F06)		钛及钛合金(F23)		银基电触头材料(F63)
	铝合金(F07)		镍及镍合金(F24)		集电器材料(F65)
摩擦和减磨材料类(F1)	铁基摩擦材料(F10)		钨及钨合金(F25)		电真空材料(F68)
	铜基摩擦材料(F11)		难熔化合物多孔材料(F26)	磁性材料类(F7)	软磁性铁氧体(F70)
	镍基摩擦材料(F12)	工具材料类(F3)	钢结硬质合金(F30)		硬磁性铁氧体(F71)
	钨基摩擦材料(F13)		金属陶瓷和陶瓷(F36)		特殊磁性铁氧体(F72)
	铁基减磨材料(F15)		工具钢(F37)		软磁性金属和合金(F74)
	铜基减磨材料(F16)	难熔材料类(F4)	钨及钨合金(F40)		硬磁性合金(F755)
	铝基减磨材料(F17)		钼及钼合金(F42)		特殊磁性合金(F77)
耐蚀和耐热材料类(F5)	不锈钢和耐热钢(F50)		钽及其合金(F44)	其他材料类(F8)	铍材料(F580)
	高温合金(F52)		铌及其合金(F45)		储氢材料(F82)
	钛及钛合金(F55)		锆及其合金(F46)		功能材料(F85)
	金属陶瓷(F58)		铪及其合金(F47)		复合材料(F87)

2. 粉末冶金材料的命名及牌号

GB/T 4309—2009 规定粉末冶金材料的牌号表示方法采用汉语拼音字母(F)和阿拉伯数字(4 位)组成的五位符号体系来表示。“F”表示粉末冶金材料，后面第一位数字表示材料的大类，第二位数字表示材料的小类，第三、四位数字表示每种材料的顺序号(00～99)。如 F02××表示合金结构钢粉末冶金材料，F21××表示不锈钢多孔材料。

3. 机械装备上常用的粉末冶金材料

1) 烧结减磨材料

在烧结减磨材料中最常用的是多孔轴承。它是将粉末压制成轴承，再浸在润滑油中，由于粉末冶金材料的多孔性，在毛细现象作用下，可吸附大量润滑油(一般含油率为 12%～30%)，故又称为含油轴承。工作时由于轴承发热，使金属粉末膨胀，孔隙容积缩小，再加上轴旋转时带动轴承间隙中的空气层，降低摩擦表面的静压强，在粉末孔隙内外形成压力差，迫使润滑油被抽到工作表面。停止工作后，润滑油又渗入孔隙中。故含油轴承有自动润滑的作用。它一般用作中速、轻载荷的轴承，特别适宜不能经常加油的轴承，如纺织机械、食品机械、家用电器(电扇)等轴承，在汽车、拖拉机、机床中也有广泛应用。

根据基体主加组元不同，常用的多孔轴承有两类：

(1) 铁基多孔轴承。铁基多孔轴承常用的材料有铁-石墨(石墨含量为 0.5%～3.0%)烧结合金和铁-硫(硫含量为 0.5%～1%) -石墨(石墨含量为 1%～2%)烧结合金。前者硬度为 30～110HBW，组织为珠光体(> 40%) + 铁素体 + 渗碳体(< 5%) + 石墨 + 孔隙；后者硬度为 35～

70HBW，除有与前者相同的几种组织外，还有硫化物。组织中石墨或硫化物起固体润滑剂作用，能改善减磨性能；石墨还能吸附很多润滑油，形成胶体状高效能的润滑剂，进一步改善摩擦条件。

(2) 铜基多孔轴承。铜基多孔轴承常用 ZCuSn5Pb5Zn5 青铜粉末与石墨粉末(含石墨为 0.5%～2%)制成，硬度为 20～40HBW，组织是 α 固溶体 + 石墨 + 铅 + 孔隙，它有较好的导热性、耐蚀性、抗咬合性；但承压能力较铁基多孔轴承差，用于纺织机械、精密机械、仪表中。近年来，出现了铝基多孔轴承，铝的摩擦系数比青铜小，故工作时温升也低，且铝粉价格比青铜低。因此在某些场合，铝基多孔轴承逐渐代替铜基多孔轴承而得到广泛使用。

2) 烧结铁基结构材料

烧结铁基结构材料是以碳钢粉末或合金钢粉末为主要原料，采用粉末冶金方法制成的金属材料，也可以直接制成烧结结构零件。铁基结构材料根据含碳量的不同，分为烧结铁、烧结低碳钢、烧结中碳钢和烧结高碳钢。这类材料制造结构零件的优点是制品的精度较高，表面质量较好，不需或只需要少量切削加工。制品还可以通过热处理强化来提高耐磨性，主要采用淬火 + 低温回火以及渗碳淬火 + 低温回火。制品多孔，可浸渍润滑油，改善摩擦条件，减少磨损，并有减振、消音的作用。

用碳钢粉末制造的合金，含碳量低的，可制造受力小的零件或渗碳件、焊接件；含碳量较高的，淬火后可制造要求有一定强度或耐磨的零件。用合金钢粉末制造的合金，其中常有 Cu、Mo、B、Mn、Ni、Cr、Si、P 等合金元素，它们可强化基体，提高淬透性，加入 Cu 还可提高耐蚀性。

合金钢粉末合金淬火后，R_m 可达 500～800 MPa，硬度为 40～50 HRC，可用于制造受力较大的烧结结构件，如液压泵齿轮、电钻齿轮等。粉末冶金铁基结构材料广泛用于制造机械零件，如机床上的调整垫圈、调整环、端盖、滑块、底座、偏心轮，汽车中的油泵齿轮、差速器齿轮、止推环，拖拉机上的传动齿轮、活塞环以及接头、隔套、螺母、油泵转子、挡套、滚子等。如制造长轴类、薄壳类及形状特别复杂的结构零件，则不适宜采用粉末冶金材料。

3) 烧结摩擦材料

粉末冶金摩擦材料根据基体金属不同，分为铁基材料和铜基材料。根据工作条件不同，分为干式材料和湿式材料。湿式材料宜在油中工作。机器上的制动器与离合器大量使用摩擦材料，它们都是利用材料相互间的摩擦力传递能量的，尤其是在制动时，制动器要吸收大量的动能，使摩擦表面温度急剧上升(可达 1000℃左右)，故摩擦材料极易磨损。因此，对摩擦材料的性能要求是：较大的摩擦系数，较好的耐磨性，良好的磨合性、抗咬合性，足够的强度，能承受较高的工作压力及速度。

摩擦材料是以强度高、导热性好、熔点高的金属(如铁、铜)作为基体，并加入能提高摩擦系数的摩擦组分(如 Al_2O_3、SiO_2 及石棉等)，以及能抗咬合、提高减磨性的润滑组分(如铅、锡、石墨、二硫化钼等)的粉末冶金材料。因此它能较好地满足使用性能要求，其中铜基烧结摩擦材料常用于制造汽车、拖拉机、锻压机床的离合器与制动器。而铁基材料多用于制造各种高速重载机器的制造器，与烧结摩擦材料相互摩擦的对偶件，一般用淬火钢或铸铁。

10.6.2　硬质合金

硬质合金是粉末冶金的支柱产品之一，它是由难熔金属的硬质化合物和黏结金属通过粉末冶金工艺制成的一种合金材料。硬质合金的特点是红硬性好，工作温度可达 900℃～1000℃，硬度极高(69～81 HRC)，耐磨性优良，由它制成的硬质合金刃具的切削速度比高速钢刃具可提高 4～7 倍，而刃具寿命可提高 5～80 倍，可用于切削高速钢刃具难以加工的、易发生加工硬化的合金，如奥氏体耐热钢和不锈钢，以及高硬度(50HRC 左右)的硬质材料。但硬质合金质硬性脆，不能进行机械加工，常制成一定规格的刀片镕焊或镶嵌在刀体上使用。

1. 切削工具用硬质合金

我国切削工具的硬质合金用量约占整个硬质合金产量的三分之一，其中用于焊接刀具的占 78%左右，用于可转位刀具的占 22%左右。根据 GB/T 18376.1—2008 的规定，切削工具用硬质合金牌号由类别代码、分组号、细分号(需要时使用)组成。如 P201，P 为类别代码，20 为按使用领域细分的分组号，1 为细分号。

按使用领域的不同，类别代码分成 P、M、K、N、S、H 六类，各个类别为满足不同使用领域的要求，其中：P 用于长切屑材料的加工，如钢、铸钢、长切削可锻铸铁等；M 用于通用合金的加工，如不锈钢、铸钢、锰钢、可锻铸铁、合金钢、合金铸铁等；K 用于短切屑材料的加工，如铸铁、冷硬铸铁、短切屑可锻铸铁、灰口铸铁等；N 用于有色金属、非金属材料的加工，如铝、镁、塑料、木材等；S 用于耐热和优质合金材料的加工，如耐热钢，含镍、钴、钛的各类合金材料；H 用于硬切削材料的加工，如淬硬钢、冷硬铸铁等材料。

按使用领域细分的分组号有 01、10、20、30。切削工具用硬质合金中，由于 WC、TiC、TaC、NbC 等化合物及 Co、Ni、Mo 等合金元素含量的变化，其强度、硬度、韧性均会发生变化，每类合金的分组号数字越大，硬质合金的硬度越低，而抗弯强度越高。因此，随分组号的增大，切削速度减小，进给量增大。

2. 地质、矿山工具用硬质合金

根据 GB/T 18376.2—2014 的规定，地质、矿山工具用硬质合金用G表示，并在其后缀以两位数字组 10、20、30……构成组别号，根据需要可在两个组别号之间插入一个中间代号，以中间数字 15、25、35……表示，若需再细分，则在分组代号后加一位阿拉伯数字 1、3……或英文字母作细分号，并用小数点“.”隔开，以示区别。组别号数字越大，其耐磨性越低，而韧性越高。

国标规定的分类分组代号，不允许供方直接用来作为硬质合金牌号命名。供方应给出供方特征号(不多于两个英文字母或阿拉伯数字)、供方分类代号。如 YK20.1 中，Y 表示某供方的特征号，K 为某供货产品的特征号，20 为分组号，1 为细分号。

3. 耐磨零件用硬质合金

根据 GB/T 18376.3—2015 的规定，耐磨零件用硬质合金用 LS、LT、LQ、LV 四种类别号分别表示金属线、棒、管拉制用硬质合金，冲压模具用硬质合金，高温高压构件用硬质合金和线材轧制辊环用硬质合金，其后缀数字和小数点“.”含义和 GB/T 18376.2—2014

《硬质合金牌号　第2部分：地质、矿山工具用硬质合金牌号》的规定相同，对供方的命名要求也相同。

硬质合金在各方面的应用已越来越广泛，随着工业化、信息化、城市化进程的加速，机床行业、钢铁、汽车、矿山采掘、电子信息、交通运输和能源等基础产业对高性能硬质合金的需求将不断增长。数控机床、加工中心在机械加工各领域的应用不断扩大，对高性能、高精度研磨涂层刀片及配套工具等高附加值硬质合金制品的需求将不断增加。未来尖端科学技术、高新技术武器装备制造以及核能源产业的快速发展，将大力推动对高技术含量和高质量稳定性的硬质合金产品的需求。未来硬质合金产品市场需求巨大，给中国硬质合金行业提供了良好的发展前景。硬质合金将向精深加工、工具配套方向发展，向超细、超精及涂层复合结构等方向发展，向循环经济、节能环保方向发展，向精密化、小型化方向发展。

习题与思考题

本章小结

10-1　铝合金是如何分类的？

10-2　不同铝合金可以通过哪些途径达到强化目的？

10-3　何谓铝硅明？为什么铝硅明具有良好的铸造性能？这类铝合金主要用在何处？

10-4　变形铝合金包括哪几类？

10-5　用2A01制作铆钉应在什么状态下进行铆接？如何强化？

10-6　铜合金分为哪几类？不同铜合金的强化方法与特点是什么？

10-7　试述黄铜H59和H68在组织和性能上的区别。

10-8　下列零件用铜合金制造，请选择合适的铜合金牌号：

螺旋桨　子弹壳　发动机轴承　高级精密弹簧　冷凝器　钟表齿轮

10-9　青铜如何分类？说明含锡量对锡青铜组织与性能的影响，并分析锡青铜的铸造性能特点。

10-10　变形镁合金包括哪几类？它们的性能特点各是什么？

10-11　铸造镁合金分哪几类？它们的性能特点各是什么？

10-12　钛合金分为几类？钛合金的性能特点和应用是什么？

10-13　轴承合金必须具有什么特性？其组织有什么要求？

10-14　轴承合金常用合金类型有哪些？请为汽轮机、汽车发动机曲轴和机床传动轴选择合适的滑动轴承合金。

10-15　硬质合金按用途分类，主要在哪几方面使用？它们的性能及应用特点是什么？

10-16　为什么在砂轮上磨削经热处理的W18Cr4V或9 SiCr、T12A等制成的工具时，要经常用水冷却？而磨削硬质合金制成的刃具时，却不能用水冷却？

第十一章　其他工程材料

非金属材料与金属材料共同构成了生产、生活用材的完整材料体系，正在发展中的新型材料比传统材料具有更优异的特殊性能，它们都广泛应用于国防、宇航、电气、化工、机械等领域。本章介绍高分子材料、陶瓷材料、复合材料等非金属材料及一些新型材料的分类、组织结构和性能特点，为工程选材、用材提供更多的选择。

项目设计

随着高速列车、汽车、风力发电机组等现代交通运输工具和动力机械向高速高能载发展，其对制动摩擦材料提出了更高的制动效能、安全性和可靠性以及更苛刻的环境适应性等要求。本项目要求分析轻量化、抵抗热衰退的刹车盘材料。

学习成果达成要求

(1) 能够根据材料的组成、性能特点等，对主要非金属材料(高分子材料、陶瓷材料和复合材料)进行分类。

(2) 能够针对具体工程问题，选择符合使用要求的非金属材料。

11.1　高分子材料

高分子材料来源丰富，生产成本低廉，品种繁多，具有独特结构和易改性、易加工的特点，以及其他材料不可比拟、不可取代的优异性能，故在机械制造、航空航天工业、工农业生产及人们的日常生活中已成为不可缺少的一类材料。机械工程上用的塑料、合成橡胶、合成纤维、涂料和胶黏剂等均是有机合成高分子化合物。本节主要介绍高分子材料的相关基础知识及其性能特点和应用。

11.1.1　高分子材料的结构和力学状态

高分子材料又称为高分子化合物或高分子聚合物(简称高聚物)，是指以高分子化合物为主要组分的、相对分子质量(10^3～10^6 之间)较高的有机材料。高分子化合物的相对分子质量一般都在 5000 以上，有的甚至高达几百万。相对分子质量虽大，但化学组成却比较简单，它通常是以 C 为骨干，与 H、O、N、S 或 P、Cl、F、Si 等元素中的一种或几种元素结合构成的，其中主要是碳氢化合物及衍生物。高分子化合物由低分子化合物通过聚合反应获得。组成高分子化合物的低分子化合物称为“单体”。例如，由数量足够多的乙烯($CH_2{=}CH_2$)作单体，通过聚合反应打开它们的双键便可生成聚乙烯。其反应式为

$$nCH_2{=}CH_2 \rightleftharpoons [-CH_2-CH_2-]_n$$

这里 $-CH_2-CH_2-$ 结构单元称为链节，而链节的重复个数 n 称为聚合度。因此，单体是组成大分子的合成原料，而链节则是组成大分子的基本(重复)结构单元。

高分子材料的组织结构要比金属复杂得多，可以概括为两个微观层次：一是大分子链的结构，如高分子结构单元的化学组成、键接方式、立体构型、分子大小及构象等；二是高分子的聚集态结构，如晶态、非晶态及取向结构等。

1. 大分子链结构

1) 大分子链的化学组成

大分子链的化学组成主要元素是 C、H、O，C 是形成大分子链的主要元素，其他还有 N、Cl(氯)、F(氟)、B、Si、S 等少数非金属和半金属元素。大分子链根据组成元素不同可分为三类，即碳链大分子、杂链大分子和元素链大分子。其中碳链大分子的主链全部由 C 原子以共价链相连接，即 —C—C—C—，是产量最大、应用最广的大分子链结构。大分子主链除有 C 原子外，还有 O、N、S、P 等原子，它们以共价链相连接，称为杂链大分子。当大分子主链不含 C 原子，而是由 Si、O、B、S、P 等元素组成时，称为元素链大分子。

由于高分子链中常见的 C、H、O、N 等元素都是轻元素，因此决定了高分子材料的密度较小。大分子链的组成元素不同，高聚物的性能也就不一样。如性能柔韧的聚乙烯中的 H 被苯环取代后，则成了硬而脆的聚苯乙烯，聚乙烯中的 H 被 F 取代后，材料便成了耐“王水”的塑料王。通过改变分子链的化学组成，已研制出许多种高分子材料。

2) 大分子链的作用力

大分子链内的作用力主要是原子间的共价键键合力。由于共价键结合不存在自由电子，因此，高分子材料具有良好的电绝缘性。而大分子链间的作用力则是分子间的范德华力(简称范力)。大分子链是由许多链节重复连接而成的，每对链节产生的范力等于单体分子间的范力，大分子链的范力就等于各单体分子间范力之和。高分子化合物的聚合度通常达到几千以上，所以，分子间的范力就非常大，往往超过分子内原子间的共价键键合力。故高分子化合物的相对分子质量越大，聚合度越大，分子间的作用力就越大，材料的强度也就越高。

3) 大分子链的结构形式

高分子材料的组织结构要比金属复杂得多。大分子链的结构形式系指大分子的结构单元的化学组成、键接方式、空间构型、支化及交联等，常见的有三类，如图 11-1 所示。

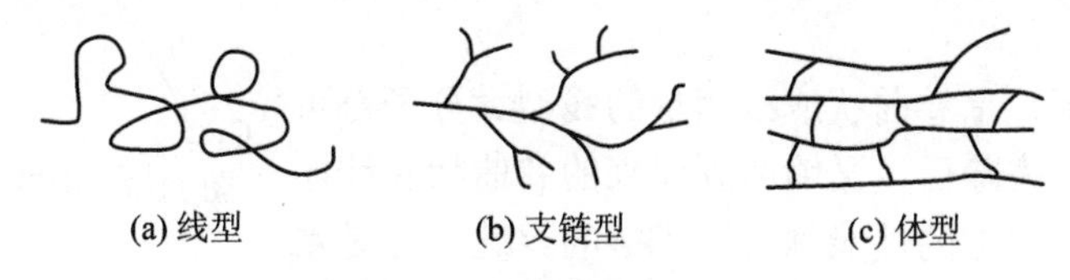

图 11-1　大分子链的结构形式

(1) 线型分子结构。线型高分子的结构是整个大分子呈细长链状(见图 11-1(a))，分子直径与长度之比可达 1∶1000 以上。通常蜷曲成不规则的线团状，受拉时可伸展呈直线状。

线型结构聚合物的特点是具有良好的弹性和塑性，硬度低，是热塑性材料。在加工成型时，大分子链时而蜷曲收缩，时而伸直，十分柔软，易于加工，并可反复使用。在一定溶剂中可溶胀、溶解，加热时则软化并熔化。属于这类结构的聚合物有聚乙烯、聚氯乙烯、未硫化的橡胶及合成纤维等。

(2) 支链型分子结构。一些聚合物大分子链在主链上带有一些或长或短的小支链，整个分子呈树枝状(见图 11-1(b))，即支链型高分子。具有支链型分子结构的高聚物的特点是：一般也能溶解在适当的溶剂中，加热也能熔融，但由于分子排列不规整，分子间作用力较弱。与线型分子相比较，支链型分子溶液的黏度、强度和耐热性都较低。所以，支链化一般对高聚物的性能有不利的影响，支链越复杂和支化程度越高，影响就越大，具有这类结构的聚合物有高压聚乙烯、接枝型 ABS 树脂和耐冲击性聚苯乙烯等。

(3) 体型分子结构。大分子链之间通过支链或化学链连接成一体的交联结构，形成网状或向空间发展而得到体型大分子结构，如图 11-1(c)所示。具有体型结构的聚合物的主要特点是脆性大，弹性和塑性差，但具有较好的耐热性、难溶性、尺寸稳定性和机械强度。加工时只能一次成型(即在网状结构形成之前进行)，材料不能反复使用。酚醛树脂、环氧树脂、热固性塑料、硫化橡胶等属于这类结构的聚合物材料。

4) 大分子链的空间构型

大分子链空间构型指大分子链原子或原子团在空间的排列方式，即链结构。图 11-2 所示为乙烯聚合物常见的三种空间构型。取代基 R 有规律地位于碳链平面同一侧，称为全同立构；取代基 R 交替地排列在碳链平面两侧，称为间同立构；取代基 R 无规律地排列在碳链平面两侧，称为无规立构。

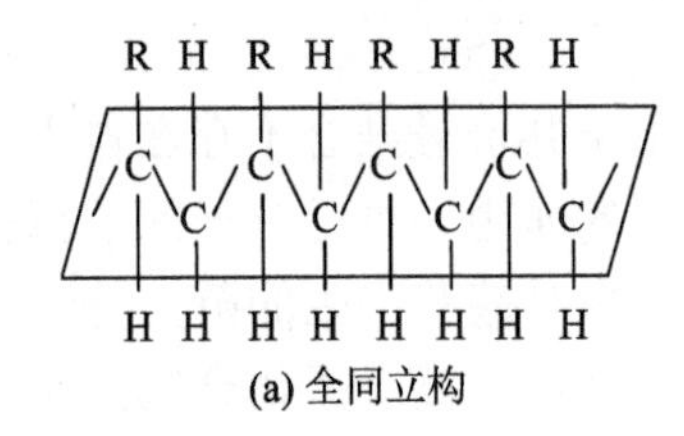

(a) 全同立构

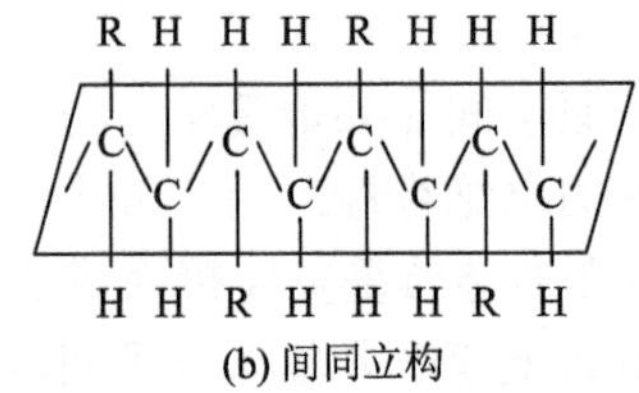

(b) 间同立构

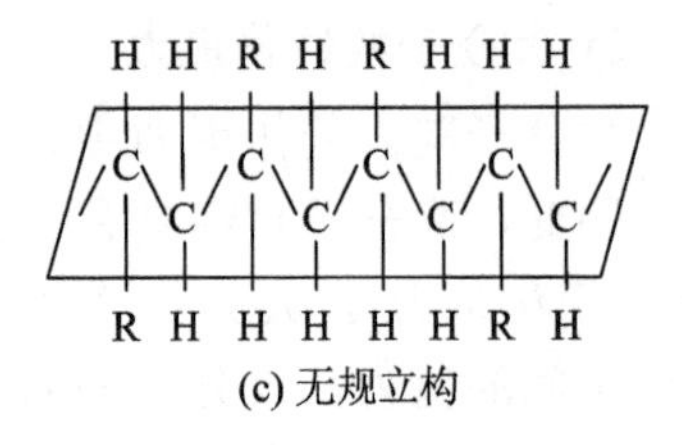

(c) 无规立构

图 11-2　乙烯聚合物的空间构型

5) 大分子链的构象及柔性

聚合物大分子链在不停地运动，是由单键内旋转引起的，如图 11-3 所示。由单键内旋转所产生的大分子链的空间形象称为大分子链的构象。极高频率的单键内旋转随时改变着大分子链的构象，使线型大分子链在空间很容易呈卷曲状或线团状。

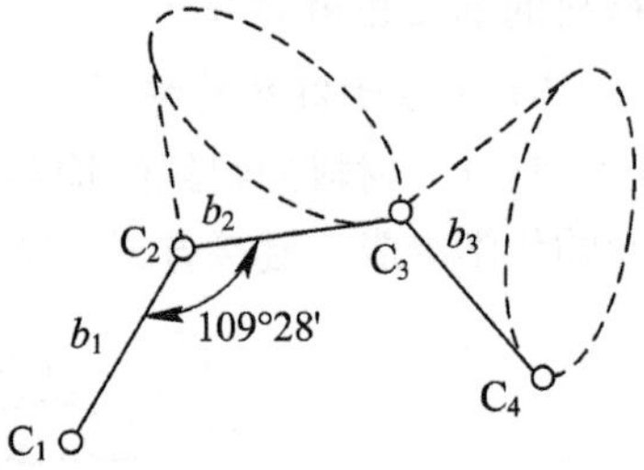

图 11-3　碳链大分子链的内旋转

在拉力作用下，呈卷曲状或线团状的线型大分子链可以伸展拉直；外力去除后，又缩回到原来的卷曲状和线团状。这种能拉伸、回缩的性能称为分子链的柔性，它是聚合物具有弹性的原因。

2. 大分子链的聚集态结构

按照大分子链几何排列的特点，固态聚合物分为晶态和非晶态两大类。如图 11-4 所示，在外力作用下分子链沿外力方向平行排列而形成一种定向结构，即晶态，呈晶态的聚合物材料有明显的各向异性；而分子链排列不规则的部分为非晶态，同液态结构相似，亦称玻璃态，呈近程有序的结构。从图中可见，一个大分子链可以穿过几个晶区和非晶区。晶区聚合物的熔点、密度、强度、硬度、刚性、耐热性、化学稳定性高，而弹性、塑性、冲击强度下降。

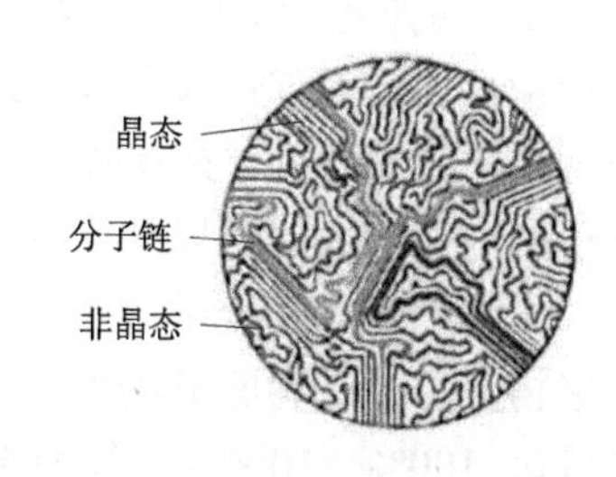

图 11-4　固体聚合物的聚集态结构

通常线型聚合物在一定条件下可以形成晶态或部分晶态，而体型聚合物，由于分子链间存在大量交联，不可能作有序排列，故呈非晶态(或玻璃态)。获得完全晶态的聚合物很困难，大多数聚合物都是部分晶态或完全非晶态，即由图 11-4 所示的各种聚集态结构单元组成的复合物，只不过是不同聚合物中各结构单元的相对量、形状、分布等不同而已，聚合物的聚集态结构影响其性能。

一般用结晶度表示聚合物中晶态区域所占的比例。结晶度变化的范围很宽，为 30%～80%。部分结晶聚合物的组织表现为大小不等(10 nm～1cm)、形状各异(片晶、球晶、伸直链束等)的晶态区悬浮分散在非晶态结构的基体中。结晶度愈高，性能变化愈大。大分子链结晶时，链的排列变得规整而紧密，分子间力增大，链运动变得困难，导致聚合物的熔点、密度、强度、刚度、耐热性等提高，而弹性、延伸率和韧性下降。

3. 线型非晶态高聚物的三种力学状态

高聚物不限于一种力学状态，随着温度的变化，可硬如玻璃，或变成黏稠流体。线型非晶态高聚物在不同温度下表现出三种物理状态：玻璃态、高弹态和黏流态。在恒定载荷作用下，其变形度-温度曲线如图 11-5 所示。图中 T_b 为脆化温度、T_g 为玻璃化温度、T_f 为黏流温度、T_d 为分解温度。

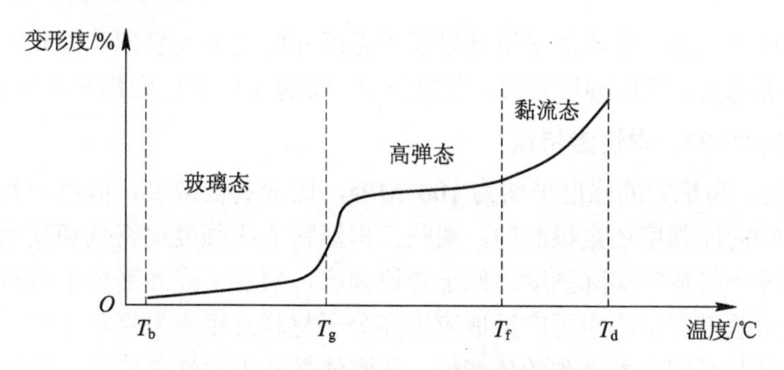

图 11-5　高聚物的变形度-温度曲线

(1) 玻璃态。温度在 T_g 以下时，曲线基本上是水平的，变形量小，而弹性模量较高，高聚物较刚硬，处于所谓的玻璃态。此时，物体受力的变形符合虎克定律，应变与应力成直线比，并在瞬时达到平衡。这是由于温度较低时，分子动能较小，整个分子链或链段不能发生运动，分子处于“冻结”状态，只有比链段更小的结构部分(链节、侧基、原子等)在其平衡位置附近作小范围的振动。受外力作用时，链段发生瞬时的微量伸缩和微小的键角变化；外力一经去除，变形旋即消失。高聚物保持为无定形的玻璃态，T_b 为脆化温度。

(2) 高弹态。温度高于 T_g 之后曲线急剧变化，但很快即稳定而趋于水平。在这个阶段，变形量很大，而弹性模量显著降低，外力去除后变形可以回复，弹性是可逆的。高聚物表现为柔软而富弹性，具有橡胶的特性，处于所谓的高弹态或橡胶态。这是因为温度较高时，分子的动能增大，足以使大分子链段运动，但还不能使整个分子链运动，但分子链的柔性已大大增加，此时分子链呈卷曲状态，这就是高弹态，它是高聚物所独有的状态。高弹态高聚物受力时，卷曲链沿外力方向逐渐舒展拉直，产生很大的弹性变形，其宏观弹性变形量可达 100%～1000%。外力去除后，分子链又逐渐地回缩到原来的卷曲状态，弹性变形逐渐消失。由于大分子链的舒展和卷曲需要时间，所以这种高弹性变形的产生和回复不是瞬时完成的，而是随时间逐渐变化的。

(3) 黏流态。温度高于 T_f 后，变形迅速发展，弹性模量再次很快下降，高聚物开始产生黏性流动，处于所谓的黏流态，此时变形已变为不可逆。这是由于温度高于 T_f 后，分子的动能大大增加，不仅使链段运动，而且能使整个分子链运动，因此，受力时极易发生分子链间的相对滑动，产生很大的不可逆的流动变形，出现高聚物的黏性流动。所以黏流态主要与大分子链的运动有关。

4. 晶态高聚物和体型高聚物的力学状态

晶态高聚物的主要转变是晶态结构的熔融，熔化温度称为熔点，用 T_m 表示。完全晶态的线型高聚物与低分子晶体材料一样，没有高弹态；对于部分晶态的线型高聚物，非晶态区在 T_g 温度以上和晶态区在熔点 T_m 温度以下存在一种既韧又硬的皮革态。此时，非晶态区处于高弹态，具有柔韧性，晶态区则具有较高的强度和硬度，两者复合组成皮革态。

11.1.2 高分子材料的力学、物化性能特点

由于结构的层次多、状态的多重性以及对温度和时间较为敏感，因此高分子材料的许多性能相对不够稳定，变化幅度较大，它的力学、物理及化学性能都具有某些明显的特点。

1. 高分子材料的力学性能特点

(1) 强度低。高聚物的强度平均为 100 MPa，比金属低得多，但由于其重量轻、密度小，许多高聚物的比强度还是很高的，某些工程塑料的比强度比钢铁和其他金属还高。工程应用中，高分子材料的实际强度远低于理论强度，预示了提高高分子材料实际强度的潜力很大，在受力的工程结构中更广泛地应用高分子材料是很有发展前途的。高分子材料的力学性能对温度和时间有着强烈的依赖性，从而使得其力学性能的变化比金属材料更为复杂。对于黏弹性的高聚物，其强度主要受温度和变形速度的影响。

(2) 弹性高、弹性模量低。无定型和部分晶态高分子材料在玻璃化温度以上时，由于其链段能自由运动，从而表现出很高的弹性。高聚物的弹性变形量可达到 100%～1000%，而一般金属材料只有 0.1%～1.0%。高聚物的弹性模量低，约为 2～20 MPa，一般金属材料为 10^3～2×10^5 MPa。它与金属材料的弹性在数量上存在巨大差别，说明它们之间在本质上是不同的。高分子材料的高弹性决定于分子链的柔顺性，且与相对分子质量及分子间交联(分子链之间生成新的化学键，形成网状结构)密度紧密相关。

(3) 黏(滞)弹性。大多数高聚物的高弹性大体是“平衡高弹性”，即应变与应力同步发

生，或应变与应力即时达到平衡。某些高分子材料(例如橡胶)的高弹性表现出强烈的时间依赖性，即应变不随应力即时建立平衡，而有所滞后。产生滞弹性的原因是链段的运动遇到困难时，需要时间来调整构象以适应外力的要求。所以，应力作用的速度愈快，链段愈来不及作出反应，滞弹性愈明显。滞弹性的主要表现有蠕变、应力松弛和内耗等。

(4) 塑性与受迫弹性。高聚物由许多很长的分子组成，加热时分子链的一部分受热，其他部分不会受热或少受热，因此材料不会立即熔化，而是先有一软化过程，所以表现出明显的塑性。处于高弹态的橡胶，在温度较低和分子量很高时有这样的性能。处于玻璃态的塑料(如聚乙烯等热塑性塑料)，当温度较高时也具有这样的性能。

(5) 韧性。由于高分子材料的塑性相对较好，因此在非金属材料中，它的韧性是比较好的。但是高分子材料的强度低，因此其冲击韧性值比金属低得多，一般仅为金属数量级的 1%。这也是高分子材料不能作为重要的工程结构材料使用的主要原因之一。为了提高高分子材料的韧性，可采取提高其强度或增加其断裂伸长量等办法。

(6) 减摩、耐磨性。大多数塑料对金属或塑料对塑料的摩擦系数值一般在 0.2～0.4，但有一些塑料的摩擦系数很低，如聚四氟乙烯对聚四氟乙烯的摩擦系数只有 0.04，几乎是所有固体中最低的。像尼龙、聚甲醛、聚碳酸酯等工程塑料，均有较好的摩擦性能，可用于制造轴承、轴套和机床导轨贴面等。塑料(一部分)除了摩擦系数低以外，更主要的优点是磨损率低且可以做一定的估计，其原因是它们的自润滑性能好，对工作条件及磨粒的适应性强，特别是在无润滑和少润滑条件下，它们的减摩、耐磨性能是金属材料无法比拟的。

2. 高分子材料的物理和化学性能特点

(1) 质量轻。高分子材料是最轻的一类材料，一般密度为 1.0～2.0g/cm^3，为钢的 1/7～1/4，陶瓷的 1/2 以下。最轻的塑料聚丙烯的密度为 0.91g/cm^3。质量轻是高分子材料最大的优点之一，具有非常重要的实际意义。

(2) 良好的绝缘性。高分子材料是良好的绝缘体，其绝缘性能与陶瓷材料相当。随着近代合成高分子材料的发展，出现了许多具有各种优异电性能的新型高分子材料，如高分子半导体、超导体等。另外，由于高分子链细长、卷曲，在受热或声波之后分子振动困难，所以对热、声通常也具有良好的绝缘性能。

(3) 耐热性。同金属材料相比，高分子材料的耐热性是比较低的，这也是高分子材料的不足之处。热固性塑料的耐热性比热塑性塑料要高，但一般也只能在 200℃以下长期工作。常用热塑性塑料如聚乙烯、聚氯乙烯、尼龙等，长期使用温度一般在 100℃以下；热固性塑料如酚醛塑料的使用温度为 130℃～150℃；耐高温塑料如有机硅塑料等，可在 200℃～300℃使用。

提高高分子材料的耐热性可通过以下途径：提高主链的刚性，如引进较大的侧基，增大链的内旋转阻力等；增强分子间的作用力，如形成交联、氢键，引入较强的极性基团等；提高高分子的结晶度以及加入填充剂、增强剂等。

(4) 耐蚀性。高聚物的化学稳定性很高。它们耐水和无机试剂、酸、碱的腐蚀。尤其是被誉为塑料王的聚四氟乙烯，不仅耐强酸、强碱等强腐蚀剂，甚至在沸腾的王水中也很稳定。耐蚀性好是塑料的优点之一。

(5) 老化。老化是指高聚物在加工、储存和长期使用过程中，由于受各种因素的作用，高分子的分子链结构发生了降解(大分子链发生断裂或裂解的过程)或交联，材料失去原有性能而丧失使用价值。其主要表现为橡胶变脆、龟裂或变软、发黏；塑料退色、失去光泽和开裂。这些现象是不可逆的，所以老化是高聚物的一个主要缺点。

3. 高分子化合物的合成与增强

1) 高分子化合物的合成

高分子化合物的合成就是将低分子化合物(单体)聚合起来形成高分子化合物的过程。其聚合方式有两种，即加成聚合反应(简称加聚反应)和缩合聚合反应(简称缩聚反应)。

(1) 加聚反应。

加聚反应是指由一种或几种单体聚合而成高聚物的反应。这种高聚物链节的化学结构与单体的化学结构相同，反应中不产生其他副产品。它是目前高分子合成工业的基础，有80%左右的高分子材料是由加聚反应得到的。

加聚反应的单体只有一种的反应称为均加聚反应，得到的产物是均聚物，如聚乙烯、聚丙烯、聚甲醛等。

若加聚反应的单体有两种或两种以上，其反应称为共加聚反应，所生成的高聚物则为共聚物，如 ABS 工程塑料就是由丙烯腈(A)、丁二烯(B)、苯乙烯(S)共聚而成的；丁苯橡胶是由丁二烯单体和苯乙烯单体共聚而成的。

(2) 缩聚反应。

缩聚反应是指由一种或几种单体相互聚合而形成高聚物的反应。

同一种单体分子间进行的缩聚反应为均缩聚反应，产物称为均缩聚物；在生成高聚物的同时还产生水、氨、醇等副产品。例如，氨基己酸进行缩聚反应生成聚酰胺 6(尼龙 6)和副产物水。

由两种或两种以上单体分子间进行的缩聚反应为共缩聚反应，产物称为共缩聚物。如由己二酸和己二胺缩聚合成尼龙 66。聚对苯二甲酸乙二醇酯(涤纶)、酚醛树脂(电木)、环氧树脂等高分子材料都是缩聚反应生成的缩聚物。

2) 高分子材料的增强

为了获得具有各种性能的高分子材料，可根据需要向高分子材料中掺入其他一些物质(高分子化合物或其他低分子物质)组成更加复杂的混合物体系，形成“复合物”。这类材料类似金属材料中多相组织的合金。这种方法已成为开发新型高分子材料的重要途径。如在脆性高分子材料中掺入增塑剂，可显著改善其韧性和塑性成型的能力；掺入铁、铜，可提高其承载能力和导热性；掺入石棉、云母，可提高其耐热性和绝缘性等。目前，高分子材料一般只能用于制造一些受力不大的零件和构件，大都需经复合增强后才能作为承受较大载荷的工程材料使用。研究表明，改善高分子材料性能的主要途径有：增大高分子材料的分子量；提高高分子化合物的结晶度；使高分子材料中各分子链之间形成新的强化学键，彼此交联成为体型高分子；在大分子链中接入阻碍链自旋的原子或原子团，也可在链上接大的侧基，使其变为刚性链。

11.1.3 常用高分子材料

实际上，高分子化合物与低分子化合物并没有严格的界限，主要根据是否显示高分子化合物的特性来判断。高分子化合物按来源分为天然、半合成(改性天然高分子材料)和合成高分子材料。

高分子材料又称为高聚物材料。高聚物有多种命名方法，天然高分子化合物多用习惯的俗称命名，如羊毛、虫胶、骨胶、松香、淀粉、天然橡胶等。人工合成的高分子化合物常用组成高分子化合物的单体名称命名，简单结构的，在单体名称前加“聚”字，如聚氯乙烯、聚甲醛等；复杂结构的，习惯于在单体名称后面加“树脂”二字，如酚醛树脂、环氧树脂等。目前树脂的含义已经扩大，凡是没经过加工的高分子化合物都可称为树脂，如聚乙烯树脂等。此外，用商品命名，如聚酯的商品称为涤纶(的确良)，酚醛树脂称为电木，聚甲基丙烯酸甲酯称为有机玻璃，聚酰胺称为尼龙或锦纶等，更通俗、易于接受。

通常，高分子材料按用途可分为塑料、橡胶、纤维、胶黏剂、涂料等；按聚合物反应类型，分为加聚物和缩聚物；按聚合物的热性能及成型工艺特点，分为热塑性聚合物和热固性聚合物；按主链上的化学组成，分为碳链聚合物、杂链聚合物和元素有机聚合物；按特性可分为普通高分子材料和功能高分子材料，功能高分子材料除具有聚合物的一般力学性能、绝缘性能和热性能外，还具有物质、能量和信息的转换、传递和储存等特殊功能。

1. 塑料

塑料是以天然或合成的高分子化合物为主要成分的材料，具有良好的可塑性，在室温下保持形状不变。绝大多数塑料都以合成高分子化合物作为基本原料。它在一定温度和压力下塑制成型，故称为塑料。它是应用最广泛的高聚物材料。

大多数塑料都是以各种合成树脂为基础，再加入一些用来改善使用性能和工艺性能的添加剂而制成的。树脂是决定塑料性能和使用范围的主要组成物(占30%～100%)，在塑料中，起黏结其他组分的作用。因此，大多数塑料都是以树脂名称来命名的，例如，聚氯乙烯塑料的树脂就是聚氯乙烯。

添加剂种类很多，按作用不同，有填充剂、增塑剂、稳定剂、润滑剂、固化剂、着色剂、阻燃剂、抗静电剂以及发泡剂等。

塑料的品种繁多，其分类方法也很多，按使用范围可分为通用塑料、工程塑料和特种塑料三类。

1) 通用塑料

通用塑料是一种非结构材料，目前主要有聚乙烯、聚丙烯、聚氯乙烯、聚苯乙烯、酚醛塑料和氨基塑料，它们可制造日常生活用品、包装材料以及一般小型机械零件。其性能和应用举例如下：

(1) 聚乙烯(PE)。

聚乙烯无毒、无味、无臭，外观呈乳白色的蜡状固体，其密度随聚合方法不同而异，为0.91～0.97g/cm^3；聚乙烯的质量轻，是具有优异的耐化学腐蚀性、电绝缘性以及耐低温性的热塑性塑料，易于加工成型，因此被广泛应用于机械制造业、电气工业、化学工业、食品工业及农业等领域。根据密度不同，它可分为低密度聚乙烯(LDPE)和高密度聚乙烯(HDPE)。

LDPE主要用于制造家用膜和日用包装材料，少部分用于制造各种轻、重包装膜，如购物袋、货物袋、工业重包装袋、复合薄膜和编织内衬，各种管材、电线、电缆绝缘护套及电器部件等。另外，因为无毒，LDPE 被广泛用于医疗器具生产，药物和食品的保鲜，玩具和包装材料，化工产品容器、管道和设备内衬以及其他工业用材料的生产。

HDPE 支化度低，线型结构，结晶度高，制品的耐热性好，质地刚硬，机械强度比 LDPE 高，耐磨性、耐蚀性及电绝缘性较好，可经受多次热和机械作用，一般反复加工 10 次以上还能保持基本性能。因其刚度、拉伸强度、抗蠕变性等皆优于 LDPE，所以更适于制成各种管材、片材、板材、包装容器及绳索等以及承载量不高的零件和部分产品，如齿轮、轴承、自来水管、水下管道、燃气管、在 80℃以下使用的耐腐蚀输液管道、化工设备衬里和涂层、绳索、渔网、包扎带、周转箱、瓦楞箱、各种瓶或桶容器和大型贮槽等。

(2) 聚氯乙烯(PVC)。

聚氯乙烯的突出优点是化学稳定性高，绝缘性好，阻燃、耐磨，具有消声减振作用，成本低，加工容易。但其耐热性差，冲击强度低，还有一定的毒性，若用于生产食品和药品的包装，则可用共聚和混合方法改进，制成无毒聚氯乙烯产品。根据所加配料不同，可制成硬质和软质的塑料。

硬质聚氯乙烯的密度仅为钢的 1/5、铝的 1/2，但其机械性能较好，并具有良好的耐蚀性。它主要用于制造化工设备和各种耐蚀容器，例如储槽、离心泵、通风机、各种上下管道及接头等，可代替不锈钢和钢材。但其耐热性差，在 75℃～80℃时软化。

软质聚氯乙烯中增塑剂加入量达 30%～40%，其使用温度低，但延伸率较高，制品柔软，并具有良好的耐蚀性和电绝缘性等；主要用于制造薄膜、薄板、耐酸碱软管、电线和电缆包皮、绝缘层、密封件等。

聚氯乙烯加入适量发泡剂可制成聚氯乙烯泡沫塑料，它质轻、富有弹性，不怕挠折，像海绵一样松软，具有隔热、隔音、防震作用，可用于各种衬垫和包装。

2) 工程塑料和特种塑料

工程塑料可作为结构材料，常见的品种有聚甲醛、聚酰胺、聚碳酸酯、聚苯醚、ABS、聚砜、聚四氟乙烯、有机玻璃、环氧树脂等，和通用塑料相比，它具有优异的力学性能、电性能、化学性能以及耐热性、耐磨性和尺寸稳定性等，故在汽车、机械、化工等行业用来制造机械零件及工程结构件；特种塑料具有某些特殊性能，如耐高温、耐腐蚀等，但价格贵，故只用于特殊需要的场合。按树脂的特性塑料可分为热塑性塑料和热固性塑料两大类。热塑性塑料通常为线型结构，能溶于有机溶剂，加热可软化，故易于加工成型，并能反复使用；常用的有聚酰胺(PA，尼龙)、聚氯乙烯、聚苯乙烯、ABS 等塑料。热固性塑料通常为网型结构，固化后重复加热不再软化和熔融，亦不溶于有机溶剂，不能再成型使用；常用的有酚醛塑料、环氧树脂塑料等。其性能和应用举例如下：

(1) 聚酰胺(PA)。

聚酰胺又称尼龙或锦纶，是最早被发现能承受载荷的热塑性塑料，在机械工业中应用广泛。它具有良好的韧性(耐折叠)和一定的强度，有较低的摩擦系数(比金属小得多)和良好的自润滑性，可耐固体微粒的摩擦，甚至可在干摩擦、无润滑条件下使用，同时有较好的耐蚀性。因聚酰胺不溶于普通溶剂，故可耐许多化学药品，不受弱酸、醇、矿物油等的影响。它的热稳定性差，有一定的吸水性，影响尼龙制品的尺寸精度和强度。聚酰胺一般在 100℃以下工作，适用于制造耐磨的机器零件，如柴油机燃油泵齿轮、蜗轮、轴承，行走机械中行走部分的轴承，各种螺钉、螺帽、垫圈、高压密封圈、阀座、输油管、储油容器等。

(2) ABS塑料。

ABS塑料又称“塑料合金”，是丙烯腈(A)、丁二烯(B)和苯乙烯(S)三种单体的三元共聚物，因而兼有丙烯腈的高硬度、高强度、耐油、耐蚀，丁二烯的高弹性、高韧性、耐冲击和苯乙烯的绝缘性、着色性和易加工成型的优点。它的强度高、韧性好、刚度大，是一种综合性能优良的工程塑料，因此在机械工业以及化学工业中得到广泛的应用。例如用于制造齿轮、泵叶轮、轴承、方向盘、扶手、电信器材、仪器仪表外壳、机罩等，还可用于低浓度酸碱溶剂的生产装置、管道和储槽内衬等的生产。ABS塑料表面可电镀一层金属，代替金属部件，既能减轻零件自重，又能起绝缘作用。ABS塑料不耐高温、不耐燃，耐气候性也差，但都可通过改性来提高性能。

(3) 酚醛塑料(PF)。

酚醛塑料在固化处理前为热塑性树脂，处理后为热固性树脂。热塑性酚醛树脂由于具有优良的电绝缘性而被称为电木，主要被制成压塑粉，用于制造模压塑料。热固性酚醛树脂主要用于和多层片状填充剂一起制造层压塑料，其强度高、刚度大、制品尺寸稳定，具有良好的耐热性能，可在110℃～140℃使用。它还能抗除强碱外的其他化学介质浸蚀，电绝缘性好，摩擦系数低(0.01～0.03)。在机械工业中用它制造齿轮、凸轮、皮带轮、轴承、垫圈、手柄等；在电器工业中用它制造电器开关、插头、收音机外壳和各种电器绝缘零件；在化学工业中用于制造耐酸泵；在宇航工业中作为瞬时耐高温和烧蚀的结构材料。

(4) 环氧塑料(EP)。

环氧塑料是以环氧树脂线型高分子化合物为主，加入增塑剂、填料及固化剂等添加剂经固化处理后制成的热固性塑料。它的强度高，有突出的尺寸稳定性和耐久性，能耐各种酸、碱和溶剂的浸蚀，也能耐大多数霉菌的浸蚀，在较宽的频率和温度范围内有良好的电绝缘性；但成本高，所用固化剂有毒性。环氧塑料广泛用于机械、电机、化工、航空、船舶、汽车、建材等行业，主要用于制造塑料模具、精密量具、各种绝缘器件、抗震护封的整体结构，也可用于制造层压塑料、浇注塑料等。环氧树脂对各种物质有极好的黏附力，用其制造的黏接剂，对金属、塑料、玻璃、陶瓷等都有良好的黏附性，故有“万能胶”之称。

(5) 耐高温塑料。

耐高温塑料指能在较高温度下工作的塑料。一般塑料工作温度通常只有几十摄氏度，而耐高温塑料可在100℃至200℃以上的温度范围工作。这类塑料有聚四氟烯、有机硅树脂、环氧树脂等。耐高温塑料产量小、价格贵，适用于特殊用途，它在发展国防工业和尖端技术中有着重要作用。

2. 橡胶

橡胶是高分子材料，具有极高的弹性、优良的伸缩性和积储能量的能力，成为常用的弹性材料、密封材料、减振材料和传动材料。目前橡胶产品已达几万种，广泛用于国防、国民经济和人民生活的各个方面，起着其他材料不能替代的作用。

人类最早使用的是天然橡胶，天然橡胶资源有限，后来人们大力发展了合成橡胶，目前已生产了七大类几十种合成橡胶。习惯上将未经硫化的天然橡胶及合成橡胶称为生胶，硫化后的橡胶称为橡皮。生胶和橡皮统称为橡胶。

橡胶是以生胶为主要组分，加入适量的添加剂组成的高分子弹性体。生胶是橡胶的主要成分，它对橡胶性能起决定性作用，但单纯的生胶在高温时发生黏性，低温下发生脆性，且易被溶剂溶解。为此，常加入各种添加剂并经硫化处理，以形成具有较好性能的工业用橡胶；常用添加剂有硫化剂(常用硫黄)、促进剂(常用胺类、胍类、噻唑类及硫脲等)、补强剂(最佳是炭黑)、软化剂(常用凡士林等油类和酯类)、填充剂(常用炭黑、陶土、硅酸钙、碳酸钙、硫酸钡、氧化镁、氧化锌等)、着色剂、防老剂等。

橡胶种类繁多，若以原料来源分，有天然橡胶与合成橡胶两类；若以合成橡胶的性能和用途分，有通用橡胶与特种橡胶两类。

天然橡胶属于天然树脂，是橡树上流出的浆液，经过凝固、干燥、加压等工序制成片状生胶，再经硫化工艺制成弹性体。天然橡胶中生胶含量在90%以上，其主要成分为聚异戊二烯天然高分子化合物。天然橡胶一般用于制造轮胎、电线电缆的绝缘护套及胶带、胶管、胶鞋等通用制品。

合成橡胶多以烯烃为主要单体聚合而成。合成橡胶制品的工艺流程主要是：塑炼→混炼→成型→硫化→修整→检验。常用合成橡胶有以下几种：

(1) 丁苯橡胶(SBR)：以丁二烯和苯乙烯为单体，在乳液或溶液中用催化剂进行催化共聚而成的浅黄褐色弹性体。它是目前产量最大、应用最广的合成橡胶，常与其他橡胶混合使用，主要用于制造轮胎、胶管、胶鞋等。

(2) 顺丁橡胶(BR)：丁二烯的定向聚合体，是最早用人工方法合成的橡胶之一。其来源丰富，成本低，主要用来制造轮胎，还用来制造耐热胶管、三角皮带、减震器刹车皮碗、胶辊和鞋底等。

(3) 氯丁橡胶(CR)：由氯丁二烯聚合而成，它的机械性能和天然橡胶相似，而耐油性、耐磨性、耐热性、耐燃烧性(一旦燃烧能放出 HCl 气体阻止燃烧)、耐溶剂性、耐老化等均优于天然橡胶，故有“万能橡胶”之称，但耐寒性差。它适于制造高速运转的三角皮带、地下矿井的运输带，在 400℃以下使用的耐热运输带、风管、电缆等。它还可用于制造石油化工中输送腐蚀介质的管道、输油胶管以及各种垫圈。由于氯丁橡胶与金属、非金属材料的黏着力好，可用作金属、皮革、木材、纺织品的胶黏剂。

(4) 丁腈橡胶(NBR)：由丁二烯和丙烯腈聚合而成，属于特种橡胶。其突出的特点是耐油性好，又有弹性，可抵抗汽油、润滑油、动植物油类浸蚀，故常作为耐油橡胶使用。此外，它还有良好的耐磨性、耐热性、耐水性、气密性和抗老化性，但电绝缘性和耐寒性差，耐酸性也差。丁腈橡胶主要用于制造各种耐油制品，如耐油胶管、储油槽、油封、输油管、燃料油管、耐油输送带、印染辊及化工设备衬里等。

(5) 硅橡胶：由二甲基硅氧烷与其他有机硅单体共聚而成，属于特种橡胶。其特点是耐高温和低温，可在-100℃～350℃范围内保持良好弹性，还有优良的抗老化性能，对臭氧、氧、光和气候的老化抗力大，绝缘性也好，其缺点是强度、耐磨性和耐酸碱性差，而且价格较贵，限制了使用。它主要用于制造各种耐高低温的橡胶制品，如耐热密封垫圈及衬垫、耐高温电线和电缆的绝缘层等。

(6) 氟橡胶：以 C 原子为主键，带有 F 原子的聚合物，属于特种橡胶。由于含有键能很高的碳氟键，因此氟橡胶具有很高的化学稳定性。它的突出特点是在酸、碱、强氧化剂中的耐蚀能力居各类橡胶之首。它有很高的强度、硬度，耐高温、耐油和耐老化性能也很好。其缺点是耐寒性、加工性差，价格较贵，限制了使用。它主要用于制造国防和高科技领域中的高级密封件、高真空密封件和化工设备中的衬里，还可用于制造火箭导弹的密封垫圈等。

利用现代科学技术，可以对橡胶进行各种各样的改性，按照使用上的需要提高某种性能。橡胶改性的方法很多，可以添加各种配合剂，也可以根据需要设计特殊的结构，或通过某些化学反应加以处理，还可以将几种橡胶按不同的百分比进行接枝或嵌段，甚至可以用橡胶与树脂接枝或嵌段。总之，橡胶的改性是提高橡胶性能的重要途径，也是橡胶技术发展的重要环节。

3. 胶黏剂

能将同种、两种或两种以上同质或异质的制件(或材料)连接在一起，固化后具有足够强度的有机或无机、天然或合成的一类物质，统称为胶黏剂或黏结剂。

胶黏剂按应用方法可分为热固型、热熔型、室温固化型、压敏型等；按应用对象可分为结构型、非构型或特种胶；按形态可分为水溶型、水乳型、溶剂型以及各种固态型等；按固化方式可分为熔融固化型、挥发固化型、遇水固化型、反应固化型。

4. 合成纤维

用人工合成聚合物制成的纤维，包括天然纤维和化学纤维(又分人造纤维和合成纤维)。

人造纤维是用自然界的纤维加工制成的，如“人造丝”“人造棉”的黏胶纤维及醋酸纤维等。

合成纤维是以石油、天然气、煤和石灰石等为原料，经过提炼和化学反应合成高分子化合物，再将其熔融或溶解后纺丝制得的纤维。合成纤维具有强度高、耐磨、保暖、耐蚀、密度小、抗霉菌等特点。除广泛用作衣料等生活用品外，还大量用于汽车、飞机轮胎帘子线、渔网、索桥、船缆、降落伞布、炮衣、传送带、绝缘布的制造。常用合成纤维如下：

(1) 聚酯纤维：又名涤纶，具有强度高、弹性好、挺括不皱、耐冲击、耐磨性好、耐蚀、易洗快干等特性；除大量用作纺织品材料外，工业上广泛用于制造运输带、传动带、帆布、渔网、绳索、轮胎帘子线及电器绝缘材料等。

(2) 聚酰胺纤维：又名锦纶，具有强度高、耐磨、弹性好、耐日光性差等特性；主要品种有锦纶 6、锦纶 66 和锦纶 1010 等。锦纶纤维多用于制造轮胎帘子线、降落伞、宇航飞行服、渔网、针织内衣、尼龙袜、手套等工农业及日常生活用品。

(3) 聚丙烯腈：又名腈纶(国外称奥纶、开司米、人造毛)，具有柔软、蓬松、耐晒、耐蚀、保暖、强度低、不耐磨等特性；多数用来制造毛线和膨体纱及室外用的帐篷、幕布、船帆等织物，还可与羊毛混纺，织成各种衣料。

(4) 聚乙烯醇缩醛：又名维纶，耐磨性好、耐日光性好、吸湿性好，与棉花接近，性能很像棉花，故又称合成棉花。其价格低廉，可用于制造包装材料、帆布、过滤布、缆绳、渔网等。

(5) 含氯纤维：又名氯纶，具有化学稳定性好、耐磨、不燃、耐晒、耐蚀、染色性差、热收缩大等特点；可用于制造化工防腐和防火的用品，以及绝缘布、窗帘、地毯、渔网、绳索等。

(6) 聚芳香酰胺：又名芳纶，具有强度很高、模量大、耐热、化学稳定性好等特性；用于制造复合材料和飞机驾驶室安全椅、绳等。

11.2 陶瓷材料

陶瓷材料既是最古老的传统材料，又是最年轻的近代新型材料。它和金属材料、高分子材料一起，构成了工程材料三大支柱。陶瓷材料主要用于化工、机械、冶金、能源、电子行业和一些新技术中。尤其在某些特殊场合，陶瓷是唯一能选用的材料，例如内燃机的火花塞，引爆时瞬间温度可达 2500℃，并要求绝缘和耐化学腐蚀，这种工作条件，金属材料与高分子材料都不能胜任，唯有陶瓷材料最合适。现代陶瓷是国防、航天等高科技领域中不可缺少的高温结构材料和功能材料。

11.2.1 陶瓷材料及其分类

提起陶瓷，人们不免想起茶杯饭碗、砖头瓦片之类，传统上的陶瓷是陶器和瓷器的总称。其实陶瓷的含义比这要广得多。随着无机非金属材料的发展，陶瓷材料不仅包括了陶瓷、玻璃、水泥和耐火材料在内(这四类材料的化学组成均为硅酸盐类，称为硅酸盐材料)的整个无机非金属材料，还包括了新型无机非金属材料如氧化物、氮化物、碳化物等特种陶瓷材料。

硅酸盐是来源最丰富的陶瓷材料，因为硅和氧都是地壳中含量最丰富的元素。沙子的主要成分就是二氧化硅。二氧化硅处于自然状态时是晶体状态，加热到 1700℃时熔化为液体，同其他液体一样，是非晶的；当二氧化硅液体再冷却时，结晶却十分困难，除非在极慢的降温条件下。如果降温速度较快(如空气中自然降温)，就会形成过冷液体(也就是玻璃)。这种不结晶的玻璃，也归入陶瓷材料一类。

因此，陶瓷材料是指以天然矿物或人工合成的各种化合物为基本原料，经粉碎、配料、成形和高温烧结等工序而制成的无机非金属固体材料。

陶瓷材料在组成上是金属与非金属的结合体，并可按组成中的非金属元素进行分类。如果是金属与氧、氮或氢的结合体，就称为氧化物、氮化物或氢化物。卤化物(氟、氯、溴、碘的化合物)也可视作一类特殊的陶瓷材料。虽然它们一般不作为结构材料使用，但在光学透镜方面有一定的应用。

陶瓷材料处于固态时大都是晶体，晶格结构比金属复杂得多。按照组织形态，陶瓷材料分为以下三类：

(1) 无机玻璃：即硅酸盐玻璃，在室温下具有确定形状，但其粒子在空间呈不规则排列，是非晶结构类陶瓷材料。

(2) 微晶玻璃：即玻璃陶瓷，是单个晶体分布在非晶态的玻璃基体上的一类陶瓷材料。

(3) 陶瓷(晶体陶瓷)：如具有单相晶体结构的氧化铝特种陶瓷，但更典型的是具有复杂结构的普通陶瓷等，这类陶瓷材料是最常用的结构材料和工具材料。

陶瓷材料可按性能、用途和化学成分来分类，见表 11-1。

表 11-1　陶瓷材料的分类

普通陶瓷(传统陶瓷)	特种陶瓷(近代、现代、工程陶瓷)						其他硅酸盐陶瓷
	按性能分类		按化学成分分类				
			氧化物陶瓷	氮化物陶瓷	碳化物陶瓷	复合陶瓷	
日用陶瓷	高温陶瓷	高强度陶瓷	氧化铝陶瓷	氮化硅	碳化硅	金属陶瓷	玻璃
建筑陶瓷	耐磨陶瓷	耐酸陶瓷	氧化铍陶瓷	氮化硼陶瓷	碳化硼陶瓷	纤维增强陶瓷	铸石
绝缘陶瓷	压电陶瓷	电介陶瓷	氧化锆陶瓷	氮化铝陶瓷			水泥
化工陶瓷(耐酸陶瓷)	光学陶瓷	磁性陶瓷	氧化镁陶瓷				耐火材料
多孔陶瓷(隔热保温)	生物陶瓷						

随着航空航天技术的发展，陶瓷材料耐高温、硬度高、热膨胀系数小、抗氧化、耐化学腐蚀等优异性能越来越多地被重视。未来发动机的发展将使陶瓷基复合材料得到越来越多的应用。要使涡轮进口温度超过 1650℃，使用目前常用的镍基合金叶片是不可能的。美国综合高性能涡轮发动机技术计划指出：21 世纪要发展推重比达 20、巡航高度 21km、马赫数为 3～4 的航空器，涡轮进口温度将达到 2000℃～2200℃，为此提出采用陶瓷基复合材料代替高温合金，采用陶瓷基复合材料制造叶片盘整体结构的蜗轮可减重 30%；同时提出在燃烧室系统中，需要耐 1204℃和 1316℃的陶瓷材料，用来制造燃烧室的衬套、喷嘴及火焰稳定器喷嘴架等；在排气喷管系统中，需耐−40℃～1538℃或更高温度的陶瓷基复合材料。但是陶瓷材料脆性大，经受不住机械冲击和热冲击，因此增韧和提高高温断裂强度是发展结构陶瓷材料的两大难题。在增韧方面，目前 SiCr/SiC、$SiCW/Si_3N_4$ 热压等复合材料的研究已取得可喜进展，高温断裂强度也分别达到 750MPa 和 800MPa，已用于制造高性能燃气喷管和导弹喷管。另外，晶须增强陶瓷也被认为是很有希望提高断裂韧性的材料。

11.2.2　陶瓷材料的制备和结构特点

1. 陶瓷材料的制备过程

陶瓷材料的生产过程比较复杂，但基本工艺是原料的制备(制粉)、坯料的成型和制品的烧成(烧结)三大步骤。其最大特殊性在于陶瓷材料制备与制品的制造工艺一体化，即材料制备和零件的制备在同一空间和时间内完成。因此，粉料的制备工艺、粉料的性质(粒度大小、形态、尺寸分布、相结构)和成型工艺对烧结时微观结构的形成和发展有着巨大的影响，即陶瓷材料的最终微观组织结构不仅与烧结工艺有关，而且还显著地受粉料性质、特点和成型工艺的影响，进而直接影响制品的性能。而这种影响并不能像金属材料那样可通过后续的热处理工艺加以改善。因此，陶瓷材料的制备工艺更显得十分重要。

1) *粉末的制备方法*

粉末制备方法很多。但大体上可以归结为机械研磨法和化学法。

机械研磨粉碎法是将所需要的组分或它们的先驱体物质用机械球磨方法进行粉碎并混合，得到一定细度的粉料。这种方法虽然易于工业化，但易引入杂质而造成污染。同时，机械球磨混合无法使组分分布达到微观均匀，且粉末的细度有限，通常很难得到小于 1μm 的细粉。化学法分为液相法、气相法和固相法，它克服了机械研磨法的缺点，近年来得到普遍应用。它与传统的机械研磨法的不同之处在于：该法通过化学的手段使组分均匀混合，并通过化学反应使颗粒从液相、气相或固相中形核析出，制得细颗粒粉料。

2) 成型

所谓成型就是将粉末原料直接或间接地转变成具有一定形状体积和强度的成型体，也称素坯。粉末成型是陶瓷材料或制品制备过程中的重要环节。成型方法的选择主要取决于制品的形状和性能要求及粉末自身的性质(粒径、分布等)。成型方法很多，主要有干压成型、冷等静压成型(CIP)等。

3) 烧结

烧结是将成型后的坯体加热到高温(有时需加压)并保持一定时间，使固相或部分液相中的易扩散物质充分迁移，从而消除孔隙，提高致密性，同时形成特定的显微组织结构。因此烧结是陶瓷材料制备工艺过程中的一个十分重要的最终环节，主要有常压烧结或称无压烧结、热压烧结(HP)、热等静压(HIP)烧结等。当然，近年来也开始对陶瓷材料进行如对金属一样的热处理，以改善性能。

陶瓷坯料的成分通常包括黏土、石英和长石三部分，在烧结(加热烧成)和冷却过程中，坯料相继发生四个阶段的变化：

(1) 低温阶段(室温～300℃)：残余水分的排除。

(2) 分解及氧化阶段(300℃～950℃)：结构水的排除；有机物、碳素和无机物等的氧化；碳酸盐、硫化物等的分解；石英晶型转变。

(3) 高温阶段(950℃～烧成温度)：氧化、分解反应继续进行；相继出现共熔体等液相，各组成物逐渐溶解；一次莫来石($3Al_2O_3·2SiO_2$)晶体生成；二次莫来石晶体长大；石英块溶解成残留小块；发生烧结成瓷。

(4) 冷却阶段(烧成温度～室温)：二次莫来石晶体析出或长大；液相转变；残留石英晶型转变。

2. 陶瓷材料的结构

与金属材料、高分子材料一样，陶瓷材料的性能也是由其化学组成和内部组织结构决定的。但陶瓷材料的内部组织结构比较复杂，一般情况下，在烧结温度下，陶瓷材料内部各种物理、化学变化以及扩散过程都不能充分进行到底，所以陶瓷和金属又有不同，一般都是非平衡的组织，且组织很不均匀，很复杂，很难从相图上去分析。

在陶瓷材料的内部结构中，主要以离子键和共价键结合。以离子键结合的陶瓷材料，一般情况下其离子半径很小，离子电价较高，键的结合力大，正负离子的结合非常牢固，抵抗外力弹性变形、刻划和压入的能力很强，所以表现出很高的硬度和弹性模量。陶瓷材料中由共价键组成的共价晶体部分，与高分子化合物的共价键不同，它们的共价电子分布不对称，往往倾向于“堆积”在负电性大的离子那一边，称为“极化效应”。极化的共价键具有一定的离子键特性，常常使结合更加牢固，具有相当高的结合能，因此也同样表现出硬度高、弹性模量大的性能特点。

陶瓷材料几乎都是多晶固体材料，一般是由晶相、玻璃相和气相组成的。晶体周围通常被玻璃体包围着，在晶内或晶界处还分布着大大小小的气孔。这些相的结构、数量、晶粒大小、形态、结晶特性、分布状况、晶界及表面特征的不同，都会对陶瓷材料的性能产生重要影响，从而组成具有各种物理、化学性能的陶瓷材料。通过对陶瓷材料组织结构的了解和研究，可以知道什么样组织结构的陶瓷材料具有什么样的性能，从而找出改进材料性能的途径，达到指导生产、调整配料方案、改进工艺措施及合理使用的目的。

1) 晶相

陶瓷材料和金属材料一样，通常是由多晶体组成的。晶相是指陶瓷材料的晶体结构。一般数量较多、对性能影响最大的相是陶瓷材料的主要组成相，它可以是某些化合物或固溶体。有时，陶瓷材料不止一个晶相，即除了主晶相外，还有次晶相、第三晶相等。对陶瓷材料来说，主晶相的性能往往决定着陶瓷材料的机械、物理、化学性能。例如，刚玉瓷具有较高的机械强度，耐高温，抗腐蚀，电绝缘性能好，主要原因是其主晶相(α-Al_2O_3、刚玉型)的晶体结构紧密，离子键结合强度大。另外，和其他所有晶体材料一样，陶瓷材料中的晶体相也存在着各种晶体缺陷。

在陶瓷材料晶相结构中，最重要的有氧化物结构和硅酸盐结构两大类。

(1) 氧化物结构。大多数氧化物结构是由氧离子排列成简单立方、面心立方和密排六方的三种晶体结构，阳离子位于其间隙中。它们大都是以离子键结合的晶体，是大多数典型陶瓷材料特别是特种陶瓷材料的主要组成相和晶体相。

(2) 硅酸盐结构。硅酸盐是传统陶瓷的主要原料，同时又是陶瓷材料组织中的重要晶体相，它是由硅氧四面体[SiO_4]为基本结构单元所组成的。[SiO_4]就像高分子化合物大分子链中的基本结构单元——链节一样，既可以孤立地在结构中存在，也可以互成单链、双链或层状连接，如图 11-6 所示，因此，硅酸盐有无机高分子化合物之称。

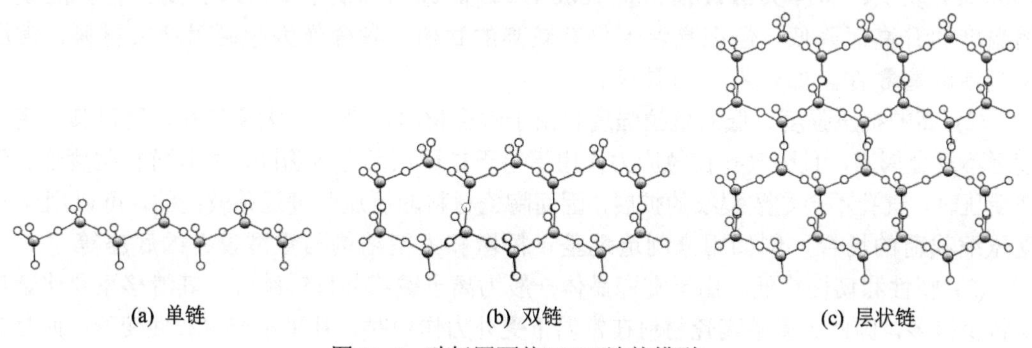

(a) 单链　(b) 双链　(c) 层状链

图 11-6　硅氧四面体[SiO4]连接模型

2) 玻璃相

玻璃相是一种非晶态的低熔点固体相。形成玻璃相的内部条件是黏度，外部条件是冷却速度。一般黏度较大的物质，如 Al_2O_3、SiO_2、B_2O_3 等化合物的液体，当其快速冷却时很容易凝固成非晶态的玻璃体，而缓慢冷却或保温一段时间，则往往会形成不透明的晶体。玻璃相在陶瓷材料中也是一种重要的组成相，除釉层中绝大部分是玻璃相外，在瓷体内部也有不少玻璃相存在。玻璃相的主要作用是将分散的晶相黏结在一起，填充气孔空隙，使瓷坯致密，抑制晶体长大，防止晶格类型转变，降低陶瓷材料烧结温度，加快烧结过程，以及获得一定程度的玻璃特性等。但玻璃相组成不均匀，致使陶瓷材料的物理、化学性能有所不同，而且玻璃相的强度低，脆性大，热稳定性差，电绝缘性差，故玻璃相含量应根据陶瓷材料性能要求合理调整，一般控制在20%～40%或者更多些，如日用陶瓷的玻璃相可达60%以上。

3) 气相

气相是指陶瓷材料组织结构中的气孔。气相的存在对陶瓷材料的性能有较大的影响，它使材料的强度降低(如图 11-7 所示)，热导率、抗电击穿能力下降，介电损耗增大，而且它往往是产生裂纹的原因。同时，气相对光有散射作用，从而降低了陶瓷的透明度。然而要求生产隔热性能好、密度小的陶瓷材料，则希望气孔数量多，分布和大小均匀，通常，陶瓷材料中的残留气孔量为5%～10%。

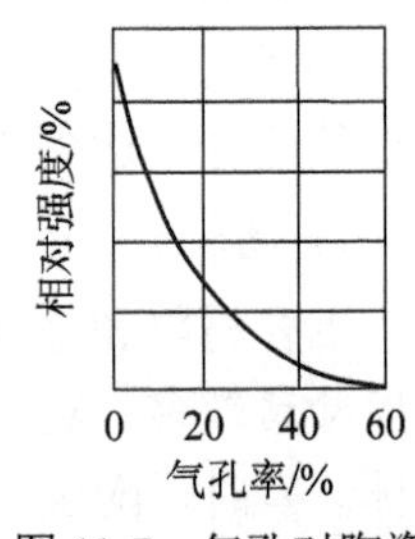

图 11-7　气孔对陶瓷强度的影响

11.2.3　陶瓷材料的力学、物化性能特点

陶瓷材料具有熔点高、硬度高、化学稳定性好、耐高温、耐腐蚀、耐磨损和绝缘等优点。某些特种陶瓷材料还具有导电、导热、导磁、透明、超高频绝缘、红外线透过率高等特性，以及压电、声、光、激光等能量转换的功能。但陶瓷材料脆性大、韧性低，不能承受冲击载荷，抗急冷、急热性能差；同时还存在成型精度差，装配性能不良和难以修复等缺点，因而在一定程度上限制了它的适用范围。陶瓷材料的性能主要包括力学性能、热性能、化学性能、电性能、磁性能以及光学性能等。

1. 力学性能

(1) 硬度高、耐磨性好。大多数陶瓷材料的硬度远高于金属材料，其硬度大都在1500 HV以上，而淬火钢只有500～800 HV，高聚物都低于20 HV。陶瓷材料的硬度随温度的升高而降低，但在高温下仍有较高的数值。陶瓷作为超硬耐磨损材料，常用来制造耐磨零件，如轴承、刀具等。

(2) 高的抗压强度、低的抗拉强度。由于陶瓷材料内部存在大量气孔，所以其致密程度远不及金属高，且因气孔在拉应力作用下易于扩展从而导致脆断，故其抗拉强度低。但在受压时，气孔不会导致裂纹的扩展，因而陶瓷材料的抗压强度还是较高的，可以用于承受压缩载荷的场合，例如用来制造地基、桥墩和大型结构与重型设备的底座等。

(3) 塑性和韧性极低。由于陶瓷晶体一般为离子键或共价键结合，其滑移系要比金属材料少得多，因此大多数陶瓷材料在常温下受外力作用时，几乎不产生塑性变形，而是在一定弹性变形后直接发生脆性断裂。又由于陶瓷材料中存在气相，所以其冲击韧性和断裂韧度要比金属材料低得多。脆性是陶瓷材料的最大缺点，是阻碍其作为工程结构材料广泛使用的主要因素。可通过几个方面来改善陶瓷材料的韧性，如消除陶瓷材料表面的微裂纹，使陶瓷材料的表面承受压应力，防止陶瓷材料中特别是表面上产生缺陷。

2. 物化性能

(1) 熔点高。由于陶瓷材料的离子键和共价键强有力的键合，其熔点一般都高于金属，大多在2000℃以上，有的甚至可达3000℃左右。因此，它是工程上常用的耐高温材料。同时，因其热导率低，故常作为高温绝热材料。多孔和泡沫陶瓷也可用作−120℃～−240℃的低温隔热材料。

(2) 有优良的高温强度和低抗热振性。陶瓷材料的热线膨胀系数比金属和高聚物低。多数金属在 1000℃以上高温时即丧失强度，而陶瓷材料却仍能在此高温下保持其室温强度，并且多数陶瓷材料的高温抗蠕变能力强。但当温度剧烈变化时，陶瓷易破裂，即它的抗热振性能差。

(3) 极好的化学稳定性和特别优良的抗氧化性能。陶瓷材料是离子晶体，其金属原子被周围的非金属元素(O 原子)所包围，屏蔽于非金属原子的间隙之中，形成极为稳定的化学结构。因此，它不但在室温下不会与介质中的氧发生反应，而且在高温下(即使 1000℃以上)也不易氧化，所以具有很高的耐火性能及不可燃烧性，是非常好的耐火材料，可用于制造耐火砖、耐火泥、炉衬、耐热涂层等。此外，陶瓷材料对酸、碱、盐类以及熔融的有色金属均有较强的抗蚀能力，能制成耐高温的坩埚，如刚玉(Al_2O_3)可耐 1700℃高温。

(4) 电性能。陶瓷材料有较高的电阻率、较小的介电常数和介电损耗，是优良的电绝缘材料。只有当温度升高到熔点附近时，才表现出一定的导电能力。随着科学技术的发展，在新型陶瓷材料中已经出现了一批具有各种电性能的产品，如经高温烧结的氧化锡就是半导体，可用于制造整流器；还有些半导体陶瓷，可用来制造热敏电阻、光敏电阻等敏感元件；铁电陶瓷(钛酸钡和其他类似的钙钛矿结构)具有较高的介电常数，可用来制造较小的电容器；压电陶瓷则具有由电能转换成机械能的特性，可用于制造电唱机、扩音机中的换能器以及无损检测用的超声波仪器等。

(5) 磁性能。通常被称为铁氧体的磁性陶瓷材料(如 Fe_3O_4、$CuFe_2O_4$ 等)在唱片和录音磁带、变压器铁芯、大型计算机的记忆元件等方面应用广泛。

(6) 光学性能。陶瓷作为具有特殊光学性能的功能材料，如固体激光材料、光导纤维和光存储材料等，对通信、摄影、激光技术和电子计算机技术的发展有很大的影响。近代透明陶瓷的出现，是光学材料的重大突破，现已广泛用于制造高压钠灯灯管、耐高温及辐射的工作窗口、整流罩以及高温透镜等工业产品。

11.2.4　陶瓷及其复合材料的研究和应用

1. 陶瓷结构材料

高温结构陶瓷材料是唯一可在 1650℃以上工作，具有比金属更高的强度和耐腐蚀性能的低密度材料。它用于先进涡轮发动机可以提高发动机的效率，减少或取消发动机冷却系统，节省能源，同时减轻总重量，是理想的高温结构材料。

近年来，单体结构陶瓷研究的重点材料包括氮化硅(Si_3N_4)、碳化硅(SiC)和氧化锆(ZrO_2)等。与传统的氧化物和硼化物相比，它们具有较高强度、较高的热震抗力和较高的可靠性，并且能够制造出复杂形状的零件。美国在一些航空发动机(如 AGT101 的转子、静子和燃烧器等)中使用了陶瓷材料，如反应烧结 Si_3N_4、无压烧结 SiC、反应烧结 SiC，最高温度达 1371℃。在 MIAI 坦克上的烯气轮机上采用陶瓷涡轮叶片，使发动机工作温度提高到 1200℃，热效率提高 45%，节省燃料 30%，并提高了坦克的机动性能。俄罗斯在燃气发动机上的转子叶片、透平盘和燃烧室等部件上使用了反应烧结 SiC 和 Si_3N_4，最高温度达 1400℃，在 1400℃的抗弯强度为 300～700 MPa，断裂韧性为 3～7 $MPa \cdot m^{1/2}$。对陶瓷材料发展的下一个目标是使用温度达 1600℃，更远的目标是 1800℃。日本非常重视陶瓷纤维和粉末的研究，居世界领先水平，他们采用粉浆烧注和气压烧结法制备的 Si_3N_4 的弯曲强度达 700 MPa，K_{IC} 约为 8 MPa · $m^{1/2}$，在 1400℃下保持相当的强度和韧性，并具有优异的抗热震性能和抗氧化性能。

目前高温结构陶瓷材料存在的主要问题是其脆性大、成本高和加工困难，研究重点是增韧、超塑性、热稳定性和高可靠性等，发展方向是采用 CVI 技术和纳米技术制造高性能陶瓷材料。陶瓷发动机的实用化目标已越来越近。美国采用激光法合成新型超精细 Si_3N_4 和 SiC 粉末，是研制全陶瓷发动机的理想材料。

下面介绍几种常见陶瓷结构材料。

1) 氧化铝陶瓷

氧化铝陶瓷是以 Al_2O_3(含量大于 46%)为主要成分的陶瓷材料，也称高铝陶瓷，是用途最广泛、原料最丰富、价格最低廉的一种高温结构陶瓷材料。陶瓷的 Al_2O_3 含量越高性能越好，按 Al_2O_3 的含量可分为 75 瓷、85 瓷、96 瓷、99 瓷等；根据瓷坯中主晶相的不同，氧化铝陶瓷可分为刚玉瓷、刚玉、莫来石瓷等。其中常用的刚玉瓷(Al_2O_3 含量 90%～99.5%)性能最优，所含玻璃相和气相极少，硬度高(莫氏硬度为 9)，机械强度比普通陶瓷高 3～6 倍，抗化学腐蚀能力和介电性能好，且耐高温(熔点为 2050℃)。其缺点是脆性大，抗冲击性和抗热振性差，不宜承受环境温度剧烈变化。近来生产出的氧化铝-微晶刚玉瓷、氧化铝金属瓷等，进一步优化了刚玉瓷的性能。

氧化铝陶瓷耐高温性能很好，在氧化气氛中可在 1950℃使用，而且耐蚀性也好，可作为高温器皿，如熔炼铁、钴、镍等的坩埚及热电偶套管等。氧化铝陶瓷的硬度高，而且在很高的温度下仍能保持，如 760℃时为 87HRA，1200℃时为 80HRA，所以可用于制造刀具。氧化铝陶瓷具有很好的电绝缘性能，内燃机火花塞基本上用氧化铝陶瓷制造。氧化铝陶瓷耐磨性很好，也适宜于制造轴承。氧化铝陶瓷可用于制造活塞、化工用泵、阀门等，也可在某些条件下用于制造模具。

氧化铝陶瓷的缺点是脆性大，不能承受冲击载荷，而且抗热振性较差，不适于温度急变的场合。

2) 氮化硅陶瓷

氮化硅陶瓷是将硅粉用反应烧结法或将 Si_3N_4 粉用热压烧结法制成的。前者称为反应烧结氮化硅，后者称为热压氮化硅。

Si_3N_4 是共价化合物，键能相当高，原子间结合很牢固。因此，其化学稳定性高，除氢氟酸外，能耐各种无机酸、王水、碱液的腐蚀，也能抵抗熔融的有色金属的浸蚀；有优异的电绝缘性能；有高的硬度、良好耐磨性；摩擦系数为 0.1～0.2，且有自润滑性；其抗高温蠕变性和抗热振性是其他任何陶瓷材料不能比拟的。氮化硅陶瓷的使用温度不如氧化铝陶瓷高，但它的强度在 1200℃时仍不降低。

热压氮化硅陶瓷材料组织致密，因而强度很高，但受模具限制，只能制造形状简单的零件。热压氮化硅陶瓷材料主要用于制造刀具，可对淬火钢、冷硬铸铁等高硬度材料进行精加工和半精加工，也用于钢结硬质合金、镍基合金等的加工，它的成本比金刚石和立方氮化硼刀具低。热压氮化硅陶瓷材料还可用于制造转子发动机的叶片、高温轴承等。

反应烧结氮化硅有 20%～30%气孔，所以强度低，但可制成形状复杂的零件，而且由于硅氮化时的体积膨胀弥补了烧结时的体积收缩，因而制品的尺寸精度很高。但由于受氮化深度的限制，壁厚一般不超过 20～30 mm。反应烧结氮化硅可用于耐磨、耐腐蚀、耐高温、绝缘零件的生产，如腐蚀介质下工作的机械密封环、高温轴承、热电偶套管、输送铝液的管道和阀门、燃气轮机叶片、炼钢生产的铁水流量计以及农药喷雾器的零件等。

近年来，在 Si_3N_4 中加入一定量的 Al_2O_3，构成 Si-Al-O-N 系统陶瓷，称为赛纶陶瓷，用常压烧结的方法可达到热压氮化硅的性能，是目前强度最高的陶瓷材料，并且化学稳定性、热稳定性和耐磨性也都很好。

3) 氮化硼陶瓷

氮化硼陶瓷(BN)分为低压型和高压型两种。

低压型 BN 为六方晶系，结构与石墨相似，又称为白石墨。其硬度较低，具有自润滑性，还有良好的高温绝缘性、耐热性、导热性及化学稳定性。用于制造耐热润滑剂、高温轴承、高温容器、坩埚、热电偶套管、散热绝缘材料、玻璃制品成型模等。

高压型 BN 以六方 BN 为原料，在催化剂的作用下，经高温、高压可转变为立方氮化硼(CBN)。它是立方晶格、结构牢固、硬度接近金刚石的新型超硬材料，在 1925℃以下不会氧化，用于制造磨料、金属切屑刀具及高温模具等。

4) 碳化硅陶瓷

碳化硅和氮化硅一样，也是键能很高的共价键的晶体，生产工艺有反应烧结碳化硅和热压碳化硅两种。

碳化硅陶瓷材料最大的特点是高温强度大，它的抗弯强度在 1400℃高温下仍可保持 500～600MPa 的水平。而其他的陶瓷材料在 1200℃～1400℃时强度显著下降。碳化硅陶瓷材料具有很高的热传导能力，在陶瓷材料中仅次于氧化铍陶瓷。它的热稳定性、耐磨性、耐腐蚀性能良好。

碳化硅陶瓷可用作在 1500℃以上工作部件的良好结构材料，如火箭尾喷管的喷嘴、浇注金属用的喉嘴、热电偶套管、炉管以及燃气轮机的叶片；还可作为高温热交换器的材料、核燃料的包封材料以及制造各种泵的密封圈材料等。

5) 氧化锆陶瓷

氧化锆的熔点为 2715℃，在氧化气氛中温度达 2400℃时是稳定的，使用温度可到 2300℃。

纯氧化锆不能使用，因为在发生同素异构转变时会发生很大的体积变化，并产生裂纹，甚至断裂。加入少量稳定剂，称为部分稳定氧化锆，具有较高的韧性。如加入 CaO 后 K_{IC} 值可达 9.6MPa(SiC 为 3～4MPa，Si_3N_4 为 4.8～5.8MPa)，因而引起人们的重视。加入大量稳定剂则无相变，称为稳定氧化锆。

氧化锆陶瓷材料具有高强度、高硬度，良好的韧性和耐磨性以及高抗化学腐蚀性，导热系数小。可用于制造刀具、隔热材料，以及滑动零部件，如拔丝模、轴承、喷嘴、泵部件、粉碎机部件等。

6) 莫来石陶瓷

莫来石陶瓷是主晶相为莫来石的陶瓷的总称。莫来石陶瓷具有高的高温强度和良好的抗蠕变性能及低的热导率。高纯莫来石陶瓷韧性较低，不宜作为高温结构材料，主要用于制造在 1000℃以上高温氧化气氛下工作的长喷嘴、炉管及热电偶套管等。

为了提高莫来石陶瓷的韧性，常加入 ZrO_2，形成氧化锆增韧莫来石(ZTM)，或加入 SiC 颗粒、晶须形成复相陶瓷。ZTM 具有较高的强度和韧性，可作为刀具材料或绝热发动机的某些零部件的材料。

7) 金属陶瓷

金属陶瓷是以金属氧化物(如 Al_2O_3、ZrO_2 等)或金属碳化物为主要成分，加入适量金属粉末，通过粉末冶金方法制成的具有某些金属性质的陶瓷。典型的金属陶瓷就是硬质合金。

2. 功能陶瓷

具有热、电、声、光、磁、化学、生物等功能的陶瓷称为功能陶瓷。功能陶瓷大致可分为电功能陶瓷、磁功能陶瓷、光功能陶瓷、生化功能陶瓷等。

(1) 铁电陶瓷。有些陶瓷材料的晶粒排列是不规则的，但在外电场作用下，不同取向的电畴开始转向电场方向，材料出现自发极化，在电场方向呈现一定电场强度，这类陶瓷材料称为铁电陶瓷。广泛应用的铁电陶瓷材料有钛酸钡、钛酸铅、锆酸铝等。铁电陶瓷应用最多的是铁电陶瓷电容器，还可用于制造压电元件、热释电元件、电光元件、电热器件等。

(2) 压电陶瓷。铁电陶瓷在外加电场作用下出现宏观的压电效应，这样的陶瓷材料称为压电陶瓷。目前所用的压电陶瓷材料主要有钛酸钡、钛酸铅、锆酸铝、锆钛酸铅等。压电陶瓷材料在工业、国防及日常生活中应用十分广泛，如压电换能器、压电电动机、压电变压器、电声转换器件等。利用压电效应将机械能转换为电能或把电能转换为机械能的元件称为换能器。

(3) 半导体陶瓷。导电性介于导电和绝缘介质之间的陶瓷材料，称为半导体陶瓷，主要有钛酸钡陶瓷。钛酸钡陶瓷具有正电阻温度系数，应用非常广泛，如用于电动机、收录机、计算机、复印机、变压器、烘干机、暖风机、电烙铁、彩电消磁、燃料的发热体、阻风门、化油器、功率计、线路温度补偿等。

(4) 生物陶瓷。氧化铝陶瓷和氧化锆陶瓷与生物肌体有较好的相容性，耐腐蚀性和耐磨性能都较好，常被用于生物体中承受载荷部位的矫形整修，如人造骨骼等。

3. 陶瓷基复合材料

陶瓷基复合材料是连续纤维增强的复合材料。当未来发动机的推重比为 10 时，涡轮部件的工作温度将达 1650℃，矢量喷管温度高达 1700℃～1800℃，所能选择的材料只有高温低密度的陶瓷基复合材料和碳/碳复合材料。

美国在陶瓷基复合材料的研究和应用方面具有很强的实力，美国的 IHPTET、HITEP 和 NASP 计划中研制陶瓷基复合材料的目标是用于制造使用温度达 1650℃的军用和民用发动机，并于 1995 年完成了对 1538℃陶瓷纤维的可行性论证，用于 F100 发动机喷管，在 2005 年对不带冷却系统而能在 1538℃工作的陶瓷基复合材料部件进行了试验。在国防高级研究计划(DARDA)中，要求研制出在 1538℃～1650℃使用的陶瓷基复合材料，技术指标是 1600℃下弯曲强度大于 150 MPa，蠕变速率小于 10^{-8}/s，K_{IC} 大于 10 MPa · $m^{1/2}$，氧化速率为 10 μm^2/h。SiC_f/SiC 的室温弯曲强度达 350～750 MPa，K_{IC} = 18 MPa · $m^{1/2}$，1600℃氧化速率小于 10 μm^2/h，有希望成为 1550℃～1650℃下应用的材料。

法国在陶瓷基复合材料的研究和应用方面处于世界领先水平。它首先将陶瓷基复合材料用于 Rafale 飞机的 M-88 燃气涡轮发动机喷嘴阀。SEP 公司采用 CVI 工艺研制的 2D SiC_f/SiC 的纤维含量 60%，密度小于 2.4 g/cm^3，室温抗拉强度为 300 MPa，1400℃下的弯曲强度为 250 MPa，K_{IC} = 25 MPa • m$^{1/2}$；2D C/SiC 的室温强度为 400 MPa，K_{IC} = 25 MPa • m$^{1/2}$。俄罗斯已制成室温下 K_{IC} 达 35MPa • m$^{1/2}$ 的陶瓷基复合材料。

今后，陶瓷基复合材料研究的方向是提高材料的高温断裂韧性，要求 K_{IC} 达到 15MPa • m$^{1/2}$。SiC_f/SiC 和 SiC_f/Si_3N_4 是发展 1600℃以上应用的最有希望的材料，因为其表面能产生 SiO_2 层，而不必再考虑涂层。

11.3 复合材料

复合材料是由金属材料、高分子材料和陶瓷材料中任两种或几种物理、化学性质不同的物质，经一定方法制成的一种新的多相固体材料。可以根据零件结构和受力情况并按预定的、合理的配套性能进行复合材料设计，创造单一材料不具备的双重或多重功能，或在不同时间或条件下发挥不同的功能。

11.3.1 复合材料的分类和性能

自然界中许多物质都可称为复合材料，如树木、竹子由纤维素和木质素复合而成，动物的骨骼是由硬而脆的无机磷酸盐和软而韧的蛋白质骨胶组成的复合材料。建筑中的钢筋混凝土也是典型的复合材料。

现代复合材料主要是指经人工特意复合而成的材料，不包括天然复合材料及钢和陶瓷。复合材料是多相体系，一般分为两个基本组成相。一个相是连续相称为基体相，主要起黏结和固定作用；另一个相是分散相称为增强相，主要起承受载荷作用。

基体相常用强度低、韧性好、低弹性模量的材料组成，如树脂、橡胶、金属等。这种材料既保持了各组分材料自身的特点，又使各组分之间取长补短，互相协同，形成优于原有材料的特性。

增强相常用高强度、高弹性模量和脆性大的材料组成，如玻璃纤维、碳纤维、硼纤维、芳纶纤维、碳化硅纤维及陶瓷颗粒等。

人们不仅可复合出质轻、力学性能良好的结构材料，也能复合出具有耐磨、耐蚀、导热或绝热、导电、隔声、减振、吸波、抗高能粒子辐射等一系列特殊功能的材料。

1. 复合材料的分类

目前国内对复合材料的分类尚不统一，主要采用以下几种分类方法。

(1) 以基体为主，可分为非金属基体及金属基体两大类，如塑料基复合材料、金属基复合材料、橡胶基复合材料、陶瓷基复合材料等。

(2) 以增强材料为主，可分为碳纤维增强复合材料、颗粒增强复合材料等。

(3) 以基体和增强材料组合来区分，有木材-塑料复合材料等。

(4) 按复合效果，可分为力学复合材料(结构复合材料)和功能复合材料。力学复合材料是利用其力学性能(如强度、硬度、韧性等)制造各种结构和零件；功能复合材料是利用其物理性能(如光、电、声、热、磁等)制造各种结构和零件，如雷达用玻璃钢天线罩就使用了具有良好透过电磁波性能的磁性复合材料，常用的电器元件上的钨银触点使用了在钨的晶体中掺入银的导电功能材料，双金属片使用了不同膨胀系数的金属复合在一起而成的具有热功能性质的材料。

(5) 按结构特点，可分为纤维复合材料、多层复合材料、颗粒复合材料、骨架复合材料等。

常见复合材料分类见表 11-2，目前使用最多的是纤维复合材料。

表 11-2　常见复合材料分类

增强剂	基　体		
	金属	陶瓷	高聚物
金属	纤维增强金属 包层金属 纤维增强陶瓷	夹网玻璃 金属陶瓷 钢筋混凝土	纤维增强塑料、轮胎 夹网波板、橡胶弹簧 铝聚乙烯复合薄膜 填充塑料
陶瓷	纤维增强金属 颗粒增强金属 碳纤维增强金属	纤维增强陶瓷 压电陶瓷 陶瓷磨具 玻璃纤维桩增强水泥 石棉水泥板	纤维增强塑料、轮胎多层玻璃 砂轮、乳胶水泥 填充塑料、炭黑补强橡胶 树脂混凝土、玻璃纤维增强碳 树脂石膏摩擦材料、碳纤维增强塑料
高聚物	铝聚乙烯复合薄膜	—	复合薄膜　合成皮革

2. 复合材料的复合增强原理

复合材料的复合过程包含着复杂的物理、化学、力学甚至生物学等过程，并不是单一的机械组合。其基体材料、增强相的类型和性质以及两者之间的结合力，决定着复合材料的性能。同时，增强相的形状、数量、分布以及制备过程等也大大影响复合材料的性能。

1) 纤维增强复合材料的复合增强原理

纤维增强相是具有强结合键的材料或硬质材料，如陶瓷、玻璃等。增强相的内部一般含有微裂纹，易断裂，表现在性能上就是脆性大。为克服这种缺点，将硬质材料制成细纤维，使纤细断面尺寸缩小，从而减小裂纹长度和出现裂纹的概率，最终使脆性降低，增强相的强度特点也能极大地发挥出来。纤维处于基体中，表面受到基体的保护不易损伤，也不易在受载过程中产生裂纹，承载能力增强。对于高分子基复合材料，纤维增强相起到有效阻止基体分子链运动的作用；而对于金属基复合材料，纤维增强相的作用就是有效阻止位错的运动，从而达到强化基体的作用。

纤维增强相主要有玻璃纤维、碳纤维、硼纤维、芳纶纤维、碳化硅纤维及氧化铝纤维等。

将增强纤维定向或杂乱地分布在基体中使其成为承受外加载荷的主要组成相，即增强纤维主要是承受外加载荷，而纤维和基体的性能，它们界面间的物理化学作用的特点以及纤维的数量、长度和排列方式等对纤维强化效果影响显著。为了达到纤维增强的目的，必须对纤维和基体有明确的要求。纤维增强复合材料的复合增强原理如下。

(1) 纤维增强相是材料的主要承载体，因此纤维增强相应有高的强度和模量，并且要高于基体材料。两种材料复合一体后，在产生相等应变条件下，二者所受应力的大小与它们的弹性模量成正比，只有增强纤维的承载能力大，才能起到增强作用。

(2) 增强纤维和基体的结合强度要适当，二者的结合力要保证基体所受的力通过界面传递给纤维。若结合力过小，则纤维从基体中拔出，对基体起不到强化作用，反而使基体强度降低，受载时容易沿纤维和基体间产生裂纹；若结合强度过高，则复合材料受力破坏时不能从基体中拔出，使复合材料失去韧性而发生脆性断裂。

(3) 纤维方向要和构件受力方向一致，才能很好地发挥增强纤维作用。因为纤维增强复合材料是各向异性的非均质材料，沿纤维方向的强度大于垂直方向的强度，所以纤维在基体中的排列方向要和成形构件受力合理地配合。

(4) 纤维相的含量、尺寸和分布等必须满足一定的要求，一般来说增强纤维所占的百分数越高，纤维越长、越细，增强效果越好。

此外，纤维和基体的热膨胀系数要相互匹配，不能相差过大，纤维和基体间不能发生有害的化学反应，以免引起纤维相性能降低而失去强化作用。

2) 颗粒增强复合材料的复合增强原理

颗粒增强复合材料的增强颗粒主要为陶瓷颗粒，如 Al_2O_3、SiC、Si_3N_4、WC、TiC、B_4C 及石墨等。

对于这类复合材料，基体承受载荷时，颗粒的作用是阻碍分子链或位错的运动。增强颗粒的大小、数量、形状和分布等因素对强化效果有直接影响。颗粒增强复合材料的复合增强原理如下。

(1) 颗粒高度均匀地弥散分布在基体中，从而阻碍导致塑性变形的分子链或位错的运动。

(2) 颗粒大小应适当：颗粒过大本身易断裂，同时会引起应力集中，从而导致材料的强度降低；颗粒过小，位错容易绕过，起不到强化的作用。实践证明，增强颗粒直径过大(大于 0.1 μm)，容易引起应力集中，而使强度降低；直径过小(小于 0.01 μm)，则近似固溶体结构，颗粒强化作用不大。通常，增强颗粒直径为 0.01～0.1 μm 时增强效果最好。

(3) 颗粒的体积含量应在 20%以上，否则达不到最佳强化效果。增强颗粒含量大于 20%时称为颗粒增强复合材料，增强颗粒含量少时称为弥散强化材料。

(4) 颗粒与基体之间应有一定的结合强度。

3. 复合材料的性能特点

(1) 高的比强度和比模量。复合材料的比强度和比模量比金属材料高许多。如碳纤维和环氧树脂复合材料，其比强度是钢的 8 倍，比模量比钢大 3 倍。这对高速运转的零件和要求减轻自重的运输工具或工程构件等具有重大的意义。表 11-3 所示为几类材料的性能比较。

(2) 抗疲劳性能好。一般金属材料的疲劳极限为抗拉强度的 40%～50%，而碳纤维增强复合材料可达 70%～80%，这是由于基体中密布着大量纤维，疲劳断裂时，裂纹的扩展常要经历非常曲折和复杂的路径，所以疲劳强度很高。

(3) 减振性能好。纤维与基体间的界面具有吸振能力。如对相同形状和尺寸的梁进行振动试验，同时起振时，轻合金梁需 9s 才能停止振动，而碳纤维复合材料的梁只要 2.5s 就停止振动。

(4) 良好的高温性能。大多数复合材料在高温下仍保持高强度，一般铝合金升温到450℃时，强度只有室温时的 1/10，弹性模量大幅度下降并接近于零。如用碳纤维或硼纤维增强的铝材，则 400℃时强度和模量几乎可保持室温下的水平。耐热合金最高工作温度一般不超过 900℃，陶瓷颗粒弥散型复合材料的最高工作温度可达 1200℃以上，而石墨纤维复合材料，瞬时高温可达 2000℃。

(5) 工作安全性高。因纤维增强复合材料基体中有大量独立的纤维，使这类材料的构件一旦超载并发生少量的纤维断裂时，载荷会重新迅速分布在未破坏的纤维上，从而使这类结构不致在短时间内有整体破坏的危险，因而提高了工作的安全可靠性。

(6) 其他性能。复合材料的减摩性、耐蚀性和工艺性都较好。如塑料和钢的复合材料可用于制造轴承；石棉和塑料复合，摩擦系数大，是制动效果好的摩阻材料，若经过适当的“复合”也可改善其物理性能和力学性能。玻璃纤维增强塑料具有优良的电绝缘性能，可制造各种绝缘零件，同时，这种材料不受电磁作用，不反射无线电波，微波透过性好，可作为制造飞机、导弹、地面雷达等的材料。一些复合材料还具有耐辐射性、蠕变性高以及特殊的光、电、磁等性能。

表 11-3　几类材料的性能比较

材料名称	密度 $\rho/(g \cdot cm^{-3})$	抗拉强度 R_m/MPa	弹性模量 E/MPa	比强度(R_m/ρ)	比模量(E/ρ)
钢	7.8	1030	210×10^3	130	27×10^3
铝	2.8	461	74×10^3	165	26×10^3
钛	4.5	942	112×10^3	209	25×10^3
玻璃钢	2.0	1040	30×10^3	520	20×10^3
碳纤维Ⅱ/环氧树脂	1.45	1457	137×10^3	1015	95×10^3
碳纤维Ⅰ/环氧树脂	1.6	1050	235×10^3	656	147×10^3
有机纤维 PRD/环氧树脂	1.4	1373	78×10^3	981	56×10^3
硼纤维/环氧树脂	2.1	1344	206×10^3	640	98×10^{3v}
硼纤维/铝	2.65	980	196×10^3	370	74×10^3

11.3.2　常用复合材料及应用

1. 纤维增强复合材料

纤维增强复合材料是纤维增强材料均匀分布在基体材料内所组成的材料。纤维增强复合材料是复合材料中最重要的一类，应用最为广泛。它的性能主要取决于纤维的特性、含量和排布方式，其在纤维方向上的强度可超过垂直纤维方向的几十倍。纤维增强复合材料按化学成分可分为有机纤维和无机纤维。有机纤维有聚酯纤维、尼龙纤维、芳纶纤维等；无机纤维有玻璃纤维、碳纤维、碳化硅纤维、硼纤维及金属纤维等。表 11-4 所示为几类纤维增强复合材料的性能和用途。

在高温领域中，近十年来发现陶瓷晶须在高温下化学稳定性和力学性能好(弹性模量高、强度高、密度小)，故备受重视。但由于这类晶须产量低、价格高，所以仍处于试验研究阶段。

表 11-4　几类纤维增强复合材料的性能和用途

名称		性能特点	用途
玻璃纤维复合材料(玻璃钢)	热塑性玻璃钢	以玻璃纤维为增强剂，以热塑性树脂为黏结剂制成的复合材料，与热塑性塑料相比，当基体材料相同时，强度和疲劳性能可提高 2～3 倍，韧性提高 2～4 倍，蠕变抗力提高 2～5 倍，达到或超过某些金属的强度	轴承、轴承架、齿轮等精密零件，汽车的仪表盘、前后灯，空气调节器叶片、照相机和收音机壳体，转矩变换器、干燥器壳体等
	热固性玻璃钢	以玻璃纤维为增强剂，以热固性树脂为黏结剂制成的复合材料，密度小、比强度高、耐蚀性好、绝缘性好、成型性好，其比强度比铜合金和铝合金高，甚至比合金钢还高，但刚度较差(为钢的 1/10～1/5)，耐热性不高(低于 200℃)，易老化和蠕变	要求自重轻的受力构件，例如汽车车身，直升飞机的旋翼、氧气瓶，耐海水腐蚀的结构件和轻型船体，石油化工管道、阀门，电机、电器上的绝缘抗磁仪表和器件
碳纤维复合材料	碳纤维树脂复合材料	多以环氧树脂、酚醛树脂和聚四氟乙烯为基体，这类材料的密度小，强度比钢高，弹性模量比铝合金和钢大，疲劳强度和韧性高，耐水，耐湿气，化学稳定性高，摩擦系数小，热导性好，受 X 射线辐射时强度和模量不变，性能比玻璃钢优越	齿轮、轴承、活塞、密封环、化工零件和容器，宇宙飞行器的外形材料、天线构架，卫星和火箭的机架、壳体、天线构件
	碳纤维碳复合材料	以碳或石墨为基体，除了具有石墨的各种优点外，强度和韧性比石墨高 5～10 倍，刚度和耐磨性高，化学稳定性和尺寸稳定性好	用于高温技术领域(如防热)和化工装置中，可制造导弹鼻锥、飞船的前缘、超音速飞机的制动装置等
	碳纤维金属复合材料	在碳纤维表面镀金属铝，制成碳纤维铝基复合材料，这种材料在接近金属熔点时仍有很好的强度和弹性模量；用碳纤维和铝锡合金制成的复合材料，其减摩性比铝锡合金更好	高级轴承、旋转发动机壳体等
	碳纤维陶瓷复合材料	用石墨纤维与陶瓷组成的复合材料，具有很高的高温强度和弹性模量，例如碳纤维增强氮化硅陶瓷可在 1400℃下长期工作，又如碳纤维增强石英陶瓷复合材料，韧性比纯烧结石英陶瓷大 40 倍，抗弯强度大 5～12 倍，比强度、比模量可成倍提高，能承受 1200℃～1500℃高温气流的冲击	喷气飞机的涡轮叶片等
硼纤维复合材料	硼纤维树脂复合材料	这种材料的压缩强度和剪切强度高，蠕变小，硬度和弹性模量高，疲劳强度高，耐辐射，对水、有机溶剂、燃料和润滑剂都很稳定，导热性和导电性好	用于航空和航天领域，制造翼面、仪表盘、转子、压气机叶片、直升飞机螺旋桨叶和传动轴等
	硼纤维金属复合材料	用高模量连续硼纤维增强的铝基复合材料的强度、弹性模量和疲劳强度，一直到 500℃都比高强度铝合金和高耐热铝合金高，它在 400℃时的持久强度为烧结铝的 5 倍，比强度比钢和钛合金还高	航空、航天领域

2. 颗粒增强复合材料

颗粒增强复合材料是由一种或多种材料的颗粒均匀分布在基体材料内所组成的材料。

颗粒增强复合材料的颗粒在复合材料中的作用，随颗粒的尺寸大小不同而有明显的差别，颗粒直径为 0.01～0.10 μm 的称为弥散强化材料，直径在 1～50 μm 的称为颗粒增强材料，一般来说颗粒越小，增强效果越好。

按化学组分的不同，颗粒主要分金属颗粒和陶瓷颗粒。不同的金属颗粒起着不同的作用，如需要导电、导热性能时，可以加银粉、铜粉；需要导磁性能时可加入 Fe_2O_3 磁粉；加入 MoS_2 可提高材料的减摩性。

陶瓷颗粒增强金属基复合材料具有高强度、耐热、耐磨、耐蚀和热膨胀系数小等特性，用来制造高速切削刀具、重载轴承及火焰喷管的喷嘴等高温工作零件。

细粒复合材料是由一种或多种材料的颗粒均匀分散在基体材料内所组成的材料。金属陶瓷就是一种常见的细粒复合材料，它具有高硬度、高强度、耐磨损、耐高温、耐蚀和膨胀系数小等优点，是优良的工具材料，可制造硬质合金刀具、拉丝模等。

3. 多层复合材料

多层复合材料由两层或两层以上不同材料复合而成。其中各个层片既可由各层片纤维位向不同的相同材料组成(如多层纤维增强塑性薄板)，也可由完全不同的材料组成(如金属与塑料的多层复合)，从而使多层材料的性能与各组成物性能相比有较大的改善。多层复合材料广泛应用于要求高强度、耐蚀、耐磨、装饰及安全防护等零件的制造。

用层叠法增强的复合材料可使强度、刚度、耐磨、耐蚀、绝热、隔声、减轻自重等性能分别得到改善。多层复合材料有双层金属复合材料、夹层结构复合材料和塑料-金属多层复合材料三种。

1) 双层金属复合材料

双层金属复合材料是将性能不同的两种金属，用胶合或熔合等方法复合在一起，形成满足某种性能要求的材料。如将两种具有不同热膨胀系数的金属板胶合在一起形成的双层金属复合材料，常用于制造测量和控制温度的简易恒温器。

目前在我国已生产了多种普通钢-合金钢复合钢板和多种钢-有色金属双金属片。

2) 夹层结构复合材料

夹层结构复合材料是由两层薄而强的面板(或称蒙皮)中间夹着一层轻而弱的芯子组成的。面板由抗拉、抗压强度高和弹性模量大的材料复合而成，如金属、玻璃钢、增强塑料等。芯子有实心或蜂窝格子两类。芯子材料根据要求的性能而定，常用泡沫、塑料、木屑、石棉、金属箔、玻璃钢等。面板与芯子可用胶黏剂胶接，金属材料还可用焊接。

夹层结构的特点是密度小，减轻了构件自重；其结构和工字钢相似，有较高的刚度和抗压稳定性；可按需要选择面板、芯子的材料，以得到绝热、隔声、绝缘等所需的性能。

夹层结构复合材料的性能与面板的厚度、夹芯的高度、蜂窝格子的大小或泡沫塑料的性能等有关。一般对于结构尺寸大及要求强度高、刚度好、耐热性好的受力构件应采用蜂窝夹层结构；而对受力不太大，但要求结构刚度好、尺寸较小的受力构件可采用泡沫塑料夹层结构。

夹层结构复合材料常用于制造飞机机翼、船舶外壳、火车车厢、运输容器、面板、滑雪板等。

3) 塑料-金属多层复合材料

以钢为基体，烧结铜网为中间层，塑料为表面层的塑料-金属多层复合材料，具有金属基体的力学、物理性能和塑料的耐摩擦、耐磨损性能。这种材料可用于制造各种机械、车辆等的无润滑或少润滑条件下的各种轴承，并在汽车、矿山机械、化工机械等行业得到广泛应用。

如图 11-8 所示的 SF 型三层复合材料就是以钢为基体，烧结铜网或铜球为中间层，塑料为表面层的一种自润滑复合材料。这种材料的物理、力学性能主要取决于基体，而摩擦、磨损性能主要取决于塑料。中间层系多孔性青铜，它使三层之间获得可靠的结合力，优于一般喷涂层和粘贴层。即使塑料磨损，露出青铜也不致严重磨伤轴。表面层常用的塑料为聚四氟乙烯或聚甲醛。这种复合材料比单一的塑料承载能力高 20 倍，导热系数高 50 倍，热膨胀系数低 75%，从而改善了尺寸稳定性。可用于制造高应力(140 MPa)、高温(270℃)及低温(−195℃)和无油润滑条件下使用的各种轴承。目前已用于汽车、矿山机械、化工机械等行业。

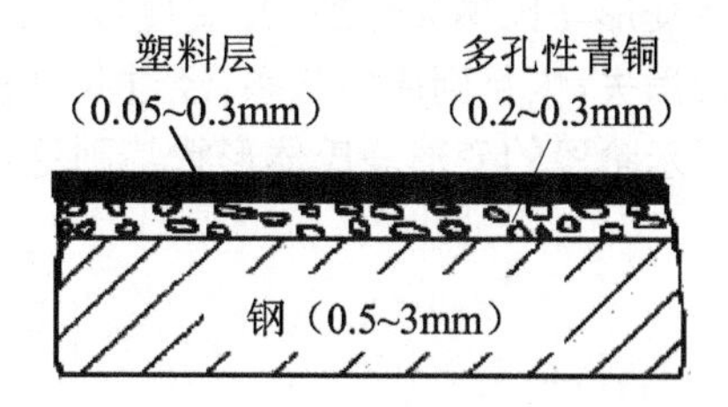

图 11-8　SF 型三层复合材料

11.4　新 型 材 料

新型材料是指以新制备工艺制成的或正在发展中的材料，这些材料比传统材料具有更优异的特殊性能。新型材料种类繁多，本节介绍其中几种。

11.4.1　形状记忆合金

1. 形状记忆效应

某些具有热弹性马氏体相变的合金，处于马氏体状态下进行一定限度的变形或变形诱发马氏体后，在随后的加热过程中，当超过马氏体相消失的温度时，材料就能完全恢复变形前的形状和体积，这种现象称为“形状记忆效应”。具有形状记忆效应的合金称为“形状记忆合金”。

形状记忆效应最早发现于 20 世纪 30 年代，但当时没有引起人们的重视。1963 年美国海军军械实验室在研究 Ni-Ti 合金时发现其具有良好的形状记忆效应，这才引起人们的重视并进行集中研究。目前，形状记忆效应在生物医学领域得到了广泛应用。

2. 形状记忆效应的机理

材料冷却过程中，高温母相转变为马氏体的开始温度 M_s 与加热时马氏体转变为母相的起始温度 A_s 之间的温度差称为热滞后。普通马氏体的热滞后大，而形状记忆合金中的马氏体相变热滞后非常小。普通马氏体数量的增加，是通过新核的形成和长大来完成的，而形状记忆合金的马氏体数量的增加和减少是通过马氏体片的缩小或长大来完成的，母相与马氏体相界面可以逆向光滑移动。这种热滞后小，冷却时界面容易移动的马氏体相变称为 “热弹性马氏体相变”。

形状记忆效应的机理如图 11-9 所示。当形状记忆合金从高温母相(见图 11-9(a))冷却到低于 M_s 温度后，将发生马氏体相变(见图 11-9(b))，形成马氏体。然而这种马氏体与钢中的淬火马氏体不同，通常它比母相还软，称为“热弹性马氏体”，它在马氏体范围内变形成为“变形马氏体”(见图 11-9(c))，在此过程中，马氏体发生择优取向，处于与应力方向有利的马氏体片长大，而取向不利的马氏体片被吞并，最后成为单一取向的有序马氏体。将变形马氏体加热到 A_s 温度以上，晶体将回到原来单一取向的高温母相，随之其宏观变形消失，恢复到原始状态。经过此过程处理的母相在冷却到 M_s 温度以下，如又出现图 11-9(c)所示阶段的变形马氏体形状，则这种合金称为双向形状记忆合金。

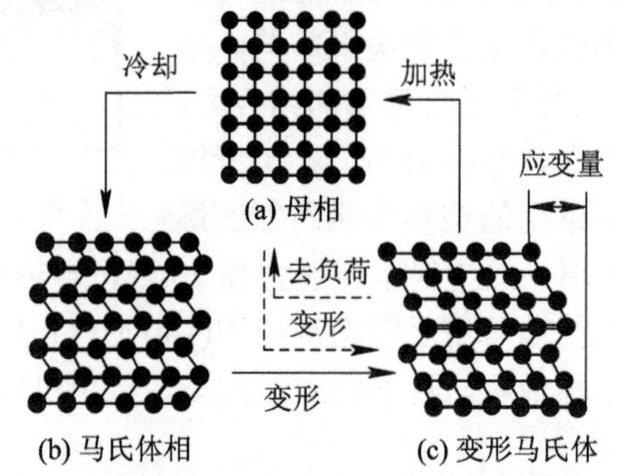

图 11-9　形状记忆合金和超弹性变化机理示意图

形状记忆合金应具备以下三个条件：

(1) 马氏体相变是热弹性类型的。

(2) 马氏体相变是通过孪生(切变)完成。

(3) 母相与马氏体均属于有序结构。

如果对母相施加应力，则母相(见图 11-9(a))直接变形为马氏体相(见图 11-9(c))，这一过程称为诱发马氏体相变。应力去除后，变形马氏体又回到该温度下的母相，恢复母相原来的形状，应变消失，这种现象称为“超弹性”或“伪弹性”。超弹性合金的弹性变形量最高可达 20%，而应力与应变之间的关系也非线性关系。

3. 形状记忆合金的应用

已发现的形状记忆合金种类很多，主要可以分为 Ti-Ni 系、Cu 系、Fe 系三大类。目前已实用化的形状记忆合金只有 Ti-Ni 系合金和 Cu 系合金。

1) 工程应用

形状记忆合金在工程上应用很多，主要是用于制造结构件，如紧固件、连接件、密封垫等。另外，也可以用于制造一些控制元件，如一些与温度有关的传感及自动控制设备。

用形状记忆合金制造的紧固件有如下优点：

(1) 夹紧力大，接触密封可靠，避免了焊接的冶金缺陷。

(2) 适于不易焊接的接头，严禁明火的管道连接，焊接工艺难以进行的海底输油管道修补等。

(3) 金属与塑料等不同材料可以连接成一体。

(4) 安装技术要求不高。

利用形状记忆合金制造热敏驱动元件，用于自动控制，如空调器阀门、发动机散热风扇离合器等。利用双向记忆功能可制造机器人部件，还可制造热机，实现热能-机械能转换。在航天领域，可用来制造航天用天线，将合金在母相状态焊成抛物面形状，在马氏体状态下压成团状，送入太空后，在阳光下又恢复抛物面形状。

2) 医学应用

利用 Ni-Ti 合金良好的相容性，可制造医学上的凝血过滤器、各种内腔支架、脊椎矫正棒、骨折固定板等。利用超弹性合金代替不锈钢制造齿形矫正用丝等。

11.4.2　非晶态合金

非晶态是指原子呈长程无序排列的状态。具有非晶态结构的合金称为“非晶态合金”，又称“金属玻璃”。

晶态和非晶态是相对的，以前人们认为非晶态的物质仅存在于玻璃、聚合物等非金属领域，而金属等属于晶态物质。经大量的实验证明，非晶态的玻璃经适当的退火可以形成晶态玻璃；而晶态的金属，在足够快的冷却速度下可以形成非晶态合金。

实验表明，非晶态合金具有某些特有的性质，因此引起了人们的广泛重视。

1. 非晶态合金的制备

通过熔体急冷而制成非晶态合金是目前制造非晶态合金的主要方法。液态金属中不发生结晶的最小冷却速度称为临界冷却速度。熔体以大于临界冷却速度冷却时原子扩散能力显著下降，最后被冻结成非晶态的固体。

固化温度 T_g 称为“玻璃化温度”。从理论上讲，只要冷却速度足够大(大于临界冷却速度)，所有合金都可以获得非晶态。

目前最大冷速可以做到 106℃/s，因此临界冷速大于 106℃/s 的合金尚无法得到非晶态。目前可以得到非晶态的典型合金有 Fe80Ni20、Fe40Ni40P14B6、Fe5Co70Si5B10、Pd80Si20、Cu60B40、Ca70Mg30、La76Au24 和 U70Cr30 等。

合金是否容易形成非晶态取决于两点：一是与其成分有关，过渡族金属或贵金属与类金属元素组成的合金易于形成非晶态；二是与熔点和玻璃化温度之差 $\Delta T = T_m - T_g$(单位：K)有关，ΔT 越小，形成非晶态的倾向越大。

(1) 气态急冷法。气态急冷法即气相沉积法，主要包括溅射法和蒸发法。这两种方法制得的非晶材料只是小片的薄膜，不能用于工业生产。由于其可制成非晶态的范围较宽，因而可用于研究。

(2) 液态急冷法。目前最常用的液态急冷法，分为单辊法和双辊法。将试样放入石英坩埚中，在氩气保护下用高频感应加热使其熔化，用气压将熔融金属从底部的扁平口喷出，落在高速旋转的铜辊轮上，经过急冷立即形成很薄的非晶带。

2. 非晶态合金的微观结构特性

非晶态材料在微观结构上具有以下基本特征：

(1) 只存在于小区间范围内的短程有序，在近程或次近邻的原子间的键合(如配位数、原子间距、键角、键长等)具有某种规律性，但没有长程序。

(2) 非晶态材料的 X 射线衍射花样是由较宽的晕和弥散的环组成的，没有表征结晶态特征的任何斑点和条纹，用电子显微镜也看不到晶粒间界、晶格缺陷等形成的衍衬反差。

(3) 当温度升高时，在某个很窄的温度区间，会发生明显的结构相变，因而它是一种亚稳相。

3. 非晶态合金的力学特性

1) 强度、硬度和刚度

非晶态合金具有很高的强度、硬度和较高的刚度，是强度最高的实用材料之一。一些非晶态合金的强度甚至超过了高强度马氏体时效钢(σ_s 约 2GPa)。如非晶态铝合金的 σ_b=1140 MPa，是超硬铝(σ_b=520 MPa)的 2 倍；Fe80Ni20 非晶态合金的 σ_b=3630 MPa，而晶态超高强度钢 σ_b 仅为 1820～2000 MPa。金属玻璃具有很好的室温强度和硬度，同时也具有很好的耐磨性能，在相同的试验条件下磨损速度与 WCrCo 耐磨合金差不多。

非晶态合金强度高的原因是其结构中不存在位错，没有晶体那样的滑移面，因而不易发生滑移。

2) 韧性和延性

非晶态合金与脆性的无机玻璃截然不同，不仅具有很高的强度和硬度，还具有很好的韧性，并且在一定的受力条件下还具有较好的延性。Fe80B20 非晶态合金的断裂韧性可达 12 MPa · $m^{1/2}$，这比强度相近的其他材料的韧性高得多，比石英玻璃的断裂韧性约高 2 个数量级。

金属玻璃的塑性与外力方向有关，处于压缩、剪切、弯曲状态时，金属玻璃具有很好的延性，非晶态合金的压缩延伸率可达 40%，冷轧压下可达 50%以上也不会产生断裂，非晶薄带反复弯曲 180° 一般也不会断裂。但其拉伸延性(一般只有约 0.1%)、疲劳强度很低，弹性模量也比晶态合金略低，所以一般不能单独用作结构材料。许多成分的金属玻璃经适当晶化处理后，综合力学性能会有很大提高。

4. 非晶态合金的物理化学特性

1) 密度

非晶是一种短程有序密排结构，与长程有序的晶态密排结构相比，非晶态合金的密度一般比成分相近的晶态合金低 1%～2%。Fe88B12 合金在晶态时密度为 7.52g/cm^3，在非晶态时密度为 7.45g/cm^3。

2) 耐蚀性

非晶态合金具有很强的耐腐蚀能力。不锈钢在氯离子溶液中易发生点蚀，进而导致晶间腐蚀，甚至应力腐蚀和氢脆，而非晶态的 Fe-Cr 合金可以弥补不锈钢的不足。Cr 可显著改善非晶态合金的耐蚀性。

非晶态合金耐蚀性好的主要原因是能迅速形成致密、均匀、稳定的高纯度 Cr_2O_3 薄膜。此外，非晶态合金组织结构和成分均匀，不存在晶界、沉淀相相界、位错、成分偏析的腐蚀形核部位，因而其钝化膜非常均匀，不易产生点蚀。

3) 电性能

非晶态合金一般具有较高的电阻率，是相同成分晶态合金电阻率的 2～3 倍，电阻温度系数比晶态合金小。许多非晶态合金具有负的电阻温度系数，即随温度升高，电阻率下降，在低于临界转变温度时还具有超导性能。

在非晶中形成弥散的第二相也可使临界温度、电流密度等超导性能得到提高。Zr65Nb15B20 非晶态合金经适当退火产生部分晶化，在基体上形成许多微小晶粒，使合金超导临界温度提高 2 倍。具有超导性能的非晶态合金可制成具有良好力学性能的薄带，为开展超导及其应用的研究提供有利条件。

4) 磁性

非晶态合金磁性材料具有高导磁率、高磁感、低铁损和低矫顽力等特性，而且无磁各向异性，这是由于非晶态合金中没有晶界、位错及堆垛层错的钉扎磁畴壁的缺陷。

金属玻璃经部分晶化后产生的极细晶粒可作为磁畴壁非均匀形核媒质，细化磁畴，获得比晶态软磁合金更好的高频(< 100 kHz)软磁性能。

某些铁基非晶合金(例如 Co-Fe-B-Si)在很大频率范围内都具有很高的磁导率。

一些非晶永磁合金在经部分晶化处理后永磁性能会得到很大提高。

许多铁基稀土非晶合金晶化后，矫顽力可增加 2～3 个数量级以上，具有很好的永磁性能。

NdFeB 非晶合金经过晶化热处理并控制形变织构方向后，最大磁能积达到 55MGOe，是目前永磁合金磁能积能达到的最高水平之一。

5) 热学性能

非晶态合金处于亚稳态，是温度敏感材料。如果材料的晶化温度较低，则非晶态合金更不稳定，有些甚至在室温时就会发生转变。

6) 其他性能

非晶态合金还具有好的催化特性、高的吸氢能力、超导电性、低居里温度等特性，这使其在某些特殊领域有着广阔的应用前景。

5. 非晶态合金的应用

非晶态合金具有高的强度和韧性，工艺上可制成条带或薄片，用于制作轮胎、传送带、水泥制品及高压管道的增强纤维，还可用来制作各种刀片和保安刀片。

用非晶态合金纤维代替硼纤维和碳纤维制造复合材料，可进一步提高复合材料的适应性。这是由于非晶态合金强度高，且具有塑性变形的能力，可阻止裂纹的产生和扩展。非晶态合金纤维用于飞机构架和发动机元件的研制中。

非晶态的铁合金是极好的软磁材料，它容易磁化和退磁，比普通的晶体磁性材料导磁率高，损耗小，电阻率大。这类合金主要作为变压器及电动机的铁芯材料、磁头材料。

由于磁损耗很低，用非晶体磁性材料代替硅钢片制作变压器可节约大量电能。

非晶态合金耐腐蚀，特别是在氯化物和硫酸盐中的抗腐蚀性大大超过不锈钢，获得了“超不锈钢”的名称，可用于海洋和医学方面，如制造海上军用飞机电缆、鱼雷、化学滤器、反应容器等。

6. 非晶态合金结构弛豫和晶化现象

1) 结构弛豫

快速凝固后的金属玻璃由于能量高、内应力大，所以在低于玻璃转化温度和晶化温度的较低温度下退火时，合金内部相对位置会发生较小的变化，从而增加密度，减小应力，降低能量，使金属玻璃的结构逐步接近有序度较高的亚稳理想玻璃结构，这种结构的变化称为结构弛豫。

2) 晶化现象

非晶在结构上是无序的，是一种亚稳态，它具有自发地向稳态转变的趋势。当温度很低时这种变化非常缓慢。但当温度达到玻璃转变温度或以上时，这一过程将会很快进行。此时非晶态合金瞬间转变为晶态合金，这一过程即为非晶态合金的晶化。

非晶态合金的晶化会使其某些优异性能退化甚至丧失(磁性、韧性等)；但也可以通过非晶的部分或全部晶化制备纳米晶或非晶-纳米晶复合材料，从而使合金的一些性能得以提高。

11.4.3 超塑性合金

1. 超塑性现象

超塑性是指合金在一定条件下所表现的具有极大伸长率和很小变形抗力的现象。合金发生超塑性时的伸长率通常大于 100%，甚至超过 1000%。从本质上讲，超塑性是高温蠕变的一种，因而发生超塑性需要一定的温度条件，这一温度称为“超塑性温度”，以 T_s 表示。

根据金属学特征可将超塑性分为细晶超塑性和相变超塑性两大类。

1) 细晶超塑性

细晶超塑性又称等温超塑性，目前提到的超塑性合金主要是指这类超塑性合金。

产生细晶超塑性的必要条件如下：

(1) 温度高，$T_s = (0.4～0.7)T_m$ ；

(2) 变形率小；

(3) 稳定的超细等轴晶粒组织，晶粒直径 < 5 μm。

只有在一定变形速度范围内，合金才表现出超塑性。细晶超塑性的微观机制目前尚无定论。一般认为，超塑性变形主要是由晶界移动和晶粒转动造成的。其主要证据是在超塑性流动中晶粒仍然保持等轴状，而晶粒取向却发生了明显变化。

2) 相变超塑性

相变超塑性是指合金受小应力作用时，在其相变温度上下反复加热冷却获得极大伸长率的现象，又称“动态超塑性”。相变超塑性并不需要超细晶粒，但合金必须具有固态相变。

还有一种相变超塑性并不需要在相变温度上下进行多次循环，而是使奥氏体状态的合金在 M_s (马氏体转变开始温度)与 M_d(应力诱发马氏体相变温度)之间的形变过程中连续发生马氏体相变，以导致很大的塑性，即相变诱导塑性，简称“TRIP”。

如相变诱导超塑性奥氏体钢具有高强度和高韧性，强度达到 1960MPa，已获得了实际应用。

2. 超塑性合金

(1) 锌基合金。锌基合金具有巨大的无颈缩延伸率，但其基本强度低，冲压加工性能差，不宜作为结构材料，一般用于制作不需切削加工的简单零件。

(2) 铝基合金。铝基共晶合金虽具有超塑性，但其综合力学性能较差，室温脆性大，限制了其在工业上的应用。含有微量细化晶粒元素(如 Zr 等)的超塑性铝合金则具有较好的综合力学性能，可加工成复杂形状的部件。

(3) 镍基合金。镍基高温合金由于高温强度高，难以锻造成型。可利用超塑性进行精密锻造，压力小，节约材料和加工费，制品均匀性好。

(4) 超塑性钢。In-744Y 不锈钢，具有铁素体和奥氏体两相细晶组织，如把含碳量控制在 0.03%，可产生几倍的伸长率。碳素钢含碳 1.25%，在 650℃～700℃温度下加工可获得 400%的断后伸长率。钢的超塑性研究还在进行中。

(5) 钛基合金。钛基合金变形抗力大，回弹严重，加工困难，用常规方法锻造、冲压加工时，需要大吨位的设备，难以获得高精密的锻件。利用超塑性进行等温模锻或挤压，变形抗力大为降低，可制造出形状复杂的精密零件。

3. 超塑性合金的应用

超塑性合金的开发与利用，有着十分广阔的前景。

在温度和变形速度合适时，利用超塑性合金的极大伸长率，可完成用通常压力加工方法多道工序才能完成的加工任务，如 Zn-22Al 合金可加工成金属气球，即可像气球一样变形。这对于实现形状复杂的深冲加工、内缘翻边等工艺有着重要的意义。

对于焊后易开裂的材料，在焊后于超塑性温度保温，可消除内应力防止焊后开裂。

超塑性还可以用于高温苛刻条件下使用的机械、结构件的设计、生产及材料研制，也可应用于金属陶瓷和陶瓷材料的研制生产中。

超塑性加工的缺点是加工速度慢，效率低；优点是作为一种固态铸造方式，成型零件尺寸精度高，可制备复杂零件。

11.4.4　纳米材料

一般认为纳米材料应该包括两个基本条件：一是材料的特征尺寸在 1～100 nm 之间；二是材料具有区别常规尺寸材料的一些特殊物理化学特性。根据 2011 年 10 月 18 日欧盟委员会通过的纳米材料的定义，纳米材料是一种由基本颗粒组成的粉状或团块状天然或人工材料，这一基本颗粒的一个或多个三维尺寸为 1～100 nm，并且这一基本颗粒的总数量在整个材料的所有颗粒总数中占 50%以上。

由于纳米材料结构和性能上的独有特性以及实际中广泛的应用前景，人们将纳米材料、纳米生物学、纳米电子学、纳米机械学等一起称为“纳米科技”。

1. 纳米材料的特性

当颗粒尺寸达到纳米数量级时，其本身和由它构成的固体主要有三个方面的效应，并由此派生出传统固体不具备的特殊性质。

1) 三个效应

(1) 小尺寸效应。当超微粒子的尺寸达到纳米数量级时，其声、光、电、磁、热力学等特性均会呈现“新奇”的尺寸效应，如磁有序转为磁无序，超导相转为正常相，声子谱发生改变等。

(2) 表面与界面效应。随纳米微粒尺寸的减小，比表面积增大，三维纳米材料中界面占的体积分数增加。当微粒尺寸为 5 nm 时，比表面积为 180 m^2/g，界面体积分数为 50%；而粒径为 2 nm 时，比表面积增加到 450 m^2/g，体积分数增加到 80%。此时不能把界面简单地看作是一种缺陷，它已成为纳米固体材料的基本组相之一，并对材料的性能起着举足轻重的作用。

(3) 量子尺寸效应。当粒子的尺寸达到纳米量级时，费米能级附近的电子能级由连续态分裂成分立能级。当能级间距大于热能、磁能、静电能、静磁能、光子能或超导态的凝聚能时，会出现纳米材料的量子效应，从而使其磁、光、声、热、电、超导电等性能发生变化。

2) 物理特性

(1) 低的熔点、烧结温度及晶化温度。如块状晶体铅熔点为 327℃，而 20 μm 的铅微粒熔点为 15℃。纳米 Al_2O_3 的烧结温度为 1200℃～1400℃，常规 Al_2O_3 的烧结温度为 1700℃～1800℃。

(2) 具有顺磁性或高矫顽力。如 10～15 nm 铁磁金属颗粒的矫顽力比相同的宏观材料大 1000 倍，而当颗粒尺寸小于 10 nm 时矫顽力变为零，表现为超顺磁性。

(3) 光学特性。一是宽频吸收，纳米微粒对光的反射率低而吸收率高，因此金属纳米微粒几乎都呈黑色；二是蓝移现象，即发光带或吸收带由长波移向短波，随粒子尺寸的减小，其发光颜色按红色→绿色→蓝色规律变化。

(4) 电特性。随着粒子尺寸降到纳米数量级，金属由良导体变为非导体，而陶瓷材料的电阻则大大下降。

3) 化学特性

纳米材料比表面积大，表面原子数多，键态重失配，表面出现非化学平衡、非整数配位的化学价，化学活泼性高，很容易与其他原子结合，如纳米金属的粒子在空气中会燃烧，陶瓷材料纳米粒子暴露在大气中会吸附气体并与其反应。

4) 结构特性

纳米材料的结构受到尺寸的制约和制备方法的影响。如常规 α-Ti 为典型的密排六方结构，而纳米级则为面心立方结构；用蒸发法制备的 α-Ti 纳米微粒为面心立方结构，而用离子溅射法制备同样尺寸的纳米粒子微粒却呈体心立方结构。

5) 力学性能特性

纳米材料具有高强度、高硬度、良好的塑性和韧性。如纳米铁多晶体(粒径 8 nm)的断裂强度比常规铁高 12 倍，纳米硅的断裂韧性比常规材料提高 100 倍。纳米技术为陶瓷材料的增韧带来了希望。

2. 纳米材料的分类

按纳米颗粒结构状态，纳米材料分为纳米晶体材料(又称纳米微晶材料)和纳米非晶态材料。

按结合键类型，纳米材料分为纳米金属材料、纳米离子晶材料、纳米半导体材料及纳米陶瓷材料。

按组成相数量，纳米材料分为纳米相材料(由单相微粒构成的固体)和纳米复合相材料(每个纳米微粒本身由两相构成)。

3. 纳米材料的制备方法

材料的纳米结构化可以通过多种制备途径来实现。这些方法可大致归类为两步过程和一步过程。

1) 两步过程

将预先制备的孤立纳米颗粒结成块体材料。

制备纳米颗粒的方法包括物理气相沉积(PVD)、化学气相沉积(CVD)、微波等离子体、低压火焰燃烧、电化学沉积、溶胶-凝胶过程、溶液的热分解和沉淀等，其中，PVD 法以“惰性气体冷凝法”最具代表性。

2) 一步过程

将外部能量引入或作用于母体材料，使其产生相或结构转变，直接制备出块体纳米材料，例如非晶材料晶化、快速凝固、高能机械球磨、严重塑性形变、滑动磨损、高能粒子辐照和火花蚀刻等。

4. 纳米新材料

1) C60、纳米管、纳米丝

C60 发现于 1985 年，它是由 60C 原子构成的 32 面体，直径为 0.7 nm，呈中空的足球状，如图 11-10(a)所示。C60 及其衍生物具有奇异的特性(如超导、催化等)，有望在半导体、光学及医学等众多领域获得重要和广泛的应用。

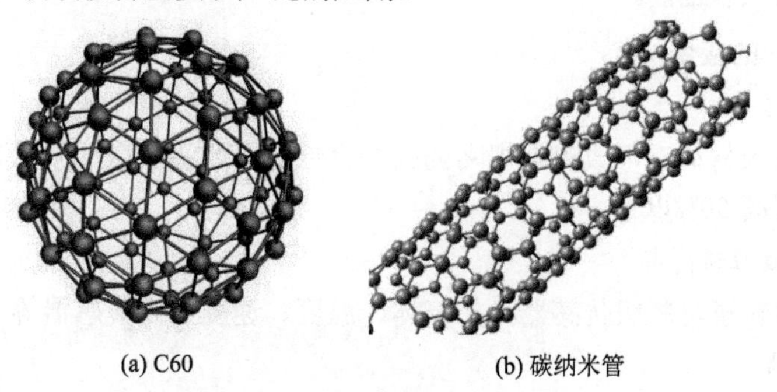

(a) C60　　(b) 碳纳米管

图 11-10　碳纳米材料结构示意图

纳米管发现于 1991 年，又称巴基管，如图 11-10(b)所示，是由六边环形的 C 原子组成的管状大分子，管的直径从零点几纳米到几十纳米，长度从几十纳米到 1 微米，可以多层同轴套在一起。碳管的 R_m 比钢高 100 倍。碳管中填充金属可制成纳米丝。

2) 人工纳米阵列体系

将金属溶入 Al_2O_3 纳米管阵列孔洞模板，或将导电高分子单体聚合于聚合物纳米管状孔洞模板的空间内形成具有阵列体系的纳米管和纳米丝，可用于微电子元件、纳米级电极及大规模集成电路的线接头等。

3) 纳米颗粒膜

纳米颗粒膜是由纳米小颗粒嵌镶在薄膜基体中构成的复合体，可采用共蒸发、共溅射的工艺制得。目前研究较为集中的是金属-绝缘体型、金属-金属型、半导体-绝缘体型，根据纳米颗粒的比例不同，可得到不同电磁性能的膜，具有良好的应用前景。

4) 纳米复合材料

纳米复合材料是指增强相为纳米级尺寸的复合材料。按基体形状可将纳米复合材料分为0-0复合、0-2复合和0-3复合三类。

0-0复合是指由不同成分、不同相或者不同种类的纳米粒子复合而成的固体材料；0-2复合是指把纳米粒子分散到二维的薄膜材料中而形成的复合材料；0-3 复合是指把纳米粒子分散到常规的三维固体中而形成的复合材料。

金属基纳米复合材料中的增强相可以是金属或陶瓷纳米颗粒、晶须、晶片。如纳米Al与Ce-过渡族合金的复合材料、Cu与纳米MgO的复合材料等。其强度、硬度和塑性、韧性大大提高，而其他性能不受损害。

陶瓷基纳米复合材料中的增强相多为纳米级的陶瓷颗粒、晶须、晶片和纤维等，这使陶瓷在强度提高的同时，韧性得到显著改善，如纳米 SiC 增强 Si_3N_4，复合材料的韧性提高一倍以上。

利用高分子基纳米复合材料可制成多种功能材料。如纳米晶 Fe_xCu_{100}-X 与环氧树脂混合可制成硬度类似于金刚石的刀片。将 TiO_2、Cr_2O_3、Fe_2O_3、ZnO 等具有半导体性质的粉体掺入树脂中有良好的静电屏蔽性能。

纳米复合涂层材料具有高强、高韧、高硬度的特点，在材料表面防护和改性上有广阔的应用前景。如碳钢涂覆 $MoSi_2$/SiC 纳米复合涂层，硬度比碳钢提高几十倍，且具有良好的抗氧化性和耐高温性能。

5. 纳米材料的应用

1) 陶瓷增韧

通过添加纳米材料，可改善常规陶瓷的综合性能，如将 Al_2O_3 加入 85 磁、95 磁中，其强度和韧性提高 50%以上。

2) 制作超微粒传感器

由纳米超微粒子可制成传感器，如气体、温度、速度、光传感器等。

3) 磁性液体

磁性液体是将化学吸附一层长链高分子的纳米铁氧体(如 Fe_3O_4)高度弥散于基液(如水、煤油、烃等)中而形成的稳定胶体体系作用在磁场下，磁性颗粒带动被表面活性剂(即长链高分子)包裹着的液体一起运动，好像整个液体具有磁性，这种胶体体系称为“磁性液体”。磁性液体可用于旋转轴的动态密封和制造阻尼件、润滑剂、磁性液体发电机、比重分离仪、造影剂等。

4) 生物和医学上的应用

纳米材料可用于细胞分离、细胞染色中，纳米微粒可用于制成特殊药物或新型抗体进行局部定向治疗等。

5) 用作催化剂

利用纳米材料比表面积大和表面活性大的特点，可提高其参与反应的反应速度，降低反应温度。如以粒径小于 0.3 μm 的 Ni 和 Cu-Zn 合金超细微粉为主要成分的催化剂可使有机物氢化的效率达到传统 Ni 催化的 10 倍。

6) 光学应用

Al_2O_3 纳米微粒对 250 nm 以下紫外光有很强的吸收能力，将其掺入日光灯荧光粉中，可吸收紫外线，对人体起到保护作用，并能提高日光灯的寿命。

TiO_2、ZnO、SiO_2、Al_2O_3 都有很强的吸收紫外线的能力，可做成防晒霜和化妆品。

Al_2O_3、MgO、SiO_2 和 TiO_2 可吸收红外和雷达电磁波，使飞行器达到隐身的目的。

7) 其他方面的应用

(1) 纳米抛光液可用于金相试样、高级光学玻璃、各种宝石的抛光。

(2) 家用电器的纳米静电屏蔽材料，可改变家用电器只有碳黑静电屏蔽涂料的单调色。

(3) 纳米导电浆液和导电胶用于微电子工业。

(4) 纳米微粒可作为火箭固体燃料助燃剂。

(5) 调整纳米微粒的体积可得到各种颜色的印刷油墨。

(6) 将纳米 Al_2O_3 加入橡胶中可提高其耐磨性和介电特性；加入到普通玻璃中，可明显降低其脆性；加入铝中，可使晶粒大大细化，强度和韧性都有所提高。

习题与思考题

本章小结

11-1　什么是高分子材料？

11-2　简述高分子材料的结构特征和主要性能特点。

11-3　常用工程陶瓷有哪几种？有何应用？

11-4　什么是复合材料？其性能上的突出特点是什么？

11-5　增强材料包括哪些？简述复合增强原理。

11-6　简述常用纤维增强金属基复合材料的性能特点及应用。

11-7　简述形状记忆合金、非晶态合金、超塑性合金及纳米材料的性能特点和应用。

第十二章　零件选材及工艺路线

在设计新产品、准备工艺装备(刀具、夹具、模具等)时，往往首先考虑选材问题。全面分析零件的工作条件、受力性质和大小以及失效形式，提出满足零件工作条件的性能要求，是合理选材的前提；在此前提下再选择相应的热处理工艺，提高各种性能或降低成本，以满足使用性能的要求。因此，选材是一个复杂而重要的工作，需全面综合考虑。

本章介绍零件失效的主要形式及失效分析，为机械零件和工模具选材提供参考，并给出一些常用机器零件的选材及工艺路线设计实例。

项目设计

根据第一章提出的内燃机曲轴的工作条件，分析其失效形式，确定零件应具有的主要力学性能指标，合理选用材料，制定加工工艺路线和热处理工艺参数，分析组织和性能间的关系。

学习成果达成要求

(1) 能够掌握选材的一般原则，在满足使用性能的前提下，综合考虑工艺性、经济性、环保和资源合理利用。

(2) 能够对机械产品中的典型零件(如轴、齿轮、刀具、弹性件等)进行合理选材，制定合理的热处理工艺。

12.1　机械零件的主要失效形式及失效分析

机械零件在使用过程中，由于某些原因导致其尺寸、形状或材料的组织与性能发生变化而不能圆满地完成指定的功能，这种现象称为失效。例如，齿轮在工作过程中因磨损而不能正常啮合及传递动力；主轴在工作过程中因变形而失去精度；弹簧因疲劳或受力过大而失去弹性等。

达到预定寿命的失效称为正常失效。远低于预定寿命的失效称为早期失效。一般正常失效是比较安全的；而早期失效常常是无明显预兆的失效，往往会带来巨大的危害，甚至造成严重事故。因此，对零件失效进行分析，查出失效原因，提出防止措施十分重要。通过失效分析，能对改进零件结构设计、修正加工工艺、更换材料等提供可靠依据。

12.1.1　机械零件的主要失效形式

一般机械零件在以下三种情况下都认为已经失效：① 零件完全破坏，不能继续工作；② 零件虽能工作，但已不能完成指定的功能；③ 零件有严重损伤，继续工作不安全。

一般机械零件常见的失效形式主要有以下三种，即过量变形、断裂和表面损伤失效。

1. 过量变形失效

过量变形失效是指零件变形量超过允许范围而造成的失效，包括过量弹性变形失效、过量塑性变形(整体或局部的)失效、蠕变变形失效等。

(1) 过量弹性变形失效。如受弯扭的轴类零件，其过大变形量会造成轴上啮合零件的严重偏载甚至啮合失常，进而导致传动失效。

(2) 过量塑性变形失效。如载荷超过材料屈服强度的连接件，发生过量的塑性变形会使被连接件的相对位置发生变化，使整个机器运转不良。

(3) 蠕变变形失效。如锅炉、汽轮机、航空发动机及其他热机的零部件，常由于蠕变产生的塑性变形和应力松弛而失效；高温下工作的螺栓发生松弛，就是过量弹性变形转化为塑性变形而造成的失效。

2. 断裂失效

断裂失效是指零件完全断裂以致无法工作而造成的失效。根据断裂的性质和断裂的原因，常见的断裂失效方式有韧性断裂失效、低温脆性断裂失效、疲劳断裂失效、蠕变断裂失效、环境破断失效等。

(1) 韧性断裂失效。零件承受的载荷大于零件材料的屈服强度，断裂前零件有明显的塑性变形，尺寸变化明显，断面缩小，断口呈纤维状。

(2) 低温脆性断裂失效。零件在低于其材料的韧脆转变温度以下工作时，其韧性和塑性大大降低并发生脆性断裂而失效。

(3) 疲劳断裂失效为脆性断裂。

(4) 蠕变断裂失效。在高温下工作的零件，当蠕变变形量超过一定范围时，零件内部产生裂纹而很快断裂，有些材料在断裂前产生颈缩现象。

(5) 环境破断失效。在负载荷条件下，由于环境因素(例如腐蚀介质)的影响，往往出现低应力下的延迟断裂使零件失效。环境破断失效包括应力腐蚀、氢脆、腐蚀、疲劳等。

同一零件可能有几种失效形式，但往往不可能几种形式同时起作用，其中必然有一种起决定性作用。例如，齿轮失效形式可能是轮齿折断、齿面磨损、齿面点蚀、硬化层剥落或齿面过量塑性变形等。究竟以哪一种失效形式为主，则应具体分析。

3. 表面损伤失效

绝大多数零件都与别的零件发生静的或动的接触和配合关系。表面损伤失效是指零件在工作中，因机械和化学作用，使其表面损伤而造成的失效，包括表面磨损、表面腐蚀、表面疲劳、胶合、塑性变形、压溃、表面龟裂、麻点剥落等。

(1) 表面磨损失效：相互接触的一对金属表面，在相对运动时金属表面发生损耗，使金属状态和尺寸改变的现象。

(2) 表面腐蚀失效：零件暴露于活性介质环境中并与环境介质间发生化学和电化学作

用而造成零件表面损耗，引起尺寸、性能变化，导致零件失效。

(3) 表面疲劳失效：相互接触的两个运动表面，在工作过程中承受交变接触应力的作用而导致表面层材料发生疲劳而脱落，造成零件失效。

表面损伤后通常都会增大摩擦，增加能量消耗，破坏零件的工作表面，致使零件尺寸发生变化，最终造成零件报废。零件的使用寿命在很大程度上受到表面损伤的限制。

实际上零件的失效形式往往不是单一的，随外界条件的变化，失效形式可以从一种形式转变为另一种形式。例如，齿轮的失效，往往先有点蚀、剥落，后出现断齿等多种形式。

12.1.2　工程材料的失效分析方法

为了开展失效分析，首先需要确定失效形式，找出失效原因，提出预防和补救措施。

1. 常见失效原因

零件失效的原因很多，主要涉及零件的结构设计、材料选择、使用、加工制造、装配、安装和使用保养等。

(1) 设计不合理。零件结构形状、尺寸等设计不合理，对零件工作条件(如受力性质和大小、温度及环境等)估计不足或判断有误，安全系数过小等，均可使零件的性能满足不了工作性能要求而失效。

(2) 选材不合理。选用的材料性能不能满足零件工作条件要求，所选材料质量差，材质内部缺陷如含有过量的夹杂物、杂质元素及成分不合格等，这些都容易造成零件失效。

(3) 加工工艺不当。零件或毛坯在加工和成型过程中，由于工艺方法、工艺参数不正确等，常会出现某些缺陷，导致失效，如零件在锻造过程中产生的夹层、冷热裂纹，焊接过程的未焊透、偏析、冷热裂纹，铸造过程的疏松、夹渣，机加工过程的尺寸公差和表面粗糙度不合适，热处理工艺产生的缺陷，如淬裂、硬度不足、回火脆性、硬软层硬度梯度过大，精加工磨削中的磨削裂纹等。

(4) 安装使用维护不正确。机器在装配和安装过程中，不符合技术要求；使用中不按工艺规程操作和维修，保养不善或过载使用等，均会造成零件失效。在腐蚀环境下，机械构件表面的腐蚀产物如同楔子一样嵌入金属，造成应力集中，从而引起机件早期失效。

2. 失效分析程序

失效分析所采用的一般程序是：调查研究—残骸收集和分析—试验分析—综合分析—作出结论—写出报告。

(1) 调查研究一般包括两方面内容：一是调查失效现场；二是调查背景材料，有助于进一步分析判断。

(2) 残骸收集和分析包括事故现场察看、取样、保存、形成调查报告等，是一项十分复杂和艰巨的工作，目的是确定首先破坏件及其失效源。

(3) 化学试验分析是失效分析的重要方法，通过试验研究，取得数据，常用的试验项目有：无损检测、断口分析、相分析、化学成分分析、力学性能分析、试验性应力测试等。

① 无损检测。在不改变材料的前提下，检查零件缺陷的位置、大小和数量等。

② 断口分析。通常从零件断口上可获得与断裂有关的重要信息，可分为宏观分析和微观分析两种。

③ 化学成分分析。检查材料化学成分是否符合标准规定，或鉴别零件是由何种材料制造的。

④ 相分析。金相分析使用光学显微镜进行失效分析是一个普遍使用的方法。

⑤ 力学性能分析。硬度试验是失效分析的常规力学实验方法。一些重大的失效事故，必要时还要做硬度、塑性、断裂韧性等试验。

⑥ 其他试验方法。对于重要且复杂的失效产品，为分析机件的服役情况，采用试验性应力测试法，如静态应变电测法、脆性涂层法、光弹法、X 射线法等。

综合以上各步骤的内容和结果，进行综合分析，作出结论，写出报告。

12.2　机械零件选材原则和步骤

正确选材是机械设计的一项重要任务。优异的使用性能、良好的加工工艺性能和便宜的价格是机械零件选材的最基本原则。因此要做到合理选材，对设计人员来说，必须进行全面分析及综合考虑。

常用的力学性能指标一般有刚度、弹性、强度、硬度、塑性、冲击韧性等。合理匹配各力学性能指标，以最经济的选材和工艺措施满足使用性能的要求，是工业生产良性发展的基础。

12.2.1　选材方法

材料的选择与应用是机械设计与制造工作中重要的基础环节，自始至终影响着整个设计过程。选材的核心问题是在技术和经济合理的前提下，保证材料的使用性能与零件(产品)的设计功能相适应。掌握各类工程材料的特性，正确选用材料及相宜的加工方法(路线)是对从事机械设计与制造的工程技术人员的基本要求。

选材的一般原则是：在满足使用性能的前提下，再考虑工艺性、经济性、环保和资源合理利用。

1. 根据材料的使用性能选材

零件的使用性能是保证其工作安全可靠、经久耐用、完成规定功能的必要条件。在大多数情况下，它是选材首先要考虑的问题。对于大多数机器零件和工程构件，选材主要考虑其力学性能。对一些特殊条件下工作的零件，则必须根据要求考虑材料的物理、化学性能。

1) 分析零件的工作条件，确定其使用性能

零件的工作条件包括三个方面：① 受力情况：如载荷性质(静载荷、动载荷、交变载荷)、形式(拉伸、压缩、弯曲、扭转、剪切)、分布(均匀分布、集中分布)与大小，应力状态(均匀分布、集中分布)等；② 工作环境：如温度(常温、高温、低温或变温)、介质(有无腐蚀介质、润滑剂) 等；③ 其他要求：如导热性、密度与磁性等。对高分子材料，还应考虑在使用时，温度、光、氧、水、油等周围环境对其性能的影响。

在全面分析工作条件的基础上确定零件的使用性能，如在交变载荷下工作要求疲劳性

能良好，在冲击载荷下工作要求韧性好，在酸碱等腐蚀介质中工作则要求耐蚀性好等。

首先通过对零件工作条件和失效形式(主要包括过量变形、断裂和表面损伤三个方面)的全面分析，确定对零件使用性能的要求；然后利用使用性能与实验室性能的相应关系，将使用性能具体转化为实验室机械性能指标，例如强度、硬度或韧性等，这是选材最关键的步骤，也是最困难的一步；之后，根据零件的几何形状、尺寸及工作中所承受的载荷，计算出零件中的应力分布；最后由工作应力、使用寿命或安全性与实验室性能指标的关系，确定对实验室性能指标要求的具体数值。

2) 按机械性能选材时，还应考虑的几个问题

由于机械性能指标是通过标准实验测得的，可能有许多没有估计到的因素会影响材料的性能和零件的使用寿命。因此，在按机械性能选材时，还必须考虑以下四个方面的问题。

(1) 材料缺陷和零件服役的实际情况。

① 材料的冶金缺陷。实际使用的材料都可能存在各种夹杂物和不同类型的宏观及微观的冶金缺陷，它们都会直接影响材料的机械性能。

② 零件实际应力状态。材料的机械性能是通过试样进行测定的，而试样在试验过程中的应力状态、应力应变的分布及加工工艺等与实际零件存在差异；另外，试验过程与真实零件服役过程也有较大差异，致使实际零件的机械性能与试样测定的数值可能有较大的出入。因此，在选用时往往需要通过模拟试验后才能最终确定。

(2) 充分考虑钢材的尺寸效应。

钢材截面大小不同时，即使热处理相同，其力学性能也有差别。随着截面尺寸的增大，钢材的力学性能下降，这种现象称为尺寸效应。对于需要经热处理(淬火)的零件，由于尺寸效应，致使零件截面上不能获得与试样处理状态相同的均一组织，从而造成性能上的差异。

① 对淬透性的影响。一般淬透性低的钢(如碳钢)，尺寸效应特别明显。因此，在零件设计时，应注意实际淬火效果，不能仅以手册上的性能数据为依据。

② 对淬硬性的影响。尺寸效应还影响钢材淬火后可能获得的表面硬度。在其他条件一定时，随着零件尺寸的增大，淬火后表面硬度也有所下降。

③ 铸铁件的尺寸效应现象。一般在铸铁件生产中也同样存在尺寸效应，随着铸铁件截面尺寸的增大，其力学性能也将下降。

(3) 综合考虑材料强度、塑性、韧性的合理配合。

材料设计应从零件的实际工作情况出发，使材料的强度、塑性与韧性合理配合。零件结构设计和加工工艺对于材料其他性能有重大的影响，通常零件的性能(强度、塑性、韧性等)总是低于实验室试样的性能，因此对重要的零件必须进行实物性能试验，如台架试验或装机试验等。

根据断裂韧度选材，既可保证发挥材料强度的最大潜力，又可以避免发生低应力脆断。对于含裂纹的构件，当低应力脆断为主要危险时，其承载能力已不受屈服强度所控制，而是取决于材料的断裂韧度，必须应用断裂力学方法进行选材，才能确保安全，如汽轮机、电机转子这类大型锻件以及在低温下工作的石油化工容器等。

对在小能量多次冲击的情况下服役的零件，如片面追求高的塑性和韧性，势必使强度

降低，反而会使疲劳冲击抗力降低，故此时可应用强度较高而塑性、韧性稍低的材料。

(4) 充分考虑零件的结构特点及服役条件，合理确定硬度值。

对高精度零件，一般应有较高的硬度。对相互摩擦的一对零件，要注意其两者的硬度值应有一定的差别。例如轴颈的硬度高于轴承；一对传动啮合齿轮，一般小齿轮齿面硬度应比大齿轮高 25～40 HBW；螺母硬度比螺栓约低 20～40 HBW，可避免咬死，减少磨损。

2. 根据材料的工艺性能选材

材料的工艺性能可定义为材料经济地适应各种加工工艺而获得规定的使用性能和外形的能力。所选材料一般应预先制成与成品形状尺寸相近的毛坯(如铸件、锻件、焊件等)，再进行切削加工。因此工艺性能影响了零件的内在性能、外部质量以及生产成本和生产效率等。材料选择与工艺方法的确定应同步进行，理想情况下，所选材料应具有良好的工艺性能，即技术难度小，工艺简单，能量消耗低，材料利用率高，保证甚至提高产品的质量。

1) 铸造性能

铸造性能常用流动性、铸件收缩性和偏析倾向等指标来衡量。通常是熔点低的金属和结晶温度范围小的合金有较好的铸造性能。因此，在相图上的液-固相线间距越小、越接近共晶成分的合金具有较好的铸造性能。铸造铝合金、铸造铜合金的铸造性能优良；在应用最广泛的钢铁材料中，铸铁的铸造性能优于铸钢，在钢中，低碳钢的铸造性能又优于高碳钢，故高碳钢较少用作铸件。

2) 压力加工性能(锻造性能)

压力加工性能包括变形抗力、变形温度范围、产生缺陷的可能性及加热、冷却要求等。一般来说，铸铁不可压力加工，而钢可以压力加工但工艺性能有较大差异，随着钢中碳及合金元素的含量增高，其压力加工性能变差；故高碳钢或高碳高合金钢一般只进行热压力加工，且热加工性能也较差，如高铬钢、高速钢等；高温合金因合金含量更高，故热压力加工性能更差。

变形铝合金和大多数铜合金，像低碳钢一样具有较好的压力加工性能。

3) 焊接性能

焊接性能是指在一定生产条件下接受焊接的能力。一般以焊接接头出现裂缝、气孔或其他缺陷的倾向以及对使用要求的适应性来衡量焊接性。钢的焊接性可分为良好、一般、较差与低劣四级。钢铁材料的焊接性随其碳和合金元素含量的提高而变差，因此钢比铸铁易于焊接，且低碳钢($w_C \leqslant 0.25\%$)及低碳($w_C < 0.18\%$)合金钢的焊接性能最好，$w_C > 0.45\%$的碳钢及 $w_C > 0.38\%$的合金钢最差。铝合金、铜合金的焊接性能一般比碳钢差，因为它们在焊接时，易产生氧化物而形成脆性夹杂物且易吸气而形成气孔，膨胀系数大而易变形，导热快，故需功率大而集中的热源(如氩弧焊)或采取预热等特殊措施进行焊接。

4) 热处理工艺性能

热处理工艺性包括淬透性、变形与开裂倾向、过热敏感性、回火脆性倾向、氧化脱碳倾向、冷脆性等。必须首先区分是否可进行热处理强化，如纯铝、纯铜、部分铜合金、单相奥氏体不锈钢一般不可热处理强化；对可热处理强化的材料而言，热处理工艺性能相当重要。

含碳量高的碳钢，淬火后变形与开裂倾向较含碳量低的碳钢严重。碳钢淬火时由于一般需急冷，变形与开裂倾向较合金钢大，但平均疲劳寿命会提高。合金钢油淬，虽可减少变形与开裂现象，但不能满足提高疲劳强度的需要。

对于要求心部有好的综合力学性能，表面又要有高耐磨性的零件(曲轴等)，在选材时除了考虑淬透性因素外，还应使零件有利于表面强化处理，并使表面处理后能获得较满意的效果。在选择弹簧材料时，要特别注意材料的氧化脱碳倾向；在选择渗碳用钢时，要注意材料的过热敏感性；在选择调质钢调质处理时，应注意材料的高温回火脆性。

5) 机械加工性能

机械加工性能主要指切削加工性和磨削加工性，其中切削加工性最重要。一般用切削抗力大小、加工零件表面粗糙程度、加工时切屑排除难易及刃具磨损大小来衡量。一般来说材料的硬度越高，加工硬化能力越强，切屑不易断排，刀具就越易磨损，其切削加工性能也就越差。

在钢铁材料中，易切削钢、灰铸铁和硬度处于 180～230HBW 范围的钢具有较好的切削加工性能；当材料塑性较好时(Z=50%～60%)，其可加工性也显著下降；高碳钢中，具有球状(粒状)碳化物的组织比具有层片状碳化物组织的可加工性好。而奥氏体不锈钢、高碳高合金钢(高铬钢、高速钢、高锰耐磨钢)的切削加工性能较差。

铝、镁合金及部分铜合金具有优良的切削加工性能。

高分子材料的切削加工性能较好，但是它的导热性差，在切削过程中易使工件温度急剧升高，使其烧焦或软化。少数情况下，高分子材料还可以焊接。

陶瓷材料硬、脆且导热性差，主要工艺为成形(包括高温烧结)。成形后其切削加工性能与磨削加工性能极差，几乎不能进行任何其他加工。

材料的工艺性能在某些情况下甚至成为选择材料的主导因素。例如：①对汽车发动机箱体的力学性能要求并不高，多数金属材料都能满足要求，但由于箱体内腔结构复杂，毛坯只能采用铸件。为了方便、经济地制成合格的箱体，必须采用铸造性能良好的材料，如铸铁或铸造铝合金；②中小型水压机立柱，一般采用强度较高的优质中碳钢或 40Cr 钢，但是，由于铸锻能力的限制，我国第一台万吨水压机立柱(每根净重 90t)采用了焊接结构，并相应地选用焊接性较好的低合金高强度结构钢。这都说明材料的工艺性能与选材的关系，尤其在大批量生产时，更应考虑材料的工艺性。生产中，通过改变工艺规范，调整工艺参数，改进刀具和设备，变更热处理方法等途径，可以改善金属材料的工艺性能。

3. 经济性能选材原则

经济性不仅是指选择价格最便宜的材料或是生产成本最低的产品，而是指运用价值分析的方法，综合考虑材料对产品的功能与成本的影响，以达到最佳的技术经济效益。

质优、价廉、寿命高，是保证产品具有竞争力的重要条件；在选择材料和制定相应的加工工艺时，应考虑选材的经济性原则。例如：能用碳素钢的，不用合金钢，能用硅锰钢的，不用铬镍钢，以降低零件的成本。

必须注意，选材时，也不能片面强调降低消耗材料的费用及零件的制造成本，因为在评定机器零件的经济效果时，还需要考虑其使用过程中的经济效益问题。例如：某些机器中的易损备件，需用量大，要求拆换方便，一般希望该零件制造成本低、售价便宜；而高速柴油机曲轴、连杆等机器零件的质量好坏直接影响整台机器的使用寿命，一旦该零件失效，将造成整台机器的损坏事故，因此为了提高这类零件的使用寿命，即使材料价格和制造成本较高，从全面来看，其经济性仍然是合理的。

4. 环保和资源合理利用

选材还应该考虑环保和资源合理利用。所用材料应该来源丰富并顾及我国资源状况。此外，还要注意生产所用材料的能源消耗，尽量选用耗能低的材料，尽可能做到绿色生产、绿色使用，减少废物对环境的污染。

12.2.2　选材步骤和方法

1. 选材的步骤

零件材料的合理选择通常按照以下步骤进行：

(1) 在分析零件的服役条件、形状尺寸与应力状态后，确定零件的技术条件。

(2) 通过分析或试验，结合同类零件失效分析的结果，找出零件在实际使用中的主要和次要的失效抗力指标，以此作为选材的依据。

(3) 根据力学计算，确定零件应具有的主要力学性能指标，通过比较预选合适材料。

(4) 对预选材料进行计算，以确定是否能满足上述工作条件要求。然后综合考虑所选材料是否满足失效抗力指标和工艺性的要求，以及在保证实现先进工艺、现代生产组织方面的可能性和所选材料的生产经济性(包括热处理的生产成本等)。

(5) 材料的二次(或最终)选择方案也不一定是一种方案，可以是若干种方案。

(6) 通过实验室试验、台架试验和工艺性能试验，最终确定合理选材方案。

(7) 在中、小型生产的基础上，接受生产考验，以检验选材的合理性。

2. 选材的方法

选材的具体方法应视零件的品位和具体服役条件而定。对于新设计的关键零件，通常先进行必要的力学性能试验；而一般的常用零件(如轴类零件或齿轮等)，可以参考同类型产品的有关资料和国内外相关失效分析报告等来进行选材。在按机械性能选材时，具体方法有以下三类：

1) 以综合机械性能为主进行选材

对承受冲击力和循环载荷的零件，如连杆、锤杆、锻模等，因其主要失效形式是过量变形与疲劳断裂，故要求其有较好的综合力学性能，即具有较高的强度、疲劳强度、塑性与韧性。对截面上受均匀循环拉-压应力及多次冲击的零件(如气缸螺栓、锻锤杆、锻模、液压泵柱塞、连杆等)，因要求整个截面淬透，故选材时应综合考虑淬透性与尺寸效应，一般可选用调质或正火状态的碳钢，调质或渗碳用合金钢，正火或等温淬火状态的球墨铸铁材料等。

采用使材料强度、韧性同时提高的热处理方法即强韧化处理，能使钢的韧性提高。如低碳钢淬火形成低碳马氏体；高碳钢等温淬火形成下贝氏体；奥氏体晶粒超细化与碳化物超细化，采用复合组织(在淬火钢中与马氏体组织共存着一定数量的铁素体或残留奥氏体)以及形变热处理(即形变强化与淬火强化相结合)。在珠光体转变中，采用等温形变淬火，不但能提高强度，而且能使冲击韧性提高 10～30 倍。

2) *以疲劳强度为主进行选材*

对传动轴及齿轮等零件，其整个截面上受力不均匀(如轴类零件表面承受弯曲、扭转的应力最大，而齿轮齿根处承受很大的弯曲应力)，因此疲劳裂纹开始于受力最大的表层，尽管对这类零件同样有综合力学性能的要求，但主要是高强度(特别是弯曲疲劳强度)要求，为了提高疲劳强度，应适当提高抗拉强度。在抗拉强度相同时，调质后的组织(回火索氏体)比退火、正火组织的塑性、韧性好，并对应力集中敏感性较小，因而具有较高的疲劳强度。

提高疲劳强度最有效的方法是进行表面处理，如选调质钢(或低淬透性钢)进行表面淬火；选渗碳钢进行渗碳淬火；选渗氮钢进行渗氮，以及对零件表面应力集中易产生疲劳裂纹的地方进行喷丸或滚压强化。这些方法除可提高表面硬度外，还可在零件表面造成残余压应力，可以部分抵消工作时产生的拉应力，从而提高疲劳强度。

为了充分发挥用不同化学热处理方法所获得的渗层的特点，发展了对工件施加两种以上的化学热处理或化学热处理配合其他热处理的工艺(称为复合热处理)。如对 GCr15 轴承零件进行渗氮后再加以整体(淬透)淬火，可在 0.1 mm 左右深度范围内，获得高达约 294 MPa 的压应力，可提高轴承寿命。

3) *以磨损为主的选材*

两零件摩擦时，磨损量与其接触应力、相对速度、润滑条件及摩擦的材料有关。而材料的耐磨性是其抵抗磨损的能力，它主要与材料硬度、显微组织有关。根据零件工作条件的不同，其选材如下：

(1) 摩擦较大、受力较小的零件和各种量具、钻套、顶尖、刀具、冷冲模等，其主要失效形式是磨损，故要求材料具有高的耐磨性。在应力较低的情况下，材料硬度越高，耐磨性越好；硬度相同时，弥散分布的碳化物相越多，耐磨性越好。因此，在受力较小、摩擦较大的情况下，应选过共析钢进行淬火及低温回火，以获得高硬度的回火马氏体和碳化物，满足耐磨性要求。

(2) 同时受磨损和交变应力作用的零件，为使其耐磨并具有较高的疲劳强度，应选用能进行表面淬火、渗碳或渗氮等的钢材，经热处理后使零件“外硬内韧”，既耐磨又能承受冲击。例如：机床中重要的齿轮和主轴，应选用中碳钢或中碳的合金钢，经正火或调质后再进行表面淬火，获得较好的综合力学性能；对于承受大冲击力和要求耐磨性高的汽车、拖拉机变速齿轮，应选用低碳钢经渗碳后淬火、低温回火，使表面获得高硬度的高碳马氏体和碳化物组织，耐磨性高，心部是低碳马氏体，强度高，塑性和韧性好，能承受冲击；对于要求硬度、耐磨性更高以及热处理变形小的精密零件，如高精度磨床主轴及镗床主轴等，常选用氮化用钢进行渗氮处理。

(3) 对于在高应力和大冲击载荷作用下的零件(如铁路道岔、坦克履带等)，不但要求材料具有高的耐磨性，还要求有很好的韧性，可采用高锰钢经水韧处理来满足要求。

12.3 典型零件选材及工艺路线

工程材料按照其化学组成有金属材料、高分子材料、陶瓷材料及复合材料四大类，它们各有自己的特性，因而各有其合适的用途。

高分子材料的强度、刚度(弹性模量)低，尺寸稳定性较差，易老化。因此，目前还不能用来制造承受载荷较大的结构零件。在机械工程中，常用来制造轻载传动齿轮、轴承、紧固件、密封件及轮胎等。

陶瓷材料硬而脆，在室温下几乎没有塑性，外力作用下不产生塑性变形而呈脆性断裂。因此，一般不用于制造重要的受力零件。但其具有高的硬度和热硬性，化学稳定性很好，可用于制造在高温下工作的零件、切削刀具和某些耐磨零件。

复合材料克服了高分子材料和陶瓷材料的不足，综合了多种不同材料的优良性能，如比强度、比模量高；抗疲劳、减摩、耐磨、减振性能好，且化学稳定性优异；是一种很有发展前途的工程材料。但由于其价格昂贵，除在航空、航天、船舶等工业中应用外，在一般工业中应用较少。

金属材料具有优良的综合力学性能和某些物理、化学性能，被广泛用于制造各种重要的机械零件和工程结构，是目前机械工程中最主要的结构材料，机械零件主要使用钢铁材料制造。本节仅讨论用钢铁材料制造的几种典型零件的选材及工艺路线分析。

12.3.1 齿轮类

齿轮是应用最广的机械零件，主要用来传递扭矩和动力，改变运动方向和运动速度，所有这些都是通过轮齿齿面的接触来完成的。

1. 齿轮的工作条件

(1) 由于传递扭矩，故齿轮齿根承受很大的交变弯曲应力。

(2) 换挡、启动或啮合不均时，齿轮齿部承受一定冲击载荷。

(3) 齿面相互滚动或滑动接触，承受很大的接触压应力及摩擦力的作用。

2. 齿轮的主要失效形式

根据工作条件的不同，齿轮的主要失效形式有：轮齿折断、齿面磨损、齿面点蚀、齿面咬合和齿面塑性变形等。

3. 材料的性能要求

(1) 高的弯曲疲劳强度和接触疲劳强度，以防轮齿疲劳断裂。

(2) 足够高的齿心强度和韧性，防止轮齿过载和冲击断裂。

(3) 足够高的齿面接触强度和高的硬度、耐磨性，防止齿面损伤。

(4) 较好的工艺性能，如良好的切削加工性，热处理变形小或变形有一定规律，过热倾向小和有一定的淬透性等。

此外，还要求有较好的热处理工艺性，如变形小并要求变形有一定的规律等。

4. 齿轮材料

常用齿轮材料主要有以下几种：

(1) 中碳钢或中碳合金钢。常用45钢和40Cr钢。45钢用于制造中小载荷齿轮，如床头箱齿轮、溜板箱齿轮等，经高频淬火和回火后，硬度达52～58HRC；40Cr钢用于制造中等载荷齿轮，如铣床工作台变速箱齿轮，经高频淬火和回火后，硬度达52～58HRC。

(2) 渗碳钢。常用20Cr、20Mn2B和20CrMnTi等。20Cr和20Mn2B用于制造中等载

荷、有冲击的齿轮，如六角车床变速箱齿轮；20CrMnTi 用于制造重载荷和有较大冲击的齿轮，如汽车传动齿轮，经渗碳淬火后，硬度可达 56～62HRC。

通常重要用途的齿轮大多采用锻钢制造。对于一些直径较大(＞400～600mm)、形状复杂的齿轮毛坯，用锻造方法难以成型时，可采用铸钢制造。

(3) 铸铁。对于一些轻载、低速、不受冲击的齿轮，还有一些精度要求不高和不要求结构紧凑的不重要齿轮，常采用灰铸铁 HT200、HT250、HT300 等制造。灰铸铁齿轮多用于开式传动。近年来在闭式传动中，已采用球墨铸铁 QT600-3、QT500-7 来代替铸钢齿轮。

(4) 有色金属。在仪器、仪表以及某些接触腐蚀介质中工作的轻载齿轮，常采用耐腐蚀、耐磨的有色金属，如黄铜、铝青铜、锡青铜和硅青铜等制造。

(5) 非金属材料。对于受力不大以及在无润滑条件下工作的小型齿轮(如仪器、仪表齿轮)，可用尼龙、ABS、聚甲醛等非金属材料制造。

(6) 粉末冶金。粉末冶金齿轮可实现精密、少或无切削成型，特别是随着粉末热锻技术的应用，使所制齿轮在力学性能及技术经济效益方面明显提高，一般适合于大批量生产的小齿轮，如铁基粉末冶金材料用于制造发动机、分电器齿轮等。

此外，对某些高速、重载或齿面相对滑动速度较大的齿轮，为防止齿面咬合，并且使相啮合的两齿轮磨损均匀，使用寿命相近，大、小齿轮应选用不同的材料，如用锡青铜制造蜗轮(钢制蜗杆)，以减摩和避免咬合黏着现象。

5. 齿轮选材实例 1——机床齿轮

(1) 工作条件。机床变速箱齿轮担负传递动力、改变运动速度和方向的任务。齿轮工作条件较好，转速中等，载荷不大，工作平稳无强烈冲击。

(2) 用材及性能要求。一般用 45 钢(或 40Cr 钢)即可满足要求。

(3) 加工工艺路线为：下料→锻造→正火→粗加工→调质→精加工→表面高频淬火＋低温回火→精磨。

(4) 热处理工艺分析。

① 正火：使组织均匀并细化，消除锻造应力，便于切削加工。正火后的组织为细珠光体(索氏体)和少量的铁素体，硬度为 160～217HBS。对于一般齿轮，也可作为高频淬火前的最终热处理。

② 调质：获得高的综合机械性能，心部有足够的强度和韧性，使齿轮能承受较大的弯曲应力和冲击力，其组织为回火索氏体 $S_{回}$。

③ 表面高频淬火和低温回火：淬火提高齿轮表面硬度和耐磨性，并使齿轮表面有压应力，以提高疲劳强度；为了消除淬火应力和降低脆性，高频淬火后应进行低温回火(或自行回火)。最终组织表面为回火马氏体 $M_{回}$，硬度为 50～55HRC，心部仍是调质组织回火索氏体 $S_{回}$。

6. 齿轮选材实例 2——汽车(拖拉机)齿轮

(1) 工作条件。汽车、拖拉机齿轮主要分装在变速箱和差速器中，通过它来改变发动机、半轴和主轴齿轮的速比，在差速器中，通过齿轮来增加扭转力矩并调节左右两车轮的转速，通过齿轮将发动机的动力传到主动轮，驱动汽车、拖拉机运行。

(2) 用材及性能要求。汽车、拖拉机齿轮的工作条件比机床齿轮要繁重得多，受力较大，超载与启动、制动和变速时受冲击频繁，因此在耐磨性、疲劳强度、心部强度和冲击韧性等方面的要求均比机床齿轮高，用中碳钢和中碳合金钢经高频表面淬火已不能保证使用性能。实践证明，汽车、拖拉机齿轮选用渗碳钢制造并经渗碳热处理后使用是较为合适的，例如，20CrMnTi、20CrMnMo 和 20MnVB，经正火、渗碳淬火后表面硬度可达 58～62HRC，心部硬度可达 30～45HRC。制造大模数、重载荷、高耐磨性和韧性的齿轮，可采用 12Cr2Ni4A 和 18Cr2Ni4WA 等高淬透性合金渗碳钢。

以 20CrMnTi 为例，制造汽车齿轮的加工工艺路线见 8.1.3 节机械结构用钢(渗碳钢)部分。

12.3.2　轴类

轴是用于支承转动零件并与之一起回转以传递运动、扭矩或弯矩的机械零件。机器中作回转运动的零件就装在轴上，如机床主轴、花键轴、变速轴、丝杠以及内燃机的曲轴等，它是机器中重要的零件之一。

1. 轴的工作条件和失效形式

1) 工作条件

轴类零件工作时主要承受弯曲应力、扭转应力或拉压应力，有相对运动的表面其摩擦和磨损较大，大多数轴类零件还承受一定的冲击力，若刚度不够会产生弯曲变形和扭曲变形。由此可见，轴类零件受力情况较为复杂。

2) 失效形式

轴类零件的失效形式有：断裂，大多是疲劳断裂；轴颈或花键处过度磨损；发生过量弯曲或扭转变形；此外，有时还可能发生振动或腐蚀失效。

2. 轴类零件材料的性能要求

(1) 具有优良的综合力学性能，即有足够的强度、刚度，塑性和韧性良好配合，以防止断裂。

(2) 有相对运动的摩擦表面(如轴颈、花键等处)具有较高的硬度和耐磨性。

(3) 有高的疲劳强度，对应力集中敏感性小。

(4) 有足够的淬透性，淬火变形小。

(5) 有良好的切削加工性，价格低廉。

(6) 在特殊环境下工作的轴，还应具有特殊性能。如高温下工作的轴，抗蠕变性能要好；在腐蚀性介质中工作的轴，要求耐蚀性好等。

3. 轴类零件材料

轴类零件很多，其选材的原则和主要依据是载荷大小、转速高低、精度和粗糙度的要求、有无冲击载荷和轴承类型等。

用于制造轴类零件的材料主要是经锻造或轧制的低、中碳钢或中碳的合金钢。此外，还可采用球墨铸铁作为轴的材料，尤其是曲轴材料。特殊场合也用不锈钢、有色金属甚至塑料。根据不同工况，钢(铸铁)轴是最常用的材料，大体选择原则如下：

(1) 轻载、低速的一般轴(心轴、拉杆、螺栓等)，可选 Q235～Q275，不热处理。

(2) 中等载荷、一般精度轴(曲轴、机床主轴等)，主要考虑刚度和耐磨性。如主要考虑刚度，可用碳钢(35、40、45 钢等)或球墨铸铁制造。如要求轴颈有较高的耐磨性，则可选用中碳钢，并进行表面淬火，将硬度提高到 52 HRC 以上。

(3) 主要受弯曲、扭转的轴，如变速箱传动轴、机床主轴等，这类轴在整个截面上所受的应力分布不均匀，表面应力较大，心部应力较小。不需要用淬透性很高的钢种，如 45、40Cr、40CrNi 和 40MnB 钢等即可满足要求。

(4) 要求高精度、高尺寸稳定性及高耐磨性的轴，当轴由钢质轴承支承时，其轴颈必须具有更高的表面硬度，如镗床主轴，选用 38CrMoAlA 钢，并进行调质处理和氮化处理。

(5) 承受弯曲(或扭转)同时承受拉－压载荷的轴，如船用推进器轴、锻锤锤杆等，这类轴的整个截面上应力均匀，心部受力也较大，选用的钢种应具有较高的淬透性，如 40CrMnMo 等。

(6) 重载、高精度或恶劣条件下工作的轴(汽车、拖拉机轴，压力机曲轴等)，选用 40Cr、40MnB、30CrMnSi、35CrMo、40CrNiMo、20Cr、20CrMnTi(渗碳)、38CrMoAl(氮化)、9Mn2V、GCr15 等为材料，采用相应的热处理。

18CrMnTi、20MnV、15MnVB、20Mn2、27SiMn 等的低碳马氏体状态下的强度及韧性均大于 40Cr 钢的调质态，在无须表面淬火场合正得到愈来愈多的应用。

近年来，非调质钢如 35MnVN、35MnVS、40MnV、48MnV 及贝氏体钢如 12Mn2VB 等已用于制造汽车连杆、半轴等重要零件，这类钢无须调质处理，在供货状态就能达到或接近调质钢的性能，可实现制造过程大量节能。

球墨铸铁和高强度铸铁如 QT700-02、KTZ550-06 等也可作为制造轴的材料，如内燃机曲轴、普通机床的主轴等。其有成本较低、切削工艺性好、缺口敏感性低、减振及耐磨等特点，其热处理方法主要是退火、正火、调质及表面淬火等。

4. 轴类零件选材实例 1——机床主轴

对机床主轴材料与热处理的选择，主要根据其工作条件及技术要求来决定。当主轴承受一般载荷、转速不高、冲击与变动载荷较小时，可选用中碳钢经调质或正火处理。要求高一些的，可选合金调质钢进行调质处理。对于表面要求耐磨的部位，在调质后尚需进行表面淬火。当主轴承受重载荷、高转速、很大的冲击与变动载荷时，应选用合金渗碳钢进行渗碳淬火。表 12-1 为机床主轴工作条件、用材、热处理方法和用途。

现以 C616 车床主轴(图 12-1)为例，分析其选材与热处理工艺方法。

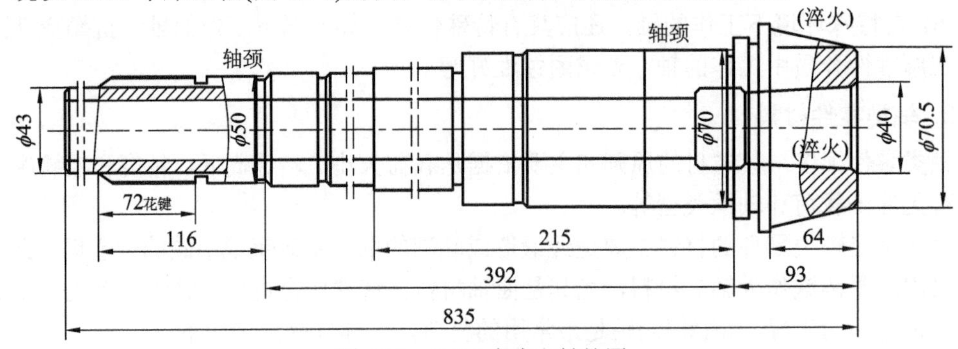

图 12-1　C616 车床主轴简图

(1) 工作条件。该轴工作时承受交变弯曲和扭转应力作用，但承受的应力和冲击力不大，运转较平稳，工作条件较好。因锥孔和外圆锥面在车床工作时与顶尖、卡盘有相对摩擦，花键部位与齿轮有相对滑动，故要求这些部位有较高的硬度与耐磨性。该主轴在滚动轴承中运转，要求轴颈处硬度达到220～250 HBW。

(2) 用材及性能要求。根据上述工作条件分析，本主轴选用45钢制造，整体调质，硬度为220～250 HBW；锥孔和外圆锥面局部淬火，硬度为45～50 HRC；花键部位高频感应淬火，硬度为48～53 HRC。

表12-1　机床主轴工作条件、用材、热处理方法和用途

工作条件	材料	主要热处理方法	硬度	用途
① 与滚动轴承配合；② 轻、中载荷，转速低；③ 精度要求不高；④ 稍有冲击	45	正火或调质	220～250HBW	一般简式机床
① 与滚动轴承配合；② 轻、中载荷，转速略高；③ 精度要求不太高	45	整体淬火或局部淬火＋回火，整体调质	40～45HRC	龙门铣床、摇臂钻床、组合机床等
① 与滑动轴承配合；② 有冲击载荷	45	调质、轴颈表面淬火＋回火	52～58HRC	CA6140车床主轴
① 与滚动轴承配合；② 中等载荷，转速较高；③ 精度要求较高；④ 冲击与疲劳较小	40Cr 40MnB	整体淬火或局部淬火＋低温回火	40～45HRC或46～52HRC	摇臂钻床、组合机床等
① 与滑动轴承配合；② 中等载荷，转速较高；③ 精度要求很高	38CrMoAl	调质，表面氮化	调质后250～280HBW，渗氮表面HV≥850	高精度磨床及精密镗床主轴
① 与滑动轴承配合；② 中等载荷，心部强度不高，转速高；③ 精度要求不高；④ 有一定冲击和疲劳	20Cr	渗碳淬火＋低温回火	56～62HRC	齿轮铣床主轴
① 与滑动轴承配合；② 重载荷，转速高；③ 有较大冲击和疲劳载荷	20CrMnTi	渗碳淬火＋低温回火	56～62HRC	载荷较大的组合机床

(3) 加工工艺路线为：下料→锻造→正火→粗加工→调质→半精加工(花键除外)→局部淬火＋回火(锥孔、外锥面)→粗磨(外圆、外锥面、锥孔)→铣花键→花键处高频感应淬火＋回火→精磨(外圆、外锥面、锥孔)。

(4) 热处理工艺分析。

① 锻造：主轴上阶梯较多，直径相差较大，宜选锻件毛坯，材料经锻造后粗略成形，

可以节约原材料和减少加工工时，并可使主轴的纤维组织分布合理和提高力学性能。

② 正火：目的是消除锻造应力，并得到合适的硬度，便于切削加工，同时改善锻造组织，为调质处理做准备。正火后的组织为细珠光体(索氏体)和少量的铁素体。

③ 调质：使主轴得到较好的综合力学性能和疲劳强度。组织为回火索氏体 $S_{回}$。

④ 局部淬火 + 回火：快速加热内锥孔及外锥面，局部盐浴淬火，再经低温回火(或自行回火)后达到所要求的硬度，以保证装配精度和耐磨性。内锥孔及外锥面表面组织为回火马氏体 $M_{回}$。

⑤ 高频感应淬火 + 回火：在花键部位采用高频感应淬火 + 低温回火(或自行回火)，以减少变形，并达到表面硬度的要求。花键表面为组织回火马氏体 $M_{回}$。

5. 轴类零件选材实例 2——汽车半轴

(1) 工作条件。汽车半轴是驱动车轮转动的直接驱动件，工作时传递扭矩，承受冲击、弯曲疲劳和扭转应力的作用，工作应力较大，冲击载荷大。在上坡或启动时，扭矩很大，特别在紧急制动或行驶在不平坦的道路上，负荷更重。

(2) 用材及性能要求。根据工作条件分析，要求半轴具有较高的综合机械性能，即足够的抗弯强度、抗疲劳强度和较好的韧性。一般选用中碳调质合金结构钢。中小型汽车半轴选用 40Cr、40MnB 制造，大型载重汽车则用淬透性高的 40CrNi、40CrMnMo 和 40CrNiMo 制造。半轴热处理技术要求：盘部与杆心部调质，硬度为 25～35HRC，组织为回火索氏体；杆部表面淬火并低温回火，硬度为 50～58HRC，组织为回火马氏体。

以轻型汽车半轴为例，根据轻型汽车半轴工作条件和热处理技术要求，选用 40Cr 钢可满足要求，重型汽车则选 40CrMnMo。加工工艺路线如下：

下料→锻造→正火→机械(粗)加工→调质→机械(精)加工→杆部中频淬火 + 低温回火→磨削

6. 轴类零件选材实例 3——内燃机曲轴

(1) 工作条件。曲轴是内燃机中形状复杂而又重要的零件之一，如图 12-2 所示。它在工作时受到内燃机周期性变化着的气体压力、曲柄连杆机构的惯性力、扭转和弯曲应力以及冲击力等的作用。在高速内燃机中曲轴还受扭转、振动的影响，会造成很大的应力。

(2) 用材及性能要求。对曲轴的性能要求是保证有高的强度，一定的冲击韧性和弯曲、扭转疲劳强度，在轴颈处要求有高的硬度和耐磨性。曲轴选材主要决定于内燃机的使用情况、功率大小、转速高低以及轴瓦材料等。一般低速内燃机曲轴采用正火状态的 45 碳钢或 QT700-2 球墨铸铁；中速曲轴采用调质状态的碳素钢或合金钢，如 45、40Cr、45Mn2、50Mn2 钢或 QT900-2 球墨铸铁；高速曲轴采用高强度的合金调质钢如 35CrMo、42CrMo、40CrNi、18Cr2Ni4WA 等。

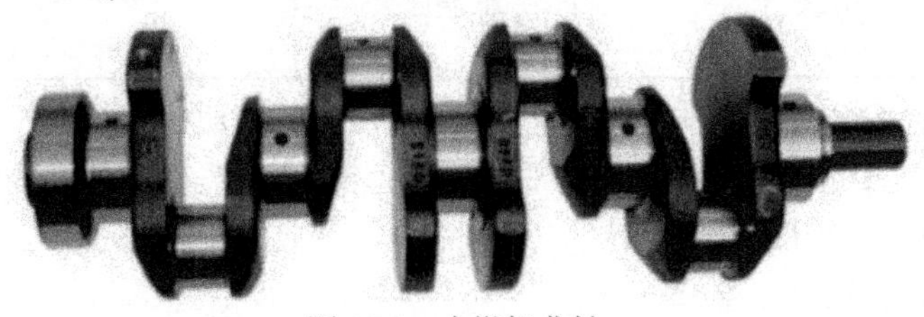

图 12-2　内燃机曲轴

一般内燃机，选用 45 钢锻造曲轴比较适合。因合金钢对缺口敏感性较大，合金钢曲轴的疲劳强度并不比 45 钢曲轴优越，在热处理时易产生显微裂纹和回火脆性。

(3) 加工工艺路线。按照曲轴材料和所采用的加工工艺，可分为锻造曲轴和铸造曲轴两种。

① 锻造曲轴工艺路线(用 45 钢锻造曲)：

下料→模锻→正火→粗加工→调质→精加工→局部(轴颈)表面淬火+低温回火→精磨

② 铸造曲轴工艺路线(用 QT700-2 铸造)：

铸造→正火(950℃)→去应力退火(560℃)→切削加工→局部淬火 + 回火或软氮化处理(570℃)→磨削

(4) 铸造曲轴热处理工艺分析。

① 正火：细化晶粒、获得细珠光体基体组织，以满足强度要求。

② 去应力退火：消除正火后产生的内应力。

③ 软氮化：轴颈气体渗氮，提高硬度和耐磨性。

12.3.3 典型弹簧零件材料选择

弹簧是机器中的重要零件。它的基本作用是减振、储能。利用材料的弹性和弹簧本身的结构特点，在载荷作用下产生变形，把机械功或动能转变为形变能；在恢复变形时，把形变能转变为动能或机械功。弹簧的种类很多，按形状分主要有螺旋弹簧(压缩、拉伸、扭转弹簧)、板弹簧、片弹簧和涡旋弹簧等。

1. 弹簧的工作条件

(1) 弹簧在外力作用下，压缩、拉伸、扭转时，材料将承受弯曲应力或扭转应力。

(2) 缓冲、减振或复原用的弹簧承受交变应力和冲击载荷。

(3) 某些弹簧在腐蚀介质和高温环境下工作。

2. 弹簧的失效形式

弹簧的失效形式有：塑性变形、疲劳断裂、快速脆性断裂，在腐蚀性介质中使用的弹簧易产生应力腐蚀断裂失效等。

3. 弹簧材料的性能要求

(1) 高的弹性极限和高的屈强比；

(2) 高的疲劳强度；

(3) 好的材质和表面质量；

(4) 某些弹簧需要材料有良好的耐蚀性和耐热性。

4. 弹簧的选材

弹簧种类很多，载荷大小相差悬殊，使用条件和环境各不相同。制造弹簧的材料很多，金属材料、非金属材料(如塑料、橡胶)都可用来制造弹簧。由于金属材料的成形性好，容易制造，工作可靠，在实际生产中，多选用弹性极高的金属材料来制造弹簧，如碳素钢(典型钢号有 65、70、75、85)、锰弹簧钢(常用钢号为 65Mn)、硅锰弹簧钢(典型钢号有 55Si2Mn、55Si2MnB、55SiMnVB、60Si2Mn、70Si2Mn)、铬钒弹簧钢(典型钢号是 50CrVA)、硅铬弹簧钢(典型钢号有 60Si2CrA、60Si2CrVA)、钨铬钒弹簧钢(典型钢号是 30W4Cr2VA)等。在腐蚀性介质中使用的弹簧常用不锈钢(如 06Cr19Ni10、12Cr18Ni9、0Cr18Ni11Ti 等)来制造。电器、仪表弹簧及在腐蚀性介质中工作的弹性元件用黄铜、锡青铜、铝青铜、铍青铜等制造。

5. 弹簧的选材实例 1——汽车板簧

汽车板簧用于缓冲和吸振，因承受很大的交变应力和冲击载荷的作用，故需要其具有高的屈服强度和疲劳强度，一般选用 65Mn、60Si2Mn 钢制造。中型或重型汽车的板簧用 50CrMn、55SiMnVB 钢制造，重型载重汽车大截面板簧用 55SiMnMoV、55SiMnMoVNb 钢制造。

工艺路线：热轧钢带(钢板)冲裁下料→压力成型→淬火+中温回火→喷丸强化。

热处理工艺：850℃～860℃(60Si2Mn 钢为 870℃)加热，油冷淬火，淬火后组织为马氏体；回火温度为 420℃～500℃，组织为回火托氏体。

6. 弹簧的选材实例 2——火车螺旋弹簧(热卷弹簧)

火车螺旋弹簧用于机车和车厢的缓冲和吸振，其使用条件和性能要求与汽车板簧相近，可用 50CrMn、55SiMnMoV 钢制造。

工艺路线：热轧钢棒下料→两头制扁→热卷成形→淬火+中温回火→喷丸强化→端面磨平。

热处理工艺与汽车板簧相同。

7. 弹簧的选材实例 3——内燃机气门弹簧(冷卷弹簧)

气门弹簧是一种压缩螺旋弹簧。其用途是在凸轮、摇臂或挺杆的联合作用下，使气门打开和关闭，因此其承受的应力不是很大，可采用淬透性比较好、晶粒细小、有一定耐热性的 50CrVA 钢制造。

工艺路线：冷卷成型→淬火+中温回火→喷丸强化→两端磨平。

热处理工艺：将冷拔退火后的盘条校直后用自动卷簧机卷制成螺旋状，切断后两端并紧，经 850℃～860℃加热后油淬，再经 520℃回火，组织为回火屈氏体，硬度为 41～47HRC，喷丸后两端磨平。这种弹簧弹性好，屈服强度和疲劳强度高，有一定的耐热性。

气门弹簧也可用冷拔后经油淬及回火后的钢丝制造，绕制后经 300℃～350℃加热消除冷卷簧时产生的内应力。

12.3.4 刃具的选材

切削加工使用的车刀、铣刀、钻头、丝锥、板牙、拉刀和滚刀等工具统称为刃具。

1. 刃具的工作条件及失效形式

在切削过程中，刃具直接与工件及切屑接触，受到被切削材料的强烈挤压，承受很大的切削压力和冲击，并受到工件及切屑的剧烈摩擦，刃部温度可升到 500℃～600℃。

刃具切削部分在高温、高压、剧烈摩擦甚至冲击振动的条件下工作，容易发生磨损、崩刃、热裂和刃部软化等形式的失效。

2. 刃具材料的性能要求

(1) 高硬度，高耐磨性，硬度一般要大于 62HRC。

(2) 高的热硬性(或红硬性、耐热性)。

(3) 足够的强度和韧性(强韧性好)。

(4) 高的淬透性，可采用较低的冷却速度淬火，以防止刃具变形和开裂。

3. 刃具材料

用于制造刃具的材料有碳素工具钢、低合金刃具钢、高速钢、硬质合金和陶瓷等，可根据刃具的使用条件和性能要求进行选用。

(1) 碳素工具钢。一般简单、低速的手用刃具，如手锯锯条、锉刀、木工用刨刀、凿子等，其对红硬性和强韧性要求不高，主要的使用性能是高硬度、高耐磨性。因此可用碳素工具钢制造，如T8、T10、T12钢等。碳素工具钢价格较低，但淬透性差。

(2) 低合金刃具钢。低速切削、形状较复杂的刃具，如丝锥、板牙、拉刀等，可用低合金刃具钢(9SiCr、CrWMn)制造。因钢中加入了Cr、W、Mn等元素，使钢的淬透性和耐磨性大大提高，耐热性和韧性也有所改善，可在小于300℃的温度下使用。

(3) 高速钢。高速切削用的刃具，选用高速钢(W18Cr4V、W6Mo5Cr4V2等)制造。高速钢具有高硬度、高耐磨性、高的红硬性、好的强韧性和高的淬透性等特点，因此在刃具制造中被广泛使用，用来制造车刀、铣刀、钻头和其他复杂、精密刃具。高速钢的硬度为62～68HRC，切削温度可达500℃～550℃，价格较贵。

(4) 硬质合金。硬质合金是将硬度和熔点很高的碳化物(TiC、WC)和金属用粉末冶金方法制成的，常用硬质合金的牌号有K20(旧YG6)、K30(旧YG8)、P30(旧YT5)、P10(旧YT15)、P01(旧YN10)等。硬质合金的硬度高(89～94HRA)，耐磨性、耐热性好，使用温度可达1000℃。它的切削速度比高速钢可高几倍。

由于硬质合金的抗弯强度较低，冲击韧性较差，价格较贵，因此，用硬质合金制造刃具时，其工艺性比高速钢差。一般用其制成形状简单的刀头，再用钎焊的方法将刀头焊接在用碳钢制造的刀杆或刀盘上。

(5) 陶瓷。由于陶瓷硬度极高、耐磨性好、红硬性极高，因此也用来制造刃具。热压氮化硅(Si_3N_4)陶瓷显微硬度为5000HV，耐热温度可达1400℃。陶瓷刃具一般为正方形、等边三角形等形状，被制成不重磨刀片，装夹在刀体中使用，用于各种淬火钢、冷硬铸铁等高硬度难加工材料的精加工和半精加工。陶瓷刃具抗冲击能力较低，易崩刃。

(6) 金刚石。金刚石分人造和天然两种，常用人造聚晶金刚石(PCD)硬度约为10000HV，故其耐磨性好，不足之处是抗弯强度和韧性差，对铁的亲和作用大，故金刚石刃具不能加工黑色金属，在800℃时，金刚石中的C与铁族金属发生扩散反应，刃具急剧磨损。金刚石价格昂贵，刃磨困难，应用较少，主要用作磨具及磨料，有时用于修整砂轮。

(7) 立方氮化硼(CBN)。立方氮化硼是一种人工合成的新型刃具材料。其硬度很高，可达8000～9000 HV，并具有很好的热稳定性，允许的工作温度达1400℃～1500℃。它的最大的优点是在高温1200℃～1300℃时也不会与铁族金属起反应。CBN具有很好的化学稳定性，用其制成的刃具特别适合加工钢铁材料，如淬火钢、冷硬铸铁、铁基合金、镍基合金、钛合金以及各种热喷涂材料、硬质合金及其他难加工材料的高速切削、干式切削。

高速切削(比常规切削速度高几倍甚至十几倍)所使用的刃具材料有涂层硬质合金、陶瓷、PCD和CBN等。涂层硬质合金刃具与无涂层刃具相比，对于相同的刃具使用寿命，涂层硬质合金刃具的切削速度可提高 25%～70%，有的甚至可提高 3 倍。涂层硬质合金适用于碳素结构钢、合金结构钢、易切削钢、工具钢、铸铁和不锈钢的高速切削。更高的切削速度可选用 PCD 和 CBN。

目前在自动线上使用的刃具仍以高速钢及硬质合金或新型刃具材料为主。高性能高速钢和粉末冶金高速钢更适合用来制造自动线用刃具。在使用高速钢时，应特别注意保证其组织的细化和热处理的质量，以及采用涂层方法进一步提高使用寿命。选用硬质合金时，为了保证稳定性和可靠性，多采用超细晶硬质合金、涂层硬质合金和铣刀专用硬质合金。

4. 刃具材料选择实例 1——手用丝锥

(1) 工作条件及失效形式。手用丝锥是加工内螺纹的刃具，因在使用时用手动攻螺纹，受力较小，切削速度很低，故它的主要失效形式是磨损及扭断。

(2) 性能要求。手用丝锥的刃部应有高硬度和高耐磨性以抵抗磨损；心部及柄部要有足够强度和韧性以抵抗扭断。手用丝锥热处理技术条件为：刃部硬度 59～63 HRC，心部及柄部硬度 30～45HRC。

(3) 手用丝锥选材。根据工作条件分析，手用丝锥材料的含碳量应较高，使淬火后获得高硬度，并形成较多的碳化物以提高耐磨性。由于手用丝锥对热硬性、淬透性要求较低，受力很小，故可选用 $w_C = 1.0\%$～1.2%的碳素工具钢。再考虑到需要提高丝锥的韧性及减小淬火时开裂的倾向，应选 S、P 杂质极少的高级优质碳素工具钢，常用 T12A(或 T10A)钢，其过热倾向较 T8 钢小。

采用碳素工具钢制造手用丝锥，原材料成本低，冷热加工容易，并可节约较贵重的合金钢，因此应用广泛。目前，有的工厂为进一步提高手用丝锥寿命与抗扭断能力，采用 GCr9 钢来制造手用丝锥，也取得较好的经济效益。

(4) 用 T12A 钢制造 M12 手用丝锥的加工工艺路线为：下料→球化退火(当轧材原始组织球化不良时才采用)→机械加工(大量生产时，常用滚压方法加工螺纹)→淬火 + 低温回火→柄部回火(浸入 600℃硝盐炉中快速回火)→防锈处理(发蓝)。

为了使丝锥齿刃部具有高的硬度，而心部有足够韧性，并使淬火变形尽可能小(因螺纹齿刃部以后不再磨削)，以及考虑到齿刃部很薄，可采用等温淬火或分级淬火。淬火后，丝锥表层组织(2～3 mm)为贝氏体 + 马氏体 + 渗碳体 + 残留奥氏体，硬度大于 60 HRC，具有高的耐磨性；心部组织为托氏体 + 贝氏体 + 马氏体 + 渗碳体 + 残留奥氏体，硬度为 30～45 HRC，具有足够的韧性。丝锥等温淬火后，变形量一般在允许范围内。

5. 刃具材料选择实例 2——齿轮滚刀

齿轮滚刀是生产齿轮的常用刃具，用于加工外啮合的直齿和斜齿渐开线圆柱齿轮。其形状复杂，精度要求高。齿轮滚刀可用高速钢 W18Cr4V 制造，其工艺路线如下：

热轧棒材下料→锻造→球化退火→粗加工→淬火→回火→精加工→表面处理

W18Cr4V 钢的始锻温度为 1150℃～1200℃，终锻温度为 900℃～950℃。锻造的目的一是成型；二是破碎、细化碳化物，使碳化物均匀分布，防止成品刀具崩刃和掉齿。由于高速钢淬透性很好，锻后在空气中冷却即可得到淬火组织，因此锻后应慢冷。锻件应进行球化退火，以便于机加工，并为淬火做好组织准备。高速钢的淬火、回火工艺较为复杂，详见 8.2.1 节刃具用钢。精加工包括磨孔、磨端面、磨齿等磨削加工。精加工后刀具可直接使用。

为了提高其使用寿命，可进行表面处理，如硫化处理、硫氮共渗、离子氮碳共渗-离子渗硫复合处理，表面涂覆 TiN、TiC 涂层等。

6. 刀具材料选择实例 3——日用刀具

与机械切削加工刀具相比，日用刀具的工作条件和性能要求有明显差别。其形状薄、窄、小，因而要求刀具有较高的韧性以防止折断；切断对象较软，对刀具磨损不严重，故无须过高的硬度和耐磨性；因清洁要求或工作条件下的腐蚀，故要求刀具有较好的耐蚀性。日用刀具选材应综合考虑硬度、韧性、耐蚀性及刀具形状、尺寸等要求。表 12-2 为常见日用刀具材料及硬度要求。

表 12-2　常见日用刀具材料及硬度要求

刀具名称	推荐材料	硬度要求(HRC)	刀具名称	推荐材料	硬度要求(HRC)
菜刀	65、65Mn、70	54～61	理发剪	60、65Mn、70、75	58～62
	30Cr13、40Cr13	50～53		40Cr13	55～60
剪刀	20Cr13、30Cr13	45 以上	理发刀	Cr06、CrWMn	713～856HV
民用剪	50、55、60、65Mn	54～61		95Cr18	664～795HV
服装剪	60、65Mn、T10	56～62	双面刀片	Cr02、Cr06	798～916HV
	40Cr13	55～60			

12.3.5　机架和箱体零件选材

1. 机架类零件

各种机械的机身、底座、支架、横梁、工作台以及轴承座、阀体、导轨等均为典型机架类零件。

(1) 机架类零件的特点：形状不规则，结构较复杂并带有内腔，工作条件相差很大。

(2) 机架类零件的功用及性能要求：主要起支承和连接机床各部件的作用，以承受压应力和弯曲应力为主，为保证工作的稳定性，应有较好的刚度及减振性；工作台和导轨等要求有较好的耐磨性，这类零件一般受力不大，但要求具有良好的刚度和密封性。

(3) 常用材料：在多数情况下选用灰铸铁或合金铸钢，个别特大型的还可采用铸钢和焊接联合结构。

2. 箱体类零件

机床主轴箱、进给箱、变速箱、溜板箱，减速箱体、发动机缸体和机座等都为箱体类零件。

1) 箱体类零件的特点

箱体类零件重量大、形状复杂、壁薄且不均匀，是机器中很重要的基础零件。由于箱体结构复杂，常用铸造的方法制造毛坯，故箱体材料几乎都用铸造合金。

2) 箱体类零件的功用及性能要求

作为重要的基础零件，箱体类零件将机器或部件中的轴、套、齿轮等有关零件组装成一个整体，使它们之间保持正确的相互位置，并按照一定的传动关系协调地传递运动或动力。因此，箱体类零件的加工质量将直接影响机器或部件的精度、性能和寿命。

3) 常用材料

制造箱体类零件的首选材料为灰铸铁、孕育铸铁，球墨铸铁也可选用。它们成本较低，铸造性好，切削加工性优，对缺口不敏感，减振性好，非常适合用来铸造箱体零件，铸铁中石墨有良好的润滑作用，并能储存润滑油，有良好的耐磨性，很适宜用来制造导轨。

(1) 受力不大而且主要承受静载荷且不受冲击的箱体材料可选灰铸铁。若该零件在工作时与其他部件发生相对运动，其间有摩擦、磨损发生，则选用珠光体基体灰铸铁(HT200 和 HT250 用得最多)。

(2) 受力较大的箱体材料选孕育铸铁、球墨铸铁或其他。如 HT400 用来制造液压筒，QT400-17、QT420-10 可用于制造阀体、阀盖，QT600-2、QT800-2 可用于制造冷冻机缸体。

(3) 受力大，要求高强度、高韧性，甚至在高温下工作的零件，如汽轮机机壳，其材料可选用铸钢，如 ZG20CrMo；但形状简单的，可选用型钢焊接而成。

(4) 受力不大并要求自重轻或要求导热好的箱体类零件，可选铸造铝合金制造。

(5) 受力很小并要求自重轻的箱体类零件，可考虑选用工程塑料制造。

对铸铁件，一般要对毛坯进行去应力退火，消除铸件内应力，改善切削加工性能。对于机床导轨、缸体内壁等进行表面淬火提高表面耐磨性。对铸钢件，为了消除粗晶组织、偏析及铸造应力，应对铸钢毛坯进行完全退火或正火。对铝合金，应根据成分不同，进行退火或淬火时效等处理。

12.3.6　典型农机零件的选材

许多农机零件在工作中要与土壤或作物摩擦。不同的零件，性能要求和材料略有不同。

1. 犁铧

在耕地过程中，犁铧的作用是铲起土块和切割土壤。其在工作中不断受到土壤的摩擦而磨损，还会受到土壤中石块的冲击而折断。因此，犁铧的性能要求有好的耐磨性和一定的抗冲击性能。常采用 65Mn、65SiMnRE 钢和韧性白口铁制造。

钢制犁铧的加工工艺路线：下料→热压型→加工刃口→冲孔校型→淬火、回火。

用韧性白口铁制造犁铧的热处理方法：将犁铧加热到 900℃，保温后在 300℃的盐炉中等温淬火，获得下贝氏体组织。这种犁铧有很高的硬度和耐磨性，并有一定的韧性，成本低。

2. 耙片

耙片的工作条件与犁铧相似，但因直径较大，对韧性的要求比犁铧高。常采用 65Mn 钢制造。热处理为淬火后经 450℃左右的中温回火。旱地耙片的硬度为 42～49HRC，水田耙片的硬度为 38～44HRC。

3. 收割机刀片

收割机刀片主要用于切割作物和牧草。它的主要失效形式为磨损和崩刃。对刀片的性能要求是高的强韧性，刃口耐磨。常采用 T9 或 65Mn 钢制造。热处理采用高频加热后在

240℃～300℃盐炉中等温淬火，获得强韧性、耐磨性均好的下贝氏体组织，硬度为 52～55HRC。

12.3.7　压力容器的选材

压力容器是指内部或外部受气体或液体压力，并对安全性有较高要求的密封容器，广泛用于石油化工、外层空间、海洋科学、能源系统以及民用诸领域。它的运行条件苛刻，制造工艺复杂，如果容器一旦破坏，后果极其严重。从容器的使用安全性来选材与用材是预防容器发生破坏事故，确保其安全运行的主要措施之一。

1. 压力容器用钢的一般要求

(1) 优良的综合力学性能，即具有较高的强度、良好的塑性和韧性、较小的应变时效敏感性。

(2) 优良的抗腐蚀性能。

(3) 良好的工艺性能，主要指良好的焊接性、压力加工性和热处理性能。

2. 在出厂检验标准方面与普通钢板的区别

对压力容器钢板要求进行超声波探伤，以保证内部质量；压力容器钢板的冲击吸收能量 KV 值较普通钢板高，如压力容器用钢要求常温 KV≥31J，而普通钢仅为 27J；低温压力容器用钢出厂前还应按有关规定进行夏比(V 型缺口)低温冲击试验；大部分压力容器用钢在高于室温、低于其蠕变温度的范围内使用，因此，钢材的高温屈服强度是压力容器用钢的一项重要性能指标，而普通钢则无此项要求；对压力容器用钢提高了力学性能检验率，在检验数量上，普通钢板要求同一炉号的钢取一组试样，而压力容器钢板则随板厚的减小增加取样的组数，甚至可按用户要求逐张取样，以确保质量。

3. 常用压力容器用钢选择

1) 压力容器用碳素钢和低合金高强度钢

当压力容器的设计压力较小、直径较大时，其失效主要为弹性失稳，一般应按刚性选材。这时，可选压力容器用碳素钢。当设计压力较高时，应按强度选材，如果钢板厚度在 8～10 mm 以下，可选压力容器用碳素钢板(如 Q245R)，否则，优先考虑低合金压力容器用钢，常用 Q345R、Q370R 钢。此外，13MnNiMoR 钢由于加入铌，具有细化晶粒和沉淀强化作用，使其屈服强度显著提高，热强性好，使用温度可达 500℃～520℃，但焊前要预热，焊后要进行消除应力热处理或去氢处理，对焊接质量要严格加以控制。目前，13MnNiMoR 多用于单层卷焊高压厚壁容器或中温、低温容器。

压力容器用碳素钢和 300～450 MPa 强度级别的低合金钢，一般在热轧状态下使用。用于制造壳体或封头等受压元件，在低温下使用时，Q245R 和这个级别的低合金钢应处于正火状态。如用 Q245R 或 Q345R 制造壁厚大于 30 mm 的壳体，其使用状态也是正火状态。450 MPa 以上强度级别的低合金钢，应在调质、正火或正火 + 回火状态下使用。

2) 高温用钢

在高温条件下运行的压力容器，其用钢应具有良好的抗氧化性和热强性。

按不同工作温度范围，常用的高温压力容器用钢如下：

工作温度为400℃～600℃的压力容器，用钢以热强性为主，大量使用含钼、铬钼及铬钼钒类的珠光体耐热钢，一般在正火或调质状态下使用，常用的高温用钢有15CrMoR、12Cr2Mo1R、13MnNiMoR等。

温度高于600℃而低于1100℃的压力容器，往往采用高铬镍奥氏体耐热钢，同时具有高的热强性和抗氧化性，如07Cr19Ni11Ti、06Cr17Ni12Mo2等，一般在固溶状态或稳定化状态下使用。

温度低于700℃且承载不大，并要求具有高的抗氧化性的压力容器，可用1Cr6Si2Mo，属马氏体型耐热钢，有较好的抗氧化性。

3) 低温用钢

在低温下运行的压力容器，其破坏性质几乎均属低应力脆性破坏。

低温压力容器用低合金钢的钢号后均标以"DR"。这类钢一般具有铁素体组织，不但低温韧性和塑性好，还具有优良的卷、弯、焊等制造工艺性能，其价格也比奥氏体不锈钢便宜。

按不同温度等级，常用的低温用钢如下：

当温度不低于-40℃时，选用正火状态的16MnDR，大型低温球形容器使用调质状态的07MnNiCrMoVDR。

温度不低于-60℃时，选用正火状态的09MnTiCuREDR，温度不低于-70℃时，选用正火状态的09Mn2VDR和09MnNiDR。

温度不低于-90℃时，选用正火或调质状态的06MnNbDR。

若温度更低时，则用低温韧性更好的高铬镍奥氏体钢(如1Cr18Ni9Ti)或高锰奥氏体钢(如20Mn23Al、15Mn26Al)。选用低温钢时，钢材的低温冲击功的实际值较标准值应有较大的余量，否则钢材在焊接后，将因热影响区冲击功下降较多，导致产品的低温性能达不到要求。

4) 超高压用钢

超高压容器的工作条件比较苛刻，特别是化工超高压容器，除了高温、高压外还常伴有交变载荷或冲击载荷，有时还有介质的腐蚀作用。由于承受的压力高，超高压容器筒体或端盖多采用整体锻造成型，通过热处理来提高强度。锻造容器用钢均属大型锻件用钢，由于尺寸大，钢中的成分、夹杂物和气体存在偏析，纵向和横向、心部和表面的力学性能不一致，并且氢气扩散困难，容易产生白点和氢脆等缺陷。因此，对于超高压容器锻件，要求采用酸性平炉或电炉冶炼的镇静钢，最好采用真空冶炼、真空脱气或电渣重熔等先进工艺，以减少氢的含量，提高钢的纯净度。

超高压容器一般选用中碳镍铬钼(钒)钢，国产成熟的钢种为30CrNi5Mo。最终热处理采用调质处理。

5) 耐蚀钢与抗氢钢

根据容器介质腐蚀的特点，必要时压力容器可选用不锈钢，如晶间腐蚀倾向小的奥氏体不锈钢06Cr19Ni10及07Cr19Ni11Ti，或具有较高应力腐蚀抗力的奥氏体-铁素体双相不锈钢，如022Cr18Ni15Mo3N等。

在炼油及化工装置的介质中往往含有氢，在一定温度(200℃～300℃)及压力(300MPa)下，氢能扩散入钢内，与渗碳体进行脱碳反应而生成甲烷，使钢产生晶界裂纹和鼓泡，从而使具有体心立方晶格的钢变脆，产生氢损伤。当压力容器介质的氢分压较高且温度高于200℃时，就应重视材料的氢损伤问题。常用抗氢钢有正火加回火状态的 10MoVWNbR、15MoVR、15CrMoR、12Cr2Mo1R 和固溶或稳定化状态的 Cr18Ni9 型不锈钢，其中 Cr、Ti、W、V、Nb、Mo 等形成稳定碳化物，既可将 C 固定住，又可防止产生甲烷。

12.3.8 冷作模具选材

在冷冲压过程中，被加工材料的变形抗力比较大，模具的工作部分(冲头、刃口)承受强烈的冲击、剪切、弯曲以及与被加工材料之间的摩擦作用，其损坏形式主要是磨损，但也有因结构或热处理不当而产生的刃口剥落、镦粗、折断(主要发生在冲裁模上)或表面产生沟槽(主要出现在拉伸模和压弯模上)等缺陷，导致模具早期报废。

因此，对于这类模具，总的要求是具有高的硬度、强度、耐磨性以及足够的韧性(特别是在重载工作条件下)，而对热硬性几乎无要求。选择材料时，应考虑不同工况及冲制件的材料、形状、尺寸及生产批量等因素。表 12-3 所示为冷作模具推荐选材。

表 12-3 冷作模具及推荐选材

模具种类	推荐材料牌号			备注
	简单(轻载)	复杂(轻载)	重载	
冲孔落料模	T10A、9Mn2V	9Mn2V、Cr12MoV、CrWMn	Cr12MoV	—
硅钢片冲模	Cr12、Cr12MoV	Cr12、Cr12MoV	—	因工件批量大，要求模具寿命长
小冲头	T10A、9Mn2V	Cr12MoV	W18Cr4V、W6Mo5Cr4V2	冷挤压钢件、硬铝冲头还可选用超硬高速钢
压弯成型模	T10A、9Mn2V	—	Cr12、Cr12MoV	—
拉丝模	T10A、9Mn2V	—	Cr12、Cr12MoV	—
冷挤压模	T10A、9Mn2V	9Mn2V、Cr12MoV	Cr12MoV	要求热硬性时还可选用 W18Cr4V、W6Mo5Cr4V2
冷镦模	T10A、9Mn2V、CrWMn	—	Cr12MoV、W18Cr4V、Cr4W2MoV、012Al、65Nb	—

现以冲裁黄铜制的接线板落料凹模为例，分析其选材、热处理工艺。

该凹模用于冲裁黄铜制的接线板，工件厚度小，抗剪强度低，故凹模所受载荷较轻。但凹模如在淬火时变形超差，则无法用磨削法修正，同时凹模内腔较复杂，且有螺纹孔、销孔，壁厚也不均匀。如选碳素工具钢，淬火变形开裂倾向较大，可选 CrWMn 钢或 9Mn2V 钢，淬火、回火后硬度为 58～60 HRC。

接线板落料凹模的加工工艺路线为：下料→锻造→球化退火→机械加工→去应力退火→淬火+低温回火→磨削。

热处理前，安排去应力退火是为了消除淬火前凹模内存在的残余应力，使淬火后变形减小。淬火时，采用分级淬火，凹模淬入温度稍低于 M_S 的热浴中(硝盐或油)，保温一段时间，使一部分过冷奥氏体转变为马氏体，并在随后保温时转变为回火马氏体。这样，不仅消除了因凹模内外温差引起的热应力，也消除了部分过冷奥氏体转变为马氏体所产生的相变应力。在随后的空冷中，由于截面上同时形成马氏体，且数量有所减少，故引起的相变应力也较小，从而使凹模不致开裂。同时，由于淬火后有较多的残留奥氏体，可部分抵消淬火时由于形成马氏体所引起的体积膨胀，因而使凹模变形较小。淬火、低温回火后，凹模硬度可达 58～60 HRC。

此外，将凹模在锻造后采用球化退火；淬火加热时在 600℃～650℃预热(消除热应力与切削加工应力)；将销孔、螺孔用耐火泥堵住；这些措施都有利于减少凹模淬火时变形与开裂的倾向。

12.3.9　热作模具选材

1. 热锻模

主要用于热模锻压力机和模锻锤上的热作模具，分别称为压锻模和锤锻模，包括模块、镶块及切边模。在工作过程中，模具承受的单位压力高，冲击载荷大，炽热金属在高速流动时还对型腔产生强烈摩擦。型腔表面常与 1100℃以上的高温金属接触，其温升可达 400℃～500℃，局部可达 600℃。每锻压一次，需要水、油冷却，在反复加热、冷却作用下，模具表面易产生热疲劳而龟裂。因此，总体上要求热锻模具有在工作温度下保持高的强度及良好的冲击韧性、抗热疲劳性、抗氧化和抗热冲刷的能力，以及高的淬透性、良好的导热性。

锤锻模因承受的冲击载荷较大，多选用合金含量较低、冲击韧性高的钢种，其工作硬度较低，一般不大于 50HRC。对于形状简单的锻模或中、小型锻模，一般采用 5CrMnMo 钢；对于大型模具或形状复杂的中、小模具，常用 5CrNiMo、5NiCrMoV 钢，大批量生产时，根据锻模大小，可采用韧性及耐热性更好的 H13 做模具的嵌镶模块，工作硬度也可以稍高一些。对于高温强度较大且锻造时不易变形的高合金钢、不锈钢、耐热钢，宜选热强性更好的 H13、H11 钢或 3Cr2W8V、HM3 钢制造。

压锻模(或热挤压模)承受的冲击力比锤锻模小，模具与炽热金属接触时间长，承受工作温度高，这类模具一般选热强性较高、合金含量高、淬透性和淬硬性较高的热作模具钢，如 H13、HM3 钢和基体钢、012A1 钢等。

2. 压铸模

压铸模是在高压下将液态金属压铸成型的一种模具，其工作条件最恶劣在压铸过程中，模具直接承受高压(30～150 MPa)、高温(400℃～1600℃)并和高速的液态金属接触，模具表面温升达 300℃～1000℃，同时经反复多次加热、冷却，温差变化较大；模腔表面还不断受到高速、高压喷射的金属液流冲刷腐蚀，尤其是压铸熔点高的金属，模具龟裂和磨损的现象特别严重。因此，压铸模具必须具有良好的抗热疲劳性、红硬性和抗高温液态金属的冲刷、腐蚀的性能，以及较好的工艺性能。压铸模材料主要根据液态金属的熔点来选择。

铅及其合金的压铸温度较低(小于 100℃)，其模具可使用 45、40Cr、T8A、T10A 钢或 P20(3Cr2Mo)塑料成型模具钢制造。

锌合金的压铸温度为 400℃～450℃，小批量生产时，可采用 P20、40Cr、30CrMnSi 钢；

大批量生产时，采用H13钢；形状简单的模具可采用4CrW2Si、5CrNiMo、3Cr2W8V钢等。

压铸铝、镁合金的温度为650℃～700℃，小批量生产时可选用40Cr、42CrMo钢；大量生产时，选用4CrW2Si、3Cr2W8V和H13钢，甚至还可选用HM1、ER8钢及马氏体时效模具钢18Ni(250)等。

对于铜合金，其压铸温度为850℃～1000℃，通常采用高合金热作模具钢3Cr2W8V，而HM1、ER8等新型高强钢更可使模具寿命大幅提高。

压铸钢铁材料时，压铸温度高达1450℃～1650℃，一般热作模具钢已不能胜任，目前仍多采用3Cr2W8V制造，表面渗铝或铬、铝、硅三元共渗后使用。

为了达到更高的模具寿命，也可用难熔金属钼、钨的高温合金(如钼基合金TZM)及高导热金属(如铍青铜、铬锆钒铜，并常水冷)制造。

习题与思考题

本章小结

12-1 机械零件设计和选材时主要考虑哪些性能指标？

12-2 表面损伤失效是在什么条件下发生的？分哪几种形式出现？

12-3 简述零件失效的原因。

12-4 零件失效分析的一般步骤是怎样的？有哪些主要环节是必须进行的？

12-5 对汽车、拖拉机齿轮选材的要求是什么？

12-6 轴类零件的工作条件、失效方式和对轴类零件材料性能的要求是什么？

12-7 有一批 $w_C = 0.45\%$ 的碳钢齿轮，其制造工艺为：圆钢下料→锻造→正火→车削加工→调质→铣齿→表面淬火＋回火→研磨，说明各热处理工序的名称和作用。

12-8 某40Cr钢主轴，要求整体有足够的韧性，表面要求有较高的硬度和耐磨性，采用何种热处理工艺可满足要求？简述理由。

12-9 有一重要传动轴(最大直径 ϕ20 mm)受较大交变拉压载荷作用，表面有较大摩擦，要求沿截面性能均匀一致。可供选择的材料有：16Mn，20CrMnTi，T12，Q235。

(1) 选择合适的材料；

(2) 编制加工工艺路线；

(3) 说明各热处理工艺的主要作用；

(4) 指出最终组织。

12-10 现有下列零件及可供选择的材料，给各零件选择合适的材料，并选择合适的最终热处理方法(或材料状态)。

零件名称：自行车架；机器主轴；汽车板簧；汽车变速齿轮；机床床身；柴油机曲轴；

可选材料：60Si2Mn，QT600-2，T12A，40Cr，HT200，Q345，20CrMnTi。

12-11 要制造重载齿轮、连杆、弹簧、冷冲压模具、热锻模、滚动轴承、铣刀、锉刀、机床床身、车床传动齿轮、一般用途的螺钉等零件，试从下列牌号中分别选出合适的材料并说明钢种名称。

T10，65Mn，HT250，W18Cr4V，GCr15，40Cr，45，20CrMnTi，Cr12MoV，Q235，5CrNiMo

12-12　指出你在金工实习过程中，使用过或见过的三种零件或工具的材料及热处理方法。

12-13　试为下列齿轮选材，并确定热处理方法：

(1) 不需润滑的低速、无冲击的传动齿轮；

(2) 尺寸较大，形状复杂的低速中载齿轮；

(3) 受力较小，要求有一定抗蚀性的轻载齿轮(如钟表齿轮)；

(4) 受力较大，并受冲击，要求高耐磨性的齿轮(如汽车变速齿轮)。

12-14　某厂用 T10 钢制造的钻头加工一批铸铁件(钻ϕ10mm 深孔)，钻了几个孔后钻头磨损失效。经检验，钻头材质、热处理工艺、金相组织及硬度均合格，试问失效原因？并提出解决办法。

扩 散

附录　主要相关国家标准

1. 性能测试相关

GB/T 10623—2008 金属材料 力学性能试验术语

GB/T 228.1—2010 金属材料 拉伸试验 第1部分：室温试验方法

GB/T 231.1—2018 金属材料 布氏硬度试验 第1部分：试验方法

GB/T 231.2—2012 金属材料布氏硬度试验第2部分：硬度计的检验与校准

GB/T 231.3—2012 金属材料布氏硬度试验第3部分：标准硬度块的标定

GB/T 231.4—2009 金属材料 布氏硬度试验 第4部分：硬度值表

GB/T 230.1—2018 金属材料 洛氏硬度试验 第1部分：试验方法

GB/T 230.2—2012 金属材料洛氏硬度试验第2部分：硬度计(A、B、C、D、E、F、G、H、K、N、T标尺)的检验与校准

GB/T 230.3—2012 金属材料洛氏硬度试验第3部分：标准硬度块(A、B、C、D、E、F、G、H、K、N、T标尺)的标定

GB/T 4340.1—2009 金属材料 维氏硬度试验 第1部分：试验方法

GB/T 4340.2—2012 金属材料维氏硬度试验第2部分：硬度计的检验与校准

GB/T 4340.3—2012 金属材料维氏硬度试验第3部分：标准硬度块的标定

GB/T 4340.4—2009 金属材料 维氏硬度试验 第4部分：硬度值表

GB/T 1172—1999 黑色金属硬度及强度换算值

GB/T 229—2020 金属材料 夏比摆锤冲击试验方法

GB/T 4337—2015 金属材料 疲劳试验 旋转弯曲方法

GB/T 24176—2009 金属材料 疲劳试验数据统计方案与分析方法

GB/T 4161—2007 金属材料 平面应变断裂韧度 K_{IC} 试验方法

GB/T 21143—2014 金属材料 准静态断裂韧度的统一试验方法

GB/T 2039—2012 金属材料 单轴拉伸蠕变试验方法

GB/T 10102—2013 金属材料 拉伸应力松弛试验方法

GB/T 12444—2006 金属材料 磨损试验方法 试环-试块滑动磨损试验

GB/T 225—2006 钢 淬透性的末端淬火试验方法(Jominy 试验)

2. 组织分析相关

GB/T 6394—2017 金属平均晶粒度测定方法

GB/T 10561—2005 钢中非金属夹杂物含量的测定标准评级图显微检验法

GB/T 13298—2015 金属显微组织检验方法

GB/T 1979—2001 结构钢低倍组织缺陷评级图

GB/T 18876.1—2002 应用自动图像分析测定钢和其他金属中金相组织、夹杂物含量和级别的标准试验方法第 1 部分：钢和其他金属中夹杂物或第二相组织含量的图像分析与体视学测定

GB/T 18876.2—2006 应用自动图像分析测定钢和其他金属中金相组织、夹杂物含量和级别的标准试验方法 第 2 部分：钢中夹杂物级别的图像分析与体视学测定

GB/T 18876.3—2008 应用自动图像分析测定钢和其他金属中金相组织、夹杂物含量和级别的标准试验方法 第 3 部分：钢中碳化物级别的图像分析与体视学测定

GB/T 15749—2008 定量金相测定方法

3. 材料类型相关

GB/T 221—2008 钢铁产品牌号表示方法

GB/T 17616—2013 钢铁及合金牌号统一数字代号体系

GB/T 13304.1—2008 钢分类 第 1 部分：按化学成分分类

GB/T 13304.2—2008 钢分类第 2 部分：按主要质量等级和主要性能或使用特性的分类

GB/T 700—2006 碳素结构钢

GB/T 699—2015 优质碳素结构钢

GB/T 5613—2014 铸钢牌号表示方法

GB/T 7659—2010 焊接结构用铸钢件

GB/T 1298—2008 碳素工具钢

GB/T 1591—2018 低合金高强度结构钢

GB/T 4171—2008 耐候结构钢

GB/T 714—2015 桥梁用结构钢

GB 712—2011 船舶及海洋工程用结构钢

GB/T 3077—2015 合金结构钢

GB/T 1222—2016 弹簧钢

GB/T 18254—2016 高碳铬轴承钢

GB/T 3086—2019 高碳铬不锈轴承钢

GB/T 28417—2012 碳素轴承钢

GB/T 3203—2016 渗碳轴承钢

GB/T 1299—2014 工模具钢

GB/T 9943—2008 高速工具钢

GB/T 8731—2008 易切削结构钢

GB 713—2014 锅炉和压力容器用钢板

GB/T 5310—2017 高压锅炉用无缝钢管

GB/T 15712—2016 非调质机械结构钢

GB/T 20878—2007 不锈钢和耐热钢牌号及化学成分

GB/T 4237—2015 不锈钢热轧钢板和钢带

GB/T 1220—2007 不锈钢棒
GB/T 1221—2007 耐热钢棒
GB/T 8492—2014 一般用途耐热钢和合金铸件
GB T 5612—2008 铸铁牌号表示方法
GB/T 9439—2010 灰铸铁件
GB/T 9440—2010 可锻铸铁件
GB/T 1348—2019 球墨铸铁件
GB/T 26655—2011 蠕墨铸铁件
GB/T 8491—2009 高硅耐蚀铸铁件
GB/T 9437—2009 耐热铸铁件
GB/T 8263—2010 抗磨白口铸铁件
GB/T 17505—2016 钢及钢产品交货一般技术要求
GB/T 1173—2013 铸造铝合金
GB/T 16474—2011 变形铝及铝合金牌号表示方法
GB/T 3190—2008 变形铝及铝合金化学成分
GB/T 3880.2—2012 一般工业用铝及铝合金板、带材 第2部分：力学性能
GB/T 8063—2017 铸造有色金属及其合金牌号表示方法
GB/T 5231—2012 加工铜及铜合金牌号和化学成分
GB/T 21652—2017 铜及铜合金线材
GB/T 5153—2016 变形镁及镁合金牌号和化学成分
GB/T 19078—2016 铸造镁合金锭
GB/T 3620.1—2016 钛及钛合金牌号和化学成分
GB/T 1174—1992 铸造轴承合金
GB/T 8740—2013 铸造轴承合金锭
GB/T 37797—2019 精密合金 牌号
GB/T 4309—2009 粉末冶金材料分类和牌号表示方法
GB/T 18376.1—2008 硬质合金牌号 第1部分：切削工具用硬质合金牌号
GB/T 18376.2—2014 硬质合金牌号 第2部分：地质、矿山工具用硬质合金牌号
GB/T 18376.3—2015 硬质合金牌号 第3部分：耐磨零件用硬质合金牌号

参 考 文 献

[1] 张建军，李世春，胡旭，等. 机械工程材料[M]. 重庆：西南师范大学出版社，2015.
[2] 齐民. 机械工程材料[M]. 大连：大连理工大学出版社，2017.
[3] 吕烨，许德珠. 机械工程材料[M]. 北京：高等教育出版社，2014.
[4] 张而耕. 机械工程材料[M]. 上海：上海科学技术出版社，2017.
[5] 原梅妮. 航空工程材料与失效分析[M]. 北京：中国石化出版社，2014.
[6] 崔忠圻，覃耀春. 金属学与热处理[M]. 北京：机械工业出版社，2011.
[7] 齐乐华. 工程材料与机械制造基础[M]. 北京：高等教育出版社，2018.
[8] 王运炎，朱莉. 机械工程材料[M]. 北京：机械工业出版社，2011.
[9] 付华，张光磊. 材料科学基础[M]. 北京：北京大学出版社，2018.
[10] 张忠健. 硬质合金发展前景广阔[J]. 中国金属通报，2012(31)：16-19.
[11] 中国机械工程学会热处理学会. 热处理手册(第 1 卷：工艺基础) [M]. 北京：机械工业出版社，2008.
[12] 中国机械工程学会热处理学会. 热处理手册(第 4 卷：热处理质量控制和检验) [M]. 北京：机械工业出版社，2008.
[13] 冶金工业信息标准研究院冶金标准化研究所. 钢铁产品分类牌号技术条件包装尺寸及允许偏差标准汇编[M]. 北京：中国标准出版社，2012.